Linde

Fertigungsprozesse in der Möbelindustrie

Ihr Plus – digitale Zusatzinhalte!

Auf unserem Download-Portal finden Sie zu diesem Titel kostenloses Zusatzmaterial. Geben Sie dazu einfach diesen Code ein:

plus-v8tj5-wye6u

plus.hanser-fachbuch.de

Bleiben Sie auf dem Laufenden!

Hanser Newsletter informieren Sie regelmäßig über neue Bücher und Termine aus den verschiedenen Bereichen der Technik. Profitieren Sie auch von Gewinnspielen und exklusiven Leseproben. Gleich anmelden unter

www.hanser-fachbuch.de/newsletter

Hans-Peter Linde

Fertigungsprozesse in der Möbelindustrie

HANSER

Der Autor: Prof. Dr.-Ing. Hans-Peter Linde unterrichtet an der Berufsakademie Sachsen in Dresden.
Der Herausgeber: Prof. i.R. Dr. Ing. habil. Dr. h. c. Peter Niemz, Professor für Holzphysik (Institut für Baustoffe des Departements Bauwesen, Umwelt und Geomatik) der ETH Zürich

MIX
Papier aus verantwortungsvollen Quellen
FSC® C083411

Print-ISBN: 978-3-446-48273-9
E-Book-ISBN: 978-3-446-48398-9

Bibliografische Information der Deutschen Nationalbibliothek:
Die Deutsche Nationalbibliothek verzeichnet diese Publikation in der Deutschen Nationalbibliografie; detaillierte bibliografische Daten sind im Internet unter http://dnb.d-nb.de abrufbar.

Kolbergerstraße 22 | 81679 München | info@hanser.de
www.hanser-fachbuch.de
Lektorat: Frank Katzenmayer
Herstellung: Frauke Schafft
Coverkonzept: Marc Müller-Bremer, www.rebranding.de, München
Covergestaltung: Max Kostopoulos
Titelmotiv: © Fa. SACHSENKÜCHEN H.-J. Ebert GmbH
Satz: Eberl & Kœsel Studio GmbH, Kempten
Druck: CPI Books GmbH, Leck
Printed in Germany

Inhalt

Vorwort

Das Fachbuch *Fertigungsprozesse in der Möbelindustrie* ist als Überblick über die industriellen Fertigungsprozesse auf der Basis der DIN 8580 konzipiert. Die Beschreibung der Prozesse erfolgt im Wesentlichen in allgemeiner Form und unter Verzicht auf verfahrensspezifische Parameter bzw. Angaben. Der Autor hat sich, um die Übersichtlichkeit zu wahren, auf die Behältnis- bzw. Korpusmöbel konzentriert. Das vorliegende Fachbuch ist in sieben Kapitel unterteilt.

Im Kapitel eins wird der Begriff des Möbels eingehend betrachtet. Es werden Möglichkeiten und Strukturen für die Beschreibung von Möbeln aufgeführt und dabei gegenüber Einrichtungsgegenständen und Ausstattungen abgegrenzt. Die Themenkreise Möbelbauweisen und Werkstoffe im Möbelbau werden kurz umrissen. Mit der Beschreibung der konstruktiven Anforderungen an Korpusmöbel werden verschiedene Bezüge hergestellt, so z. B. die Verbindungen im Möbelbau, die ergonomische Gestaltung von Möbeln und die Möglichkeiten der kundenindividuellen Möbelherstellung. Das Kapitel eins endet mit einer charakterisierenden Beschreibung von handwerklicher und industrieller Fertigung.

Das Kapitel zwei umfasst die Struktur und die Beschreibung der Fertigungsverfahren nach DIN 8580 und der dazugehörigen Normen. Dabei werden die Verfahrenshauptgruppen Trennen, Fügen und Beschichten in besonderem Maße erläutert. Die Herstellung von Plattenwerkstoffen wird als ein Verfahren beschrieben. Im Zusammenhang mit den Trennverfahren werden Grundlagen der Spanung von Holz und Holzwerkstoffen behandelt. Beim Fügen von Werkstoffen werden die Verfahrensgruppen Fügen durch An- und Einpressen sowie das Kleben ausführlich behandelt. Die Oberflächenbehandlung wird unterschieden in das Beschichten mit formlosem Stoff und in das Fügen/Kleben.

Im Kapitel drei steht die betriebliche Fertigung im Mittelpunkt. Neben der Organisation einer Fertigung werden verschiedene Fertigungstypen und Produktionsstrategien betrachtet. In diesem Zusammenhang werden technische und wirtschaftliche

Anforderungen an die Bauteilfertigung formuliert. Für die Beschreibung der Fertigung werden betriebswirtschaftliche Kennzahlen in technischen Prozessen, auf der Basis der VDMA-Richtlinie 66412-1, vorgestellt. Dabei geht es vorrangig um die Ermittlung von Zeiten, Mengen, Qualitäts- und Produktionskennziffern.

Als weitere Schwerpunkte dieses Kapitels sind die Materialbedarfsplanung, die Lagerung und Bereitstellung des Materials sowie der betriebliche Materialfluss zu nennen. Des Weiteren werden Anforderungen an Fertigungs- und Organisationsdokumente beschrieben. Beim Thema Stücklisten werden verschiedene Ausführungen vorgestellt. Es werden Möglichkeiten der Bauteilidentifikation erläutert.

Das Kapitel vier stellt das Hauptkapitel des Fachbuches dar. In diesem Kapitel werden die Prozesse der Möbelteilefertigung entlang der Wertschöpfungskette dargestellt. In der Möbelteileherstellung wird z. B. der Rohteilzuschnitt als verallgemeinerter Ablauf beschrieben und an einem Beispiel illustriert. Bei der Formatbearbeitung werden verschiedene Technologien der Durchlauf- und der Stationärbearbeitung behandelt. Im Weiteren schließen sich die Prozesse der Oberflächenbehandlung und der Kommissionierung an. Bei der Beschreibung der Möbelmontage werden ausgehend von der Montageplanung und der Erzeugnisgliederung die einzelnen Prozessschritte der Baugruppen- und Erzeugnismontage beispielhaft beschrieben. Es schließen sich die Prozesse der Qualitätsprüfung an. Zum Abschluss des Kapitels werden eine losweise Fertigung und eine Losgröße-1-Fertigung beispielhaft beschrieben.

Das Kapitel fünf beinhaltet im ersten Teil die Grundlagen der CNC-Technik, die Verfahren der CNC-Programmierung und die in der Möbelteilefertigung eingesetzten numerisch-gesteuerten Holzbearbeitungsmaschinen. Ausgehend von den Grundlagen der CNC-Programmierung nach DIN 66025 werden die Methoden der CNC-Programmierung im Überblick beschrieben. Dabei wird die werkstattorientierte Programmierung im besonderen Maße behandelt.

Im zweiten Teil des Kapitels werden die CNC-Holzbearbeitungsmaschinen hinsichtlich ihrer Steuerungssysteme, ihrer Fertigungstechnologien und Bearbeitungsmöglichkeiten sowie der Maschinenausstattung charakterisiert. Ausgehend von diesen Beschreibungen wird auf den Konflikt zwischen Produktivität und Flexibilität eingegangen. Abschließend werden numerisch gesteuerte Mehrmaschinensysteme, wie z. B. Transferstraßen und autonome Produktionenzellen, beschrieben.

Gegenstand des sechsten Kapitels sind die Fertigungshilfsmittel, so z. B. die Mess- und Prüftechnik, die Werkzeuge und Aggregate sowie die Vorrichtungen und Spannmittel. Dabei werden Messmittel und Geräte zur Vermessung von Werkstücken bzw. Werkzeugen und deren Einsatz beschrieben. Typische Werkzeuge für die industrielle Verwendung werden hinsichtlich ihrer Schneiden, den Schneidstoffen bzw. ihrer Einsatzbedingungen beschrieben. Die Verwendung von Bearbeitungsaggregaten wird beispielhaft skizziert. Des Weiteren wird auf die Identifikation von Werkzeugen und auf das Werkzeugmanagement eingegangen. Das Kapitel schließt mit den Vorrichtungen und Spannmitteln zur Werkstückfixierung ab.

Das Kapitel sieben enthält eine Kurzdarstellung der Inhalte der Tutorials als Zusatzmaterial zum Fachbuch.

Für die Unterstützung bei der Erstellung des Fachbuches möchte ich allen Mitwirkenden herzlich danken. In besonderem Maße möchte ich dabei der HOMAG Group AG, der Sachsenküchen H.-J. Ebert GmbH und der Reichenbacher Hamuel GmbH für das Bereitstellen von Informationen und Bildmaterial danken. Ebenso möchte ich mich bei meinen früheren Kollegen der Berufsakademie Sachsen recht herzlich für ihre Unterstützung bedanken.

Radeburg, April 2025

Hans-Peter Linde

1 Möbel als Kulturgut

1.1 Funktion und Gestaltung der Möbel im Wandel der Zeit

In der Literatur finden sich verschiedene Erläuterungen zur Herkunft der Bezeichnung Möbel. In einer häufig auftauchenden Erklärung werden die Begriffe Möbel bzw. Mobiliar aus dem lateinischen Begriff mobile, d. h. beweglich, abgeleitet. Im Gegensatz zum Begriff mobile steht der lateinische Begriff immobiles, d. h. unbeweglich, der Bauwerke und Gebäude beschreibt.

Begriffsbestimmung

Zur Bestimmung des Begriffes Möbel ist zwischen einer Inneneinrichtung, der baulichen Ausstattung und den Einrichtungsgegenständen zu unterscheiden. Bei der Inneneinrichtung handelt es sich um das Zusammenwirken von Möbeln, Stoffen, Farben, Formen und der Dekoration. Zur baulichen Ausstattung zählen Türen, Fenster, die Heizung, die Bodenbeläge, die Sanitärobjekte sowie technische Geräte und Elektronik. Möbel werden allgemein als Einrichtungsgegenstände bezeichnet. Der Begriff der Einrichtungsgegenstände umfasst aber auch z. B. Teppiche, Vorhänge, Bilder und Zimmerpflanzen. Verglichen mit typischen Haushaltsgegenständen sind Möbel größer und schwerer, lassen sich aber noch bewegen. Hinsichtlich einer Abgrenzung zu Kunstobjekten besteht der Wert der Möbel in ihrem Gebrauchswert.

Unter dem Begriff Möbel sind bewegliche bzw. bewegbare Einrichtungsgegenstände zu verstehen, die nicht zur baulichen Ausstattung gehören, vorzugsweise einen hohen Gebrauchswert besitzen und zum Aufbewahren von Gütern, zum Sitzen, zum Liegen oder zum Verrichten von Tätigkeiten dienen. Mit dem Gebäude fest und dauerhaft verbundene Möbel, z. B. Einbauschränke in Wandnischen, gehören demzufolge zu den baulichen Ausstattungen.

Im Laufe der Zeit wurden viele verschiedene Einrichtungsgegenstände erdacht, entworfen und gebaut. Diese Gegenstände wurden vorzugsweise durch bestimmte Bezeichnungen und Charakterisierungen beschrieben. Man berichtete über diese Einrichtungsgegenstände, deren besondere Eigenschaften und nützliche Funktionen. Der Begriff Möbel, als Gesamtheit bestimmter Einrichtungsgegenstände, prägte sich aber erst viel später aus. Eine mögliche Erklärung sieht den Ursprung des Begriffes Möbel im französischen Wort ‚meuble'. „... Der im 17. Jahrhundert von französisch meuble abgeleitete Sammelbegriff Möbel für eine Vielzahl unterschiedlicher ‚mobiler' Einrichtungsgegenstände verweist auf deren früheren Rechtsstatus als Fahrhabe."[1] Fahrhabe ist ein anderer Ausdruck für bewegliche Sachen, die nicht als Gebäudebestandteil oder bauliche Einrichtungen gelten.[2]

Die Bezeichnung Möbel umfasst bewegliche Einrichtungsgegenstände, die eine bestimmte, für den Menschen nutzbare Funktion erfüllen und vorwiegend in Innenräumen, gegebenenfalls aber auch im Außenbereich genutzt werden.

Möbel der Vergangenheit

In den Schlössern und Burgen im Mittelalter existierten verschieden ausgestattete Räume, die zu Repräsentationszwecken, zum Wohnen, Schlafen und Arbeiten dienten oder in denen Vorräte und Waffen lagerten. Die Wohnräume waren in der Regel spärlich möbliert und die Möbel waren bevorzugt an den Wänden aufgestellt, sodass die Mitte des Raumes frei blieb. Bei Repräsentationsräumen hingegen befand sich in der Mitte des Raumes ein prunkvoll gestalteter Thron mit den Insignien der Macht. Auf diesem Thron residierte der Herrscher bzw. die ranghöchste Person. Etwas entfernt, meist auf schlicht gehaltenen Bänken bzw. Chorgestühl, nahmen dann die niederen Ränge Platz. Nicht jedem stand ein Platz zum Sitzen zu. In den Repräsentationsräumen wurden z. B. wichtige Angelegenheiten behandelt, Gäste empfangen und Gericht gehalten. In den Wohnbereichen befanden sich Tische und Stühle bzw. Bänke sowie Betten. Schränke gab es zu diesen Zeiten noch nicht. Neben den Einrichtungsgegenständen zum Sitzen, Liegen und Arbeiten gab es im Mittelalter gesonderte Behältnisse zum Aufbewahren besonders wichtiger bzw. wertvoller Gegenstände. Diese Aufbewahrungsfunktion wurde damals von verschließbaren Truhenrealisiert. Alle wichtigen bzw. wertvollen Gegenstände waren an einem Punkt konzentriert und verschließbar gelagert. Aus diesen, auf dem Boden stehenden Truhen entstanden im Laufe der Zeit aufrechtstehende Truhen und aus diesen Truhen später die Schränke. Bauern wohnten und lebten in kleinen, ebenerdigen Häusern, die in der Regel nur aus einem Raum bestanden. Als Möbel waren dort Tische, Hocker oder Schemel anzutreffen. Betten waren nicht unbedingt vorhanden; man schlief auf dem Strohsack oder der Ofenbank. Möbel wurden entweder selbst gefertigt oder von einem Zimmermann hergestellt.

---

[1] Nach [DUB 2009], Artikel Nr. 2009-11-10

[2] Quelle: URL *https://www.dwds.de/wb/Fahrhabe*, abgerufen am 30. 05. 2023.

Die Entwicklung der Möbel ist untrennbar mit der kulturellen Entwicklung verbunden. Einen besonderen Einfluss auf die Entwicklung der Möbel hatte das höfische Leben. Es entstanden prunkvolle und einzigartige Möbelstücke, die den Wohlstand und den Reichtum der Besitzer zum Ausdruck brachten. Diese Einrichtungsgegenstände waren Einzelstücke, die von hoher handwerklicher Kunst zeugten und die nach den Vorgaben der Besitzer gestaltet und ausgestattet wurden. Dabei war das höfische Leben in Frankreich oder Italien für viele Adlige der Maßstab. In diesem Zusammenhang entstanden für Möbel spezielle Bezeichnungen, die bis heute überdauert haben.

Entwicklung der Möbelherstellung

Es dauerte längere Zeit, bis sich der Beruf des Schreiners eindeutig von dem des Zimmermannes unterschied. Die Zimmerleute bauten das Haus und die Schreiner schufen die Ausstattungen in den Häusern: Türen, Fensterrahmen und an den Wänden befestigte Aufbewahrungs- und Ablagekästen, auch Wandkisten genannt sowie Zimmermöbel, z. B. Tische, Bänke und Betten. Durch diese Aufgabenteilung entstanden berufliche Spezialisierungen, neue Werkzeuge und Bearbeitungsmethoden. Das hatte zur Folge, dass Möbel vielfältiger, filigraner und schöner aussahen. Ein weiterer Unterschied prägte sich heraus. Die Möbel wurden in einer Werkstatt gefertigt und als fertiges Möbel zum Auftraggeber gebracht. Man arbeitete in Räumen und war unabhängig von den äußeren klimatischen Bedingungen. In den Werkstatträumen konnte man Maschinen nutzen, mit denen man schneller, genauer und gleichmäßiger fertigen konnte, als mit einfacher Handarbeit. Neben der Mechanisierung der Bearbeitung entstanden neue Werkstoffe bzw. Werkstoffkombinationen. Es entwickelten sich Technologien zum Verkleben und zum Beschichten von Möbeloberflächen. In Verbindung mit den neuen Techniken und Technologien entstanden auch neue Gestaltungsansätze für Möbel. Durch die industrielle Entwicklung entstanden in den Städten neue Fabriken und Werkstätten. Das wiederum vergrößerte den Bedarf an Arbeitskräften, führte zum Zuzug in die Städte und beschleunigte deren Wachstum und Entwicklung. Es entstand ein zunehmender Bedarf an Wohnräumen und Einrichtungsgegenständen. Mit dem Entstehen von Möbelmanufakturen konnten Möbel in größeren Stückzahlen hergestellt werden. Gleichzeitig wuchsen aber auch die Ansprüche an die Gestaltung, die Nutzung und Benutzbarkeit der Möbel (vgl. Bild 1.1).

In diesem Zusammenhang entstanden Mitte des 20. Jahrhunderts die Vorläufer des Möbeldesigns. Möbel sollten nach funktionalen, ästhetischen und benutzertauglichen Aspekten gestaltet werden. Gleichzeitig sollten die Möbel mit industriellen Mitteln und Technologien hergestellt werden und für einen größeren Interessentenkreis finanziell erschwinglich sein.

Bild 1.1
Aufwendig hergestellter Tafelstuhl im Gründerzeit-Stil mit Rohrgeflecht und Schnitzereien (mit freundlicher Unterstützung des Deutschen Stuhlmuseums Rabenau)

In der frühen handwerklichen Herstellung von Möbeln war die Einzelfertigung typisch. Neben Handarbeit existierten erste Maschinen und Vorrichtungen zur mechanischen Bearbeitung der Möbelteile. Mit der stark gestiegenen Nachfrage an Möbeln entstanden Manufakturen als großbetriebliche Unternehmen. In einer Manufaktur wurden vorwiegend Serien- oder Massenprodukte hergestellt. Die Mitarbeiter einer Manufaktur waren vorher meist selbstständige Handwerker, die unter Leitung eines Unternehmers und mit Unterstützung durch Maschinen Möbel herstellten (vgl. Bild 1.2).

Bild 1.2
Armlehnen-Sessel im Stil der Gründerzeit, Nachbau (mit freundlicher Unterstützung des Deutschen Stuhlmuseums Rabenau)

In der Literatur werden heterogene und organische Manufakturen unterschieden. Bei einer heterogenen Arbeitsorganisation werden alle Teile als Einzelteile getrennt produziert und am Ende zum Produkt verbunden. Bei einer organischen Arbeitsorganisation übergibt der Arbeiter sein bearbeitetes Werkstück an den nächsten Arbeitsplatz zur Weiterbearbeitung, bis zur Fertigstellung des Produktes.

Aus den Manufakturen entwickelten sich industriell fertigende Unternehmen. Diese Unternehmen sind durch eine Spezialisierung der Tätigkeiten und durch die Arbeitsteilung gekennzeichnet. Die Bearbeitungsprozesse sind dabei in Arbeitsoperationen aufgegliedert und den betreffenden Arbeitsstationen zugeordnet. Ein Fertigungsauftrag besteht aus einer definierten Folge von Arbeitsgängen an definierten Arbeitsplätzen. Der Mitarbeiter erhält einen Arbeitsauftrag, in dem seine Mitarbeit und die auszuführenden Tätigkeiten beschrieben sind. Die Vergütung der Arbeit basiert im Wesentlichen auf der Menge der hergestellten Teile und der Qualität der ausgeführten Arbeiten.

1.2 Möbel der Gegenwart

1.2.1 Verwendete Systematik der Möbel

Der Begriff Möbel steht für eine Gesamtheit von beweglichen, objektartigen Einrichtungsgegenständen von stabiler Bauweise, die im Wesentlichen selbstständig im Raum stehen und von hohem Gebrauchswert sind. Möbel sind i. d. R. zweckgebunden. Sie dienen zum Aufnehmen, Aufbewahren bzw. Präsentieren von Gegenständen, so die Behältnismöbel und sie dienen zum Sitzen, zum Liegen und zum Verrichten bestimmter Tätigkeiten. Um Möbel von anderen Einrichtungsgegenständen abzugrenzen, werden solche Eigenschaften wie stabil, objektartig, beweglich und selbstständig im Raum stehend sowie der durch die Funktionalität entstehende Gebrauchswert, hervorgehoben.

Möbel haben sich im Laufe der Zeit sehr stark in Gestaltung, Funktion und Gebrauchswert weiterentwickelt, sodass es nicht möglich ist, diese Vielfalt in einer geschlossenen Definition zu beschreiben. In der Literatur ist es üblich, Möbel nach verschiedenen Kriterien zu unterscheiden (vgl. Bild 1.3).

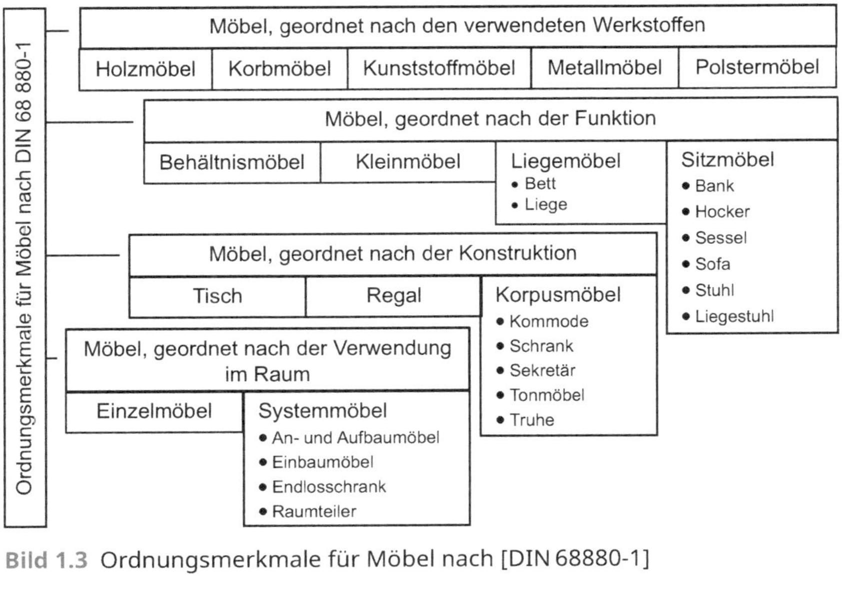

Bild 1.3 Ordnungsmerkmale für Möbel nach [DIN 68880-1]

Als Kategorien der Unterscheidung können Möbel nach dem Zweck bzw. der Funktion, nach den verwendeten Werkstoffen, nach der Bauweise bzw. Konstruktion des Möbels sowie nach der Verwendung in bestimmten Raumgruppen bzw. Bereichen geordnet werden.

Eine Unterscheidung nach den verwendeten Werkstoffen ist sicherlich möglich. Es ist aber anzumerken, dass häufig Werkstoffkombinationen vorliegen, z. B. Korbstühle mit Metallgestell, Polstermöbel mit tragender Holzkonstruktion. Die Wahl der Werkstoffe erfolgt im Wesentlichen nach bestimmten Merkmalen wie der geforderten Festigkeit, Stabilität und Nutzungsbedingungen des Möbels, z. B. Belastbarkeit, Robustheit oder aus Gründen der Funktionsrealisierung. Mit der Verarbeitung bestimmter Werkstoffe sind im Wesentlichen die zu verwendeten Maschinen, Werkzeuge und Technologien festgelegt.

Für die Betrachtung der Fertigungsprozesse für Möbel können die konstruktiven und funktionalen Merkmale herangezogen werden. Als Grobstruktur der Möbelgesamtheit sollen folgende Gruppen von Möbeln unterschieden werden (vgl. Bild 1.4).

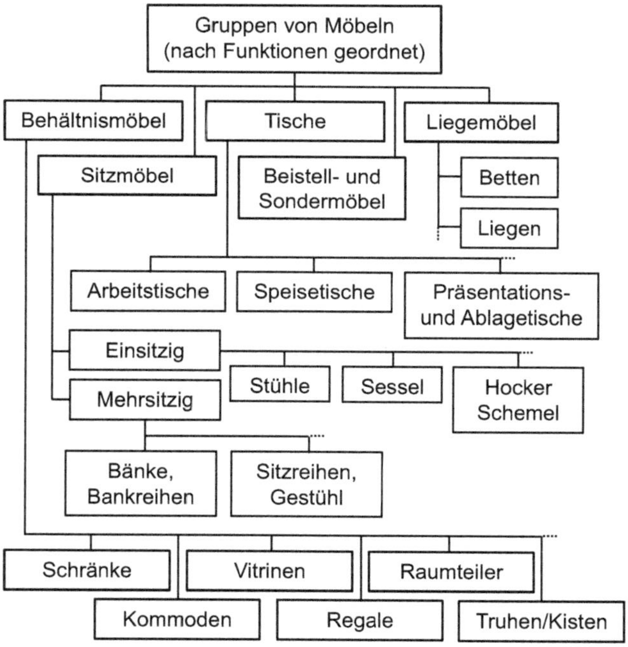

Bild 1.4 Übersichtsdarstellung von Möbelgruppen

Gruppe der Behältnismöbel

Zur Gruppe der Behältnismöbel werden Möbel gerechnet, die zum geordneten Ablegen und sicheren Aufbewahren von Objekten und Gegenständen dienen. Ein Behältnismöbel besteht im Wesentlichen aus dem Bereich des Behältnisses, auch als Korpus bezeichnet, dem Oberteil und dem Unterteil des Möbels, den Möbelfronten sowie der Rückwand. Der untere Bereich des Möbels ist für den sicheren Stand des Möbels und die konfliktfreie Nutzung des Möbels notwendig. Gleichzeitig können Fußbodenunebenheiten kompensiert und eine direkte Aufstellung auf dem Fußboden vermieden werden. Der untere Möbelbereich kann als Wange, d. h. eine verlängerte Außenseite als Kufenfuß[3], als Rahmen oder Kastensockel, als höhenverstellbarer Möbelfuß oder als Seitengestell ausgeführt sein. Der obere Teil des Möbels sichert den optischen Abschluss des Möbels in Richtung Raumdecke und kann besondere Verzierungen bzw. Schmuckelemente enthalten. Die Rückwand begrenzt das Behältnismöbel auf der Rückseite in Richtung Wand und hat eine stabilisierende Wirkung auf den Korpus. Die Möbelfront begrenzt das Möbel auf der Sichtseite, d. h. in Richtung des Nutzers und sichert den Verschluss des Möbels. Die Möbelfronten können z. B. als Drehtüren, Falttüren, Schiebetüren, Blenden, Klappen oder Rollläden ausgebildet sein.

Als Behältnismöbel zählen Schränke, Kommoden, Vitrinen, Regale, Raumteiler sowie Truhen und Kisten. Als Schränke werden Behältnismöbel bezeichnet, die an der Vorderseite komplett verschlossen werden können. In der Gruppe der Schränke können diese nach

- ihren äußeren Abmessungen, z. B. Hochschrank, Halbschrank oder Unterschrank,
- der Anordnung bzw. Aufstellung, z. B. Eckschrank, Unterschrank, Wandschrank, Einbauschrank und
- der Art des Möbels, z. B. Einzelmöbel, Wohnwand, Systemmöbel,[4]

unterschieden werden. Als übliche Bezeichnungen für Schränke können die Bezeichnungen

- nach den eingelagerten Gegenständen, z. B. Kleiderschrank oder Bücherschrank,
- nach dem Ort der Aufstellung/Nutzung, z. B. Schlafzimmerschrank oder Büroschrank, sowie
- nach der Funktion und Innenausstattung, z. B. Geräteschrank oder Geschirrschrank, erfolgen.

Als Wohnwand, Schrankwand oder Anbauwand wird ein aus Einzelschränken miteinander verbundenes Möbel bezeichnet, bei dem alle Einzelkomponenten dem gleichen Konstruktionsprinzip und dem gleichen Design folgen.

---

3 Ein Kufenfuß ist ein kufenartiges Fußelement an der Außenseite, mit dem der Schrank auf dem Boden steht.

4 Unter Systemmöbeln werden modular aufgebaute Möbel verstanden, deren Module beliebig untereinander kombinierbar sind.

Als Kommode wird ein halbhoher, mit Schubkästen versehener Schrank bezeichnet. Mitunter werden auch Halbschränke mit Schubkästen und Türen als Kommode bezeichnet. Die Kommode gilt als funktionaler Nachfolger der aufrecht gestellten Truhe. Da sich dieser Halbschrank bequemer bedienen ließ, als eine auf dem Boden stehende Truhe, etablierte sich die Bezeichnung commod, d. h. bequem.

Als Vitrinen werden Schränke bezeichnet, welche an mindestens einer Schrankseite Glasfronten aufweisen. Eine Vitrine dient der Präsentation der eingelagerten Gegenstände.

Als Regale werden Behältnismöbel mit offener Frontfläche bezeichnet. Ein Regal besteht aus den senkrechten Regalseiten und den waagerecht dazwischen liegenden Regalböden. Zusätzlich können Regale zwischen den Regalseiten und Regalböden zusätzliche Einlegeböden bzw. zusätzliche Fach-Innenseiten besitzen. Ein Regal kann zur Verbesserung der Stabilität des Korpus eine Rückwand besitzen. Als Raumteiler können Regale bzw. Schränke verwendet werden, die sich von beiden Seiten benutzen lassen und einen Raum optisch und funktional teilen. Eine Raumteilung kann durch Vorhänge, Aufsteller oder Faltwände erfolgen, die aber nicht zu den Möbeln zählen.

Truhen sind vermutlich, neben den Sitz- und Liegemöbeln, die ältesten Möbelstücke. In den Truhen wurde bewegliche, wichtige Güter und Kleidung aufbewahrt. Truhen sind i. d. R. von stabiler Art und verschließbar. Neben der Aufbewahrungsfunktion können Truhen auch als Sitzmöbel verwendet werden. Als Kiste wird ein offener und verschließbarer Behälter zur Beförderung bzw. Lagerung von Gegenständen bezeichnet. Aufgrund ihrer stabilen Bauart sind Kisten stapelbar. Im Gegensatz zur Kiste verfügt ein Kasten über keinen mit dem Behältnis verbundenen Deckel.

Gruppe der Liegemöbel

Als Liegemöbel werden Möbel bezeichnet, die vorzugsweise zum Liegen, Schlafen und Entspannen hergestellt wurden, sich aber auch zum Sitzen eignen. Liegemöbel bestehen im Wesentlichen aus einer Liegefläche und einem die Liegefläche tragenden Gestell, dem Traggestell. Das Traggestell sichert die Stabilität der Liegefläche und begrenzt das Liegemöbel nach außen. Zum Traggestell wird üblicherweise der Federboden bzw. Lattenrost zugerechnet. Auf diesem Federboden/Lattenrost liegt dann i. d. R. eine flexible Liegefläche auf.

Liegemöbel können im Wesentlichen in Betten und Liegen unterschieden werden. Zu einem Bett gehört das Bettgestell mit einer entsprechenden Schlaffläche. Eine Liege ist ein zum Ruhen geeignetes Möbelstück, z. B. Sofa oder Couch. Ein Sofa verfügt dabei über Armlehnen, die Couch hingegen nicht.

Betten können hinsichtlich der Konstruktion in Einzelbetten, Doppelbetten, Etagenbetten und Hochbetten unterschieden werden. Hinsichtlich der Funktionalität/Wandelbarkeit können Betten in Klappbetten mit hochklappbarer Schlaffläche, Rollbetten mit auf dem Boden ausrollbarer Schlaffläche und Schrankbetten mit einer in einen Schrank einklappbaren Schlaffläche, unterschieden werden. Betten können zum Verstauen der Bettdecke und des Kopfkissens einen Bettkasten aufweisen. Für bestimmte Anwendungsfälle können Betten eine besondere Ausstattung und veränderbare Liegeflächen besitzen, z. B. Krankenhaus- bzw. Pflegebetten. Unter der Bezeichnung Pritsche werden sehr einfache, schmale, meist aus einem Holzgestell bestehende Liegemöbel bezeichnet.

Gruppe der Tische

Als Tisch kann man ein Möbel bezeichnen, das aus einer ebenen Tischplatte mit einem dazugehörigen Traggestell besteht. Tische können zum Arbeiten, Essen, Präsentieren, aber auch zur Ablage von Gegenständen verwendet werden. Tische werden in vielen verschiedenen Funktionsbereichen sowie in geschlossenen Räumen und im Freien benutzt. Tische werden in Abhängigkeit von Funktion, Nutzergruppe und Nutzungsbereich gestaltet. Je genauer das Nutzerverhalten bekannt ist, desto konkreter können Tische ausgestattet sein. Häufig werden Tische im Zusammenhang mit der vorgesehenen Nutzung bezeichnet, z. B. Esstisch oder Schülerarbeitstisch.

Die Tischplatten können fest mit dem Traggestell, verschiebbar, drehbar/neigbar, ausziehbar oder auch in der Höhe und Richtung veränderbar sein. In Abhängigkeit von der vorgesehenen Nutzung können auf der Tischplatte bestimmte Aufbauten bzw. Unterbauten vorhanden sein. Bei Aufbauten auf Tischplatten können Höhenunterschiede ausgeglichen werden, z. B. bei einem Bildschirmarbeitsplatz sowie Ablage- und Aufbewahrungsmöglichkeiten vorhanden sein. In der Regel sind die Aufbauten mit der Tischplatte verbunden. Bei Unterbauten handelt es sich oft um Ablage- und Aufbewahrungsmöglichkeiten, z. B. Schubkästen oder Auszüge. Es gibt aber auch sogenannte Küchenspültische, in denen Auszüge mit Spülschüsseln vorhanden sind. Derartige Unterbauten können mit der Tischplatte und/oder dem Traggestell verbunden sein.

Die Tischplatte ist i. d. R. direkt mit dem Traggestell verbunden. Das Traggestell eines Tisches hat die Funktion, die Tischplatte in einer festen Position oder einer von Nutzer gewählten, zulässigen und eingestellten Position zu fixieren und somit für einen sicheren Stand des Tisches zu sorgen. Dafür können drei oder vier Tischbeine, die über eine Zarge so mit Tischplatte verbunden sind, verwendet werden. Je nach Funktion können aber auch Fußplatten[5] oder Fußwangen[6] verwendet werden. Wird ein Tisch hauptsächlich zu Arbeitszwecken verwendet, kann das Traggestell aus einem schrankähnlichen Unterbau, z. B. zur Aufbewahrung von Gegenständen, anstelle von Tischbeinen, bestehen.

---

5 Fußplattengestell: Bei einem Fußplatten-Traggestell ruht die Tischplatte auf einem säulenartigen Zentralfuß, der auf einer Fußplatte befestigt ist.

6 Wangentisch: Bei einem Wangentisch wird ein Traggestell verwendet, das aus zwei oder vier wangenförmigen, senkrecht stehenden Platten an der Schmalseite des Tisches besteht.

Gruppe der Sitzmöbel

Die Gruppe der Sitzmöbel umfasst Möbelstücke zum Sitzen in bequemer, ruhender Haltung. Sitzmöbel lassen sich in einsitzige und mehrsitzige Möbelstücke unterteilen. Einsitzige Möbel können in Stühle, Sessel oder Hocker/Schemel unterschieden werden. Ein Stuhl besteht aus dem Traggestell, einer Sitzfläche und einer Rückenlehne bzw. einer Sitzschale (vgl. Bild 1.5).

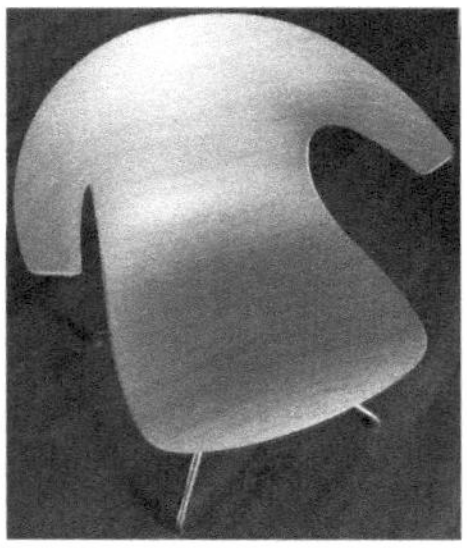

Bild 1.5
Stuhl mit einer Sitzschale aus 3D-verformtem mehrlagigen Furnier

Seitlich angebrachte Armlehnen können vorhanden sein. Je nach vorgesehener Nutzung des Stuhls können die Höhe der Sitzfläche und/oder die Neigung der Rückenlehne verstellbar sein. Eine derartige Verstellung kann dazu führen, dass der Stuhl als Liegemöbel genutzt werden kann. Zum bequemen Sitzen können die Sitzfläche, die Rückenlehne und ggf. die Armlehnen gepolstert sein. Stühle können unterschieden werden

- hinsichtlich der Bauweise, in z. B. Stapelstuhl, Freischwinger, Klappstuhl, Drehstuhl bzw. Schaukelstuhl,
- der Funktion, in z. B. Liegestuhl, Schaukelstuhl, Behandlungsstuhl bzw. Rollstuhl,
- der Nutzergruppe, in z. B. Kinderstuhl, Besucherstuhl bzw. Lehrerstuhl,
- dem Ort der Verwendung, in z. B. Küchenstuhl, Bürostuhl, Bistrostuhl bzw. Terrassenstuhl.

Sessel verfügen i. d. R. über gepolsterte Sitzflächen und gepolsterte Rückenlehnen. Ein Hocker/Schemel besteht aus einer Sitzfläche und dem dazugehörigen Traggestell. Als Traggestell können drei oder vier, an Zargen[7)] befestigte Beine oder ein Mittelfuß verwendet werden.

Mehrsitzige Möbel sind für ein gleichzeitiges Sitzen mehrerer Personen vorgesehen. Die Mehrsitzigkeit entsteht dabei nicht durch eine Aneinanderreihung von Einzelmöbeln, sondern ist in der Konstruktion begründet. Hier lassen sich Bänke/Bankreihen und Sitzreihen/Gestühl, z. B. Kino- bzw. Hörsaalbestuhlung sowie Chorgestühl, unterscheiden. Spezifikationen können entstehen durch Verwendung von klappbaren Sitz- bzw. Schreibflächen und/oder in der Höhe gestuften Anordnungen sowie vorhande-

[7] Unter einer Zarge wird ein seitlich einfassendes Bauteil eines räumlichen Gegenstandes verstanden.

nen Stauräumen unter den Sitzflächen. Eine Gruppe von gleichartigen und zusammengehörigen Sitzmöbeln wird als Sitzgruppe bezeichnet.

Gruppe der Sondermöbel

In der Gruppe der Sondermöbel können Möbel eingeordnet werden, die den o. g. Gruppen entsprechen, die aber aufgrund erweiterter Funktionalität, besonderer Ausstattung und der Nutzungsbedingungen nicht den klassischen Wohnmöbeln gleichgesetzt werden können. In diesem Zusammenhang sind die Beistellmöbel zu erwähnen. Als Beistellmöbel werden üblicherweise Kleinmöbel, z. B. Couchtische oder Schränkchen, zur Ablage von Gegenständen oder als Ergänzungen zu gleichartigen größeren Möbeln bezeichnet.

Zu den Sondermöbeln können in der Funktion wandelbare Möbel gerechnet werden. Hier lässt sich eine Unterscheidung nach der Wandelbarkeit treffen. In der Funktion wandelbare Möbel erfüllen verschiedene Funktionen und eignen sich besonders gut in kleinen Wohneinheiten mit wenig Wohnfläche. Die wohl gängigsten wandelbaren Möbelstücke sind das Schlafsofa und der Liegestuhl.

Optisch wandelbare Möbel können ihre eigentliche Nutzungsfunktion durch optische Veränderungen verbergen. Zum Beispiel kann ein Schrankbett bei Nichtnutzung in einen Schrank eingeklappt werden und bleibt damit verborgen. Der sichtbare Schrank beherbergt i. d. R. nur das eingeklappte Bett und kann nur begrenzt andere Gegenstände aufbewahren.

Bei verstellbaren Möbeln können einzelne Abmessungen, Ausrichtungen, Positionen und Neigungen von Bauteilen mit geringem Aufwand durch den Nutzer in bestimmten Bereichen verändert werden. Mitunter wird der Begriff der Wandelbarkeit im Zusammenhang mit klapp-, falt- bzw. ausziehbaren Möbeln verwendet. Dabei erfolgt nur selten eine funktionale Wandlung. Eine konstruktive Verstellbarkeit, z. B. Höhenverstellung oder Neigbarkeit, stellt keine Funktionswandlung dar.

Bei Multifunktionsmöbeln sind mehrere Funktionen in einem einzigen Möbelstück vereinigt. Bei einem Kinderhochbett sind verschiedene Funktionen verfügbar, so z. B. Schlafen, Arbeiten, Spielen und Sachen aufbewahren. Diese verschiedenen Funktionen sind in einer Stollenkonstruktion fest angeordnet und permanent verfügbar.

Eine weitere Gruppe innerhalb der Sondermöbel stellen Möbel dar, die für spezielle Anforderungen entwickelt werden und über besondere Ausstattungen bzw. Funktionalitäten verfügen und vorzugsweise im Nicht-Wohnbereich genutzt werden, z. B. in Praxis- und Pflegeeinrichtungen.

Weiterführende Betrachtungen zur Gruppe der Behältnismöbel

Die Gruppe der Behältnismöbel weist im Vergleich zu den Sitz- und Liegemöbeln sowie den Tischen eine Vielzahl verschiedener Möbelarten, Bauweisen und Ausstattungen auf. Behältnismöbel werden vorrangig aus Holz und Holzwerkstoffen hergestellt. Der Großteil der im Einsatz befindlichen Möbel sind Behältnismöbel. Für die weiteren Ausführungen beschränkt sich der Autor auf die im Wohnumfeld anzutreffenden Behältnismöbel. Der Autor konzentriert sich bei seinen Ausführungen auf die Prozesse und Methoden der industriellen Herstellung von Möbeln.

Bei den heute angebotenen Möbeln werden z. T. Bezeichnungen verwendet, die nicht auf eine der o. g. Möbelgruppen hinweisen. Die Bezeichnung als Board, z. B. Highboard, Lowboard oder Sideboard, weist auf ein Behältnismöbel mit verschiedenen Höhen bzw. Breiten hin, kennzeichnet aber keine Funktionalitäten bzw. Ausstattungen.

In der Vergangenheit wurden bestimmte Möbel für konkrete Tätigkeiten bzw. Anlässe entwickelt, die heute nur noch eine historische Bedeutung haben. Deshalb wurde auf die Darstellung bestimmter Möbel, wie Anrichte, Buffet und Kredenz, d. h. ein Schrank bzw. Tisch zum Anrichten und Kredenzen von Speisen, verzichtet.

1.2.2 Bauweisen von Behältnismöbeln

Im Möbelbau können vier Bauweisen von Möbeln unterschieden werden, so die Brettbauweise, die Plattenbauweise, die Rahmenbauweise und die Stollenbauweise.

Bei der Brettbauweise bestehen die Seiten, Böden und Türen des Möbels aus brettförmigem Massivholz, welches zu plattenförmigen Teilen zusammengesetzt ist. Dabei können die Bretter untereinander an den Schmalflächen verklebt oder unverklebt gefügt sein, z. B. durch Nut/Feder, Gratleisten oder Zinken. Da Massivholz im Laufe der Verwendung zum Quellen bzw. Schwinden neigt, müssen diese Dimensionsänderungen berücksichtigt werden. Die wenig attraktiven Hirnseiten der aus Brettern bestehenden Möbelteile können mit sogenannten Hirnleisten verdeckt sein.

Bei der Plattenbauweise bestehen die Teile des Möbels aus plattenförmigen Holzwerkstoffen, z. B. Span-, Faser- oder Sperrholzplatten bzw. ein- oder mehrlagige Platten aus Holz (vgl. Bild 1.6).

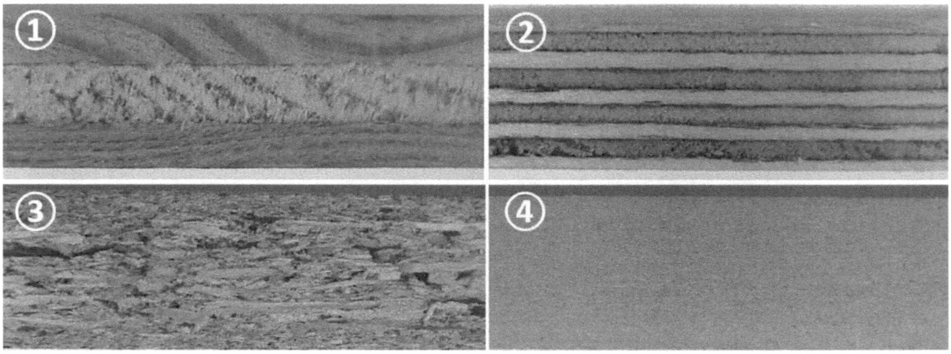

Bild 1.6 Verschiedene Materialquerschnitte: (1) mehrlagige Vollholzplatte, (2) Sperrholzplatte, (3) rohe Spanplatte, (4) mitteldichte Faserplatte

In bestimmten Frontbereichen können für gestalterische Zwecke Massivholzteile angeordnet sein, z. B. für Zierleisten und Blenden. Die einzelnen Möbelteile werden über spezielle Verbindungsmittel, mit sogenannten Beschlägen miteinander verbunden. Bei der Erzeugung der fertigen Möbelteile werden die durch den Zuschnitt entstehenden Schmalflächen vorwiegend mit bestimmten Dekormaterialien beklebt, z. B. durch streifenförmiges Schmalflächenmaterial aus Kunststoff, Folien, Furnierstreifen oder Massivholzleisten, sodass der Trägerwerkstoff nicht mehr sichtbar ist.

Bei einlagigen Massivholzplatten werden zugeschnittene Leisten bzw. Kanteln stumpf miteinander zu Rohmaterialplatten verklebt (vgl. Bild 1.7).

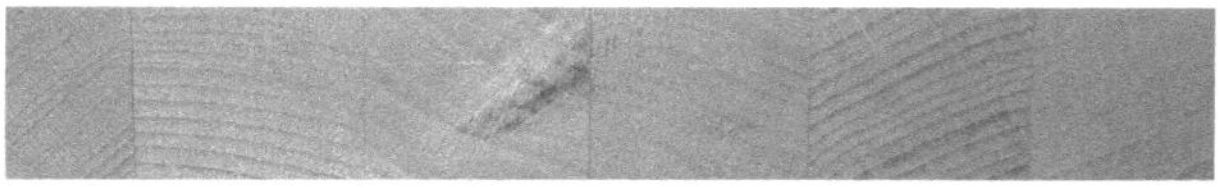

Bild 1.7 Stumpf verklebte Buche-Massivholzleisten

Aus diesen Rohmaterialplatten werden dann die benötigten Rohteile ausgetrennt. Bei Zuschnitten aus Massivholzplatten erhalten die Breit- und Schmalflächen eine schützende Oberflächenbehandlung, werden i. d. R. aber nicht beklebt.

Die Rahmenbauweise wird bei Behältnismöbeln nur noch selten angewendet. Der Möbelkorpus besteht dabei aus mehreren Platten, z. B. Seiten, Böden, Fronten und ggf. Rückwände, die miteinander zu einem Korpus verbunden sind. Die einzelnen Platten bestehen aus einem Rahmen, dem Fries und einer im Rahmen befindlichen Füllung. Der Fries[8] besteht i. d. R. aus Vollholz. Die Füllungen können ebenso aus Holz, aber auch aus anderen Materialien, wie z. B. aus Glas, bestehen.

Bei der Stollenbauweise besteht das tragende Gestell des Möbels aus vier, auf dem Fußboden stehenden Eckpfosten, die untereinander mit soliden Querriegeln verbunden sind. In dieses Traggestell sind die einzelnen Korpusse, Ablageflächen bei Tischen bzw. Beistellmöbeln oder die Sitzflächen und Rückenlehnen bei Sitzmöbeln eingesetzt und befestigt. Bei Behältnismöbeln erstrecken sich die Eckpfosten i. d. R. über die gesamte Höhe des Möbels, während bei Tischen und Stühlen die Stollen an der Tischplatte bzw. der Stuhlsitzfläche enden.

1.2.3 Werkstoffe im Möbelbau

Zu den Werkstoffen zur Verwendung im Möbelbau zählen die Vollholzwerkstoffe und die plattenförmigen Holzwerkstoffe, wie z. B. Furnierwerkstoffe, Spanwerkstoffe, Faserwerkstoffe und Verbundwerkstoffe.

8 Als Fries wird im Möbelbau der das Bauteil umfassende Rahmen bezeichnet. Durch die Anordnung der Füllung im Inneren der Platte lassen sich optische Gestaltungselemente bzw. besondere Flächenteilungen erreichen. Es lassen sich Längsfries, Querfries und Zwischenfries unterscheiden.

Werkstoffe auf Vollholzbasis

Als Massivholz bzw. Vollholz werden Holzprodukte bezeichnet, die einer konkreten Holzart zugeordnet werden können. Dabei werden aus dem erzeugten Schnittholz einzelne Lamellen bzw. Leisten erzeugt. Diese Lamellen können anschließend nach bestimmten Regeln wieder miteinander verklebt werden (vgl. Bild 1.7). Für die Herstellung plattenförmiger Werkstoffe können die Lamellen zu einem Block bzw. einer Lage verklebt werden. Durch das Auftrennen und anschließende, sortierte Verkleben werden noch im Holz vorhandene Spannungen abgebaut und der Werkstoff in seinen Eigenschaften homogenisiert. Dadurch können auftretende Wirkungen der Quell- und Schwindprozesse gemildert werden. Eine aus dem Massivholz erzeugte Platte kann ein- oder mehrlagig sein (vgl. Bild 1.6, Dreilagenplatte). Die Vollholzwerkstoffe können vom Fachhandel bezogen oder in Eigenfertigung hergestellt werden.

Holzwerkstoffe

Holzwerkstoffe können nach dem Grad der Zerkleinerung des nativen Holzes in Furnierwerkstoffe, Spanwerkstoffe, Faserwerkstoffe z. B. mitteldichte bzw. harte Faserplatten und Verbundwerkstoffe, z. B. Tischlerplatten, Stabsperrholz, unterschieden werden (vgl. Bild 4.39).

Sperrholz gehört zur Kategorie der Furnierwerkstoffe. Bei der Herstellung einer Sperrholzplatte werden die beim Rundschälen erzeugten Furnierlagen kreuzweise übereinandergestapelt und verklebt (vgl. Bild 1.6). Dabei entsteht ein Werkstoff mit hoher Festigkeit, Form- und Maßbeständigkeit. Die Bezeichnung Sperrholz weist darauf hin, dass durch die Verklebung der einzelnen Furnierlagen ein Verziehen der Platte nicht mehr möglich ist. Die Lagenanordnung ist immer symmetrisch und die Zahl der Lagen ungerade. Die Decklagen einer Sperrholzplatte können sich in der Holzart und in der Furnierdicke von den Innenlagen unterscheiden. Je nach Anwendungsfall können verschiedene Holzarten verwendet werden. Im Möbelbau sind z. B. Rotbuche für Sichtflächen oder Birke für allgemeine Verwendung in der Nutzung. Unter der Bezeichnung Möbelsperrholz werden Furnierwerkstoffe verstanden, deren Lagen sorgfältig hergestellt und fehlerfrei verklebt wurden. Die Bauteilschmalflächen können als direkte Sichtflächen verwendet werden.

Die Herstellung der Spanplatten ist in Abschnitt 2.2.2 beschrieben. Beim Verpressen der Späne entstehen zwischen den Decklagen und der Mittellage der Spanplatte unterschiedliche Rohdichten. Hinsichtlich der Verwendung der Spanplatten sind in der [DIN EN 312] sieben verschiedene Typen klassifiziert. Für die einzelnen Plattentypen sind konkrete mechanische Eigenschaften beschrieben. Diese Eigenschaften beziehen sich auf das Raumklima und die zu erwartende mechanische Belastung der Plattenwerkstoffe (vgl. Tabelle 1.1).

Tabelle 1.1 Klassifikation der Eigenschaften von Spanplatten nach [DIN EN 312]

Plattentyp	Verwendung	Raumklima
P1	Für allgemeine, nicht näher beschriebene Verwendung	Im Trockenbereich
P2	Für Inneneinrichtungen und Möbel	Im Trockenbereich
P3	Für nicht tragende Zwecke	Im Feuchtbereich
P4	Für tragende Zwecke	Im Trockenbereich
P5	Für tragende Zwecke	Im Feuchtbereich
P6	Hoch belastbare Platten für tragende Zwecke	Im Trockenbereich
P7	Hoch belastbare Platten für tragende Zwecke	Im Feuchtbereich

Spanplatten im Möbelbau werden i. d. R. mit einer dekorativen Oberfläche, z. B. einer Kunstharzbeschichtung oder Folienbeklebung, versehen. Aus dieser Schichtenstruktur und aus dem Rohdichteprofil resultieren besondere Anforderungen an die Werkstückbearbeitung (vgl. Bild 5.29, Erzeugen von Vertikalbohrungen mit Vorschubsteuerung).

Faserplatten

Als Faserplatten werden nach [DIN EN 316] plattenförmige Holzwerkstoffe bezeichnet, die aus Lignozellulosefasern unter Anwendung von Druck und/oder Hitze hergestellt wurden. Die Bindung der Fasern beruht „... entweder auf der Verfilzung der Fasern und deren inhärenter Verklebungseigenschaft; oder auf der Zugabe eines synthetischen Bindemittels“[9]. In Abhängigkeit des Feuchtegehaltes ω bei der Plattenformung kann eine Unterscheidung nach der Herstellung im Trockenverfahren mit einem Feuchtegehalt $\omega < 20\,\%$ oder im Nassverfahren mit einem Feuchtegehalt $\omega > 20\,\%$ erfolgen. „Platten nach dem Trockenverfahren werden im Wesentlichen unter Zusatz eines synthetischen Bindemittels unter Druck und Hitze hergestellt“[10]. Zu den im Trockenverfahren hergestellten Platten gehören die mitteldichten Faserplatten (MDF). Zu den im Nassverfahren hergestellten Platten zählen die harten Faserplatten (HB), die mittelharten Faserplatten (MB) und die porösen Faserplatten (SB). Die Zuordnung zu diesen Kategorien erfolgt in Abhängigkeit der Rohdichte der Platte (vgl. Abschnitt 2.2.3).

Im Bereich der Möbelteilefertigung werden in größerem Umfang mitteldichte Faserplatten, z. B. für Korpusteile und Fronten sowie harte Faserplatten, z. B. für Korpusrückwände und Schubkastenböden, verwendet. Hinsichtlich der Verwendungseigenschaften werden MDF-Platten für den Möbelbau nach [DIN EN 622-5] als Platten für

[9] [DIN EN 316], S. 4

[10] Ebenda, S. 4

nicht tragende Zwecke im Trockenbereich klassifiziert.[11] MDF-Platten weisen, analog zu den Spanplatten, vgl. Bild 6.15, ein charakteristisches Rohdichteprofil über die Plattendicke auf (vgl. Bild 1.8).

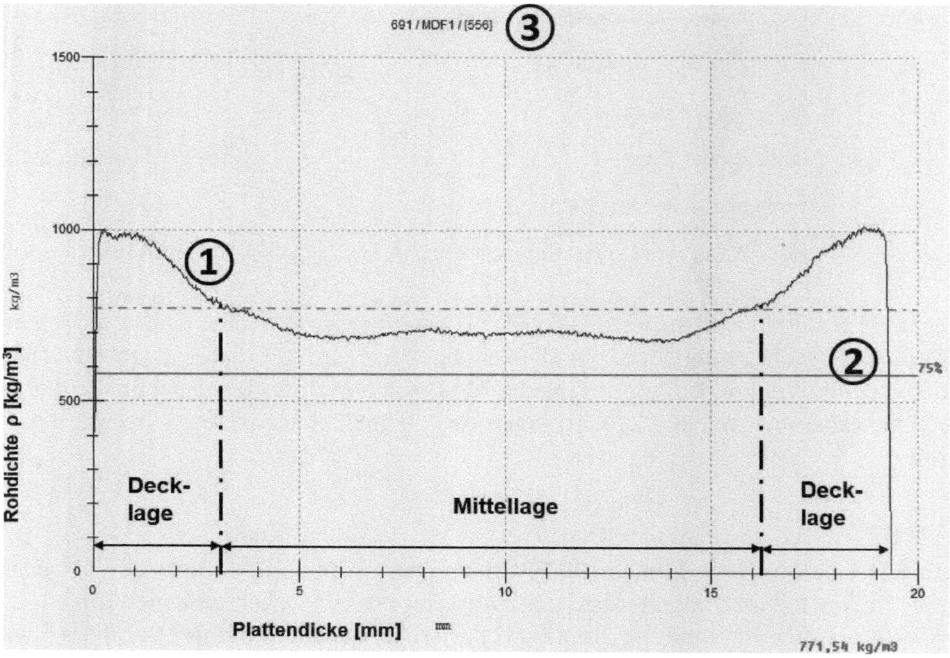

Bild 1.8 Rohdichteprofil einer 19 mm dicken MDF-Platte; aufgenommen mit dem Rohdichteprofilmessgerät mit Röntgentechnik DAX 2000 der Fa. GreCon
(1) mittlere Rohdichte, (2) 75 %-Linie, (3) Dateiname der Messwerte-Datei

Bei der Herstellung der harten Faserplatten wird das überschüssige Wasser aus dem Faservlies herausgedrückt. Dadurch bildet sich auf der einen Breitfläche eine Siebstruktur ab, während auf der anderen Breitfläche der Platte eine pressblanke Oberfläche entsteht. Diese Fläche kann aus dekorativen Zwecken mit einer Folie beklebt werden. Harte Faserplatten werden für die Verwendung im Möbelbau nach [DIN EN 622-2] als Einsatz für nicht tragende Zwecke im Trockenbereich klassifiziert.[12]

[11] [DIN EN 622-5], S. 8

[12] [DIN EN 622-2], S. 6

1.2.4 Konstruktive Anforderungen an Korpusmöbel

Belastungsadäquate Korpuskonstruktionen

Die nachfolgenden Ausführungen beziehen sich auf Plattenmöbel aus industrieller Fertigung. Bei Korpusmöbeln haben sich bestimmte Konstruktionen, so die durchgehenden Seiten bzw. die durchgehenden Böden, etabliert. Die Grundlage für diese Prinzipien sind die Kräfte und Belastungen in der Nutzung auf den Korpus bzw. auf die Korpusböden.

Beim Konstruktionsprinzip 1 der durchgehenden Seiten, muss die Verbindung zwischen den Seiten und den Böden die komplette Belastung auf den Boden aufnehmen. Bei Dübel- bzw. Federverbindungen werden die Verbindungsmittel auf Scherung beansprucht. Beim Prinzip der durchgehenden Seiten wird im Sockelbereich eine Sockelblende vorgesehen, die die Tragfähigkeit des unteren Bodens erhöht (vgl. Bild 1.9).

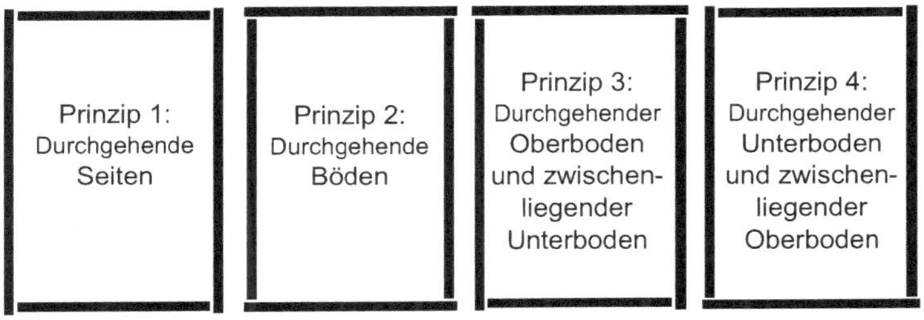

Bild 1.9 Basisprinzipe der Anordnung von Seiten und Böden bei Korpusmöbeln

Das Prinzip 2 der durchgehenden Böden wird z. B. für Büromöbel verwendet, welche i. d. R. hohe Belastungen aufnehmen müssen. Die Belastung auf den oberen Boden wird dabei von den Seiten aufgenommen. Da das beim Unterboden technisch nicht möglich ist, wird der Unterboden häufig aus stabilerem Material gefertigt, um die Belastungen besser aufnehmen zu können. Neben den beiden beschriebenen Prinzipien existieren noch Mischformen. Im nachfolgenden Bild sind Korpusse mit zwei Außen- und einer Innenseite abgebildet. In Verbindung mit den Ober-, Unter- und Konstruktionsböden ergibt sich eine Vielzahl von Gestaltungsmöglichkeiten. Die vier Grundprinzipien, hier grafisch hervorgehoben, bilden den Ausgangspunkt der Variation (vgl. Bild 1.10).

Da ein Korpus auch seitliche Kräfte, z. B. durch die Nutzung, aufnehmen muss, wird der Korpus hauptsächlich durch die Rückwand/Rückwandkonstruktion stabilisiert. Darüber hinaus werden bei größeren Korpushöhen ein oder mehrere Konstruktionsböden vorgesehen, um eine zusätzliche Stabilität des Korpus zu erreichen. Der Konstruktionsboden ist, im Gegensatz zum Einlegeboden, fest mit den Seiten verbunden. Für Korpusse im Küchenbereich wird vorzugsweise das Prinzip der durchgehenden Seiten angewendet. Um eine höhere Belastung der Küchenunterschränke zu ermöglichen, werden die Unterschränke mit einer Arbeitsplatte überbaut. Bei Küchenhängeschränken ist das Prinzip der durchgehenden Böden nicht zulässig, da die Belastung durch das Lagergut auf den Hängeschrankboden die Verbindungsmittel, z. B. die Dübel, auf Zug beanspruchen würde.

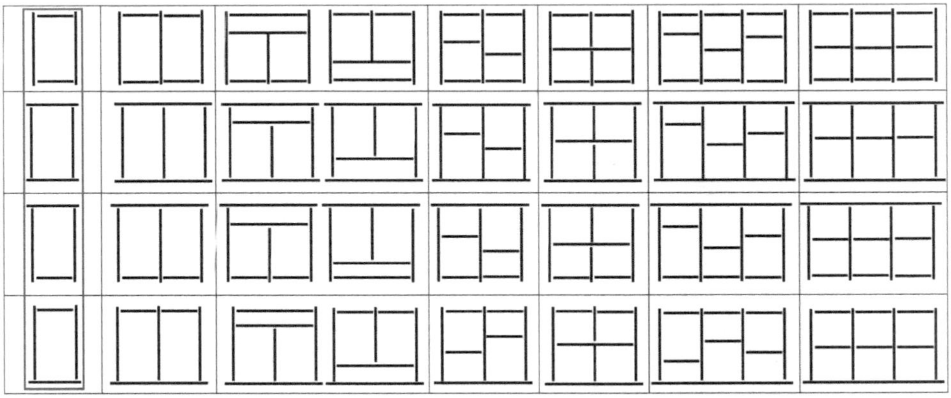

Bild 1.10 Übersicht der Anordnungsmöglichkeiten von Seiten und Böden bei Korpusmöbeln

Ein wesentlicher Grundsatz der Möbelkonstruktion lautet, dass die Korpuskonstruktion als statisches Tragsystem für die Funktionserfüllung und die sichere Nutzung geeignet sein muss. Dazu sind geeignete Werkstoffe auszuwählen und zu dimensionieren. Ebenso sind unter Beachtung des verwendeten Materials, z. B. Holz, Span-, Faser- oder Sperrholzplatten, die Verbindungen zwischen Seiten und Böden sowie den Seiten und den Rückwänden festzulegen.

Aufstellung und Anordnung der Möbel im Raum

Die konkrete Anordnung der Möbel im Raum ergibt sich im Wesentlichen aus den zu realisierenden Funktionen der Möbel und den individuellen Vorstellungen des Nutzers. Ein Möbel wird für eine bestimmte Funktion bzw. Nutzung konstruiert. Behältnismöbel werden vorwiegend parallel mit ihrer Rückseite zur Wand stehend, aufgestellt. Einzeln im Raum stehend sind meist Tische, Sitzmöbel und Raumteiler. Regale können mit der Rückseite zur Wand stehen, können aber als Raumteiler fungieren und damit im Raum stehen. Sitzmöbel, Liegemöbel und Tische stehen mit ihrem Traggestell auf dem Fußboden. Kleinere Tische und Ablagen können auch direkt an der Wand befestigt sein, z. B. kleine Regale oder Küchentische.

Für eine hohe Stand- und Kippsicherheit muss ein Möbel besondere Bedingungen erfüllen. Ein Großteil der Möbel wird auf dem Fußboden stehend aufgestellt. Möbel mit großer Höhe und damit hoher Schwerpunktlage müssen zur sicheren Nutzung mit einer Sicherung an der Wand fixiert werden. Für eine Aufstellung auf den Fußboden sind ein Sockel bzw. Möbelfüße vorzusehen, die Unebenheiten des Bodens ausgleichen und einen sicheren Stand gewährleisten. Ein Sockel kann als Sockelkranz, als einzelne Stellfüße oder durch die am Korpus vorhandenen Seiten ausgeführt werden. Soll ein Korpus nicht auf dem Fußboden gestellt werden, so kann er an der Wand befestigt werden. Voraussetzung für eine Wandmontage ist eine statisch sichere und ausreichend tragfähige Wand. Bei Hängeschränken und Hochschränken in der Küche, hat grundsätzlich eine sichere Wandbefestigung zu erfolgen. Möbel, welche für eine hängende Wandmontage konzipiert wurden, müssen über ein geeignetes Konstruktionsprinzip und eine ausreichende statische Sicherheit verfügen. Konstruktionsseitig müssen für eine Wandmontage bei Hängeschränken geeignete Kraftaufnahmepunkte am Korpus vorhanden sein.

Bestimmte Korpusmöbel im Wohnbereich sind für eine Wandmontage vorgesehen; sie verfügen nicht über Sockel bzw. Möbelfüße. In diesem Fall wirkt der Möbelkorpus als Traggestell. Eine direkte Wandbefestigung setzt ebenfalls eine geeignete Korpuskonstruktion und eine stabile Wand voraus.

In diesem Zusammenhang sollen die Begriffe Einrichtung und Ausstattung erläutert werden. Zu einer Einrichtung eines Raumes bzw. Gebäudes zählen die Möbel, die Gardinen/Vorhänge und Teppiche. Bestimmte Elektrogeräte, z. B. Herd, Kühlschrank und Mikrowelle, werden auch zur Einrichtung gerechnet. Als Inneneinrichtung wird das Zusammenspiel von Möbeln, Farben, Formen, Stoffen und Dekoration bezeichnet.

Als Ausstattung wird im Allgemeinen die bauliche Ausstattung des Raumes bzw. Gebäude bezeichnet. Die Ausstattung umfasst u. a. das Dach, die Fassade, den Balkon, die Türen und Fenster sowie die Heizung und alles, was sich im Innenraumbereich befindet. Dabei kann es sich auch um Bodenbeläge, Fliesen im Bad und Sanitärobjekte sowie die technische Ausstattung und die Gebäudeelektronik handeln.

Lösbare und unlösbare Verbindungen an Behältnismöbeln

In der Verbindungstechnik wird grundsätzlich in lösbare, bedingt lösbare und unlösbare Verbindungen unterschieden. Die Wahl der Verbindungsart hängt im Wesentlichen von der Funktionserfüllung, der Sicherheit bzw. Belastbarkeit der Verbindung und den Kosten der Fertigung sowie des Beschlages ab.

Bei lösbaren Verbindungen erfolgt das Trennen der Bauteile ohne deren Beschädigung. Lösbare Verbindungen werden bevorzugt bei Selbstmontagemöbeln eingesetzt. Bei derartigen Möbeln werden Einzelteile bzw. kleinere Baugruppen an den Kunden verkauft/geliefert und der Kunde montiert die Elemente zum fertigen Erzeugnis. Der Vorteil der Selbstmontagemöbel besteht darin, dass man ein Möbel in seine Einzelteile wieder zerlegen, günstig transportieren und an der neuen Verwendungsstelle in gleicher Weise oder verändert wieder zusammensetzen kann.

Unlösbare Verbindungen können nur getrennt werden, indem die beteiligten Bauteile zerstört bzw. beschädigt werden. Bei industriell fertigmontierten Korpussen werden bevorzugt unlösbare Verbindungen im Korpus verwendet. Dabei werden die Bauteile direkt oder mittels eines Verbindungsmittels verklebt. Eine sachkundig ausgeführte Verklebung verleiht dem Korpus eine insgesamt höhere Stabilität und Standsicherheit. Eine unlösbare Verbindung kommt bevorzugt dort zum Einsatz, wo Bauteile nicht reparabel sind bzw. wo Verbindungen aufgrund von Sicherheitsvorgaben nicht gelöst werden sollen und dürfen. Beim Transport von festverklebten Korpussen müssen die Korpusabmessungen mit den Transportöffnungen bzw. Durchgangsbreiten harmonieren.

Als bedingt lösbare Verbindungen zählen solche, bei denen zum Lösen der Verbindung zuerst das Verbindungsmittel, d. h. das Hilfsfügeteil zerstört wird, nicht jedoch die Bauteile.

Verbindungen bei Werkstücken aus Massivholz

Zur Herstellung von Massivholzplatten können gleichlange Vollholzlamellen an den Längsschmalflächen zu einer Platte miteinander verklebt werden. Dabei werden die einzelnen Lamellen, unter Berücksichtigung des Verlaufes der Jahrringe, so zueinander angeordnet, dass sich die verklebte Platte durch Quellen und Schwinden nicht verzieht (vgl. Bild 1.7).

Mitunter können verschieden lange Lamellen an den Querschmalflächen verklebt werden, um anschließend mit anderen Lamellen zu einer Platte verklebt zu werden. Um der Verklebung an der Fügestelle eine höhere Festigkeit zu verleihen, können spezielle Fugensicherungen vorgesehen werden. Dabei können Verbindungsmittel an der Schmalfläche mit eingeklebt werden, z. B. Flachfedern, Formfedern/Lamellos oder Runddübel oder spezielle Formen der Schmalflächen erzeugt werden, z. B. Minizinken, Kronenfugen oder ein Nut-Feder-Profil.

Bei Werkstücken aus Massivholz können Eck- und T-Verbindungen ohne zusätzliche Verbindungsmittel ausgeführt werden. Durch eine spezielle Gestaltung des Verbindungsbereiches der Werkstücke können die Teile direkt gefügt werden, z. B. Fingerzinken, Schrägzinken oder Zapfenverbindungen. Die Herstellung derartiger Verbindungen erfolgt im Wesentlichen in Handarbeit. Unter der Bezeichnung digitale Holzverbindungen (siehe auch: digital wood joints) werden im Internet zahlreiche Beispiele der Verbindung von Massivholzteilen unter Verwendung von CNC-Fräsmaschinen vorgestellt. Dabei werden die unmittelbaren Verbindungsbereiche mit der CNC-Maschine am Werkstück erzeugt.

Korpus-Eck- und T-Verbindungen bei Teilen aus Plattenwerkstoffen

Bei Span- und Faserwerkstoffen werden in der Regel die Bauteile durch ein Verbindungsmittel gefügt. Die Genauigkeit und Rechtwinkligkeit der Fügeteile zueinander wird durch die Genauigkeit und die Winkligkeit der Bauteilflächen maßgeblich beeinflusst. Korpuseckverbindungen können durch senkrecht zueinander angeordnete

Bauteile, z. B. Schmalfläche auf Breitfläche oder durch zwei 45° geneigte Gehrungsflächen, entstehen.

Es existiert eine Vielzahl von Verbindungsmitteln, auch als Verbinder bzw. Verbindungsbeschlag bezeichnet. Im nachfolgenden Bild ist eine Übersicht von Verbindungsmitteln dargestellt (vgl. Bild 1.11).

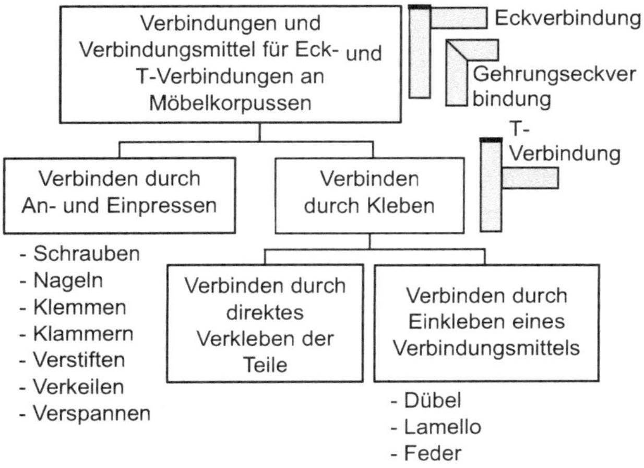

Bild 1.11
Verbindungen und Verbindungsmittel für das Fügen von plattenförmigen Werkstücken

Für Eck- und T-Verbindungen eignet sich das direkte Verkleben nicht. Beim direkten Verkleben von Teilen werden die Teile üblicherweise an den Breitflächen verklebt. Nagel- und Schraubverbindungen sind bei industriell gefertigten Möbeln heute selten in der Anwendung, z. T. beim Fixieren der Korpusrückwände. Möbeleckverbindungen werden typischerweise mit Dübeln bzw. Federn/Federleisten hergestellt. Dübel und Federn sind Handelsware mit verschiedenen Dicken und Längen sowie Durchmessern. Werkstoffseitig bestehen Dübel aus Holz oder Kunststoff. Für normale Eckverbindungen werden gerade Dübel verwendet. Für Gehrungsverbindungen können Winkeldübel, Runddübel oder Federn verwendet werden. Die Aufnahme für einen Flachdübel im Bauteil wird mit einem Scheibenfräser erzeugt. Federn sind flächige Verbindungsmittel aus Sperrholz, Vollholz oder Kunststoffen. Federn werden vorzugsweise in entsprechende Nuten eingeklebt. Um eine bessere Haftung der Feder zu erreichen, ist deren Oberfläche rau bzw. mit Vertiefungen durchsetzt. Die Nuten zur Aufnahme der Federn werden mit dem Sägeblatt bzw. dem Scheibenfräser erzeugt.

Bei mehrteiligen spannbaren Verbindern wird in jedes Bauteil der Verbindung ein Teil des Verbinders form- oder kraftschlüssig eingebracht. Anschließend werden die Verbinderteile gegeneinander verspannt.

Der fertigungstechnische Aufwand zur Herstellung von Verbindungen ist sehr stark vom Verbindungsmittel selbst und von der maschinentechnischen Ausstattung abhängig. Für unlösbare Eck- und T-Verbindungen werden bevorzugt Verbindungen mit eingeklebten Verbindungsmitteln, z. B. Dübel, Lamellos, Leisten/Federn, verwendet. Mittels entsprechender CNC-Maschinen bzw. konventioneller Maschinen mit Mehrspindelbohrköpfen lassen sich die Bohrungen in die Breit- und in die Schmalfläche relativ schnell und kostengünstig realisieren. Durch das Einkleben des Verbindungsmittels entsteht eine belastbare Verbindung. Bei Montagemöbeln mit lösbaren Verbindungen werden bevorzugt mehrteilige, spannbare Verbinder verwendet, z. B. Spannbolzen mit Exzenter. Beim Prinzip 1 der durchgehenden Seiten wird der Spannbolzen in die Breitfläche der Seite geschraubt (vgl. Bild 1.10). In den Böden befinden sich dann Horizontalbohrungen zur Aufnahme des Spannbolzens und die Breitflächenbohrungen für den drehbaren Spannexzenter.

Für höher belastbare Eck- und T-Verbindungen werden häufig zweiteilige Verbinder mit Formschluss verwendet. Mit speziellen Formfräsern werden in beide Bauteile Fräsungen eingebracht, in die dann die Teile des Verbinders eingesetzt werden, z. B. Clamex-Verbinder. Nach dem Zusammensetzen der Fügeteile werden die Teile des Verbindungsbeschlages gegeneinander verspannt.

Der Aufwand zur industriellen Herstellung von Gehrungsverbindungen ist höher im Vergleich zur klassischen Eckverbindung. Bestehen bereits die 45° geneigten Flächen am Bauteil, benötigt man eine Maschine bzw. ein Aggregat, welches die Bearbeitungswerkzeuge, z. B. Bohrer bzw. Scheibenfräser, in diese 45°-Winkellage bringt. Bei einer industriellen Fertigung sind dafür entsprechende mehrachsige CNC-Maschinen oder Spezialaggregate notwendig.

1.3 Möbelgestaltung

1.3.1 Möbeldesign

Unter der Bezeichnung Möbeldesign sollen der Entwurf und die Gestaltung unterschiedlicher Einrichtungsgegenstände, damit auch der Möbel, verstanden werden. Das Ziel des Gestaltungsprozesses ist der Entwurf des Mobiliars nach funktionalen, ästhetischen und gebrauchstauglichen Kriterien sowie der Sichtbarmachung des vom Designer realisierten künstlerischen Anspruches.

Nach LINDINGER[13)] lässt sich ein gutes Design mit zehn Kriterien beschreiben.

1. Hoher praktischer Nutzen, d. h. eine hohe Gebrauchstauglichkeit und einwandfreie Funktion.

2. Ausreichende Sicherheit, d. h. Erfüllung der Sicherheitsvorschriften, Berücksichtigung von unachtsamem und flüchtigem Gebrauch, Verhinderung von Verletzungen bei Bedienung und Gebrauch.

[13] Nach [LIN 2024]

3. Lange Lebensdauer, d. h. Übereinstimmung ästhetischer und physischer Lebensdauer.
4. Ergonomische Anpassung, d. h. Anpassung des Gegenstandes an die physischen Gegebenheiten des Nutzers, sichere und einfache Bedienung, Vermeidung unnötiger oder belastender Ermüdung.
5. Technische und formale Eigenständigkeit, d. h. Vermeidung von Nachahmungen.
6. Umfeld-Beziehungen, d. h. Beziehung des Gegenstandes zu seinem Umfeld, Angemessenheit des Aufwandes, der Formen, der Farben und der Materialqualität in Bezug auf Gebrauch und Stellenwert des Gegenstandes.
7. Umweltfreundlichkeit, d. h. Energie- und Ressourcen schonend in Herstellung und Nutzung, recyclinggerecht.
8. Gebrauchsvisualisierung, d. h. der Gegenstand soll über die Funktion und die Nutzung informieren sowie die Bedienung erleichtern.
9. Hohe Gestaltungsqualität, d. h. die Erkennbarkeit des strukturellen Aufbaus, der Bezug des Einzelteils zum Produkt, Durchgängigkeit der Konstruktion und der Gestaltung, Eindeutigkeit der Gestaltungselemente, ästhetisch sinnvolle Gliederung, Logik von Materialwahl und Gebrauch.
10. Sinnlich-geistige Stimulanz, d. h. Freude am Gegenstand, Wohlgefallen bei der Betrachtung und Nutzung.

1.3.2 Ergonomische Gestaltung von Möbeln

Unter dem Begriff der Ergonomie wird die „... Wissenschaft von der Anpassung der Arbeitsmittel, der Arbeitsumgebung und der Arbeitsorganisation an die Eigenschaften, Fähigkeiten und Bedürfnisse des Menschen sowie die praktische Anwendung dieser Erkenntnisse ...“[14] bezeichnet. Möbel können hinsichtlich ihrer Nutzung in Spezialmöbel und multivalent nutzbare Möbel unterschieden werden. Spezialmöbel haben i. d. R. eine spezielle Konstruktion/Ausführung oder werden von speziellen Nutzergruppen in speziellen Anwendungsbereichen bzw. Umgebungsbereichen genutzt. Klammert man die Spezialmöbel aus, sollte man von einer multivalenten Nutzung der Möbel ausgehen. Unter dem Gesichtspunkt der ergonomischen Gestaltung von Möbeln sollen nicht nur der Arbeitsprozess, sondern alle relevanten Bereiche betrachtet werden (vgl. Bild 1.12).

[14] Vgl. [VDI 3699-1], S. 13

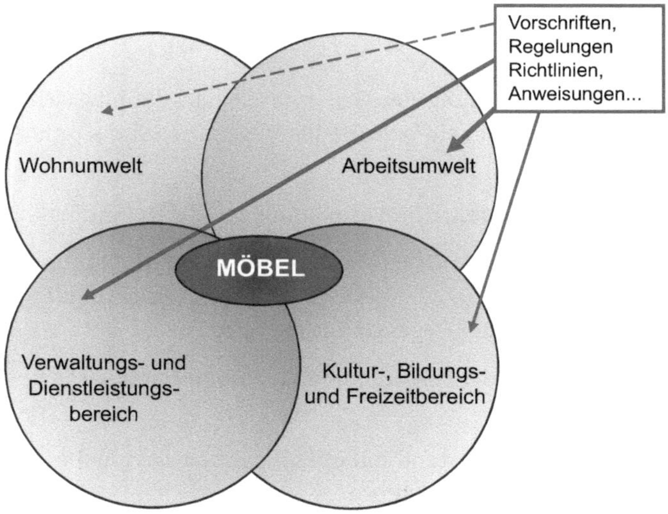

Bild 1.12
Nutzungsbereiche von Möbeln

Im Bereich der Arbeitsumwelt existieren zahlreiche Richtlinien und Vorschriften zur Gestaltung und Anordnung von Möbeln, die für den Arbeitgeber verbindlich sind. Ebenso gilt das sinngemäß für den Verwaltungs- und Dienstleistungsbereich. Für die Gestaltung von Bildschirmarbeitsplätzen existiert eine spezielle Bildschirmrichtlinie[15].

Die DIN EN ISO 9241-11 beschreibt die Gebrauchstauglichkeit als „... die Effektivität, Effizienz und Zufriedenstellung der Interaktion eines Benutzers mit dem Betrachtungsgegenstand."[16] Nach SCHMAUDER ist die „... Effektivität eines Produktes ... das Verhältnis der Ziele eines Benutzers zur Genauigkeit und Vollständigkeit, mit der er diese Ziele erreichen kann. Das bedeutet, ein Produkt ist dann effektiv, wenn es prinzipiell geeignet ist, das Ziel, für dessen Erreichen es genutzt wird, zu erfüllen. Die Effizienz ist das Verhältnis der erreichten Effektivität zum eingesetzten Aufwand. Wenn das gewünschte Ergebnis also mit einem möglichst geringen Aufwand erreicht werden kann, ist das Produkt effizient. Die Zufriedenstellung ist ein subjektives Maß über die Freiheit von Beeinträchtigungen und der positiven Einstellung gegenüber der Nutzung des Produktes."[17]

Durch regelmäßige anthropologische Untersuchungen werden bestimmte Körpermaße ermittelt, die als Grundlage der Möbelgestaltung bzw. Möbelkonstruktion verwendet werden können. Diese Körpermaße können für die Entwicklung von Möbeln für unbekannte Nutzergruppen verwendet werden. In der [DIN 33402-2] werden diese Körpermaße in Abhängigkeit von Geschlecht, Alter und Häufigkeit in Auszügen dargestellt (vgl. Tabelle 1.2).

---

15 Bildschirmarbeitsverordnung vom 4. Dezember 1996 (BGBl. I S. 1843), die zuletzt durch Artikel 7 der Verordnung vom 18. Dezember 2008 (BGBl. I S. 2768) geändert worden ist.

16 Vgl. [DIN EN ISO 9241-11], S. 14

17 Vgl. [SSU 2022], S. 87

Tabelle 1.2 Körpermaße von Personen in der Altersgruppe 18 – 65 Jahre in Millimeter

Parameter	Männer			Frauen		
	5. Perzentil	50. Perzentil	95. Perzentil	5. Perzentil	50. Perzentil	95. Perzentil
Körperhöhe	1650	1750	1855	1535	1625	1720
Augenhöhe, stehend	1530	1630	1735	1430	1515	1605
Ellenbogenhöhe über der Standfläche	1025	1100	1175	960	1020	1080
Reichweite nach oben	1975	2075	2205	1840	1945	2025
Reichweite nach vorn	685	740	815	625	690	750
Sitzflächenhöhe	410	450	490	375	415	450
Augenhöhe, sitzend	740	795	855	705	755	805
Kniehöhe	495	535	585	460	500	545

Angaben nach [DIN 33402-2]

Es gilt die Empfehlung, dass die Arbeitsplätze für 90 % der Beschäftigten bzw. Nutzer ausgelegt werden sollen.[18] Die Bezeichnung Perzentil drückt aus, wieviel Prozent der untersuchten Bevölkerungsgruppe einen bestimmten Messwert über- bzw. unterschreiten. Das 5. Perzentil bedeutet, dass 5 % der untersuchten männlichen Personengruppe eine kleinere Körperhöhe als 1650 mm haben. Das 95. Perzentil drückt aus, dass nur noch 5 % der untersuchten männlichen Personengruppe größer als 1855 mm ist. Die o. g. 90 % entsprechen der Spanne zwischen dem 95. und dem 5. Perzentil.

Bezüglich der Anpassung von Möbeln an einen Nutzer bestehen grundsätzlich folgende Unterschiede. Bei kundenindividuell geplanten Möbeln ist der Nutzer bzw. die Nutzergruppe i. d. R. bekannt und das gewünschte Produkt kann auf den/die Nutzer angepasst werden. Sind mehrere Nutzer zu berücksichtigen, kann das Produkt auf den Hauptnutzer angepasst werden. Es ist auch möglich, das Produkt auf alle Nutzer unter Verwendung von Durchschnittswerten anzupassen. Bei sehr unterschiedlichen

[18] Vgl. Fachinformation „Ergonomie – Leistungsvoraussetzungen des Menschen“ Nr. 0030 (2013) der Berufsgenossenschaft Holz und Metall

Nutzern, z. B. Erwachsene und Kinder/Jugendliche können bestimmte Bereiche verstellbar geplant werden, wie z. B. bei einer Kücheninsel. Das Produkt kann von den Nutzern in bestimmten Bereichen sicher und individuell eingestellt werden, ohne dass eine funktionale oder statische Beeinträchtigung entsteht. Die Herstellung eines Ausgangszustandes kann jederzeit konfliktfrei erfolgen.

Bei einem Kauf im Möbelfachhandel entscheidet sich der Nutzer für eine konkretes, u. U. schon hergestelltes Produkt. Im Beratungsgespräch mit dem Kunden/Nutzer kann eine geeignete Produktvariante ausgewählt werden. Ist die Nutzergruppe im Wesentlichen unbekannt und lässt nur Aussagen über Altersstrukturen zu, sollte ein Produkt gewählt werden, welches der maßgebenden Personengruppe entspricht. Ob eine Verstellbarkeit und damit Anpassung an alle Nutzer möglich ist, hängt vom konkreten Sortiment des Fachhandels ab.

Unter Berücksichtigung der anthropologischen Maße nach [DIN 33402-2] kann man eine Maßkette vom Fußboden nach oben zur Decke hin aufbauen.

Für Sitzmöbel ist z. B. die Höhe der Sitzfläche über dem Fußboden wichtig (vgl. Tabelle 1.2). Des Weiteren kann für sitzende Personen die Höhe der Arbeitsfläche abgeleitet werden. In Bezug auf Bildschirmarbeitsplätze kann die Position des Monitors auf die Augenhöhe der sitzenden Person abgeleitet werden. Mit der Ellenbogenhöhe über der Sitzfläche kann die Höhe der Tastatur bzw. der Handauflage/Mauspad bestimmt werden. Bei längeren Zeitabschnitten der Bildschirmarbeit sollte auf ausreichende Bewegung geachtet werden. In diesem Zusammenhang ist der Begriff des dynamischen Sitzens entstanden. Hinter dieser Bezeichnung verbirgt sich ein mehrfacher Wechsel der Sitzposition bzw. das Sitzen mit einer höhenverstellbaren Arbeitsfläche und dem Wechsel zwischen sitzender und stehender Tätigkeit.

Bei einer stehenden Tätigkeit sollte eine Arbeitsfläche in etwa der Ellenbogenhöhe über der Standfläche angeordnet werden. Bei der Ellenbogenhöhe verläuft der Unterarm im rechten Winkel zum Oberarm und es wird der Abstand vom Ellenbogen zum Fußboden gemessen. Werden bei den hauptsächlich auszuführenden Tätigkeiten im Stehen Werkzeuge bzw. Geräte verwendet, sollte die Höhe der Arbeitsfläche um deren Höhe entsprechend verringert werden. Für eine stehende Person kann der Greifraum festgelegt werden, in dem der Nutzer Gegenstände ohne größeren Aufwand greifen kann. Dabei können die obere und die untere Greifhöhe bestimmt werden. Darüber hinaus kann der günstigste Greifbereich von z. B. der Augenhöhe der stehenden Person bis zur unteren Greifhöhe verwendet werden, um häufig verwendete Gegenstände oder Geräte anzuordnen. Ebenso lassen sich Bedienelemente der Möbel, z. B. Griffe und Knöpfe, in ergonomisch vorteilhafter Position anordnen.

Bei der Planung kundenindividueller Küchen kann man im ersten Schritt die Höhe der Arbeitsplatte in Abhängigkeit von der Körperhöhe der/des Nutzers festlegen. Ausgehend von der Höhe der geplanten Unterschränke ergibt sich die Sockelhöhe (vgl. Bild 4.60). Von der Oberkante der Arbeitsplatte ergibt sich die Nischenhöhe bis zur

Unterkante der Hängeschränke, hier beispielsweise 480 mm. Die Höhe der Wand- bzw. Hängeschränke hängt von den Kundenwünschen ab und wird durch die Raumhöhe begrenzt. Durch die maximale Greifhöhe der/des Nutzers ergeben sich Beschränkungen, welche Gegenstände ohne Hilfsmittel vom Nutzer erreichbar sind. Mit einem Bewegungsdiagramm können einzelne Tätigkeiten an bestimmten Stationen der Küche und die dazugehörigen Laufwege erfasst und die dazu gehörigen Geräte positioniert werden. Die notwendigen Laufwege können vereinfacht bzw. optimiert werden. Aus dieser Weg- und Tätigkeitsoptimierung ergeben sich die grobe Anordnung der Arbeitsbereiche auf der Arbeitsplatte. Für die Sicherung der Konfliktfreiheit in der Nutzung werden die Elektrogeräte und die Medienanschlüsse (Wasser/Abwasser) festgelegt und mit den baulichen Gegebenheiten abgestimmt. Aus diesen Festlegungen ergeben sich die Anordnung der Elektrogeräte, des Kochfeldes und z. B. die Position der Spüle. Daran anschließend können die Wandschränke bzw. Hängeschränke maßlich grob bestimmt werden. Nach der Zuordnung der einzelnen Funktionen zum konkreten Möbelstück wird die Grobplanung auf Konfliktfreiheit überprüft.

1.3.3 Kundenindividuelle Möbel

Wünsche nach kundenindividuell gestalteten Möbeln entstehen häufig bei der Neueinrichtung von Wohnbereichen oder kompletter Wohnräume, bei der Nutzbarmachung von Gebäudebereichen für Wohn- oder Aufbewahrungszwecke, z. B. Dachgeschosse oder Raumecken oder bei der voll-funktionalen Möblierung von Räumen mit geringer Grundfläche. Diese Wünsche entstehen beim Kunden aber auch, wenn das vorhandene Möbelangebot diesen, vom Kunden formulierten funktionalen bzw. gestalterischen Ansprüchen nicht umfassend gerecht wird. Bei einem Kniestock[19)] setzt das Dach auf eine in das Obergeschoss reichende Gebäudewand auf. Um an dieser Wand ein Behältnismöbel aufstellen zu können, darf die Korpushöhe die Kniestockhöhe nicht überschreiten. Um ein Möbel direkt in diesem Bereich aufstellen zu können, besitzen diese Möbel eine geteilte Rückwand, die oberhalb der Kniestockhöhe an der Dachneigung ausgerichtet ist. Schränke mit derartigen Rückwänden werden auch als Drempelschrank bezeichnet (vgl. Bild 1.13).

Durch die unterschiedliche Ausprägung von Kundenwünschen, der Spezifik der Möbelgestaltung und unter Beachtung der funktionalen Vielfalt, existieren in der heutigen Korpusmöbelfertigung verschiedene Organisationsformen und Abläufe. So kann ein Kunde bei der Planung und Realisierung frei geplanter Einbauküchen aus einem Bestand von maßlich und funktional vordefinierten Einzelkorpussen, unter Beachtung der baulichen Gegebenheiten, seine individuelle Konfiguration der Küche planen las-

[19] Ein Kniestock ist die Verlängerung der Außenwand an der Traufseite eines Hauses über die Geschossdecke hinaus.

sen. Im Rahmen der Feinplanung können dann im Folgeschritt die Dekore und Farben, die Korpus-Innenausstattungen und die Beschläge gewählt werden. Durch die individuelle Einflussnahme des Kunden entsteht eine kundenindividuelle Einzellösung, die zu den Kosten einer Serienfertigung hergestellt werden kann. Nachfolgend sollen einige Eckpunkte der Realisierung kundenindividuell gestalteter Möbel betrachtet werden.

Bild 1.13
An einen Kniestock angepasstes Regal

Optische Gestaltung der Möbeloberfläche

Ein Großteil der produzierten Möbel besteht aus Holzwerkstoffen. Diese Plattenwerkstoffe sind Handelsware. Häufig verfügt der Plattenwerkstoff vor der Verarbeitung über die gewünschte, endfertige Oberfläche. Die optische Gestaltung der Möbeloberfläche, z. B. durch eine Farbgebung bzw. eine Dekoroberfläche, hat eine besondere Bedeutung bei der Wahl des Möbels. Die Realisierung von Kundenwünschen stellt bestimmte Anforderungen hinsichtlich der Flexibilität und Ausstattung an die Betriebsmittel und die Fertigungsorganisation. Die mechanische Bearbeitung muss für alle Oberflächen eine qualitativ gute, gleichmäßige, sichere und schnelle Bearbeitung ermöglichen. Das Bearbeitungsergebnis muss unabhängig von der Bauteilgröße, dem Oberflächenzustand und den Werkstoffparametern sein. Das Merkmal Farbe/Dekor/Oberfläche hat unabhängig von der Korpuskonstruktion zu sein. Für die verwendete Maschinentechnik bedeutet das, dass der Rohteilzuschnitt, die Formatbearbeitung und die konstruktive Bearbeitung auftragsgebunden, wirtschaftlich effektiv und stückzahlkonkret durchführbar sein müssen.

Abmessungen der Möbel und Baugruppen

Um Kundenwünschen besser entsprechen zu können, sind die herstellbaren Varianten vom Hersteller meistens maßlich beschrieben und die verfügbaren Dekore angegeben. Anhand dieser öffentlich zugängigen Informationen kann der Kunde seine gewünschte Variante wählen oder von einem Fachplaner entwerfen lassen. Aus den Abmessungen und der Konstruktion des Möbels ergeben sich die Abmessungen der Einzelteile. Mitunter stehen einem Kundenwunsch einschränkende Bedingungen des Herstellers entgegen. In der Fertigung und Montage können minimale und maximale Bauteilabmessungen die möglichen Abmessungen der Möbel beschränken. Mitunter ergeben sich Zwangspunkte durch Verwendung bestimmter Beschläge oder Bearbeitungen. So können z. B. Korpus-Breiten von 250 mm bis 800 mm Korpus-Breite in Rasterstufen von 50 mm bzw. einem Vielfachen von 50 mm ohne Konstruktionsänderungen bzw. Programmieränderungen verfügbar sein. Ebenso können verschiedene Korpus-Tiefen, ohne Zusatzaufwand, kostenneutral realisiert werden. Mittels einer variablen Programmierung, vgl. Abschnitt 5.3.2.2, können der Rohteilzuschnitt und die Teilebearbeitung angepasst werden.

An bauliche Gegebenheiten angepasste Möbel

Im klassischen Möbelkorpus sind die Einzelteile rechtwinklig zueinander angeordnet. Damit entstehen Eck-, T- und Gehrungsverbindungen. Es ist auch möglich, plattenförmige Teile unter anderen Winkeln anzuordnen, z. B. angepasst an Dachschrägen oder nicht rechtwinklige Raumecken. Es existieren verschiedenartige Beschläge bzw. Beschlagsysteme, um die nicht rechtwinklige Verbindung der Teile stabil und sicher zu gestalten (vgl. Bild 1.14).

Bild 1.14 An die Dachneigung angepasstes Regal

Als Eckschränke werden Schränke bezeichnet, die unmittelbar in einer Raumecke aufgestellt sind und deren Seiten und/oder Rückwände an den eckenbildenden Seiten anliegen. In der Grundform stehen die Seiten und Böden rechtwinklig zueinander.

Das bedeutet für den Möbelhersteller, dass er die entsprechenden Werkzeuge und Bearbeitungsaggregate, ggf. die Bearbeitungsmaschinen, zur Verfügung hat und einsetzen kann. Auf Kundenwunsch können in einem Möbelkorpus verschiedene Ausstattungen untergebracht werden, z. B. elektrische Geräte oder Schubkästen und Auszüge. Diese Ausstattungen können u. U. die Korpusabmessungen beeinflussen, sodass nicht alle Abmessungsvarianten mit den Ausstattungsvarianten kompatibel sind.

Kombination mehrerer Korpusse

Der einfachste Fall einer Korpuskombination ist die stehende Anordnung der Korpusse nebeneinander. Werden diese Korpusse dauerhaft miteinander verbunden, so entsteht ein selbstständiges Möbel – die Korpusse dienen in diesem Fall nur als Baugruppen. Es ist denkbar, dem Kunden eine Möglichkeit der nachträglichen Änderung der Anordnung zu gewähren. Dafür sind definiert lösbare Verbindungen zwischen den einzelnen Korpussen vorzusehen. In einer Konstruktion eines Möbelsystems ist es auch denkbar, dass der Kunde das Möbel schrittweise und zeitlich versetzt erweitern kann. Dafür müssen Kopplungspunkte vorgesehen werden, an denen weitere Teile angebracht werden können. Der Hersteller sollte dem Kunden eine Erweiterungsmöglichkeit mit baugleichen Teilen für eine definierte Mindestzeitspanne garantieren.

Gebäudeautomation, Anschlüsse für Information und Entertainment

Durch die Einbindung verschiedener digitaler Trends in den Alltag der Menschen entstehen neue Anforderungen an die Möbel. Bei einer Planung von Maßnahmen der Gebäudeautomation entsteht die Frage zur möglichen Ausstattung von Möbeln mit Automatisierungskomponenten. Zum Beispiel werden zunehmend Lade- bzw. Versorgungsstationen mit elektrischer Energie in Möbeln erwartet. Da Möbel länger nutzbar bleiben sollen, sind genormte Versorgungskanäle, Leitungen und Anschlüsse empfehlenswert. Dies umfasst vor allem die Zuleitung von Strom sowie Datenkabel für die Steuerung der Haustechnik; das betrifft aber auch Bild- und Tonübertragung sowie die mögliche Anbindung von Smart-Home-Geräten, z. B. USB, HDMI und Netzwerk. Da sich auch Anschlüsse oder Leitungen ändern können, ist eine Nachrüstbarkeit vorteilhaft. Für den Möbelbau bedeutet das, dass Kabelkanäle durch das Möbel eingeplant werden. Eine Zugänglichkeit zum Leitungssystem sollte in der Nutzungsphase möglich sein. Die Verwendung elektrischer Geräte in Möbeln kann Abwärme erzeugen, welche abgeführt werden muss. Dafür sollte die Abführung bzw. der Abzug der Wärme konstruktiv berücksichtigt werden. Versorgungsleitungen müssen sicher und entsprechend der gesetzlichen Regelung verlegt sein. Die Leitungen und die Komponenten müssen für Revisionen zugängig sein.

1.4 Unterschiede zwischen handwerklicher und industrieller Möbelfertigung

Beide Unternehmens- und Fertigungsformen sind etabliert und erfolgreich auf dem Markt. In den nachfolgenden Ausführungen sollen die handwerkliche und die industrielle Fertigung kurz charakterisiert und Unterschiede bzw. Besonderheiten aufgezeigt werden.

In einem Handwerksbetrieb überwiegt die Einzelfertigung bzw. die Herstellung von Kleinserien. Die Herstellung erfolgt auf der Basis eines Kundenauftrages. Bei einer handwerklichen Fertigung werden einzelne Arbeitsgänge mit der Hand bzw. handgeführten Maschinen ausgeführt; zunehmend werden stationäre Maschinen für bestimmte Arbeitsgänge verwendet. In der handwerklichen Fertigung ist es üblich, dass ein Mitarbeiter im Wesentlichen alle Arbeitsgänge zur Herstellung eines Erzeugnisses ausführt. Aufgrund seiner Qualifikation und Berufserfahrung kann der Mitarbeiter am Ende jedes Arbeitsgangs das bearbeitete Teil hinsichtlich der Güte bewerten und ggf. nachbearbeiten. Dieser Prozess der Qualitätsprüfung findet kontinuierlich in allen Arbeitsgängen statt. Der Herstellungsprozess handwerklicher Erzeugnisse ist wenig arbeitsteilig. Lediglich solche Arbeitsgänge, die besondere Fertigkeiten oder besondere Kenntnisse/Fähigkeiten, z. B. Bedienung/Programmierung von CNC-Maschinen erfordern, werden u. U. von anderen Mitarbeitern ausgeführt. Die Mitarbeiter im Handwerk arbeiten weitgehend selbstständig an der Fertigstellung ihrer Aufträge. Die eingesetzten Mitarbeiter besitzen i. d. R. einen entsprechenden Berufsabschluss und verfügen über umfangreiche berufsbezogene Fertigkeiten. Eine Tischlerei zählt zu den Gewerken, die als zulassungspflichtige Handwerke[20)] betrieben werden.

In einem industriell fertigenden Unternehmen werden Produkte vorwiegend in Serien-, Varianten- oder Massenfertigung hergestellt. Die realisierten Aufträge umfassen Kundenaufträge und/oder kundenneutrale Fertigungsaufträge. Im Vergleich zum Handwerk weisen die Industriebetriebe einen größeren Fertigungsoutput auf. Die Zahl der Mitarbeiter im Industriebetrieb ist meist größer als im Handwerk. In einer industriellen Fertigung sind die Produktions- und Montageprozesse in einzelne Arbeitsgänge gegliedert, die von verschiedenen Mitarbeitern ausgeführt werden. Ein Mitarbeiter an einem Arbeitsplatz kann nur den aktuellen Zustand des Werkstückes am aktuellen Arbeitsgang einschätzen; vor- und nachgelagerte Prozesse kann er nicht direkt beeinflussen. Es ist daher üblich, dass das Werkstück z. B. am Ende der mechanischen Bearbeitung geprüft wird; nicht am Ende eines Arbeitsganges. Zur Bearbeitung der Werkstücke werden im Wesentlichen Maschinen eingesetzt, die von den Mitarbeitern bedient werden; meist erfolgt keine direkte Handarbeit. Der Bearbei-

---

[20] Als zulassungspflichtiges Handwerk wird ein Gewerbe bezeichnet, welches zur selbstständigen Ausübung einen Meisterbrief erfordert; siehe Anlage A zur Handwerksordnung des Zentralverbandes des deutschen Handwerks.

tungsprozess ist durchgehend arbeitsteilig organisiert. Für die Bedienung der Maschinen an den Arbeitsplätzen verfügen die Mitarbeiter über entsprechende berufliche Erfahrung bzw. Qualifikation. In den Arbeitsaufträgen sind die auszuführenden Arbeitsgänge mit ihren spezifischen Daten vorgegeben. Der gesamte Produktions- und Montageprozess ist inhaltlich und organisatorisch geplant. Fertigungsaufträge werden vorgeplant, mit den verfügbaren Ressourcen abgeglichen und zu einem definierten Zeitpunkt gestartet. Aus der Fertigung werden permanent Informationen zum Erfüllungszustand, d. h. ein Soll-Ist-Vergleich, an die Fertigungsleitung übermittelt.

Die Fertigungsprozesse in Handwerk und Industrie müssen sich nicht zwangsläufig voneinander unterscheiden. Die Wirkprinzipien der Fertigungsprozesse sind im Wesentlichen gleich bzw. ähneln sich sehr stark. Durch die Organisation der Fertigung, die Anordnung der Arbeitsplätze, verbunden mit einer sichtbaren Arbeitsteilung und Spezialisierung in den Fertigungsprozessen, entstehen sichtbare Unterschiede zwischen handwerklicher und industrieller Fertigung. In den nachfolgenden Ausführungen werden die Fertigungsprozesse deshalb in ihrer industriellen Ausprägung dargestellt. Schwerpunkt der Ausführungen sind die Fertigungsprozesse. Auf andere Prozesse, wie z. B. die Möbelkonstruktion, wird nur soweit eingegangen, wie es für die Darstellung und Beschreibung der Fertigung erforderlich ist.

2 Systematik der Fertigungsverfahren

2.1 Gliederung und Ablauf von Fertigungsprozessen

Nach [DIN 8580] können die Fertigungsverfahren in sechs Verfahrenshauptgruppen eingeteilt werden, so in das Urformen, das Umformen, das Trennen, das Fügen, das Beschichten und das Ändern von Stoffeigenschaften. Die Verfahrenshauptgruppen beinhalten alle etablierten Fertigungsverfahren, die einer gemeinsamen Charakteristik entsprechen (vgl. Tabelle 2.1).

Gegenüber der früheren Ausgabe der [DIN 8580] wurden die Charakteristiken präzisiert und neu entwickelte bzw. aufstrebende Verfahren in die Norm aufgenommen, so wie die generativen Fertigungsverfahren (vgl. Abschnitt 2.8).

Nachfolgend sollen die Fertigungshauptgruppen im Überblick vorgestellt werden.

Tabelle 2.1 Verfahrenshauptgruppen nach DIN 8580

Verfahrenshauptgruppe	Charakteristik
Urformen	Als Urformen wird das Fertigen eines festen und geometrisch bestimmten Werkstückes aus formlosem Stoff bezeichnet. Dabei wird der stoffliche Zusammenhalt des Werkstückes geschaffen und die Stoffeigenschaften des Werkstücks treten bestimmbar in Erscheinung.
Umformen	Als Umformen wird die plastische Änderung der Form eines Werkstückes bezeichnet, wobei sowohl die Masse des Werkstückes als auch der stoffliche Zusammenhalt beibehalten werden.
Trennen	Als Trennen wird das Fertigen eines Werkstückes durch örtliches Aufheben des stofflichen Zusammenhalts bezeichnet. Der Zusammenhalt kann teilweise oder im Ganzen vermindert werden.

Tabelle 2.1 Verfahrenshauptgruppen nach DIN 8580 *(Fortsetzung)*

Verfahrenshauptgruppe	Charakteristik
Fügen	Als Fügen wird das auf Dauer angelegte Verbinden von zwei oder mehreren Werkstücken mit geometrisch bestimmter und fester Form bezeichnet. Fügen ist auch ein auf Dauer angelegtes Verbinden von geometrisch bestimmten Werkstücken mit formlosem Stoff, wobei der Zusammenhalt örtlich geschaffen und im Ganzen vermehrt wird.
Beschichten	Als Beschichten wird das Aufbringen einer fest haftenden Schicht aus formlosem Stoff auf ein Werkstück bezeichnet, wobei der unmittelbar vor dem Beschichten herrschende Zustand des Beschichtungsstoffs maßgebend ist.
Stoffeigenschaft ändern	Als Stoffeigenschaft ändern wird das zielgerichtete Verändern einer bestimmten Stoffeigenschaft eines Werkstückes im submikroskopischen bzw. atomaren Bereich bezeichnet. Die Änderungen können z. B. durch Diffusion von Atomen, Erzeugung und Bewegung von Versetzungen im Atomgitter oder chemische Reaktionen erfolgen.

Nach [DIN 8580], S. 4/5

Blackbox-Darstellung

Für die Beschreibung der Prozessabläufe in der Möbelfertigung sind besonders die Hauptgruppen Trennen, Fügen und Beschichten von Bedeutung. Zur Charakterisierung der Prozessstruktur einer Fertigung kann man die Blackbox-Darstellung verwenden. Bei der Blackbox-Darstellung können komplexe Systeme bzw. Abläufe grob strukturiert werden. In der Blackbox selbst soll sich das noch nicht näher spezifizierte Fertigungsverfahren bzw. der Arbeitsgang befinden. In einem ersten Schritt werden die Ein- und Ausgangsgrößen des Prozesses als Übersicht über die äußeren Eigenschaften beschrieben. Im anschließenden zweiten Schritt wird dann das Fertigungsverfahren mit seiner inneren Struktur anhand seiner äußeren Eigenschaften charakterisiert. Je nach Betrachtungsebene können sich dabei ein- bzw. mehrstufige Prozesse mit gleichen bzw. verschiedenen Fertigungsverfahren ergeben (vgl. Bild 2.1).

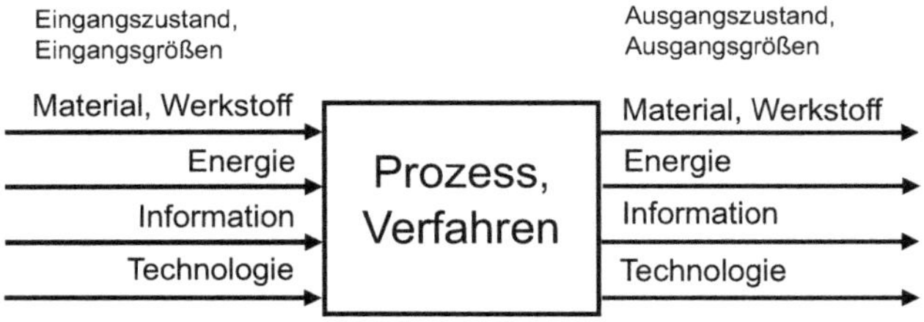

Bild 2.1 Einstufiger Prozess mit Detaillierung der Ein- und Ausgangsparameter

Ein Werkstück kann durch seine geometrische Form, seine Stoffeigenschaften und dem Bearbeitungszustand beschrieben werden. Zu Beginn einer Bearbeitung bzw. einer Bearbeitungsoperation liegt das Werkstück in seiner Ausgangsform und dem Ausgangszustand vor; am Ende der Bearbeitung als Endform und Endzustand. Zwischenstände sind als solche zu benennen. Üblicherweise wird das Werkstück vor der Bearbeitung bzw. dem Arbeitsgang als Rohteil bezeichnet. Nach Abschluss der Bearbeitung wird das Werkstück üblicherweise als Fertigteil bezeichnet, unabhängig davon, ob das Werkstück alle Arbeitsgänge durchlaufen hat und endgültig fertig bearbeitet ist. Bei spanenden Bearbeitungsverfahren wird i. d. R. eine Bearbeitungszugabe vorgesehen. Die Bearbeitungszugabe ist die Differenz zwischen den Roh- und den Fertigteilabmessungen. Werden mehrere aufeinanderfolgende spanende Bearbeitungen vorgenommen, sind die Bearbeitungszugaben für die betreffenden Arbeitsgänge und die Gesamtbearbeitungszugaben zu unterscheiden. Werkstücke, die sich noch im Fertigungsprozess befinden, können nach dem Bearbeitungsstand bezeichnet werden als unfertige Teile, bei denen einige Bearbeitungen erfolgt sind, oder als Halbfertigteil, bei dem etwa die Hälfte der Bearbeitungen erfolgt ist, oder als Fertigteile, bei denen die geplanten Bearbeitungen am Bauteil erfolgt sind.

Ein Werkstück wird als Gutteil bezeichnet, wenn es alle geforderten Eigenschaften aufweist. Ein Werkstück wird als Ausschussteil bezeichnet, wenn es eine oder mehrere geforderte Eigenschaften endgültig nicht aufweist. Als Nachbearbeitungsteil werden Werkstücke bezeichnet, die Mängel aufweisen, welche aber mit vertretbarem Nacharbeitsaufwand zu einem Gutteil gewandelt werden können.

Auf der Basis der Blackbox-Methode lassen sich Prozessbeschreibungen systematisieren (vgl. Bild 2.2).

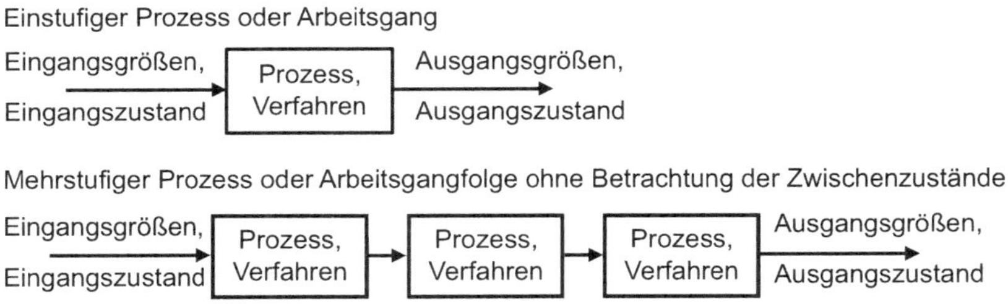

Bild 2.2 Unterscheidung nach den betrachteten Prozessstufen

Bei mehreren Prozessstufen lassen sich gleiche oder verschiedenen Verfahren/Prozesse abbilden. Eine Betrachtung der Zwischenstufen aufeinanderfolgender Prozessschritte kann erfolgen, sofern dies sinnvoll darstellbar ist und man die Parameter eindeutig beschreiben kann.

Mitunter sind mehrere Arbeitsgänge mit gleichen oder verschiedenen Ein- und Ausgangsparametern, aber dem gleichen Fertigungsverfahren auszuführen. Das können z. B. Lochreihen oder Bohrbilder mit verschiedenartigen Bohrungen sein. Sind bestimmte Arbeitsgänge an neuen Bearbeitungspositionen zu wiederholen, können die neuen Eigenschaften z. B. in einer technischen Zeichnung angegeben sein. Bei Prozesswiederholungen mit grundsätzlich neuen Eingangsgrößen sind diese entsprechend auszuweisen.

Bei der Bezeichnung der inneren Struktur der Blackbox sollten typisierte und genormte Verfahrensbezeichnungen verwendet werden, um Missverständnisse zu vermeiden. In den nachfolgenden Ausführungen werden die Verfahrenssystematik, die Verfahrensbezeichnungen sowie die Verfahrensdefinitionen der [DIN 8580] wiedergegeben. Auf branchentypische Bezeichnungen wird verzichtet.

Erzeugnisstruktur und damit verbundene Begriffsklärungen

Unter einer Erzeugnisstruktur soll die Gesamtheit der nach einem bestimmten Gesichtspunkt festgelegten Beziehungen zwischen den Gruppen und Teilen eines Erzeugnisses verstanden werden. Eine Erzeugnisstruktur kann nach Gesichtspunkten der Montage, der Fertigung, der Funktion oder der Disposition erfolgen. Die nachfolgenden Ausführungen beziehen sich auf die Produktion und Montage. Aus einer Erzeugnisstruktur kann eine Erzeugnisgliederung als eine unternehmenseigene, hierarchische Gliederung produktspezifischer Unterteilungen eines Erzeugnisses abgeleitet werden. Da in der Normung und in der Fachliteratur diese Begriffe z. T. nicht eindeutig definiert sind, werden bestimmte Begriffe und Zusammenhänge für diese Ausarbeitung explizit beschrieben. Der Begriff der Erzeugnisgliederung entstammt der Konstruktionstechnik und kann als Basis für die Erstellung von Zeichnungen und Stücklisten genutzt werden. Bei diesem fertigungstechnischen Ansatz werden Erzeugnisse zugrunde gelegt, die über mehrere Stufen des Zusammenbaus entstehen.

Als Rohmaterial werden im Allgemeinen Stoffe bezeichnet, welche als Hauptmaterial durch Be- oder Verarbeitung in ein Erzeugnis eingehen. Das Rohmaterial durchläuft mehrere Prozesse bis zum Erzeugnis. Im Prozess einer Möbelteilefertigung entstehen z. B. aus einem plattenförmigen Rohmaterial ein oder mehrere Rohteile. Diese Rohteile werden durch Bearbeitungsprozesse zu Fertigteilen gewandelt. Für die Charakterisierung als Rohmaterial bzw. Rohteil ist es unerheblich, welche konkreten vorgelagerten Prozessstufen das Rohmaterial absolviert hat. Rohmaterial in Form von Plattenwerkstoffen werden in der Regel vom Hersteller bzw. vom Fachhandel zugekauft.

Ein Werkstück bzw. Einzelteil entsteht in einem Produktionsprozess. Dieses Werkstück kann mit anderen Werkstücken bzw. Teilen zu einer niederen Baugruppe montiert werden, d. h. diese Baugruppe besteht aus früheren Einzelteilen. Beim Erzeugen einer Baugruppe höherer Ordnung bzw. höherer Komplexität werden Baugruppen und Einzelteile montiert. Am Ende des Montageprozesses entsteht aus den Baugruppen und Einzelteilen das Erzeugnis. Nach [DIN 199-1] wird ein Einzelteil als ein Teil bezeichnet, das „… nicht zerstörungsfrei zerlegt werden kann.“[1)] In der Norm

[1] [DIN 199-1], S. 8

[DIN EN ISO 10209] wird ein Einzelteil beschrieben als „... Bestandteil einer Ausrüstung, das nicht weiter zerlegt werden kann, ohne seine grundlegenden Eigenschaften zu verlieren."[2] Ein Einzelteil kann als ein Gegenstand verstanden werden, für dessen weitere Aufgliederung aus der Sicht des Anwenders kein Bedürfnis besteht. An dieser Stelle sei darauf verwiesen, dass beim Fügen von Werkstücken u. U. ein sogenanntes Verbindungsmittel benötigt wird, vgl. Abschnitt 4.5.5. Wird dieses Verbindungsmittel eingeklebt, entsteht eine unlösbare Verbindung. Für die Erzeugnisgliederung soll dieser Zusammenbau von Werkstück und Verbindungsmittel keine Bedeutung haben. Eine Bezeichnung als Baugruppe für diesen Zusammenbau ist hier nicht angebracht.

Eine Baugruppe in einem technischen System bzw. Erzeugnis bezeichnet eine Gruppe von Einzelteilen, die zur Erfüllung einer bestimmten Funktion zusammengesetzt wurden. Baugruppen können unterschieden werden in niedere Baugruppen, die aus Einzelteilen bestehen und höhere Baugruppen, die aus niederen Baugruppen und Einzelteilen bestehen.

Als Erzeugnis wird ein „... durch Produktion entstandener gebrauchsfähiger bzw. verkaufsfähiger Gegenstand bezeichnet."[3] Ein Erzeugnis besteht in der Regel aus Baugruppen und Einzelteilen.

Morphologische Analyse und morphologischer Kasten

Die morphologische Analyse ist eine Methode aus der Kreativitätstechnik, die vorwiegend in der Konstruktionstechnik verwendet wird, um komplexe Problemstellungen zu erfassen und alle möglichen Lösungen konfliktfrei und vorurteilslos betrachten zu können. Für die Analyse kann als Werkzeug der sogenannte morphologische Kasten verwendet werden. Ein morphologischer Kasten stellt eine Matrix dar, bei der die wesentlichen und relevanten Merkmale auch als bestimmende Parameter angeordnet sind. Bei der Auswahl der Parameter ist darauf zu achten, dass diese Merkmale unabhängig voneinander sind und sich im Rahmen der Aufgabenstellung bzw. des Projektes tatsächlich umsetzen lassen.

Ausgehend von einer konkreten Problemstellung werden die problembezogenen Merkmale untereinander geschrieben. Die Merkmale können bei Bedarf noch zu funktionsbezogenen Gruppen zusammengefasst werden. Anschließend werden für jedes Merkmal deren möglichen Merkmalsausprägungen rechts daneben geschrieben, vgl. Bild 4.14. So entsteht eine Matrix, in der jede Kombination von Merkmal und Merkmalsausprägungen eine theoretisch mögliche Lösung darstellt. Verbindet man die einzelnen Merkmalsausprägungen mit einem Linienzug, so entsteht entlang des Linienzuges eine definierte Struktur der Lösung. Wiederholt man diesen Linienzug für andere Merkmalsausprägungen entsteht u. U. eine gänzlich andere Lösung, vgl. Bild 4.53. Neben der Produktentwicklung, kann die morphologische Analyse auch

---

2 [DIN EN ISO 10209], S. 7

3 [DIN 199-1, 2002], S. 11

dazu verwendet werden, Prozessschritte oder -elemente zu identifizieren und so zu kombinieren, dass effizientere Prozessabläufe entstehen. Diese Prozesse sind abhängig von der verfügbaren Technik, von der Komplexität der Erzeugnisse, von der Variantenvielfalt der Erzeugnisse sowie von Losgrößen bzw. Stückzahlen.

Eine wesentliche Voraussetzung für eine erfolgreiche morphologische Analyse ist eine klar umrissene Aufgabenstellung. Des Weiteren sind die Verfahrens- und Maschinenbeschreibungen auf einer einheitlichen Basis vorzunehmen. So bestehen unterschiedliche Sichtweisen zwischen den Branchen der Holz- und der Metallbearbeitung bei der Verwendung bestimmter Begriffe bzw. Bezeichnung von Fertigungsverfahren. Für die nachfolgenden Ausführungen wird die Verfahrenssystematik nach [DIN 8580] verwendet.

2.2 Fertigungsverfahren der Hauptgruppe Urformen

2.2.1 Verfahrensübersicht Urformen

In der Verfahrenshauptgruppe Urformen sind die Verfahren zusammengefasst, bei denen ein formloser Stoff, ggf. mit Zusatz spezieller Bindemittel, in eine geometrisch bestimmbare Erstform gebracht wird. Von besonderem Interesse sind die Verfahren zur Herstellung plattenförmiger Werkstoffe (vgl. Bild 2.3).

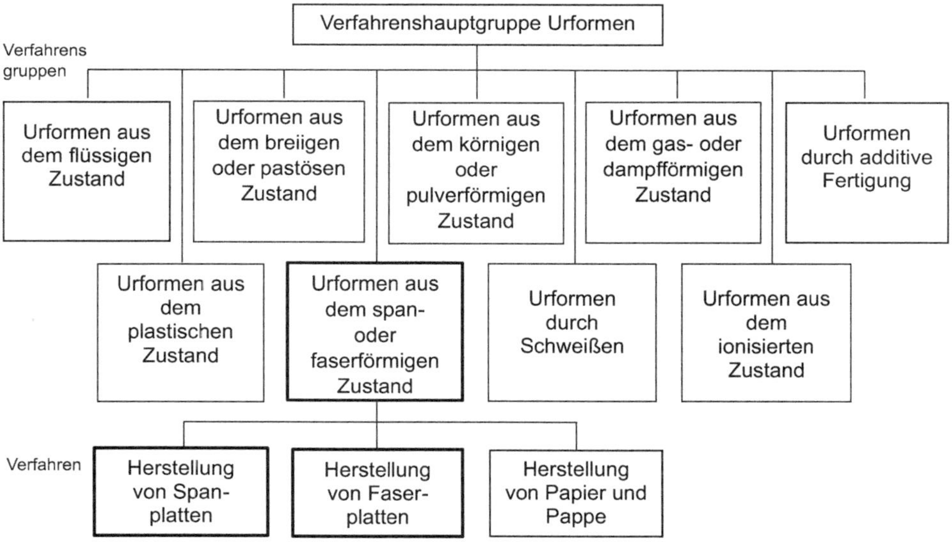

Bild 2.3 Auszug aus der Verfahrenshauptgruppe Urformen, nach [DIN 8580], S. 9

Die hergestellten Plattenwerkstoffe werden in größerem Umfang als Rohmaterial für die Möbelteilefertigung verwendet.

Nachfolgend soll auf die Herstellung von Span- und Faserplatten im Überblick eingegangen werden und charakteristische Merkmale und Eigenschaften im Zusammenhang mit der Möbelteilefertigung betrachtet werden. Neben dem Vollholz sind Span- und Faserplatten die bevorzugten Werkstoffe im Möbelbau. Unter der Bezeichnung Wood Plastics Composites (WPC) sind Werkstoffe zu verstehen, die aus Holzpartikeln, Fasern und weiteren pflanzlichen Rohstoffen bestehen und in eine Kunststoffmatrix eingebettet sind. Die WPC können als Strangware durch Strangpressen oder als Formteile durch Materialextrusion vorliegen. In den Folgekapiteln wird auf die Verfahren der Materialextrusion nicht weiter eingegangen; es sei an dieser Stelle auf die weiterführende Literatur [WAG 2008] und [DIN EN 15534-1] verwiesen.

2.2.2 Verfahren zur Herstellung von Spanplatten

Bei der Herstellung von Spanplatten und der späteren Verwendung als Rohmaterial im Möbelbau sind grundsätzlich verschiedene Verfahren beteiligt. Die Herstellung einer Rohspanplatte durch Verpressen beleimter und sortierter Späne entspricht der Definition als Verfahren zum Urformen. Die Bezeichnung der Verfahrensuntergruppe Herstellung von Spanplatten ist aber nicht ein einzelnes Fertigungsverfahren, sondern kennzeichnet eine Abfolge verschiedener Verfahren. Um eine gebrauchsfähige Spanplatte mit definierten Eigenschaften herzustellen, sind aber weitere Fertigungsverfahren notwendig. Eine Verwendung als Rohspanplatte ist grundsätzlich möglich. Rohspanplatten werden bevorzugt in solchen Bereichen verwendet, wo sie als Platten selbst nicht sichtbar sind, z. B. im Innenausbau, an Decken, Verkleidungen und Fußböden sowie in Schalungen. Für eine Verwendung im sichtbaren Bereich bzw. im Möbel- und Innenausbaubau kann die Rohspanplatte mit einer dekorativen Schicht in einem Fügeprozess beklebt werden oder in einem Beschichtungsprozess mit einem formlosen Stoff beschichtet werden. Eine grundsätzliche Unterscheidung in Rohspanplatte oder Dekorspanplatte sollte erfolgen, da die nachträglich aufgebrachten Schichten einen signifikanten Einfluss auf die Verwendung und Bearbeitung bei der Möbelteileherstellung haben.

Herstellung von Rohspanplatten

Zur Herstellung von Spanplatten werden zwei Verfahren verwendet, so das Flachpressverfahren und das Strangpressverfahren. In beiden Verfahren wird ein formloser Stoff als Bindemittel werden unter Zusatz eines Bindemittels zu einer Platte verpresst. Als formlose Stoffe können z. B. Späne in unterschiedlicher Größe, Hackschnitzel, zerkleinertes Altholz und Pflanzenreste sowie als Bindemittel z. B. synthetischer Klebstoffe/Harze, pflanzliche oder/und tierische Leime verwendet werden.

Zu Beginn der Herstellung werden die Späne bzw. Partikel mechanisch zerkleinert und anschließend getrocknet. Nach dem Trocknen werden die Späne bzw. Partikel gesichtet und nach Größe sortiert. Bei einer Flachpressplatte werden nach dem Beleimen die Späne dosiert und gleichmäßig auf eine Unterlage gestreut. Eine Einschichtplatte besteht dabei aus einem einheitlichen Spangemenge über den gesamten Querschnitt. Bei einer dreilagigen Spanplatte werden die beiden Decklagen aus kurzen bzw. dünnen Spänen gebildet, während sich die größeren bzw. dickeren Späne in der späteren Mittellage der Platte befinden. In der nachfolgenden Abbildung ist der Fertigungsablauf einer Dreischichtflachpressplatte dargestellt (vgl. Bild 2.4).

Beide Spanmengen, für die Deck- und die Mittellage, werden separat vorbereitet und dosiert. Begonnen wird dabei mit den beleimten Spänen der Decklage, gefolgt von den Spänen der Mittellage und abschließend wieder mit den Decklagenspänen. So entsteht ein dreilagig gestreutes Spänevlies. Das Spänevlies wird dann anschließend vorgepresst. Bei diesem Vorpressen hat das Spänevlies noch nicht die endgültige Dicke der späteren Platte.

Das Vorpressen schafft eine gewisse Anfangsfestigkeit des Vlieses. Im nachfolgenden Hauptpressvorgang wird die endgültige Materialdicke erzeugt. Das Abbinden des Bindemittels kann beim Heißpressen durch thermische Unterstützung beschleunigt werden. Das Verpressen erfolgt vorzugsweise auf einer kontinuierlich arbeitenden Rollenpresse und erzeugt einen Endlosstrang. Dieser Endlosstrang wird nach dem Verlassen der Presse mit einer Doppel-Diagonalsäge in rechteckige Abschnitte aufgetrennt. Die abgelängten Rohplatten werden anschließend grobformatiert. Nach dem Besäumen erfolgt das Konditionieren auf Lagertemperatur. Ist die Lagertemperatur erreicht, wird die Rohplatte durch Schleifen kalibriert. Die Platten werden an der oberen und unteren Breitfläche geschliffen. Durch den Kalibrierschliff verbessern sich die Plattenoberfläche und die Dickenkonstanz.

Bei der Herstellung einer Strangpressplatte erfolgen die Späneerzeugung, Aufbereitung, Beleimung und Dosierung in etwa gleicher Weise. Anschließend wird das Spangemenge in den Einfallkanal zwischen den beiden Heizplatten gedrückt, durch einen Kolben verdichtet und als Plattenstrang im Kanal kontinuierlich weiterbewegt. Anschließend erfolgt das Auftrennen des Plattenstrangs in Einzelplatten. Es schließen sich das Konditionieren auf Lagertemperatur und ggf. das Schleifen an. Strangpressplatten können als Vollspanplatten oder als Röhrenspanplatten hergestellt werden. Bei der Herstellung von Röhrenspanplatten befinden sich Heizrohre im Plattenschacht, mit denen die Röhren in der Platte erzeugt werden.

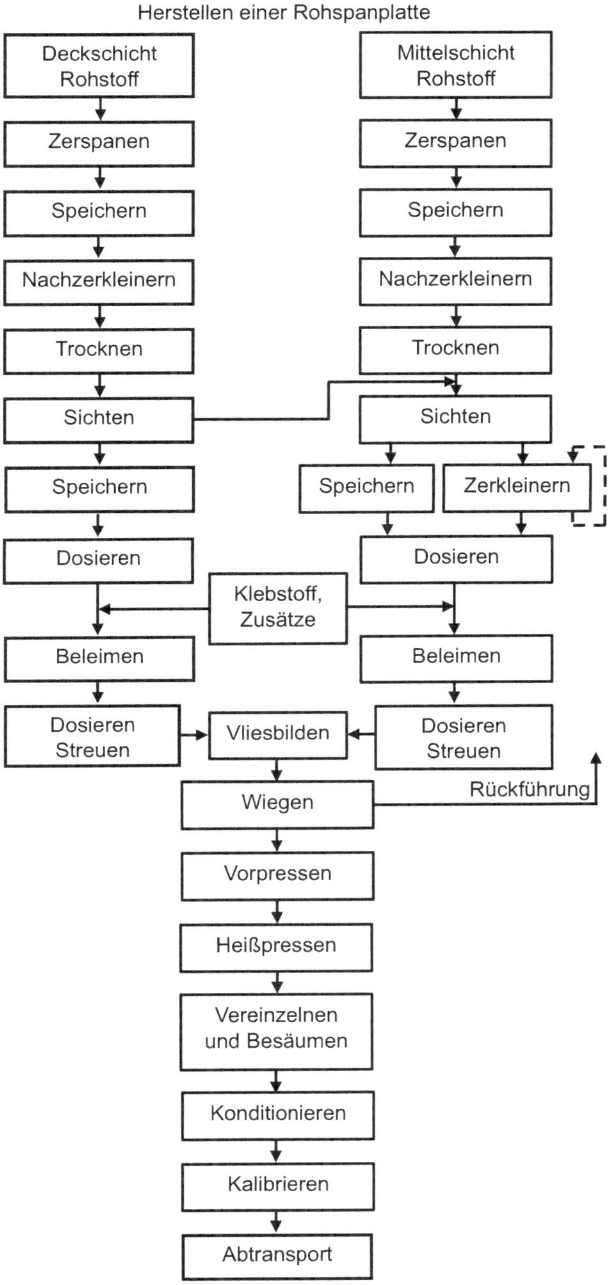

Bild 2.4 Fertigungsablauf einer Dreischichtspanplatte, nach [WAG 2007], S. 227

Herstellen von Dekorspanplatten aus Rohspanplatten

Der Begriff Dekorspanplatte soll als Unterscheidung zur Rohspanplatte dienen. Als Dekore können Furniere, Dekorpapiere oder kunstharzbeschichte Folien verwendet werden. Es ist aber auch möglich, Rohspanplatten direkt zu bedrucken oder zu lackieren. Gemäß der Definition der Verfahrenshauptgruppen ist das auf Dauer bestimmte Aufbringen von formbestimmtem Material ein Fügeprozess; beim Aufbringen eines formlosen Stoffes ein Beschichtungsprozess. Dekorspanplatten bestehen aus einer Rohspanplatte als Trägermaterial und ein- oder beidseitig aufgebrachten Dekorschichten, vorzugsweise durch Verkleben bzw. eine Oberflächenbeschichtung mit formlosem Stoff. Für die Fertigung dieser Dekorschichten können mit Kunstharz imprägnierte Papierbahnen verwendet werden, die dann unter Einwirkung von Wärme aushärten und eine feste Haftung zur Trägerplatte aufweisen. Das Verpressen erfolgt üblicherweise mit einer Kurztaktpresse. Im Zuge der technischen Entwicklung können auch Dekore auf Rohspanplatten mit 3D-Druckern erzeugt werden. Nachfolgend ist ein verallgemeinerter Fertigungsablauf zur Herstellung von Dekorspanplatten durch Aufkleben von Dekorschichten abgebildet (vgl. Bild 2.5).

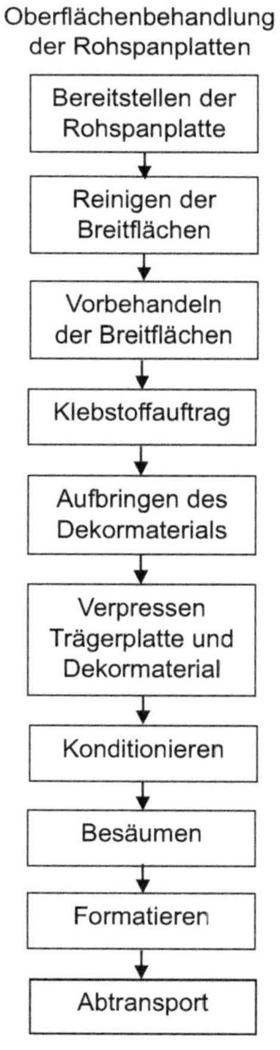

Bild 2.5
Verallgemeinerter Fertigungsablauf zur Herstellung von Dekorspanplatten

Üblicherweise werden beide Breitflächen, vorzugsweise mit artgleichem Dekormaterial, beklebt, damit sich die Platte nicht krümmt bzw. verzieht. Da das Verpressen sowohl als Heißpressen als auch als Kaltpressen möglich ist, wäre der Prozessschritt Konditionieren ggf. als Abkühlprozess und als Prozess des Klebstoffabbindens zu betrachten. In dieser Art und Weise können verschiedene Dekore erzeugt werden oder Rohspanplatten mit speziellen Materialien, wie z. B. Schichtstoffen oder Kork verklebt werden. Beim Besäumen werden noch vorhandene, überstehende Restmaterialien entfernt. Beim anschließenden Formatieren wird die Dekorplatte mittels spanender Bearbeitung auf die geforderten Abmessungen zugeschnitten.

Weitere Spanplatten

Zur Kategorie der Spanplatten zählen auch Plattenwerkstoffe, bei denen Späne mit einer Spanlänge von 40 mm bis 300 mm verarbeitet wurden. Dazu zählen auch die OSB- und LSL-Platten. OSB-Platten[4)] bestehen aus gerichtet gestreuten Spänen mit Längen bis 40 mm. OSB-Platten werden im Innenausbau im nicht sichtbaren Bereich verwendet. Im Möbelbau sind derartige Platten sehr selten im Gebrauch. LSL-Platten[5)], auch als Spanstreifenholz bezeichnet, bestehen aus gerichtet gestreuten Grobspänen bis 300 mm Länge. Aus derartigen Platten können Bauelemente für stark beanspruchte Bauelemente im Holzbau gewonnen werden. Eine Verwendung von LSL ist im Möbelbau unüblich. Die Herstellungsprozesse von OSB und LSL sind ähnlich den oben beschriebenen; können im Detail aber Unterschiede aufweisen.

2.2.3 Verfahren zur Herstellung von Faserplatten

Als Faserplatten werden plattenförmige Werkstoffe bezeichnet, bei denen mechanisch oder chemisch aufgeschlossene Holzfasern, Faserbündel oder Faserbruchstücke unter Druck und Wärme verpresst werden. Der Haftverbund innerhalb der Platte entsteht durch das Verfilzen der Fasern durch das im Holz enthaltene Bindemittel Lignin bzw. durch Zugabe von anderen Bindemitteln. Hinsichtlich ihrer Eigenschaften ähneln die Faserplatten dem Holz. Sie weisen eine hohe Homogenität auf und besitzen eine relativ hohe Festigkeit; sie besitzen keine ausgeprägte Faserrichtung. Das Herstellverfahren hat maßgebenden Einfluss auf bestimmte Werkstoffkennwerte der Faserplatte. Beim Nassverfahren sedimentieren[6)] die Fasern aus einer wässrigen Suspension und bilden eine Fasermatte. Beim Trockenverfahren werden die trockenen Fasern mechanisch oder pneumatisch zum Vlies verdichtet. In der folgenden Abbildung ist der schematische Ablauf der Herstellung einer mitteldichten Faserplatte im Trockenverfahren dargestellt (vgl. Bild 2.6).

---

4 OSB: Oriented Strand Board

5 LSL: Laminated Strand Lumber

6 Sedimentation bezeichnet das Ablagern von Teilchen u. a. aus Flüssigkeiten unter dem Einfluss von Kräften, wie z. B. der Gewichtskraft.

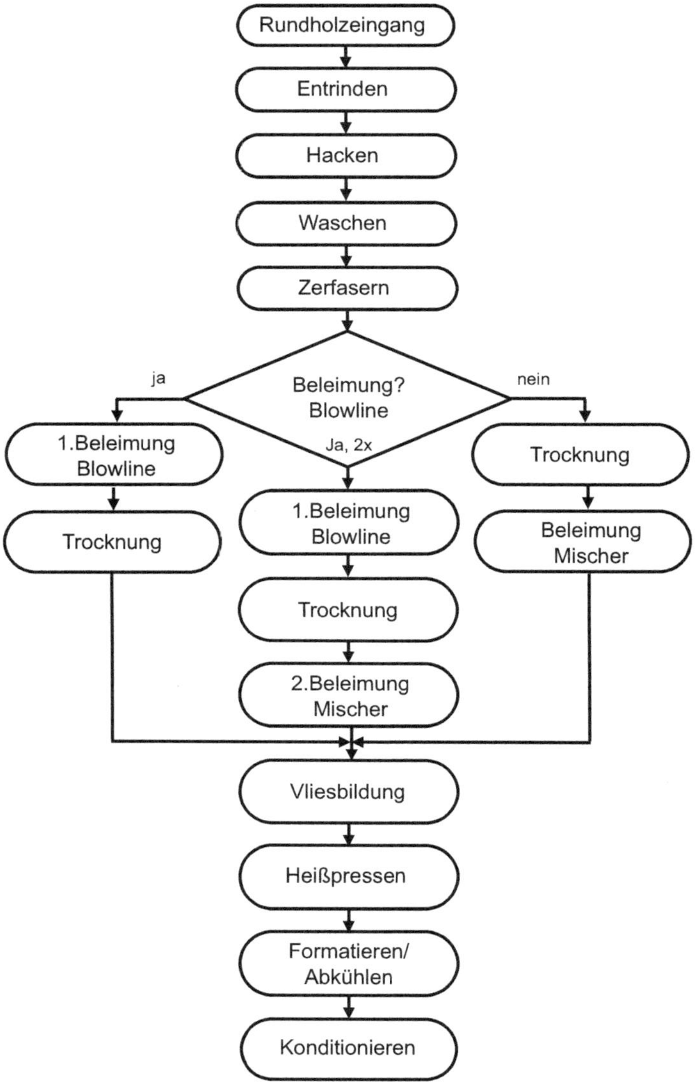

Bild 2.6 Prozessablauf der Herstellung einer mitteldichten Faserplatte im Trockenverfahren, nach [WEN 2015], S. 20

Wie aus Bild 2.6 ersichtlich wird, ist die Herstellung von Faserplatten ebenso kein einzelnes Verfahren, sondern eine geordnete Folge von Bearbeitungsverfahren. In den ersten Bearbeitungsschritten wird das Rohmaterial entrindet, zerhackt, gewaschen und zerfasert. Anschließend wird das Beleimungssystem, die Art der Beleimung und die Anzahl der Durchgänge festgelegt. Das fertige Vlies wird dann verpresst und nach einer ersten Abkühlung besäumt. Abschließend wird das Material konditioniert. Als Grenze zwischen Nass- und Trockenverfahren ist in der [DIN EN 316][7)] ein Feuchtegehalt von mehr als 20 % im Stadium der Plattenformung genannt.

---

[7] [DIN EN 316], S. 4

Im Nassverfahren können Faserplatten mit verschiedenen Rohdichtewerten hergestellt werden (vgl. Tabelle 2.2).

Im Trockenverfahren werden z. B. mitteldichte Faserplatten mit einer Dichte von ca. $\rho > 650\,kg/m^3$ hergestellt.

Tabelle 2.2 Rohdichten von Faserplatten

Plattentyp	Kürzel	Rohdichtewert ρ
Harte Faserplatten	HB	$\rho \geq 900\,kg/m^3$
Mittelharte Platten, geringer Dichte	MBL	$400 < \rho < 560\,kg/m^3$
Mittelharte Platten, hoher Dichte	MBH	$560 < \rho < 900\,kg/m^3$
Poröse Faserplatten	SB	$230 > \rho > 400\,kg/m^3$

Nach [DIN EN 316], S. 4

Im Bereich der Möbelteile werden neben Spanplatten MDF-Platten für Korpusteile und Hartfaserplatten für Rückwände und Schubkastenböden verwendet. Weiterführende Informationen zu den Eigenschaften der Faserplatten sind in der Normenreihe [DIN EN 622] enthalten. Faserplatten sind besonders gekennzeichnet hinsichtlich der Umgebungsbedingungen für trockene Räume oder Feuchträume sowie der Belastungsbedingungen für tragende und nicht tragende Verwendung.

2.3 Fertigungsverfahren der Hauptgruppe Umformen

In der Verfahrenshauptgruppe Umformen sind die Verfahren zusammengefasst, mit denen die äußere Form von Werkstücken plastisch, d. h. ohne Materialverlust, verändert wird. Die Systematik der Verfahrensgruppen beim Umformen ist in der nachfolgenden Abbildung dargestellt (vgl. Bild 2.7).

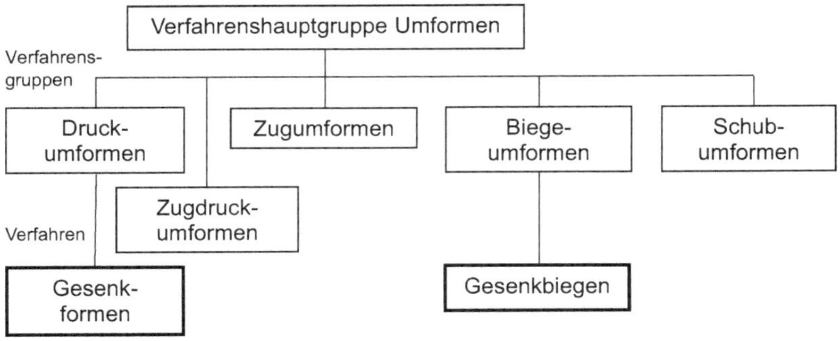

Bild 2.7 Auszug aus der Verfahrenshauptgruppe Umformen, nach [DIN 8580], S. 11

Die Verfahren Gesenkformen und Gesenkbiegen finden z. B. beim plastischen Verformen von Vollholz zur Herstellung von Stuhlteilen Anwendung.

Die „... plastische Umformung ist ... für das nicht fließfähige Holz und für Holzwerkstoffe nicht oder nur in stark begrenztem Maße möglich. Deshalb werden Formteile aus Holz und Holzwerkstoffen meist durch Biegen oder Pressen hergestellt.“[8] Diese Aussagen beziehen sich auf die Verfahrensgruppen Biegeumformen und Druckumformen. Beim Biegen von Vollholz wird der Werkstoff vor der eigentlichen Verformung z. B. mit Wasser/Wasserdampf und hohen Temperaturen längere Zeit behandelt, sodass sich seine Plastifizierbarkeit spürbar erhöht. Anschließend wird das eigentliche Biegen durchgeführt.

Das verformte Werkstück trocknet in der Biegevorrichtung nach. Beim Gesenkformen können z. B. mehrlagige Sperrholzwerkstoffe nach einer entsprechenden Vorbereitung in einem Pressgesenk zu Sperrholzformteilen, z. B. für Sitzschalen von Stühlen, umgeformt werden.

2.4 Fertigungsverfahren der Hauptgruppe Trennen

2.4.1 Verfahrensgruppe Zerteilen

Die Verfahrenshauptgruppe Trennen unterteilt sich in die Verfahrensgruppen Zerteilen, Spanen, Abtragen, Zerlegen und Reinigen (vgl. Bild 2.8).

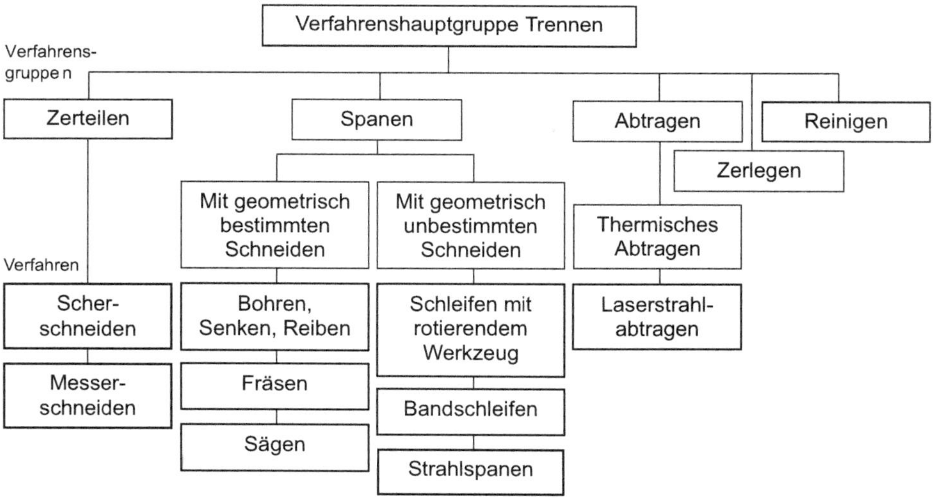

Bild 2.8 Auszug aus der Verfahrenshauptgruppe Trennen, nach [DIN 8580], S. 12

[8] [WAG 2008], S. 260

Beim Zerteilen wird ein Werkstück in ein oder mehrere Teile, ohne Anfall von Spänen, aufgeteilt.

Beim Zerteilen werden Werkstoffe in zwei oder mehrere Teile zerlegt, ohne Anfall von Spänen. Die Verfahren der Gruppe Zerteilen lassen sich in das Schneiden, in das Spalten, das Reißen und das Brechen unterteilen. Das Schneiden umfasst die Verfahren Scherschneiden, Messerschneiden und Beißschneiden. Von besonderem Interesse sind die Verfahren Messerschneiden und Scherschneiden zum Trennen dünner Holzwerkstoffe und Furniere. Die zum Einsatz kommenden Schneidwerkzeuge besitzen vorzugsweise gerade Schneiden und Erzeugen gerade Schnittverläufe. Weiterhin können auch rotierende kreisförmige Schneiden, sogenannte Rollmesser, in der Verwendung sein. Auf die Verfahren des Spaltens, des Reißens und des Brechens soll hier nicht weiter eingegangen werden.

Messerschneiden

Beim Verfahren Messerschneiden dringt eine keilförmige Schneide in den Werkstoff ein und erzeugt durch das Eindringen entlang der Schnittlinie Druckspannungen im Werkstoff. Überschreiten diese Spannungen den zulässigen Wert für den Werkstoff, verliert der Werkstoff an der Schnittstelle seinen Zusammenhalt. Praktische Anwendungen des Zerteilens bestehen bei der Herstellung von Furnieren. Beim Furnierschälen wird eine linear bewegliche Messerschneide, die den Werkzeugvorschub ausführt, tangential am rotierenden Stamm zum Eingriff gebracht. Durch eine stetige Zustellbewegung des Messers in tangentialer Richtung zum Stamm und in radialer Richtung zur Drehachse des Stammes erfolgt eine kontinuierliche Spanabnahme in Furnierdicke. Beim Furniermessern wird ein Teil des Stammes, z. B. Halbblock oder ein Viertelblock, auf einen speziellen Auflagetisch gespannt und zur Spanabnahme gegen ein feststehendes Messer bewegt. Durch die Schnittbewegung entsteht ein Furnierblatt in der eingestellten Dicke. Nach dem Rückhub des Auflagetisches und der Korrektur der Messerposition wird der nächste Hub ausgeführt. Bei beiden Verfahren wird das Verfahren Messerschneiden angewendet.

Fertigungsverfahren Scherschneiden

Beim Scherschneiden wird der Werkstoff zwischen zwei sich gegeneinander bewegenden Schneiden getrennt. Eine Differenzierung des Scherschneidens kann durch die Anzahl und Folge der Bewegungen der Schneiden erfolgen, so z. B. in ein- oder mehrhubig sowie in kontinuierlich und in kurzen schnellen Schnittbewegungen. Eine zweite Möglichkeit der Unterscheidung ist in der Schnitterzeugung gegeben. Üblicherweise sind zwei sich gegeneinander bewegende Schneiden im Einsatz, jeweils eine obere und eine untere Schneide. Ersetzt man die untere Schneide durch eine Doppelschneide, entsteht beim Schneidvorgang ein Abfallstreifen entlang der Schnittlinie. In der [DIN 8588][9] wird diese Form des Scherschneidens als Schlitzen bezeichnet.

9 [DIN 8588], S. 5/6

2.4.2 Verfahrensgruppe Spanen mit geometrisch bestimmten Schneiden

Der Materialabtrag beim Spanen erfolgt auf mechanischem Weg durch Werkzeugschneiden. Die Werkzeugschneiden können in unterschiedlicher Form ausgeprägt sein. Eine grundlegende Unterscheidung in geometrisch bestimmte und geometrisch unbestimmte Schneiden ist bei der großen Vielfalt an etablierten Verfahren sinnvoll.

2.4.2.1 Grundlagen der Spanung mit geometrisch bestimmten Schneiden

Die Spanungsprozesse mit einer geometrisch bestimmten Schneide sind grundlegend in den Normen [DIN 6580] bis [DIN 6584] beschrieben. Aus diesen grundlegenden Verfahrensbeschreibungen sollen einige Basisgrößen der Zerspantechnik nachfolgend erläutert werden (vgl. Bild 2.9).

Beim Spanungsprozess werden Form und Gestalt der Werkstücke durch die Geometrie des Werkzeugs und durch die Relativbewegungen zwischen Werkstück und Werkzeug erzeugt.

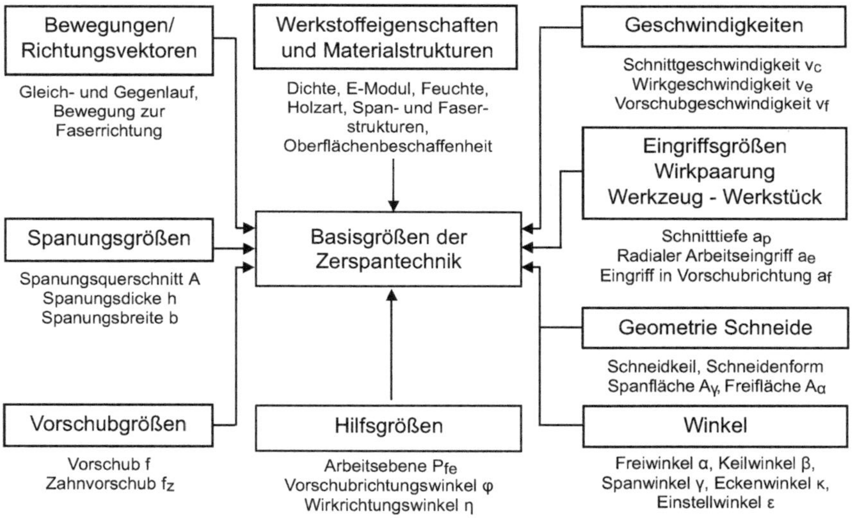

Bild 2.9 Basisgrößen der Zerspantechnik, in Anlehnung an [DÜR 2009], S. 127

Bewegungen

Diese Relativbewegungen können als Bewegungen zur Spanabnahme oder Bewegungen zur Vorbereitung der Spanabnahme klassifiziert werden und bezeichnen jene Bewegungen, die unmittelbar an der Spanentstehung beteiligt sind, so die Schnittbewegung, die Vorschubbewegung und die Wirkbewegung.

- „Die Schnittbewegung bewirkt ohne Vorschubbewegung nur eine einmalige Spanabnahme während einer Umdrehung oder eines Hubes.
- Die Vorschubbewegung (des Werkzeuges oder des Werkstückes) ermöglicht zusammen mit der Schnittbewegung eine stetige oder mehrmalige Spanabnahme während mehrerer Umdrehungen oder Hübe.
- Die Wirkbewegung als Resultierende von Vorschub- und Schnittbewegung bewirkt den eigentlichen Spanungsvorgang.“[10]

Als Bewegungen zur Vorbereitung der Spanabnahme können die Zustell-, die Nachstell-, die Anstell- und die Rückstellbewegung des Werkzeuges bzw. Werkstückes[11] bezeichnet werden, da während dieser Bewegungen keine Spanabnahme erfolgt.

- „Durch die Zustellbewegung wird die Dicke der jeweils abzunehmenden Schicht definiert.
- Die Nachstellbewegung ist eine Korrekturbewegung, um einen evtl. vorhandenen Schneidenverschleiß zu kompensieren.
- Bei der Anstellbewegung wird das Werkzeug vor dem Spanungsprozess an das Werkstück herangeführt.
- Bei der Rückstellbewegung wird das Werkzeug nach dem Spanungsprozess vom Werkstück weggeführt.“[12]

Zusätzlich zu den o. g. Bewegungen sind in der DIN 6580 die dazugehörigen Bewegungsrichtungen, Wege und Geschwindigkeiten[13] definiert. Dabei ist die Schnittgeschwindigkeit v_c die momentane Geschwindigkeit der Schnittbewegung im Betrachtungspunkt. Die Vorschubgeschwindigkeit v_f ist die Geschwindigkeit, mit der sich der betrachte Schneidenpunkt in Vorschubrichtung bewegt. Die Wirkgeschwindigkeit v_e ist die Bewegung des betrachteten Schneidenpunktes in Wirkrichtung. Die Wirkgeschwindigkeit ergibt sich als Resultierende aus Schnittgeschwindigkeit v_c und Vorschubgeschwindigkeit v_f. Die entsprechenden Bewegungen und Geschwindigkeiten an einem Fräswerkzeug sind im nachfolgenden Bild dargestellt (vgl. Bild 2.10).[14]

---

10 [DIN 6580], S. 3

11 Die Relativbewegungen zwischen Werkzeug und Werkstück können durch den Vorschub des Werkzeuges oder des Werkstückes erfolgen. Für die Erläuterungen wird zur Vereinfachung von einem bewegten Werkzeug und einem ruhenden Werkstück ausgegangen.

12 [DIN 6580], S. 3

13 [DIN 6580], S. 4

14 Die Arbeitsebene P_{fe} ist eine gedachte Ebene, die durch die Vektoren v_f und v_c aufgespannt wird. Der Winkel η ist der Wirkrichtungswinkel und der Winkel φ ist der Vorschubrichtungswinkel.

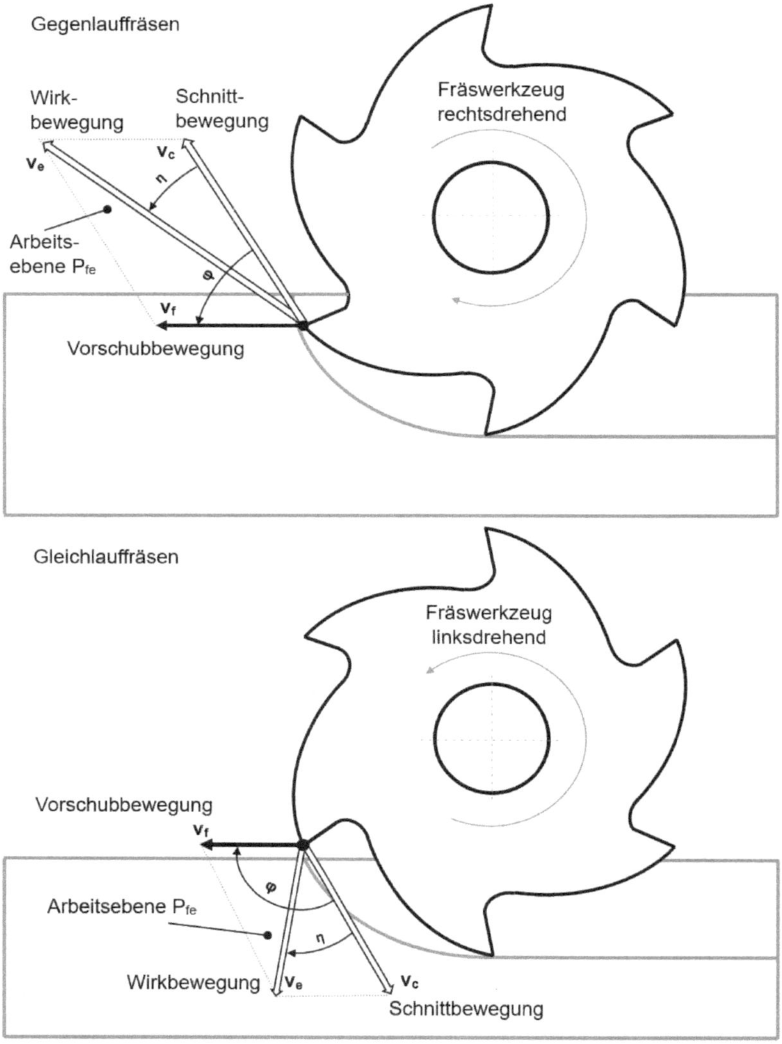

Bild 2.10 Bewegungsrichtungen und Geschwindigkeiten an Fräswerkzeugen, nach [DIN 8589-3], S. 9

Bei der Beurteilung der Laufrichtung eines Fräsers ist wesentlich, ob das Werkzeug oder das Werkstück die Vorschubbewegung ausführt. In der CNC-Bearbeitung erfolgt die Vorschubbewegung i. d. R. durch den Fräser. In der Holzbearbeitung wird die Drehung des Werkzeuges als rechtsdrehend bezeichnet, wenn das Werkzeug, vom Antriebsmotor gesehen, im Uhrzeigersinn dreht.[15)]

[15] Nach [DIN 8082]. Der Standard wurde 2023 wegen mangelndem Bedarf zurückgezogen, wird aber weiterhin inhaltlich verwendet.

Beim Gleichlauf tritt die Schneide auf das Werkstück und erzeugt beim Spanungsbeginn einen Span mit maximaler Spandicke. Mit weiterer Vorschub- und Drehbewegung verringert sich die Spandicke. Beim Schneidenaustritt ist die Spandicke Null. Beim Gegenlauf beginnt die Spanung mit Spandicke Null. Mit zunehmender Vorschub- und Drehbewegung nimmt die Spandicke zu. Bei manuellem Werkstückvorschub ist Gegenlauf aus Sicherheitsgründen vorgeschrieben. Bei mechanischem Vorschub, z. B. mit einer CNC-Maschine, kann die Laufrichtung gewählt werden. Bei Massivholz kann die Schruppbearbeitung zum Entfernen des nicht benötigten Materials im Gegenlauf erfolgen.

Beim Umfräsen eines Bauteils im Uhrzeigersinn entsteht an der Außenkontur bei einem rechtsdrehenden Fräser Gleichlauf. Ändert sich die Drehrichtung des Werkzeuges oder die Stellung zur Kontur oder die Umlaufrichtung, ändert sich auch die Laufrichtung des Fräsers. Beim Gleichlauf tritt die Schneide auf das Werkstück und erzeugt beim Spanungsbeginn einen Span mit maximaler Spandicke. Mit weiterer Spanung verringert sich die Spandicke; beim Schneidenaustritt ist die Spandicke Null. Beim Gegenlauf beginnt die Spanung mit Spandicke Null. Mit zunehmender Spanung nimmt die Spandicke zu. Bei manuellem Werkstückvorschub ist Gegenlauf aus Sicherheitsgründen vorgeschrieben. Bei mechanischem Vorschub, z. B. mit einer CNC-Maschine, kann die Laufrichtung gewählt werden. Bei Massivholz kann die Schruppbearbeitung zum Entfernen des nicht benötigten Materials im Gegenlauf erfolgen. Die Schlicht- bzw. Profilbearbeitung sollte im Gleichlauf stattfinden. Beim Gegenlauffräsen von Massivholz kann es durch den Schneideneingriff zum Vorspalten kommen. Einige Holzarten neigen zum Vorspalten, so z. B. Eiche, Meranti sowie Nadelhölzer. Bei der Bearbeitung von Plattenwerkstoffen hat die Laufrichtung keinen besonderen Einfluss auf das Bearbeitungsergebnis. Eventuell sollte bei der Bearbeitung von Plattenwerkstoffen mit furnierten Decklagen die Laufrichtung beachtet werden.

Zahnformen für Kreissägeblätter

In der industriellen Bearbeitung von Holzwerkstoffen mit dekorativen Oberflächen werden vorzugsweise Hartmetall und diamantbestückte Kreissägeblätter verwendet. Beim Sägen mit dem Kreissägeblatt sind saubere und ausrissfreie Schnittkanten in den Breitflächen wichtig. Dazu existiert eine Vielzahl spezieller Zahnformen bzw. Zahnkombinationen (vgl. Bild 2.11).

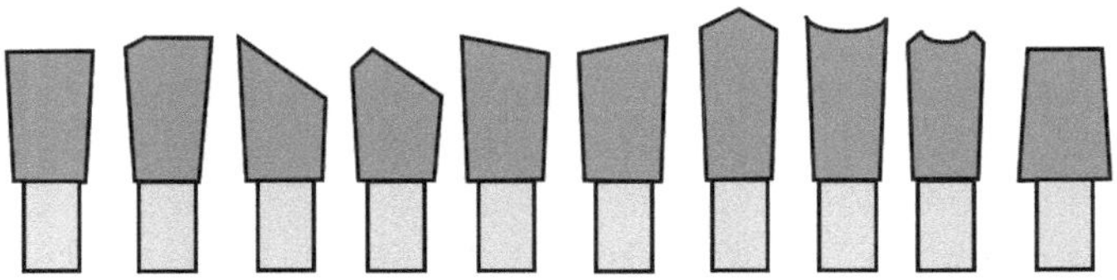

Bild 2.11 Übersicht Zahnformen für Kreissägeblätter zur Bearbeitung von Holz und Holzwerkstoffen

FZ: Flachzahn, FZA: Flachzahn angefast, SZ: Spitzzahn, SZA: Spitzzahn angefast, WZ: Wechselzahn, DZ: Dachzahn, HZ: Hohlzahn, HZA: Hohlzahn angefast, TZ: Trapezzahn

Hinsichtlich der Verwendung bestimmter Zahnformen existiert kein geschlossenes Regelwerk, sodass man den Empfehlungen der Werkzeughersteller folgen sollte (vgl. Tabelle 2.3).

Die in der Tabelle 2.3 angegebene Legende der Zahnformen entspricht der Legende für das Bild 2.11.

Tabelle 2.3 Empfohlene Zahnform für Kreissägeblätter nach Herstellerangaben

Werkstoff	Hersteller A	Hersteller B
Weichholz, längs	FZ	FZ oder WZ
Weichholz, quer	WZ	WZ oder HZ
Hartholz, längs	FZ	FZ oder WZ
Hartholz, quer	WZ	WZ oder HZ
Furniere	WZ	WZ
Pressschichtholz	k. A.	WZ
Sperrholzplatten	HZ	k. A.
Spanplatte, roh	WZ	WZ
Spanplatte, furniert	HZ oder WZ	HZ
Spanplatte, Folie	HZ oder WZ oder FZ/TZ	DZ/HZ oder FZ/TZ
Spanplatte, Kunststoff	HZ oder WZ oder FZ/TZ	FZ/TZ
MDF, roh	WZ	WZ
MDF, furniert	HZ oder WZ	HZ
MDF, folienbelegt	HZ oder WZ oder FZ/TZ	DZ/HZ oder FZ/TZ
MDF, Kunststoff	HZ oder WZ oder FZ/TZ	FZ/TZ

Werkstoff	Hersteller A	Hersteller B
Hartfaserplatten	HZ oder WZ	WZ
Thermoplaste	WZ oder FZ/TZ	FZ/TZ

Nach Angaben der Hersteller A: [LEI 2005], S. 16, und Hersteller B: [LEU 2002], S. 1-I

Als Zahnfolge wird eine Serie von Zähnen eines Kreissägeblattes verstanden, die nacheinander angeordnet sind und verschiedene Zahnformen haben können. In der Werkzeugherstellung werden zunehmend Bestückungsautomaten eingesetzt. Dadurch ist eine größere Flexibilität in der Bestückung von Kreissägeblättern bei der Anzahl der einzusetzenden Schneiden und den Zahnformen gegeben. In Weiterentwicklung werden zunehmend Kreissägeblätter mit Kombinationen von fünf und mehr Zähnen innerhalb einer Zahnfolge angeboten (vgl. Bild 2.12).

So können Zahnfolgen aus Kombinationen von Flachzähnen, Spitzzähnen, Hohl- und Dachzähnen sowie Flach- und Trapezzähnen entstehen.

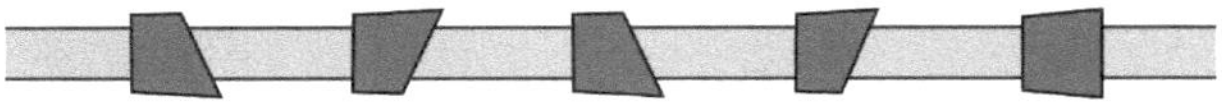

Bild 2.12 G5-Zahnfolge aus 2x2-Wechselzähnen und einem Flachzahn

Winkel am Schneidteil

Die Winkelsumme von Freiwinkel α, Keilwinkel β und Spanwinkel γ beträgt $\alpha + \beta + \gamma = 90°$. Aus dem gegebenen Schneidstoff ergibt sich der Wert des Keilwinkels β. Die Größe des Keilwinkels wird im Wesentlichen durch die Eigenschaften des Schneidstoffes definiert. Typische Werte für die Keilwinkel verschiedener Schneidstoffe sind:

- HSS, Schnellarbeitsstahl: Keilwinkel im Bereich von ca. $\beta = 35° - 45°$,
- HW, Hartmetall: Keilwinkel im Bereich von ca. $\beta = 45° - 55°$ und
- PKD, polykristalliner Diamant: Keilwinkel im Bereich von ca. $\beta = 60° - 75°$.

Aus der Beziehung $\alpha + \beta + \gamma = 90°$ können die Größen von Frei- und Spanwinkel abgeleitet werden (vgl. Bild 2.13).

Gängige Werte für den Keilwinkel β bei Hartmetallschneiden sind ca. $\beta = 45°$. Der Spanwinkel γ beträgt bei der Bearbeitung von Holzwerkstoffen ca. $\gamma = 20°$. Aus der Winkeldifferenz ergibt sich damit der Freiwinkel α. Bei härteren Werkstoffen, wie z. B. Kunststoffen oder Aluminium wird ein stabilerer Schneidkeil benötigt. Der Spanwinkel γ weist dann Werte von 0° bis – 10° auf. Durch eine seitliche Schrägstellung der Schneidenbrust, als Schneidenneigungswinkel λ bezeichnet, können saubere Schnittfugen erzeugt und Ausrisse an den Sägekanten in den Breitflächen vermieden werden.

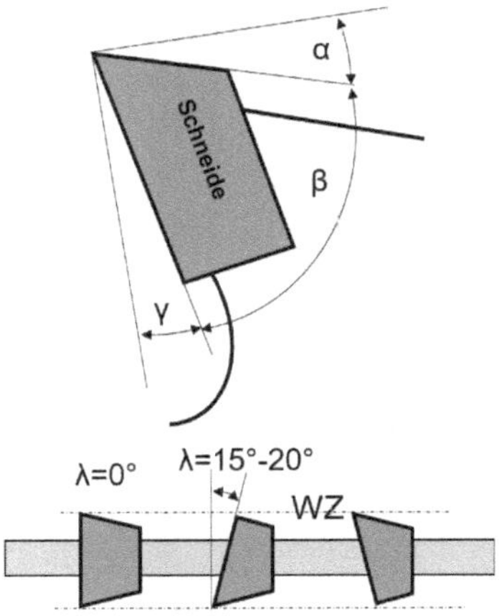

Bild 2.13
Winkel am Schneidteil

2.4.2.2 Bohrbearbeitungen

Bohren ist „... Spanen mit kreisförmiger Schnittbewegung, bei dem die Drehachse des Werkzeuges und die Achse der erzeugten Innenfläche identisch sind und die Vorschubbewegung in Richtung dieser Achse verläuft. Die Drehachse der Schnittbewegung behält ihre Lage zum Werkstück unabhängig von der Vorschubbewegung bei."[16] In diesem Zusammenhang sei angemerkt, dass der Begriff Langlochbohren sachlich nicht korrekt ist. Per Definition handelt es sich um ein Fräsprozess. Bohrbearbeitungen in der Möbelteilefertigung werden vorzugsweise als Bohrungen „... in den vollen, noch nicht mit einem Loch versehenen Werkstoff..."[17] ausgeführt.

Im Zusammenhang mit dem Bohren werden in der Systematik die Verfahren Senken und Reiben aufgeführt. Beide Verfahren entsprechen der o. g. Definition des Bohrens. Beim Bearbeitungsverfahren Senken können senkrecht zur Drehachse liegende Planflächen oder rotationssymmetrische Kegelflächen erzeugt werden. Senkungen werden in Bauteilbreitflächen eingebracht werden, um z. B. Schraubenköpfe in der Bauteilfläche zu versenken. Für derartige Bearbeitungen können Kegel- oder Plansenker verwendet werden. Das Senken würde dann in einem zweiten Arbeitsgang durchgeführt werden. Es besteht auch die Möglichkeit, in einem Arbeitsgang mit einem auf den Bohrer aufgesteckten Senker, Bohrung und Senkung gleichzeitig zu erzeugen. Mitunter sind im Unternehmen noch sogenannte Zweistufenbohrer verfügbar. Mit derartigen Werkzeugen können in einem Bohrhub zwei achsparallele Bohrungen mit verschiedenen Durchmessern oder eine Bohrung mit einer Senkung erzeugt werden.

Das Reiben ist als Aufbohren mit geringer Spanungsdicke zur qualitativen Verbesserung der Oberflächengüte der Bohrung definiert. Für die nachfolgenden Betrachtungen soll auf das Senken und Reiben nicht weiter eingegangen werden.

---

[16] [DIN 8589-2], S. 3

[17] [DIN 8589-2], S. 4

Systematik der Bohrverfahren

Für das Bohren existieren viele Verfahrensvarianten. Im Zusammenhang mit der Möbelfertigung soll an dieser Stelle nur auf die Verfahrensgruppen des Rundbohrens und das Profilbohrens nach [DIN 8589-2] eingegangen werden (vgl. Bild 2.14).

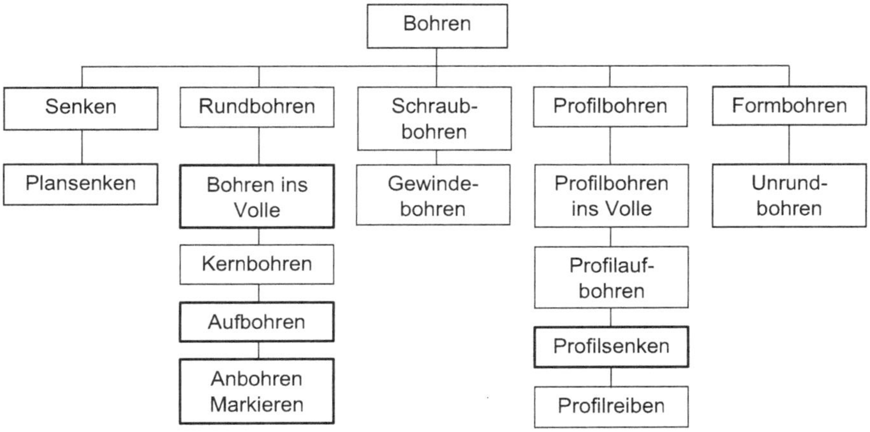

Bild 2.14 Verfahrensarten Bohren, nach [DIN 8589-2], S. 12

Beim Rundbohren wird eine kreiszylindrische Innenfläche erzeugt, die „... koaxial zur Drehachse der Schnittbewegung ...“[18] liegt. Beim Bohren ins Volle wird eine Bohrung in den an dieser Stelle noch unbearbeiteten Werkstoff eingebracht. Beim Anbohren/Markieren wird in einer Bauteilfläche mit der Bohrerspitze eine Markierung mit geringer Tiefe erzeugt. Diese Markierung kann als Positionskennzeichnung für spätere Bearbeitungsprozesse dienen. Beim Aufbohren wird eine vorhandene Bohrung i. d. R. durch einen Bohrhub im Durchmesser vergrößert. Beim Profilsenken wird das Profil des Senkers auf die Bohrung übertragen.

Bei den vielfältigen Bearbeitungen an Möbelteilen nehmen die Bohrungen eine Spitzenposition bei den spanenden Bearbeitungen ein. Nachfolgend sollen Bohrungen hinsichtlich ihrer charakteristischen Merkmale beschrieben werden. Diese Merkmale gruppieren sich in geometrische Merkmale, z. B. Bohrposition, Lage der Bohrachse, Abmessungen der Bohrung; sowie fertigungstechnische bzw. technologische Merkmale.

Geometrische Merkmale einer Bohrung

Eine Bohrung kann durch mehrere Merkmale beschrieben sein. Die Bohrposition kennzeichnet den Punkt an der Bauteilfläche, an dem der Spanungsprozess durch den Bohrer beginnt. Bei maschineller Bearbeitung kann die Bohrposition z. B. durch

[18] [DIN 8589-2], S. 4

kartesische Koordinaten gegeben sein bzw. kann durch ein Anschlagsystem, z. B. einer Bohrlehre oder Vorrichtung, realisiert werden. Die Ausrichtung der Bohrung kann durch die Lage der Bohrungsachse bezogen auf das Koordinatensystem der ausführenden Maschine beschrieben werden. Als achsparallele Bohrungen können Bohrungen bezeichnet werden, deren Bohrungsachse parallel zu den Koordinatenachsen der Bearbeitungsmaschine liegt (vgl. Bild 2.15).

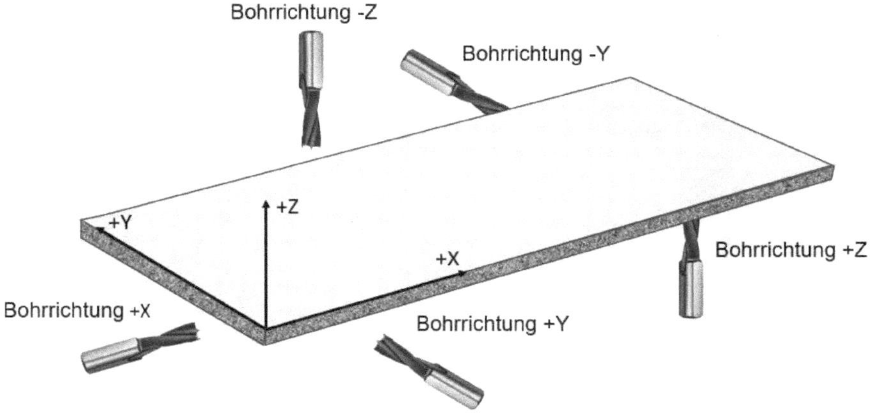

Bild 2.15 Lage von Bohrungsachse und Bohrrichtung im Maschinenkoordinatensystem

Als weitere charakterisierende Merkmale können die Bohrungsabmessungen, d. h. der Bohrungsdurchmesser und die Bohrtiefe, verwendet werden. Hinsichtlich der Bohrtiefe können Bohrungen in Durchgangsbohrungen und Grundbohrungen unterschieden werden. Eine Durchgangsbohrung verläuft vollständig durch das Material in der Richtung der Werkstückdicke. Ist in einer technischen Zeichnung nur der Bohrungsdurchmesser angegeben und erfolgen keine weiteren Erläuterungen, z. B. durch Textangaben oder Symbole, ist von einer Durchgangsbohrung auszugehen. Durchgangsbohrungen haben in der Regel zylindrische Bohrungsflächen; im seltenen Fall kegelförmige bzw. profilförmige Bohrungsflächen.

Als Grundbohrung bzw. Sacklochbohrung werden Bohrungen bezeichnet, die nicht durch das Bauteil hindurchgehen und deshalb mit eine Bohrtiefe anzugeben sind. Bei der Bohrtiefe wird üblicherweise die Länge des zylindrischen Teils der Bohrung angegeben. Nach [DIN ISO 15786][19)] kann durch Anhängen des Buchstabens Y an das Maß der Bohrtiefe festgelegt sein, dass die Bohrtiefe bis zur Bohrungsspitze reicht, so z. B. Ø8x21Y. Grundbohrungen können einen ebenen Bohrungsgrund, einen ebenen Bohrungsgrund mit Übergangsradien, einen kegelförmigen Bohrungsgrund oder kugelförmigen Bohrungsgrund aufweisen (vgl. Bild 2.16).

[19] Siehe [DIN ISO 15786], S. 10

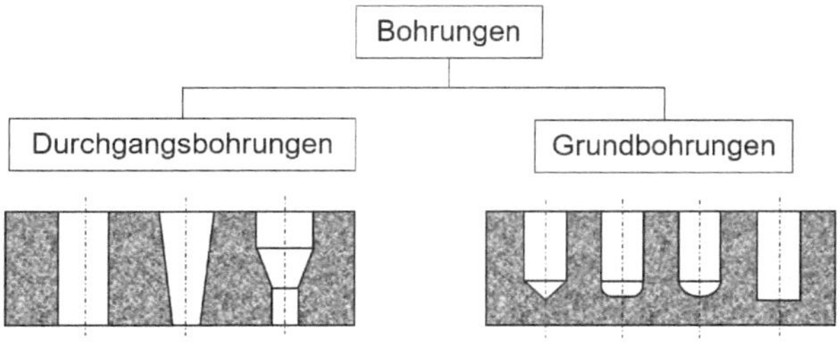

Bild 2.16
Unterscheidungsmerkmale Bohrungstiefe und Form des Bohrungsgrundes

In der industriellen Bearbeitung plattenförmiger Möbelteile werden vorwiegend Bohrer mit Dachformspitze und Bohrer mit Zentrierspitze verwendet, vgl. Abschnitt 6.3.2.3. Für Grundbohrungen bzw. Dübelbohrungen werden vorzugsweise Bohrer mit Zentrierspitze eingesetzt. Durch die Schneidenanordnung dieser Bohrer können ausrissfreie Bohrkanten erzeugt werden. Bei einem Durchgangsloch hingegen würden die Bohrer mit Zentrierspitze beim Bohreraustritt an der Unterseite des Werkstückes großflächige Ausbrüche in der Decklage verursachen. Ein Bohrer mit Dachformspitze kann sowohl beim Eintritt des Werkzeuges in die obere Decklage als auch beim Austritt aus der unteren Decklage ausrissfreie Bohrkanten erzeugen (vgl. Bild 2.17).

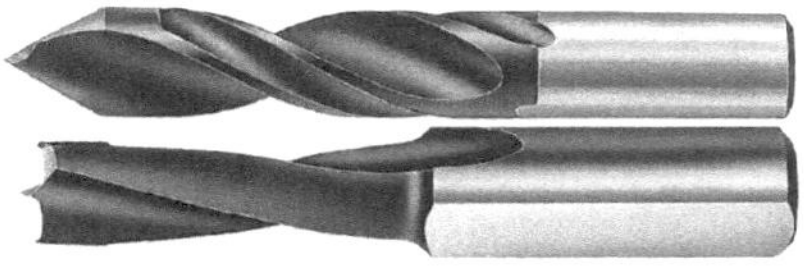

Bild 2.17
Bohrer mit Dachformspitze für Durchgangsbohrungen (obere Abbildung) und Bohrer für Grundbohrungen (untere Abbildung)

Aus diesem Grund kann bei der WOP-Programmierung[20] eine bestimmte Bohrer-Zuordnung zu einem Bohrungstyp voreingestellt sein. So kann bei automatischer Werkzeugauswahl für das Bohren einer Grundbohrung ein Bohrer mit Zentrierspitze und für eine Durchgangsbohrung ein Bohrer mit Dachformspitze festgelegt sein. Für die Erzeugung großer Bohrungsdurchmesser, z. B. $D \geq 15$ mm, können sogenannte Zylinderkopfbohrer verwendet werden. Bei einem Zylinderkopfbohrer ist im Allgemeinen der Bohrdurchmesser größer als die Länge der Spannuten bzw. der Nebenschneiden. Das Merkmal Schneidenlänge dient üblicherweise zur Bestimmung der möglichen Bohrtiefe im Material und entspricht der Spannutenlänge.

Bohrer werden häufig in Mehrspindelbohrköpfen eingesetzt. In derartigen Bohrköpfen wird vom Bohrmotor die erste Bohrspindel angetrieben, die dann über eine Verzahnung direkt die Nachbarspindel antreibt. Dadurch kommt es zum permanenten Drehrichtungswechsel der Bohrer im Mehrspindelbohrkopf. Die Drehrichtung des Bohrers wird durch eine Farbmarkierung gekennzeichnet. Linksdrehende Bohrer erhalten an den Schneiden eine rote bzw. orangene Markierung. Rechtsdrehende Bohrer erhalten keine Farbmarkierung.

[20] WOP-Programmierung: Werkstattorientierte Programmierung, vgl. Abschnitt 5.3.2.2

Bei der Werkzeugbestückung der Mehrspindelbohreinheiten werden Bohrer mit unterschiedlichen Durchmessern und Hauptschneiden verwendet. Der Bohrvorschub wird maßgeblich von der Werkzeugdrehzahl, dem Werkzeugdurchmesser und der Form der Hauptschneiden beeinflusst. Wenn die verwendeten Bohreinheiten konstante Drehzahlen haben, dann haben die verschiedenen Werkzeuge ebenso eine einheitliche Drehzahl. Eine Berücksichtigung der verschiedenen Werkzeuge ist demzufolge nur durch die Höhe Vorschubgeschwindigkeit beim Einsatz der konkreten Bohrer möglich.

Fertigungstechnische bzw. technologische Merkmale von Bohrbearbeitungen

Zur Charakterisierung der fertigungstechnischen Merkmale können die Anzahl gleichzeitig erzeugter Bohrungen und die Art und Weise des Bohrvorschubes herangezogen werden.

Eine Einzelbohrung wird mit einem Werkzeug in einem Bohrhub, ggf. einer mehrstufigen axialen Zustellung, mit definierter Vorschubgeschwindigkeit und ggf. einem Geschwindigkeitsprofil erzeugt.

Als Lochreihe werden mehrere gleichartige Bohrungen entlang einer Geraden bezeichnet, die den gleichen Rasterabstand zueinander haben. Eine Lochreihe kann durch wiederholtes Bohren mit dem gleichen Werkzeug und der gleichen Bohrtiefe entlang einer Geraden im definierten Abstand erzeugt werden. Eine Lochreihe kann aber auch durch mehrere, gleichzeitig verwendete, gleichartige Werkzeuge eines Mehrspindelbohraggregates in einem, oder mehreren Bohrhüben erzeugt werden. Dabei haben alle Bohrungen der Lochreihe den gleichen Durchmesser, die gleiche Bohrtiefe und gleichen seitlichen Rasterabstand zueinander. Eine technische Zeichnung kann in Abhängigkeit von der Maßeintragung eine Lochreihe darstellen. Wie diese Lochreihe gefertigt wird, ist im Wesentlichen abhängig von der Ausstattung der Bearbeitungsmaschine und der Werkzeugbestückung. Mittels einer software-seitigen Bohroptimierung kann die Reihenfolge der programmierten Bohrbearbeitungen durch ein Softwaremodul so verändert werden, dass minimale Fertigungszeiten entstehen. Voraussetzungen für eine derartige Optimierung sind gleichartige, als Lochreihenbohrer eingerichtete Werkzeuge. Bei der Programmierung einer Lochreihe sind folgende Angaben erforderlich, so die Position der Lochreihe, in der Regel die Koordinaten der ersten Bohrung oder die Koordinaten der geometrischen Mitte der Lochreihe, den Durchmesser, die Abmessungen der Bohrungen, die Richtung der Lochreihe in der Bearbeitungsebene, der Rasterabstand benachbarter Bohrungen und die Anzahl der Bohrungen in der Lochreihe.

Als Bohrbild kann eine Menge von Bohrungen in einer geometrisch definierten Anordnung mit einem oder mehreren Werkzeugen in mehreren Bohrhüben bezeichnet werden. Diese Menge von Bohrungen kann Einzelbohrungen, Lochreihen und Lochkreise, d. h. Bohrungen entlang einer Kreiskontur bzw. eines Kreisbogens, enthalten.

Vorschubsteuerung in der Bohrbearbeitung

Als weiteres charakteristisches Merkmal für Bohrungen kann die Bewegungs- und Geschwindigkeitssteuerung verwendet werden. Für eine Bohrbearbeitung wird die Vorschubgeschwindigkeit des Bohrers in Abhängigkeit von der Drehzahl des Werkzeuges, der Werkzeugschneidenzahl, der Materialdichte des Werkstoffes und dem Bohrungsdurchmesser bestimmt. Bei Werkstoffen mit nicht homogenem Aufbau bzw. oberflächenempfindlichen Decklagen oder Beschichtungen sollte eine Vorschubanpassung für den jeweiligen Werkstoffbereich angewendet werden. Bei beschichteten Plattenwerkstoffen können die Decklagen z. B. eine doppelt so große Rohdichte aufweisen als die Werkstoffmittellage. Deshalb empfiehlt sich für das Durchbohren der Werkstoffdecklagen eine Vorschubreduzierung. Mitunter werden weitere Vorschubsteuerungen benötigt, so z. B. eine Verweilzeit auf Bohrtiefe oder ein beschleunigter Werkzeugrückzug zum Ausspanen (vgl. Bild 2.18).

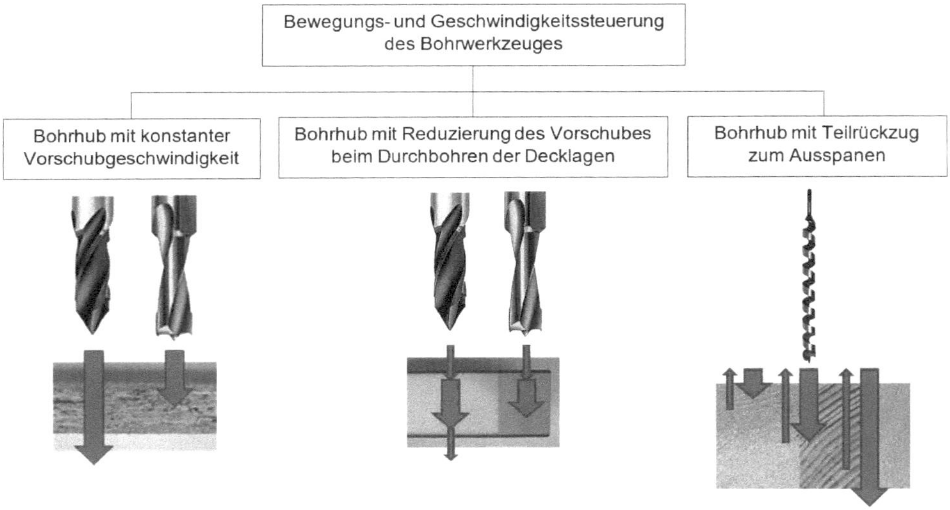

Bild 2.18 Bewegungs- und Geschwindigkeitssteuerung beim Bohren

Das Erzeugen von Bohrungen mit Bohrtiefen, die größer als das Dreifache des Bohrungsdurchmessers sind, kann als Tiefbohren[21] bezeichnet werden. Bei derartigen Bohrungen wird ein Teilrückzug des Bohrers zum Ausspanen empfohlen, vgl. Bild 2.18, rechts.

In Bild 2.14 werden neben dem Rundbohren auch die Verfahren des Schraubbohrens, des Profilbohrens, des Unrundbohrens und das Kernbohren genannt. Beim Schraubbohren kann ein Innengewinde erzeugt werden und beim Profilbohren wird das Profil der Bohrschneiden auf die Bohrungsfläche übertragen. Beim Unrund-Bohren kön-

[21] [VDI 3210-1], S. 2

nen kreisrunde Bohrungen durch spezielle Werkzeuge in eine nicht kreisrunde Bohrung verändert werden. Diese Bohrverfahren sind für die Metall- und Kunststoffbearbeitung von Bedeutung; in der Holzbearbeitung sind derartige Verfahren selten in der Anwendung.

2.4.2.3 Fräsbearbeitungen

Fräsen ist „... Spanen mit kreisförmiger, einem meist mehrzahnigen Werkzeug zugeordneter Schnittbewegung und mit senkrecht oder auch schräg zur Drehachse des Werkzeuges verlaufender Vorschubbewegung zur Erzeugung beliebiger Werkstückoberflächen.“[22)]

Nach [DIN 8589-3][23)] können Fräsbearbeitungen in Umfangsfräsen und Stirnfräsen unterschieden werden, je nachdem welche Werkzeugschneiden im Eingriff sind. Beim Umfangsfräsen erzeugen die am Umfang des Werkzeuges befindlichen Hauptschneiden die Werkstückoberfläche. Bei Stirnfräsen erzeugen die an der Stirnseite des Werkzeuges liegenden Nebenschneiden die Werkstückoberfläche. Sind sowohl Stirn- als auch Umfangsschneiden im Materialeingriff, werden derartige Fräsbearbeitungen als Stirn-Umfangsfräsen bezeichnet. Die einzelnen Fräsverfahren sind nach bestimmten Kriterien geordnet (vgl. Bild 2.19).

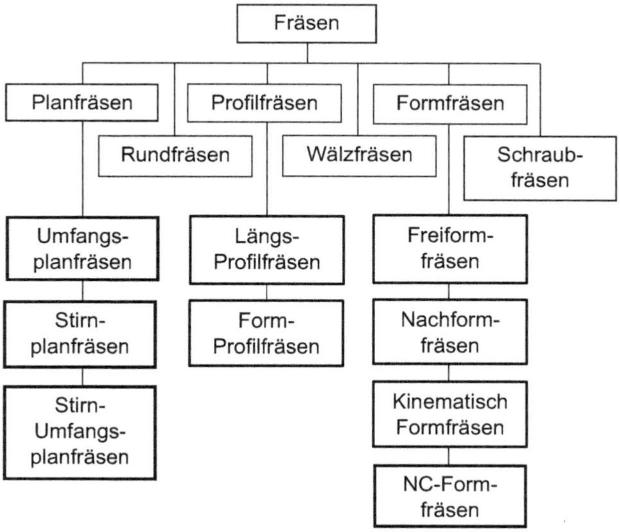

Bild 2.19 Übersicht der Fräsverfahren, nach [DIN 8589-3], S. 12

Bei der Verfahrensgruppe Planfräsen wird mit geradlinigem Werkzeugvorschub eine ebene Fläche erzeugt. Der Spanabtrag kann mit der Umfangsschneide, der Stirn-

22 [DIN 8589-3], S. 3

23 [DIN 8589-3], S. 3/4

schneide oder mit Stirn- und Umfangsschneide erfolgen. Beim Profilfräsen wird die Form der Profilschneiden des Werkzeuges auf das Bauteil übertragen. Die einzelnen Profilfräsverfahren unterscheiden sich in der Art der Vorschubbewegung. Das Profilfräsen entlang einer Geraden wird als Längsprofilfräsen und entlang einer speziellen Form der Bewegung, als Formfräsen bezeichnet. Beim Freiformfräsen wird das Bearbeitungswerkzeug per Hand geführt, so z. B. beim Handoberfräsen. Beim Nachformfräsen wird das Werkzeug entlang einer Schablone bzw. eines Musterwerkstückes bewegt. Kinematisch Formfräsen bezeichnet das Fräsen mit einem Mechanismus, der die Werkzeugbewegung entlang einer definierten Geometrie mechanisch steuert. NC-Formfräsen bezeichnet das Fräsen mit numerisch gesteuerten Achsbewegungen auf der Basis eines CNC-Programmes.

In Bild 2.19 sind die Fräsverfahren allgemein beschrieben, aber ohne den Bezug zur Art der Vorschubsteuerung, zur Art der verwendeten Werkzeuge und zu den erzeugten Formen bzw. Formelementen. Hinsichtlich der Vorschubsteuerung lassen sich die manuelle, die mechanische und die numerisch gesteuerte Vorschubbewegung unterscheiden. Mit der Entwicklung der CNC-Technik stehen dem Anwender Maschinen zur Verfügung, die es ermöglichen, komplexe Konturen, Formelemente und Flächen programmgesteuert zu erzeugen.

Es haben sich daher im allgemeinen Sprachgebrauch Begriffe geprägt, die im Wesentlichen das erzeugte Formelement bzw. die erzeugte Fläche bezeichnen. So können z. B. folgende Fräsbearbeitungen, wie Konturfräsen und Taschenfräsen, unterschieden werden. Beim Konturfräsen bewegt sich das Bearbeitungswerkzeug, z. B. ein Schaftfräser, entlang einer geometrisch definierten Kontur. Die Kontur kann entweder aus einem einzelnen Element bestehen, d. h. einer Geraden oder einem Kreisbogen, oder die Kontur besteht aus einem Konturzug mit mehreren verbundenen Konturelementen. Ein Konturzug ist definiert als Folge von gleichgerichteten geometrischen Elementen, bei denen der Endpunkt des Elementes n gleich dem Startpunkt des Elementes n + 1 ist. Ein Konturzug kann offen oder geschlossen sein. Die Eigenschaften eines Konturzuges werden vorzugsweise am Startpunkt definiert. Ein Konturzug verzweigt nicht. An jedem Punkt des Konturzuges, außer am Start- oder Endpunkt, treffen sich maximal zwei Elemente. Ein Konturzug kann zweidimensional in der Ebene oder dreidimensional im Raum beschrieben sein. Bei 3D-Konturzügen muss die CNC-Steuerung in der Lage sein, den Werkzeugweg im Raum zu interpolieren. Unter der Bezeichnung Konturfräsen lassen sich solche Bearbeitungen mit dem Schaftfräser einordnen, wie das Falzfräsen, das Nutfräsen und das Formatieren.

Als weitere Gruppe von Fräsverfahren soll das Taschenfräsen genannt werden. Taschen sind Teilflächen innerhalb eines Werkstückes, deren Höhe geringer ist, als die Höhe der umgebenden Fläche bzw. der Werkstückdicke. Taschen werden beschrieben durch eine oder mehrere Grenzkonturen sowie eine Höhendifferenz. Die Höhendifferenz ist entweder auf die umgebende Fläche oder die Werkstückaufspannfläche bezogen. Bei einer Tasche liegt die Grenzkontur innerhalb des definierten Bauteils.

Die notwendigen Werkzeugwege zum Ausräumen des Materials und zum Erzeugen der Teilfläche werden steuerungsintern bzw. software-intern berechnet. Beim Herstellen einer Tasche wird eine Materialmenge aus einem Bauteil ausgeräumt. Taschen bestehen aus Wand- und Grundflächen. Die Wände von Taschen sind entweder eben und senkrecht zur Taschengrundfläche oder sie sind eben und schräg zur Taschengrundfläche angeordnet. Profilierte Wandflächen einer Tasche können durch nachträgliches, stufenweises Schlichten mit einem Schaftfräser bzw. mit einem Profilfräser entstehen. Die Grundfläche einer Tasche kann entweder eben und planparallel oder beliebig geformt sein. Taschen können in 2D-Taschen, 2½D-Taschen und 3D-Taschen unterschieden werden. Bei einer 2D-Tasche handelt es sich um eine Tasche mit konstanter Z-Tiefe und senkrecht auf der ebenen Taschengrundfläche stehenden Taschenwänden. Eine 3D-Tasche kann aus schrägen bzw. profilierten Taschenwänden und/oder einer nicht ebenen Taschengrundfläche in beliebiger Lage bestehen. Nachfolgend sind einige Beispiele für 2D-Taschen abgebildet (vgl. Bild 2.20).

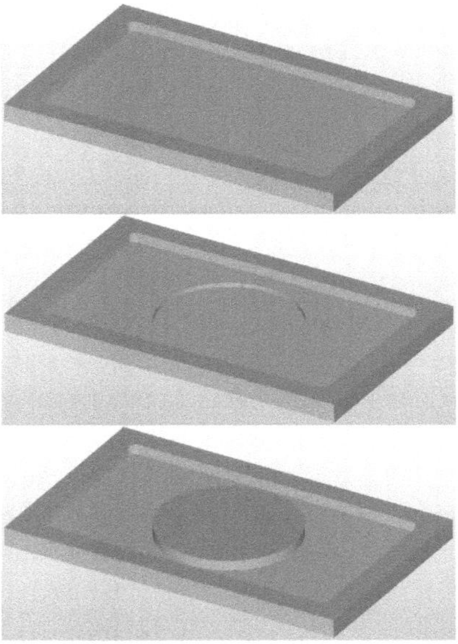

Bild 2.20
Rechtecktasche, verschachtelte Rechteck- und Kreistasche sowie eine Tascheninsel

Zum Ausräumen des Materials für Taschen mit einfachen geometrischen Grenzkonturen sind Bearbeitungszyklen als steuerungsinterne CNC-Befehle verfügbar, so z. B. die Kreistasche, die Rechtecktasche und die Rechtecktasche mit abgerundeten Ecken. Diese Taschenzyklen sind in der CNC-Steuerung als Fräszyklus intern gespeichert und werden durch entsprechende Befehlssyntax, z. B. G-Befehle oder speziell vereinbarte Befehle, mit Angabe der notwendigen Taschenparameter aufgerufen.

Das Ausräumen des Materials erfolgt vorwiegend durch einen Materialgrobabtrag durch einen Schruppfräser. Für die Berechnung der notwendigen Werkzeugwege können unterschiedliche Strategien, sogenannte Ausräumstrategien, verwendet werden. Typischerweise werden bei Holz und Holzwerkstoffen Taschen im Werkstück von innen nach außen und Inseln von außen nach innen gefräst. Durch die Drehrichtung des Fräsers und die Vorgabe der Bearbeitungsrichtung bzw. Umlaufrichtung der Werkzeugbahn können Gleich- bzw. Gegenlauf festgelegt werden. Liegt beim Taschenfräsen die letzte Schnittebene des Werkzeuges unterhalb der Bauteilunterseite, entsteht eine Öffnung als Sonderfall einer Tasche.

Nachfolgend sollen einige Verfahrensbezeichnungen erläutert werden. Unter der Bezeichnung Hochgeschwindigkeitsfräsen (HSC: High Speed Cutting) verbirgt sich eine Fräsbearbeitung mit sehr hohen Schnittgeschwindigkeiten in Verbindung mit hohen Vorschubgeschwindigkeiten und kleinen Spantiefen. Beim Hochgeschwindigkeitsfräsen kann ein großes Zeitspanvolumen Q erreicht werden (vgl. Formel 2.1).

$$Q = a_e \times a_p \times v_f \tag{2.1}$$

(Eingabewerte: radialer Arbeitseingriff a_e [mm], Eingriffstiefe a_p [mm], Vorschubgeschwindigkeit v_f [mm/min]; Ausgabewert: Q [mm^3/min])

Im Zusammenhang mit der mechanischen Bearbeitung beim Formatieren im Durchlauf wird der Begriff eines Zerspaners verwendet. Die Werkzeugbezeichnung wird in diesem Zusammenhang dann auch als Verfahrensbezeichnung verwendet, so z. B. beim Ritzen/Zerspanen oder Doppelzerspanen. Ein Zerspaner ist ein scheibenförmiger Stirn-Umfangsfräser, der eine Bearbeitungszugabe am Werkstück entfernt und saubere, ausrissfreie Schnittkanten erzeugt. Das entfernte Material wird dabei komplett zerspant. Da es durch den Eingriff des Werkzeuges an der oberen bzw. unteren Breitfläche zu Kantenausbrüchen kommen kann, sind immer zwei zueinander gegenläufige Werkzeuge erforderlich. Entweder wird eine Kombination von zwei Zerspanern, d. h. beim Doppelzerspanen, oder eine Kombination von Zerspaner und Vorritzsäge verwendet, vgl. Abschnitt 4.3.2.1.

2.4.2.4 Hobeln und Linearspanen

Das Verfahren Hobeln ist nach [DIN 8589-4] ein Spanungsvorgang, in dem ein Werkzeug mit geradliniger Schnittbewegung eine ebene Fläche erzeugt. Im Zusammenhang mit der manuellen Bearbeitung von Holz wäre die Definition nach DIN 8589-4 zutreffend, d. h. das handgeführte Werkzeug führt eine geradlinige Schnittbewegung aus. In der Metallbearbeitung bewegt sich das Werkstück mit linearer Bewegung gegen den Hobelmeißel. Es wird eine lineare Schnittbewegung ausgeführt. Bei der maschinellen Bearbeitung von Holz zum Erzeugen ebener Flächen, dem sogenannten Abrichthobeln bzw. Dickenhobeln, werden rotierende Werkzeuge eingesetzt. Diese Art der Bearbeitung ist per Definition ein Fräsverfahren und wird als Umfangs- oder Stirn-Umfangsplanfräsen bezeichnet.

Bei den Formatbearbeitungsmaschinen im Durchlauf können Aggregate mit sogenannten Ziehklingen vorhanden sein. Bei angeklebtem Kunststoff-Schmalflächenmaterial werden die SFM-Überstände oben und unten bündig abgefräst. Mitunter kann es dabei zum Spanschlag bzw. zum Entstehen von Rattermarken kommen.[24] Um derartige Qualitätsmängel zu beseitigen, werden nach dem Bündigfräsen Ziehklingen zur Verbesserung der Oberflächenqualität am Kunststoff-SFM eingesetzt. Die Ziehklingen sind im spitzen Winkel zur Werkstückoberfläche angeordnet und werden in der Z-Höhe durch Tastkufen bzw. Tastrollen gesteuert, sodass ein bündiger Übergang vom Werkstoff zum angeklebten Schmalflächenmaterial erreicht werden kann. Verfahrenstechnisch ist eine derartige Bearbeitung Spanen mit geometrisch bestimmter Schneide. Aufgrund der linearen Bewegung wäre das Verfahren zum Hobeln[25] zu rechnen. Da Hobeln als lineare Bewegung mit wiederholter seitlicher Zustellung definiert ist, kann die Definition des Hobelns nicht verwendet werden. Es haben sich deshalb die Bezeichnungen des Verfahrens als Linearspanen bzw. Finieren[26] etabliert.

2.4.2.5 Sägebearbeitungen

Nach [DIN 8589-6] ist das Sägen definiert, als „Spanen mit kreisförmiger oder gerader Schnittbewegung, mit einem vielzahnigen Werkzeug von geringer Schnittbreite, wobei die Schnittbewegung vom Werkzeug ausgeführt wird."[27] Das Sägen kann in die vier Verfahrensgruppen Kreissägen, Bandsägen, Hubsägen und Kettensägen eingeteilt werden. Hinsichtlich der konkreten Anwendung der Verfahren existiert die Unterscheidung nach in Trennsägen, Loch- bzw. Rundsägen, Schlitzsägen und Formsägen. Diese Systematik in der DIN 8589-6 ist nur bedingt geeignet, Spanungsprozesse in der Möbelteilefertigung zu beschreiben. Die Verfahren des Bandsägens, des Hub- und Kettensägens sind in der manuellen Holzbearbeitung bzw. in der Forsttechnik in Anwendung. In der Möbelteilefertigung wird vorzugsweise Kreissägen mit den Spezifikationen Abtrennsägen, z. B. das Trennsägen sowie das Kappsägen und das Nut- bzw. Schlitzsägen angewendet.

Die im Formsägen zusammengefassten Verfahren der DIN 8589-6 beschreiben das Erzeugen einer formartigen Kontur und basieren auf dem Band- und dem Hubsägen. Das Verfahren NC-Formsägen basiert auf einer numerisch gesteuerten Bandsäge und ist sehr selten in der Anwendung. Durch das hauptsächlich angewendete Verfahren des Kreissägens mit einem rotierenden Kreissägeblatt können aber nur geradlinige Schnitte ausgeführt werden. Je nach Maschinentyp können diese Schnitte achsparallel, d. h. parallel zur Achsrichtung der Sägemaschine, oder im Winkel zu den X- bzw. Y-Koordinatenachsen der CNC-Stationärbearbeitungsmaschinen erfolgen. Beim Kappsägen zum Entfernen des SFM-Überstandes in der Durchlaufformatierung ist die Position und die Richtung des Kappschnittes, bezogen auf die vordere und hintere Bauteilschmalfläche maßgebend.

---

[24] [VDI 3414-1], S. 5

[25] [DIN 8589-4], S. 3

[26] [GOT 2014], S. 88 ff.

[27] [DIN 8589-6], S. 3

Das Abtrennsägen kann verwendet werden, um zum Beispiel ein Rohteil aus dem Rohmaterial auszutrennen, überflüssiges Material am Bauteil zu entfernen, Doppel- und Mehrfachteile aufzutrennen oder um überstehendes Schmalflächenmaterial beim Formatieren zu kappen. Beim Abtrennsägen ist die Breite der Trennfuge gleich der Schnittbreite des Sägezahns. Bei oberflächenempfindlichen Materialien kann es bei fehlendem Vorritzen der unteren Decklage zu Kantenausbrüchen an der Schnittkante kommen (vgl. Bild 2.21).

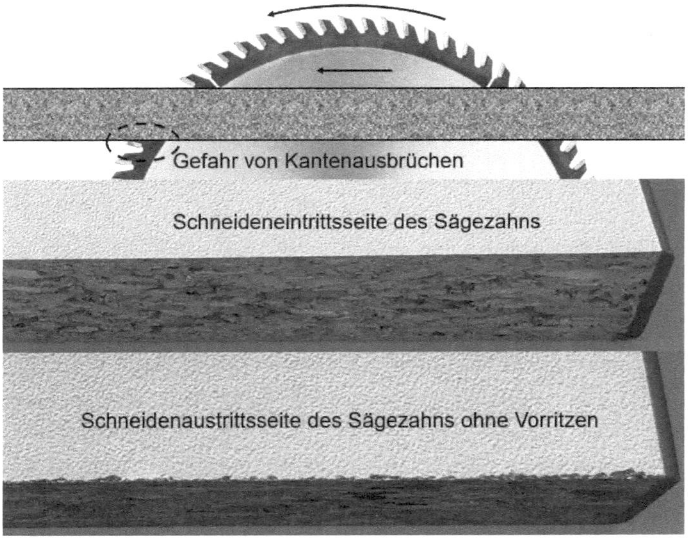

Bild 2.21 Gefahr von Kantenausbrüchen an der Schneidenaustrittseite des Bauteils durch fehlendes Vorritzen der unteren Decklage

Um derartige Kantenausbrüche zu vermeiden, kann ein gegenläufig drehendes Vorritzsägeblatt vor der Hauptsäge die untere Decklage durchtrennen, bevor dann die Hauptsäge den Trennschnitt durchführt. Beim Kappsägen im Durchlaufformatieren wird das am Bauteil hinten und vorn überstehende Schmalflächenmaterial abgetrennt.

Statt dem Begriff des Schlitzsägens soll der Begriff Nutsägen verwendet werden. Beim Nutsägen bewegt sich das Kreissägeblatt entlang einer Sägelinie vom Start- zum Endpunkt der Sägekontur und kann dabei mittig oder seitlich zur Sägelinie versetzt sein. Eine Nut ist durch ihren Nutgrund und die sich gegenüber liegenden Nutwände definiert. Eine Nut hat entweder eine konstante Tiefe in Bezug zur Oberfläche oder einen konstanten Abstand des Nutgrundes zur Bauteilunterseite. Nuten können in geschlossene und offene Nuten unterschieden werden. Bei geschlossenen Nuten liegen beide Nutenden im Bauteil. Bei offenen Nuten liegen entweder ein oder beide Nutenden außerhalb des Bauteils. Liegen beide Nutenden außerhalb des Bauteils, ist eine Unterscheidung nach den verwendeten Werkzeugen nicht möglich.

Beim Nutsägen können drei verschiedene Sägemodi unterschieden werden (vgl. Bild 2.22).

Beim durchgehenden Nutsägen liegen Start- und Endpunkt der Bearbeitung außerhalb des Bauteils und die Nut hat eine einheitliche Tiefe. Beim Modus konstante Nuttiefe sind Start- und Endpunkt der Bearbeitung so gewählt, dass zwischen den beiden Positionen eine Nut mit konstanter Tiefe entsteht. Es ist zu beachten, dass sich am Anfang und am Ende der Nut mit konstanter Tiefe noch Werkzeugrundungen im Bauteil abbilden. Beim Modus Nutlänge werden Start- und Endpunkt so bestimmt, dass die Nut in der oberen Breitfläche die vorgegebene Länge hat.

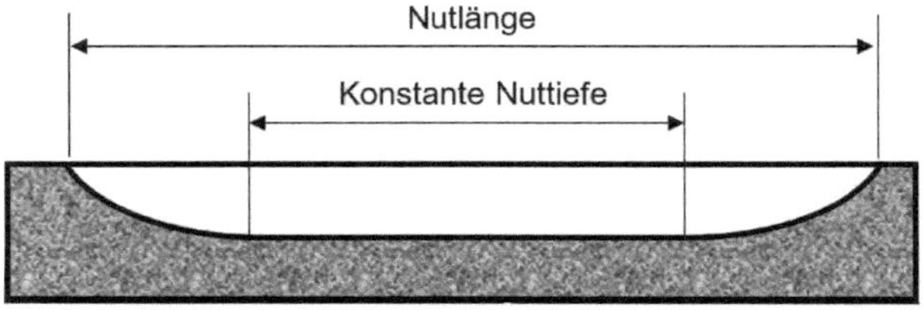

Bild 2.22
Sägemodi Nutlänge und konstante Nuttiefe

Nachfolgend soll auf die Unterschiede zwischen einem Scheibenfräser und einem Kreissägeblatt eingegangen werden. Die Verfahren Kreissägen und Scheibenfräsen sind kinematisch identisch. Beide Werkzeugarten unterscheiden sich aber in ihrer konstruktiven Ausführung. Die Zahnbreite eines Scheibenfräsers ist üblicherweise größer als die Zahnbreite eines Kreissägeblattes. Der Scheibenfräser besitzt üblicherweise weniger Schneiden und größere Spanräume als ein vergleichbares Kreissägeblatt. Scheibenfräser sind für die Verwendung auf einer Fräsmaschine konzipiert. Sie besitzen eine zentrale Aufnahmebohrung mit einer oder mehreren Keilnuten zur formschlüssigen Drehmomentübertragung. Scheibenfräser können ebenso wie Kreissägeblätter zum Trennen und zur Erzeugung von Nuten verwendet werden.

2.4.2.6 Bürstspanen

Unter der Bezeichnung Bürstspanen wird nach DIN 8589-8[28] ein Verfahren zur Oberflächenveränderung bzw. zur Veränderung der Werkstückform durch ein spezielles Werkzeug verstanden. Als spanabtragendes Werkzeug kann z. B. eine Drahtbürste oder auch Stahlwolle verwendet werden. Je nach Ausführung des Werkzeuges kann es sich um geometrisch bestimmte Schneiden oder geometrisch unbestimmte Schneiden handeln. Bei geometrisch bestimmten Schneiden werden z. B. die Enden von harten, elastischen Drahtstiften zum Spanabtrag verwendet. Das Bürstspanen kann zum Reinigen, Glätten, Aufrauen bzw. optischen Verändern der Werkstückoberfläche verwendet werden. Bei der Bearbeitung von Massivholz kann durch das Bürstspanen die Holzmaserung deutlich herausgearbeitet werden. In der Oberflächenbehandlung

[28] [DIN 8589-8], S. 3

können rotierende Bürsten zur Säuberung der Werkstücke vor dem Beschichten eingesetzt werden. In diesem Fall wäre das Bürstspanen der Verfahrenshauptgruppe mechanisches Reinigen zuzuordnen.

2.4.2.7 Drehen und Drechseln

Drehen ist nach [DIN 8589-1] „... Spanen mit geschlossener, meist kreisförmiger Schnittbewegung und beliebiger, quer zur Schnittrichtung liegender Vorschubbewegung. Die Drehachse der Schnittbewegung behält ihre Lage zum Werkstück unabhängig von der Vorschubbewegung bei ...“[29] Verfahrenstechnisch existieren zwei Verfahrensvarianten mit rotierendem Werkstück und stillstehendem Werkzeug oder stillstehendem Werkstück und rotierendem Werkzeug. Verfahrensseitig können Innen- und Außenbearbeitungen unterschieden werden. Hinsichtlich der erzeugten Flächen kann das Drehen folgendermaßen unterschieden werden.

- Plandrehen zur Erzeugung von Planflächen,
- Runddrehen zur Erzeugung kreiszylindrischer Flächen,
- Schraubdrehen zur Erzeugung von Schraubflächen mittels Profilwerkzeugen,
- Wälzdrehen zur Erzeugung rotationssymmetrischer Wälzflächen durch synchrone Vorschub- und Wälzbewegungen,
- Profildrehen zur Erzeugung rotationssymmetrischer Oberflächen, bei denen sich das Profil des Werkzeuges auf der Oberfläche Werkstückes abbildet und
- Formdrehen zur Erzeugung rotationssymmetrischer Oberflächen durch Steuerung der Vorschub- und Schnittbewegungen.

Als Drechseln wird das Frei-Formdrehen von Holz bzw. ähnlichen Werkstoffen bezeichnet, bei dem das Drechselwerkzeug, auch als Drechselmeißel bezeichnet, mit der Hand gehalten und manuell in axialer und radialer Richtung geführt wird.

Zur Befestigung rotationssymmetrischer Teile werden mitunter ebene Flächen, z. B. Montage- oder Spannflächen benötigt. Zu diesem Zweck kann eine Drechselmaschine mit einer zusätzlichen Fräseinheit ausgestattet sein. Das Werkstück rotiert bei der Bearbeitung und von einem Drechselwerkzeug bearbeitet. In Ergänzung dazu kann das Werkstück anschließend in einer definierten Position fixiert und radial mit einem Fräser bzw. Bohrer bearbeitet werden.

---

[29] [DIN 8589-1], S. 3

2.4.3 Verfahrensgruppe Spanen mit geometrisch unbestimmten Schneiden

Spanende Bearbeitungsverfahren können in Verfahren mit geometrisch bestimmten Werkzeugschneiden und mit geometrisch unbestimmten Werkzeugschneiden unterschieden werden. Bei geometrisch bestimmten Schneiden sind die Anzahl der Schneiden, die Form des Schneidkeils und die Lage der Schneidkeile zur Werkstückoberfläche definiert. Beim Spanen mit geometrisch unbestimmten Schneiden werden Werkzeuge eingesetzt, deren Schneiden sich aus vielen Einzelschneiden zusammensetzen, deren Anzahl, deren Geometrie und deren Ausrichtung beim Arbeitseingriff unbestimmt ist. Die Schneiden bestehen aus einer Vielzahl von Schleifkörnern, die entweder auf einem Träger aufgeklebt sind, d. h. mit gebundenem Korn, oder sich als lose Schleifkörper in einer pastösen Masse sich befinden, d. h. mit losem Korn. In der Bearbeitung von Holz und Holzwerkstoffen werden vorrangig Werkzeuge mit gebundenem Korn verwendet. Bei derartigen Werkzeugen sind die Schleifkörner entweder auf eine flexible Unterlage aufgeklebt oder mittels Bindemittel zu einem rotierenden Schleifkörper geformt (vgl. Bild 2.23).

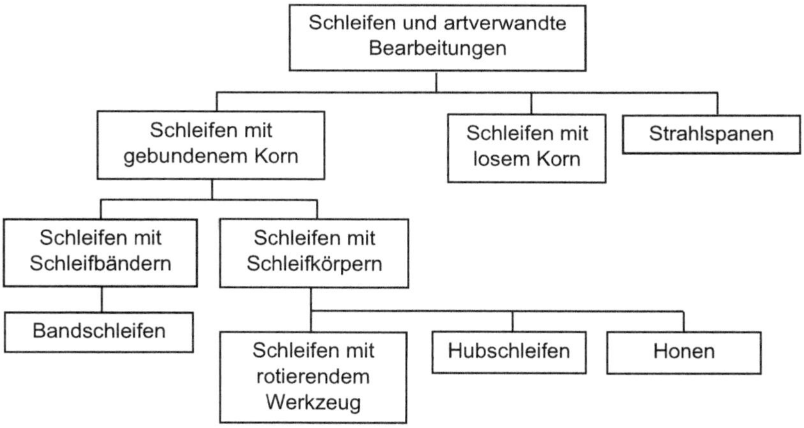

Bild 2.23 Übersichtsdarstellung des Schleifens und artverwandter Verfahren, nach [DIN 8589-0], S. 8

Bei der Verwendung von ungebundenen Schleifkörnern werden die in einer Paste oder Flüssigkeit verteiltem Schleifkörner zwischen einem Werkzeug bzw. einem formübertragenden Gegenstück und der Werkstückoberfläche verrieben.

Beim Honen handelt es sich um ein Feinschleifverfahren zur Verbesserung von Werkstückflächen. Zu den Schleifverfahren mit losem Korn zählen auch das Läppen und das Polieren.

Eine allgemeine Definition des Schleifens, ohne Angabe z. B. des Schleifwerkzeuges, ist nicht verfügbar, sodass die Definitionen in Verfahrensgruppen erfolgen. Als allgemeine Beschreibung kann folgende Charakteristik dienen. Beim Schleifen wird der Abtrennmechanismus verwendet, bei dem eine Vielzahl von geometrisch unbestimmten Schneiden, auch als Schleifkorn bezeichnet, im Eingriff ist und den Materialabtrag vornehmen. Die Schleifkorne können in gebundener Form als rotierendes Werkzeug oder fixiert auf einer Unterlage als Schleifband eingesetzt werden. Die Schleifwerkzeuge bestehen vorzugsweise aus synthetischen Schleifmitteln. An dieser Stelle sei auf den Abschnitt 6.3.2.6, Schleifmittel und Schleifwerkzeugeneidstoffe, verwiesen.

Im Bereich der Holzbearbeitung wird das Schleifen als Feinbearbeitung zur Verbesserung der Oberflächenqualität, so z. B. zur Beseitigung von Unebenheiten, Entfernen von Altbeschichtungen, Entfernen von Bearbeitungsspuren, Verbesserung der Maßgenauigkeit, zum Aufrauen der Oberfläche in Verbindung mit einer Oberflächenbeschichtung sowie zum Einschleifen von Profilgeometrien in Werkstücken aus Holz eingesetzt.

In der Verfahrensgruppe des Schleifens mit rotierendem Werkzeug sind alle Schleifverfahren zusammengefasst, die auf einem rotierenden Schleifwerkzeug mit gebundenem Schleifkorn basieren. In den Prozessen der Holzbearbeitung werden das Schleifen mit rotierenden Werkzeugen und das Hubschleifen meist für Nebenprozesse der Fertigung eingesetzt, so zum Beispiel das manuelle Schärfen von Werkzeugschneiden, das Einschleifen von Schneidengeometrien in Profilmesser bzw. in Druckschuhe für Bandschleifaggregate.

Die hauptsächliche Anwendung des Schleifens in der Möbelteilefertigung, ist das Bandschleifverfahren. Nach [DIN 8589-12] ist Bandschleifen „... ein spanendes Fertigungsverfahren mit einem vielschneidigen Werkzeug aus Schleifkörnern auf Unterlage ..., welches über mindestens zwei Rollen umläuft und in der Kontaktfläche durch eine dieser Rollen, ein anderes zusätzliches Stützelement ... an das zu schleifende Werkstück anpresst und mit dessen geometrisch unbestimmten Schneiden mit hoher Geschwindigkeit, unter nicht ständiger Berührung zwischen Werkstück und Schleifkorn, den Werkstoff abtrennen.“[30] Hinsichtlich der Bewegungsverhältnisse unterscheidet die DIN 8589-12 das Gleich- und das Gegenlauf-Bandschleifen (vgl. Bild 2.24).

Das Gleichlaufbandschleifen ist definiert als „... Bandschleifen, bei dem die Schnittbewegung und die auf die stillstehenden Achsen der Werkzeugaufnahme, d. h. der Stützrollen, bezogene Vorschubbewegung des Werkstückes in die gleiche Richtung weisen.“[31] In der DIN 8589-12 werden die Verfahren des Bandschleifens nach der Art der erzeugten Fläche unterschieden. Im praktischen Gebrauch haben sich Verfahrensbezeichnungen nach der Wirkfläche am Schleifwerkzeug durchgesetzt. Eine Un-

[30] [DIN 8589-12], S. 3

[31] [DIN 8589-12], S. 7

terscheidung der Verfahren ist in Umfangsbandschleifen und in Seitenbandschleifen möglich. Das Umfangsbandschleifen kann, z. B. nach dem Verhältnis von Bandlänge zu Bandbreite in Breitband- und in Langbandschleifen, unterschieden werden. Das Seitenbandschleifen ist nach DIN 8589-12 definiert als „... Bandschleifen, bei dem das umlaufende Schleifband an einer geraden Längsseite des Schleifbandes mit dem Werkstück in Kontakt ist.“[32] Branchentypisch wird das Seitenbandschleifen einer Bauteilschmalfläche als Kantenschleifen bezeichnet.

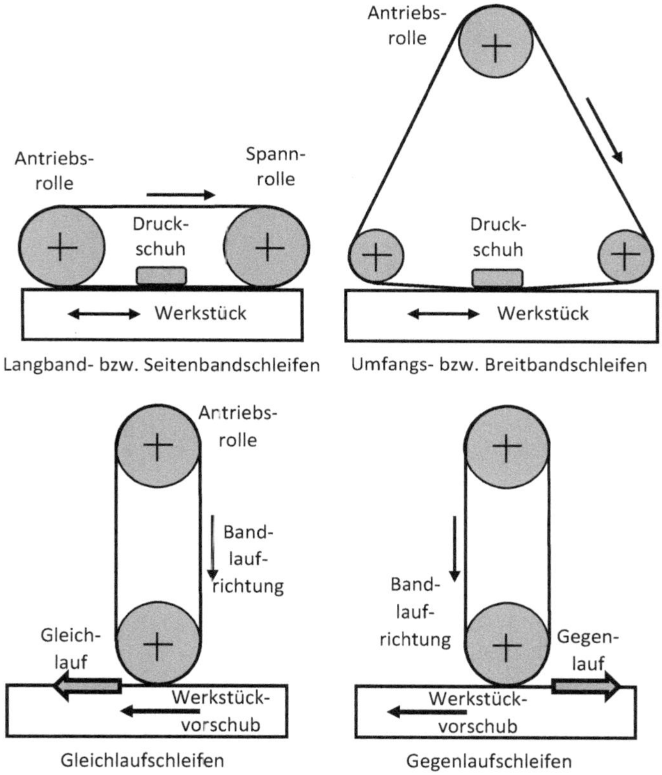

Bild 2.24 Prinzipdarstellungen der Schleifverfahren und der Laufrichtung, nach [DIN 8589-12], S. 4 und 7

Der notwendige Andruck für den Schleifabtrag des Schleifbandes an das Werkstück wird durch Zustellen einer Rolle/Walze, eines Druckschuhs oder ein mehrgliedriges Andrucksystem erzeugt. Beim Schleifen mit konstanter Zustellung, dem Kalibrieren, wird vorzugsweise im Gegenlauf geschliffen, da beim Gegenlaufschleifen der Schleifabtrag aus der Eingriffszone heraus befördert wird. Beim Gleichlauf hingegen wird der Abtrag in die Eingriffszone gezogen. Beim Schleifen von Holz mit konstantem Druck mit dem Druckbalken bzw. Druckschuh bietet sich ein Wechsel zwischen Gleich- und Gegenlauf an, da hierbei eine bessere Fasertrennung möglich ist. Mo-

[32] [DIN 8589-12], S. 4

derne Schleifmaschinen verfügen zusätzlich neben dem Breitband über ein quer angeordnetes Langband für einen Kreuzschliff.

Für weiterführende Informationen soll auf folgende Fachbücher von GOTTLÖBER[33] und HÄNSEL/PRIETO[34] verwiesen werden.

2.4.4 Alternative Trennverfahren

Neben den Verfahren der klassischen, mechanischen Holzbearbeitung, wie z. B. dem Bohren, Fräsen und dem Sägen, existieren weitere Fertigungsverfahren zum Trennen von Holz und Holzwerkstoffen. Da diese Verfahren aber relativ selten in der industriellen Holzbearbeitung eingesetzt werden, soll hier nur ein Überblick gegeben werden. Zunehmend drängen Überlegungen in den Fokus, alternative Bearbeitungsverfahren der Metallbearbeitung, wie z. B. Laserstrahlabtragen oder das Wasserstrahlspanen, für die Bearbeitung von Holzwerkstoffen wirtschaftlich anzuwenden.

2.4.4.1 Elektro-chemisches Abtragen mit dem Laserstrahl

Beim Trennen mit dem Laserstrahl handelt es sich nach [DIN 8590] um ein thermisches Strahlabtragsverfahren. Die ersten Laserbearbeitungsgeräte entstanden vor mehr als 60 Jahren. Inzwischen hat sich eine enorme Vielfalt an Verfahrensvarianten herausgebildet. Im Nachfolgenden soll das Trennen mit dem Laserstrahl betrachtet werden. Beim Trennen von Holz und Holzwerkstoffen wird mit dem Laserstrahl eine sehr hohe Energie im Material konzentriert, sodass das Material im Wesentlichen ohne flüssige Phase verdampft. Diese Art des Trennens wird nach DIN 8590 als Laser-Sublimierschneiden bezeichnet. Bei der Beurteilung der Verfahrenseignung sind folgende Problemkreise von Bedeutung:

- die Laserquelle und deren Eignung für die Bearbeitung von Holz/Holzwerkstoffen,
- die Stabilität des Bearbeitungsprozesses,
- die erreichbaren Genauigkeiten und Qualitätsparameter.

Bei einem Laser wird einem laseraktiven Medium Energie zugeführt. Diese Energiezufuhr bewirkt bei ausreichender Größe und Intensität die Emission von Lichtquanten. Dieser energiereiche Laserstrahl ist monochrom und kohärent und eignet sich für das Materialabtragen. Es gilt der Grundsatz, dass die durch den Laserstrahl in das bearbeitete Material eingebrachte Energie entweder absorbiert, d. h. für das Trennen im Material zur Verfügung steht, und/oder transmittiert, d. h. infolge der Wärmeleitung abgeleitet wird, und/oder reflektiert wird. Für Trennprozesse muss also ein hoher Absorptionsgrad (A) vorhanden sein. Jede Laserquelle sendet das Laserlicht in

---

[33] [GOT 2014], S. 78 ff.

[34] [HÄN 2018], ab S. 298 ff.

einer charakteristischen Wellenlänge aus. Das Absorptionsverhalten von Werkstoffen hängt stark von der Laserwellenlänge ab. Der Kohlendioxid-Laser (CO_2-Laser) hat bei der Bearbeitung metallischer Werkstoffe einen sehr geringen Absorptionsgrad (A). Für die Bearbeitung von Holz und Holzwerkstoffen hingegen eignet sich der CO_2-Laser mit Absorptionsgraden A > 80 % aber hervorragend.

Im Laser-Bearbeitungsprozess hat die Werkstoffdichte erheblichen Einfluss auf die Höhe der Vorschubgeschwindigkeit des Laserstrahls. Nach POWELL[35)] besteht zwischen der Rohdichte des Holzes und der Vorschubgeschwindigkeit für einen vollständigen Trennschnitt des Holzes über die Materialdicke ein nahezu linearer Zusammenhang. In durchgeführten Versuchen wurden diverse Holzarten mit dem CO_2-Laser bearbeitet. Die Vorschubgeschwindigkeiten beim garantierten Trennschnitt von Massivholz sinkt etwa linear mit zunehmender Rohdichte des Holzes bzw. mit abnehmender Werkstoffdichte können vergleichsweise höhere Vorschubgeschwindigkeiten bei gleicher Materialdicke und gleicher Schnittkantenqualität erreicht werden.

Durch den Abtragprozess entsteht entlang der Schnittkontur eine sogenannte wärmebeeinflusste Zone mit optischen Verfärbungen. Bei den Schmalflächen entlang der Trennkontur kann ein Flankeneinbrand entstehen. In Abhängigkeit vom Material, der Vorschubgeschwindigkeit und der Laserleistung kann ein seitlicher Flankeneinbrand zwischen 0,6 mm bei Massivholz und ca. 1 mm bei Plattenwerkstoffen liegen. Ein gut fokussierter Laserstrahl hat einen Strahldurchmesser von ca. 0,6 mm bis 0,8 mm. Mit einem Laserstrahl lassen sich enge Radien schneiden.

Neben der abtragenden Bearbeitung wird der Laser erfolgreich beim Aufschmelzen einer reaktiven Klebstoffschicht auf dem Schmalflächenmaterial eingesetzt.

2.4.4.2 Wasserstrahlspanen

Das Trennen mit dem Wasserstrahl ist ein Strahlspanprozess und wird auch als Hochdruckspanen bezeichnet. Beim Wasserstrahlspanen wird unter hohem Druck stehendes Wasser durch eine Düse gepresst und auf Überschallgeschwindigkeit beschleunigt. Trifft dieser Wasserstrahl auf den Werkstoff, wird die kinetische Energie der Wassertropfen bzw. des Wasserstrahls freigesetzt. Durch den Aufprall des Schneidwassers auf das Schnittgut wird das Material punktuell zerstört und schrittweise in der Tiefe durchtrennt. Man unterscheidet das Wasserstrahlspanen in Reinwasserstrahltrennen und Abrasiv-Wasserstrahltrennen mit der Beimischung eines Abrasivmaterials in den Wasserstrahl. Vom Grundsatz her sind weiche Materialien, d. h. auch Holz, vorzugsweise mit dem Reinwasserstrahl und harte Materialien mit dem Abrasiv-Wasserstrahl zu trennen. Als Abrasivmaterialien werden scharfkantige mineralische Sande, z. B. Granatsand oder Korunde hoher Härte, verwendet. Es ist davon auszugehen, dass mit Abrasivmaterial geschnittene Werkstoffe an den Trennstellen des Wasserstrahlschnittes nicht mit spanenden Werkzeugen weiterbearbeitet werden

35 [POW 1998], S. 109

können, da hier ein erhöhter Verschleiß der Schneiden durch festhaftende Reste des Abrasivmaterials eintreten kann.

Hinsichtlich der Anwendung des Wasserstrahls zum Trennen von Werkstoffen sind verfahrens- und werkstoffseitig bestimmte Parameter zu beachten. Mit zunehmender Materialdicke muss die Vorschubgeschwindigkeit deutlich reduziert werden, um in etwa die gleiche Schnittkantenqualität zu erreichen. Mit zunehmender Materialdichte bzw. der Oberflächenhärte ist der Vorschub des Schneidkopfes zu verringern. Mit zunehmendem Pumpendruck können höhere Vorschubgeschwindigkeiten gefahren werden; Hochdruckpumpen können derzeit zwischen 4000 bar und 6200 bar Hochdruck erzeugen. Typischerweise benutzt man einen konstanten Schneiddruck und passt dazu die Vorschubgeschwindigkeit an. Mit einem größeren Schneiddüsendurchmesser erfolgt ein größerer Wasserdurchsatz und damit können höhere Vorschubgeschwindigkeiten bei gleicher Schnittqualität erreicht werden. Der mögliche Düsendurchmesser hängt im Prinzip von der Leistung der Hochdruckpumpe ab. Der Abstand von der Düsenunterkante zur Werkstückoberfläche sollte gering sein. Der Wasserstrahl verliert beim Auftreffen auf das Material mit zunehmender Eindringtiefe an Wirkung, sodass sich die Schnittkantenqualität von der Strahleintrittsseite zur Strahlaustrittseite deutlich verschlechtert.

Bedingt durch die Vorschubbewegung können bei zu hoher Vorschubgeschwindigkeit sogenannte Strahlriefen entstehen. Der Wasserstrahl hat bei zu hohem Vorschub weniger Zeit zum Trennen des Materials zur Verfügung und läuft daher nach unten und schräg hinten weg. Dieser Nachlauf des Wasserstrahls bewirkt u. a., dass bei Innenecken eine Konturverletzung auftreten kann. Ebenso sollte bei geschlossenen Konturen, d. h. der Konturstartpunkt ist gleich dem Konturendpunkt, der Startpunkt mit dem Wasserstrahl am Ende nochmals überschnitten werden. Während der Bearbeitung entsteht durch die Vorschubbewegung des Wasserstrahls eine Querkraft, welche das Bauteil in Vorschubrichtung verschieben kann; es ist eine sichere Bauteilfixierung notwendig.

2.4.5 Verfahrensgruppe Zerlegen

Das Zerlegen ist nach [DIN 8591] das „... Trennen von zuvor gefügten Werkstücken geometrisch bestimmter Form oder das Trennen von Werkstücken geometrisch bestimmter Form und eingefülltem, formlosen Stoff, wobei keine Beschädigung der Werkstücke auftreten darf.“[36] Das Zerlegen stellt die Umkehrung des Fügens dar, sofern sich die zuvor gefügten Werkstücke zerstörungsfrei wieder zerlegen lassen (vgl. Bild 2.25).

Bei den Einzelverfahren des Zerlegens hat das Lösen kraftschlüssiger Verbindungen in den Montageprozessen bzw. bei einer Demontage eine gewisse Relevanz, so z. B.

---

[36] [DIN 8591], S. 3

die Verfahren des Abschraubens bzw. Lösen durch Entspannen. In den weiteren Ausführungen soll auf das Zerlegen nicht weiter eingegangen werden.

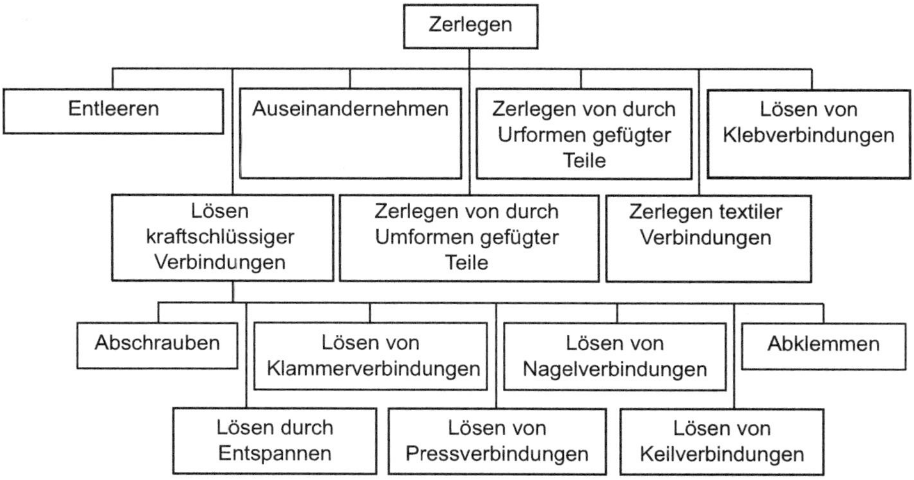

Bild 2.25 Übersicht der Verfahren in der Verfahrensgruppe Zerlegen, nach [DIN 8591], S. 6

2.4.6 Verfahrensgruppe Reinigen

Unter der Bezeichnung Reinigen wird nach [DIN 8592] das „... Entfernen unerwünschter Stoffe (Verunreinigungen) von der Oberfläche von Werkstücken bis zu einem erforderlichen, vereinbarten oder möglichen Grad ... bezeichnet ...“[37] Die Strukturierung der Verfahren erfolgt in sechs Verfahrensgruppen, die sich nach der Reinigungsmethode und dem Reinigungsmedium voneinander unterschieden (vgl. Bild 2.26).

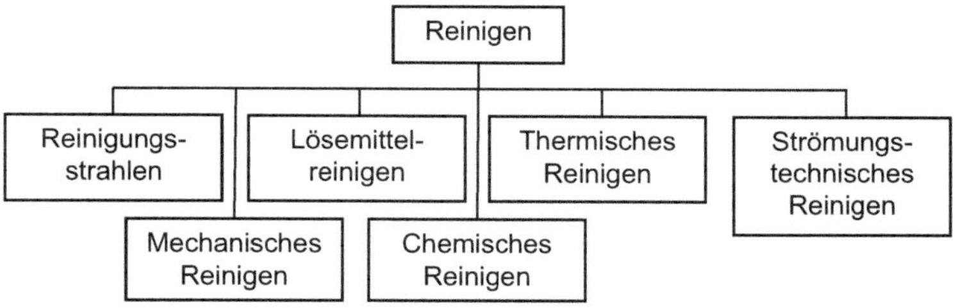

Bild 2.26 Übersicht der Verfahren in der Verfahrensgruppe Reinigen, nach [DIN 8592], S. 7

[37] [DIN 8592], S. 3

Beim Reinigungsstrahlen wird als Strahlmittel Druckluft oder eine Flüssigkeit, z. B. Wasser, verwendet. Je nach Anwendungsfall kann das Strahlmittel in einem speziellen Zustand sein, so z. B. Feuchte und Temperatur und/oder beigemischte Zusätze enthalten. Das in der Norm DIN 8592 aufgeführte Verfahren Druckluft-Reinigungsstrahlen ist in der Holzverarbeitung nicht zulässig, da die Raumluft mit Stäuben/Spänen belastet wird.[38)] Das trifft ebenso auf das strömungstechnische Reinigen zu, so beim Abblasen durch Druckluft.

Beim mechanischen Reinigen erfolgt die Reinigung durch einen mechanischen Vorgang, bei dem die Verunreinigungen auf der Werkstückoberfläche durch mechanische Tätigkeiten entfernt werden. Je nach Haftung auf der Fläche kann das Entfernen durch Abwischen, Bürsten, Abkratzen, Ausklopfen oder Reinigungsschleifen erfolgen. Beim strömungstechnischen Reinigen hat das Absaugen, z. B. von Stäuben und Spänen, in der Holzbe- und Verarbeitung eine besondere Stellung. Für den Betrieb von Holzbearbeitungsmaschinen zur mechanischen Bearbeitung sind Absauganlagen vorgeschrieben. Weiterführende Informationen sind neben der [TRGS 553] auch in [TRGS 400] sowie [DIN EN 481] enthalten.

Beim chemischen Reinigen wird ein organisches Lösungsmittel verwendet, dass mit der Verunreinigung eine chemische Verbindung eingeht und dadurch flüchtig wird bzw. leicht entfernt werden kann.

In der Holzbe- und -verarbeitung finden in verschiedenen Bearbeitungsprozessen Reinigungsprozesse statt. Im Zusammenhang mit der mechanischen Bearbeitung werden Stäube und Späne in unmittelbarer Nähe des Bearbeitungswerkzeuges abgesaugt. Bei einer Nesting-Bearbeitung werden nach dem Konturfräsen die noch auf dem Maschinentisch befindlichen Späne abgesaugt, damit die ausgetrennten Teile mit einem Vakuum-Hebegerät sicher abtransportiert werden können. Im Anschluss an die Fräsbearbeitung der Außenkontur, sowohl beim Durchlaufbearbeiten als auch beim Stationärformatieren, müssen die erzeugten Schmalflächen vor anschließenden Fügeprozessen gesäubert werden, z. B. durch Absaugen. Ebenso kann nach dem Fügen und Beschichten eine Reinigung stattfinden, um z. B. Klebstoffreste oder Farbpartikel zu entfernen. In der Endkontrolle können Reinigungsprozesse erforderlich sein, um Mängel zu beseitigen und so den optischen Gesamteindruck zu verbessern. Ein größerer Teil dieser Reinigungsarbeiten wird manuell ausgeführt.

2.5 Fertigungsverfahren der Hauptgruppe Fügen

Nach [DIN 8593-0] ist Fügen das „... auf Dauer angelegte Verbinden oder sonstige Zusammenbringen von zwei oder mehr Werkstücken geometrisch bestimmter Form oder von ebensolchen Werkstücken mit formlosem Stoff. Dabei wird jeweils der Zu-

[38] [TRGS 553], S. 5

sammenhalt örtlich geschaffen und im Ganzen vermehrt."[39] Die Verfahrenshauptgruppe Fügen ist insgesamt in neun Verfahrensgruppen unterteilt (vgl. Bild 2.27).

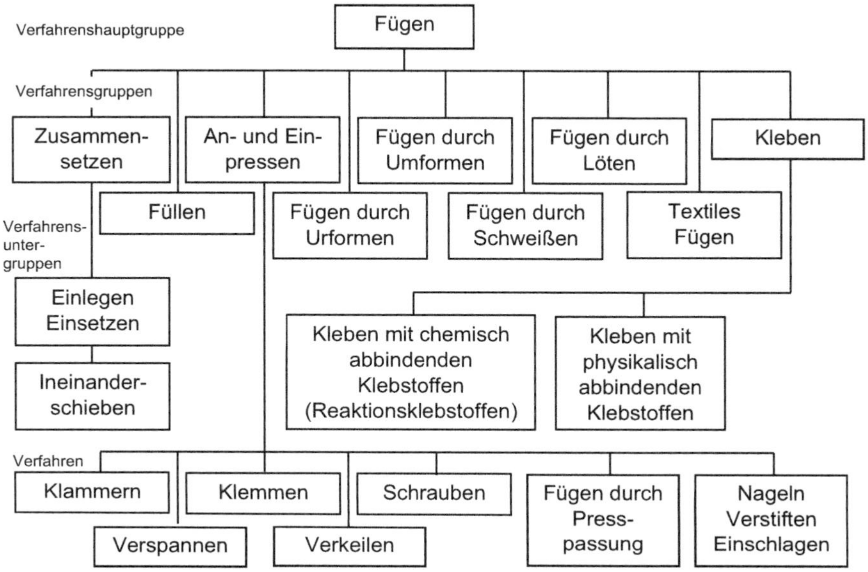

Bild 2.27 Struktur der Verfahrenshauptgruppe Fügen, nach [DIN 8580], S. 13

Für die Verfahrensgruppe textiles Fügen existiert derzeit keine eigenständige Norm. In der Abbildung sind die relevanten Verfahren optisch hervorgehoben.

Die Einteilung der Fügeverfahren kann nach der Art der Verbindung erfolgen. Es lassen sich lösbare und unlösbare Verbindungen unterscheiden. Bei lösbaren Verbindungen können die gefügten Teile ohne Zerstörung der Verbindungsteile oder der gefügten Werkstücke voneinander getrennt werden. Bei bedingt lösbaren Verbindungen kann durch das Zerstören des Verbindungsteiles, z. B. ein Niet oder Stift, aber ohne die Beschädigung der gefügten Teile die Verbindung gelöst werden. Bei unlösbaren Verbindungen müssen die gefügten Teile zerstört werden, um die Verbindung zu lösen.

- Bei den Verfahrensgruppen Zusammensetzen und Füllen kann man von lösbaren Verbindungen, ohne Schädigung der Fügeteile ausgehen.
- Bei den Verfahrensgruppen des An- und Einpressens sowie dem Fügen durch Urformen sind die Fügeteile im Allgemeinen ohne Schädigung der Fügeteile lösbar.
- Bei den Verfahrensgruppen Fügen durch Schweißen, Fügen durch Löten und Fügen durch Kleben ist die Verbindung unlösbar. Beim gewaltsamen Lösen der Ver-

[39] [DIN 8593-0], S. 3

bindung werden die gefügten Teile i. d. R. beschädigt. Beim Kleben können im Sonderfall bestimmte Klebverbindungen durch spezielle Lösungsmittel bzw. Technologien ohne Schädigung der gefügten Bauteile gelöst werden.

Die Verbindung gefügter Teile kann auf Formschluss, Kraftschluss oder Stoffschluss beruhen. Formschlüssige Verbindungen beruhen auf dem Fügen von Formelementen der betreffenden Werkstücke, so z. B. durch Formelementpaarung oder durch Verbindungselemente, wie z. B. Stifte, Bolzen oder Federn. Beim Kraftschluss werden die gefügten Teile infolge einer Kraftwirkung zusammengehalten, so z. B. Druck oder Reibung. Beim Stoffschluss entsteht die Verbindung der Werkstücke durch adhäsive und/oder kohäsive Kräfte zwischen den gefügten Teilen, z. B. durch Schweißen, Löten oder Kleben.

Bei der Verfahrensgruppe Zusammensetzen, speziell den Verfahren Einlegen/Einsetzen und dem Ineinanderschieben, handelt es sich reine Montageprozesse, vgl. Abschnitt 4.5.1. Dazu gehören z. B. in der Erzeugnismontage das Einsetzen von Schubkästen oder Möbelstangen. Auf tiefergehende Erläuterungen sei hier verzichtet. Von besonderem Interesse für die Möbelfertigung sind die Bearbeitungsverfahren der Gruppen An- und Einpressen (vgl. Bild 2.28).

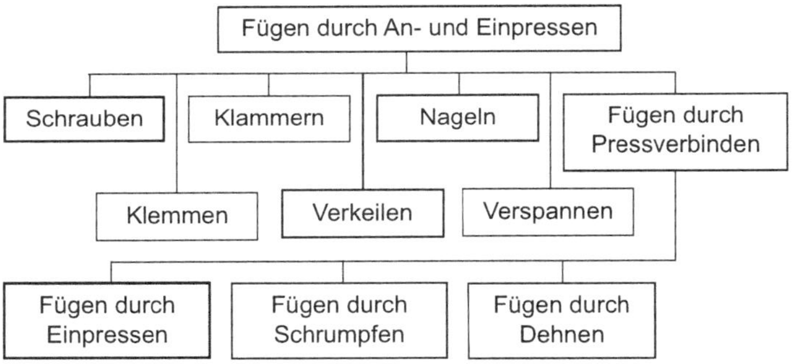

Bild 2.28 Übersicht der Verfahrensgruppe An- und Einpressen, nach [DIN 8593-3], S. 6

Die Bezeichnung An- und Einpressen ist „eine Sammelbenennung für die Verfahren, bei denen beim Fügen die Fügeteile sowie etwaige Hilfsfügeteile im Wesentlichen nur elastisch verformt werden und ungewolltes Lösen durch Kraftschluss verhindert wird.“[40)]

Die dieser Verfahrensgruppe zugeordneten Verfahren Schrauben, Nageln/Stiften, Verkeilen und Fügen durch Einpressen machen den Großteil der Arbeitsoperationen in der Baugruppen- und Erzeugnismontage aus. Derartige Fügeverfahren werden angewendet, wenn die gefügten Teile ohne wesentliche Schädigungen wieder voneinander getrennt werden sollen.

[40] [DIN 8589-3], S. 3

In der Baugruppen- und Erzeugnismontage können Beschläge durch Anschrauben bzw. Einpressen befestigt werden. In besonderen Fällen sollten die Beschläge nicht direkt in das Plattenmaterial eingeschraubt werden. Man kann deshalb eine Muffe in die vorhandene Bohrung einpressen und anschließend den Beschlag anschrauben. Rückwände können bei der Korpusmontage mit Nägeln/Stiften in der Lage fixiert werden. Bei lösbaren Verbindungen können Teile miteinander durch Bolzen und Exzenter verbunden werden, d. h. durch Fügen und Verkeilen. Für weitergehende Informationen wird auf den Abschnitt 4.5 verwiesen.

Kleben

Der Begriff Kleben bezeichnet eine Verfahrensgruppe und eine Bearbeitung, die aus mehreren, verschiedenen Einzelprozessen besteht, so z. B. der mechanischen Vorbereitung der Klebfläche, dem Auftragen bzw. Aktivieren des Klebstoffes, der mechanischen Nachbearbeitung und Prozesse der Verbesserung der Oberflächenqualität, vgl. Abschnitt 4.2.2. Beim Kleben kann nach [DIN 8593-8] eine Unterscheidung in physikalisch und chemisch abbindende Klebstoffe vorgenommen werden. Bei einer Verklebung können die gefügten Teile im Allgemeinen nur mit Schädigung bzw. Zerstörung voneinander getrennt werden. In bestimmten Fällen kann es möglich sein, die Klebverbindung durch z. B. chemisch Lösungsmittel aufzulösen. Im nachfolgenden Bild ist eine geordnete Übersicht der Klebstoffe dargestellt (vgl. Bild 2.29).

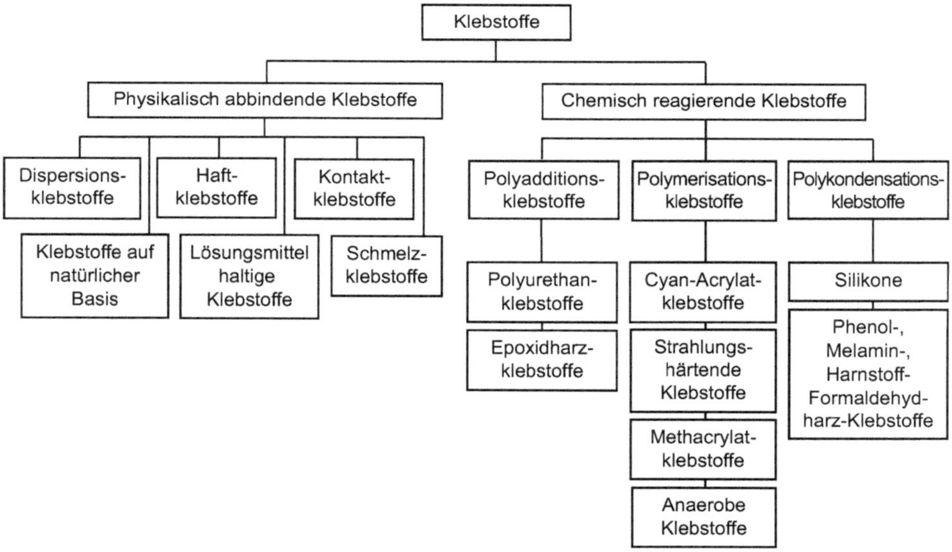

Bild 2.29 Übersicht zu den physikalisch abbindenden und chemisch reagierenden Klebstoffen, nach [HAB 2016], S. 12, 49

Das Auftragen des Klebstoffs kann manuell oder maschinell erfolgen. Als Formen des Klebstoffauftrags sind nach HABENICHT das Spritzen, Pinseln, Tröpfeln, Spachteln, Rakeln, Tauchen, Gießen, Walzen und Stempeln im Gebrauch.[41] Der Klebstoffauftrag kann in Form von Punkten, Linien, Raupen oder als Fläche erfolgen. Bei den Verfahrensbezeichnungen für das Kleben sind Kaschieren und Laminieren etabliert; es ist schwierig, beide Verfahren gegeneinander abzugrenzen. „Unter dem Kaschieren ... (wird) ... das großflächige kontinuierliche Verbinden von in der Regel flexiblen Folien durch Kleben verstanden... Das Laminieren beschreibt ebenfalls das großflächige Verkleben, allerdings mit dem Schwerpunkt dickerer Fügeteile wie Platten aus Holz oder Kunststoff, Pappen, Furniere, Gewebe u. ä.“[42]

Verklebungen von Bauteilen können angewandt werden, um einzelne Elemente mit Rohmaterialien zu verkleben bzw. Einzelteile zu Baugruppen bzw. Erzeugnissen zu montieren. Bei physikalisch abbindenden Klebstoffen erhält der Klebstoff vom Hersteller seine endgültige Zusammensetzung. Die Aushärtung erfolgt durch Trocknen oder Abkühlen. Bei chemisch reagierenden Klebstoffen erfolgt das Aushärten des Klebstoffes durch eine chemische Reaktion, z. B. durch Polyaddition, Polymerisation oder Polykondensation. Anaerobe Klebstoffe sind Klebstoffe, die bei Abwesenheit von Sauerstoff aushärten. Eine besondere Bedeutung hat das Ankleben und Nachbearbeiten von Schmalflächenmaterial beim Formatieren von Bauteilen aus Plattenwerkstoffen.

2.6 Fertigungsverfahren der Hauptgruppe Beschichten

Bei den Fertigungsverfahren des Beschichtens wird eine fest haftende Schicht aus formlosem Stoff auf einem Werkstück aufgebracht. Maßgebend ist dabei der herrschende Zustand des Beschichtungsstoffes.[43] Umgangssprachlich wird als Beschichten das Auftragen einer Schicht auf einem Werkstück verstanden; die Beschränkung auf den formlosen Stoff bleibt dabei mitunter unbeachtet. Formlose Stoffe sind Stoffe ohne definierte geometrische Abmessungen, wie z. B. Flüssigkeiten, Pulver, Späne, Fasern, Granulate, Schmelzen und Ähnliches. Folien oder Furnierblätter besitzen weitgehend definierte Abmessungen und sind deshalb keine formlosen Stoffe. Der Autor hat deshalb diejenigen Fertigungsverfahren, die nach DIN 8580 keine Beschichtungsverfahren darstellen, in Abschnitt 2.5 Fügen eingeordnet. Als unterscheidende Merkmale der Verfahrensgruppen wird der Zustand des formlosen Stoffes verwendet. Bei den Verfahren des Beschichtens aus dem flüssigen Zustand werden einzelne, nicht näher spezifiziert Verfahren aufgeführt. Der Autor hat die in der DIN 8580 aufgeführ-

[41] [HAB 2016], S. 92

[42] [HAB 2016], S. 92

[43] [DIN 8580], S. 5

ten Verfahren zum Beschichten aus dem flüssigen Zustand in dieser Abbildung verändert. Die nunmehr in dieser Abbildung aufgeführten Verfahren sind übliche Verfahren und Bezeichnungen in der Beschichtung von Holz und Holzwerkstoffen. Verfahrensbedingt handelt es sich dabei vorzugsweise um Flüssigkeiten, sodass die Verfahrensgruppe Beschichten aus dem flüssigen Zustand relevant ist (vgl. Bild 2.30).

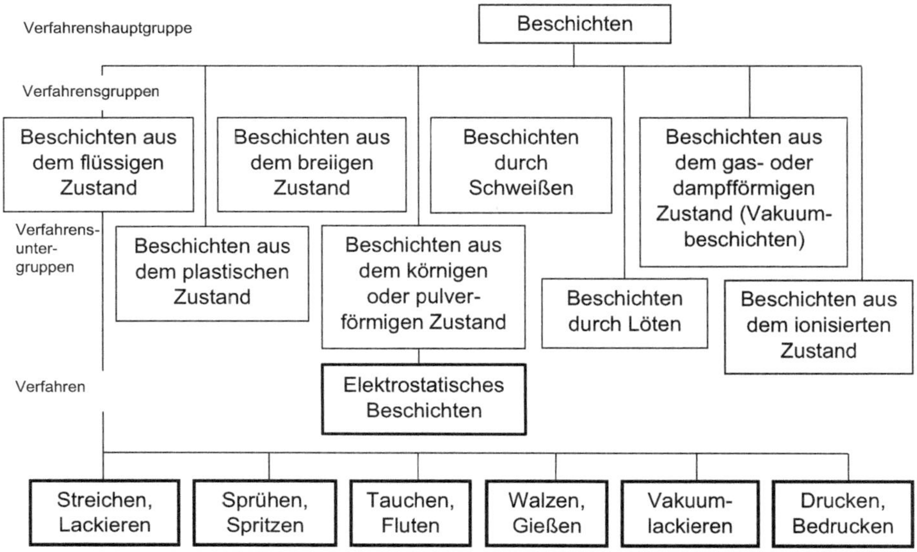

Bild 2.30 Struktur der Verfahrenshauptgruppe Beschichten, in Anlehnung an [DIN 8580], S. 14

Das Lackieren ist in Bild 2.30 als Verfahren benannt. Bei der Ausführung des Verfahrens sind mehrere, verschiedene Bearbeitungsschritte auszuführen. Üblicherweise beginnt die Oberflächenbeschichtung mit der Reinigung, d.h. dem Entfernen von Farbresten und Verschmutzungen und Oberflächenvorbehandlung. Bei Massivholz ist ein Befeuchten der Holzoberfläche sinnvoll. Gegebenenfalls kann ein Vorschleifen von Holzoberflächen erfolgen. Im ersten Beschichtungsschritt wird die Oberfläche grundiert. Neben dem Egalisieren der Oberfläche ist eine sichere Haftung der Beschichtung notwendig. Dazu wird ein Haftvermittler aufgetragen und ggf. mit einem Vorschliff überschliffen. Im zweiten Beschichtungsschritt wird ein Füllstoff aufgebracht. Dieser Füller enthält höhere Anzahl von Farbpigmenten im Lack und kann als etwas dickere Schicht zum Ausgleichen von Unebenheiten dienen.

Anschließend kann ein Nachschliff erfolgen. In einem dritten Beschichtungsschritt wird der Basislack aufgetragen. Diesem Auftrag folgt i. d. R. ein Feinschliff. Abschließend wird die oberste Lackschicht, d.h. ein Klarlack, aufgebracht. Diese Schicht erzeugt den gewünschten Glanz und sichert die Härte der Beschichtung, die Wetter- und Lichtbeständigkeit sowie die Farbechtheit.

Beim Lackieren entsteht auf dem Werkstück eine Oberflächenschicht. Im Gegensatz zu einer Lasur zieht Lack nicht in das Holz ein, sondern bildet eine eigene, geschlossene Schicht auf der Werkstückoberfläche. Diese Schicht soll das Werkstück vor UV-Strahlung und Feuchtigkeit schützen. Durch Zusatz von Farbpigmenten können dekorative Oberflächen entstehen. Der Lackauftrag kann manuell oder maschinell erfolgen. Bei deckenden Lacken ist die ursprüngliche Materialoberfläche nach der Beschichtung nicht mehr erkennbar.

Für die Oberflächenbehandlung werden sehr häufig das Spritzen bzw. Sprühen eingesetzt. Beim Sprühen wird ein Druckzerstäuber verwendet, der den Lack mit Niederdruck bzw. Hochdruck oder im Airless-Verfahren durch eine kleine Öffnung presst, sodass der Lack sich in kleine Tropfen verteilt. Beim Spritzen wird eine Flüssigkeit ebenfalls durch eine Öffnung gepresst, sodass ein Flüssigkeitsstrahl entsteht.

Beim Tauchen wird das Werkstück, welches sich in einer Spezialaufhängung befindet, komplett in den Lack getaucht. Überflüssige Farbe kann vom Werkstück in die Lackwanne abtropfen. Beim Fluten wird das Werkstück komplett mit Lack überspült. Aus der Lackwanne wird der Lack mittels Flutdüsen auf das Werkstück gepumpt. Der aus den Düsen strömende Lack flutet dabei über das Werkstück. Der überschüssige Lack läuft wieder in die Auffangwanne zurück und kann erneut verwendet werden.

Beim Gießen und Walzen erfolgt der Lackauftrag i. d. R. auf ebene, plattenförmige Werkstücke. Beim Gießen wird der Lack in einen speziellen Gießkopf gefördert, der an der Unterseite einen verstellbaren Auslaufspalt besitzt. Die Breite des Auflaufspalts definiert dann die Lackauftragsmenge. Der Lack läuft infolge der Schwerkraft auf das unter dem Auslaufspalt sich bewegende Werkstück. Beim Lackwalzen erfolgt die Lackdosierung durch den Spalt zwischen zwei Walzen, d. h. die Dosierwalze und die Auftragswalze. Der aus dem Spalt auslaufende Lack wird dann durch die Auftragswalze auf die Oberfläche des transportierten Werkstückes übertragen. Gießen und Walzen eignen sich besonders für die Serienbeschichtung ebener Bauteile.

Bei Vakuumlackieren werden prismatische, profilförmige oder plattenförmige Werkstücke durch eine Applikationskammer bewegt. Zwischen dem Werkstück und der Applikationskammer ist ein relativ kleiner Spalt von ca. 1 mm vorhanden. Die Querschnitte des Werkstückes, des Ein- und des Ausgangsquerschnitts der Kammer ähneln sich. Im Inneren der Kammer wird ein Vakuum erzeugt, das den Lack aufwirbelt und dieser sich dann an den Flächen des hindurchbewegten Werkstückes ablagert.

Beim Bedrucken von Möbelteilen wurden in der Vergangenheit auch Dekordruckverfahren eingesetzt. Dabei wurden die einzelnen Möbelteile in einer einheitlichen Farb- bzw. Folienbeschichtung, meist mit weißem Dekor, hergestellt und anschließend mit einem Dekor überdruckt. Beim sogenannten Direktdruck wird das Dekor vom Druckmedium direkt auf das Werkstück aufgebracht. Beim indirekten Druck wird das Druckbild nicht direkt von der Druckplatte auf das Werkstück übertragen, sondern indirekt über eine Walze.

Mit der Entwicklung der InkJet-Drucktechnik wurden derartige Verfahren zum Aufbringen von Markierungen auf den Bauteilschmalflächen eingesetzt. Beim InkJet-Druck wird das Material ohne jeglichen direkten Kontakt mit einem Druckträger bedruckt. Der Druckkopf des Tintenstrahldruckers schleudert die einzelnen Farbtropfen berührungsfrei auf das Werkstück. Ein Vollfarbdruck der Bauteilbreitfläche ist technisch möglich, verursacht aber sehr hohe Kosten. Ein Problem des Bedruckens, ist die Beständigkeit der verwendeten Farben z. B. bei Einwirkung von UV-Strahlung. Durch bedruckte Bauteilflächen bzw. durch Bekleben mit bedruckten Folien entsteht ein dekorativer optischer Eindruck; im Vergleich zum natürlichen Holz fehlt der haptische Eindruck. Mit der Entwicklung von 3D-Drucksystemen können Werkstücke mit Dekoren und materialtypischen Oberflächenstrukturen erzeugt werden.

Das elektrostatische Beschichten kann sowohl mit Flüssigkeiten als auch mit Beschichtungspulvern durchgeführt werden. Bei einem einfachen Pulversprühauftrag würde das Pulver nicht ausreichend an der Oberfläche eines Holzwerkstoffes haften. Deshalb erfolgt der Sprühauftrag mit elektrostatisch aufgeladenen Pulverpartikeln. Während des Versprühens der Pulverteilchen werden diese in einer Sprüheinrichtung statisch aufgeladen. Die aufgeladenen Pulverteilchen werden von dem geerdeten Werkstück angezogen und bilden auf der Werkstückoberfläche eine Schicht. Nach dem Pulverauftrag werden die beschichteten Werkstücke anschließend in einen Ofen eingebracht, in dem das Pulver geschmolzen wird.

Für weitergehende Informationen zu den o. g. Beschichtungsverfahren sei auf das Fachbuch Oberflächentechnik [HÄN 2017] verwiesen.

2.7 Fertigungsverfahren der Hauptgruppe Stoffeigenschaft ändern

In der Verfahrenshauptgruppe Stoffeigenschaft ändern sind die Verfahren zusammengefasst, bei denen gezielte und dauerhafte Veränderungen der Werkstoffeigenschaften im submikroskopischen bzw. atomaren Bereich vorgenommen werden (vgl. Bild 2.31).

Das Ziel derartiger Verfahren besteht darin, bestimmte Werkstoffeigenschaften bzw. Gebrauchs- und Verarbeitungseigenschaften zu optimieren. In Bild 2.31 sind die einzelnen Verfahren und Verfahrensgruppen dargestellt. In Bezug auf Holzwerkstoffe sind die genannten Verfahren im Wesentlichen nicht relevant.

Im Bereich der thermo-chemischen Holzbehandlung sind einige Verfahren bekannt, so die chemische Modifikation der Zellwand oder auch die Herstellung von Holz-Kunststoff-Kompositen. Bei dem TMT-Verfahren (Thermally Modified Timber) wird Holz einer thermischen Behandlung bei ca. 160 °C bis ca. 250 °C und Sauerstoffentzug unterzogen.[44] Bei dieser thermischen Behandlung werden Stoffe in den Zellwänden durch chemische Reaktionen abgebaut. Die zurückbleibenden Abbauprodukte senken den pH-Wert erheblich. Das wiederum erhöht die Resistenz gegen holzzersetzende Insekten, Mikroorganismen und Pilze.

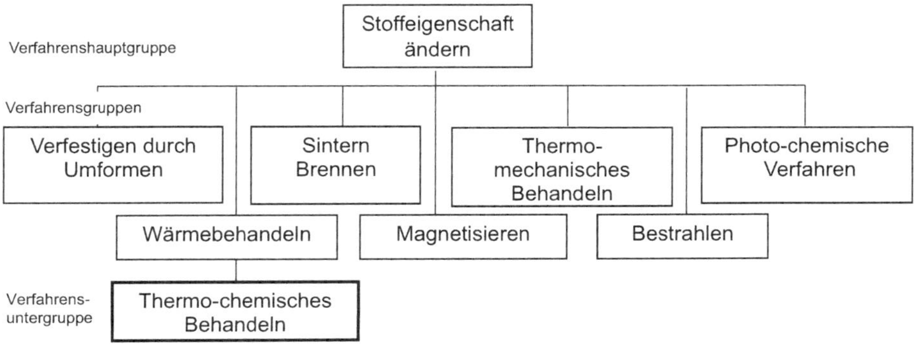

Bild 2.31 Schematische Übersicht der Verfahrenshauptgruppe Stoffeigenschaft ändern, nach [DIN 8580], S. 15

Unter der Bezeichnung Wood Plastics Composite (WPC) wird ein Verbundwerkstoff aus Holz, Polymeren und Bindemittel bezeichnet, der aus 25 % bis 90 % lignocellulosehaltigen Partikeln bestehen kann.[45]

Einige Veränderungsprozesse im Holz und in den Holzwerkstoffen spielen sich im thermo-physikalischen Bereich ab, die aber in der dargestellten Verfahrensstruktur der DIN 8580 nicht abbildbar sind. Die mit den o. g. Verfahren behandelten Werkstücke finden sich vorzugsweise in Freiluftbereichen und Feuchträumen in Gebäuden. Eine Verwendung als Möbelteile ist eher untypisch.

2.8 Generative Fertigungsverfahren

Als generative Fertigungsverfahren werden automatisierte Prozesse bezeichnet, die unmittelbar aus einem 3D-CAD-Datensatz dreidimensionale physische Objekte herstellen. Dazu werden Volumenelemente schichtweise auf- oder aneinandergefügt, sodass keine bauteilabhängigen Werkzeuge erforderlich sind. Die generativen Verfahren können in subtraktive, formative und additive Prozesse unterschieden werden. In der nachfolgenden Abbildung ist eine Übersicht der generativen Verfahren dargestellt (vgl. Bild 2.32).

44 [WAG 2008], S. 489/490

45 [NIE 2017], S. 56

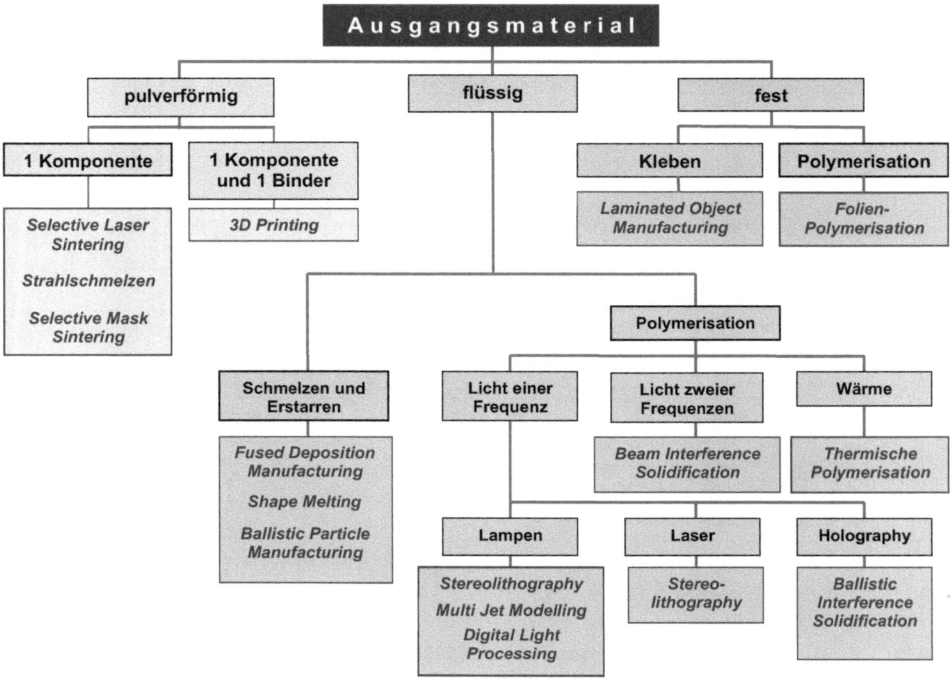

Bild 2.32 Übersicht der generativen Fertigungsverfahren, geordnet nach den zu verarbeitenden Werkstoffen, nach [KIE 2017], S. 379

Bei subtraktiven Fertigungsverfahren wird die zu erstellende Geometrie durch den definierten Abtrag einzelner Volumenbereiche erzeugt, d. h. durch Anwendung von Trennverfahren. Mit formativen Fertigungsverfahren werden Geometrien durch Umformen unter Einhaltung der Volumenkonstanz hergestellt. Bei den additiven Fertigungsverfahren werden Geometrien durch Aneinanderfügen von Volumenelementen erzeugt, d. h. durch Anwendung von Fügeverfahren.

In der DIN 8580 werden die generativen Verfahren der Verfahrenshauptgruppe Urformen zugeordnet, vgl. Bild 2.3 bzw. [DIN 8580]. Die generativen Verfahren sind in der Übersicht dargestellt, aber nicht erläutert. Entsprechende Erläuterungen bzw. Kurzbeschreibungen zu den additiven Verfahren sind in der [DIN EN ISO 17296-2] sowie in der [VDI 3405] enthalten.

2.9 Verwendung einheitlicher Bezeichnungen für Bearbeitungsmaschinen

Spanende Bearbeitungsprozesse in der Möbelteilefertigung treten in den Prozessstufen des Rohteilzuschnittes, dem Formatieren der Rohteile, der konstruktiven Bearbeitung sowie der abschließenden Nachbearbeitung auf. Bei den Nachbearbeitungsprozessen handelt es sich z. B. um spanende Prozesse zum Entfernen von noch vorhandenen Materialüberständen, zum Entfernen von Haftstellen, der Oberflächenverbesserung oder dem nachträglichen Fügen von Schmalflächenmaterial. Ein nachträgliches Fügen von Schmalflächenmaterial kann erforderlich sein, wenn die zu beklebende Fläche erst nach dem Formatieren erzeugt wird.

Da keine genormte Beschreibung für Werkzeugmaschinen und numerisch gesteuerte Maschinensysteme existiert, werden nachfolgend die Maschinen und Systeme beschrieben und voneinander abgegrenzt. Die Grundlage der Beschreibungen bilden die Ausführungen von WECK[46)], HEISEL[47)] und WESTKÄMPER[48)]. Dabei werden folgende Maschinen und Maschinensysteme unterschieden.

Eine konventionelle Bearbeitungsmaschine bzw. Werkzeugmaschine verfügt neben dem Maschinengestell über Antriebe für die Haupt- und die Nebenbewegungen. Die Maschinenbewegungen und der Werkzeug- bzw. Werkstückwechsel werden i. d. R. durch den Maschinenbediener ausgeführt. Die Anwesenheit des Maschinenbedieners ist Voraussetzung für die Nutzung derartiger Maschinen.

Eine NC/CNC-Maschine verfügt gegenüber der konventionellen Maschine zusätzlich über eine NC/CNC-Steuerung, die „... die Positionierung der Werkzeuge zum Werkstück sowie die Abfolge der Schnitt-, Vorschub-, Anstell- und Zustellbewegungen (steuert) und überwacht verschiedene Maschinenfunktionen“.[49)] Der Werkzeugwechsel kann automatisch erfolgen. Bei einzeln stehenden und nichtverketteten Maschinen erfolgt der Werkstückwechsel i. d. R. manuell.

Ein NC/CNC-Bearbeitungszentrum (CNC-BAZ) besteht aus einer mehrachsigen NC/CNC-Maschine, die mehrere Bearbeitungsverfahren im Sinn einer mehrseitigen Komplettbearbeitung ausführen und die Bearbeitungswerkzeuge automatisch wechseln kann.

Eine Fertigungszelle verfügt im Vergleich zum CNC-BAZ über einen Werkstückspeicher und ein Werkstückwechselsystem. Eine Fertigungszelle kann aus einer oder mehreren Maschinen, z. B. CNC-BAZ bestehen und ermöglicht die Bearbeitung einer Serie gleicher/ähnlicher Werkstücke ohne manuellen Eingriff des Maschinenbedien-

---

46 [WEC 2005], S. 412

47 [HEI 1990], S. 44

48 [WES 2006], S. 205 ff.

49 [HIR 2022], S. 5

ers. Die Fertigungszelle ist steuerungsseitig mit den peripheren Komponenten und Einrichtungen verknüpft und kann als Einheit überwacht werden.

Ein Fertigungssystem besteht aus „... mehrere(n) Fertigungsmaschinen gleichen oder unterschiedlichen Automatisierungsgrades über ein Werkstückflusssystem, die Werkzeuglogistik, verschiedene Ver- und Entsorgungseinrichtungen sowie über die automatische Fertigungssteuerung ...“[50] Ein Fertigungssystem wird über einen Leitrechner gesteuert. Fertigungssysteme können verschiedene Ausprägungen haben; so z. B. beim Werkstückfluss in Fließstraßen, d. h. mit einem kontinuierlichen, nicht getakteten Werkstückfluss und in Taktstraßen mit getaktetem Werkstückfluss. Hinsichtlich der Flexibilität kann eine Unterscheidung in starre und in flexible Fertigungssysteme erfolgen. Bei einem flexiblen Fertigungssystem können unterschiedlich gestaltete Werkstücke an den einzelnen Bearbeitungsstationen mit unterschiedlichen Fertigungsverfahren, in unterschiedlicher Reihenfolge bearbeitet und auf unterschiedlichen Transportrouten, d. h. mit einem richtungsflexiblen Werkstückfluss, bewegt werden.[51]

Starre Transferstraßen als Ausprägung eines Fertigungssystems „... weisen einen gerichteten, linienförmigen Materialfluss auf, der nicht richtungsflexibel ist. Starre Transferstraßen bestehen überwiegend aus Sondermaschinen, die für die jeweilige Bearbeitungsaufgabe ausgelegt sind.“[52]

Zur Kategorie der Einzelmaschinen werden konventionelle Maschinen, NC/CNC-Maschinen, NC/CNC-Bearbeitungszentren und die Fertigungszelle gerechnet. Zur Kategorie der Mehrmaschinensysteme zählen die Fertigungssysteme. Besteht eine Fertigungszelle aus mehreren Maschinen, ist sie als Mehrmaschinensystem einzuordnen, anderenfalls als Einzelmaschine. „Die Verkettung von Maschinen zu Mehrmaschinensystemen hat das Ziel, eine höhere Produktivität der Fertigung zu erreichen, als es mit einer entsprechenden Anzahl von Einzelmaschinen möglich ist. Das heißt, dass bei einem Mehrmaschinensystem die Produktivität der gesamten Fertigungseinrichtung betrachtet wird. Die dafür notwendige Aufteilung und Verkettung der einzelnen Fertigungsschritte auf unterschiedliche Maschinen ist von der geforderten Gesamtstückzahl abhängig und erfolgt sowohl unter technisch gegebenen als auch planerisch-ökonomischen Randbedingungen.“[53]

[50] [HIR 2022], S. 6

[51] [NEB 2012], S. 256

[52] [NEB 2012], S. 18

[53] [NEB 2012], S. 254

3 Fertigungs- und Ablauforganisation

3.1 Organisationsformen der Fertigung

In der industriellen Entwicklung hat sich eine Vielfalt von Organisationsprinzipien für die Fertigung entwickelt. Die wesentlichen Treiber dieser Entwicklung sind vor allem die strategischen Ziele der Unternehmen in Bezug zum Markt und zu den Kunden. Diese Ziele manifestieren sich in kurzen Lieferzeiten, einer hohen Produktqualität, in zu erzielenden Preisen und in einer notwendigen Flexibilität bei Marktänderungen. Als wesentliche Einflussfaktoren auf Organisationsformen der Fertigung sind nach WIENDAHL[1] die Differenzierung im Wettbewerb, die Wirtschaftlichkeit, die Technologie/Konstruktion und die Gegebenheiten des Unternehmens, z. B. der Personalbereich, zu sehen. Bei den wirtschaftlichen Einflüssen sind vor allem die Losgrößen in Verbindung mit den Fertigungskosten und der Wiederholcharakter der Teile/Erzeugnisse zu nennen.

Bei einer Einzelfertigung wird das Produkt nur einmal hergestellt. Wird es tatsächlich nur einmal hergestellt, dann wird das als Einmalfertigung bezeichnet. Wird es zu einem späteren Zeitpunkt nochmals hergestellt, handelt es sich um eine Wiederholfertigung. Bei einer Mehrfachfertigung wird das Produkt mehrfach unmittelbar hintereinander gefertigt. Weisen die Produkte gewollte Änderungen untereinander auf, wird der Fertigungstyp als Sorten- oder Variantenfertigung bezeichnet. Die Herstellung größerer Mengen der Produkte wird als Serienfertigung bezeichnet. Erfolgt die unveränderte Herstellung der Produkte über einen längeren Zeitraum, so entspricht das einer Massenfertigung (vgl. Bild 3.1).

---

[1] [WIE 2014], S. 40

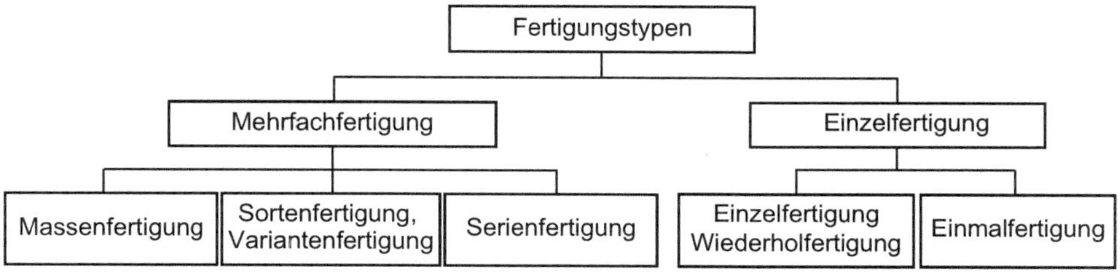

Bild 3.1 Übersichtsdarstellung der Fertigungstypen, nach [WIE 2014], S. 41

Neben der Gliederung in Bild 3.1 nach der Anzahl der Produkte kann auch eine Gliederung nach Auftrags- oder Lagerproduktion und kundenspezifischer Gestaltung der Erzeugnisse erfolgen. Es können Kundenaufträge, z. B. Make To Order (MTO) oder Fertigungsaufträge, Make To Stock (MTS) unterschieden werden. Bei Kundenaufträgen in der Möbelfertigung werden kundenindividuelle Produkte, d. h. ein spezielles Produkt für den Kunden, oder kundenindividualisierte Produkte, d. h. auf Kundenwünsche angepasste Standardprodukte, realisiert. Bei der Produktion ohne Kundenauftrag werden der Prognose bzw. den Erfahrungen entsprechende Stückzahlen und Ausstattungs- bzw. Farbvarianten gefertigt. Über geeignete Marketinginstrumente werden diese, in der Regel als Serienprodukte gefertigten Möbel, an den Handel oder den späteren Kunden verkauft.

Hinsichtlich des Kundeneinflusses auf die Gestaltung von Produkten lassen sich drei Arten voneinander unterscheiden, so die Sonderanfertigungen, individualisierte Produkte und variantenreiche Produkte. Sonderanfertigungen sind vorzugsweise Einzelstücke, die in manueller Fertigung auf den einzelnen Kunden zugeschnitten sind. Bei individualisierten Produkten hat der Kunde wesentlich weniger Einfluss auf die Produktgestaltung als bei einer Sonderanfertigung. Bei einem individualisierten Produkt ist das Produkt in seiner Grundstruktur bereits entwickelt. Der Kunde kann Einfluss auf die Gestaltung bzw. Ausprägung des Produktes nehmen oder er kann innerhalb vorgeplanter Strukturen kundenindividuelle Komponenten hinzu wählen. Variantenreiche Produkte bestehen im Wesentlichen aus vorgefertigten Standardmodulen. Die Standardmodule sind häufig als Varianten entwickelt worden und werden im Allgemeinen vorproduziert. Der Kunde kann nur aus diesem Angebot seine individuelle Konfiguration auswählen. Die Individualisierung erfolgt dann in der Montage der Produkte (vgl. Bild 3.2).

Grundsätzlich existieren mehrere verschiedene Organisationsformen für die Fertigung, die sich insbesondere durch den Kundenauftrags-Entkopplungspunkt (CODP: customer order decoupling point) unterscheiden. Darunter wird der Zeitpunkt im fortschreitenden Produktionsprozess verstanden, an dem einer auftragsneutralen Fertigung der Kundenbezug zugeordnet wird. Dieser Kundenauftrags-Entkopplungspunkt ist abhängig von der Möglichkeit der Individualisierung eines Produktes und vom Zeitpunkt der Integration des Kunden in den Fertigungs- und Montageprozess. Je später der Kunde in den Wertschöpfungsprozess eingebunden wird, desto geringer sind dessen Einflussmöglichkeiten. Bei den Konzepten Develop To Order oder Engineer To Order kann das Produkt im Wertschöpfungsprozess bereits vor Beginn der Fertigung den Kundenwünschen entsprechend angepasst werden. Bei den nachfolgenden Konzepten findet eine Individualisierung erst im Zuge des Produkterstellungsprozesses statt.

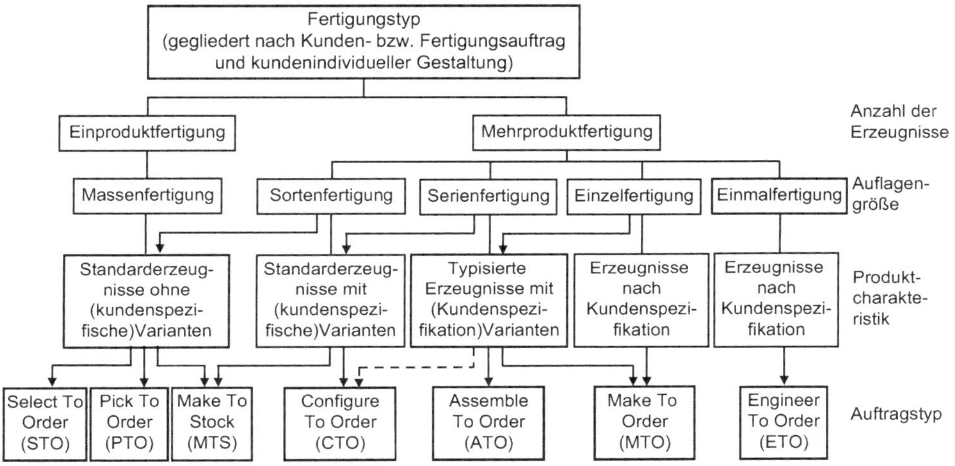

Bild 3.2 Produktionskonzepte und Fertigungstypen, nach [SCU 2012], S. 89, und [RED 2018], S. 70

Develop To Order – DTO

Es wird ein grundsätzlich neues Produkt entwickelt und gebaut. Die Entwicklung beginnt, sobald der entsprechende Kundenauftrag vorliegt. Der Kunde begleitet und beeinflusst alle Phasen bis zur Fertigstellung des beauftragten Produktes, z. B. die Entwicklung und Realisierung eines Prototyps.

Engineer To Order – ETO

Bestehen Kundenaufträge aus Sondermaterialien oder werden sogenannte One-off-Möbel produziert, d. h. eine Einzelfertigung von Möbeln bzw. einmalige Fertigung eines Möbels, ist es notwendig, die Produkte beginnend beim Einkauf über die Konstruktion bis hin zum Endkunden komplett oder zumindest teilweise neu zu entwickeln. Neben der Entwicklung von Prototypen wird diese Organisationsform im Sondermöbelbau, bei aufwendigen Objektausstattungen, im Messebau oder im gehobenen Fahrzeug-, Yacht- und Flugzeugausbau eingesetzt.

Make To Order – MTO

Hierbei erfolgt der Durchlauf durch die gesamte Produktionskette im Kundenauftrag, wobei das Material auftragsneutral, meist basierend auf Prognosen oder bereits bestehenden Aufträgen, bezogen wird. Vorteilhaft sind die vergleichsweise geringen Lagerhaltungskosten und die in der Regel kurzen Materialdurchlaufzeiten. Voraussetzung für diese Art der Fertigung ist neben einer flexiblen Maschinentechnik, dass Stücklisten und Arbeitspläne für die zu fertigenden Komponenten bereits existieren oder durch geeignete Datenverarbeitungssysteme regelbasiert aufbereitet werden. Diese Organisationsform findet heute sowohl in der Küchen- und Büromöbelindustrie als auch bei mittelständischen Möbelherstellern sowie im Objekt- und Innenausbau Anwendung.

Assemble To Order – ATO

Das Prinzip ATO entspricht der Vorproduktion von Standardkomponenten oder Halbfertigprodukten, die in ein Zwischenlager eingelagert werden. Die Vormontage oder Montage erfolgen kundenauftragsbezogen aus dem Zwischenlager heraus. Das ermöglicht die Herstellung kundenindividuell zusammengestellter Produkte mit eingeschränkter modularer oder baukastenbasierter Varianz. Die Lieferzeit zum Endkunden ist kurz. Dieses klassische Organisationsprinzip aus der Zeit vor den Losgrößen-1-Anlagen fand z. B. in der Türenindustrie Anwendung, wo Rohlinge sowohl für rechte, linke Türen sowie für Türen mit und ohne Lichtausschnitt in großen Losen vorproduziert wurden. Auch in der Küchenindustrie findet sich teilweise noch heute dieses Prinzip von auf Zwischenlager produzierten Führungsteilen, aus denen durch die unterschiedlichen Bohrbilder im Kundenauftrag eine Vielzahl verschiedener Schranktypen montiert werden.

Configure To Order – CTO

Das Prinzip Configure To Order beinhaltet eine Auftragsfertigung, bei der der Kunde sich sein individuelles Erzeugnis selbst durch Auswahl vorgegebener Elemente zusammenstellt und ordert. Das Erzeugnis besteht dabei aus längerfristig produzierten und vollständig beschriebenen Bauteilen bzw. Bauteilvarianten.

Select To Order – STO

Beim Prinzip Select to Order wählt der Kunde für ein Standardprodukt alle Komponenten des Produktes aus. Die ausgewählten Komponenten haben keine Abhängigkeiten zueinander; sie beeinflussen sich nicht gegenseitig.

Pick To Order – PTO

Beim Prinzip Pick To Order wählt der Kunde lediglich ein fertig konstruiertes Standardprodukt aus bzw. erfolgt die Auswahl einer Produktvariante über deren Eigenschaften.

Make To Stock – MTS

Die vollständige Produktion erfolgt für ein Fertigwarenlager, aus dem die Kundennachfragen bedient werden. Die Einlastung der Aufträge, die Disposition und die Produktionsplanung erfolgen kundenanonym auf Basis zurückliegender Produktionsdaten, Prognosen sowie der Bedarfsroh- und Feinplanung des Vertriebs. Die Vorteile finden sich in der hohen Lieferbereitschaft, möglichen Skaliereffekten sowie einer gleichmäßigeren Auslastung der Produktion. Nachteilig sind die hohen Lagerhaltungskosten, die besonders durch den vollständigen Lohn- und Anlagenkostenanteil auf den Fertigprodukten entstehen, sowie ein in der Regel hoher Anteil von Auslaufprodukten am Ende des Produktlebenszyklus zu bewerten. Darüber hinaus besteht die Notwendigkeit der Beschränkung auf Standardprodukte mit sehr geringer bis gar keiner Varianz. Dem entsprechend findet sich diese Strategie bei klassischen Serienmöbelherstellern, Zulieferern von Großkunden und bei Mitnahmemöbeln sowie im Online-Handel.

Die beschriebenen Organisationsformen sind hauptsächlich für Fertigungsprozesse typisch. Unter Berücksichtigung der Montageprozesse können weitere Organisationsformen charakterisiert werden, da Möbel herstellende Unternehmen auch zugekaufte Teile und Baugruppen in ihre Erzeugnisse integrieren. Im Online-Handel werden häufig Online-Konfiguratoren verwendet, mit deren Hilfe sich der Kunde sein Produkt zusammenstellt. Auf dieser Basis werden dann die Möbel gefertigt und an den Kunden ausgeliefert.

3.2 Fertigungstypen

Nach KELLNER lassen sich Organisationstypen der Fertigung nach dem Funktionsprinzip und dem Objektprinzip unterscheiden. Im Gegensatz zur funktionsorientierten Werkstattfertigung werden in einer objektorientierten Fertigungsorganisation die Arbeitsbereiche nach den Fertigungsprozessschritten der Produkte angeordnet. Hinsichtlich des Objektprinzips kann eine Unterscheidung in eine gerichtete Fließfertigung, d. h. Bearbeitung in einer Flussrichtung, in eine Mehrrichtungsfertigung, d. h. Bearbeitung in mehreren Flüssen und Flussrichtungen, und in eine Zentrenfertigung, d. h. Bearbeitung an einem Ort, erfolgen. Bei funktionsorientierten Organisationstypen werden gleichartige Arbeitsgänge räumlich zusammengefasst, sodass Produkte zu ihrer Herstellung mehrere Werkstätten durchlaufen (vgl. Bild 3.3).

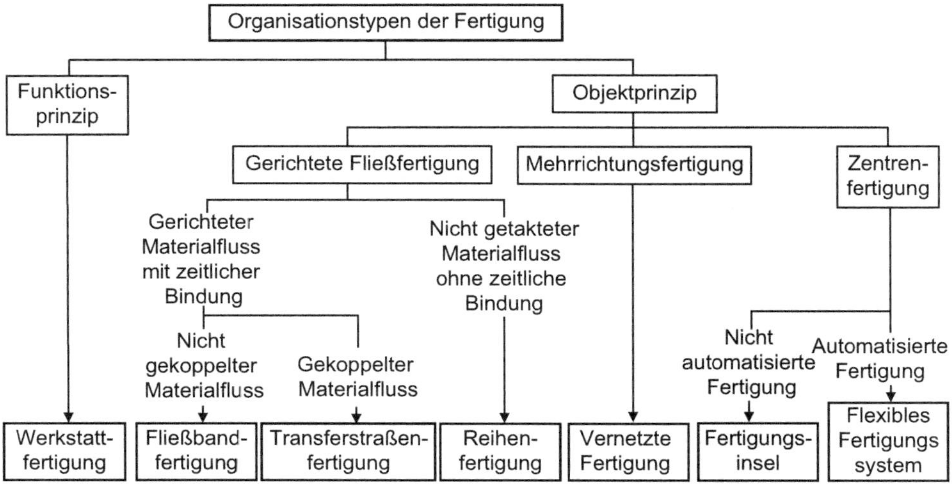

Bild 3.3 Organisationstypen in der Fertigung, in Anlehnung an [KEL 2018], S. 69

Werkstattfertigung

In einer Werkstattfertigung sind die Arbeitsbereiche mit gleichartigen Funktionen räumlich zusammengelegt. Bei einer Werkstattfertigung durchlaufen die betreffenden Teile gemäß dem Arbeitsplan die einzelnen Werkstätten. In der Werkstattfertigung existiert ein stark vernetzter Materialfluss, der maßgeblich durch die Anordnung der Maschinen in Abhängigkeit von deren Funktionen sowie der Bearbeitungstechnologien geprägt ist. Bauteile oder Erzeugnisse können bestimmte Werkstätten mehrmals durchlaufen, müssen dafür aber bestimmte Werkstätten nicht durchlaufen. Durch die Funktion einer Werkstatt und deren Unabhängigkeit zu benachbarten Werkstätten ist es relativ unkompliziert, neue Produkte in die Fertigung zu überführen. Störungen in der Produktion sowie Material- und Personalengpässe können relativ leicht beseitigt werden. Neben diesen Vorteilen der Werkstattfertigung existieren aber auch Nachteile. Mitunter ist es schwierig, bei einer hohen Dichte von Einzelaufträgen, die Bearbeitungsreihenfolgen und den Materialfluss in den einzelnen Werkstätten zu optimieren. Speziell einseitig vorgenommene Erhöhungen der Auslastung moderner und kostenintensiver Bearbeitungsmaschinen können zu deutlichen Schwankungen im Materialfluss führen. Ist eine Werkstatt mit Aufträgen überlastet, müssen nachfolgende Aufträge warten. Ungewollt entstehen dadurch Zwischenlager und die Durchlaufzeit vergrößert sich.

Fließbandfertigung

In einer Fließbandfertigung werden die bearbeiteten Teile automatisch mittels eines Transportsystems bzw. eines Förderbandes entlang der einzelnen Arbeitsplätze bewegt. Die Anordnung der Arbeitsplätze entspricht der im Arbeitsplan vorgegebenen

Reihenfolge. An den einzelnen Arbeitsplätzen werden meist nur wenige, vorrangig nicht automatisierte Arbeitsgänge ausgeführt. Die Zeitdauer der auszuführenden Tätigkeiten am Fließband an den einzelnen Arbeitsstationen ist etwa gleich. Je nach Ausführung bewegt sich das Band entweder taktweise oder es bewegt sich kontinuierlich innerhalb der Taktzeit um einen definierten Weg. Die Taktzeit wird üblicherweise nach dem längsten Arbeitsgang am Fließband bestimmt. Am Ende des Fließbandes entsteht nach jedem Takt ein Fertigteil bzw. fertiges Produkt. Eine Fließbandfertigung braucht in der Regel keine Zwischenlager bzw. Puffer.

Die Taktung der Fließbandfertigung führt zu einer starken Vereinfachung der Fertigungskoordination. Da an den einzelnen Arbeitsplätzen relativ wenige Arbeitsgänge ausgeführt werden, kommt es zur Spezialisierung der Arbeitskräfte und damit verbunden zur Erhöhung der Arbeitsgeschwindigkeit. Neben diesen Vorteilen weist die Fließbandfertigung aber auch erhebliche Nachteile auf. Die Einrichtung einer Fließbandfertigung verursacht erhebliche Investitionskosten. Bei Ausfällen von Arbeitsmitteln, Material- oder Personalengpässen muss das Band angehalten oder verlangsamt werden. Die Fließbandfertigung ist mit der festen Anordnung der Arbeitsplätze und der festen Taktzeiten nur bedingt flexibel. In der industriellen Holzbearbeitung ist die Fließbandfertigung eher untypisch. Eine Fließbandfertigung bzw. eine Fließbandmontage ist in solchen Bereichen anzutreffen, die durch manuelle Arbeitsprozesse, z. B. die Teilmontage, die Beschlagmontage und die Verpackung, oder die Einhaltung exakter Taktzeiten geprägt sind.

Transferstraßenfertigung

Bei einer Transferstraßenfertigung sind die einzelnen Bearbeitungsmaschinen bzw. Stationen fest mit dem Bauteiltransportsystem zu einer Bearbeitungsstraße, der sogenannten Transferstraße, verbunden. An den einzelnen Bearbeitungsstationen werden mechanisierte und automatisierte Bearbeitungsoperationen ausgeführt. Die Fertigung von Möbelteilen auf Transferstraßen hat eine gewisse Ähnlichkeit mit einer Fließbandfertigung. Es werden definierte Kapazitäten an Produkten bzw. Teilen gefertigt, es findet ein weitgehend getakteter Materialfluss statt und die Arbeitsplätze sind gemäß dem Arbeitsplan angeordnet. Zwischen den Bearbeitungsstationen werden die Teile durch das integrierte Transportsystem zwangsgeführt. Als typisches Beispiel sollen hier die Formatbearbeitungsstraßen für die Durchlaufbearbeitung genannt werden, vgl. Abschnitt 5.5.3. Dabei können eine Beschickstation, eine Längsbearbeitungsmaschine, eine Drehstation, eine Querbearbeitungsmaschine mit nachfolgender Drehstation und ein Stapelgerät über einen DNC-Rechner[2)] zu einer Transferstraße verbunden sein. Derartige Maschinenstraßen arbeiten ohne direkten Eingriff der Bediener. Da die Transferstraßen meist losweise betrieben werden, entstehen

---

[2] Unter der Bezeichnung DNC (distributed numerical control) wird ein Netzwerk von Computer gesteuerten Bearbeitungsmaschinen verstanden, bei dem von einem zentralen Server aus die Bearbeitungsmaschinen mit CNC-Programmen versorgt werden.

in schneller Folge gleichformatige Bauteile. Bei geringen Losgrößen werden die temporär nicht benötigten Bauteile in Zwischenspeichern/Puffer aufbewahrt und zeitlich versetzt wieder dem Bauteilstrom zugeführt.

Reihenfertigung

Eine Reihenfertigung kann als Fließfertigung ohne getakteten Materialfluss und ohne zeitliche Bindung bezeichnet werden. Dabei sind die benötigten Maschinen und Arbeitsplätze in der Reihenfolge der Arbeitsgänge angeordnet. Die Reihenfertigung ist in der Möbelproduktion das vorherrschende Prinzip. Zwischen den einzelnen Arbeitsplätzen findet im Allgemeinen keine zeitliche Abstimmung statt, sodass die Dauer der einzelnen Arbeitsgänge von Auftrag zu Auftrag Unterschiede aufweisen kann. Um die Zeitprobleme in den einzelnen Bearbeitungsvorgängen auszugleichen, werden zwischen den Arbeitsplätzen sogenannte Pufferlager eingerichtet, um die Arbeitsplätze voneinander zu entkoppeln. Der Weitertransport der bearbeiteten Teile erfolgt schub- oder losweise zum nächsten Arbeitsplatz. Gegenüber der Werkstattfertigung bietet die Reihenfertigung einige nennenswerte Vorteile in Bezug auf Einsparungen an Bearbeitungszeit und Fertigungskosten. Die Reihenfertigung eignet sich für Aufträge mit größeren Serien, wie sie in der Möbelfertigung typisch sind. Die Auftragsdurchlaufzeit ist im Vergleich zur Werkstattfertigung kürzer. Durch eine Spezialisierung auf bestimmte Arbeitsgänge können eine insgesamt höhere Produktivität und eine bessere Auslastung der Maschinen erreicht werden. Die Reihenfertigung ist aufgrund ihrer zeitlichen Ungebundenheit in Vergleich zur Fließband- und Transferstraßenfertigung weniger störanfällig. So können z. B. fehlerhafte Teile aus der Fertigung unkompliziert entfernt werden, ohne die Produktion bzw. das Band anzuhalten.

Den o. g. Vorteilen stehen aber auch nennenswerte Nachteile gegenüber. Im Vergleich zur Werkstattfertigung sinkt die Flexibilität in der Realisierung von Fertigungsaufträgen. Bedingt durch die Anschaffung von Spezialmaschinen entstehen vergleichsweise höhere Investitionsaufwendungen. Durch die Schaffung von Pufferlagern steigen die Lagerkosten. Die Dimensionierung der Puffer und die Bestimmung eines optimalen Füllstandes der Puffer zur Vermeidung von ungewolltem Überlaufen, erweisen sich als komplizierte Probleme. Da diese Probleme mathematisch oft nicht berechenbar sind, werden die betreffenden Fertigungsabschnitte in mathematischen Modellen nachgebildet. Mittels grafischer Simulation lassen sich dann Füllstände bestimmen und weitgehend staufreie Fertigungsdurchläufe ermitteln.

Vernetzte Fertigung

Als vernetzte Fertigung wird eine Organisationsform der Fertigung bezeichnet, bei der Bauteile nach veränderbaren Fertigungsabläufen ohne Beeinträchtigung der funktionalen oder gestalterischen Bedingungen bearbeitet werden können. Dazu sind die vorhandenen Maschinen zu einem System von netzwerktechnisch verknüpften Fertigungs-, Transport-, Steuer-, Mess- und Prüfeinrichtungen zusammengefasst.

Für jedes in einer vernetzten Fertigung herzustellende Bauteil existieren priorisierte Sollfertigungsabläufe und alternative Fertigungsabläufe. In Abhängigkeit von den konkret verfügbaren Ressourcen und Kapazitäten eines Fertigungssystems kann vom Fertigungssteuerungssystem (MES) der tatsächliche Fertigungsablauf für eine wirtschaftlich effektive Bearbeitung jedes Bauteils aktuell festgelegt bzw. geändert werden.

Die Basis einer derartigen adaptiven Mehrrichtungsfertigung bilden vernetzte hochflexible Bearbeitungseinheiten, die von einem Rechnersystem verwaltet sowie mit Fertigungsaufträgen und Bauteilen versorgt werden. Da alle Bearbeitungseinheiten untereinander gekoppelt sind, entstehen verzweigte, zweidimensionale Materialflüsse als Verteil- bzw. Sammelfluss. Ein derartiges Organisationsprinzip gilt heute als Grundlage für künftige Fertigungen nach Industrie 4.0.

Fertigungsinsel

Als Fertigungsinsel werden räumlich zusammengefasste Gruppen von Arbeitsbereichen, so z. B. der Zuschnitt, die Formatierung, die konstruktive Bearbeitung, die Oberflächenbehandlung und die Montage bezeichnet, in denen die vollständige Fertigung von Produkten erfolgt. Als Organisationsprinzip verfolgen Fertigungsinseln das Ziel, die Vorteile der Werkstattfertigung und der Fließbandfertigung zu vereinen. Die Bezeichnung Insel weist auf die administrativen und organisatorischen Besonderheiten hin. Im Gegensatz zur klassischen Organisation herrscht in der Fertigungsinsel keine Trennung zwischen planenden und ausführenden Tätigkeiten. Die Fertigung erfolgt durch eine weitreichende Selbststeuerung. Im Sinne einer autonomen Arbeitsgruppe organisieren und koordinieren die Mitarbeiter der betreffenden Fertigungsinsel die Arbeitsgänge, die Materialbeschaffung, den Transport der Teile/Produkte und führen Wartungsarbeiten kleineren Umfangs durch. Sind die Mitarbeiter in der Lage, alle Arbeitsgänge der Fertigungsinsel auszuführen, kann ein eigenverantwortlicher Arbeitsplatzwechsel innerhalb der Insel vorgenommen werden, um Motivation und Eigenverantwortung zu erhöhen.

Als Vorteil einer Fertigungsinsel erweist sich die räumliche Zusammenfassung aller benötigen Arbeitsbereiche. Im Vergleich zur Werkstatt- und Fließfertigung verringert sich der Transportaufwand, ebenso die Zwischenlager mit ihren Beständen. Durch die räumliche Nähe wird die operative Produktionssteuerung einfacher. Im Vergleich zur Fließfertigung ist eine Fertigungsinsel insgesamt flexibler in Bezug auf Produkte und Fertigungsmengen.

Flexible Fertigungssysteme

Ein flexibles Fertigungssystem (FFS) ist ein Mehrmaschinensystem zur Bearbeitung von Werkstücken. Die einzelnen Bearbeitungsstationen bzw. Maschinen sind numerisch gesteuerte Bearbeitungsmaschinen, die über ein gemeinsames Werkstücktransport- und -lagersystem miteinander verkettet sind. Referenzierbare Werkstücke können direkt transportiert werden. Nicht referenzierbare Werkstücke werden auf einem Transportmittel, z. B. einer Palette, fixiert und transportiert. Die Werkstücke sind mittels Merkmalsträger identifizierbar. Darüber hinaus verfügen die numerisch gesteuerten Maschinen über Werkzeugspeicher mit automatischen Werkzeugwechselsystemen. Die FFS können als hochautomatisierte Fertigungsinsel angesehen werden. Häufig befinden sich Werkstücke mit unterschiedlichen Arbeitsplänen in gleichzeitiger Bearbeitung im FFS. Flexible Fertigungssysteme rüsten bedarfsabhängig, sektionsweise und eigenständig. Das Fertigungssystem managt neben dem Transport der Teile auch das Rüsten der Maschinen mit den nötigen Werkzeugen. Ein FFS verfügt über Magazine zur Bevorratung von Werkzeugen sowie Spannvorrichtungen und Spannmittel. Die Werkzeuge werden zyklisch geprüft und vermessen. Mittels eines gesonderten Versorgungssystems werden benötigte Werkzeuge und Spannmittel aus dem Speicher zu den Bearbeitungseinheiten transportiert und nach der Verwendung zurückgeführt. Der Rechner des flexiblen Fertigungssystems ist direkt mit dem MES bzw. dem Fertigungsleitrechner gekoppelt. Ähnlich der Fertigungsinsel ist dem FFS keine strikte Abfolge der geplanten Bearbeitungsschritte vorgegeben. Das FFS steuert den Materialfluss und die Bearbeitung der Teile bis zur Fertigstellung in eigener Regie, d. h. aber im Rahmen vorgegebener Konventionen. Flexible Fertigungssysteme ermöglichen deutliche Reduzierungen von Durchlaufzeiten, Beständen und Personalkosten. FFS können autonom, auch über Nacht arbeiten. Nachteilig sind die sehr hohen Investitionskosten.

3.3 Technische und wirtschaftliche Anforderungen an die Bauteilfertigung

In der VDI-Richtlinie [VDI 2221-2] werden u. a. drei Bestimmungsmerkmale für die Erzeugniskonstruktion beschrieben, so die Herkunft der Aufgabenstellung, die Fertigungsart und der Neuheitsgrad.[3)]

Als erstes Merkmal ist der Kundenbezug, d. h. die Herkunft der Aufgabenstellung, zu nennen. Hier lassen sich Kundenauftrag und Lagerfertigung grob voneinander unterscheiden. Bei Kundenaufträgen im Möbelbereich kann es sich um kundenindividuelle oder Kunden individualisierte Produkte handeln. Die Kundenindividualität kann durch eine Neu- bzw. Änderungskonstruktion abgedeckt werden. Bei der Lagerfertigung werden die Produkte entsprechend der Prognosen gefertigt. Hier erfolgt die Fertigung in relativ großen Stückzahlen, wobei die Erzeugnisse, Baugruppen und Einzelteile gewisse genormte Eigenschaften haben. Kundenwünsche lassen sich z. T. nur im Rahmen der gefertigten Farb-, Dekor-, Ausstattungs- und Abmessungsvarianten realisieren (vgl. Abschnitt 3.1).

---

[3] [VDI 2221-2], S. 14

Als zweites Merkmal kann die Fertigungsart herangezogen werden. Es lassen sich hier die Einzelfertigung und die Mehrfachfertigung, d. h. die Sortenfertigung, die Serienfertigung und die Massenfertigung, unterscheiden, vgl. Bild 3.1 und Bild 3.2. Eine Einzelfertigung basiert in der Regel auf einem Kundenauftrag und berücksichtigt die kundenindividuellen Forderungen und Wünsche, verursacht aber relativ hohe Fertigungskosten. Bei einer Serienfertigung werden gleiche oder ähnliche Erzeugnisse im Rahmen von Varianten gefertigt. Die Fertigungskosten und die Fertigungszeit sind vergleichsweise geringer.

Das dritte Merkmal wäre der Neuheitsgrad einer Konstruktion. Ein Produkt kann eine komplette Neukonstruktion, aber auch eine Weiterentwicklung bzw. eine Anpassungskonstruktion sein. Gegenwärtig treiben bestimmte Trends die funktionale Entwicklung von Möbeln, so z. B. funktional wandelbare Möbel oder beim Verschmelzen digitaler Endgeräte mit Möbeln, dem Smart Living.

Hinsichtlich der o. g. Konstruktionsarten lassen sich die Neukonstruktion, die Änderungskonstruktion und die Variantenkonstruktion unterscheiden. Bei einer Neukonstruktion wird ein neues, bisher nicht vorhandenes Erzeugnis entwickelt. Die Entwicklung kann entweder durch Auswahl und Kombination bekannter Prinzipien und Technologien erfolgen oder es wird technisches Neuland betreten. Vor Beginn der Konstruktion ist eine umfassende technische und wirtschaftliche Aufgabenpräzisierung durchzuführen. Neukonstruktionen können das gesamte Erzeugnis oder nur einzelne Baugruppen betreffen. Bei der Neukonstruktion von Korpusmöbeln werden oft bestimmte, fertigungsabhängige Lösungsprinzipien beibehalten, so z. B. die Ausführung von Korpusverbindungen mit dem System32, einem Konstruktionsprinzip mit festen Regeln der Anordnung von Beschlägen und Verbindern.

Eine Änderungskonstruktion ist dadurch gekennzeichnet, dass bekannte und bewährte Lösungsprinzipien beibehalten werden. Änderungskonstruktionen werden vorzugsweise an Baugruppen und Einzelteilen durchgeführt. Die Änderungen betreffen vorzugsweise die Erzeugnisgestaltung, die Funktionalität, die Maße bzw. Abmessungen sowie die Werkstoffe, z. B. bei Werkstoffsubstitutionen bzw. der Festigkeitseigenschaften. Mitunter wird im Rahmen einer Modellpflege das Design verändert, um die Gestaltung den veränderten Kundenwünschen anzupassen.

Bei einer Variantenkonstruktion können Teile und Baugruppen in bestimmten festdefinierten Grenzen variieren, z. B. die Abmessungen, Dekore, Farben und Ausstattungen. Durch diese Variation können maßliche, farbliche und gestalterische Varianten erzeugt werden. Der eigentliche Konstruktionsaufwand entsteht bei der Konstruktion der Basisvariante. Die einzelnen Varianten lassen sich durch ordnende Merkmale, d. h. gleiche Ordnungsmerkmale und unterscheidende Merkmale, d. h. verschiedene Ordnungsmerkmale strukturieren. Das Konstruktionsprinzip ist bei allen Varianten gleich dem Prinzip der Basisvariante.

Produktdokumentationen

Eine Produktdokumentation ist i. d. R. eine technische Dokumentation zur bildlichen, beschreibenden oder gegenständlichen Darstellung von Erzeugnissen, ihren Baugruppen und Einzelteilen nach Gestalt, Beschaffenheit und Eigenschaften. Eine Produktdokumentation besteht nach [VDI 4500-1] aus einer internen und einer externen Dokumentation. „Die interne technische Dokumentation beinhaltet alle technischen Informationen über ein Produkt, die im Unternehmen verbleiben; sie werden in unterschiedlichen Dokumenten nachvollziehbar festgehalten ...“[4] (vgl. Bild 3.4).

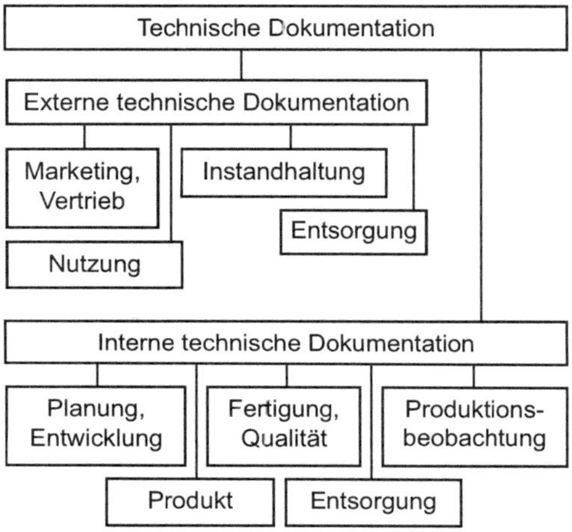

Bild 3.4 Bestandteile einer technischen Dokumentation, nach [VDI 4500-1], S. 6

Die interne Dokumentation wird vom Hersteller des Produktes erstellt, gepflegt und aktualisiert. In der internen Dokumentation können folgende Dokumente enthalten sein:

- ein Zeichnungssatz mit Einzelteil-, Baugruppen- und Gesamtzeichnungen, ggf. Explosionsdarstellungen und Montagezeichnungen, Schaltpläne, Verkabelungspläne,
- Stücklisten, z. B. Mengenstücklisten, Baugruppenstücklisten, Strukturstücklisten, Variantenstücklisten,
- Fertigungsvorschriften, z. B. Fertigungsplanung, Fertigungsablaufplan, technologische Planung,
- zu verwendende Messmittel und Prüfvorschriften, Angabe der zutreffenden Toleranzklassen,
- Vorschriften und Anleitungen zur Aufstellung, Montage bzw. Lagefixierung usw.

4 [VDI 4500-1], S. 4

Die interne Dokumentation umfasst den gesamten Lebenszyklus des Produktes, einschließlich der Phasen der Nachnutzung und dem Recycling.

Die externe Dokumentation wird in der Regel von technischen Redakteuren erstellt und dient vorrangig der Information von Personen außerhalb des herstellenden Unternehmens. „Die Externe Dokumentation beinhaltet alle technischen Informationen über Produkte, die von einem Hersteller/Vertreiber für Vertrieb, Anwender und Verbraucher bestimmt sind."[5] In der externen Dokumentation können folgende Dokumente enthalten sein:

- Anleitungen zum bestimmungs- und sachgemäßen Umgang, z. B. Betriebs-, Wartungs-, Reinigungs-, Pflege- und Instandhaltungsanleitungen und Servicehandbücher,
- Übersicht über mögliche Gefährdungen bei Aufstellung, Montage, Nutzung, Demontage und Recycling,
- Erklärung über die Einhaltung von Sicherheitsvorschriften sowie dem sachgemäßen Umgang und der bestimmungsgemäßen Verwendung, z. B. CE-Konformitätserklärung.

Für die weiteren Betrachtungen soll eine fertigungsbezogene Struktur verwendet werden. Für die weiteren Betrachtungen soll ein Korpusmöbel verwendet werden. Als Korpus werden im Möbelbau die tragenden Teile ohne den Unterbau eines Möbels bezeichnet. Hinsichtlich der Struktur besteht ein Korpus aus den Außenseiten, dem oberen und unteren Boden sowie der Rückwand. Zusätzlich können feste Innenseiten, feste Konstruktionsböden und Vorderteile bzw. Blenden zum Korpus gehören. Ein Korpusmöbel als Erzeugnis kann beispielsweise aus mehreren Baugruppen bestehen.

- Korpus als Tragsystem mit Seiten, Böden, Rückwand,
- Türen mit Türblättern, Griffen, Drehbeschlägen, Klappen, Rollläden,
- Schubkästen mit Blende, Vorderteil, Seitenteile, Rückwand, Boden, Griff, Auszügen,
- Lagefixierung, z. B. durch Sockelkonstruktion, Möbelfüße, Wandbefestigungen, Verbinder,
- mehrteilige Innenausstattung bzw. Einbauten im Korpusmöbel sowie
- Funktions- bzw. Zierelemente, z. B. mehrteilige An- und Aufbauten, feste Blenden.

Je nach Bauart und Rückwandkonstruktion kann ein Korpus in weitere, nachgeordnete Baugruppen gegliedert werden. Diese Gliederung kann verwendet werden, um die Abläufe in der Fertigung und Montage grob zu planen. So können die einzelnen Baugruppen separat gefertigt und bereitgestellt werden. Nachdem der Korpus als Tragsystem fertig montiert ist, d. h. Korpus mit dem dazugehörigen Sockelsystem,

---

[5] [VDI 4500-1], S. 6

können z. B. die Schubkästen und die Innenausstattungen als vorgefertigte Baugruppen in den Korpus integriert werden. Anschließend werden die Türen als vorgefertigte Baugruppen mit dem Korpus vereinigt. Abschließend werden dann Funktions- und Zierelemente sowie Teile und Beschläge zur Kundenselbstmontage hinzugefügt. Durch eine derartige Gliederung kann ein hoher Grad der Vorfertigung erreicht werden. Die Erzeugnisgliederung legt den Umfang und die Art der Konstruktionsdokumentation fest. Gleichzeitig bildet die Erzeugnisgliederung die Grundlage für die Ausarbeitung der Stücklisten als wichtiges Fertigungsdokument.

Es gilt der grundsätzliche Anspruch, dass eine technische Zeichnung in grafischer und textlicher Form alle notwendigen Informationen für die Herstellung bereitstellt und die Beschreibung der geforderten Funktionen und Eigenschaften eines Einzelteils, einer Baugruppe bzw. eines Erzeugnisses enthält. Eine technische Zeichnung ist nach genormten Regeln zu erstellen. Eine normgerechte und fehlerfreie Zeichnung ist die eindeutige geometrische und funktionale Beschreibung von technischen Erzeugnissen. Im Streitfall ist die Zeichnung maßgebend. An dieser Stelle tritt ein erstes Problem auf. Eine Einzelteilzeichnung stellt das Bauteil im Fertigzustand dar. In dieser Zeichnung sind aber kaum fertigungstechnische Angaben bzw. Festlegungen zu Bearbeitungsverfahren enthalten. In den Normen [DIN 919-1] bzw. [DIN 406-11] sind einige Regelungen enthalten, wie und in welcher Form fertigungsbezogene Angaben in Zeichnungen angegeben werden. Diese Regelungen sind nach Auffassung des Autors nicht ausreichend. Es ist möglich, ergänzende Informationen bezüglich der Fertigung und der Montage in der Zeichnung mit anzugeben. Diese Informationen müssen in geeigneter Form und an geeigneter Position angeordnet werden, z. B. durch Klartextinformationen oder codierte Informationen, ohne dass die Zeichnung in ihrer Darstellung, Ausführung, Exaktheit und Eindeutigkeit beeinträchtigt wird. Es ist die Aufgabe der Arbeitsvorbereitung, auf der Basis der Konstruktionsdokumente die dazugehörigen Fertigungsunterlagen zu erstellen. Eine wichtige Voraussetzung für eine planmäßige und wirtschaftlich-effektive Fertigung ist die sichere und eindeutige Bezeichnung der Einzelteile, der Baugruppen und Erzeugnisse (vgl. Abschnitt 3.6.5).

Unter dem Begriff Qualität wird in der Fachliteratur die Gesamtheit von Eigenschaften und Merkmalen eines Produktes oder einer Dienstleistung, die sich auf deren Eignung zur Erfüllung festgelegter oder vorausgesetzter Erfordernisse beziehen, bezeichnet. Mitunter wird im allgemeinen Sprachgebrauch als Qualitätserzeugnis ein Produkt bezeichnet, dessen Eigenschaften ein ausgewogenes Maß landläufiger Mindesterwartungen deutlich überschreiten. Es geht also darum, diesen Qualitätsanspruch in der Fertigung umzusetzen.[6)] Zur Beurteilung der Bearbeitungsqualität können die Normen [DIN 68100] zur Problematik der Toleranzen und die [VDI 3414] zur Problematik der Oberflächenbeschaffenheit herangezogen werden.

---

[6] Anmerkung: Möbel müssen neben dem technisch-technologischen Anspruch auch gestalterischen und funktionalen Ansprüchen genügen. An dieser Stelle soll nur die technisch-technologische Seite betrachtet werden.

Holztoleranzen

Eine Toleranz im engeren Sinn, ist die Abweichung einer Größe vom Normzustand oder von einem Normmaß, welche die Funktion eines Systems gerade noch nicht gefährdet; umgangssprachlich als zulässige Abweichung bezeichnet. In der DIN 68100 sind Holztoleranzreihen HT1 bis HT400 vereinbart, in denen nennmaßabhängige Toleranzfelder definiert sind. Mit steigender Holztoleranzklasse werden die Toleranzbreiten größer. Für den Möbelbau[7)] sind die Holztoleranzklassen HT15, HT25 und HT40 üblich und beziehen sich auf folgende Werkstücke:

- HT 15: für die Fertigung von Werkstücken, die austauschbar sind und kombinierbar sein müssen, wie Werkstücke für Gehäuse und Möbel.
- HT 25: für die Fertigung einfacher Möbel, wenn keine Ansprüche an die Austauschbarkeit der Teile gestellt werden.
- HT 40: für die Fertigung von Werkstücken, deren Maße für das Zusammenfügen mit anderen Bauteilen ohne Belang sind, wie Breite und Länge von zurückspringenden Fußgestellen, von Tischplatten oder die Breite von Fachböden.

Zur Beurteilung der Bearbeitungsqualität können die Werkstücke/Bauteile vermessen und beurteilt werden, vgl. Abschnitt 6.2. Da man zum Beispiel in einer Serienfertigung nicht jedes einzelne Werkstück prüfen bzw. vermessen kann, sollte man die Bearbeitungsgenauigkeit einer Fertigungseinheit unter normal üblichen Einsatz- und Betriebsbedingungen grundsätzlich bestimmen. Ausgehend von diesen Werten können dann die Genauigkeiten in der Bearbeitung stichprobenartig geprüft werden.

An dieser Stelle ist zu berücksichtigen, dass der Verarbeiter von Plattenwerkstoffen in der Regel nicht der Hersteller dieser Platten ist. Bei der Herstellung der Plattenwerkstoffe können ebenfalls Toleranzen in der Länge, Breite und Plattendicke entstehen. Da im Zuschnitt die Platten in Rohteile aufgeteilt und anschließend formatiert werden, definiert die Genauigkeit der Formatbearbeitung die Genauigkeit der Bauteilabmessungen. Eine Bearbeitung der Rohteile in der Dicke ist bei vielen Möbelteilen nicht vorgesehen. Fügt man nun Teile zu einer Korpus-Eckverbindung, kann eine Addition der Bearbeitungstoleranzen[8)] mit den Werkstoffdickentoleranzen[9)] entstehen. Nach [DIN EN 312] kann eine geschliffene 19 mm dicke Spanplatte vom Typ P2 eine Dickentoleranz von $t = \pm 0{,}3$ mm aufweisen. Wurde zum Beispiel bei der Vermessung der Bauteillänge eines Konstruktionsbodens der Wert $L = 682$ mm gemessen und dem Bauteil ist die Toleranzklasse HT25 zugeordnet, würde die tatsächliche Schrankbreite durch die Addition der Toleranzen den Wert $B = 19 \pm 0{,}3\ \text{mm} + 682 \pm 0{,}35\ \text{mm} + 19 \pm 0{,}3\ \text{mm} = 720 \pm 0{,}95\ \text{mm}$ aufweisen. Da bei der Montage des Möbelkorpus die Teile verklebt und verpresst werden, kann sich u. U. eine größere Abweichung ein-

[7] Anmerkung: Die DIN 68100 gilt für Toleranzen an Werkstoffen aus Holz. Für den Baustoff Holz gilt DIN 18203-3 (2008): Toleranzen im Hochbau – Bauteile aus Holz und Holzwerkstoffen.

[8] [DIN 68100], S. 11, Tabelle 2

[9] [DIN EN 512], S. 7, Tabelle 1

stellen. Zusätzlich zu den Werkstoff- und Bearbeitungstoleranzen können klimatische Einflüsse, z. B. durch Feuchte und Temperaturänderung, zu weiteren Toleranzen in den Abmessungen führen. Hierzu sei auf die [DIN 68100] verwiesen.

Auswahl und Zuordnung der Betriebsmittel unter Berücksichtigung der Fertigungskosten

In der industriellen Fertigung bestehen mehrere Möglichkeiten, Werkstücke zu bearbeiten, vgl. Abschnitt 5.4.3.6. Eine wesentliche Aufgabe der Arbeitsvorbereitung besteht darin, für die benötigten Werkstücke, Baugruppen und Erzeugnisse die Bearbeitungstechnologien und Bearbeitungssysteme festzulegen. Ein erster Grundsatz ist, dass die ausgewählte Produktionseinheit bzw. das Maschinensystem die geforderten Bearbeitungsoperationen in Umfang, Qualität und wiederholbarer Genauigkeit ausführen kann. Ein Hilfsmittel dafür ist die Einschätzung bzw. Bewertung eines Fertigungssystems hinsichtlich der Ausführbarkeit der Bearbeitungen, der Qualität der Ausführung, der Zuverlässigkeit des Fertigungssystems und der zu berücksichtigenden Besonderheiten. Nachdem für den Fertigungsauftrag die geeigneten Fertigungssysteme ausgewählt wurden, sind im Folgeschritt die entstehenden Kosten zu bestimmen und mit den Kostenvorgaben abzugleichen. Dazu sind verschiedene Methoden im Einsatz.

Eine praktizierte Methode basiert auf den Erfahrungswerten der Bearbeiter. Man nimmt einen zurückliegenden realisierten Fertigungsauftrag her und vergleicht diesen mengen- und kostenmäßig mit dem aktuellen Auftrag. Wo größere Unterschiede und damit abweichende Kosten zu erwarten sind, werden Zuschläge bzw. Abschläge geschätzt. Auf dieser Basis werden dann auch die zu erwartenden Kosten bestimmt. Diese Methode bringt relativ schnell ein brauchbares Ergebnis. Dieses Ergebnis birgt aber ein nicht kalkulierbares Risiko. Wenn die Erfahrungen des Bearbeiters nicht sehr umfassend sind oder wenn sich die verglichenen Aufträge doch stärker voneinander unterschieden, kann es zu erheblichen Kostensprüngen kommen.

Eine andere gängige Methode ist, dass man sich im Unternehmen bestimmte Kalkulations- und Entscheidungsgrößen ermittelt hat, z. B. aufgewendete Arbeitszeit oder Kosten pro laufende Einheit, mit denen dann die zu erwartenden Kosten abgeschätzt werden. Für eine grobe Schätzung ist das sicherlich machbar, aber es ist keine Differenzierung zwischen Fertigungssystemen bzw. Kostenstellen damit möglich.

Durch die zunehmende Mechanisierung und Automatisierung von Fertigungsabschnitten haben sich die anteiligen Fertigungskosten erheblich erhöht. Die Maschinenkosten (MK) als Teil der Fertigungskosten (FK) steigen deutlich stärker an bzw. die Fertigungslohnkosten (FLK) sinken anteilig.

Die Fertigungskosten (FK) können aus den Fertigungslohnkosten (FLK), den Maschinenkosten (MK) und den Restfertigungsgemeinkosten (RFK)[10)] bestimmt werden. Mit

[10] Die Restfertigungsgemeinkosten sind maschinenunabhängige Fertigungsgemeinkosten, z. B. Hilfslöhne, Gehälter und Sozialkosten.

der Berechnung eines Maschinenkostensatzes[11], z.B. durch die Ermittlung der Maschinenkosten bezogen auf eine Stunde Maschinennutzung, kann eine sichere Kalkulationsgröße gewonnen werden. Aus den Fertigungsunterlagen, z.B. der Zuschnittdokumentation, einer grafischen Simulation oder den CNC-Programmen, kann die voraussichtliche Maschinenbelegungszeit bestimmt werden. Mit diesen voraussichtlichen Maschinenbelegungszeiten (BLZ) multipliziert mit dem entsprechenden Maschinenstundensatz können die zu erwartenden Maschinenkosten relativ genau bestimmt werden.

3.4 Anwendung betriebswirtschaftlicher Kennzahlen in technischen Prozessen

Vom Verband Deutscher Maschinen- und Anlagenbau wurde das Einheitsblatt [VDMA 66412-1] veröffentlicht, um das Verständnis in der Industrie für ein einheitliches System von betriebswirtschaftlichen Kennziffern zur Betrachtung und Bewertung technischer Prozesse zu vertiefen. In den folgenden Abschnitten werden auszugsweise Zeiten, Mengen und Qualitätskennziffern sowie Anlagen- und Produktivitätskennziffern auf der Basis des VDMA-Einheitsblattes 66412-1 beschrieben.

3.4.1 Zeitkategorien

Durch den Gesetzgeber wird geregelt, welche Tage des Jahres grundsätzlich arbeitsfrei sind. Hier gibt es Unterschiede zwischen den einzelnen Bundesländern.[12] Die Grundlage für unternehmensbezogene Zeitangaben bildet der Betriebskalender. Im Betriebskalender wird der arbeitstägliche Anteil der Betriebszeit festgelegt. Als Betriebszeit wird diejenige Zeit bezeichnet, in der eine Produktionseinheit personell besetzt ist und die Betriebsmittel[13] für Produktion und Instandhaltung verwendet werden können. Ein Kalendertag (KT) besteht aus der geplanten Betriebszeit (BZ) und der produktionsfreien Zeit (PFZ). Bei den Zeitkategorien wird grundsätzlich in Plan- und Ist-Zeiten unterschieden. In der nachfolgenden Tabelle werden die Planzeiten beschrieben (vgl. Tabelle 3.1).

---

[11] Einzelheiten zur Berechnung von Maschinenstundensätzen, siehe [MUM 2015], S. 163 ff.

[12] Die Anzahl der Arbeitstage beträgt im Jahr 2024 im Freistaat Sachsen 251 Tage. Sie errechnen sich aus 366 Kalendertagen abzüglich 52 Samstagen, 52 Sonntagen sowie 11 gesetzlichen Feiertagen in Sachsen, die nicht auf das Wochenende fallen.

[13] Zu den materiellen Betriebsmitteln gehören Grundstücke und Gebäude, Maschinen und maschinelle Anlagen, der Fuhrpark sowie Betriebs- und Geschäftsausstattungen.

Tabelle 3.1 Planzeiten nach VDMA 66412-1

Zeitkategorie	Kürzel	Definition
Auftragszeit	AZ	Als Auftragszeit gilt die auf der Basis der Arbeitsplandaten geplante Zeit für die Durchführung eines Fertigungsauftrages.
Planbelegungszeit	PBZ	Als Planbelegungszeit einer Produktionseinheit bzw. eines Produktionsmittels gilt die Summe der kalendertäglichen Betriebszeit (BZ), abzüglich geplanter Stillstände (PSZ). Berechnung: $PBZ = BZ - PSZ$
Geplante Rüstzeit	PRZ	Als geplante Rüstzeit eines Produktionsmittels für einen Fertigungsauftrag gilt die Zeit, die erfahrungsgemäß bzw. durch Berechnung für planmäßige Rüstvorgänge in einem Auftrag einzuplanen ist.
Geplante Stillstandzeit	PSZ	Als geplante Stillstandzeit gilt die Zeit, in der eine Produktionseinheit planmäßig nicht mit Aufträgen belegt ist und keine Störung vorliegt.

Eine Planzeit ist eine vom Unternehmen ermittelte bzw. festgelegte Sollzeit für einen oder mehrere Fertigungsschritte.

Im Gegensatz zur Planzeit ist die Ist-Zeit die tatsächlich im Fertigungsabschnitt bzw. für das Betriebsmittel festgestellte bzw. gemessene Zeit (vgl. Tabelle 3.2).

Tabelle 3.2 Ist-Zeiten, nach VDMA 66412-1

Zeitkategorie	Kürzel	Definition
Belegungszeit	BLZ	Als Belegungszeit gilt die Zeit, in der eine Produktionseinheit mit einem Fertigungsauftrag belegt ist. Die Belegungszeit besteht aus der Bearbeitungszeit (BAZ) und den störungsbedingten Unterbrechungen (SU). Berechnung: $BLZ = BAZ + SU = HNZ + TRZ + SU$
Bearbeitungszeit	BAZ	Als Bearbeitungszeit gilt die Zeit, in der eine Produktionseinheit für das Rüsten (TRZ) und die Hauptnutzung (HNZ) verwendet wird. Berechnung: $BAZ = HNZ + TRZ$
Tatsächliche Rüstzeit	TRZ	Als tatsächliche Rüstzeit gilt die Zeit, die für die Vorbereitung eines Auftrages an einer Produktionseinheit aufgewendet wurde.
Hauptnutzungszeit	HNZ	Als Hauptnutzungszeit gilt die Zeit, in der das Produktionsmittel wertschöpfend produziert.

Zeitkategorie	Kürzel	Definition
Transportzeit	TZ	Als Transportzeit gilt die Zeit, die für den Transport von Material zwischen Fertigungsmitteln oder von einer Produktionseinheit vom/zum Lager/Puffer entsteht. Während des Transportes findet keine Bearbeitung statt.
Liegezeit	LZ	Als Liegezeit gilt die Zeit, in der das Material nicht bearbeitet und nicht transportiert wird.
Stillstandzeit	SZ	Als Stillstandzeit gilt die Zeit, in der eine Produktionseinheit nicht mit Aufträgen belegt ist, obwohl sie produzieren könnte. Ursachen einer Stillstandzeit können Materialmangel, Auftragsmangel bzw. fehlende Arbeitspersonen sein.
Störungsbedingte Unterbrechung	SU	Als störungsbedingte Unterbrechung gilt die Zeit, in der bei einer Produktionseinheit während eines Auftrages, die Bearbeitung ungeplant unterbrochen werden muss.

Eine Ist-Zeit ist eine vom Unternehmen im Fertigungsprozess festgestellte, z. B. gemessene, Zeit für einen oder mehrere Ablaufschritte.

Im nachfolgenden Bild sind Zeiten bzw. Zeitkategorien abgebildet. Die Abbildung soll das Verständnis der verbalen Beschreibung unterstützen. Die Größe der Einzelzeiten entspricht nicht den Zeitanteilen der betrieblichen Praxis (vgl. Bild 3.5).

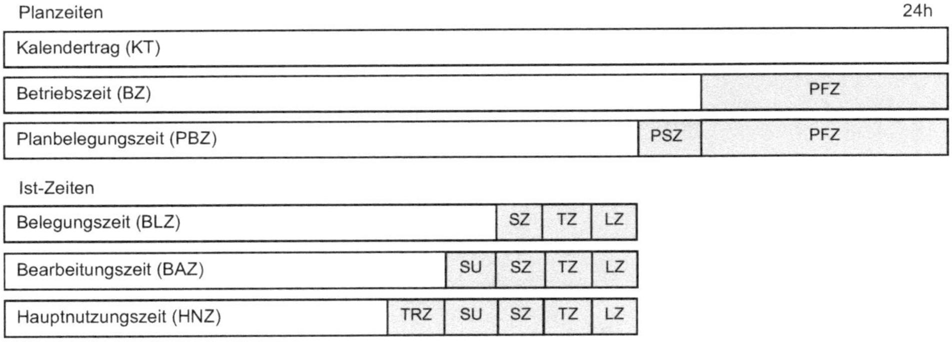

Bild 3.5 Gegenüberstellung von Zeiten und Zeitkategorien
LZ: Liegezeit, PFZ: produktionsfreie Zeit, PSZ: geplante Stillstandzeit, SU: störungsbedingte Unterbrechung, SZ: Stillstandzeit, TZ: Transportzeit, TRZ: tatsächliche Rüstzeit

Eine störungsbedingte Unterbrechung (SU) kann aus organisatorischen Gründen, z. B. in der Verantwortung des Anwenders, oder aus technischen Gründen, z. B. in der Verantwortung des Herstellers bzw. Servicepartners, oder aus nicht vorhersehbaren Gründen, z. B. durch den Bearbeitungsprozess bedingt, auftreten.

3.4.2 Mengenbezeichnungen und Qualitätskennziffern

Zur Beschreibung des Bauteilstatus hinsichtlich der Qualität werden die Begriffe Gutteil, Ausschussteil und Nacharbeitsteil verwendet. Gutteile, Ausschussteile und Nacharbeitsteile sind i. d. R. einzeln identifizierbare Werkstücke. Die qualitativen Anforderungen der Werkstücke sind in der Regel in der Konstruktionsdokumentation bzw. Einzelteilzeichnung beschrieben. Nachfolgend ist eine Auswahl dargestellt (vgl. Tabelle 3.3).

Tabelle 3.3 Mengenbezeichnungen und Qualitätskennziffern, nach VDMA 66412-1

Bezeichnung	Kürzel	Definition
Fertigungsauftragsmenge	FAM	Als Fertigungsauftragsmenge gilt die geplante Menge der produzierten Güter in einem Fertigungsauftrag.
Produzierte Menge	PM	Als produzierte Menge gilt die Menge der hergestellten Teile, bezogen auf eine Produktionseinheit und einen Fertigungsauftrag. Berechnung: $PM = GM + NM + AM$
Ausschussteil	AT	Als Ausschussteil gilt ein einzeln bestimmbares produziertes Teil, welches dauerhaft den qualitativen Anforderungen nicht entspricht.
Ausschussmenge	AM	Als Ausschussmenge gilt die Menge der produzierten Teile, die den qualitativen Anforderungen dauerhaft nicht entspricht.
Gutteil	GT	Als Gutteil gilt ein einzeln bestimmbares produziertes Teil, welches den qualitativen Anforderungen entspricht.
Gutmenge	GM	Als Gutmenge gilt die Menge der produzierten Teile, die den qualitativen Anforderungen entspricht.
Nacharbeitsteil	NT	Als Nacharbeitsteil gilt ein einzeln bestimmbares produziertes Teil, welches den qualitativen Anforderungen nicht entsprochen hat, aber durch Nacharbeit aber wieder zu einem Gutteil wurde.
Nacharbeitsmenge	NM	Als Nacharbeitsmenge gilt die Menge der produzierten Teile, die den qualitativen Anforderungen nicht entsprochen hat, aber durch Nacharbeit aber wieder zu einem Gutteil wurde.
Qualitätsrate	-	Als Qualitätsrate gilt die Menge der produzierten Gutteile, bezogen auf die produzierte Gesamtmenge. Berechnung: $\text{Qualitätsrate} = GM \div PM$ in [%]

Bezeichnung	Kürzel	Definition
Ausschussquote	-	Als Ausschussquote gilt der prozentuale Anteil der Ausschussteile, bezogen auf die produzierte Menge (PM). Berechnung: $\text{Ausschussquote AM} \div \text{PM}$ in [%]
Nacharbeitsquote	-	Als Nacharbeitsquote gilt der prozentuale Anteil der nachbearbeiteten Teile, bezogen auf die produzierte Menge (PM). Berechnung: $\text{Nacharbeitsquote} = \text{NM} \div \text{PM}$ in [%]

Die Mengenangaben beziehen sich auf Stückzahlen. Eine Quote ist eine relative Größe und stellt einen bestimmten Anteil, bezogen auf eine Basismenge dar.

3.4.3 Anlagen- und Produktivitätskennziffern

Für die Bewertung von Anlagen und deren Produktivität sind nachfolgend mehrere Anlagenkennziffern aus der Richtlinie VDMA 66412-1 dargestellt (vgl. Tabelle 3.4).

Tabelle 3.4 Anlagenkennziffern, nach VDMA 66412-1

Bezeichnung	Definition
Anlagenverfügbarkeit	Die Verfügbarkeit gibt an, zu welchem Anteil die Kapazität der Produktionseinheit für wertschöpfende Prozesse, bezogen auf die geplante Verfügbarkeit, verwendet wird. Berechnung: $\text{Anlagenverfügbarkeit} = \text{HNZ} \div \text{PBZ}$ in [%]
Effektivität	Die Effektivität eines Prozesses gibt dessen Leistungsfähigkeit an, indem das Verhältnis von Produktionszeit je Einheit (PEZ), multipliziert mit der produzierten Menge (PM) auf die Hauptnutzungszeit (HNZ) bezogen wird. Berechnung: $\text{Effektivität} = (\text{PEZ} \times \text{PM}) \div \text{HNZ}$ in [%]
OEE-Index	Der OEE-Index (Overall Equipment Effectiveness) gibt das Maß für die Verfügbarkeit und Effektivität der Produktionseinheit während der Betriebszeit an. Der OEE-Index wird aus dem Produkt von Verfügbarkeit, Effektivität und Qualitätsrate gebildet. Berechnung: $\text{OEE} = \text{Verfügbarkeit} \times \text{Effektivität} \times \text{Qualitätsrate}$ in [%]
NEE-Index	Der NEE-Index (Net Equipment Effectiveness) gibt die Netto-Gesamtanlageneffektivität an. Im NEE-Index werden Verluste an der Anlage, die sich auf die Produktion auswirken, mit einbezogen. Der NEE-Index wird aus dem Produkt von Effektivität, Qualitätsrate und dem Quotienten BAZ/PBZ gebildet. Berechnung: $\text{NEE} = (\text{Effektivität} \times \text{Qualitätsrate} \times \text{BAZ}) \div \text{PBZ}$ in [%]

Bei einheitlicher Handhabung der Werte und Parameter können Anlagen verschiedener Unternehmen, aber gleicher Produktherstellung miteinander verglichen werden.

Die in der nachfolgenden Tabelle dargestellten Produktivitätskennziffern können als signifikante Kriterien für eine wirtschaftliche Bewertung von Fertigungsabschnitten verwendet werden (vgl. Tabelle 3.5).

Tabelle 3.5 Produktivitätskennziffern, nach VDMA 66412-1

Bezeichnung	Definition
Beleggrad	Der Beleggrad gibt das Verhältnis der Belegungszeiten (BLZ) aller beteiligen Produktionseinheiten bezogen auf die gesamte Durchlaufzeit (DLZ) des Auftrages an. Berechnung: $\text{Beleggrad} = \text{BLZ} \div \text{DLZ}$ in [%]
Belegnutzgrad	Der Belegnutzgrad gibt das Verhältnis der Belegungszeit (BLZ) einer Produktionseinheit bezogen auf die der Einheit zur Verfügung stehende Planbelegungszeit (PBZ) an. Berechnung: $\text{Belegnutzgrad} = \text{BLZ} \div \text{PBZ}$ in [%]
Nutzgrad	Der Nutzgrad gibt das Verhältnis der Hauptnutzungszeit (HNZ) einer Produktionseinheit bezogen auf die gesamte Belegungszeit (BLZ) an. Berechnung: $\text{Nutzgrad} = \text{HNZ} \div \text{BLZ}$ in [%]
Technischer Nutzgrad	Der technische Nutzgrad gibt den Wirkungsgrad einer Produktionseinheit an. Berechnung: $\text{Technischer Nutzgrad} = \text{HNZ} \div (\text{HNZ} + \text{SU})$ in [%]
Prozessgrad	Der Prozessgrad gibt die Wirtschaftlichkeit und den Wirkungsgrad der Fertigung an. Berechnung: $\text{Prozessgrad} = \text{HNZ} \div \text{DLZ}$ in [%]
Rüstgrad	Der Rüstgrad gibt den Rüstanteil (TRZ) bezogen auf die Bearbeitungszeit (BAZ) an. Berechnung: $\text{Rüstgrad} = \text{TRZ} \div \text{BAZ}$ in [%]
Ausschussgrad	Der Ausschussgrad gibt die Grenze für den einzuhaltenden Ausschuss an. Berechnung: $\text{Ausschussgrad} = \text{AM} - \text{GAM}$ in [%]

3.5 Materialfluss und Materialbedarfsplanung

3.5.1 Schematische Beschreibung des betrieblichen Materialflusses

Als Material werden alle von einem Unternehmen beschafften Roh-, Hilfs- und Betriebsstoffe sowie Kaufteile, Zwischenprodukte und Fertigerzeugnisse bezeichnet. Die Beschaffung des Materials ist durch Kauf- und Lieferdokumente belegt und damit im Rechnungswesen des Unternehmens erfasst. Die Kosten im Zusammenhang mit der Beschaffung und der Bearbeitung von Material haben einen hohen Stellenwert im Unternehmen. Sie haben erheblichen Einfluss auf die Preisbildung und entscheiden letztlich über die wirtschaftliche Effektivität des Unternehmens. Der Materialfluss kann allgemein in vier Stufen unterschieden werden, so die externen Transporte, werksinterne Transporte, gebäudeinterne Transporte sowie fertigungsabschnittsbezogene Transporte.

Hinsichtlich der Begrifflichkeiten wird allgemein das Transportieren als externe Ortsveränderung über große Entfernungen und das Fördern als innerbetriebliche Ortsveränderung über begrenzte Entfernungen bezeichnet.

Kundenindividuelle Möbel und Fertigungsorganisation

Als Organisationstyp der Fertigung wird im Allgemeinen die räumliche Anordnung der Betriebsmittel und der damit verbundene Ablauf der einzelnen Fertigungsschritte bezeichnet (vgl. Abschnitt 3.2).

Zusätzlich zur räumlichen Anordnung der Betriebsmittel und dem Ablauf der einzelnen Fertigungsschritte sind auch die Materialflüsse zwischen den einzelnen Betriebsmitteln bzw. den Arbeitsplätzen signifikant. Nachfolgend werden die Werkstattfertigung, die Inselfertigung, die Reihenfertigung und Fließfertigung hinsichtlich der räumlichen Anordnung sowie der Transportbeziehungen zwischen den Fertigungsmitteln miteinander verglichen.

Der wesentliche Unterschied zwischen Reihen- und Fließfertigung besteht im Teilefluss. Bei der Reihenfertigung ist der Materialfluss gerichtet, es können aber Bearbeitungsstationen übersprungen werden. Bei der Fließfertigung herrscht ein starrer Teilefluss zwischen den einzelnen Bearbeitungsstationen. Die in Abschnitt 3.2 beschriebene Transferstraßenfertigung ähnelt der Fließfertigung. Die Folge der Arbeitsgänge wird durch Anordnung der Bearbeitungsstationen definiert. Das Material wird zwangsweise mit dem Transportsystem zwischen den Bearbeitungsstationen gefördert und dort bearbeitet. In die Transferstraßen sind sogenannte Durchlaufformatbearbeitungsmaschinen integriert.

In den letzten Jahren haben kundenindividuell gefertigte Möbel einen starken Zuspruch erfahren, sodass sich der Markt von einer standardisierten Massenfertigung hin zu einem kundenindividuellen Markt verschiebt. SCHENK charakterisiert diesen Sachverhalt wie folgt. „Im kundenindividuellen Markt kann jeder Kunde genau das Produkt erwerben, welches innerhalb der produktionstechnischen Grenzen seinen Anforderungen gerecht wird. Der Grad der Heterogenität der Kundenwünsche vom Massenmarkt zum kundenindividuellen Markt nimmt zu.“[14] Und weiter „... Zur Erfüllung des vom Markt initiierten individuellen Kundenwunsches definiert der Kunde Spezifikationen zur Erstellung seines Produktes. Diese Kundenspezifikationen spiegeln sich in den Merkmalen und Ausprägungen der Produkte ... wider.“[15]

BOGNER ergänzt im gleichen Kontext dazu „... Produzierende Unternehmen müssen sich an die veränderten Kundenanforderungen anpassen. Dies bedeutet, dass nicht mehr so viel wie möglich produziert werden muss, um die vorhandene Nachfrage zu befrieden, sondern nur das, was tatsächlich nachgefragt wird. Zudem müssen diese um Kunden werben und sich mit den individuellen Kundenbedürfnissen auseinandersetzen, um sich erfolgreich am Markt gegenüber dem Wettbewerb zu positionieren. Unternehmen werden immer stärker mit sinkenden Stückzahlen pro Modell und Variante und der Forderung nach individualisierten Produkten konfrontiert ...“[16]

Neben den technischen Anforderungen an kundenindividuelle Produkte sind aber auch die Kosten der Herstellung dieser Produkte unbedingt zu beachten. Unter der landläufigen Bezeichnung von kundenindividuellen Möbeln wird allgemein erwartet, dass man kundenindividuelle Möbel zu Preisen von Standardmöbeln erwirbt. PILLER beschreibt diesen Zusammenhang mit dem Begriff der Mass Customization. Mass Customization ist „... die Produktion von Gütern und Leistungen, welche die unterschiedlichen Bedürfnisse jedes einzelnen Nachfragers dieser Produkte treffen, mit der Effizienz einer vergleichbaren Massen- bzw. Serienproduktion. Grundlage des Wertschöpfungsprozesses ist dabei ein Co-Design-Prozess zur Definition der individuellen Leistung in Interaktion zwischen Anbieter und Nutzer ...“[17] Die eigentliche Grundidee der Mass Customization ist in der Bekleidungs- und Textilindustrie entstanden und hat sich auf die Branchen der Konsumgüterindustrie ausgeweitet, so auch auf die Möbelbranche. Durch die unterschiedliche Ausprägung von Kundenwünschen, der Spezifik der Möbelgestaltung und unter der funktionalen Vielfalt existieren in der heutigen Korpusmöbelfertigung verschiedene Organisationsformen und Abläufe.

Beschaffung und Materialbereitstellung

Mit dem Abschluss der Erzeugniskonstruktion werden üblicherweise die Konstruktionsdokumente und die Materialstückliste an die Arbeitsvorbereitung (AV) übergeben. Sofern die Liste der zu fertigenden Teile vorliegt und die Fertigungsmittel sowie

[14] [SCH 2014], S. 103

[15] Ebenda, S. 103

[16] [BOG 2017], S. 6/7

[17] [PIL 2006], S. 161

die Folge der Arbeitsgänge festgelegt ist, kann in der Zuschnittplanung der konkrete Materialbedarf bestimmt werden. In der Konstruktion sind alle plattenförmigen Teile eines Erzeugnisses flächenmäßig durch Fertigteillänge und Fertigteilbreite bestimmt. Für die vorgesehene Formatbearbeitung können Bearbeitungszugaben zu den Fertigteilabmessungen hinzugefügt werden; es entstehen die Zuschnittabmessungen. Mit der Zuordnung der betreffenden Teile zu einer Materialgruppe, z. B. nach Materialart, Dekor und Plattendicke, entstehen in den Materialgruppen die einzelnen Flächenbedarfe. Innerhalb der Materialgruppen werden die Flächen aller Rohteile des Auftrages addiert. Da die Rohteile aus Platten mit definierten Abmessungen ausgetrennt werden, kann man die entstehenden Verluste durch Besäumschnitte sowie die Trennschnitte zum Austrennen der Rohteile prozentual als Zuschlag bestimmen bzw. abschätzen. Mit diesem Zuschlag auf die Gesamtrohteilfläche entsteht der Flächenbedarf in einer Materialgruppe. Auf der Basis des ermittelten Materialbedarfes wird der vorhandene Lagerbestand geprüft. Benötigtes und nicht reserviertes Material kann dann für den Zuschnittauftrag reserviert werden. Bei Fehlbeständen wird unter Berücksichtigung des geplanten Fertigungstermins das fehlende Rohmaterial bei den Lieferanten bestellt (vgl. Bild 3.6).

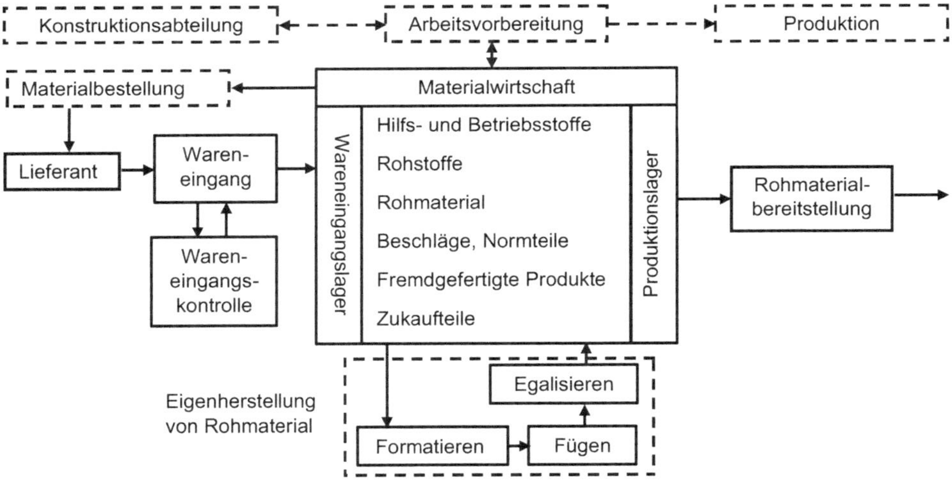

Bild 3.6 Prozessschritt Rohmaterialbereitstellung

Bei der Anlieferung der Ware erfolgt eine Wareneingangskontrolle. Dazu wird das Material im Wareneingangsbereich formal nach dem Liefertermin, der mengen -und qualitätsgerechten Lieferung sowie der Unversehrtheit der Lieferung geprüft. Im Ergebnis einer positiven Wareneingangsprüfung wird die Ware in den Bestand gebucht und ins Rohmateriallager oder in das Plattenlager transportiert. Bei der Bestandsbuchung kann dann auch die Reservierung des Materials für den Zuschnittauftrag erfolgen. Mitunter wird für Fertigungsaufträge Rohmaterial benötigt, welches im Unternehmen selbst durch Bearbeitung anderen Materials, z. B. Herstellung von Massivholzplatten durch Verkleben von Holzlamellen, hergestellt werden soll. In diesem Fall hat die Arbeitsvorbereitung einen betriebsinternen Fertigungsauftrag zur Herstellung des Materials zu erteilen.

Unter einem Beschlag versteht man vorwiegend aus Metall bestehende Schutz-, Verbindungs-, Bedien- oder Zierelemente, welche sich ursprünglich auf den hölzernen Bauteilen befanden. Daher auch die Bezeichnung des Beschlagens, d. h. Befestigen durch Nägel. Im Möbelbau werden typischerweise Verbindungsbeschläge, Führungen bzw. Auszüge für Schubkästen, Schlösser bzw. Schließsysteme, Scharniere und Bänder sowie Griffe verstanden. Umgangssprachlich werden zu den Beschlägen auch Beschlagelemente aus Kunststoff bzw. Holz gerechnet. Beschläge werden über den Fachhandel bzw. durch die Beschlaghersteller als Kaufteile angeboten. In der Fertigungsdokumentation, z. B. in der Mengenstückliste, können Beschläge mit ihrer Artikelnummer, der Angabe des Herstellers, der Menge und der Verpackungseinheit angegeben werden. Damit die Möbelmontage planmäßig durchgeführt werden kann, müssen auch alle benötigten Beschläge sorten-, mengen- und zeitgerecht zur Verfügung stehen. Es haben sich hier zwei Formen der Beschlagbeschaffung herausgebildet, so die Bestellung nach Verbrauchsgruppen oder die Einrichtung eines Konsignationslagers. Bei der Bestellung nach Verbrauchsgruppen werden Beschläge, die unabhängig vom konkreten Fertigungsauftrag sind und in großer Menge benötigt werden, auf Vorrat beschafft und im Beschlaglager eingelagert. Beschläge die selten benötigt werden, werden vorzugsweise auftragsbezogen bestellt. Eine zweite Form ist die Einrichtung eines sogenannten Konsignationslagers. Der Begriff Konsignation bezeichnet eine Lieferform von Waren, bei der der Lieferant bzw. der Konsignant, Waren bereitstellt und der Kunde bzw. der Konsignator diese Waren verarbeiten kann. Der Konsignant ist solange Eigentümer der Ware, bis entweder eine vereinbarte Konsignationsfrist verstrichen ist oder der Konsignator Ware aus dem Konsignationslager entnimmt. Die konkrete Ausstattung des Konsignationslagers kann zwischen Beschlaglieferant und Kunde separat abgestimmt werden. Ebenso kann der Zyklus der Auffüllung des Lagers bzw. der Bezahlung der entnommenen Ware vereinbart und vertraglich geregelt werden.

Mitunter ist es nicht möglich bzw. sinnvoll, alle benötigten Teile für Möbel als Eigenfertigung selbst herzustellen. Es existiert ein relativ großer Markt für die Anfertigung spezieller Möbelteile. Diese Zulieferunternehmen stellen meist selbst keine Erzeugnisse her, sondern bieten eine Teilefertigung bzw. eine Fertigung von Baugruppen als Fremdfertigung an. Diese Zulieferunternehmen verfügen i. A. über eine hohe Fachkompetenz und eine spezielle technische Ausstattung, welche ihnen eine wirtschaftliche Fertigung ermöglicht.

Im Rahmen einer Make-or-buy-Entscheidung können produzierende Unternehmen prüfen, ob sie ihre Fertigungstiefe unter Umständen reduzieren und die Teile und Baugruppen anstelle der Eigenfertigung zukaufen. Häufig ist der erzielbare Gewinn eine Triebkraft für den Fremdbezug von Teilen und Baugruppen. Bei einer Make-or-buy-Entscheidung werden diejenigen Produktionsschritte und Vorprodukte im Endprodukt identifiziert, die selbst erstellt werden sollten. Alle anderen Teile können dann am Markt zugekauft werden. Ein Fremdbezug ist aus kostenrechnerischer Sicht vorteilhaft, wenn das bzw. die betreffenden Teile von einem Zulieferer zu einem geringeren Preis bei gleicher Qualität, bezogen werden können, als man in der eigenen Produktion an Kosten kalkulieren muss. Eine Eigenfertigung sollte bei strategischen Teilen im eigenen Unternehmen beibehalten werden. Meist sind das Komponenten des Produktes, die eine große technologische Bedeutung besitzen und zur späteren Marktposition wesentlich beitragen.

Als Normteile werden Zubehörteile, z. B. Schrauben, Scheiben, Muttern, bezeichnet, die für eine allgemeine Verwendung hergestellt sind, auf dem freien Markt angeboten werden und deren Eigenschaften in einer Norm dargelegt sind. Normteile sind wie Kaufteile zu handhaben.

Schematische Beschreibung des Materialflusses

Die nachfolgende Beschreibung konzentriert sich in der Darstellung auf das verarbeitete Rohmaterial, die Beschläge, die Fremdfertigungs- und die Kaufteile im Prozess der Bauteilherstellung (vgl. Bild 3.7).

Das Rohmaterial, z. B. das Plattenmaterial, wird bedarfsgerecht für den Zuschnitt bereitgestellt. Mit der Auftragsfreigabe wird das Rohmaterial in die geforderten Rohteile aufgetrennt. Werden Reststücke als wirtschaftliche Reste bewertet, dann werden diese Reste ins Plattenlager zurückgeführt. Mit dem Ende des Zuschnittauftrages stehen verschiedene Materialstapel mit den erzeugten Rohteilen bereit.

Ein typischer Möbelkorpus besteht aus den Seiten, z. B. linke und rechte Außenseite und ggf. der Mittelseite, den Böden, z. B. Oberboden, Unterboden, Konstruktionsboden und Einlegeboden sowie der Rückwand. Ein Korpus kann an der Vorderseite durch Türen, z. B. Drehtüren oder Schiebetüren sowie Klappen oder Rollläden geschlossen sein. Die Korpusrückwände und Schubkastenböden werden direkt in das Kommissionierlager bzw. Teilepuffer gefördert. Unter Umständen können einzelne spanende Bearbeitungen in Rückwänden bzw. Böden noch erfolgen, z. B. Kabelauslassöffnungen. Die im Teilepuffer befindlichen Rückwände und Böden werden zeitgerechnet zu den Montageplätzen geliefert. Bei typischen Korpuskonstruktionen haben Seiten und Böden gleiche Materialdicken. Öffnungsschließende Elemente, z. B. Türen und Klappen, können abweichende Materialdicken aufweisen. In Abhängigkeit von den verwendeten Fertigungsmitteln und den konkreten Ausführungen der Teile durchlaufen die Rohteile die Bearbeitungsschritte Formatieren und konstruktive Bearbeitung. Im Anschluss an die konstruktive Bearbeitung können sich Nachbearbeitungen anschließen, so z. B. Auftrennen von Doppel- und Mehrfachteilen sowie das nachträgliche Entfernen von Materialbereichen. Erfolgt keine gesonderte Oberflächenbehandlung sind diese Teile fertig bearbeitet und können direkt in das Kommissionierlager oder in die Montage transportiert werden. Teile, die keine konstruktive Bearbeitung erhalten, z. B. Einlegeböden, können die konstruktive Bearbeitung überspringen.

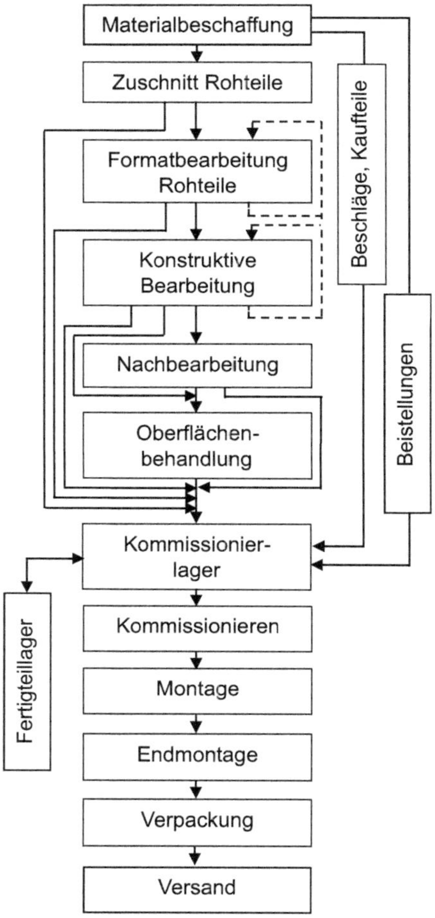

Bild 3.7
Schematische Darstellung des Materialflusses

Die Prozesse des Zuschnittes, der Formatierung und der konstruktiven Bearbeitung sind hochgradig von den Fertigungstypen, z. B. einer losweise Serienfertigung oder einer Stückzahl-1-Fertigung, geprägt.

Die Kaufteile, z. B. Beschläge, Schrauben und Normteile, werden unmittelbar in der Montage benötigt sind dort bereitzustellen. Eine Besonderheit kann zum Beispiel sein, dass CNC-Maschinen zur Verfügung stehen, die in der konstruktiven Bearbeitung zum Bohren und Fräsen eingesetzt werden, aber auch Montageprozesse durchführen können, so z. B. automatisierte Beschlagmontagen. In diesem Fall werden einzelne Montagearbeiten, z. B. die Montage von Auszügen, das Einbringen von Dübeln oder die Montage von Topfbeschlägen, in die konstruktive Bearbeitung vorgezogen. Erfolgt eine Montage mittels CNC-Maschinen sind die Beschläge und Schrauben an den betreffenden Maschinen, i. d. R. magaziniert, bereitzustellen (vgl. Bild 3.8).

Bild 3.8
Automatisches Beschlagsetzen durch das Anschrauben von Auszugführungen (mit freundlicher Unterstützung der HOMAG Group AG)

Fremdfertigungsteile werden nach dem Wareneingang unmittelbar in das Teilelager bzw. in den Teilepuffer eingelagert und sind dann fertigungssynchron an den jeweiligen Verwendungsstellen bereitzustellen; häufig sind das die Arbeitsplätze im Bereich der Montage.

Bauteile, die für eine spätere Verwendung vorgesehen sind, z. B. vorproduzierte Bauteile nachfolgender Aufträge, können in einem Teilepuffer gelagert werden oder als Ersatzteile im Ersatzteillager eingelagert und in den Bestand aufgenommen werden. Mitunter ist es erforderlich, ein mangelhaftes Bauteil zu ersetzen. Um den Fertigungsendtermin nicht zu gefährden, muss unter Umgehung üblicher Abläufe ein Teil nachgefertigt werden. Diese Sonderfertigung, umgangssprachlich als Alarmfertigung bzw. Schnellschuss bezeichnet, erfolgt außerhalb der geplanten Fertigungsabläufe und hat das Ziel, das mangelhafte Teil ohne Beeinträchtigung der laufenden Fertigung zu ersetzen.

Lager, Puffer und Bereitstellungsplätze

Nach PAWELLEK lassen sich Lager in der industriellen Fertigung grundsätzlich in Beschaffungslager, Produktionslager, Fertigwarenlager sowie in Synchronisations- und Sortierpuffer unterscheiden. „... Beschaffungslager sind Kaufteilelager zur Versorgung der Produktion. Produktionslager versorgen die Produktion mit Material und haben eine zentrale Funktion im Materialfluss. Sie übernehmen sowohl die Funktion des Bevorratens von Kaufteilen als auch das Puffern zwischen den einzelnen Fertigungsstufen. Fertigwarenlager werden aus der Produktion versorgt und stellen auftragsorientiert die Fertigwaren im Versand bereit ... Synchronisations- und Sortierpuffer haben die Aufgabe, unterschiedliche Fertigungsstufen innerhalb eines Fertigungsbereiches oder zwischen verschiedenen Unternehmen zu synchronisieren. Derartige Puffer sind meistens keine Lager im eigentlichen Sinne, sondern werden

u. a. über Pufferstrecken in der Fördertechnik realisiert ...“[18] Bedingt durch die Vielzahl der Aufgaben von Lagern existieren mehrere Systematiken zur Klassifikation von Lagern.

Der Begriff Lager steht synonym für Warenlager und bezeichnet einen Ort, an dem Materialien und Waren aufbewahrt werden, die erst später benötigt werden bzw. für die spätere Verwendung verfügbar gehalten werden müssen. Ein Lager kann ein eigenständiges Gebäude oder eine einzelne Räumlichkeit sein. Ein Lager hat „... die Aufgabe, trotz schwankendem Bedarf, eine kontinuierliche Produktion zu ermöglichen und den Bedarf der Produktion zum richtigen Zeitpunkt in der richtigen Menge, in der benötigten Qualität und mit den geringstmöglichen Gesamtkosten sicherzustellen“[19]. Um diese Aufgabe zu erfüllen, verfügt ein Lager über ein System der Erfassung des Lagergutes, der Verteilung innerhalb des Lagers sowie eine Verwaltung des Lagerbestandes.

Produktionslager bestehen i. d. R. aus mehreren separaten Räumlichkeiten. Hinsichtlich des Materialflusses hat der Lagerbereich Rohmaterial eine Schlüsselstellung inne. Zum Rohmateriallager gehören das Plattenlager sowie das Schnittholzlager, vgl. Abschnitt 4.5. Im Lager für Kaufteile werden fremdgefertigte Teile, Baugruppen und Fremdprodukte eingelagert und verwaltet. Zum Kaufteilelager gehört auch das Beschlaglager. Da die Beschläge im Wesentlichen in der Montage benötigt werden, wird das Beschlaglager meist als separates Lager aufgefasst. Des Weiteren können Lager für Hilfsstoffe, z. B. Klebstoffe und Lacke, zum Produktionslager gerechnet werden. Bei einer modernen Fertigung werden zweierlei Arten von Teilen hergestellt. Der größere Anteil der produzierten Teile wird in den Erzeugnissen verbaut. Diese Teile werden als Fertigteile in ein sogenanntes Kommissionierlager gefördert und dort gesammelt. Im Vorfeld der Montage werden die zum Auftrag gehörenden Teile und Beschläge zusammengestellt und an die Montage übergeben. Mitunter existiert in einem der Lager auch ein Bereich für gelagerte Ersatzteile. Ein geringer Teil der gefertigten Bauteile kann in einem Reserve- oder Ersatzteillager gelagert werden.

Im Unterschied zu einem Lager ist ein Puffer bzw. Materialpuffer ein temporärer Speicher innerhalb der Fertigungsabläufe. Die Fertigungsprozesse sind stark arbeitsteilig organisiert und dabei kann es zu Schwankungen bzw. Störungen im Materialfluss kommen. Damit sich diese Schwankungen in der Prozesskette nicht auf den benachbarten Arbeitsplatz auswirken, kann ein Materialpuffer eingerichtet werden. „Ein Puffer nimmt Material auf und gibt es wieder ab. Dabei wandelt er die zeitliche Verteilung zufließender Güter in davon unabhängige Zeitabstände abfließender Güter um, sodass die Zuflussmenge sich von den Abflussmengen kurzzeitig unterscheidet, oder der Rhythmus des Zu- und Abflusses unterschiedlich ist, aber die Dauer des Aufenthaltes eines Teiles im Puffer variabel ist.“[20] Puffer können nach [VDI 3631] in

---

[18] [PAW 2014], S. 263

[19] [BIC 2013], S. 2

[20] [VDI 3631], S. 3

statische und dynamische Puffer unterschieden werden. Bei einem statischen Puffer verbleibt das Material an der Stelle, zu der es beim Zufluss gebracht wurde. Derartige Puffer liegen meist außerhalb der Materialtransportrouten. Bei einem dynamischen Puffer sind Zu- und Abflussstelle üblicherweise verschieden. Nach dem Zufluss in den Puffer bewegt sich das Material in Richtung der Abflussstelle. Dynamische Puffer sind vorzugsweise in den Materialfluss eingeordnet und funktionieren nach dem First-In-First-Out-Prinzip (FIFO-Prinzip).

Im unmittelbaren Umfeld einer Bearbeitungsstation bzw. eines Bearbeitungsplatzes sind entsprechende Stellflächen für ankommende und für bearbeitete Teile auszuweisen und entsprechend zu markieren. Durch die Verwendung von Bauteiletiketten bzw. von Stapelbegleitkarten können die Teile eindeutig identifiziert werden. In entsprechenden Dokumenten des Fertigungsauftrages kann ein detaillierter Transportablauf mit den einzelnen anzufahrenden Transportpositionen, d. h. den Materialbereitstellungsplätzen, angegeben werden. Ebenso kann in diesem Dokument enthalten sein, wie die Teile zur nächsten Bearbeitungsstation zu transportieren sind. Beim manuellen Transport haben sich dafür die Begriffe Push und Pull durchgesetzt. Der Begriff Push wird verwendet, wenn die betreffende Bearbeitungsstation die bearbeiteten Teile zur nächsten Bearbeitungsstation zu transportieren hat, z. B. durch Schieben oder Drücken. Mit der Bezeichnung Pull wird geregelt, dass sich eine Bearbeitungsstation die Teile von der vorherigen Bearbeitungsstation zu holen hat.

Materialkosten und Kosten des Materialflusses

Als Kosten wird der in Geld bewertete Verbrauch von Gütern und Dienstleitungen bezeichnet. Als Einzelkosten werden diejenigen Kosten bezeichnet, die einer konkreten betrieblichen Kostenstelle direkt zugeordnet werden können. Sondereinzelkosten stellen auftragsweise erfassbare Kosten dar, die den Kostenträgern direkt zugerechnet werden können. Die spezielle abrechnungstechnische Bedeutung der Sondereinzelkosten liegt darin, dass diese Kosten aufgrund ihrer kundenspezifischen Besonderheiten sowie ihrer unregelmäßigen und nicht vorhersehbaren Entstehung nicht als Verrechnungsbasis für die Gemeinkosten geeignet sind. Die Sondereinzelkosten entstehen in Form von Sondereinzelkosten der Fertigung … und Sondereinzelkosten des Vertriebs …“[21] Als Gemeinkosten werden solche Kosten bezeichnet, „… die einem Bezugsobjekt nicht unmittelbar (direkt) zuzurechnen sind … Die Gemeinkosten gehen in die Kostenstellenrechnung ein, über die sie mittels geeigneter Schlüsselungen auf die Kostenträger verrechnet werden.“[22].

Materialkosten können aus Materialeinzelkosten, z. B. Kosten, die dem Produkt direkt zurechenbar sind, z. B. Rohmaterial, Kaufteile, Fremdfertigungsteile sowie Beschläge und Materialgemeinkosten, d. h. Kosten für Hilfsstoffe und Betriebsstoffe, die dem

---

[21] [MUM 2015], S. 27

[22] Ebenda, S. 27

Produkt nicht direkt zurechenbar sind, bestehen. Die Materialgemeinkosten werden mit Zuschlagsätzen bzw. Verteilerschlüssel auf die betreffenden Kostenstellen bzw. Kostenträger verteilt. Die beschriebene Kostenstruktur erfüllt formal die Anforderungen des Betriebsabrechnungsbogens (BAB).

Zu den Materialgemeinkosten gehören aber auch die Kosten für die Lagerung und den innerbetrieblichen Transport von Material. Bei Materialfluss-Untersuchungen ist es schwierig, die tatsächlich anfallenden Kosten für den Materialfluss zu bestimmen. Im Wesentlichen werden die konkreten Beschaffungskosten beim Einkauf als Einzelkosten und die Materialflusskosten als schematisch ermittelte Gemeinkosten herangezogen. Bei der schematischen Aufteilung und Zuordnung der Gemeinkosten sind einzelne Kostenanteile meist nicht mehr exakt bestimmbar. Als Ansatz für die Berechnung der optimalen Losgröße wird in der Betriebswirtschaft die Gleichung nach HARRIS-ANDLER verwendet. Mit dieser Berechnungsgleichung wird ein Kostenminimum anvisiert, welches sich aus den Rüstkosten und den Lagerhaltungskosten zusammensetzt. Bezogen auf eine einzelne Mengeneinheit nehmen die Rüstkosten mit steigender Menge ab. Gleichzeitig nehmen die Lagerhaltungskosten mit steigender Menge linear zu. Die optimale Losgröße x_{opt} wird im Schnittpunkt der Kurven der Lagerhaltungskosten und der Rüstkosten bestimmt[23] (vgl. Tabelle 3.1).

$$x_{opt} = \sqrt{(2 \times x_{ges} \times K_B) \div (i_L \times K_T)} \qquad (3.1)$$

(Verwendete Größen: x_{opt}: optimale Bestellmenge; x_{ges}: quantitativer Bedarf innerhalb des Planungszeitraums; K_B: Bestellkosten im Planungszeitraum; K_T: Teilpreis pro Mengeneinheit und Periode; i_L: kalkulatorischer Zinssatz)

Für weitergehende Informationen sei hier auf die VDI 2691[24] verwiesen. Zur Bestimmung der Lagerkosten, auch der Kosten für die Pufferlagerung, sind genauere Angaben erforderlich. Mit der Richtlinie VDI 3330 existiert eine Anleitung zur Ermittlung dieser Materialflusskosten. Nach VDI 3330 sind Materialflusskosten (MfK) ein Teil der betrieblichen Kosten „... der durch die Gesamtheit aller Vorgänge des Transportierens, Lagerns, Kommissionierens, Bereitstellens, Pufferns und Handhabens von Material verursachte Werteverzehr einer Abrechnungsperiode, den das Unternehmen zur Leistungserstellung initiiert."[25] Diese Richtlinie VDI 3330 verfolgt zwei Ansätze bei der Darstellung der Erzeugnis-MfK, so die auf die Einsatzfaktoren bezogenen Kosten für Material, Personal, Kapital sowie Sach- und Dienstleistungen und die auf die Prozesse bezogenen Kosten, wie das Entwickeln, Beschaffen, Produzieren, Vertreiben usw.

---

23 [SCU 2014], S. 211

24 [VDI 2691], S. 5

25 [VDI 3330], S. 3

3.5.2 Formen des Materialflusses

Den Materialtransport zwischen benachbarten Bearbeitungsstationen kann anhand verschiedener Kriterien charakterisiert werden (vgl. Abschnitt 3.5.1):

- nach der Menge der transportierten Bauteile, z. B. einzelne Teile, paarweiser Transport, sortenreiner Stapel, chaotischer Stapel sowie die Besonderheiten beim Handling;
- nach der Frequenz des Teileflusses, d. h. kontinuierlich, diskontinuierlich, bedarfsabhängig oder zufällig;
- nach der Art der Veranlassung des Transportes, z. B. manuelle Veranlassung, automatisch beim Auftragsende oder automatisch bei festgelegten Ablaufzeiten;
- nach der Form des Transportes: manuell, mechanisch, maschinell zwangsgeführt mit Vorrichtungen der Bearbeitungsmaschine oder automatisiert mit einem externen Transportgerät;
- nach der Art der Transportroute, z. B. die Transportroute ist festgelegt, es stehen mehrere Routen zur Auswahl oder die Route kann vom Transportgerät gewählt werden.

LÖDDING weist der Art des Teileflusses „... einen herausragenden Einfluss auf die Bestände und Durchlaufzeiten einer Fertigung (...zu)“[26]. Dabei unterscheidet er im Wesentlichen drei Arten, so der losweise Transport, der One-piece-flow, d. h. Fluss eines einzelnen Teils und die überlappte Fertigung. Ein losweiser Transport liegt vor, wenn ein komplettes Los an einer Arbeitsstation bearbeitet wird und anschließend als komplettes Los weiter zur nächsten Station gefördert wird. Kommt während der Losbearbeitung ein dringlicher Fertigungsauftrag, der zeitnah und unbedingt auf dieser Maschine gefertigt werden muss, wird i. d. R. die Losbearbeitung unterbrochen und auf den priorisierten Fertigungsauftrag umgerüstet. Während dieser Unterbrechung wartet das gesamte Los auf die Weiterbearbeitung. Nach der Wiederaufnahme der Losbearbeitung muss wieder neu gerüstet werden. Dadurch verlängern sich die Maschinenbelegungs- und die Auftragsdurchlaufzeiten. Unter Umständen hat das einen Materialmangel an der folgenden Station zur Folge. „Ein wesentlicher Ansatzpunkt zur Verkürzung der Durchlaufzeiten besteht folglich darin, entweder die Losgrößen zu reduzieren oder die Restriktion des losweisen Transports aufzuheben.“[27] Bei der Transportart One-piece-flow wird ein Werkstück nach seiner Bearbeitung unmittelbar zur nächsten Bearbeitungsstation gefördert. Eine Unterbrechung durch Vorrangfertigung hätte einen wesentlich geringeren Störeinfluss.

Zwischen dem losweisen Transport und dem One-piece-flow kann ein Bereich des überlappenden Transports definiert werden. Bei dieser Art wird eine bereits bearbei-

[26] [LÖD 2016], S. 126

[27] [LÖD 2016], S. 126

tete Bauteilmenge eines Loses, d.h. eines Teils des Fertigungsloses, zur nächsten Bearbeitungsstation gefördert und dort weiterbearbeitet. Dadurch können Aufträge gezielt beschleunigt werden bzw. die Auftragsdurchlaufzeit kann verkürzt werden. Ein begleitender Effekt besteht darin, dass damit die Zielbearbeitungsstation Auslastungsverluste durch Materialmangel vermeiden kann. Um die Bauteile zwischen den einzelnen Bearbeitungsstationen zu transportieren, können Rollenbahnen eingesetzt werden. Parallel zueinander angeordnete Rollenbahnen können auch als Puffer verwendet werden. Um die Bauteilstapel zwischen den einzelnen Rollenbahnen umsetzen zu können, werden sogenannte Querverschiebewagen verwendet. Im Bereich von Bearbeitungsmaschinen, werden neben den Rollenbahnen Gurtbandförderer oder Roboter eingesetzt (vgl. Bild 3.9).

Bild 3.9 Bauteilrückführung mit Gurtbändern, Luftkissentischen und einem Transportroboter (mit freundlicher Unterstützung der HOMAG Group AG)

Während mit einem Roboter oder einem Gurtband die Teile einzeln und nacheinander transportiert werden, können mit einer Rollenbahn Stapel bewegt werden. Zwischen der Rollenbahn und dem Stapel befindet sich eine sogenannte Schonplatte, die die Beschädigung des unteren Bauteils durch die Transportrollen verhindern soll. Rollenbahnen kann man grob unterscheiden in nicht angetriebene und angetriebene Rollenbahnen. Bei den nicht angetriebenen Rollenbahnen werden die Teilestapel manuell bewegt. Die angetriebenen Rollenbahnen verfügen in der Rollstrecke über einzelne elektrisch angetriebene Rollen, die die Plattenstapel langsam in Bewegung bringen. Der Anschubimpuls für einen Plattenstapel kann durch Betätigen eines Tasters ausgelöst werden. Aufgrund des Anschubes bewegt sich der Stapel langsam, bis er von selbst zum Stillstand kommt bzw. bis er von einer Sperre abgebremst wird. Rollenbahnen können das Transportgut nur in einer definierten, horizontalen Ebene bewegen. In einem Materialpuffer, der aus verschiedenen Rollenbahnen besteht, sind sogenannte Querverschiebewagen notwendig, mit denen die einzelnen Stapel im Puffer rangiert werden können.

Mit einem Gurtbandförderer können Einzelteile definiert nacheinander bewegt werden. Die Bauteile liegen dabei direkt auf dem Band auf und verbleiben durch ihre Gewichtskraft und die Rauheit des Bandes in ihrer Position. Mit einem Gurtband können Bauteile leicht geneigt nach oben bzw. nach unten transportiert werden. Die Höhenänderung ist abhängig von den Reibungsbeiwerten zwischen Gurtband und Schonplatte.

Bei einer Fertigungszelle bzw. einem CNC-Bearbeitungszentrum kann eine Transportvorrichtung zum Bauteiltransport innerhalb eines Maschinensystems vorhanden sein. Diese Transportvorrichtungen können mit dem Bewegungssystem eines CNC-Bearbeitungszentrums gekoppelt bzw. in die Hauptspindel eingewechselt werden. In einer Nesting-Bearbeitung werden großformatige Platten mit dem Schaftfräser in einzelne Rohteile aufgeteilt. Der Transport der Rohplatten in die CNC-Maschine kann manuell, aber auch programmgesteuert erfolgen. Dazu kann ein Beschickgerät, z. B. einer sogenannter Linearbeschicker, mit einer CNC-Maschine gekoppelt werden. Durch diese Kopplung wird die Bewegung in X-Richtung, d. h. zur Plattenaufnahme- und Ablageposition, durch die Maschine realisiert. Das Transportgerät selbst führt nur die Bewegung in Y-Richtung und den Z-Hub aus. Per Definition sind derartige Beschickgeräte keine Industrieroboter (vgl. Bild 3.10).

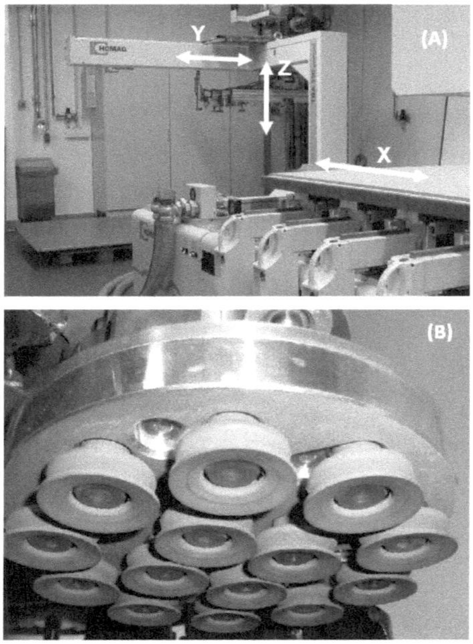

Bild 3.10
Plattenbeschickgerät und einwechselbares Werkstücktransportaggregat
(A) Plattenbeschickgerät für Plattenmaterial,
(B) Werkstücktransportaggregat

Für den Transport innerhalb der CNC-Stationärbearbeitungsmaschine vom linken Bearbeitungsplatz mit dem Matrixtisch zum rechten Bearbeitungsplatz mit dem Konsoltisch kann ein einwechselbares Werkstücktransportaggregat verwendet werden.

Dieses Werkstücktransportaggregat wird in die Hauptspindel eingewechselt. Die Werkstücke werden mit Vakuum im Aggregat gehalten. Das transportierte Werkstück kann wie ein reguläres Aggregat in X-, Y- und Z-Richtung bewegt und um die Z-Achse, d. h. in C-Richtung, gedreht werden. Eine Drehung um die Z-Achse ist notwendig, um das Bauteil achsparallel an den Anschlägen ausrichten zu können (vgl. Bild 3.10).

Nach [VDI 2860] werden Industrieroboter wie folgt definiert. „Industrieroboter sind universell einsetzbare Bewegungsautomaten mit mehreren Achsen, deren Bewegungen hinsichtlich Bewegungsfolge und Wegen bzw. Winkeln frei, d. h. ohne mechanischen Eingriff, programmierbar und gegebenenfalls sensorgeführt sind. Sie sind mit Greifern, Werkzeugen oder anderen Fertigungsmitteln ausrüstbar und können Handhabungs- und/oder Fertigungsaufgaben ausführen.“[28)]

Roboter werden in der industriellen Fertigung zunehmend als Beschick-, Entnahme-, Sortier- und als Transportgerät eingesetzt. Hinsichtlich der Klassifikation können Roboter nach [DIN EN ISO 9787][29)] wie folgt unterschieden werden in:

- kartesische Roboter, die sich in einem kartesischen Koordinatensystem bewegen,
- zylindrische Roboter, die sich in einem zylindrischen Koordinatensystem bewegen,
- Polarroboter, die sich in einem Polarkoordinatensystem bewegen,
- Gelenkroboter, auch als Knickarmroboter bezeichnet und
- SCARA[30)]-Schwenkarmroboter.

Roboter können in stationäre, d. h. nicht ortsbewegliche, und mobile Roboter unterschieden werden. Charakteristisch für die Bewegungen eines Roboters ist der mögliche Arbeitsraum. Die Reichweite eines Roboters wird u. a. vom Gewicht des zu transportierenden Gegenstandes beschränkt. Bei einer stationären Aufstellung ist der Roboter auf dem Hallenfundament bzw. auf einem Gestell zur Höhenanpassung montiert. Für das Teilehandling an Bearbeitungsmaschinen können zur Materialzuführung und zur Materialentnahme stationäre Roboter eingesetzt werden. Im Zusammenhang mit dem Teilehandling eines Roboters an einer Plattensäge hat sich der Begriff einer „Roboter-Säge“ etabliert (vgl. Bild 3.11).

In Anlehnung an VDI 2860 kann man mobile Roboter als ortsbewegliche Roboter bezeichnen, die zusätzlich zu den Bewegungen in den Roboterachsen in mindestens einer nicht im Handhabungsgerät enthaltenen Translationsachse selbstständig ortsbeweglich sind. Kartesische Roboter sind auf lineare Bewegungen im kartesischen Koordinatensystem beschränkt. Zusätzliche Drehbewegungen können durch eine Schwenkachse im Greifer, zum Drehen der aufgenommenen Platte, realisiert werden. Diese Systeme ermöglichen das Agieren in großen Arbeitsräumen und können hohe Traglasten realisieren (vgl. Bild 3.12).

---

[35] [VDI 2860], S. 15

[29] [DIN EN ISO 9787], S. 5 ff.

[30] SCARA: Selective Compliance Assembly Robot Arm

Bild 3.11 Kombination von Gelenkarmroboter und Säge beim Plattenaufteilen an einer Druckbalkensäge (mit freundlicher Unterstützung der HOMAG Group AG)

Bild 3.12 Plattenlager mit einem mobilen kartesischen Transportroboter (mit freundlicher Unterstützung der HOMAG Group AG)

Durch diese Kopplung eines Roboters mit einem ein- oder zweiachsigen Führungssystem lässt sich der Arbeitsbereich eines Roboters erheblich vergrößern. Mobile Roboter können in bewegungsraumgebundene und autonom agierende Roboter unterschieden werden.

Bei bewegungsraumgebundenen Robotern sind die Bewegungen durch den möglichen Verfahr- und Versorgungsbereich des Roboters begrenzt. Ein autonomer mobiler Roboter (AMR) ist eine Maschine, die sich in einer natürlichen Umgebung aus eigener Kraft und eigener Energieversorgung bewegen kann. Ein derartiger Roboter verfügt über eigene Sensoren, mit denen er, sofern notwendig, seine Umwelt erkennen kann. Als konkreten Anwendungsfall für autonome mobile Roboter sollen hier die Fahrerlosen Transportfahrzeuge (FTF) genannt werden. Nach [VDI 2510] sind Fahrerlose Transportfahrzeuge „... flurgebundene Fördermittel mit eigenem Fahrantrieb, die automatisch gesteuert und berührungslos geführt werden. Sie dienen dem Materialtransport, und zwar zum Ziehen und/oder Tragen von Fördergut mit aktiven oder passiven Lastaufnahmemitteln.“[31] „Werden ein oder mehrere FTF von einem zentralen Leitsystem gesteuert, wird dieses System als Fahrerloses Transportsystem (FTS) bezeichnet. Ein FTS umfasst im Allgemeinen mehrere Fahrerlose Transportfahrzeuge, eine Leitsteuerung, Geräte zur Standortbestimmung und Lageerfassung sowie Einrichtungen zur Datenübertragung“.[32] Im nachfolgenden Bild ist ein fahrerloses Transportfahrzeug beim Werkstücktransport in einer Fertigungszelle abgebildet (vgl. Bild 3.13).

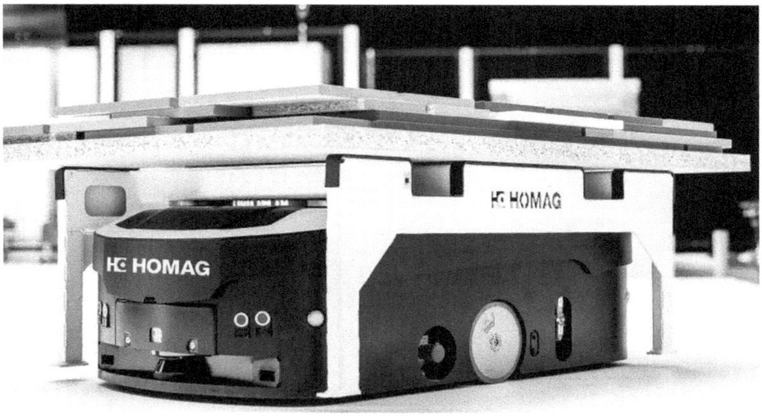

Bild 3.13 Autonom fahrender Transportroboter beim Materialtransport innerhalb einer Fertigungszelle (mit freundlicher Unterstützung der HOMAG Group AG)

Für weitergehende Informationen zur Thematik Industrieroboter sei an dieser Stelle auf die Veröffentlichung von WEBER[33] sowie die VDI-Richtlinie VDI 2861[34] verwiesen.

3.5.3 Lager und Puffer in der Fertigung

Nach dem Wareneingang wird das Rohmaterial in der Regel in das Rohmateriallager eingelagert und der Lagerbestand wird aktualisiert. Das im Rohmateriallager liegende Material kann für einen speziellen Auftrag vorgesehen bzw. reserviert oder frei verfügbar für neue Fertigungsaufträge sein. Bei einer Just-in-time-Lieferung wird

[31] [VDI 2510], S. 6

[32] [ULL 2019], S. 30

[33] [WEB 2017]

[34] [VDI 2861]

das Rohmaterial in ein Zwischenlager transportiert und im Warenbestand erfasst. Just-in-time bezeichnet eine bedarfssynchrone Lieferung, bei der das benötigte Material zur vereinbarten Zeit, in der vereinbarten Menge und am vereinbarten Ort angeliefert wird. Vom Zwischenlager gelangt das Material dann direkt in den Zuschnitt. Nicht verbrauchtes Material bzw. entstandene wirtschaftliche Reste werden nach Abschluss des Zuschnittauftrages i. d. R. zurück in das Rohmateriallager transportiert und im Bestand als Reststück erfasst.

Nach BICHLER hat die Lagerhaltung folgende Entkopplungs- und Verteilungsfunktionen:

- „Entkopplungsfunktion zwischen Beschaffungsmarkt und Produktion,
- Entkopplungsfunktion zwischen den Bearbeitungsstufen innerhalb eines Produktionsbetriebes,
- Entkopplungsfunktion zwischen Beschaffungsmarkt und Absatzmarkt,
- Verteilfunktion zwischen größeren Anliefermengen und kleineren Bedarfsmengen (Kommissionierung).

Die Lagerhaltung mit ihrer Ausgleichsfunktion hat die Aufgabe, trotz schwankenden Bedarfs eine kontinuierliche Produktion zu ermöglichen. Ferner hat die Lagerhaltung die Aufgabe, den Bedarf zum richtigen Zeitpunkt in der richtigen Menge, in der benötigten Qualität und mit den geringstmöglichen Gesamtkosten sicherzustellen.“[35)]

Nach WIENDAHL können in einem Industriebetrieb Lager in die Bereiche Rohmateriallager, Fertigungslager und Absatzlager unterschieden werden. „Das Rohwarenlager … umfasst neben dem Wareneingang die Lagerung sämtlicher Rohmaterialien, wie Metalle, Profile, Rohre, Verpackungsmaterial usw. sowie der Hilfs- und Betriebsstoffe.“[36)] „Fertigungslager nehmen hauptsächlich fertige Teile und angearbeitete Teile (Anm.: Halbfertigteile) auf.“[37)] „Absatzlager enthalten Fertigerzeugnisse und verkäufliche Halbfabrikate … Diese Lager dienen auch zum Auffangen von Schwankungen zwischen der Produktion und dem Absatz.“[38)]

Da unterschiedliche Rohmaterialien mit teils sehr verschiedenen Abmessungen verarbeitet werden, können mehrere Teillager vorhanden sein, so z. B. das Plattenlager für großformatige Plattenwerkstoffe mit Länge, Breite >> Dicke und das Schnittholzlager für prismatische Vollholzteile mit Länge >> Breite, Dicke. Im Verlauf der Herstellung können weitere Lager bzw. Lagerbereiche notwendig sein, so z. B. das Fertigteillager, das Kommissionierlager und das Beschlaglager. Hinsichtlich der Lagerorganisation hat ein Lager nach WIENDAHL[39)] die Funktionsbereiche Einlagern, Bereitstellen, Verwalten und Kontrollieren.

---

[35] [BIC 2013], S. 2

[36] [WIE 2014], S. 307

[37] Ebenda, S. 307

[38] Ebenda, S. 307

[39] Ebenda, S. 308

Bei einer Schnittholzlagerung kann der Rohmaterialstapel auf dem Hallenfußboden aufgeschichtet sein, d. h. eine Lagerung ohne Lagergestell. Zwischen den einzelnen Lagen des Stapels befinden sich sogenannte Stapelleisten, die u. a. eine gleichmäßige Durchlüftung des Stapels ermöglichen. Zwischen der ersten Lage und dem Hallenfußboden sind stärkere Abstandshölzer vorzusehen, damit der Stapel sicher steht und die unterste Lage gut durchlüftet werden kann. Diese Art der Lagerung ist sehr flächenintensiv. Da die Stapelhöhe begrenzt ist, entstehen u. U. viele verschiedene Holzstapel. Mitunter können die Holzstapel überdacht im Freien, meist im Windschatten von Gebäuden errichtet sein. Ein wesentliches Ziel dieser Lagerung ist, die Holzfeuchte auf solche Werte zu verringern, die beim späteren Gebrauch der Holzprodukte zu erwarten sind.

Bei der Lagerung von Schnittholz, z. B. Bretter, Leisten, Kanteln und Balken, werden bevorzug Kragarm-Regale verwendet, d. h. eine Lagerung mit einem Lagergestell. Das Rohmaterial wird dann lagenweise bzw. als Kleinstapel in die einzelnen Lagerfächer einsortiert. Ein Kragarm-Regallager bietet die Möglichkeit, das Material in die Höhe zu stapeln. Gleichzeitig wird aber ein Regalbediengerät benötigt, um das Holz ein- bzw. auszulagern.

In der Möbelfertigung werden vorzugsweise plattenförmige Holzwerkstoffe verarbeitet, so z. B. Span-, Faser- oder Sperrholzplatten. Die Lagerung der Platten kann stehend oder liegend erfolgen. Für die stehende Plattenlagerung wird ein spezielles Lagergestell mit mehreren Fächern verwendet (vgl. Bild 3.14).

An der Bedienseite des Lagergestells befinden sich unten Rollen, mit deren Hilfe die Platten beschädigungsfrei eingeschoben bzw. herausgenommen werden können. Eine stehende Plattenlagerung wird dort eingesetzt, wo die Plattenvielfalt hoch, die Anzahl der Einzelplatten verhältnismäßig gering und die Verarbeitung meist vertikal ist, z. B. mit einer stehenden Plattensäge. Bei einer stehenden Plattenlagerung ist darauf zu achten, dass die Platten sauber anliegen, um sich nicht zu verformen.

Die liegende Plattenlagerung erfolgt vorzugsweise als Bodenlagerung ohne Lagergestell und stellt die einfachste Lagermöglichkeit dar, da sie nur geringe Investitionskosten verursacht. Die Platten werden auf speziellen Lagerflächen abgelegt. Die Ablagepositionen sind dann gesondert markiert und nummeriert. Bodenlagerung ist nur dort sinnvoll, wo die Platten zeitnah weiterverarbeitet werden. Das Einstapeln und das Entnehmen der relativ schweren Platten zur Verarbeitung ist mit einem manuell beweglichen Vakuum-Lifter möglich. In vielen Industriebetrieben sind Plattenlager mit einem automatischen Transportsystem, z. B. einem kartesischen Beschickroboter ausgerüstet (vgl. Bild 3.15).

Zum Ein- und Ausstapeln können die Platten von einem Transportroboter mittels Vakuumtransportsystem aufgenommen und zur angewiesenen Position transportiert werden. Bei diesen mechanisierten bzw. automatisierten Plattenlagern befinden sich gesonderte Positionen zum Vorstapeln von Plattenpaketen.

Bild 3.14 Lagergestell für eine stehende Plattenlagerung

Bild 3.15 Automatisch arbeitendes Plattenlager mit kartesischem Transportroboter (mit freundlicher Unterstützung der HOMAG Group AG)

Hinsichtlich der Stapelung der Platten kann eine Unterscheidung in sortenreine Stapelung und chaotische Stapelung erfolgen. Bei sortenreiner Stapelung befinden sich in einem Stapel nur formatgleiche Platten gleicher Dicke, gleicher Art, z. B. Span- oder Faserplatten, und gleichen Dekors. Verschiedene Formate müssen auf verschiedenen Stapelplätzen gelagert werden. Der Vorteil dieser Stapelart ist, dass man bestimmte Platten im Lager sehr schnell findet und dass man einen schnellen Überblick über den Plattenbestand hat. Nachteilig ist, dass man eine relativ große Lagerfläche braucht, um die verschiedenen Dekore und Abmessungen zu lagern. Diese Art der Bodenlagerung wird mitunter auch als Flächenlagerung bezeichnet.

Bei automatisierten Lagern kann eine sogenannte chaotische Stapelung realisiert werden. Bei dieser chaotischen Stapelung werden die Stapel in der Regel nur aus gleichformatigen Platten gebildet. Das Plattendekor, die Materialart, z. B. Span- oder Faserplatte, und die Materialdicke können verschieden sein. Durch eine im Rechner befindliche Datenbank ist jede einzelne Platte mit Dekor und Dicke, Stapelplatz und Position innerhalb eines Stapels identifizierbar. Zur Verarbeitung einer derartigen Platte muss diese durch das Plattentransportgerät aus dem Stapel ausgestapelt werden. Da dem Lagerverwaltungsrechner die anstehenden Fertigungsaufträge bekannt sind, kann das Ausstapeln langfristig vorbereitet werden. Der Vorteil dieser Variante ist, dass die Zahl der Stapelplätze geringer ist und dass jeder Stapelplatz besser ausgelastet werden kann. Nachteilig ist, dass man dieses Lager manuell nicht mehr betreiben kann, da ein bestimmtes Dekor in einem Stapel nicht mehr zweifelsfrei identifiziert werden kann. Ebenso ist eine Bestandsbestimmung manuell nicht mehr möglich.

In den automatisierten Lagern können beide Stapelarten in der Anwendung sein. In sortenreinen Stapeln sind dann häufig benötigen Dekore und Standardmaterialdicken gestapelt. Im chaotischen Stapeln sind selten gefragte Dekore bzw. selten benötige Materialdicken bei sehr gefragten Dekoren abgestapelt. Ausgehend von der verfügbaren Fläche im Lager, vom Produktionsprogramm und den dazugehörigen Materialmengen lassen sich die Anteile sortenreiner und chaotischer Stapelung relativ gut bestimmen. Bei einer Kombination von Lager und Säge als Produktionseinheit kann das Computersystem die Säge steuern, den Plattenbestand verwalten und z. B. in der produktionsfreien Zeit das Vorstapeln der in den nächsten Fertigungsaufträgen benötigten Platten/Plattenpakete ausführen.

Mit der Auftragsfreigabe werden die benötigten Platten/Pakete in der Reihenfolge der geplanten Abarbeitung bereitgestellt und zugeschnitten (vgl. Bild 3.16).

Der Maschinenführer der Plattensäge kann im Allgemeinen die Abarbeitungsreihenfolge der einzelnen Schnittpläne manuell verändern, sofern das notwendig ist. Diese Änderungen sollten aber vor dem Beginn des eigentlichen Zuschnittes erfolgen. Die Plattenbereitstellung und die Abfolge der Platten bzw. Plattenpakete muss dann entsprechend aktualisiert werden. Im Ergebnis des Zuschnittes entstehen dann einzelne Rohteile bei einer Einzelplattenverarbeitung bzw. formatgleiche Kleinstapel bei einer Paketverarbeitung. Die erzeugten Rohteile können dann auf den vorgesehenen Stapelplätzen im Umfeld der Plattensäge sortiert abgelegt werden. Am Ende des Zuschnittauftrages können die Einzelstapel zu einzelnen Fertigungslosen zusammengefasst werden. Je nach Bearbeitungsfolge können die Rohteile nach dem Zuschnitt zur nächsten Bearbeitungsstation transportiert oder in einem Puffer eingelagert werden. Weiterführende Informationen zum Transport und der Lagerung von Platten, Schnittholz und Bauelementen sind in der [DGUV 208-020] enthalten.

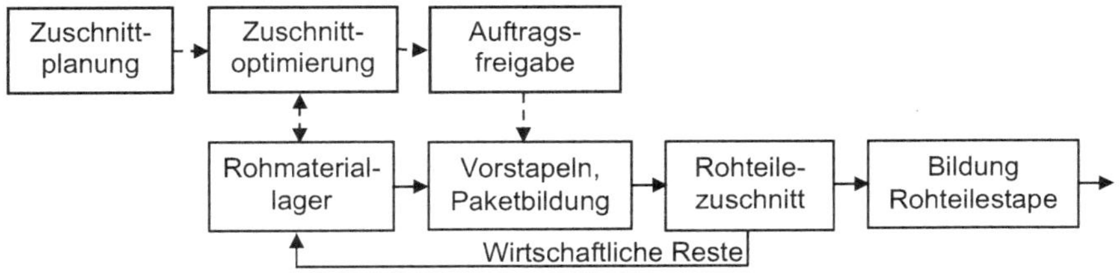

Bild 3.16 Prozessablauf des Plattenzuschnittes

Bauteilpuffer

In einer Fertigung finden verschiedene Bearbeitungsschritte an verschiedenen Arbeitsplätzen statt. Im Arbeitsplan sind die Abfolgen der Bearbeitungsprozesse beschrieben. Am Beginn und am Ende des Transportvorganges befindet sich das Bauteil bzw. die Bauteilstapel in einer sogenannten Warteposition an einem definierten Ort. Da die einzelnen Bearbeitungsoperationen einen unterschiedlichen zeitlichen Aufwand erfordern, kann es zu Liegezeiten kommen, in denen die Teile bzw. Stapel lagern und auf den Weitertransport warten. Eine Einlagerung in ein Zwischenlager wäre aufwandseitig nicht zu vertreten. Deshalb existieren in der Fertigung spezielle Puffer bzw. Lagerflächen, in denen die Teile temporär lagern. Nach [VDI 3631] ist ein Puffer eigentlich ein Lager, das temporär Bauteile, Baugruppen oder Fertigteile aufnimmt und wieder abgibt. Zwischen einem Puffer und einem Lager gibt es keine exakte Abgrenzung. Nach VDI 3631 hat ein Puffer folgende Aufgaben.

„Ein Puffer nimmt Material auf und gibt es wieder ab. Dabei wandelt er die zeitliche Verteilung zufließender Güter in davon unabhängige Zeitabstände abfließen der Güter um, sodass

- die Zuflussmenge sich von den Abflussmengen kurzzeitig unterscheidet,
- oder der Rhythmus des Zu- und Abflusses unterschiedlich ist,
- aber auch die Dauer des Aufenthaltes eines Teiles im Puffer variabel ist.

Über einen größeren Zeitraum hinweg, der für die Größe des Puffers ausschlaggebend ist, müssen jedoch Zu- und Abflussmengen gleich sein.“[40]

Bei statischen Puffern verbleibt das Material in der Regel an der Stelle, an der es beim Zugang abgelegt wurde. Das gilt auch bei einer Verschiebung eines Plattenstapels auf einer Rollenbahn. Statische Puffer eignen sich für große Mengen mit niedrigem Durchsatz. Puffer können außerhalb des direkten Materialflusses liegen. Da das Material zu unterschiedlichen Stellplätzen im Puffer gebracht wird, sind Transporte und zweimaliges Handling notwendig. Für einen Puffer können besondere Anforderungen an die Staubbelastung, die UV-Strahlung und die Temperatur bestehen.

[40] [VDI 3631], S. 3

3.5.4 Materialbedarfsplanung

Nach LASCH besteht die Aufgabe der Materialbedarfsplanung darin, „...für alle in das Endprodukt eingehenden Erzeugnisse (Komponenten, Module, Einzelteile und Rohstoffe) die konkreten Bedarfe nach Art, Menge und Termin aus der Produktionsprogrammplanung ... (Anm.: oder aus den Kundenaufträgen) ... abzuleiten. Im Rahmen der Materialbedarfsrechnung wird aus dem Primärbedarf an verkaufsfähigen Erzeugnissen der Sekundär-, Tertiär- sowie der Zusatzbedarf berechnet.“[41]

Bedarfsarten und Bedarfsverlauf

WIENDAHL[42] kategorisiert die Materialbedarfsarten nach der Art der Ermittlung in Ursprung und Erzeugnisebene sowie in Ermittlung unter Berücksichtigung der Lagerbestände (vgl. Bild 3.17).

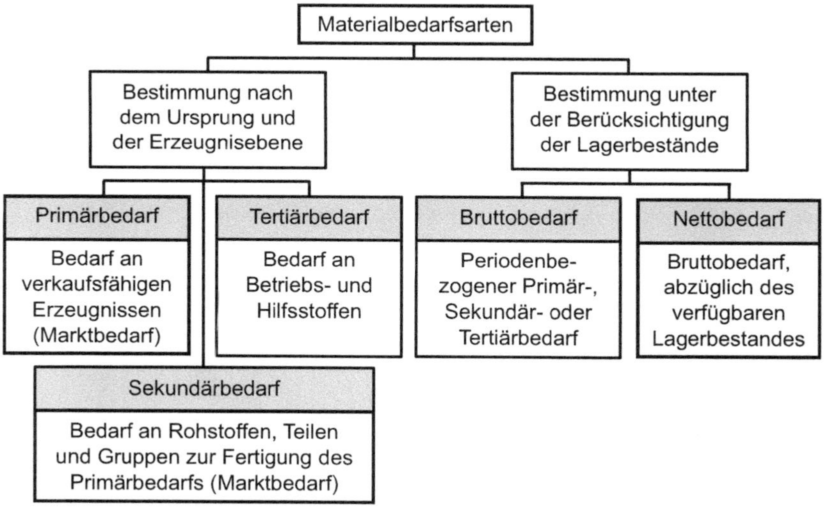

Bild 3.17 Zusammenstellung der Materialbedarfsarten, nach [WIE 2014], S. 290

Bei der Bestimmung des Sekundärbedarfs sollte im ersten Schritt die wertmäßige Bedeutung der Teile analysiert werden. Dazu kann eine ABC-Analyse eines zurückliegenden Fertigungszeitraumes, z. B. einer Jahresproduktion, vorgenommen werden, vgl. Abschnitt 5.4.3.6. Mit der ABC-Analyse können die Bauteile wertmäßig strukturiert werden. Koppelt man die ABC-Analyse mit dem zeitlichen Verbrauch der Teile durch eine XYZ-Analyse, erhält man eine Matrix mit neun Gruppen, mit deren Hilfe

---

41 [LAS 2021], S. 115

42 [WIE 2014], S. 290

grob die Beschaffungsform und die Methode der Auftragserzeugung festgelegt werden kann (vgl. Tabelle 3.6).

Tabelle 3.6 Erläuterung der Kategorien bei einer ABC-XYZ-Analyse

Kategorie	Erläuterung
A	A-Teile sind Standardteile mit einem geringen Anteil an der Gesamtvielfalt aller produzierten Bauteile, werden aber in großen Stückzahlen gefertigt. A-Teile haben im Wesentlichen gleiche oder ähnliche Abmessungen und Bearbeitungen, können sich aber in den Dekoren unterscheiden.
B	B-Teile nehmen eine Zwischenstellung ein. Sie basieren auf Standardteilen, weisen aber Sonderbearbeitungen oder Sonderabmessungen auf. Die Stückzahlen von B-Teilen sind im Allgemeinen geringer als die der A-Teile, aber trotzdem höher als die der C-Teile.
C	C-Teile sind Sonderteile und können unterschiedliche Formen, Bauteilgeometrien bzw. spezielle Bearbeitungen aufweisen. Die C-Teile haben den größten Anteil an der Gesamtvielfalt der Bauteile, werden aber insgesamt nur in relativ geringen Stückzahlen gefertigt.
X	„X-Teile haben einen konstanten Bedarfsverlauf (ein in etwa konstanter Bedarfsverlauf, der um einen nahezu konstanten Wert schwanken kann). Für X-Teile ist die Vorhersagegenauigkeit relativ hoch.“[43]
Y	„Y-Teile haben einen trendförmig steigenden oder fallenden Bedarfsverlauf. Diese Schwankungen können von saisonalen Effekten überlagert sein. Für diese Teile besteht eine mittlere Vorhersagegenauigkeit.“[44]
Z	„Z-Teile haben einen sporadischen Bedarfsverlauf. Dieser Verlauf ist dadurch gekennzeichnet, dass in der Zeitreihe der Bedarfe eine nicht vernachlässigbare Anzahl von Null-Bedarfen vorhanden sind.“[45]

Die wertmäßige Strukturierung ABC und die Vorhersagegenauigkeit XYZ beeinflussen nachhaltig die Beschaffungsform und die Auftragserzeugung (vgl. Tabelle 3.7).

[43] [ARN 2016], S. 27

[44] Ebenda

[45] Ebenda

Tabelle 3.7 Beschreibung der Elemente eine ABC-XYZ-Analyse[46]

	A	B	C
X	Hoher wertmäßiger Anteil bei geringem mengenmäßigem Anteil; gleichförmiger Verbrauch, produktionssynchrone Lieferungen; hohe Vorhersagegenauigkeit.	Mittlerer wertmäßiger Anteil bei mittlerem mengenmäßigem Anteil; optimierte Lagerhaltung; hohe Vorhersagegenauigkeit; Just-in-Time-Lieferung.	Geringer wertmäßiger Anteil bei hohem mengenmäßigem Anteil; hohe Vorhersagegenauigkeit; verbrauchsgesteuerte Lieferung, optimierte Lagerhaltung.
Y	Hoher wertmäßiger Anteil bei geringem mengenmäßigem Anteil; unbeständiger Verlauf; bedarfsgesteuerte Lieferung; vorzugsweise Just-in-Time-Lieferung.	Mittlerer wertmäßiger Anteil bei mittlerem mengenmäßigem Anteil; unbeständiger Verlauf; bedarfsgesteuerte Lieferung, optimierte Lagerhaltung.	Geringer wertmäßiger Anteil bei hohem mengenmäßigem Anteil; unbeständiger Verlauf; verbrauchsgesteuerte Lieferung, optimierte Lagerhaltung; ggf. Kanban.
Z	Hoher wertmäßiger Anteil bei geringem mengenmäßigem Anteil; sporadischer Verbrauch; niedrige Vorhersagegenauigkeit; bedarfsgesteuerte Lieferung; keine Lagerung.	Mittlerer wertmäßiger Anteil bei mittlerem mengenmäßigem Anteil; sporadischer Verbrauch; niedrige Vorhersagegenauigkeit; bedarfsgesteuerte Lieferungen; keine Lagerung; Nutzung Kanban	Geringer wertmäßiger Anteil bei hohem mengenmäßigem Anteil; sporadischer Verbrauch; niedrige Vorhersagegenauigkeit; Kanban

Als Methoden der Bedarfsermittlung werden nach WIENDAHL in die bedarfsgesteuerte, in die verbrauchsgesteuerte und die heuristische Bedarfsermittlung unterschieden. Bei der bedarfsgesteuerten Bedarfsermittlung wird vom aktuellen Zeitpunkt in die Zukunft projiziert. Die bedarfsgesteuerte Bedarfsermittlung kann von Erzeugnis zum Einzelteil, d. h. Top-down, bzw. von Einzelteil zum Erzeugnis, d. h. Bottom-up, erfolgen und löst den Bedarf nach Fertigungsstufen auf. Eine derartige Auflösung kann in einer Strukturstückliste erfolgen. Wenn einzelne Baugruppen mehrfach in der Erzeugnisgliederung vorhanden sind, sollte man dann Materialbedarf jeder Baugruppe berücksichtigen. Eine verbrauchsgesteuerte Bedarfsermittlung liegt vor, wenn aus den Verbrauchswerten der Vergangenheit unter Berücksichtigung der aktuellen Entwicklungen auf den künftigen Bedarf geschlossen werden.

Bei einem Kundenauftrag ergibt sich der Sekundärbedarf aus der konkreten konstruktiven Gestaltung, dem Umfang des Auftrages und dem daraus resultierenden Materialbedarf. Für die Verwendung im Möbelbau sind verschiedene Materialien und mit verschiedenen Farben und Dekoroberflächen verfügbar. Erst mit dem Kunden-

[46] Ebenda

auftrag besteht die endgültige Klarheit über das konkrete Material, z. B. die Materialart, die Farbe bzw. das Dekor und Oberflächengestaltung. Eine Bevorratung gängiger Materialien ist sicherlich angebracht. Wichtig an dieser Stelle sind bedarfsgerechte und fertigungssynchrone Lieferungen. Bestellungen auf der Basis ungenauer Stückzahlen/Mengen können zu fehlendem Material bzw. zu nicht notwendigem Materialüberschuss führen. Verzögerte oder unvollständige Lieferungen können den Fertigungsbeginn infrage stellen.

Materialbedarfsermittlung

In der [DIN 68201] wird der Schnittverlust S als „... Menge (Raum- oder Flächeninhalt) des bei der Be- und Verarbeitung einer Rohmenge entstandenen Abfalls ...(bezeichnet).“[47] Der Begriff Schnittverlust wird üblicherweise in Prozent angegeben. Die Bezugsbasis kann entweder die Rohmenge R bzw. R = 100 % oder die Fertigmenge F bzw. F = 100 % sein. Nach DIN 68201 gelten folgende Berechnungsgleichungen. Der Verschnittabschlag V kann mit folgender Gleichung berechnet werden (vgl. Formel 3.2).

$$V = \frac{S \times 100}{R} \tag{3.2}$$

(Verschnittabschlag V [%] bei Bezug auf die Rohmenge, nach DIN 68201, S. 6)

Der Verschnittzuschlag Z kann mit folgender Gleichung berechnet werden (vgl. Formel 3.3).

$$Z = \frac{(R - F)}{F} \times 100 = \frac{S \times 100}{F} \tag{3.3}$$

(Verschnittzuschlag Z [%] bei Bezug auf die Fertigmenge, nach DIN 68201, S. 6)

Die benötigte Rohmenge R kann mit folgender Gleichung aus der Fertigmenge und dem Verschnittabschlag berechnet werden (vgl. Formel 3.4).

$$R = \frac{F \times 100}{100 - V} \tag{3.4}$$

(Berechnung der benötigten Rohmenge R [m^2, m^3] aus der Fertigmenge und dem Verschnittabschlag V, nach DIN 68201, S. 6.)

Die benötigte Rohmenge R kann mit folgender Gleichung aus der Fertigmenge und dem Verschnittzuschlag berechnet werden (vgl. Formel 3.5).

$$R = F + \frac{F \times Z}{100} \tag{3.5}$$

(Berechnung der benötigten Rohmenge R [m^2, m^3] aus der Fertigmenge und dem Verschnittzuschlag, nach DIN 68201, S. 7)

[47] [DIN 68201], S. 4

Die Ausnutzung bzw. die Ausbeute A kann mit folgender Gleichung berechnet werden (vgl. Formel 3.6).

$$A = \frac{F \times 100}{R} \tag{3.6}$$

(Berechnung der Ausbeute bzw. Ausnutzung A [%], nach DIN 68201, S. 7)

Nettobedarfsermittlung

Zur Bestimmung des Nettobedarfes wird im ersten Schritt der Bruttobedarf ermittelt. Der Bruttobedarf kann aus der Addition der einzelnen Materialmengen des Auftrages bestimmt werden. Da das Rohmaterial in einzelne Rohteile aufgetrennt wird, ergeben sich Schnittverluste durch die Zerspanung beim Aufteilen und bei der Entfernung der Bearbeitungszugaben beim Formatieren. Darüber hinaus können nicht verwertbare Abfallstücke auftreten. Zur Berücksichtigung dieser Verluste kann bei einem Bezug auf die Fertigmenge ein Verschnittzuschlag Z (vgl. Formel 3.3) zum ermittelten Bruttobedarf hinzugerechnet werden.[48)] Dieser Verschnittzuschlag berücksichtigt im Allgemeinen die flächenmäßige Ausnutzung. Oftmals bleiben bei der Zuschnittoptimierung größere Abfallstücke übrig, weil keine kleinformatigen Rohteile im Zuschnittauftrag enthalten sind. Bei Plattenwerkstoffen mit einer Maserung bzw. Dekorrichtung müssen die Rohteile in ihrer Ausrichtung der Maserung der Platte folgen. Bei Platten mit Dekor bzw. Maserung entstehen bei der Zuschnittoptimierung i. d. R. größere Verschnittsätze. Der Gesamtbruttobedarf ergibt sich in Anlehnung an WIENDAHL[49)] aus dem Brutto- und dem Zusatzbedarf.

Der Gesamtbruttosekundärbedarf ergibt sich aus der Summe des Bruttosekundärbedarfes und des Zusatzbedarfes.

Der Nettosekundärbedarf berechnet sich aus dem Gesamtbruttosekundärbedarf abzüglich der Lager-, Bestell- und Werkstattbestände sowie zuzüglich der reservierten Lagerbestände bzw. Vormerkungen.

Beschaffungsplanung

Nach LASCH stellt die „... langfristige Sicherstellung der Versorgung des Unternehmens mit ausgewählten Beschaffungsobjekten unter Beachtung von Kosten-, Flexibilitäts-, Qualitäts- und Zeitzielen stellt die wesentliche Aufgabe der Beschaffung dar."[50)] Um unnötige Lagerflächen vorzuhalten und unnötige Lagerkosten zu vermeiden, spielt neben der Bestellmenge auch Bestellzeitpunkt eine wichtige Rolle. Unter Beachtung eines technologisch-organisatorischen Vorlaufes muss das benötigte Material rechtzeitig von Auftragsbeginn vorhanden sein.

---

[48] Anmerkung: Z ist ein Prozentwert, der sich auf die Fertigmenge bezieht.

[49] In Anlehnung an [WIE 2014], S. 300

[50] [LAS 2019], S. 37

Nach WIENDAHL[51] wird beim Bestellpunktverfahren, sobald der Lagerbestand den Meldebestand unterschritten hat, eine neue Bestellung veranlasst. Beim Bestellrhythmusverfahren wird zu fest vorgegebenen Bestellzeitpunkten der Bedarf für einen definierten Zeitraum bestellt. Beim Bestellmengenverfahren werden zu vorgegebenen Zeitpunkten die Mengen bestellt, die zum Auffüllen auf eine bestimmte Menge erforderlich sind.

Als Mindestbestand bzw. Sicherheitsbestand wird derjenige Bestand bezeichnet, der nicht unterschritten werden darf und mindestens im Lager zur Verfügung stehen muss. Der Mindestbestand bzw. Sicherheitsbestand ist ein zusätzlicher Bestand zum Grundbestand im Lager, um Lieferverzögerungen und Störungen durch unvorhersehbare Ereignisse zu kompensieren. Das Vorhalten eines Sicherheitsbestandes für stark gefragte Dekore ist empfehlenswert.

3.6 Anforderungen an Fertigungs- und Organisationsdokumente

3.6.1 Erzeugnisgliederung und dessen Abbildung in Stücklisten

Der Begriff der Erzeugnisgliederung stammt aus der Konstruktionssystematik und soll dem eigentlichen Konstruktionsgegenstand eine innere Struktur verschaffen. Bei einer hohen Komplexität des Erzeugnisses ist es oft nicht möglich, den Überblick über die einzelnen Bestandteile, deren Fertigung und Montage zu behalten. Meist ist es nicht möglich, eine allgemein gültige Struktur zu definieren. Daher ist es von erheblichem Vorteil, eine für das Unternehmen und das Produkt passende Struktur zu wählen. Unter einer Erzeugnisgliederung ist eine firmeneigene hierarchische Aufteilung eines Erzeugnisses in produktspezifische Unterteilungen zu verstehen. Die Erzeugnisgliederung kann zu einer funktions-, fertigungs- oder montageorientierten Struktur führen.

- Unter einer funktionsorientierten Struktur ist die systematisierte und strukturelle Darstellung der Funktionen eines Erzeugnisses zu verstehen.
- Bei einer fertigungsorientierten Struktur steht die strukturelle Darstellung eines Erzeugnisses in Abhängigkeit der Fertigungsverfahren und Fertigungsabläufen im Vordergrund, z. B. durch die Abbildung von Prozessschritten in Fertigungsabläufen.
- Bei einer montageorientierten Struktur erfolgt die strukturelle Darstellung eines Erzeugnisses im Prozess der Montage, z. B. bei der Montage von Baugruppen und Erzeugnissen.

---

[51] Nach [WIE 2014], S. 305

Vom Grundsatz her bestehen zwei Möglichkeiten der Gliederung. Im ersten Weg, dem Top-down entwickelt man aus dem Erzeugnis die Baugruppen und daraus die Einzelteile. Beim zweiten Weg, dem Bottom-up werden aus den Einzelteilen die Baugruppen und dann das Erzeugnis entwickelt.

Die Erzeugnisgliederung legt den Umfang und die Art der Konstruktionsdokumentation fest. Gleichzeitig bildet die Erzeugnisgliederung die Grundlage für die Ausarbeitung der Stücklisten, als wichtiges Fertigungsdokument.

Stücklisten

Nach WIENDAHL kann eine Stückliste wie folgt charakterisiert werden. „Neben der Zeichnung stellt die Stückliste den zweiten wichtigen Informationsträger dar, mit dem gemeinsam ein Erzeugnis so vollständig beschrieben wird, dass es mit den geforderten Qualitätsmerkmalen herstellbar ist.“[52] Eine technische Stückliste ist eine „... Darstellung der Bestandteile in einer Produktstruktur mit der Möglichkeit, den Grad an Zerlegung an die entsprechende Anforderung anzupassen ...“[53] Eine fortlaufende Liste als Zusammenfassung sämtlicher Einzelteile eines Erzeugnisses bzw. einer Baugruppe wird als Mengenstückliste bezeichnet. Als Mindestangaben enthält diese Stückliste die fortlaufende Nummerierung der Teile, die Benennung, die Sachnummer bzw. Artikel- oder Identnummer des Einzelteils sowie die Anzahl bzw. eine Mengenangabe. Stücklisten können als separate Dokumente oder als Stückliste in einer Zeichnung vorhanden sein. Stücklisten beschreiben immer den End- bzw. Auslieferungszustand; nie Zwischen- oder Arbeitsstände. Zur Verdeutlichung der einzelnen Arten von Stücklisten soll ein zweitüriger Kleiderschrank einfacher Bauart beispielhaft verwendet werden (vgl. Bild 3.18).

Bild 3.18
Beispielmöbel für die Erläuterungen zur Thematik der Stücklisten
Übersicht Eigenfertigungsteile: 1x Außenseite links, 1x Außenseite rechts, 1x Konstruktionsboden, 2x Einlegeboden, 1x Oberboden, 1x Unterboden, 1x Rückwand, 1x Tür links und 1x Tür rechts; Übersicht Kaufteile: 8x Topfscharniere, 8x Montageplatte, 2x Bügelgriff, 4x Schrauben für Bügelgriffe, 4x Möbelfüße, 30x Verbindungsdübel, 8x Bodenträger. Die Kleiderstange und die zwei Schrankrohrlager sind nicht im Bild dargestellt.

[52] [WIE 2014], S. 159

[53] [DIN EN ISO 10209], S. 81

Arten von Stücklisten

In einer Mengenstückliste werden alle Einzelteile des Erzeugnisses nur einmal, mit Angabe der Anzahl des betreffenden Einzelteils angegeben. Aus einer Mengenstückliste sind keine Produktstrukturen, Gliederungs- bzw. Fertigungsebenen erkennbar. Daher wird die Mengenstückliste bei einfachen Erzeugnissen eingesetzt (vgl. Tabelle 3.8).

Tabelle 3.8 Beispiel für eine Mengenstückliste, Schrank Typ 2311

Pos.	Menge	Einheit	Benennung	Sachnummer	Bemerkung
1	1	Stück	Schrankseite links	E2311.11.1	
2	1	Stück	Schrankseite rechts	E2311.12.2	
3	1	Stück	Konstruktionsboden	E2311.13.3	
4	2	Stück	Einlegeboden	E2311.0.4	
5	1	Stück	Oberboden	E2311.13.8	
6	1	Stück	Unterboden	E2311.15.9	
7	1	Stück	Korpusrückwand	E2311.13.7	
8	1	Stück	Schranktür links	E2311.17.1	
9	1	Stück	Schranktür rechts	E2311.18.2	
10	30	Stück	Verbindungsdübel BU 8x40mm	K267.82.240	Hersteller A
11	8	Stück	Topfscharnier Duomatic Push 110°	K329.17.910	Hersteller A
12	8	Stück	Montageplatte	K329.67.003	Hersteller A
13	2	Stück	Bügelgriff, verzinkt, 180x35mm	K106.65.066	Hersteller A
14	4	Stück	Schrauben für Bügelgriffe	K022.35.225	Hersteller A
15	4	Stück	Möbelgleiter zum Schrauben	K635.90.350	Hersteller A
16	8	Stück	Bodenträger Ø5x16mm	K281.41.907	Hersteller A
17	1	Stück	Kleiderstange 100 cm, OVA 30x15mm	K801.40.011	Hersteller A
18	2	Stück	Befestigung OVA-Kleiderstange	K803.25.260	Hersteller A

Eine Modifikation der Mengenstückliste stellt die Mengenübersichtsstückliste dar. In die Mengenübersichtsstückliste werden zusätzlich zu den Einzelteilen auch die Baugruppen zu Beginn der Auflistung mit angegeben. Im Feld Benennung steht dann dort nicht die Identnummer des Einzelteils, sondern die der Baugruppe. Die Angabe der

Menge bedeutet dann die Anzahl dieser Baugruppen, die im Erzeugnis verbaut sind. In der Spalte Sachnummer bzw. Artikelnummern werden üblicherweise Bauteil- bzw. Baugruppennummern, d. h. die identifizierende Nummer des Gegenstandes, angegeben. Mitunter werden die Sachnummern von Einzelteilen und Baugruppen auch in den technischen Zeichnungen verwendet, um einem Bezug zwischen dem konkreten Bauteil bzw. der Baugruppe und der Zeichnung herzustellen. Bei Normteilen kann die zutreffende Norm angegeben sein.

In einer Strukturstückliste sind alle Baugruppen und Einzelteile eines Erzeugnisses in strukturierter Form enthalten. Dabei wird jede Baugruppe bis in ihre unterste Strukturebene aufgelöst. Durch eine zusätzliche Spalte in der Stückliste wird ersichtlich, zu welcher Strukturstufe[54)] innerhalb der Ordnungsstruktur das Einzelteil bzw. die Baugruppe gehört. In den Stücklisten kann der Stufenbezug direkt oder über Pfeile gekennzeichnet werden (vgl. Tabelle 3.9).

Tabelle 3.9 Beispiel für eine Strukturstückliste, Schrank Typ 2311

Pos.	Menge	Einheit	0	1	2	3	4	Benennung	Sachnummer	Bemerkung
1	1	Stück	x					Erzeugnis Typ 2311	ERZ 2311	
2	1	Stück		x				Baugruppe 13	BG 2311.13	Korpus
3	1	Stück		x				Baugruppe 17	BG 2311.17	Tür links
4	1	Stück		x				Baugruppe 18	BG 2311.18	Tür rechts
5	1	Stück			x			Baugruppe 11	BG 2311.11	Seite links
6	1	Stück			x			Baugruppe 12	BG 2311.12	Seite rechts
7	1	Stück			x			Baugruppe 15	BG 2311.15	Unterboden
8	1	Stück				x		Seite links	E2311.11.1	
9	1	Stück				x		Seite rechts	E2311.12.2	
10	1	Stück				x		Konstruktionsboden	E2311.13.3	
11	2	Stück				x		Einlegeboden	E2311.0.4	
12	1	Stück				x		Oberboden	E2311.13.8	

[54] Eine Strukturstufe ist nach [DIN 199-1] „... eine durch fortschreitende Auflösung eines Erzeugnisses in Einzelteile und/oder Gruppen entstehende Gliederungsebenen“... „Die (mehrstufige) Gliederung der aufgeführten Gruppen und Teile entspricht in der Regel dem geplanten Zusammenbaufluss.“, S. 15

Pos.	Menge	Einheit	0	1	2	3	4	Benennung	Sachnummer	Bemerkung
13	1	Stück				x		Unterboden	E2311.15.9	
14	1	Stück				x		Korpusrückwand	E2311.13.7	
15	1	Stück				x		Schranktür links	E2311.17.1	
16	1	Stück				x		Schranktür rechts	E2311.18.2	
17	30	Stück					x	Buche Dübel 8x40mm	K267.82.240	Hersteller A
18	8	Stück					x	Topfscharnier	K329.17.910	Hersteller A
19	8	Stück					x	Montageplatte	K329.67.003	Hersteller A
20	2	Stück					x	Bügelgriff, 180x35mm	K106.65.066	Hersteller A
21	4	Stück					x	Schrauben M4x22mm	K022.35.225	Hersteller A
21	4	Stück					x	Möbelgleiter	K635.90.350	Hersteller A
22	8	Stück					x	Bodenträger	K281.41.907	Hersteller A
23	1	Stück					x	Kleiderstange OVA	K801.40.011	Hersteller A
24	2	Stück					x	Schrankrohrlager	K803.25.260	Hersteller A

Für den o. g. Schrank soll folgender fertigungstechnischer Ablauf gelten. In die Stufe 4 werden die Beschläge und die noch zu bearbeitende Kleiderstange auf Maß gefertigt. Zur Stufe 3 gehören die Einzelteile. In der Stufe 2, d. h. niedere Baugruppen, BG 11 vgl. Tabelle 3.11, BG 12 vgl. Tabelle 3.12 und BG 15 vgl. Tabelle 3.14, werden z. B. die Möbelgleiter mit dem Unterboden sowie die Kleiderstangenhalter und die Montageplatten mit den Seiten montiert. In der Stufe 1, d. h. bei den höheren Baugruppen, BG 13 vgl. Tabelle 3.13, BG 17 vgl. Tabelle 3.15 und BG 18 vgl. Tabelle 3.16, werden die linken und rechten Türen und der Korpus gefertigt. Das Erzeugnis vom Typ 2311 wird in der Stufe 0 fertiggestellt. Die Ordnung nach Fertigungsstufen kennzeichnet den fertigungstechnischen Ablauf der Einzelteilfertigung sowie der Gruppen- und Endmontage und besteht aus den Stufen 0 bis 4. Strukturstücklisten können werden bei nicht so umfangreichen Erzeugnissen verwendet werden.

Eine Baukastenstückliste enthält nur die Einzelteile einer Baugruppe, die sich in der nächsttieferen Fertigungsstufe befinden. Somit wird für jede Fertigungsstufe eine eigene Stückliste erstellt (vgl. Tabelle 3.10).

Tabelle 3.10 Beispiel für eine Baukastenstückliste: hier das Erzeugnis ERZ 2311

Pos	Menge	Einheit	Benennung	Sachnummer	Bemerkung
1	1	Stück	Baugruppe 13	BG 2311.13	Korpus
2	1	Stück	Baugruppe 17	BG 2311.17	Tür links
3	1	Stück	Baugruppe 18	BG 2311.18	Tür rechts
4	8	Stück	Bodenträger	K281.41.907	
5	2	Stück	Einlegeboden Modell 2311	E2311.0.4	
6	1	Stück	Kleiderstange	K801.40.011	Länge L=960 mm

Die Baukastenstückliste für die Baugruppe Seite links enthält folgende Angaben (vgl. Tabelle 3.11).

Tabelle 3.11 Beispiel für eine Baukastenstückliste: hier Baugruppe BG 2311.11

Pos	Menge	Einheit	Benennung	Sachnummer	Bemerkung
1	1	Stück	Schrankseite Modell 2311	E2311.11.1	Seite links
2	4	Stück	Montageplatten	K329.67.003	
3	1	Stück	Schrankrohrlager	K803.25.260	

Die Baukastenstückliste für die Baugruppe Seite rechts enthält folgende Angaben (vgl. Tabelle 3.12).

Tabelle 3.12 Beispiel für eine Baukastenstückliste: hier Baugruppe BG 2311.12

Pos	Menge	Einheit	Benennung	Sachnummer	Bemerkung
1	1	Stück	Schrankseite Modell 2311.12	E2311.12	Seite rechts
2	4	Stück	Montageplatten	K329.67.003	
3	1	Stück	Schrankrohrlager	K803.25.260	

Die Baukastenstückliste für die Baugruppe Korpus enthält folgende Angaben (vgl. Tabelle 3.13).

Tabelle 3.13 Beispiel für eine Baukastenstückliste: hier Baugruppe Korpus BG 2311.13

Pos	Menge	Einheit	Benennung	Sachnummer	Bemerkung
1	1	Stück	Baugruppe 11	BG 2311.11	Seite rechts
2	1	Stück	Baugruppe 12	BG 2311.12	Seite links
3	1	Stück	Konstruktionsboden Modell 2311	E2311.13.3	KBoden
4	1	Stück	Oberboden	E2311.13.8	OBoden
5	1	Stück	Baugruppe 15	BG 2311.15	UBoden
6	1	Stück	Rückwand 2311	E2311.13.7	
7	30	Stück	Büche Dübel 8x40mm	K267.82.240	

Die Baukastenstückliste für die Baugruppe Unterboden enthält folgende Angaben (vgl. Tabelle 3.14).

Tabelle 3.14 Beispiel für eine Baukastenstückliste: hier Baugruppe BG 2311.15

Pos	Menge	Einheit	Benennung	Sachnummer	Bemerkung
1	1	Stück	Unterboden	E2311.15.9	
2	4	Stück	Möbelfüße zum Schrauben	K635.90.350	

Die Baukastenstückliste für die Baugruppe Tür links enthält folgende Angaben (vgl. Tabelle 3.15).

Tabelle 3.15 Beispiel für eine Baukastenstückliste: hier Baugruppe BG 2311.17

Pos	Menge	Einheit	Benennung	Sachnummer	Bemerkung
1	1	Stück	Tür Modell 2311	E2311.17.1	Tür links
2	4	Stück	Topfscharnier Duomatic 110°	K329.17.910	
3	1	Stück	Bügelgriff, 180x35mm, geschraubt	K106.65.066	
4	2	Stück	Schrauben für Bügelgriff	K022.35.207	

Die Baukastenstückliste für die Baugruppe Tür rechts enthält folgende Angaben (vgl. Tabelle 3.16).

Tabelle 3.16 Beispiel für eine Baukastenstückliste: hier Baugruppe BG 2311.18

Pos	Menge	Einheit	Benennung	Sachnummer	Bemerkung
1	1	Stück	Tür Modell 2311	E2311.18.2	Tür rechts
2	4	Stück	Topfscharnier Duomatic 110°	K329.17.910	
3	1	Stück	Bügelgriff, 180x35mm, geschraubt	K106.65.066	
4	2	Stück	Schrauben für Bügelgriff	K022.35.207	

Die Baugruppenstücklisten in Tabelle 3.10 bis Tabelle 3.16 können auch als Stücklistenfelder in den technischen Zeichnungen, z. B. in Baugruppenzeichnungen oder Explosionsdarstellungen, angegeben werden.

Gozinto-Graph

Das Gegenstück zu einer Stückliste ist der Teileverwendungsnachweis. Im Teileverwendungsnachweis ist festgelegt, in welchen Erzeugnissen die einzelnen Bestandteile enthalten sind. Der Gozinto-Graph ist keine Stückliste im klassischen Sinn. Als Gozinto-Graph wird ein gerichteter Graph bezeichnet, der in der Fertigungsplanung zur Produkt- und Teilbedarfsberechnung sowie als Vorstufe zur Fertigungstermin- und Maschinenbelegungsplanung verwendet wird. Durch die Verwendung von Pfeilen entsteht eine klare Flussrichtung (vgl. Bild 3.19).

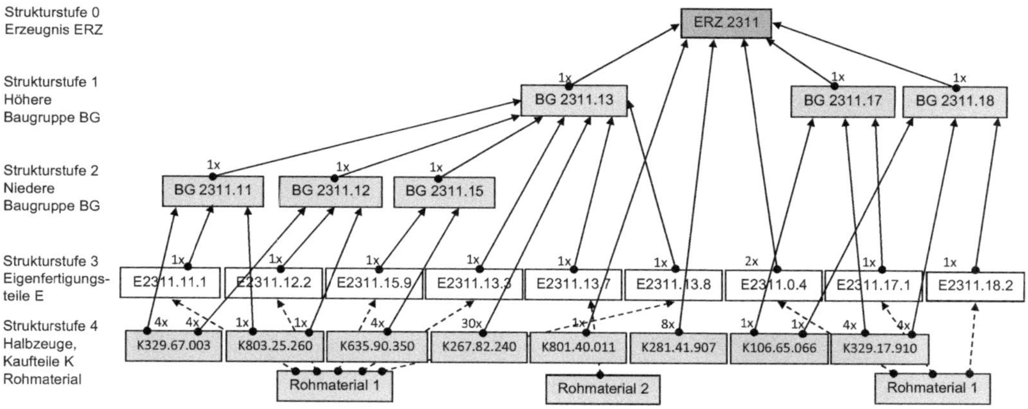

Bild 3.19 Gozinto-Graph für den Beispielschrank 2311

An den beschriften Knotenpunkten treffen die Richtungspfeile zusammen. Die Knotenpunkte werden üblicherweise mit Kreisen dargestellt. Zum besseren Verständnis der Abbildung und zur besseren Vergleichbarkeit mit den Baukastenstücklisten wurden die Knoten in Rechteckform mit Beschriften als Einzelteil, Baugruppe oder Erzeugnis dargestellt. Gleichzeitig wird über die angegebenen Zahlen an den Pfeilen ersichtlich, wie viele zufließende Einheiten miteinander zu einer neuen Einheit verbunden werden. Da jedes Teil und jede Baugruppe nur einmal aufgeführt sind, entsteht eine übersichtliche Struktur des Erzeugnisses und gleichzeitig dessen Herstellungsreihenfolge.

Bei den Rohmaterialangaben handelt es sich beim Rohmaterial 1 um Plattenwerkstoffe für den Korpus und die Türen. Beim Rohmaterial 2 handelt es sich um das Rückwandmaterial.

Variantenstückliste

Der Anteil kundenindividueller Erzeugnisse mit Farb- und Dekorvarianten, für die verschiedene Ausführungsmöglichkeiten existieren, ist in der Möbelfertigung relativ hoch. Für jedes kundenindividuelle Erzeugnis eine eigene Stückliste zu fertigen, obwohl ein Großteil der Einzelteile und Baugruppen identisch ist, wäre nicht vertretbar. Die Variantenstücklisten bilden in jeder Spalte genau die Variante ab, deren Erzeugnisse beschrieben werden sowie welche Elemente in welcher Menge in dieser Variante verarbeitet werden. Das setzt voraus, dass die Baugruppen und Einzelteile aller Varianten in strukturierter Form in einer Master-Stückliste hinterlegt sind. Die Master-Stückliste hat daher einen größeren Umfang, als für ein Produkt benötigt wird. Bei einer hohen Variantenvielfalt führen Variantenstücklisten zu einer erheblichen Vereinfachung der Dokumentation.

Auf der Basis des obigen Beispiels kann die Teileliste für den Rohteilzuschnitt erstellt werden. Der Identifikator für die einzelnen Rohteile kann entweder die Benennung oder die jeweilige Sachnummer sein. Für weiterführende Informationen zum Rohteilzuschnitt wird auf den Abschnitt 4.2.1 verwiesen.

3.6.2 Bauteildefinition

Zum besseren Verständnis der nachfolgenden Ausführungen ist es angebracht, bestimmte Begriffe zu definieren. Die Bezeichnung Fertigteil beschreibt ein Werkstück am Ende eines Bearbeitungsvorgangs bzw. eines Bearbeitungsschrittes. Am Ende der Bearbeitung liegt das Bauteil im Fertigzustand vor. Der Begriff Rohteil beschreibt ein noch nicht bearbeitetes Werkstück. Der Begriff Bearbeitungszugabe bezeichnet die Maßdifferenz zwischen Roh- und Fertigteilabmessungen.

Um die Lage und Ausrichtung eines Bauteils eindeutig zu beschreiben, werden Länge, Breite und Dicke wie folgt definiert. Die Länge eines Werkstückes bzw. Bauteils ist bei plattenförmigen Bauteilen die größte Abmessung (Länge > Breite > Dicke). Das Bauteil wird später mit seiner Länge in der X-Richtung auf die CNC-Stationärbearbeitungsmaschinen gespannt. Besitzt das Werkstück eine Maserung bzw. Dekorrichtung, dann verläuft dieses Dekor typischerweise in X-Richtung. Anderenfalls ist eine abweichende Dekorrichtung anzugeben bzw. in der Zeichnung zu kennzeichnen. Die Breite des Werkstückes bzw. Bauteils wird in der Plattenebene quer zur Längsrichtung definiert. Als Dicke wird der Abstand zwischen der oberen und unteren Breitfläche angegeben. Plattenförmige Bauteile in Rechteckform verfügen über zwei Breit- und vier Schmalflächen (vgl. Bild 3.20).

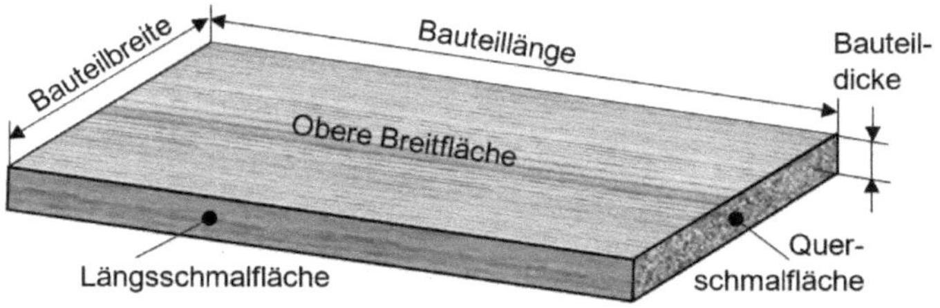

Bild 3.20 Abmessungen und Flächen am Werkstück

Als Breitfläche wird die Fläche zwischen Länge und Breite bezeichnet. Die Bezeichnung obere bzw. untere Breitfläche ergibt sich aus der konstruktiven und funktionalen Anordnung bzw. aus der Bearbeitungssituation. Die untere Breitfläche wird zum Spannen mit Vakuum auf CNC-Maschinen verwendet. Die Schmalflächen werden durch deren Länge, Breite und Dicke definiert. Mitunter wird die Schmalfläche in Längsrichtung auch als Längsschmalfläche bezeichnet; analog dazu auch die Breit- oder Querschmalfläche.

Bei der maschinellen Bearbeitung der Bauteile kann es bei relativ kleinen Bauteilen zu Problemen bei der Spannbarkeit kommen bzw. der wirtschaftliche Aufwand zur Herstellung dieser Teile kann deutlich ansteigen. Kleinere Teile können zu einem Verbundteil zusammengefasst werden. Die Bearbeitung wird dann für das Verbundteil ausgeführt. Abschließend werden die im Inneren liegenden Fertigteile voneinander getrennt und ggf. fertig bearbeitet. Es haben sich folgende Bezeichnungen für derartige Verbundteile etabliert.

Ein Doppelteil ist ein Verbundteil aus zwei formatgleichen Fertigteilen mit Platz für den Trennschnitt. Da bei bestimmten Bearbeitungsmaschinen Mindestmaße für die Aufspannung bzw. die Bearbeitung eingehalten werden müssen, kann die Bildung von Mehrfachteilen notwendig sein (vgl. Bild 3.21).

Das betrifft besonders Schmalteile wie Schubkasten- oder Sockelteile. Da die im Inneren eines Rohteils liegenden Fertigteile z. B. nach der Formatbearbeitung aufgetrennt werden, ist die seitliche Bearbeitungszugabe um die Trennschnittbreite der Formatkreissäge, meist 4,0 mm; zu erhöhen. Werden Doppelteile zugeschnitten, reduziert sich die Anzahl der Rohteile. Die Stückzahl in der Teileliste für den Zuschnitt ist entsprechend anzupassen.

Ein Mehrfachteil ist ein Verbundteil aus zwei oder mehreren maßlich verschiedenen Fertigteilen mit entweder gleicher Länge oder gleicher Breite (vgl. Bild 3.22).

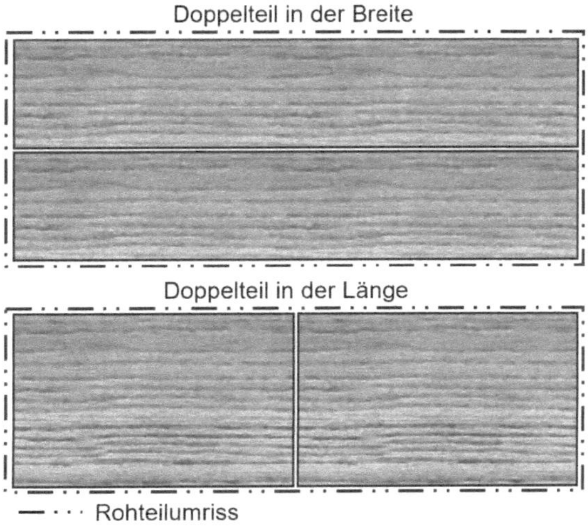

Bild 3.21
Doppelteile in der Breite und in der Länge

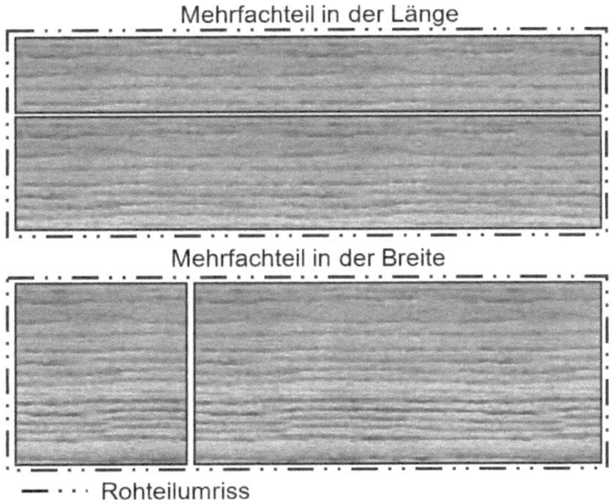

Bild 3.22
Mehrfachteile mit verschiedenen Fertigteilen in gleicher Länge bzw. gleicher Breite

Ein Übermaßteil ist ein einzelnes Fertigteil in einem deutlich größeren Rohteil, bei dem abschließend in der Nachbearbeitung das Übermaß, d. h. Übermaß ≫ Bearbeitungszugabe, abgetrennt wird. Das Übermaß ist u. U. notwendig, um das Bauteil mit bestimmten Maschinen bearbeiten zu können (vgl. Bild 3.23).

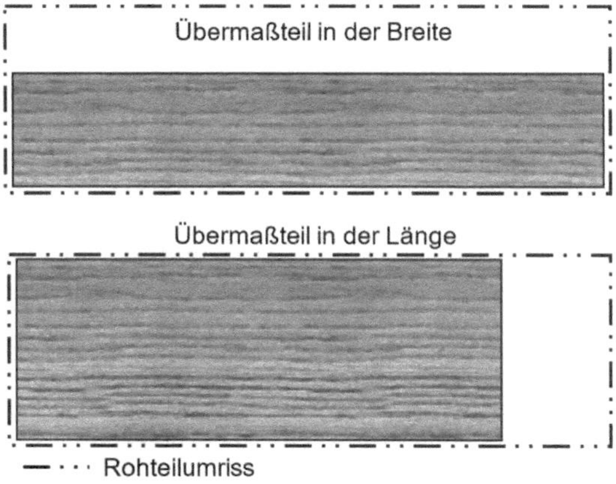

Bild 3.23
Übermaßteile in der Länge bzw. in der Breite

Ein Streifenteil ist ein in einem halbfertigen streifenförmigen Rohteil mehrfach angeordnetes Einzelteil, welches durch Ablängen aus dem Streifen herausgetrennt wird.

3.6.3 Bestimmung von Rohteil- und Fertigteilabmessungen sowie von Mehrfachteilen

Bei der Ermittlung des Materialbedarfs werden in einem ersten Schritt die einzelnen Bauteilflächen der zum Auftrag gehörenden Teile werkstoffbezogen aufsummiert. Dieser Schritt erfolgt in der Grobplanung für den Zuschnitt, vgl. Abschnitt 4.2.1.1. Anschließend werden die Abmessungen der Teile überprüft, ob diese Teile in den einzelnen Fertigungsprozessen sicher und effektiv bearbeitet werden können. Unter Umständen sind kleinformatige Teile zu Mehrfachteilen zusammenzufassen. Bei der Erstberechnung des Plattenzuschnittes werden Schnittverluste bzw. Werte für die Materialausbeute berechnet. Sind diese Verlustwerte zu hoch, beginnt im Allgemeinen der Prozess der Zuschnittoptimierung, vgl. Abschnitt 4.2.1.2. Dabei können ausgehend von der Optimierungsstrategie, z. B. Kostenminimum beim Zuschnitt, Veränderungen an der Teileliste vorgenommen werden. Derartige Veränderungen können zum Beispiel vorgenommen werden, durch:

- Veränderungen der Stückzahlen, z. B. das Zulassen von Über- oder Unterproduktion,
- Änderungen an den Zuschnittabmessungen, z. B. durch Modifikation der Bearbeitungszugaben,
- Änderungen an den Materialparametern, z. B. von Dekoren bzw. Dekorrichtungen oder
- Änderungen an den Optimierungsparametern, z. B. Änderungen der Aufteilschemen bzw. am Besäumschnitt.

Durch die Zuschnittoptimierung, vgl. Abschnitt 4.2.1.2, können sich Veränderungen in den Abmessungen und Stückzahlen an den Rohteilen ergeben. Wie bereits ausgeführt wurde, sind für spanende Bearbeitungen entsprechende Bearbeitungszugaben vorzusehen. Nur Bauteile, welche nach dem Zuschnitt keine weitere spanende Bearbeitung erfahren, z. B. Rückwände und Schubkastenböden, erhalten keine Bearbeitungszugaben. Hier gilt dann: Rohteilmaß gleich Fertigteilmaß. Die Bearbeitungszugaben sollen so groß gewählt werden, dass die geplanten, u. U. mehrstufigen Spanungsprozesse, sicher und qualitätsgerecht ausgeführt werden können. Gleichzeitig soll die Bearbeitungszugabe so klein wie möglich sein, damit nicht unnötig Material verschwendet wird. Eine Bearbeitungszugabe sollte immer pro Bearbeitungsseite bzw. Bearbeitungsfläche angegeben werden; mitunter werden Gesamtbearbeitungszugaben in Programmiersystemen gefordert, z. B. Längenaufmaß und Breitenaufmaß. Ein Gesamtaufmaß sollte immer gleichmäßig auf die Seiten verteilt werden, um gleichmäßige Spanungsbedingungen zu gewährleisten. Diese Regel hat aber eine Ausnahme. Werden an einem Bauteil z. B. Gehrungen für Gehrungseckverbindungen geschnitten, dann ist an den betreffenden Gehrungsseiten für die 45°-geneigte Schnittfläche ein vergrößertes Aufmaß vorzusehen, damit das Sägeblatt beim Gehrungsschnitt komplett im Material schneidet.

Die Größe der Bearbeitungszugaben wird vom technischen Zustand der betreffenden Maschinentechnik, von der Werkstoffart und dem Zustand des Rohmaterials beeinflusst. Bei Werkstücken mit Abmessungen bis 1000 mm aus handelsüblichen Plattenwerkstoffen ist eine seitliche Bearbeitungszugabe von ca. 3 mm bis 5 mm sinnvoll. Bei Werkstückabmessungen über 1000 mm können seitliche Bearbeitungszugaben größer 5 mm sinnvoll sein.

Bestimmte Schmal- oder Kleinteile lassen sich nur bedingt mit modernen numerisch gesteuerten Holzbearbeitungsmaschinen bearbeiten. Beim Formatieren im Durchlauf liegen die Bauteile auf einer Transportkette auf und werden von oben mit einem Flachriemen bzw. Andruckrollen fest auf diese Kette gedrückt, damit sie bei der Bearbeitung nicht verrutschen. Die Bearbeitungsaggregate dieser Maschinen können nicht unmittelbar bis an die Transportkette heranfahren, da eine Kollisionsgefahr besteht. Damit das Bauteil sicher auf der Transportkette fixiert werden kann, müssen die Werkstücke bei einseitiger Bearbeitung eine maschinenabhängige Mindestbreite von 100 mm bis 120 mm haben. Bei doppelseitigen Durchlaufformatbearbeitungsmaschinen können die beiden Maschinenhälften nur bis zu einer minimalen Schnittbreite von etwa 194 mm bzw. 204 mm zusammenfahren.

Zur Herstellung von Schmalteilen bei doppelseitiger Bearbeitung, z. B. Schubkastenteilen oder Sockelteilen, hat sich deshalb eine Kombination von Doppel- und Übermaßteil als praktikabel erwiesen. In einem Rohteil werden zwei Fertigteile in der Breite angeordnet und die Rohteilbreite so gewählt, dass die Teile doppelseitig im Durchlauf bearbeitet werden können. Nach der Durchlaufformatierung können dann mit zwei Sägeschnitten die beiden Fertigteile herausgetrennt werden (vgl. Bild 3.24).

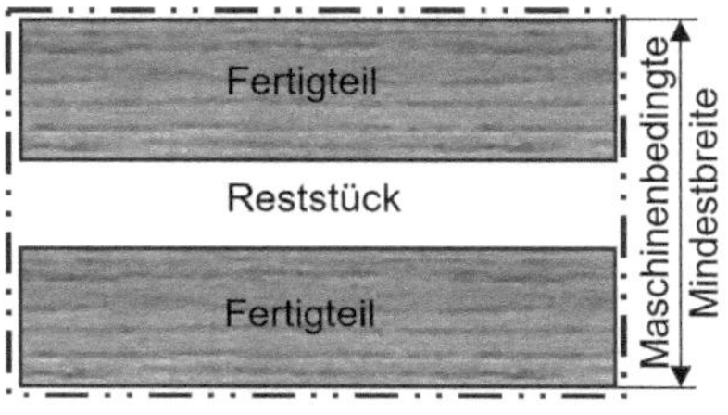

Bild 3.24
Kombination von Doppel- und Übermaßteil

Die Schnittbreite des Sägeblattes ist im Reststück zu berücksichtigen. Das verbleibende Reststück kann für Stege bzw. Einlegeteile bei der Kartonverpackung verwendet werden.

Bei der CNC-Stationärbearbeitung von Möbelteilen werden die Werkstücke vorzugsweise auf Konsolentischen mit Vakuum-Blocksaugern fixiert. Dabei sind die Anzahl der Blocksauger und deren Spannfläche wesentlich für die sichere Spannung der Werkstücke (vgl. Bild 3.25).

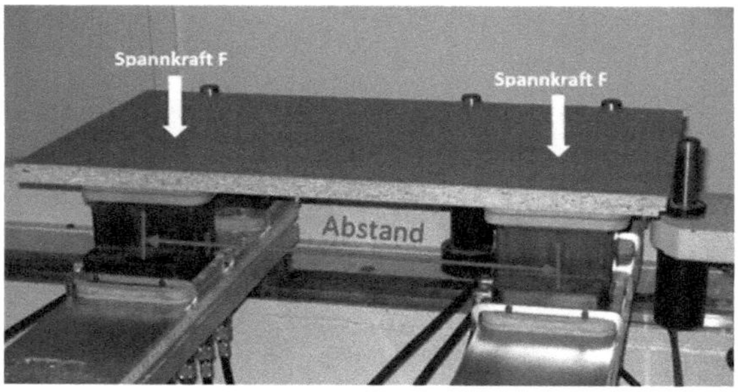

Bild 3.25
Fixiertes Werkstück auf einem Konsoltisch mit Blocksaugern

Die Vakuumpumpen von CNC-Holzbearbeitungsmaschinen erzeugen typischerweise ein Vakuum in Höhe von $p = 1$ bar. Über die Beziehung Druck ist gleich Kraft pro Fläche $p = F/A = 1$ bar wird ersichtlich, dass die Größe der Spannfläche A, d. h. Summe aller Spannflächen der beteiligten Blocksauger, einen wesentlichen Einfluss auf die Spannkraft F hat.

Da bei der CNC-Stationärbearbeitung nicht nur von oben Kräfte wirken, z. B. beim Vertikalbohren, sondern auch Querkräfte in der Plattenebene, z. B. durch das Horizontalbohren oder das Konturfräsen, sind die Blocksauger so anzuordnen, dass das Bauteil gegen seitliches Verschieben und Verdrehen in der Spannebene gesichert ist. Der Abstand zwischen zwei benachbarten Blocksaugern sollte relativ groß gewählt werden, damit ein ausreichender Widerstand gegen ein mögliches Verdrehen des Bauteils bei der Bearbeitung vorhanden ist. Gleichzeitig sollte der Abstand der Blocksauger aber nicht so groß sein, dass sich das Bauteil durch sein Eigengewicht durchbiegt. Zum Spannen von Bauteilen sind grundsätzlich mindestens zwei Blocksauger pro Werkstück zu verwenden.

Die Vakuumspannmöglichkeiten und die konkrete Spannsituation definieren direkt die Mindestgröße der Bauteile. Ist bei Klein- oder Schmalteilen keine sichere Bauteilspannung zu erwarten, dann sollten Doppel-, Mehrfach- oder Übermaßteile vorgesehen werden. Bei Doppel- und Mehrfachteilen sind dann für die Plattenzuschnittoptimierung die notwendigen Stückzahlen entsprechend anzupassen.

3.6.4 Anforderungen an Fertigungs- und Organisationsdokumente

Eine Produktdokumentation ist ein Hilfsmittel zur bildlichen, beschreibenden oder gegenständlichen Darstellung von Erzeugnissen, ihren Baugruppen und Einzelteilen nach Gestalt, Beschaffenheit und Eigenschaften. Die Fertigungsorganisation entscheidet über die Produktionsmethode. In Abhängigkeit von Anordnung und Organisation der Betriebsmittel sind folgende Produktionsmethoden möglich: die Werkstattfertigung mit verrichtungsorientierter oder personenorientierter Arbeitsteilung, die Fließfertigung, die Reihenfertigung, die Inselfertigung, die flexible Fertigung und die segmentierte Fertigung (vgl. Abschnitt 3.2).

Für die konkret angewendete Form der Fertigungsorganisation sind entsprechende Fertigungsdokumente notwendig. Eine ausführliche Fertigungsdokumentation mit der exakten Beschreibung des Fertigungsprozesses, d. h. mit Fertigungsablauf, dem Montageablauf, der Werkstückprüfung und der Anweisungen zu den auszuführenden Arbeitsschritten, ist die Basis für eine reproduzierbare und wirtschaftlich effektive Fertigung.

Eine besondere Bedeutung für die Fertigung hat die Konstruktionsdokumentation. Zusammen mit den Stücklisten bilden sie das Fundament der Fertigungsdokumentation. Die Konstruktionsdokumentation umfasst die notwendigen CAD-Daten und Modelle, den Zeichnungssatz, verbale Beschreibungen und ggf. Visualisierung von Erzeugnissen und deren räumlicher Bedingungen.

Nach [DIN 199-1] ist eine technische Zeichnung in der für technische Zwecke erforderlichen Art und Vollständigkeit zu erstellen. Eine technische Zeichnung stellt in grafischer und textlicher Form alle notwendigen Informationen für die Herstellung dar und enthält die Beschreibung der geforderten Funktionen und Eigenschaften eines Einzelteils, einer Baugruppe bzw. eines Erzeugnisses. Eine technische Zeichnung ist nach genormten Regeln zu erstellen. Eine normgerechte und fehlerfreie Zeichnung ist die eindeutige geometrische und funktionale Beschreibung von technischen Erzeugnissen. Je nach Verwendungszweck und Branche existiert eine große Zahl von Arten von Zeichnungen. Nachfolgend sollen die Einzelteilzeichnung, die Fertigungszeichnung und die Prüfzeichnung betrachtet werden.

Erweiterte fertigungstechnische Angaben in Einzelteilzeichnungen

Eine Einzelteilzeichnung stellt das Bauteil in seiner Fertigform dar und enthält alle für die Herstellung benötigten Angaben, z. B. für die Fertigung oder Prüfung. Ein Einzelteil ist eindeutig und vollständig zu bemaßen. Darüber hinaus sind Toleranzen in Maß, Form und Lage, entweder einzeln oder als Sammelangabe, anzugeben. Angaben zur Oberflächenbeschaffenheit, zu den Fertigungsverfahren und zu den Prüfverfahren sind in geeigneter Weise anzugeben. Werden Bauteile mit NC/CNC-Maschinen bearbeitet, sollte die Einzelteilzeichnung grundsätzlich NC-gerecht erstellt werden. Nach der Erstellung der Zeichnung in der Konstruktionsabteilung gelangt diese in die Arbeitsvorbereitung. Ausgehend von dieser technischen Zeichnung werden dann die CNC-Programme erstellt. Die Art der Abfassung der Zeichnung und die Vollständigkeit der Angaben in der Zeichnung beeinflussen den CNC-Programmieraufwand erheblich. Unklare oder fehlende Angaben rufen Rückfragen und damit Verzögerungen in der Programmierung hervor. Fehlende Angaben und Festlegungen in der Konstruktion müssen dann durch die Arbeitsvorbereitung ergänzt werden.

Für die Darstellung und Bemaßung technischer Zeichnungen gelten die Normen [DIN 919-1] und [DIN 406-11]. Bezüglich fertigungsrelevanter Angaben sind in den o. g. Normen in technischen Zeichnungen Regeln zu Angaben über Beschichtungen, zu Fügeprozessen, zur Oberflächenrauheit sowie Toleranzangaben enthalten.

Nach [DIN 30-6] können Zeichnungen für gleichartige Bauteile als Sammelzeichnung zusammengefasst werden. Das Bauteil ist in einem Zustand darzustellen und die unterschiedlichen Merkmale können z. B. in Form einer Tabelle angegeben werden (vgl. Bild 3.26).

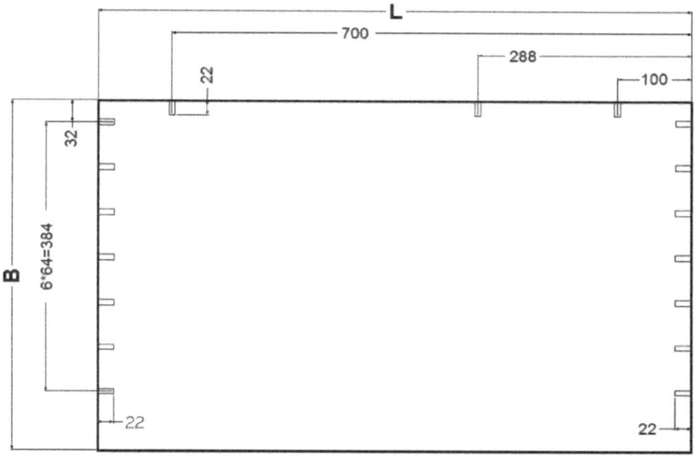

37.4441.32	952	511
37.4441.33	846	527
37.4441.34	839	525
Sachnummer	L	B

Bild 3.26 Sammelzeichnung für gleichartige Bauteile, nach [DIN 30-6]

Bei diesen Sammelzeichnungen können variable und konkrete Maße beliebig kombiniert werden. Zur Unterscheidung dieser Bauteile ist für jede Variante eine spezifische Artikel- bzw. Sachnummer zu vergeben. Sammelangaben dürfen für Maße, Abmessungen, Form bzw. Ausführungsformen, Werkstoffe und Oberflächenangaben verwendet werden. Für die variablen Merkmale können Kennbuchstaben verwendet und in tabellarischer Form zu erläutert werden.

Bei Einzelteilzeichnungen von Möbelteilen kann bei gespiegelten Teilen, z. B. linke und rechte Seite, nur ein Teil dargestellt werden. Es genügt die Darstellung eines Teiles. In der Nähe des Schriftfeldes sollte eine textliche Erläuterung vorgenommen werden, z. B. Teil 32.4441.16 wie gezeichnet; Teil 32.4441.17 spiegelbildlich gleich (vgl. Bild 3.27).

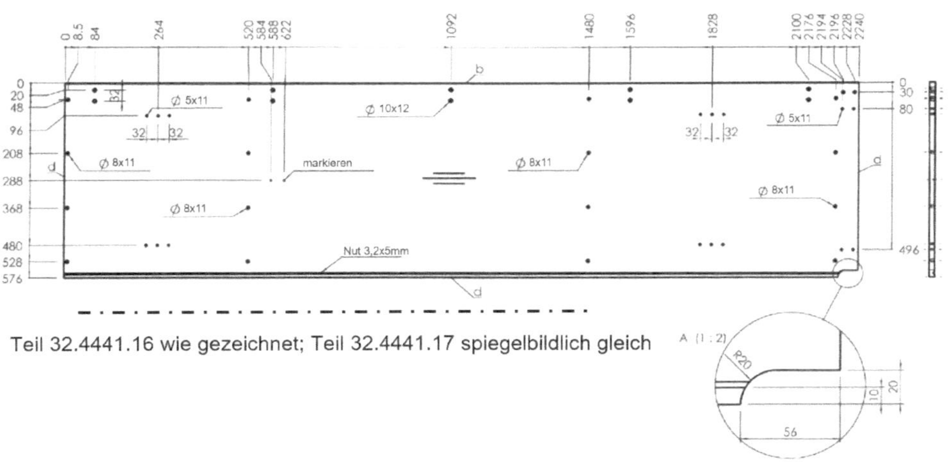

Bild 3.27 Einzelteilzeichnung einer Schrankseite mit steigender Bemaßung

Durch die Angabe einer Symmetrielinie (Strich-Punkt-Linie) als Spiegelachse kann das gespiegelte, aber nicht dargestellte Teil, eindeutig gekennzeichnet werden. Im Schriftfeld sind dann aber beide Zeichnungsnummern anzugeben. Für die Angabe von weiterführenden technologischen Informationen oder Fertigungsabläufen sind in den o. g. Normen keine Festlegungen getroffen. In einigen Normen wird darauf hingewiesen, dass spezielle Angaben, z. B. Sammelangaben, in Textform über dem Schriftfeld angegeben werden können. Für umfangreiche textliche Erläuterung würde aber der zur Verfügung stehende Platz in der Zeichnung nicht ausreichen.

Bei der Angabe von Bohrungen in einer Fertigungszeichnung sind die jeweils die Positionsangaben, Durchmesser und Tiefe anzugeben; bei Lochreihen kann vereinfachte Darstellung und Bemaßung verwendet werden. Bei der Verwendung der steigenden Bemaßung werden am Bauteil die beiden Bemaßungsachsen mit ihren jeweiligen Nullpunkten angegeben (vgl. Bild 3.27). Alle angegebenen Maße sind Bezugsmaße, d. h. Absolutmaße mit G90, die sich auf den Achsnullpunkt beziehen. Bohrungsdurchmesser und Bohrtiefenangaben können mittels Bezugsstrich durch Zahlenwerte und/oder Symbole mit angegeben werden. Eine weitere Möglichkeit ist die Angabe einer Bohrungstabelle in der Zeichnung (vgl. Bild 3.28).

Bohrungstabelle

ID	Art		X_{ST}	Y_{ST}	Z_{ST}	Ø	T	An	Ra_x	Ra_y	Typ
A	VLR	-Z	D/2	54,0	D	5,0	9,0	4	0	64,0	LST
B	HLR	+X	0,0	62,0	D/2	8,0	21,0	4	0	96,0	SST

Bild 3.28 Beispielhafte Bohrungstabelle für eine technische Zeichnung; hier als Bild dargestellt

In dieser Bohrungstabelle sind folgende Angaben für Lochreihen enthalten:

- Kennzeichen der Bohrung, z. B. Bohrungstypen ID-Typen A und B,
- Art der Bohrung, z. B. V: vertikal, H: horizontal und EB: Einzelbohrung bzw. LR: Lochreihe,
- Richtung der Bohrachse im CNC-Koordinatensystem,

  X-, Y- und Z-Koordinaten des Beginns der Bohrung (X_{ST}, Y_{ST} und Z_{ST}) mit D = Bauteildicke,
- Angabe des Bohrungsdurchmessers Ø5,0 mm und Ø8,0 mm,
- Symbol für Bohrtiefe T und Bohrtiefenangaben, z. B. 9,0 mm und 21,0 mm,
- AN: Anzahl der Bohrungen in einer Lochreihe, AN = 4

  Bohrungsrasterabstand in X-Richtung RA_X oder Y-Richtung RA_Y und
- Kürzel für die zu verwendende Vorschubsteuerung, z. B. LST: Vertikale Dübelbohrung auf Tiefe mit Vorschubreduzierung oder SST: Dübelbohrung auf Tiefe ohne Vorschubreduzierung.

Als Prüfzeichnung wird im Allgemeinen eine technische Zeichnung zur Prüfung des dargestellten Gegenstandes verstanden. Eine Prüfzeichnung kann eine eigenständige technische Zeichnung sein, in der die zu prüfenden Angaben enthalten sind. Es besteht aber auch die Möglichkeit, in einer Einzelteilzeichnung Prüfmaße einzutragen. Bei einem Prüfmaß werden die Maßangaben in einem gerundeten Rahmen, dem sogenannten Zeppelin-Symbol, angegeben (vgl. Bild 3.29).

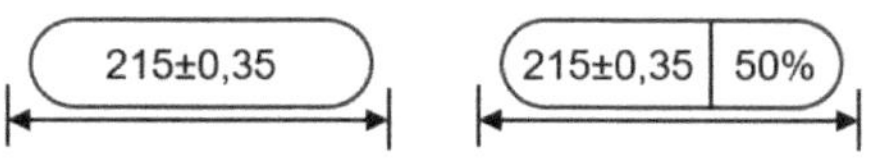

Bild 3.29 Angabe von Prüfmaßen in technischen Zeichnungen, nach [DIN 30-10], S. 8 ff.

Häufig werden tolerierte Maße als Prüfmaße verwendet, vgl. [DIN EN ISO 14405]. Bei der Bestimmung der Toleranzen kann das Unabhängigkeitsprinzip angewendet werden, vgl. [DIN EN ISO 8015]. Dabei wird jede Toleranz einzeln und unabhängig von anderen Toleranzen betrachtet. Nach DIN EN ISO 14405 wird die Zweipunktmessung durch das Zeppelin-Symbol mit dem Inhalt LP gekennzeichnet. In der Zeichnung kann über dem Schriftfeld die Angabe Tolerierung nach DIN EN ISO 8015 erfolgen. Beim Prüfen der Maße kann dann festgestellt werden, ob das Bauteil ein Gutteil ist, d. h. die angegebene Abmessung liegt in der Toleranz, oder ein Ausschussteil, d. h. die angegebenen Toleranzen sind nicht eingehalten, oder ein Nacharbeitsteil, d. h. Bauteil kann durch Nacharbeit zu einem Gutteil werden. Zusätzlich zur Prüfmaßangabe kann die Häufigkeit der Prüfung angegeben sein. In der dazugehörigen Prüfvorschrift kann dann eine Stichprobenprüfung festgelegt sein. Die Angabe 50 % in Bild 3.29 bedeutet, dass 50 % aller Teile des Fertigungsloses zu prüfen sind.

Hinsichtlich der Verwendung von Holz als Werkstoff sind die Toleranzen für Holz und Holzwerkstoffe in der Norm [DIN 68100] geregelt. Im Zusammenhang mit einem Einsatz von Holz und Holzwerkstoffen als Baustoffe sind die Toleranzen nach [DIN 18203-3] zutreffend.

Eine Fertigungszeichnung ist eine technische Zeichnung mit allen Informationen, die für die Fertigung des dargestellten Werkstückes erforderlich sind. In der Möbelteilefertigung werden die Rohteile mit verschiedenen Fertigungssystemen bearbeitet und durchlaufen mehrstufige, oft verschiedenartige Bearbeitungsprozesse. Aus diesen Gründen sind Fertigungszeichnungen eher selten. Es ist üblich, die technischen Zeichnungen fertigungsgerecht nach [DIN 919-1] zu gestalten. Dabei sind bestimmte Angaben besonders wichtig, so z. B. die Faserrichtung bzw. Dekorrichtung, Holz-Schraffuren für Schnittflächen, die Kennzeichnung der Strukturdetails bei Holzwerkstoffen sowie der Fügeprozesse und Verbindungsmittel. Zur Kennzeichnung der Aufspannlage eines Bauteils auf dem Maschinentisch können die Symbole für Maschinennullpunkt und Werkstücknullpunkt verwendet werden. Die steigende Bemaßung bzw. die Koordinatenbemaßung ist für die spätere CNC-Programmierung sehr von Vorteil (vgl. Bild 3.30).

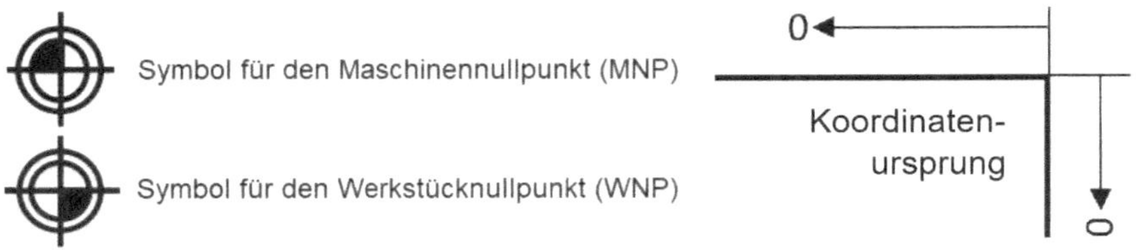

Bild 3.30 Nullpunktsymbole und Koordinatenursprung für die steigende Bemaßung

Bei Montagezeichnungen sowie Zeichnungen für Anleitungen oder Ersatzteilkataloge kommen vorrangig Zusammenbau- oder Gruppenzeichnungen zum Einsatz, um die einzelnen Teile im Zusammenspiel darstellen zu können. Auch Explosionszeichnungen eignen sich für diese Zwecke, da man mit ihnen eine komplexe Baugruppe in ihre Einzelteile zerlegt und perspektivisch korrekt darstellen kann. Montagezeichnungen stellen im eigentlichen Sinn keine technischen Zeichnungen dar; sie bilden schwerpunktmäßig die Montageanweisungen anschaulich, eindeutig und nachvollziehbar ab.

Angabe codierter Informationen in Zeichnungen

Eine Einzelteilzeichnung stellt ein Bauteil in seiner Fertigform dar und enthält alle für die Herstellung benötigten Angaben. Ein Einzelteil ist eindeutig und vollständig zu bemaßen. Darüber hinaus sind Toleranzen in Maß, Form und Lage einzeln oder als Sammelangabe anzugeben. Angaben zur Oberflächenbeschaffenheit, zu den Fertigungsverfahren und zu den Prüfverfahren sind in geeigneter Weise anzugeben. Als mögliche, erweiterte fertigungstechnische Angaben kommen z. B. Informationen zum Rohmaterial, zu Bearbeitungszugaben am Rohteil sowie zur fertigen Gestalt des Bauteils mit allen geometrischen und maßlichen Beschreibungen in Frage. Weiterhin können wesentliche Angaben zur Herstellung des Bauteils, z. B. für die mechanische Bearbeitung, und ggf. Informationen zur Montage, zur Abfolge der einzelnen Bearbeitungsschritte, Festlegungen zur Spannposition und zu Nachbearbeitungsprozessen sinnvoll sein. Ebenso können organisatorische Informationen, z. B. Maßnahmen der Qualitätsprüfung, Beschreibung des Revisionszustandes der Zeichnung sowie Informationen zur Erzeugnisgüte, enthalten sein. Derartige Informationen wären mit Klartextinformationen in Zeichnungen nicht sinnvoll abbildbar.

In Abschnitt 3.6.5.2 sind Methoden für die Identifikation von Bauteilen beschrieben. Mit einem eindimensionalen Strichcode können nur wenige Textinformationen dargestellt werden. Bei zweidimensionalen Codes können deutlich mehr Informationen abgebildet werden. Scanner für 1D-Codes sind derzeit in vielen Unternehmen erfolgreich im Einsatz. Mittlerweile sind verschiedene Handscanner zum Lesen von 1D- und 2D-Codes verfügbar und können wirtschaftlich eingesetzt werden. Ein QR-Code kann z. B. Textinformationen oder auch einen Link auf eine Webseite enthalten (vgl. Bild 3.31).

In der Kopf- und der Fußzeile des QR-Codes kann man Klartextinformationen zur Verwendung des QR-Codes angeben. Mit der Angabe des Begriffes Technologie kann man zum Ausdruck bringen, dass im QR-Code die technologischen Operationen zur Bearbeitung eines bestimmten Werkstückes hinterlegt sind. In der Fußzeile des Codes kann z. B. die betreffende Werkstücknummer angegeben werden.

Die in Bild 3.31 benannte Datei „K3_WL_30.MPR“ ist eine WoodWOP6-Datei für die konstruktive Bearbeitung des Werkstückes. Ist diese Information als Link im QR-Code angegeben und die Erstellungssoftware sowie die Datei auf dem verwendeten Rechner vorhanden, kann die Datei vom Anwender angeklickt und geöffnet werden.

Technologie

2311-03-05046

Textinhalt des nebenstehenden QR-Codes

Technologie
1. Zuschnitt
Zuschnittmaß (LxBxD): 772x560x19mm
Maschine: Plattensäge HPP380
Parameter: v=25m/min

2. Formatieren
Fertigmaß (LxBxD): 762x550x19mm
Maschine: Durchlauf KFL525
Parameter: v=22m/min, RL=2000mm
SFM 2mm ABS nur vordere Längskante

3. Konstr. Bearb.
Bohren hor+vert
Maschine: BHC250
Parameter: Programm K3_WL_30.MPR

Bild 3.31 QR-Code und die dazugehörige Klartextinformation

Eine technische Zeichnung kann mit einem QR-Code ausgestattet werden, der erläuternde und/oder zusätzliche Informationen enthält. Der Inhalt des QR-Codes ist nicht veränderbar. Bei Veränderungen an der Zeichnung bzw. dem Bauteil muss der Code neu erzeugt werden. Hinsichtlich des Umfangs der codierten Zeichen und der Abbildungsgröße muss sichergestellt sein, dass der Code sicher gelesen werden kann. Daraus ergeben sich dann seine Höhe und Breite bzw. die Modulbreite des Codes. Enthält der Code einen Link zu einer Webseite, um eine CAD- oder CAM-Anwendung zu öffnen, dann muss diese Software auf dem betreffenden Rechner installiert sein, um die Datei zu öffnen.

Nutzung von CAD-Layern für verschiedene Zeichnungsarten

Zu Beginn dieses Abschnittes wurden verschiedene Zeichnungsarten beschrieben. Die verschiedenen Zeichnungen, z. B. Einzelteilzeichnungen, Fertigungszeichnungen und Prüfzeichnungen, liegen meistens als eigenständige Zeichnungen vor. Bei den genannten Zeichnungen sind die geometrische Beschreibung und die Darstellung betreffenden Teils im Wesentlichen gleich. Die genannten Zeichnungsarten unterscheiden sich voneinander durch Art und Umfang der Bemaßung, den angegebenen Textinformationen, den technologischen Detailangaben sowie der angegebenen Symbolik für Oberflächenzustände.

In vielen Holz verarbeitenden Betrieben, sowohl in industriell fertigenden als auch handwerklich fertigenden Unternehmen, sind modernde CAD-Systeme im Einsatz. In diesen CAD-Systemen können Layer eingerichtet werden. Layer sind Zeichenebenen, die in einer CAD-Zeichnung eingerichtet und verwendet werden können. Mittels der

CAD-Layersteuerung können Layer durch den Anwender aktiviert oder deaktiviert bzw. ein- oder ausgeblendet werden. Für jeden Layer können Farbe, Linientyp, Linienstärke und andere Eigenschaften speziell eingerichtet werden. Durch das Aus- und Einblenden der Layer kann der Zeichnungsinhalt auf den Verwendungszweck der Zeichnung ausgerichtet werden. Es bietet sich die Möglichkeit, anstelle mehrerer verschiedener Zeichnungen eine einzelne Einzelteilzeichnung mit verschiedenen funktionsgebundenen Layern zu erzeugen. Diese Layer können vom Nutzer dann je nach Bedarf ein- und ausgeblendet werden. In der Norm [DIN EN ISO 13567] sind Regeln und Strukturen für die anwenderbezogenen Layer dargelegt.

Viele CAD-Systeme verfügen über sogenannte Viewer bzw. Betrachter. Mit einem Viewer können digitale Daten angesehen werden. Aber der Nutzer dieses Viewers hat nur den Lesezugriff; er kann die Daten nicht verändern. Bei einigen CAD-Systemen besteht die Möglichkeit, erzeugte CAD-Dateien mit vorhandenen Layern in eine PDF-Datei zu wandeln. Unter der Bezeichnung „DWG to PDF“ können AutoCAD-Dateien in das PDF-Format exportiert werden.

3.6.5 Kennzeichnung und Identifikation von Bauteilen

3.6.5.1 Notwendigkeit der Teileidentifikation

In den 1980er- und 1990er-Jahren waren große Losgrößen in der Möbelfertigung typisch. Die Teile wurden zur Bearbeitung zu gleichformatigen Stapeln zusammengefasst. Um ein Bauteil zu lokalisieren, genügte es im Allgemeinen, die Position des Bauteilstapels festzustellen. Mithilfe der Stapelbegleitkarte konnte der Stapel gleichartiger Bauteile identifiziert werden, d. h. das Bauteil ließ sich nur anhand des Stapels und der Begleitkarte identifizieren. Mit zunehmender kundenindividueller Fertigung verringerten sich die Losgrößen und damit Anzahl gleichartiger Teile. Die Stapel- und die Stapelhöhen veränderten sich. Neben sortenreinen Stapeln entstanden chaotische Stapel, in denen verschiedenformatige Teile gestapelt sind. Die Höhe der Stapel wurde geringer, dafür erhöhte sich die Anzahl der Stapelplätze. Im nachfolgenden Bild sind Standardstapelformen für formatgleiche und chaotische Stapelung abgebildet, die auch von Robotern realisiert werden können (vgl. Bild 3.32).

Um Umrüstkosten bzw. Umrüstaufwand an den Bearbeitungsmaschinen zu sparen, werden aus verschiedenen Fertigungsaufträgen Bauteile mit teilweise gleichen Eigenschaften, z. B. Länge, Breite und Dicke, und teilweise verschiedenen Eigenschaften, z. B. Dekore, zu Fertigungslosen zusammengefasst. Durch diese Losbildung wird zwar Umrüstaufwand gespart, aber nach der Bearbeitung muss das Los aufgelöst werden und die betreffenden Teile müssen ihren ursprünglichen Aufträgen wieder zugeordnet werden.

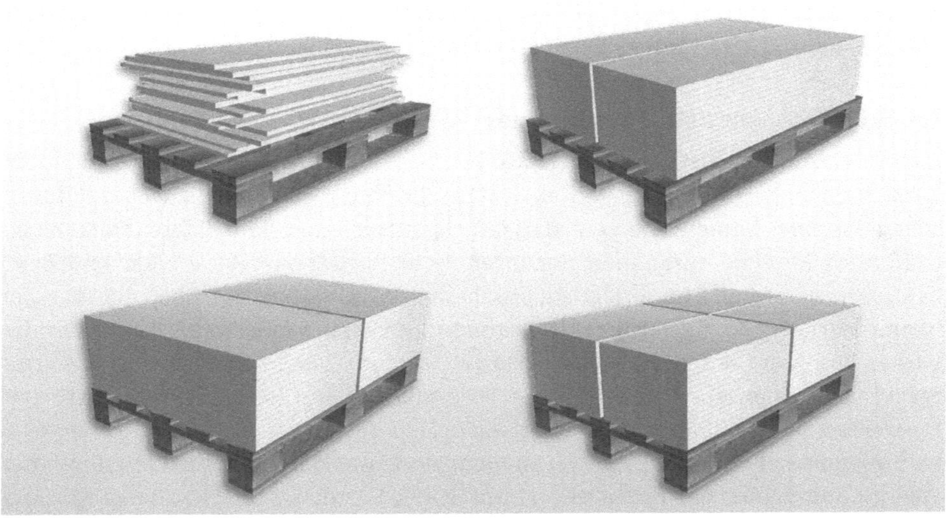

Bild 3.32 Standardstapelformen für die manuelle und maschinelle Stapelung (mit freundlicher Unterstützung der HOMAG Group AG)

In einer modernen Losgröße-1-Fertigung mit kundenindividuellen Aufträgen wird es kaum formatgleiche Einzelteile geben und dann nur in geringen Stückzahlen. Es wird kaum noch einheitliche Stapel geben. Die Bauteile werden auftragsbezogen und mit ihren verschiedenen Abmessungen entweder chaotisch gestapelt oder als einzelne Teile gefördert.

Linearer und verzweigender Teilefluss

Derzeit durchlaufen die Werkstücke nach dem Prinzip einer Fließ- oder Reihenfertigung die einzelnen Bearbeitungsbereiche. Das Material bewegt sich dabei in einer definierten Richtung. Um unterschiedliche Bearbeitungszeiten bzw. Geschwindigkeiten auszugleichen, können zwischen einzelnen Bearbeitungsbereichen temporäre Speicherbereiche bzw. Materialpuffer eingerichtet sein, um diese Schwankungen im Materialfluss auszugleichen. Um zum Beispiel Bearbeitungsengpässe beim Bohren zu beseitigen, kann man zum Beispiel zwei baugleiche bzw. ausstattungsgleiche CNC-Maschinen nebeneinander anordnen und den Teilestrom parallel verzweigen. Anschließend können die Teile wieder zu einem einheitlichen Teilefluss zusammengeführt werden. Ebenso wäre es auch möglich, zwei hochflexible CNC-Maschinen in Reihe anzuordnen und die Bearbeitung auf beide Maschinen verteilen, d.h. einen seriell verzweigten Teilefluss zu erzeugen. Es wäre aber auch möglich, Bauteile nicht vollständig zu bearbeiten und diese nach der Teilbearbeitung in einem Puffer bzw. einem Halbfertigteillager einzulagern. Bei Bedarf bzw. freier Bearbeitungskapazität können die Teile aus dem Puffer bzw. dem Halbfertigteillager abgerufen und fertig bearbeitet werden. Dieses Prinzip basiert auf einem zeitlich versetzten Teilefluss. Derartige Teileflüsse sind i. d. R. nur mit einzeln identifizierbaren Teilen möglich.

Erfassung des Bearbeitungszustandes

Eine moderne vernetzte Fertigung, wie sie im Hinblick auf Industrie 4.0 gefordert wird, stellt hohe Anforderungen an die Beschreibung des aktuellen Bearbeitungszustandes eines Bauteils. Derzeit ist es üblich, dass in einer Bauteildatenbank die betreffenden Bauteile zusammen mit ihren technologischen Operationen und Bearbeitungsprogrammen hinterlegt sind. Dabei werden die Bauteile über den Barcode identifiziert. Das dazugehörige CNC-Bearbeitungsprogramm ist in der CNC-Maschine vorhanden, kann aufgerufen und gestartet werden. Entsprechend der geforderten Stückzahl werden entsprechend viele Teile mit diesem CNC-Programm bearbeitet. Wurde der Bearbeitungsprozess durch einen Fehler beeinträchtigt, dann ist der Bearbeitungszustand oft unklar. Ebenso ist nicht eindeutig klar, ob das Bauteil durch den Fehler unbrauchbar geworden ist. Nur durch eine Sichtkontrolle bzw. Bauteilprüfung kann festgestellt werden, ob das Bauteil noch brauchbar ist bzw. durch die Maschine tatsächlich bearbeitet wurde oder ob die Bearbeitung noch stattfinden muss.

Wurde ein identifizierbares Bauteil z. B. in ein Halbfertigteillager eingelagert und der aktuelle Bearbeitungszustand im System hinterlegt, dann könnte es bei Abruf aus dem Lager, i. d. R. ohne Qualitätsverlust, vollständig fertig bearbeitet werden. Mithilfe der RFID-Technologie (Radio-Frequency Identification) können Bauteile identifiziert werden. Ebenso wäre es mit dieser Technologie möglich, den tatsächlichen Bearbeitungszustand auf einem beschreibbaren RFID-Transponder zu speichern. Nach jeder erfolgreich ausgeführten Bearbeitungsoperation kann die Operation als ordnungsgemäß ausgeführte Bearbeitung auf dem RFID-Transponder gespeichert werden. Nicht ausgeführte Bearbeitungen können als noch fehlend erkannt werden. Es erscheint also angebracht, den Begriff der Bauteilidentifikation um den Begriff der Zustandsbeschreibung zu erweitern. Diese Zustandsbeschreibung geht über die bisher üblichen Anforderungen an eine Identifikation hinaus. Nach der erfolgreichen Herstellung eines Bauteils und der Auslieferung an die Verwendungsstelle, werden diese Zustandsinformationen der Bauteile eigentlich nicht mehr benötigt; sie sind von temporärer Natur.

3.6.5.2 Identifikationssysteme

In den nachfolgenden Ausführungen werden nur die Systeme zur Identifikation von technischen Gegenständen bzw. Werkstücken betrachtet. Grundsätzlich lassen sich bauteileigene und bauteilfremde Merkmale unterscheiden.

Bei den bauteileigenen Merkmalen dominieren derzeit die geometrischen, die optischen und die werkstoffseitigen Eigenschaften. Neben den Bauteilabmessungen, z. B. Länge, Breite und Dicke können z. B. die Formen der Außen- und Innenkonturen zur Identifikation herangezogen werden. Da sich die Abmessungen während der Bearbeitung aber ändern können, z. B. durch Materialabtrag beim Formatieren und dem Hinzufügen des Schmalflächenmaterials, eignen sich diese Merkmale nur bedingt für die Bauteilidentifikation. Bei plattenförmigen Werkstoffen bleibt die Materialdicke während der Bearbeitung meist unverändert. Bei der Massivholzbearbeitung wird häufig erst ein Rohteil durch Verleimen erzeugt, aus dem dann die Fertigteile herausgetrennt werden. Bei der Massivholzbearbeitung bleibt die Materialdicke nicht unbedingt unverändert. Häufig erfolgt eine oberflächenveredelnde Bearbeitung, z. B. das Schleifen, welche u. a. das Maß der Dicke verändert.

Bei den optischen Merkmalen kann bei Plattenwerkstoffen das Dekor bzw. die Farbe von Breit- und Schmalfläche zur Identifikation herangezogen werden. Bei Massivholz kann durch makroskopische Betrachtung auf die Holzart geschlossen werden. Dazu gehört ein gewisses Fachwissen, welches aber vor Ort vorhanden sein muss.

Zusammenfassend kann eingeschätzt werden, dass sich die bauteileigenen Merkmale nur als ergänzende Identifikationsmerkmale verwenden lassen. Manche Merkmale sind temporärer Natur und dauerhafte Merkmale sind u. U. ohne Hilfsmittel nicht erkennbar. Bei der Erkennung sichtbarer Merkmale an Bauteilen, Baugruppen und Erzeugnissen werden im Wesentlichen solche Systeme eingesetzt, die gescannte bzw. eingelesene Dateien mit gespeicherten Vorlagen vergleichen und so den Text, grafische Elemente oder Codes identifizieren.

Bei den bauteilfremden Merkmalen kann grob eine Unterscheidung in zeitbezogene und in ortsbezogene Merkmale sowie in Merkmalsträger erfolgen. Mit den bauteilfremden Merkmalen können Bauteile zu einer bestimmten Zeit oder an einem bestimmten Ort identifiziert werden. Ein Zeitbezug setzt voraus, dass der gesamte Fertigungsabschnitt einem Zeitregime unterworfen ist, d. h., dass ein Bauteil zu einer genau definierten Zeit an einem bestimmten Ort sein muss. Diese Art der Identifikation setzt eine störungs- und unterbrechungsfreie Fertigung voraus. Aus der heutigen Sicht ist das schwer vorstellbar.

Als ortsbezogene Merkmale sollen die Umgebungsrelationen bezeichnet werden, z. B. Lager- und Stapelplätze, Transportcontainernummer oder der Kommissionierbereich. Es wird nicht das Bauteil selbst, sondern der Ort, an dem sich das Bauteil befindet, festgestellt. Diese Form der Identifizierung ist nur dann anwendbar, wenn sich ein Bauteil in einem feststellbaren Ort befindet, z. B. in einem Lager. Besteht ein Auftrag aus mehreren gleichen Teilen, dann ist nur die Menge, d. h. der Stapel, aber nicht das einzelne Teil feststellbar.

Zur Identifikation mit Merkmalsträgern werden diese am Bauteil bzw. am Identifikationsobjekt befestigt. Unter Anwendung physikalischer Prinzipien können diese Merkmalsträger gelesen und ausgewertet werden. Heute werden in den holzverarbeitenden Betrieben vorzugsweise Merkmalsträger in Form von Etikettenaufklebern oder RFID-Transpondern verwendet (vgl. Bild 3.33).

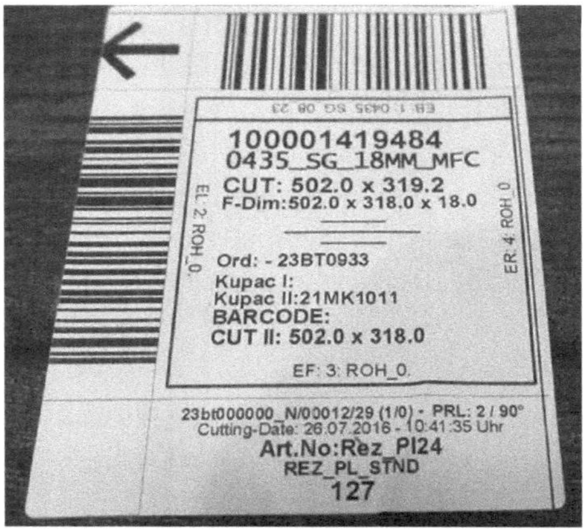

Bild 3.33
Merkmalsträger Barcodeetikett (mit freundlicher Unterstützung der SCHULER Consulting GmbH, Pfalzgrafenweiler)

Bei der Verwendung von Etiketten werden auf die entsprechenden Werkstücke Aufkleber mit codierten und/oder Klartext Informationen aufgebracht. Das Aufbringen der Merkmalsträger erfolgt entweder manuell durch den Maschinenführer oder durch einen Barcodedrucker in der Nähe des Rohteilzuschnittes. Die Aufkleber sind an einer sicheren Position am Bauteil anzubringen; sie müssen sicher haften und sich relativ leicht wieder entfernen lassen. Aus Kostengründen sind die Aufkleber kleinformatig und enthalten codierte und Klartextinformationen. Bei Bauteilstapeln wird häufig eine sogenannte Stapelbegleitkarte verwendet. Diese Begleitkarte kann zusätzliche Informationen zur weiteren Bearbeitung, für die Lagerung bzw. für die Kommissionierung enthalten.

Als Klartextinformation können Zuschnitt- und Fertigmaße, die Route des Fertigungsdurchlaufes, die Auftragsnummer und das Fertigungsdatum angegeben sein. Maschinenlesbare Informationen werden i. d. R. als Barcode angegeben. Barcodes lassen sich relativ leicht erfassen. Barcodeleser sind einfach bedienbar, relativ preiswert und lassen sich gut in die betrieblichen Datenverarbeitungsprozesse integrieren.

3.6.5.3 Codesysteme

Die Codesysteme lassen sich grob in ein-, zwei- und dreidimensionale Codesysteme einteilen. Die Codes können nach der Anzahl der Dimensionen unterschieden werden. Beim 1D-Code, dem sogenannten Strichcode, werden die Daten lediglich auf der X-Achse verschlüsselt. Es existieren verschiedene Systeme, die entweder nur numerische Informationen enthalten oder Systeme mit alphanumerischen Informationen. 1D-Codes sind weit verbreitet und in vielen Branchen etabliert. Im nachfolgenden Bild ist ein Barcode im System Code 128 abgebildet (vgl. Bild 3.34).

ID:2375-11-1; ANR:008761236612; KW:26/2024

LxBxD=1970x524x19, Dekor: Eiche_Folie

Bild 3.34 Beispieletikett im Code 128 für die Seitelinks des Schrankes 2375, vgl. Bild 4.2

In der oberen Textzeile sind z. B. die Bauteilinformation, die Auftragsnummer und der Fertigungszeitraum angegeben. In der unteren Textzeile können z. B. die Fertigteilabmessungen und das Dekor angegeben werden. Der Barcode selbst kann die eigentlichen Informationen enthalten.

Beim 2D-Code kommt zur X-Achse noch die Y-Achse hinzu. Sehr weit verbreitet sind derzeit der QR-Code, Datamatrix-Code und der PDF417-Code. Im nachfolgenden Bild sind die genannten drei Codes, die jeweils den gleichen Text beinhalten, abgebildet (vgl. Bild 3.35).

Data Matrix Code

QR-Code

PDF417-Code

Bild 3.35 Datamatrix-Code, QR-Code und PDF417-Code

Die drei abgebildeten Codes beinhalten den gleichen strukturierten Text, der in Bild 3.31 dargestellt ist. Diese Codes werden zunehmen interessanter, da sie z. B. mit einem Smartphone lesbar sind und einen größeren Informationsgehalt als 1D-Codes besitzen. Unter der Bezeichnung Composit Code bzw. Doppel- oder Stapelcode sind spezielle Strichcodes zu verstehen, die sich aus einem 1D Strichcode und einem zusätzlichen 2D-Code zusammensetzen. Mithilfe eines separaten Musters werden beide Codeteile voneinander getrennt. Im 2D-Code kann ein Hersteller bestimmte Zusatzinformationen, z. B. Chargennummern oder Haltbarkeit, codieren.

Neben der Verwendung zur Bauteilidentifikation können 2D-Codes auch auf Zeichnungen verwendet werden. Im QR-Code lassen sich neben Schriftfeldinformationen weitere Informationen, z. B. über Werkstoffe und Technologien, integrieren.

Bei den 3D-Codes wird als dritte Dimension entweder die Farbe der Bildpunkte oder eine 3D-Tiefeninformation verwendet. Bei der Verwendung der Farbinformation werden vorzugsweise browsersichere Farben verwendet. Ein 3D-Code mit 8-Bit-Farbdarstellung weist dann 256 zusätzliche Variationen auf. 3D-Codes haben in der betrieblichen Praxis derzeit kaum Verbreitung.

RFID-Technologie

Bei der RFID-Technologie (Radio-Frequency Identification) werden von einem Lesegerät elektromagnetische Wellen bzw. hochfrequente Radiowellen ausgesendet. Mit diesen Wellen wird dem RFID-Transponder Energie zugeführt, sodass er seine gespeicherte Information aussenden kann. Das Lesegerät decodiert die empfangenen Daten und stellt sie in lesbarer Form dar.

RFID-Transponder können sehr klein sein. Solche Transponder können als Körper, flache Objekte oder als bedruckbare Etiketten ausgeführt werden. Je nach Funktionsprinzip und Ausführung besitzen sie Festinformationen, d. h. read only, und/oder veränderliche Informationen, d. h. read/write. Ein RFID-Transponder mit den Abmessungen Ø 7,5 × 1 mm lässt sich problemlos in ein 8-mm-Dübelloch einkleben. Bei der Plattendicke von 19 mm und einer Bohrungstiefe bis 10 mm ist dieser RFID-Transponder sicher lesbar. Im Speicher des Transponders können z. B. 112 Byte vom Anwender belegt werden.

Ein in einem Plattenmaterial eingeklebter RFID-Transponder kann durch das Material gelesen werden; der Transponder muss nicht sichtbar sein. Der mögliche Leseabstand eines Transponders ist indirekt proportional zu dessen Frequenz. Benachbarte Metallteile können den Lesevorgang stören, da sie einen Teil der gesendeten Energie absorbieren und Störfelder erzeugen. Als weiterer Nachteil ist zu nennen, dass sich ein eingeklebter RFID-Transponder aus einem Bauteil nur schwer entfernen lässt. Für die Nutzungsphase eines Möbels beim Kunden ist der RFID-Transponder nicht mehr erforderlich.

3.7 Arbeitsvorbereitung im Unternehmen

In der Abfolge der Unternehmensprozesse zur Herstellung von Produkten ist die Arbeitsvorbereitung (AV) zwischen der Konstruktion und der Fertigung beheimatet (vgl. Bild 3.36).

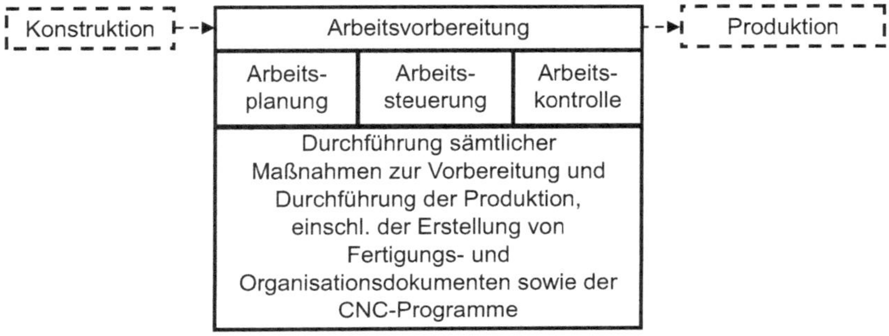

Bild 3.36 Einordnung der Arbeitsvorbereitung in die betrieblichen Abläufe

In der Vergangenheit hatte die Arbeitsvorbereitung als Unternehmensbereich die Aufgabe, die Fertigung von Teilen und die Herstellung von Produkten vorzubereiten. Im Lauf der Zeit hat die Arbeitsvorbereitung im Prozess der Wertschöpfung erheblich an Bedeutung gewonnen und die Aufgabenvielfalt hat zugenommen. Nach [REFA 2024] umfasst die Arbeitsvorbereitung „... sämtliche Maßnahmen zur Vorbereitung der Abfertigung von Erzeugnissen. Dies beinhaltet auch Aufgaben wie die Erstellung von Stücklisten, Planung des Bedarfs sowie der Terminierung und der Bereitstellung von Material, Maschinen und Personal. Zur AV gehören folglich alle Schritte, die vor der Produktion stattfinden ...“[55] Zu den Aufgabenbereichen der Arbeitsvorbereitung gehören der Teilprozess Arbeitsplanung und die Mitwirkung in bei Arbeitssteuerung und der Arbeitskontrolle.

Schnittstelle zwischen Konstruktion und Arbeitsvorbereitung

In der Richtlinie [VDI 2221-2] wird der Konstruktionsprozess in sieben K-Stufen, von K1 bis K7, untergliedert. In der Stufe K4 wird der prinzipielle Lösungsentwurf in realisierbare Module gegliedert. Diese Gliederung in einzeln bearbeitbare Teillösungen entspricht einer Vorstufe der späteren Montageplanung. Hier sind beispielsweise die Grundsätze einer montagegerechten Produktgestaltung zu beachten. Die Leistungsstufen K6, d. h. das Gestalten des gesamten Produktes, und K7, d. h. Ausarbeiten der Ausführungs- und Nutzungsangaben, sind die abschließenden Stufen des Konstruktionsprozesses. An diesen Stellen ist es üblich, die Arbeitsvorbereitung mit einzube-

[55] [REFA 2024], URL am 21.07.23

ziehen. In der Leistungsstufe K6 entsteht u. a. die vorläufige Stückliste für die herzustellenden Erzeugnisse. Damit sind das Produkt und seine Bestandteile im Wesentlichen beschrieben. An diesem Punkt ist die inhaltliche Abstimmung mit der AV notwendig, um die geplanten Maßnahmen der fertigungsgerechten Gestaltung, der technischen Realisierbarkeit und der Abschätzung der wirtschaftlichen Herstellung zu prüfen. In der Leistungsstufe K7 werden abschließend die Ausführungs- und Nutzungsunterlagen erstellt. Im Einzelnen sind das die Vervollständigung der Produktdokumentation, inkl. der Konstruktionsdokumentation, die Aktualisierung der Stücklisten sowie die Erstellung der Fertigungs-, Montage-, Prüf- und Transportunterlagen.

Schnittstelle zwischen Arbeitsvorbereitung und Fertigung

Nach dem Abschluss der Konstruktion sind von der Arbeitsvorbereitung die Organisations- und Fertigungsunterlagen zu erstellen, vgl. Abschnitt 3.7.1. Bei der Planung der Fertigungsprozesse werden schwerpunktmäßig die Ermittlung der Art bzw. Beschaffenheit sowie die Größenordnung der Erzeugnisse, z. B. Stückzahlen, Fertigungslose, Bauteil- und Erzeugnisabmessungen, die Festlegung der technologischen Abläufe mit den entsprechenden Fertigungsparametern, die zu verwendenden Materialien, die Bestimmung der notwendigen Maschinen und Arbeitskräfte sowie wie die Festlegung des Ablaufplanes für die Herstellung der Erzeugnisse durchgeführt. Alle in der Fertigung und Montage vorgesehenen Abläufe und Bearbeitungsschritte müssen hinsichtlich Kapazität, Verfügbarkeit im anvisierten Zeitfenster und Realisierbarkeit grob geplant werden. Dazu gehört eine unmittelbare Abstimmung mit dem Bereich der Produktion. Im Anschluss an die Grobplanung wird eine Konfliktbetrachtung notwendig sein, um erkannte Probleme abzustellen. Diese Konfliktbetrachtung ist i. d. R. ein iterativer Prozess.[56] Wurde eine akzeptable Lösung der Konflikte erzielt, kann die Feinplanung und die Ressourcenbindung sowie die Vorbereitung der Auftragsfreigabe vorgenommen werden. Nach der Auftragsfreigabe übernimmt der Produktionsbereich die Fertigungsverantwortung.

3.7.1 Arbeitsplanung

Die Arbeitsplanung gliedert sich nach WIENDAHL[57] in operative und mittel- bzw. längerfristige Arbeitsplanung. Als grundsätzliche Aufgabe in der Arbeitsplanung ist die Zusammenarbeit mit dem Bereich der Konstruktion zu sehen. Einerseits sollen alle Konstruktionsdaten vollständig und eindeutig sein, andererseits sollen die Konstruktionen eine wirtschaftlich effektive Fertigung in der geforderten Qualität ermög-

---

[56] Iterativer Prozess: Ein mehrfach durchlaufener Prozess, bei dem Eingangsgrößen zielgerichtet verändert werden, um ein besseres Ergebnis zu erreichen.

[57] [WIE 2014], S. 197

lichen. Dabei sollte die Arbeitsvorbereitung im Sinne von Simultaneous Engineering[58] bereits im Konstruktionsprozess mit tätig sein. Zur Vorbereitung der Fertigung und Montage sind entsprechende Stücklisten, vgl. Abschnitt 3.6.1, zu erstellen, zu verwalten und der Fertigung zur Verfügung zu stellen. Dazu gehört auch der technische Änderungsdienst bzw. der Revisionsbericht. Ausgehend von den einzelnen Bearbeitungsverfahren mit den Bearbeitungszugaben sind die Rohteile zu definieren. Bei kleinformatigen Bauteilen sind eventuell Doppel- und Mehrfachteile vorzusehen. Es erfolgt eine Materialbedarfsberechnung. In Abhängigkeit von der Materialart können entweder handelsübliche Werkstoffe verwendet werden oder es müssen die benötigten Rohmaterialien im Unternehmen hergestellt werden. Handelsübliche Materialien werden auftrags- bzw. projektbezogen bestellt.

Für die Fertigung und die Montage sind entsprechende Arbeitspläne zu erstellen. Ein Arbeitsplan umfasst die detailliert beschriebenen und aufeinanderfolgenden Arbeitsgänge zur Herstellung und zur Montage der Bauteile bzw. Erzeugnisse.

„Der Arbeitsplan ist die Vorgabe für den Herstellprozess eines Produktes ... Im Arbeitsplan werden die verschiedenen Arbeitsgänge in der Reihenfolge ihrer Durchführung aufgelistet, wobei für jeden Arbeitsgang angegeben wird, in welcher Kostenstelle er auszuführen ist und welche Vorgabeleistung (Vorgabezeit) dafür vorgesehen ist. Der Arbeitsplan ist somit die Basis für die Kalkulation der Fertigungskosten. Der Arbeitsplan enthält die Beschreibung der Arbeitsgänge zur Herstellung eines Teiles, einer Gruppe oder eines Erzeugnisses.“[59] In der Arbeitsfolgeplanung sind die verwendeten Betriebsmittel sowie die Fertigungshilfsmittel, wie Werkzeuge, Vorrichtungen und Messmittel, anzugeben. Bei bestimmten Maschinen sind die Aufspannpositionen festzulegen, sofern diese nicht in den Einzelteilzeichnungen angegeben sind. Für die Bezeichnung der einzelnen Arbeitsgänge sollten die Verfahrensbezeichnungen nach DIN 8580 verwendet werden.

WESTKÄMPER unterscheidet folgende Prinzipien der Arbeitsplanerstellung:

- „Bei der Neuplanung, auch generative Planung genannt, wird der Arbeitsplan grundlegend neu erstellt.
- Bei der Wiederholplanung werden bereits bestehende Pläne für einen neuen Auftrag verwendet, indem nur formale, auftragsbezogene Veränderungen vorgenommen werden.
- Bei der Variantenplanung werden Standardarbeitspläne innerhalb von Teilefamilien zugrunde gelegt. Arbeitsplanvarianten können sich aus geometrischen, technologischen (z. B. Oberflächen) oder organisatorischen Unterschieden (z. B. Stückzahl) ergeben.

[58] Simultaneous Engineering: Parallele Bearbeitung von Aufgaben in der Entwicklung von Neuprodukten; Parallelisierung sämtlicher mit der Produktentstehung gekoppelten Prozesse.

[59] [WES 2006], S. 156

- Die Ähnlichkeitsplanung legt geometrisch und fertigungstechnisch ähnliche Werkstücke zugrunde, die z. B. durch einen Klassifizierungsschlüssel ermittelt worden sind. Die Planung erfolgt (...dann ...) durch Änderung und Anpassung einzelner Arbeitsgänge.“[60]

Neben Fertigungs- und Montageplanung sind die einzelnen Prüfungen an den Bauteilen, Baugruppen und Erzeugnissen nach Art, Umfang und Häufigkeit in einem Prüfplan festzulegen. Es sind Anweisungen zu treffen, wer, wie bei erheblichen Abweichungen zu informieren ist. Bei der Festlegung der Bearbeitungstechnologien sind benötige Vorrichtung zum Führen der Werkzeuge bzw. zur sicheren Fixierung der Bauteile anzugeben. Für nicht vorhandene, aber benötigte Vorrichtungen ist ein Konstruktions- bzw. Fertigungsauftrag auszulösen. Der Arbeitsplan, die Stücklisten und die Konstruktionszeichnungen bilden die Basis für die Erstellung der Arbeitsanweisungen für die jeweiligen Arbeitsplätze.

Für die Verwendung an einem konkreten Arbeitsplatz sollte der Arbeitsplan detaillierte Angaben bezüglich des Werkstoffes, der auszuführenden Bearbeitungsschritte und den damit verknüpften Bearbeitungsparametern sowie der konkreten Tätigkeiten der Mitarbeiter enthalten. Diese Arbeitspläne können durch eine spezielle Anwendersoftware, z. B. der Plattenzuschnittoptimierung, oder aber durch eine Produktionsplanungssoftware, z. B. einer Produktionsplanungs- und Steuerungssoftware, erzeugt werden. Die Arbeitspläne müssen alle wesentlichen Informationen enthalten, z. B. zum Material, zur Bearbeitungsfolge, zu Bearbeitungs- bzw. Schnittparametern der einzelnen Arbeitsschritte, zu Aufgaben der Mitarbeiter und Handlungsanweisungen im Konfliktfall.

Die Arbeitsvorbereitung hat die benötigten CNC-Programme durch Neuerstellung bzw. Anpassung für die numerisch gesteuerten Maschinen, vgl. Abschnitt 5.3, bereitzustellen. Die Anforderungen an die CNC-Daten sind sehr stark abhängig von der jeweiligen Maschinentechnik, vgl. Abschnitt 5.4. Für den Zuschnitt der Rohteile mittels einer Plattensäge werden mit einer speziellen Zuschnittoptimierungssoftware die Schnittschemen für das kosteneffektive Auftrennen der Plattenwerkstoffe berechnet und in maschinenkonkrete Steuerbefehle umgesetzt, vgl. Abschnitt 4.3.1. Bei der Programmierung von Formatbearbeitungsmaschinen im Durchlauf werden hauptsächlich die Sollmaße der Fertigteile sowie die Ausprägungen der Schmalflächen programmiert. Dazu werden die Bearbeitungen der Schmalflächen, z. B. Formatieren, Fügen und Nachbearbeiten, in speziellen Vorlagen gespeichert, welche dann dem Bauteil zugeordnet werden. Für die Programmierung von CNC-Bearbeitungsmaschinen werden vorzugsweise grafisch-interaktive Programmieroberflächen verwendet, vgl. Abschnitt 5.3.2. Bei dieser Art der Programmierung können vor der eigentlichen Bearbeitung die Programme auf Richtigkeit und Fehlerfreiheit geprüft werden. Gleichzeitig können die Maschinenbelegungszeiten ermittelt werden. Die Maschinenbelegungszeiten können dann für die Ermittlung von Planzeiten verwendet werden.

60 [WES 2006], S. 159

Auf der Basis der beruflichen Erfahrung bzw. durch die Nutzung von CNC-Programmiersystemen können für die einzelnen Bauteile Planbelegungszeiten, vgl. Abschnitt 3.5.1, ermittelt werden. Die Planbelegungszeiten können u. a. für die Kalkulation der Fertigungskosten verwendet werden. Auf der Basis der ermittelten Fertigungskosten können dann Prozessoptimierungen vorgenommen werden. Da es im Unternehmen meist mehrere Möglichkeiten der technologischen Realisierung bzw. verschiedene geeignete Betriebsmittel gibt, können die Fertigungskosten bzw. Fertigungsstückkosten verschiedener Bearbeitungsverfahren bzw. Technologien miteinander verglichen werden. Mit diesen Optimierungen können Engpässe bei bestimmten Fertigungsbereichen umgangen werden.

Mittel- und längerfristige Arbeitsplanung

Zu den mittelfristigen Aufgaben der Arbeitsplanung gehört die inhaltliche Zusammenarbeit mit den Bereichen der Konstruktion und der Produktionsleitung, um die entwickelten Erzeugnisse besser auf die vorhandenen Fertigungssysteme und Technologien anzupassen und dadurch wirtschaftlich effektiver fertigen zu können. Diese Aufgabe beinhaltet auch die wirtschaftliche Bewertung der Teileproduktion und der Montage. Diese Bewertungen ermöglichen dann qualifizierte „Make-or-Buy"-Entscheidungen, d. h. Eigenproduktion oder Fremdfertigung.

Im Vorfeld der Betrachtungen zu den verfügbaren Fertigungskapazitäten können u. a. die kalkulatorischen Kosten von Fertigungsaufträgen bestimmt werden. Ein geeignetes Mittel dafür ist die Verwendung von Maschinenstundensätzen. Der kalkulatorische Maschinenstundensatz gibt die Kosten einer Fertigungseinheit pro Stunde an. Bei der Berechnung des Maschinenstundensatzes werden alle der Maschine direkt zurechenbaren Kosten, bezogen auf die Laufzeit der Maschine in Stunden, berücksichtigt, so die kalkulatorische Abschreibung, kalkulatorische Zinskosten, kalkulatorische Energiekosten, anteilige kalkulatorische Raumkosten und kalkulatorische Instandhaltungskosten. Durch die Planung und Optimierung des Rohteile-Zuschnittes liegt eine theoretische Berechnung der Dauer des Zuschnittauftrages vor, vgl. Abschnitt 4.3.1.1. Ebenso können durch Berechnung der zu erwartenden Maschinenbelegungszeiten (BLZ) die Kosten für die Formatbearbeitung und für die konstruktive Bearbeitung berechnet werden. Diese durchgeführten Berechnungen stellen eine Vorkalkulation dar. Nach Abschluss eines Fertigungsauftrages sollte eine Nachkalkulation erfolgen. Mit dem Vergleich zwischen Vor- und Nachkalkulation, d. h. von angenommenen Zeiten und tatsächliche Zeiten, lassen sich wichtige Schlussfolgerungen zur Sicherheit der Kalkulationsmethode ziehen. Mit den kalkulierten Herstellkosten, z. B. den Maschinenkosten, den Fertigungslohnkosten, den Restfertigungsgemeinkosten, den Materialkosten und Sondereinzelkosten der Fertigung, kann eine mögliche Entscheidung über Eigen- und Fremdfertigung kostenseitig begründet werden.

Durch die regelmäßige Auswertung der Teile- und Erzeugnisprüfungen können Schlussfolgerungen für die Fertigung künftiger Erzeugnisse abgeleitet werden, gegebenenfalls auch Schlussfolgerungen zur Reparatur oder Neubeschaffung von Maschinen und Geräten.

Zu den längerfristigen Planungen gehören die Themen der Materialplanung und Materialbereitstellung sowie Lieferantenbewertung, der Weiterentwicklung von Verfahren und Methoden der Fertigung sowie die langfristige Planung von Fertigungsbereichen und Arbeitsplätzen.

Zur unmittelbaren Sicherung der Fertigung steht bei der Materialplanung die bedarfsgerechte, rechtzeitige, mengenmäßige und qualitätsgerechte Bereitstellung des Rohmaterials und der Kaufteile im Vordergrund. Für die einzelnen Materialien sollten Mindestlagermengen definiert werden. Der Lagerbestand kann so geplant werden, dass eine gewisse Mindestbevorratung gegeben ist und manuell oder automatisch eine Nachlieferung bei Bedarf erfolgt. Mitunter ist es angebracht, bei größeren Abnahmemengen das Material Just in time liefern zu lassen. Maßgebend ist, dass unmittelbar vor Beginn der Fertigung das benötigte Material, z. B. das Rohmaterial, die Fremdfertigungsteile, die Kaufteile und die Hilfsstoffe, bereitgestellt ist.

Fertigungsmittel unterliegen in der Produktion bestimmten Abnutzungs- und Verschleißprozessen. Mit steigender Nutzungsdauer steigen auch die Instandhaltungskosten. Bei der Planung zum Ersatz eines Fertigungssystems bzw. einer Maschine steht dann die Frage, ob es ein gleichartiger Ersatz oder ein Ersatz durch ein Fertigungsmittel mit höherer Flexibilität bzw. erweiterter Ausstattung sein soll.

In der Möbelfertigung existieren Fertigungs- und Montagebereiche, in denen vorwiegend manuelle Tätigkeiten ausgeführt werden. Schwerpunkte der längerfristigen Planung der AV bei der Aus- und Neugestaltung von Arbeitsplätzen bilden die ergonomische Gestaltung und die Arbeitssicherheit dieser Arbeitsplätze.

Arbeitssteuerung und Arbeitskontrolle

Die Arbeitssteuerung legt die betrieblichen Abläufe eines Fertigungsauftrages fest und ist nach EVERSHEIM verantwortlich für „... die termin-, kapazitäts- und mengenbezogene Planung und Steuerung der Fertigungs- und Montageprozesse ...“[61]. Im Fokus stehen dabei die Werkstücke, Baugruppen und Erzeugnisse nach ihrer Art, dem Umfang, den Zeiträumen der Produktion sowie der Bereitstellung der dazu erforderlichen Materialien und des Personals. Schwerpunkt der Arbeitssteuerung ist die Bestimmung, welche Erzeugnisse in welchen Zeiträumen produziert werden. Darüber hinaus gehören zu den Aufgaben der Arbeitssteuerung die zeit-, mengen- und qualitätsmäßige Bereitstellung des Materials, der Arbeitsmittel, der Maschinen und des Personals sowie die frist- und termingerechte Verteilung der Arbeit auf die einzelnen Arbeitsplätze bzw. Arbeitskräfte.

Die oben beschriebenen Aufgaben liegen an der Nahtstelle von Arbeitsvorbereitung und Produktionsleitung. Die AV hat eine gewisse Mitwirkungspflicht bei der Arbeits-

[61] EVE 1997], S. 123 ff.

steuerung und Arbeitskontrolle, da die Fertigungsabläufe und Bearbeitungsprozesse auf den Festlegungen der AV beruhen. Durch die Wahrnehmung dieser Mitwirkungspflicht können wichtige Informationen und Erfahrungen zu den Problemen der Termintreue, der Sicherung einer hohen und gleichmäßigen Kapazitätsauslastung, der Reduzierung der Auftragsdurchlaufzeiten und der rechtzeitigen und mengenmäßigen Materialbereitstellung gewonnen werden.

Ein Schwerpunkt der Arbeitskontrolle ist ein ständiger Soll-Ist-Vergleich hinsichtlich der Termintreue, der Kostentreue und der Einhaltung der Qualität. Durch den Soll-Ist-Vergleich können Abweichungen festgestellt, die Ursachen der Abweichungen bestimmt werden und die Mängel beseitigt werden.

3.7.2 Auftragsfreigabe

Ablaufschritte zur Vorbereitung der Auftragsfreigabe

Die Vorbereitung der Auftragsfreigabe kann dabei nach SCHUH und SCHMIDT fünf Phasen[62] umfassen. In einer ersten Phase werden wirtschaftliche Fertigungslose für die geplanten Arbeitsgänge festgelegt. Ausgehend von der Produktionsbedarfsplanung werden die für die konkrete Zeitperiode anfallenden Fertigungsaufträge in Erzeugnisse, Baugruppen und Einzelteile aufgegliedert. Aus dieser Aufgliederung ergeben sich die Stückzahlen der herzustellenden Teile. Im Abgleich mit dem Kapazitätsangebot der an der Produktion beteiligten Ressourcen, z. B. Betriebsmittel, Personal, kann festgestellt werden, welche Mengen im geplanten Zeitfenster bzw. in welchem Zeitfenster die Teilmengen bearbeitet werden können. „Aus den zunächst groben Mengen- und Terminvorgaben der Produktionsbedarfsplanung resultiert ein Dispositionsspielraum, innerhalb dessen ein Fertigungsauftrag bearbeitet werden muss. Dieser Dispositionsspielraum hat eine zeitliche und eine mengenbezogene Dimension. Während sich die zeitliche Dimension aus der Differenz des frühest- und spätestmöglichen Starttermins der Fertigung ergibt, resultiert die mengenbezogene Dimension aus der Verteilung der zu fertigenden Mengen auf die Werkstattaufträge.“[63]

In der zweiten Phase erfolgt dann die Feinterminierung der einzelnen Arbeitsgänge durch Festlegung der Start- und Endtermine der Fertigungsaufträge. Bei einer Neufestlegung von Start- und Endterminen darf der spätestmögliche Endtermin die Auftragsfertigstellung nicht gefährden. Für die Arbeitsgänge werden die Auftragsdurchlaufzeiten sowie die Übergangszeiten[64] zwischen den einzelnen Bearbeitungsstationen bestimmt. Häufig werden dazu Erfahrungswerte bzw. Werte aus zurückliegenden vergleichbaren Aufträgen herangezogen.

---

62 [SCU 2014], S. 199

63 [SCU 2014], S. 198

64 Die Übergangszeit definiert die Zeitspanne, die für den Übergang von einem Arbeitsgang zum nächsten erforderlich ist. Die Übergangszeit kann einheitlich für alle Arbeitsgänge sein oder kann arbeitsgangbedingt bzw. betriebsmittelbedingt sein.

Ausgehend von der Feinterminierung der Arbeitsgänge erfolgt in einer dritten Phase die Ressourcenfeinplanung. Die Ressourcenfeinplanung berücksichtigt die tatsächliche Ressourcenbelastung und korrigiert ggf. die bisherige Planung entsprechend. Dabei werden der vorliegende Ressourcenbedarf und das tatsächlich verfügbare Ressourcenangebot miteinander abgeglichen und notwendige Anpassungen vorgenommen. Ziel dieses Abgleiches ist es, absehbare Konflikte zu vermeiden und eine gleichmäßige Kapazitätsbelastung zu erzielen. Gegebenenfalls müssen bei nicht abgedecktem Ressourcenbedarf zusätzliche Ressourcen erschlossen werden.

In der vierten Phase erfolgt die Reihenfolgeplanung der Aufträge. In der Reihenfolgeplanung wird versucht, unter Beachtung der Auftragsdurchlauf- und Übergangszeiten für die einzelnen konkreten Ressourcen jeweils die optimale Abarbeitungsreihenfolge zu ermitteln. Die Optimierung kann nach festen Kriterien bzw. Berufserfahrungen erfolgen. Feste Kriterien der Optimierung können dabei die mengenmäßige, fertigungssynchrone und qualitätsgerechte Abarbeitung der anstehenden Arbeitsgänge sein. Als weitere Kriterien können die Einhaltung von Prioritätsregeln und Minimierung der Fertigungskosten, speziell der Rüstkosten, gelten. Unter Beachtung der Auftragsdurchlauf- und Übergangszeiten entstehen dann für die Ressourcen geordnete Folgen von anstehenden Arbeitsgängen.

Gegenstand der fünften Vorbereitungsphase ist die Verfügbarkeitsprüfung. Bei dieser Prüfung wird die Verfügbarkeit aller erforderlichen Ressourcen, z. B. Betriebsmittel, Personal, Kaufteile usw., abschließend festgestellt. Sind alle erforderliche Ressourcen zum Termin und im geforderten Umfang und der geforderten Qualität verfügbar, kann die Auftragsfreigabe unter Beachtung der Feinterminierung und der Ressourcenfeinplanung erfolgen. Es werden dann die Fertigungsunterlagen, z. B. die Arbeitspläne, die Arbeitsaufträge, die Materialscheine und die Lohnscheine, erzeugt. Mit der Auftragsfreigabe wird eine entsprechende Information an das MES übermittelt.

4 Prozesskette in der Produktion und Montage von Möbeln

4.1 Struktur und Ablauf der Prozesse

Die Einordnung der Produktions- und Montageprozesse der Möbelherstellung lässt sich allgemein durch die nachfolgenden Prozessschritte grob beschreiben (vgl. Bild 4.1).

Im Anschluss an die Erstellung der Konstruktionsunterlagen und der Stückliste werden die Unterlagen zur Aufbereitung der Fertigung und Montage in die Arbeitsvorbereitung (AV) überführt. In der Arbeitsvorbereitung werden dann die Zuschnittdokumente, der Materialbedarf, die Arbeitspläne und -abläufe sowie die Maschinenbelegungspläne erstellt, siehe weiterführende Informationen im Abschnitt 3.7. Im Rahmen der Fertigungsplanung können dann sogenannte Auftragskommissionen gebildet werden. Hinter dieser Bezeichnung verbirgt sich die Zusammenfassung mehrerer, anstehender Fertigungsaufträge, die gemeinsam in einem Zeitabschnitt, z. B. einer Woche, bearbeitet werden sollen. Zu Beginn des Rohteilezuschnittes werden die benötigten Rohmaterialien bzw. Platten vom Materiallager als Einzelplatten bzw. Plattenpakete im Vorstapelbereich bereitgestellt. Entweder vor dem Auftrennen, d. h. Etikettieren der Rohplatte, oder nach dem Auftrennen, d. h. Etikettieren der Rohteile, können die späteren Rohteile mit einem Barcode-Aufkleber versehen werden. Bei größeren Mengen von gleichformatigen Rohteilen können Stapelbegleitkarten erzeugt und später dem Stapel hinzugefügt werden. Der Rohteilzuschnitt erfolgt gemäß der Zuschnittplanung material- und abmessungsbezogen. Nach dem Zuschnitt werden die Rohteile auf den dafür vorgesehenen Stapelplätzen abgelegt. Da die erzeugten Rohteile nach Schnittschemen geordnet erzeugt werden, aber in dieser Reihenfolge oft nicht weiterbearbeitet werden, kann eine Einlagerung in einem Rohteilepuffer bzw. die Bildung von Fertigungslosen erfolgen. Weitere Information zum Zuschnitt (vgl. Abschnitt 4.2.1).

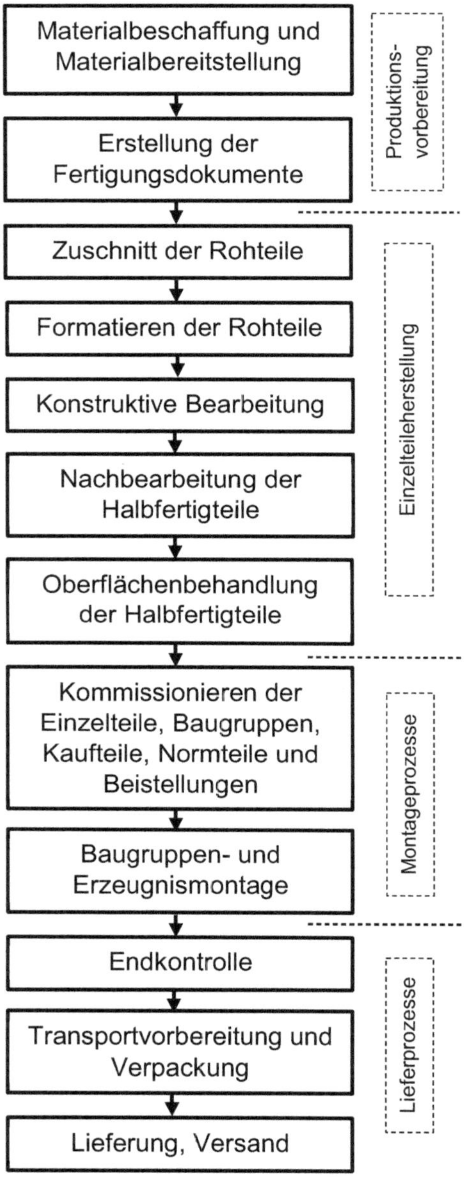

Bild 4.1
Prozessfolge in der Möbelfertigung

In den nachfolgenden Prozessen der mechanischen Bearbeitung werden gleichformatige Bauteile als Fertigungslos bearbeitet, um unnötige Umrüstvorgänge an den Bearbeitungsmaschinen zu vermeiden. Bestimmte Bauteile, z. B. Rückwände, erhalten keine weitere Bearbeitung und werden damit in das Fertigteilelager bzw. Kommissionslager transportiert. Der Transport der Teile zwischen den einzelnen Bearbeitungsstationen kann manuell, mechanisch, automatisiert oder in einer Mischung verschiedener Transportformen erfolgen.

Nach dem Zuschnitt werden die Rohteile formatiert, d. h. an den Außenkonturen werden die Rohteile auf Maß, Form und Qualität bearbeitet. Das Formatieren kann entweder im Durchlauf oder stationär erfolgen. Im Durchlauf können rechteckige Teile formatiert werden; in der Stationärbearbeitung können beliebige Außenkonturen gefräst werden. Bei Massivholz bzw. Sperrholz wird entlang der Außenkontur nur gefräst und ggf. die Schmalflächen geschliffen. Bei Span- und Faserwerkstoffen wird in der Regel ein Schmalflächenmaterial angeklebt.

Im Anschluss an das Formatieren erfolgt i. A. die konstruktive Bearbeitung[1)] der Rohteile. Darunter werden Bearbeitungen verstanden, die zur Aufnahme von Beschlägen dienen bzw. der Erzeugung von Funktionsflächen. Dabei können z. B. Bohrungen, Nuten, Fräsungen an den fertig formatierten Rohteilen sowie Flächen erzeugt werden. Bei der konstruktiven Bearbeitung werden aufgrund ihrer Flexibilität vorzugsweise CNC-Stationärbearbeitungsmaschinen eingesetzt. Bauteile, die keine konstruktive Bearbeitung erfahren, z. B. Rückwände oder Schubkastenböden, können dann zur Nachbearbeitung oder zur Oberflächenbehandlung oder direkt in das Kommissionierlager gefördert werden.

Im Anschluss an die konstruktive Bearbeitung kann der Nachbearbeitungsprozess stattfinden. Dabei können Bearbeitungen stattfinden, die in vorherigen Bearbeitungen aus Zeitgründen nicht möglich waren oder die wegen nicht möglicher Bearbeitungsfolge bzw. nicht vorhandener Funktionalität der Maschinen nicht vollständig ausgeführt werden konnten. Dazu zählen z. B. das Auftrennen von Mehrfachteilen, die nachträgliche Veränderung der Außenkontur, das Entfernen von Haftstellen oder das Ausführen von Sonderbearbeitungen. Mit der mechanischen Fertigbearbeitung sind diese Bauteile funktionale Fertigteile.

Auf Kundenwunsch bzw. als geplante Ausführung können die Bauteile eine Oberflächenbehandlung erhalten. Dabei werden oberflächenverbessernde Bearbeitungen z. B. das Schleifen, Fügeprozesse, z. B. das Bekleben der Breitflächen bzw. Beschichtungsprozesse, z. B. das Lackieren, durchgeführt. Je nach geplanter Ausführung des Möbels kann das die Sichtflächen, die Frontteile oder das gesamte Möbel betreffen.

Nach der Oberflächenbehandlung werden die Fertigteile entweder als Lagerware in ein Fertigteillager oder für die unmittelbare Weiterverarbeitung in der Montage in ein Kommissionierlager gefördert. Beim Kommissionieren werden die in Fertigungslosen bearbeiteten Teile ihrem ursprünglichen Auftrag, d. h. dem Kundenauftrag bzw. dem Fertigungsauftrag, wieder zugeordnet. Bei der Kommissionierung werden die Teile entsprechend dem Kommissionierauftrag entnommen und in definierter Reihenfolge zusammengestellt (vgl. Abschnitt 4.4).

---

[1] Bei einer typischen losweisen Fertigung erfolgt die konstruktive Bearbeitung im Anschluss an die Formatbearbeitung. Bei einer Losgröße-1-Fertigung kann die konstruktive Bearbeitung aber auch unmittelbar vor der Baugruppenmontage/Vormontage erfolgen. Die dafür verwendeten Maschinen sind so ausgestattet, dass sie neben Trennprozessen auch Fügeprozesse ausführen können, z. B. Beschlagmontage.

Mit der Entnahme der Teile wird automatisch der Lagerbestand im Kommissionierlager aktualisiert. Am Ende des Kommissionierens gelangen die nach definierter Reihenfolge sortierten und in entsprechender Menge bereitgestellten Teile zur Weiterverarbeitung. Der Transport der zum Auftrag gehörenden Teile erfolgt im Auftragsverband und kann entweder kontinuierlich oder sequenziell in einem Transportgestell, z. B. in einem Kommissionierwagen bzw. einer Corlette[2)] erfolgen. Beim kontinuierlichen Transport auf der Rollenbahn bzw. dem Gurtband werden die Teile auftragsbezogen in der geplanten Montagereihenfolge transportiert.

Je nach Umfang und Struktur eines Möbels kann dessen Montage mehrstufig sein (vgl. Abschnitt 4.5).

Zu Beginn der Montage sind alle Teile, Beschläge und sonstiges Zubehör auftragsbezogen und zeitgerecht bereitzustellen. In einem ersten Schritt können Einzelteile in der Vormontage zu einfachen Baugruppen montiert werden, so z. B. Montage von Auszügen und Montageplatten auf Außenschrankseiten oder Montage von Griffen und Scharnieren an Schranktüren. Diese einfachen Baugruppen können mit weiteren Einzelteilen und/oder Baugruppen in der Baugruppenmontage zu höheren Baugruppen montiert werden, so z. B. das Verpressen von Seiten, Böden und der Rückwand zu einem Korpus. Im Rahmen der Endmontage werden die montierten Baugruppen und die noch fehlenden Einzelteile zum Erzeugnis zusammengebaut. Die zum Auftrag gehörenden Fremdfertigungsteile, Beschläge/Kaufteile und Beistellungen[3)] werden meist direkt zu den Montageplätzen bzw. Montagezonen geliefert. Neben dem oben beschriebenen Ablauf können weitere Formen der Montage vorhanden sein, so die Montage durch den Endkunden, die Teilmontage beim Hersteller und die Fertigmontage vor Ort durch den Hersteller bzw. Lieferanten sowie die Teilmontage durch den Hersteller und die Fertigmontage durch den Kunden.

Bei fertig montierten Möbeln erfolgt nach der Montage beim Hersteller die abschließende Funktions- und Qualitätsprüfung in Rahmen der Hersteller-Endkontrolle. Abschließend erfolgen die Verpackung und der Versand bzw. die Lieferung.

In den Prozessschritten der mechanischen Bearbeitung sowie der Montage finden jeweils Qualitätsprüfungen statt. Grundlage für diese Prüfungen sind die technischen Zeichnungen mit Angabe der Prüfmaße. Außerdem können in den Bearbeitungsprozessen Sichtprüfungen der gefertigten Bauteile stattfinden. Sollten Beanstandungen auftreten, wird entschieden, ob das Bauteil durch Nacharbeit noch ein Gutteil werden kann oder ob es ein Ausschussteil ist.

---

2 Unter der Bezeichnung Corlette ist ein rollbares Lademittel zur Kommissionierung vieler einzelner Packstücke zu verstehen.

3 Als Beistellungen bezeichnet man Waren, die zwar vom Möbel herstellenden Unternehmen mitgeliefert werden, aber einer dritten Partei gehören, z. B. elektrische Einbaugeräte in Küchen.

4.2 Prozesse der mechanischen Bearbeitung des Rohmaterials

Unter dem Begriff der mechanischen Bearbeitung werden materialtrennende Prozesse durch die mechanische Einwirkung von Werkzeugen, vorzugsweise Spanungs- und Abtragprozesse, vgl. Abschnitt 2.4, verstanden.

4.2.1 Prozess des Rohteilzuschnittes

Prozessbeschreibung

Beim Rohteilzuschnitt werden einzelne Rohteile aus einem großformatigen plattenförmigen Rohmaterial mittels Trennverfahren ausgetrennt. In einem Zuschnittauftrag können Schnittpläne für eine Einzelplattenaufteilung oder eine Paketaufteilung vorhanden sein. Als Plattenpaket werden mehrere gleiche, übereinander gestapelte Rohplatten bezeichnet. Die Pakethöhe kann durch das Trennwerkzeug oder durch die Durchlasshöhe der Maschine begrenzt sein. Als Rohmaterial kommen vorzugsweise Span- und Faserplatten zum Einsatz. Die Breitflächen des Rohmaterials können rohe, d. h. nicht beschichtete oder beklebte Oberflächen, grundhaft beschichtete oder endfertige Oberflächen aufweisen. In besonderen Fällen kann ein Rohmaterial vom Verarbeiter erzeugt werden, indem einzelne Elemente mechanisch bearbeitet und zu großformatigem Rohmaterial gefügt werden, z. B. zu Massivholzplatten bzw. durch Bekleben handelsüblicher Plattenwerkstoffe mit speziellen Werkstoffschichten.

Als Verfahren des Aufteilens kann der Zuschnitt mit dem Kreissägeblatt, mit dem Schaftfräser, gemeinsam mit Kreissägeblatt und Schaftfräser sowie durch alternative Trennverfahren, z. B. Wasserstrahlspanen oder Laserstrahlabtragen, unterschieden werden (vgl. Abschnitt 4.2.1.4).

Prozesseingangsgrößen

Das Rohmaterial liegt geordnet nach Materialart, Abmessungen, Menge, Dekor und Zustand, im Materiallager vor bzw. wird Just-in-Time geliefert. Mit der Erzeugung eines Zuschnittauftrages kann das betreffende Material im Plattenlager auftragsgebunden reserviert werden. Für anstehende Fertigungsaufträge kann das dazugehörige Rohmaterial auf den Vorstapelplätzen im Plattenlager in der Reihenfolge der Schnittschemen und Paketgrößen bereitgestellt werden. Der Plattenzuschnitt erfolgt mit dem Start des Fertigungsauftrages. Der Zuschnittauftrag enthält die Plattenliste mit den verwendeten Rohplatten, die Teileliste mit den herzustellenden Rohteilen, ihren Zuschnittabmessungen und den dazugehörigen Stückzahlen sowie die Abfolge der einzelnen Schnittpläne.

Im Rahmen der Zuschnittplanung erfolgt die materialbezogene Anordnung der Rohteile in den Rohteilplatten. Werden keine weiteren Veränderungen an der Zuschnittplanung vorgenommen, kann der Zuschnitt der Rohteile erfolgen. Unter bestimmten Bedingungen kann nach der Zuschnittplanung noch eine Zuschnittoptimierung zur Verschnitt- bzw. Kostenminimierung erfolgen. Mit der endgültigen Teile- und Materialliste besteht Fertigungsbereitschaft. Zum geplanten Fertigungsbeginn wird das Material durch das Materiallager auftragsbezogen und verarbeitungsgerecht an vereinbarter Position bereitgestellt. Mit der Auftragsfreigabe beginnt der Zuschnitt. Mit Auftragsbeginn wird das bereitgestellte Material aus dem Bestand ausgebucht und das Fertigungsinformationssystem erhält eine entsprechende Startinformation.

Prozessausgangsgrößen

Am Ende des Zuschnittes liegen die auftragsgemäß erzeugten Rohteile vor. Die erzeugten Rohteile können mittels Stapelplan auf definierten Positionen abgestapelt werden. Die im Aufteilprozess entstehenden Abfallstücke werden aus der Säge entfernt und später entsorgt. Im Prozess des Rohteilzuschnittes können wirtschaftliche Reststücke entstehen, die zur späteren Weiterverwendung ins Materiallager zurückgeführt werden und dort wieder in den Bestand eingebucht werden. Mit dem Abschluss des planmäßigen Zuschnittauftrages erfolgt eine Information an das Fertigungsinformationssystem. Die erzeugten Rohteile werden entweder als Fertigungslose gestapelt oder unmittelbar als einzelne Teile zur nächsten Bearbeitungsstation bzw. in einen Materialpuffer gefördert. Bestimmte Rohteile, z. B. Korpus-Rückwände bzw. Schubkastenböden, benötigen keine weitere Formatierung. Diese zugeschnittenen Teile können direkt ins Kommissionierlager transportiert werden.

Konnte der Auftrag nicht vollständig beendet werden, erfolgt eine Information an die Fertigungsleitung und ggfs. erfolgt eine beschleunigte Nachfertigung der fehlenden bzw. mangelhaften Rohteile.

4.2.1.1 Zuschnittplanung

Ausgangs der Erzeugniskonstruktion entsteht eine Erzeugnisgliederung sowie eine Stückliste bzw. Teileliste der für das Produkt benötigten Teile. Die Erzeugnisgliederung beinhaltet die strukturelle Gliederung des Erzeugnisses. In der Stückliste sind die einzelnen Teile mit ihrer Bezeichnung, der Bauteilart, z. B. als Eigenfertigungs-, Fremdfertigungs- oder Kaufteil, und dem Werkstückmaterial, z. B. mit Kurzbezeichnung, dem Materialcode und Materialdekor, sowie ggf. weiteren ergänzenden Angaben beschrieben. Bevor der Zuschnittauftrag erzeugt werden kann, sind einige Überprüfungen vorzunehmen, um die Verfahren und Technologien des Zuschnittes festzulegen.

Prüfen der Komplexität der Außenkonturen

Hinsichtlich der Zuschnittberechnungen sind die Außenkonturen der Bauteile zu analysieren. Derzeit gibt es keine Plattenzuschnittsoftware, die in einem Zuschnittauftrag sowohl rechteckige als auch nicht rechteckige Außenkonturen bzw. Freiformkonturen berechnen kann. Der Grund dafür ist, dass diese beiden verschiedenen Bauteilformen mit unterschiedlichen Maschinensystemen später ausgetrennt werden. Rechteckteile können wirtschaftlich vorteilhaft mit einer Plattensäge zugeschnitten werden; ohne wirtschaftliche Vorteile natürlich auch mit einer CNC-Stationärbearbeitungsmaschine. Bauteile mit Freiformkonturen können derzeit nur mit CNC-Stationärbearbeitungsmaschinen ausgetrennt werden. Es ist aber möglich, Teile mit Freiformaußenkonturen als Rechteckteil zuzuschneiden und dann anschließend auf einer CNC-Stationärbearbeitungsmaschine zu formatieren. Deshalb sind beide Teilearten in getrennten Zuschnittaufträgen zu berechnen. Mittels einer Nesting-Bearbeitung können Bauteile beliebiger Außenkonturen in einer gegebenen Platte angeordnet und anschließend mit dem Schaftfräser herausgetrennt werden. Die Nesting-Bearbeitung setzt eine CNC-Stationärbearbeitungsmaschine voraus.

Prüfen der Zuschnittmaße für die Realisierung späterer Bearbeitungsoperationen

Da für bestimmte Bauteile wiederkehrende Bearbeitungsfolgen verwendbar sind, z. B. bei sogenannten Fertigungsfamilien, können für die Grobplanung die angestrebten Maschinensysteme mit den vorliegenden Abmessungen der Teile abgeglichen werden. Dabei sind Minimal- und Maximalabmessungen zu prüfen.

Beim Formatieren im Durchlauf werden die Werkstücke in einer Zwangsposition durch die Maschine gefördert und dabei an den Außenseiten bearbeitet. Die Führung der Werkstücke beim Transport innerhalb der Maschine muss einen ausreichenden seitlichen Materialüberstand sichern und eine sichere Fixierung im Werkstücktransportsystem ermöglichen. Durch den konstruktiven Aufbau der Durchlaufbearbeitungsmaschinen müssen bestimmte Bauteilmindestbreiten eingehalten werden. Diese Mindestbreiten sind maschinen- und herstellerabhängig. So können für eine einseitige Bearbeitung eine Mindestbreite von z. B. B = 100 mm bis 120 mm und für eine beidseitige Bearbeitung eine Mindestbreite von z. B. B = 194 mm bis 204 mm erforderlich sein. Für eine beidseitige Bearbeitung sind die Mindestbreiten unbedingt zu beachten. Bei kritischen Bauteilbreiten kann statt einem Schmalteil ein Doppelteil mit einer Breite von zwei Fertigteilen sowie der Trennschnittbreite beidseitig bearbeitet werden. Nach der Durchlaufformatierung bzw. in der Nachbearbeitung können Doppel- und Mehrfachteile in Einzelteile aufgetrennt werden.

Bei der CNC-Stationärbearbeitung von Möbelteilen werden die Werkstücke i. d. R. mit Vakuumkonsoltischen auf sogenannten Blocksaugern fixiert. Dabei ist die Anzahl der Blocksauger und die Größe deren Spannfläche, d. h. die Gesamtspannfläche, wesentlich für die sichere Spannung des Werkstückes. Die Vakuumspannmöglichkeiten und die konkrete Spannsituation definieren direkt die Bauteilmindestgröße. Ist bei Klein- oder Schmalteilen keine sichere Bauteilspannung zu erwarten, dann sollten Doppel-, Mehrfach- oder Übermaßteile vorgesehen werden, vgl. Abschnitt 3.6.3. Bei den Zuschnittabmessungen für die Doppel- und Mehrfachteile sind dann die zusätzlichen

Sägeschnittbreiten mit einzurechnen und die notwendigen Stückzahlen der Doppel- und Mehrfachteile entsprechend anzupassen. Für die nachfolgenden Betrachtungen wird die Zuschnittsoftware Schnitt-Profit V11[4)] verwendet.

Zusammenfassen gleichformatiger Rohteile

Bei Korpusmöbeln können dekor- und formatgleiche Rohteile vorkommen, z. B. Seitenwände, Türen und Böden. Für den Zuschnitt muss bei gleichem Dekor und gleichen Abmessungen noch keine Unterscheidung in links/rechts bzw. oben/unten erfolgen. Je nach Fertigungsorganisationstyp können diese Gleichteile entweder in doppelter bzw. mehrfacher Anzahl in der Zuschnitt-Teileliste angeben sein, oder die gleichformatigen Teile werden von vornherein separat aufgeführt. Eine Zusammenfassung gleichformatiger Teile hat i. d. R. beim Zuschnitt keinen Einfluss auf das Optimierungsergebnis.

Über- oder Unterproduktion zulassen

Mitunter gibt es triftige Gründe, von der Anzahl der geforderten Teile in der Stückliste bei der Zuschnittoptimierung abzuweichen. Ein Grund kann sein, dass für andere, noch anstehende Zuschnittaufträge Rohteile mit zugeschnitten werden, d. h. eine vorgezogene Produktion. Mitunter können als Ersatzteile benötigte Rohteile mit zugeschnitten werden. Das betrifft aber nur Rohmaterial bei gleicher Art, Dicke und Dekor. Ebenso kann es sinnvoll sein, für ein besseres Optimierungsergebnis bestimmte Rohteile aus dem Zuschnittauftrag herauszulösen und sie für folgende Aufträge mit einzuplanen, d. h. für eine spätere Produktion (vgl. Abschnitt 4.2.1.2).

Festlegen der Zuschnittmaße der Rohteile

In Abhängigkeit vom Zustand des Rohmaterials bzw. von den nachfolgenden Spanungsprozessen werden die Zuschnittmaße für jedes Teil festgelegt. Die Zuschnittmaße ergeben sich üblicherweise aus den Fertigmaßen zuzüglich der Bearbeitungszugaben. Eine Bearbeitungszugabe ist so zu bemessen, dass sich aus den Rohteilen sicher Fertigteile erzeugen lassen und für alle Spanungsprozesse Bearbeitungszugaben vorhanden sind. Bei der Festlegung von Länge und Breite gelten besondere Regeln. So ist üblicherweise die Rohteillänge die größere Abmessung, d. h. Länge > Breite und diejenige Abmessung in Dekorrichtung bzw. Maserung. In diesem Fall ist die Maserung = J einzustellen (vgl. Bild 4.2).

Besitzen der Plattenwerkstoff und damit auch die Rohteile keine Dekorrichtung bzw. Maserung, dann ist die größere Abmessung als Rohteillänge anzugeben und Maserung = N einzustellen. Sind die größte Abmessung und die Dekorrichtung hingegen verschieden, kann das durch die Angabe Maserung = X gekennzeichnet werden.

---

[4] Die Software Schnitt-Profit ist ein Produkt der HOMAG Group AG, Schopfloch. Der neueste Software-Stand ist die Version 12; in dieser Publikation wird die Version 11 verwendet.

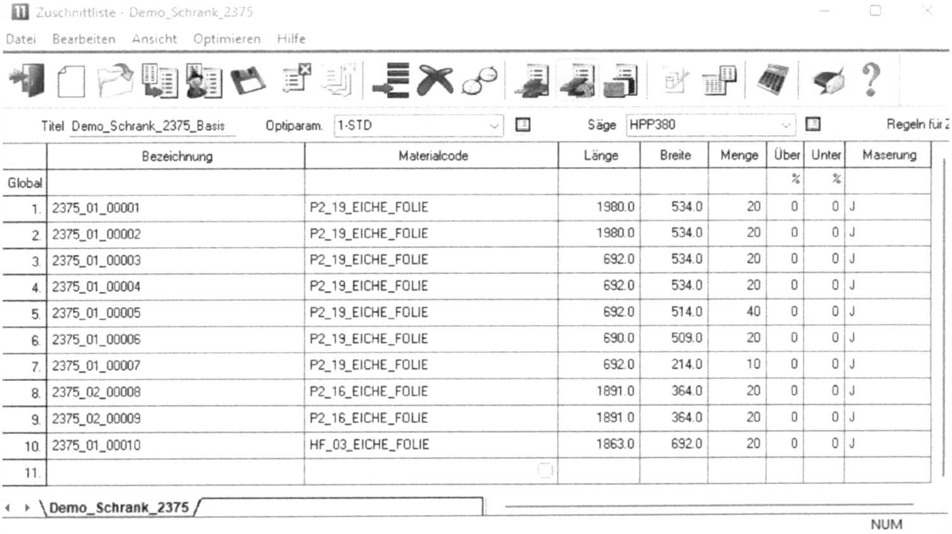

	Bezeichnung	Materialcode	Länge	Breite	Menge	Über	Unter	Maserung
Global						%	%	
1.	2375_01_00001	P2_19_EICHE_FOLIE	1980.0	534.0	20	0	0	J
2.	2375_01_00002	P2_19_EICHE_FOLIE	1980.0	534.0	20	0	0	J
3.	2375_01_00003	P2_19_EICHE_FOLIE	692.0	534.0	20	0	0	J
4.	2375_01_00004	P2_19_EICHE_FOLIE	692.0	534.0	20	0	0	J
5.	2375_01_00005	P2_19_EICHE_FOLIE	692.0	514.0	40	0	0	J
6.	2375_01_00006	P2_19_EICHE_FOLIE	690.0	509.0	20	0	0	J
7.	2375_01_00007	P2_19_EICHE_FOLIE	692.0	214.0	10	0	0	J
8.	2375_02_00008	P2_16_EICHE_FOLIE	1891.0	364.0	20	0	0	J
9.	2375_02_00009	P2_16_EICHE_FOLIE	1891.0	364.0	20	0	0	J
10.	2375_01_00010	HF_03_EICHE_FOLIE	1863.0	692.0	20	0	0	J
11.								

Bild 4.2 Screenshot einer Teileliste für die Planung des Plattenzuschnittes (mit freundlicher Unterstützung der HOMAG Group AG)

Für die Beschreibung des Materials wird i. A. ein Plattencode verwendet, der vom Anwender vergeben wird. Als Plattencode kann für eine Spanplatte Typ P2 mit Dekorfolie im Eiche-Dekor und 19-mm-Plattenstärke der Code P2_19_EICHE_FOLIE verwendet werden (vgl. Bild 4.3).

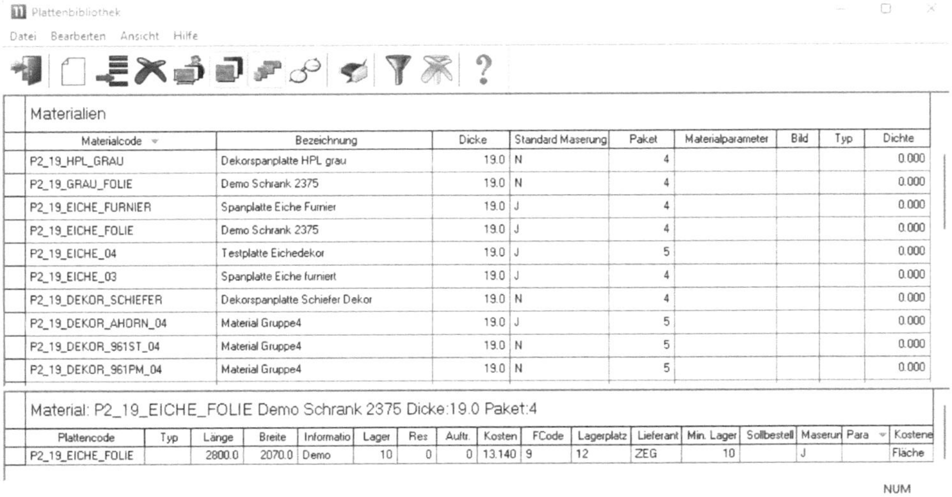

Materialcode	Bezeichnung	Dicke	Standard Maserung	Paket	Materialparameter	Bild	Typ	Dichte
P2_19_HPL_GRAU	Dekorspanplatte HPL grau	19.0	N	4				0.000
P2_19_GRAU_FOLIE	Demo Schrank 2375	19.0	N	4				0.000
P2_19_EICHE_FURNIER	Spanplatte Eiche Furnier	19.0	J	4				0.000
P2_19_EICHE_FOLIE	Demo Schrank 2375	19.0	J	4				0.000
P2_19_EICHE_04	Testplatte Eichedekor	19.0	J	5				0.000
P2_19_EICHE_03	Spanplatte Eiche furniert	19.0	J	4				0.000
P2_19_DEKOR_SCHIEFER	Dekorspanplatte Schiefer Dekor	19.0	N	4				0.000
P2_19_DEKOR_AHORN_04	Material Gruppe4	19.0	J	5				0.000
P2_19_DEKOR_961ST_04	Material Gruppe4	19.0	N	5				0.000
P2_19_DEKOR_961PM_04	Material Gruppe4	19.0	N	5				0.000

Plattencode	Typ	Länge	Breite	Informatio	Lager	Res	Auftr.	Kosten	FCode	Lagerplatz	Lieferant	Min. Lager	Sollbestell	Maserun	Para	Kostene
P2_19_EICHE_FOLIE		2800.0	2070.0	Demo	10	0	0	13.140	9	12	ZEG	10		J		Fläche

Bild 4.3 Screenshot der Plattenbibliothek für die Plattenzuschnittoptimierung (mit freundlicher Unterstützung der HOMAG Group AG)

Mittels dieses Plattencodes kann einem Rohteil ein konkreter Plattenwerkstoff aus der Plattenbibliothek zugeordnet werden. Platten bzw. wirtschaftliche Reste unterschiedlicher Abmessungen werden dann unter diesem Plattencode gespeichert. In der Plattenbibliothek werden die Plattenmaterialien mit ihren Kenndaten unter dem festgelegten Plattencode abgespeichert.

Im ersten Schritt wird die Platte mit ihrer Materialdicke, der evtl. vorhandenen Dekorrichtung bzw. Maserung und der maximalen Anzahl der Platten in einem Plattenpaket angegeben. In einem zweiten Schritt wird unter dem festgelegten Plattencode dann die konkrete Platte mit z. B. den Angaben zur Länge und Breite der Platte, den Informationen zum Lieferanten, die Materialkosten, die Anzahl der vorhandenen Platten im Lager sowie die Verwaltung des Lagerbestandes angegeben.

Neben der Teileliste und der Plattenliste können in der Plattenzuschnittsoftware weitere Parameter einstellbar sein bzw. können als gespeicherte Einstellungen abgerufen werden, so z. B. die Zuschnitt-Optimierungsparameter, die Sägeparameter, die Materialparameter und die Systemparameter in der Software. Im Ergebnis der Berechnungen entsteht eine digitale Zuschnittdokumentation mit allen für die Fertigung notwendigen Unterlagen. Zu einer Zuschnittdokumentation können folgende Einzelunterlagen gehören:

- eine Generalübersicht zum Zuschnittauftrag mit den Teilemengen, Zeiten, Kosten und dem Verschnittsatz,
- eine Liste der geschnittenen Teile, geordnet nach Materialart mit Soll- und Ist-Darstellung,
- eine Liste mit den Angaben des verbrauchten Materials,
- eine Liste mit wirtschaftlich verwendbaren Reststücken,
- eine Liste mit den Bearbeitungszeiten bzw. Sägezeiten pro Teil,
- eine Beschickungsliste mit der Reihenfolge der Abarbeitung des Auftrages,
- eine Schnittplanübersicht und eine
- Abstapelübersicht.

Bei der Durchführung des Plattenzuschnittes hat der Maschinenführer i. d. R. die Möglichkeit, die Reihenfolge der Abarbeitung der Schnittpläne manuell zu ändern.

Besonderheiten bei der Zuschnittplanung für die Nesting-Bearbeitung

Als Nesting-Bearbeitung von Holzwerkstoffen wird das Verschachteln verschiedener, meist nicht rechteckiger Bauteilgeometrien in einer Rohteilplatte und anschließendem Austrennen der Rohteile mittels Schaftfräser verstanden. Die herauszutrennenden Rohteile mit beliebigen Außenkonturen werden in einer Rohmaterialplatte mit dem Ziel verschachtelt, möglichst wenig Verschnitt zu haben. Zwischen allen verschachtelten Rohteilen mit ihren beliebigen Außenkonturen wird ein genügend großer Abstand, d. h. der minimale Abstand zwischen den Werkstücken ist etwas größer als der Flugkreisdurchmesser des Fräsers, vorgesehen, sodass die Teile nacheinander konfliktfrei herausgetrennt werden können. Am Beispiel der CNC-Programmiersoftware WoodWOP und der Plattenzuschnitt-Software Schnitt-Profit soll die Vorgehensweise erläutert werden.

Zuerst müssen in der CNC-Programmiersoftware die vorgesehenen und zu verschachtelnden Teile als Einzelteile programmiert und gespeichert werden. Dazu wird ein Werkstück mit geeigneten Abmessungen und der Dicke des späteren Rohteils erzeugt. Beim Anlegen der Außenkontur muss beim Startpunkt der Kontur das Feld Nesting-Kontur aktiviert werden. Es empfiehlt sich, bei der Konturbeschreibung konkrete Zahlen zu verwenden und auf eine variable Programmierung zu verzichten. Länge und Breite dieses Werkstückes sind dabei unerheblich (vgl. Bild 4.4).

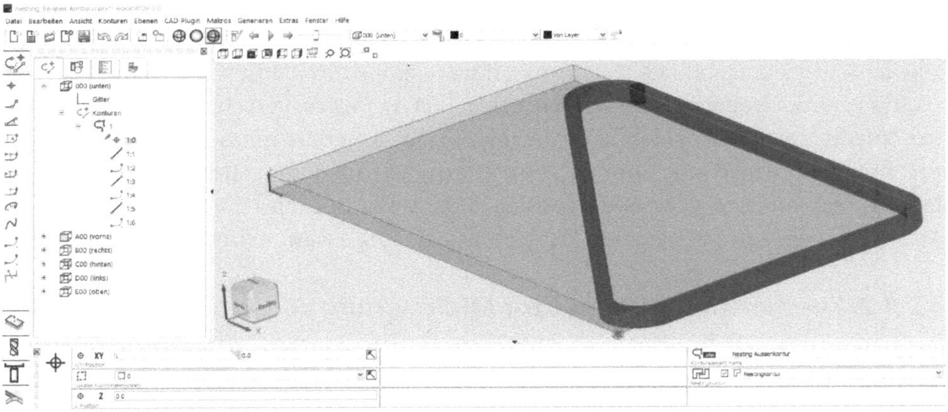

Bild 4.4 Erzeugen einer Fräskontur für die spätere Nesting-Bearbeitung (mit freundlicher Unterstützung der HOMAG Group AG)

Eine mögliche Dekorrichtung bzw. Maserung ist üblicherweise die Richtung der X-Achse. Unter Beachtung einer möglichen Dekorrichtung wird in das Werkstück die betreffende Außenkontur als Konturzug programmiert. Anschließend wird eine Fräsbearbeitung entlang der Nesting-Kontur programmiert. Als Werkzeug wird der später für die Nesting-Bearbeitung vorgesehene Schaftfräser angegeben. Als Frästiefe für das Austrennen wird Z-Position Z = –0,3 programmiert. Das so erzeugte Bauteil wird im System WoodWOP als reguläres Programm gespeichert. An dieser Stelle soll ausdrücklich darauf hingewiesen werden, dass die Software Schnitt-Profit entweder den Zuschnitt rechteckiger Rohteile mit einer Plattensäge oder den Zuschnitt von Rohteilen mit Freiformkonturen mit einer CNC-Stationärmaschine und einem Schaftfräser berechnet.

Für die Zuschnittberechnung muss in der Zuschnittsoftware in den Nesting-Programmbereich gewechselt werden und eine entsprechende und geeignete CNC-Stationärbearbeitungsmaschine ausgewählt werden. Die herzustellenden Nesting-Teile können durch eine manuelle Auswahl in die Teileliste der Zuschnittberechnung übernommen werden. Die Stückzahl und die Angaben zum Dekor sind ebenfalls einzugeben (vgl. Bild 4.5).

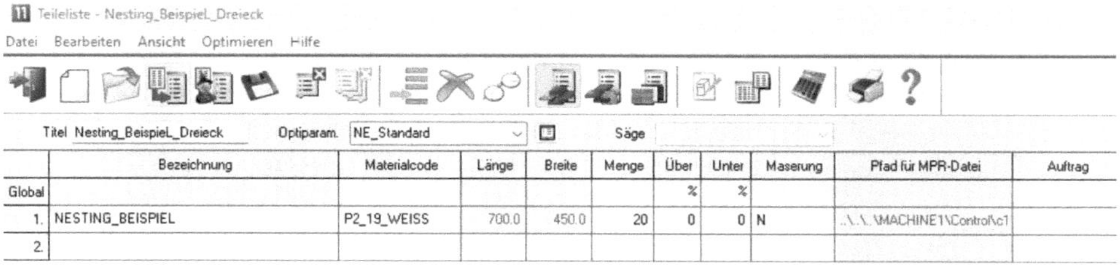

Bild 4.5 Screenshot einer Teileliste für die Nesting-Zuschnittoptimierung (mit freundlicher Unterstützung der HOMAG Group AG)

Die in Bild 4.5 abgebildete Teileliste umfasst ein Bauteil mit einer Stückzahl von 20 Stück. In der Teileliste können natürlich auch mehrere, verschiedene Teile mit unterschiedlichen Stückzahlen angegeben sein. Im Ergebnis eines Berechnungslaufes für den Rohteilzuschnitt können erste Ergebnisse über die Ausbeute an Rohteilen bzw. Verschnittsätze gewonnen werden. Ebenso kann man eine erste Übersicht zu Maschinenbelegungszeiten, den Fertigungskosten und Nettomaterialbedarf erhalten.

4.2.1.2 Zuschnittoptimierung zur Minimierung von Schnittverlusten

Optimierungsstrategien für den Plattenzuschnitt

Für die Zuschnittoptimierung können verschiedene Zielfunktionen verwendet werden. Eine mögliche Zielfunktion wäre die verschnittoptimierte Berechnung. Dabei wird der Verschnitt minimiert, sodass eine hohe stoffliche Ausbeute erreicht werden kann. Die benötigte Zeit für den Zuschnitt und die daraus resultierenden Maschinenkosten werden in der Optimierung nachrangig behandelt. Die Rohteile werden unter Berücksichtigung der Dekorrichtung in der Platte so angeordnet, dass eine maximale Ausbeute an Rohteilen bzw. ein geringer Verschnitt erzielt wird. Eine derartige Optimierungsstrategie wäre sinnvoll bei kostenintensivem Material und geringen Maschinenkosten; unter der Voraussetzung einer ausreichenden Zuschnittkapazität.

Eine weitere Zielfunktion ist die kostenoptimierte Berechnung. Bei einer kostenoptimierten Berechnung werden die beim Zuschnitt entstehenden Fertigungskosten den Materialkosten gegenübergestellt und das Kostenminimum von Material- und Fertigungskosten als Optimierungsziel vorgegeben. Diese Art der Optimierung setzt konkrete Angaben über die Säge, die Vorschübe, die Zeiten für das Handling und die Bedienung der Säge sowie den ermittelten Maschinenkostensatz voraus. Bei den Angaben in der Plattenbibliothek müssen exakte Materialpreise hinterlegt sein. Im

Vordergrund dieser Strategie stehen minimale Gesamtkosten. Für die nachfolgenden Ausführungen wurde die kostenoptimierte Berechnung verwendet.

Betrachtung der Schnittfolge und der Aufteilschemen

In verschiedenen Publikationen werden als Durchschnittswerte für den Zuschnitt von Plattenmaterial Schnittverluste S = 10 % – 15 % angegeben. In der [DIN 68201] sind diverse Berechnungsgleichungen zum Verschnitt angegeben, vgl. Abschnitt 3.5.4. In gewissem Umfang haben die Schnittschemen Einfluss auf das Optimierungsergebnis. Als einfache Schnittschemen gelten der Besäumschnitt, das Längs- und das Queraufteilen sowie die kombinierte Längs- und Queraufteilung (vgl. Bild 4.6).

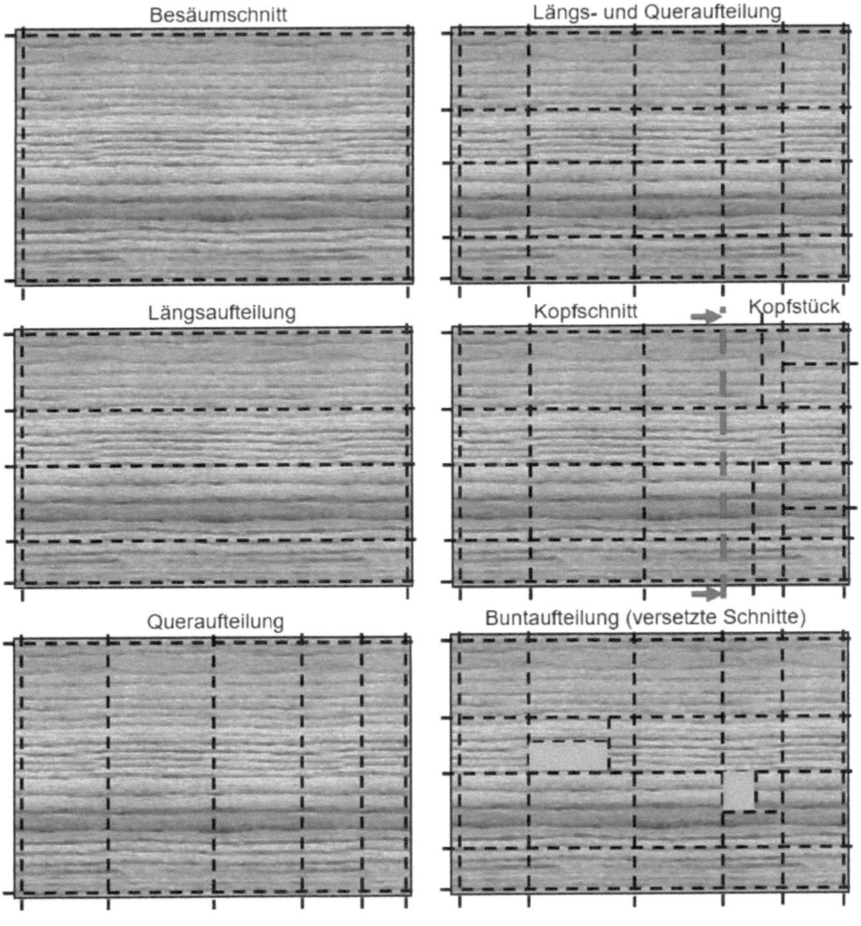

Bild 4.6 Schnittschemen beim Plattenzuschnitt

Die Längs- und Queraufteilungen lassen sich relativ unproblematisch realisieren und der relative Zeit- und Kostenaufwand ist gering. Durch eine Paketbildung gleichformatiger Teile mit gleichem Dekor können hohe Stückzahlen erreicht werden.

Bei vielen Kleinteilen oder Einzelteilen mit Sonderabmessungen im Zuschnittauftrag, erzeugt die Zuschnittsoftware meist eine Einzelplattenbearbeitung, verbunden mit einer hohen Maschinenbelegungszeit. Bei derartig vielen Sonderteilen erweist sich ein Kopfschnitt als vorteilhaft. Dabei werden alle Teile mit Sonderabmessungen in einem sogenannten Kopfstück der Platten angeordnet. Beim Kopfschnitt wird zuerst das Kopfstück abgetrennt und zwischengelagert. Anschließend wird dann die Restplatte längs und quer aufgetrennt. Daran anschließend wird das Kopfstück eingezogen und vollständig aufgeteilt. Ein Kopfschnitt ist immer mit erhöhtem Zeitaufwand im Vergleich mit Längs- und Queraufteilung verbunden. Kopfschnitte sind nur ausführbar, wenn die verwendete Zuschnittsoftware solche komplexen Schnittschemen unterstützt.

Als Buntaufteilung können Schnittschemen bezeichnet werden, bei denen im Wesentlichen eine Längs- und Queraufteilung möglich ist, aber einzelne Rohteile gesonderte Abmessungen haben, bei denen entweder die Länge oder die Breite oder keine der beiden Abmessungen der Längs- und Queraufteilung entspricht (vgl. die in Bild 4.6 grau markierten Rohteile). Eine Buntaufteilung führt ebenso zu einer erhöhten Maschinenbelegungszeit.

Wirtschaftliche Reste

Eine Möglichkeit, die Optimierungsergebnisse ertragreicher zu gestalten, besteht in der Einrichtung und Verwendung von wirtschaftlichen Resten. Als wirtschaftlicher Rest wird ein beim Plattenzuschnitt anfallendes, wirtschaftlich noch verwertbares Reststück bezeichnet. Das wirtschaftliche Reststück muss lagerfähig sein und von den Geräten für das Plattenhandling sicher transportiert werden können. Weiterhin muss es klare Organisationsregeln geben, wie das Reststück etikettiert bzw. beschriftet und ins Lager zurückgeführt wird. Zur Definition eines wirtschaftlichen Restes können die minimalen Abmessungen bzw. die minimale Fläche des Reststückes als Optimierungsparameter verwendet werden, so z. B. eine Mindestlänge oder eine Mindestbreite von 1,0 m und mindestens eine Fläche von $A > 1{,}5\ m^2$.

Wird bei der Zuschnittoptimierung ein möglicher wirtschaftlicher Rest erkannt, wird die Schnittfolge dahingehend angepasst, dass die programmierten Teile geschnitten werden und der wirtschaftliche Rest als zusammenhängendes Reststück erhalten bleibt. Nach dem Abschluss des Zuschnittauftrages wird das Reststück unter seinem Materialcode und mit den konkreten Abmessungen in den Plattenbestand zurückgebucht. Damit das Reststück bevorzugt in weiteren Zuschnittoptimierungen mit verwendet wird, kann man die ursprünglichen Materialkosten der Platte für das Reststück deutlich absenken. Bei einer erneuten Zuschnittplanung kann dann das Reststück bei passendem Materialcode und geeigneten Abmessungen vorzugsweise verarbeitet werden.

Konstruktive Anpassung der Zuschnitt-Abmessungen an vorhandene Rohmaterialformate

Die konkreten Abmessungen von Möbelspanplatten hängen weitgehend von den konkreten maschinentechnischen Bedingungen bei der Herstellung und der anschließenden Erstbearbeitung der Plattenrohlinge ab. Es haben sich in der Holzverarbeitung zwei Formate etabliert, das Platten-Vollformat und das Platten-Halbformat. Beide Formatangaben sind nicht einheitlich geregelt. Unter einem Halbformat wird im Allgemeinen eine Platte mit den Abmessungen ca. L×B = 2800 × 2070 mm und unter einem Vollformat einer Platte mit den Abmessungen ca. L×B = 5600 × 2070 mm verstanden. Wird zu Beginn des Plattenzuschnittes ein Besäumschnitt mit einer Säumlingsbreite, z. B. B = 15 mm durchgeführt, um beschädigungsfreie Randbereiche und ein definiertes Ausgangsformat zu erhalten, entsteht bereits ein Schnittverlust von ca. S = 2,5 % bei einer Rohplatte im Halbformat. Als weitere Möglichkeit der Verschnittminimierung kann eine Prüfung der Rohteilabmessungen im Zuschnittauftrag und ggf. eine konstruktive Anpassung der Abmessungen der Rohteile an die Abmessungen der Rohmaterialplatte erfolgen. Bei der maßlichen Festlegung eines Erzeugnisses kann man eine Vorabkontrolle vornehmen und frei wählbare Maße für Rohteilabmessungen so gestalten, dass insgesamt eine wirtschaftliche Materialausnutzung möglich ist. Mitunter kann durch eine Variation bestimmter Parameter ein besseres Zuschnittergebnis erreicht werden, so z. B.

- durch geringfügige Variation der Erzeugnis- bzw. bestimmter Bauteilabmessungen, ohne dabei die Funktion bzw. die Konstruktion zu beeinträchtigen,
- Verwendung einheitlicher Dekore und Materialdicken beim Korpus und den Frontteilen, um eine günstige Mischung von groß- und kleinformatigen Rohteilen in einem Zuschnitt zu erreichen,
- Prüfung, ob eine geringfügige Verringerung der Besäumbreite zu Verbesserungen führt,
- Prüfung, ob z. B. eine Über- oder Unterproduktion spezieller Bauteile vorteilhaft ist.

Ein richtungsgebundenes Dekor erzeugt bei der Zuschnittoptimierung fast immer ein schlechteres Optimierungsergebnis als ein nicht richtungsgebundenes Dekor. Bei der Verwendung von einfarbigen Dekoren, sogenannte Uni-Dekore, können die Bauteile bei der Zuschnittoptimierung automatisch gedreht werden und es entsteht im Ergebnis ein geringerer Verschnitt. Vielleicht kann in Abstimmung mit dem Kunden bzw. Auftraggeber ein Uni-Dekor bevorzugt werden. Bei diesen Überlegungen muss natürlich der konstruktive und gestalterische Eindruck erhalten bleiben. Anstelle einer Rückwand mit richtungsgebundenem Dekor kann vielleicht ein Material mit Uni-Dekor verwendet werden. Mit einer optisch ansprechenden Gliederung der Fronten, d. h. ein Wechsel zwischen großflächigen Türen und kleinteiligen Frontflächen durch Schubkästen und Blenden, gelangen unterschiedliche Formate in den Zuschnittauftrag. Damit kann i. d. R. eine bessere Materialausnutzung erreicht werden.

Zuschnittoptimierung

Am Beispiel eines einzeln stehenden Garderobenschrankes soll die Problematik der Zuschnittoptimierung erläutert werden (vgl. Bild 4.7).

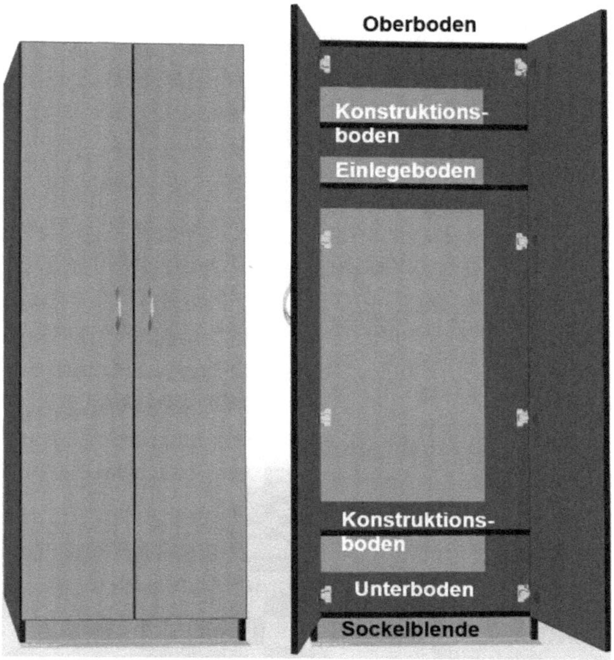

Bild 4.7
Beispielmöbel Schrank 2375

Bei dem genannten Garderobenschrank mit durchgehenden Seiten und dazwischen liegenden Böden haben die Korpus-Elemente, d.h. Außenseiten, Böden und Sockelblende, eine Materialdicke von D = 19 mm. Die Türen sind aufschlagend und besitzen eine Materialdicke D = 16 mm. Die Rückwand besteht aus einer 3 mm dicken Dekorfaserplatte. Die Dekorrichtung verläuft bei allen Teilen in Richtung der Rohteillänge. Der Beispielschrank hat die Abmessungen von Höhe = 1970 mm, Breite = 720 mm und Tiefe = 540 mm. Im Inneren befinden sich zwei mit den Seiten fest verbundene Konstruktionsböden sowie ein variabel positionierbarer Einlegeboden. Für die nachfolgenden Erläuterungen werden Halbformatplatten verwendet (vgl. Bild 4.3).

Die einzelnen Rohteile, ausgenommen die Rückwand, besitzen eine seitliche Bearbeitungszugabe von je 5 mm. Die Sockelblende wird aufgrund der geringen Fertigteilbreite als Doppelteil zugeschnitten. Für den Trennschnitt zur Vereinzelung der Doppelteile wird eine Zahnbreite der Formatkreissäge von b = 4,0 mm angenommen. Für die Zuschnittberechnung wurde eine Serie von 20 Stück des Schrankes Typ 2375 zugrunde gelegt. Die Gesamtfläche aller zugeschnittenen Rohteile für die 20 Schränke beträgt A = 133,12 m^2.

Die Zuschnittliste ist in Bild 4.2 enthalten. Die Optimierung erfolgt mit der Zielfunktion der minimalen Gesamtkosten. Nach der Zuschnittberechnung für die Basisvariante 1 wird für 20 Schränke mit 210 zu schneidenden Rohteilen ein Materialbedarf von insgesamt ca. 220 m² bestimmt.

Als Rohmaterial werden 38 Stück Halbformatplatten benötigt, davon 20 Platten mit 19-mm-Dicke, 8 Platten mit 16-mm-Dicke und 10 Platten mit 3-mm-Dicke. Nach Formel 3.6 im Abschnitt 3.5.4 ergibt sich damit eine Ausbeute von A = 60,52 % bzw. ein Schnittverlust S = 39,48 % (vgl. Tabelle 4.1, Spalte Variante 1).

Als zu erwartende Schnittzeit wird eine Zeit von 1 Stunde und 36 Minuten ermittelt. Diese von der Software berechnete Schnittzeit stellt die zu erwartende Bearbeitungszeit für den Zuschnittauftrag dar.

Tabelle 4.1 Ergebnisse der Zuschnittoptimierung nach konstruktiven Änderungen

Ergebniswerte	Variante 1	Variante 2	Variante 3	Variante 4
Gesamtfläche Rohteile [m²], Fertigmenge F	133,12	133,12	133,12	133,12
Verbrauchte Platten gesamt [Stück]	38	33	29	28
Anzahl Kopfschnitte [Stück]	0	3	1	1
Anzahl Nachschnitte [Stück]	2	1	0	1
Fläche der verbrauchten Platten [m²], Rohmenge R	219,97	190,99	167,89	162,09
Gesamtfläche der wirtschaftlichen Reste [m²]	0	2,89	2,87	2,87
Gesamtanteil der wirtschaftlichen Reste [%]	0	1,51	1,71	1,77
Fläche des entstandenen Abfalls [m²]	86,85	54,97	31,90	26,10
Anteil entstandener Abfall bzw. Schnittverlust S [%]	39,48	28,78	19,00	17,87
Durchschnittliche Ausnutzung der Platten A [%]	60,52	71,22	81,00	82,13
Zu erwartende Schnittzeit (HNZ) der Säge [hh:mm]	01:24	01:46	01:05	01:29
Berechnete Bearbeitungszeit (BAZ) [hh:mm]	01:36	02:05	01:12	01:43
Auftragsmaterialkosten (verbrauchte Platten) [€]	2266,85	2006,61	1763,55	1777,81

Tabelle 4.1 Ergebnisse der Zuschnittoptimierung nach konstruktiven Änderungen *(Fortsetzung)*

Ergebniswerte	Variante 1	Variante 2	Variante 3	Variante 4
Auftragsfertigungskosten (Maschinen- und Personalkosten), [€]	71,95	90,82	55,24	76,54
Gesamtkosten Zuschnittauftrag [€]	2338,00	2097,43	1818,79	1854,35

Der Zuschnittauftrag umfasst 20 Schränke vom Typ 2375 mit insgesamt 210 Rohteilen. Für die Plattenwerkstoffe sind, je nach Materialgruppe, entsprechende Kosten pro qm hinterlegt (vgl. Bild 4.3). Dort ist im unteren Bereich des Bildes der Kostensatz für die 19-mm-Platten angegeben. Als Maschinenkostensatz für die Plattensäge wird ein Wert von 51,60 €/qm verwendet. Weitere Informationen können aus dem Hanser-Plus-Material zur Planung und zur Zuschnittoptimierung plattenförmiger Rohteile entnommen werden.

Maßnahmen zur Minimierung von Schnittverlusten

Ein Schnittverlust von fast 40 % zwingt zum Handeln. In einer Variante 2 wird berechnet, wie sich die Ausbeute und die Kosten verändern würden, wenn die beiden Türen, wie der gesamte Korpus, ebenfalls aus 19-mm-Dekorspanplatte gefertigt werden. Mit den geänderten Materialien für die Türen wird eine Neuberechnung vorgenommen. Alle äußeren Berechnungsparameter wie der Maschinenkostensatz, die Schnittparameter und die Materialpreise bleiben unverändert. Der Materialbedarf sinkt auf 33 Platten und die Ausbeute steigt. Der Schnittverlust reduziert sich auf S = 28,78 %. Durch den geringeren Materialbedarf sinken die Materialkosten und kompensieren die steigenden Fertigungskosten durch die erhöhte Bearbeitungszeit. Die Erhöhung der Bearbeitungszeit (BAZ) ist auf zeitintensivere Zuschnitt-Abläufe zurückzuführen, z. B. durch Kopfschnitte und zusätzliche Nachschnitte. In der Summe werden die zu erwartenden Gesamtkosten geringer (vgl. Tabelle 4.1, Spalte Variante 2).

In einer Variante 3 wird betrachtet, welche Zuschnittergebnisse entstehen würden, wenn die Variante 1 mit drei verschieden dicken Materialien im Eiche-Dekor ohne richtungsgebundenes Dekor, z. B. Uni-Dekor grau, gefertigt wird. In der Plattenliste sind die Werkstoffe mit gleichen Abmessungen und Kostensätzen, aber ohne richtungsgebundenes Dekor, eingetragen. Die Zuschnittberechnung erfolgt analog zur Variante 1. Im Vergleich zur Variante 1 werden nur noch 29 Platten, anstatt 38 Platten, benötigt (vgl. Tabelle 4.1, Spalte Variante 3).

Dadurch sinken die Materialkosten erheblich. Der entstehende Abfall halbiert sich. Aufgrund der besseren Auslastbarkeit durch den Verzicht auf ein richtungsgebundenes Dekor wird die Schnittführung beim Aufteilen einfacher und der Schnittweg der Säge kürzer, was wiederum eine deutliche Verringerung der Bearbeitungszeit zur Folge hat.

Abschließend soll in der Variante 4 berechnet werden, welche Veränderungen bei einer Kombination von gleichdickem Material, siehe Variante 2, und Verzicht auf ein richtungsgebundenes Dekor, siehe Variante 3, erreicht werden. Im Ergebnis wird im Vergleich zur Variante 3 wird eine Platte weniger benötigt. Der Schnittverlust verringert sich leicht; die Ausbeute erhöht sich leicht. Bedingt durch die Optimierungseinstellungen, z. B. durch Zulassung komplexer bzw. zeitintensiver Schnittschemen vergrößert sich aber die Schnittzeit. Dieses führt dann wiederum zur Erhöhung der Fertigungskosten (vgl. Tabelle 4.1, Spalte Variante 4).

In der Variante 4 wird eine 19-mm-Platte weniger als in Variante 3 zugeschnitten. Aber durch den höheren Preis einer 19-mm-Platte, im Vergleich zu einer 16-mm-Platte sowie der Erhöhung der Bearbeitungszeit, entstehen etwas höhere Zuschnitt-Gesamtkosten im Vergleich zur Variante 3.

Weitere Optimierungsmöglichkeiten

Durch eine Begutachtung der entstandenen Schnittpläne lassen sich die beim Zuschnitt entstehenden Abfallflächen maßlich bestimmen. Es sollte geprüft werden, ob durch Zulassung einer Über- bzw. Unterproduktion bestimmter Rohteile, sich Verbesserungen in der Materialausbeute und Reduzierungen bei den Fertigungskosten erzielen lassen. Ebenso ist es möglich, material- und dekorgleiche Rohteile anderer Fertigungsaufträge mit in den betreffenden Zuschnitt zu integrieren. In dem oben betrachteten Beispielschrank sind hauptsächlich groß- und mittelformatige Zuschnitte enthalten; es fehlen geeignete Kleinformate.

4.2.1.3 Prozessabläufe und Funktionsintegration beim Rohteilzuschnitt

Der Bereich Rohteilzuschnitt beinhaltet die grundlegenden Prozesse der Lagerung und Bereitstellung des Rohmaterials sowie den Prozess des eigentlichen Aufteilens des Rohmaterials. Das Plattenlager hat die Aufgabe, die für den Zuschnitt angeforderten Platten bedarfs-, zeit- und ablaufgerecht im Auslagerungsbereich bereitzustellen. Der Bereich Zuschnitt fordert die vom Plattenlager gemäß Zuschnittplanung bereitgestellten Rohmaterialien ablaufgerecht an. Nach Start des Fertigungsauftrages werden die bereitgestellten Rohmaterialien gemäß den aktuellen Schnittplänen in die Maschine für den Zuschnitt transportiert, ausgerichtet. Die geforderten Rohteile werden gemäß dem Schnittplan aufgetrennt. Abschließend werden die erzeugten Rohteile in definierter Reihenfolge abtransportiert bzw. nach konkreten Merkmalen auf vereinbarten Stapelplätzen abgestapelt.

Plattenlager-Säge-Kombination

In der Grundfassung dieser Prozesse können die beiden Bereiche Lagerung und Zuschnitt als miteinander verbundene, aber auch als selbstständige Funktionsbereiche existieren. Das Plattenlager erhält von der Fertigungssteuerung den Auftrag, eine bestimmte Menge sortierter Rohmaterialien auf Abruf bereitzustellen. Die Plattenaufteilmaschine fordert von der Steuerung des Plattenlagers die betreffenden Rohmaterialien an und erzeugt die Rohteile gemäß Zuschnittauftrag.

In der Weiterentwicklung entstanden sogenannte Lager-Säge-Kombinationen. Bei dieser Kombination verwaltet ein gemeinsamer Rechner das Plattenlager sowie die Plattenaufteilmaschine und organisiert das Zusammenwirken dieser beiden Einheiten. Bei einer Lager-Säge-Kombination wird vorzugsweise ein automatisch arbeitendes Plattentransportsystem, vgl. Bild 3.12, eingesetzt. Die Rohteile können sowohl sortenrein als auch chaotisch gestapelt sein. Bei den Plattenaufteilmaschinen handelt es sich vorzugsweise um Plattensägen, d. h. Trennen mit dem Kreissägeblatt, und um CNC-Stationärbearbeitungsmaschinen, d. h. Trennen mit dem Schaftfräser. Für besondere Schnittschemen, z. B. Buntaufteilung, können auch Sondermaschinen mit verschiedenen Bearbeitungsaggregaten eingesetzt werden, die in zwei aufeinanderfolgenden Prozessstufen, die Trennschnitte mit dem Kreissägeblatt und dem Schaftfräser ausführen können.

Automatisierung des Teilehandlings beim Zuschnitt

Bei den Plattensägen werden vorzugsweise Druckbalkensägen eingesetzt. Bei einer einzeln stehenden Druckbalkensäge werden bei Aufteilen der Rohplatte nacheinander Rohteilstreifen geschnitten. Jeder Rohteilstreifen muss nach dem Abtrennen von der Rohplatte, z. B. auf dem Luftkissentisch der Säge, zwischengelagert werden. Ist die Rohplatte komplett in Rohteilstreifen aufgeteilt, werden die einzelnen Streifen nacheinander jeweils um 90° gedreht, am Anschlaglineal der Säge ausgerichtet, in die Druckbalkensäge eingezogen und dann gemäß Zuschnittauftrag in Rohteile aufgeteilt. Das Entnehmen, Umlagern und das erneute Zuführen der Rohteilstreifen erfolgt i. d. R. durch den Maschinenbediener. Der Maschinenbediener führt das Handling der Rohteilstreifen und ggf. das sortierte Abstapeln der Rohteile aus. Weiterführende Informationen zur Arbeitssicherheit beim Plattenaufteilen an Druckbalkensägen sind in der [DIN EN ISO 19085-2] enthalten.

Bei einer Winkelanlage sind zwei Druckbalkensägen im rechten Winkel zueinander angeordnet und miteinander vernetzt. Die erste Säge erzeugt die Rohteilstreifen durch z. B. das Längsaufteilen. Die Streifen gelangen anschließend durch das Bauteiltransportsystem der Anlage zur rechtwinklig angeordneten zweiten Säge, wo die Streifen in einzelne Rohteile aufgetrennt werden, d. h. durch Queraufteilen. Dem Bediener obliegt ggf. das sortierte Abstapeln der Rohteile.

Um die Abläufe an einer einzeln stehenden Druckbalkensäge automatisieren zu können, kann anstelle eines Maschinenbedieners ein Gelenkarmroboter eingesetzt werden, der das Handling der Rohteilstreifen und der Rohteile ausführt. Diese Kombination einer Druckbalkensäge mit einem Roboter wird mitunter auch als Roboter-Säge-Kombination bezeichnet (vgl. Bild 3.11).

Aufteilen von Platten mit dem Schaftfräser

Beim Aufteilen mit dem Schaftfräser können CNC-Stationärbearbeitungsmaschinen eingesetzt werden. Der Vorteil dieser Technologie besteht darin, dass das durch die CNC-Maschine ausgetrennte Rohteil auf der CNC-Maschine in der Spannposition weiterbearbeitet werden kann. Anfangs wurden dazu die CNC-Maschinen mit automatisch rüstenden Konsolen und einer Plattenzuführeinrichtung ausgestattet. Vor dem Zuführen der Rohmaterialplatte mussten die Konsolen und Blocksauger der CNC-Maschine für das kommende Rohteil positioniert sein. Nach dem Zuführen der Rohteilplatte wurde der Plattenbereich des späteren Rohteils durch die Blocksauger gespannt. Anschließend wurde ein Rohteil entlang der Außenkontur herausgetrennt. Nach dem Austrennen des Rohteils aus der Rohplatte wurde die Restplatte aus der Maschine zurückgezogen. Im Anschluss konnte das auf den Konsolen fixierte Rohteil weiterbearbeitet oder entnommen werden. Das Austrennen der Rohteile erfolgt vollständig nacheinander.

In der Weiterentwicklung dieses Bearbeitungskonzeptes entstand das Nesting-Konzept. Beim Nesting werden Rohteile mit den als Konturzug definierten Außenkonturen nach bestimmten Regeln in einer gemeinsamen Rohmaterialplatte angeordnet. Ein Optimierungsziel dieser Anordnung der Teile kann minimaler Verschnitt sein. Die Rohmaterialplatte wird auf einem Rasternutentisch bzw. einer Matrixplatte der CNC-Maschine mit untergelegter Opferplatte fixiert. Vor dem Aufteilen der Rohmaterialplatte können einzelne Bearbeitungsoperationen, z. B. Dübelbohrungen, in den verschachtelten Positionen ausgeführt werden. Die einzelnen Rohteile werden dann i. d. R. nacheinander mit dem Schaftfräser ausgetrennt.

Durch die Modifikation einzelner Maschinenkonzepte sind Neuentwicklungen entstanden, bei denen eine Kombination von Kreissägeblatt und Schaftfräser zu einer mehrstufigen Bearbeitung führt, um eine Buntaufteilung zu ermöglichen. Bei einer einzeln stehenden Druckbalkensäge kann ein mit dem Sägewagen gekoppeltes Fräsaggregat verwendet werden, welches versetzte Schnitte realisieren kann. Bei einer Winkelanlage kann zusätzlich zum ersten Kreissägeblatt ein eigenständig ansteuerbares Fräsaggregat vorhanden sein, mit dem eine Fräsbearbeitung in Längsrichtung, d. h. durch Vorschub durch die Platte, oder in Querrichtung, d. h. durch Vorschub des Fräsers, möglich ist.

4.2.1.4 Bearbeitungsverfahren beim Rohteilzuschnitt

Für den Zuschnitt von Rohteilen sind verschiedene Technologien und Maschinensysteme im praktischen Einsatz (vgl. Bild 4.8).

In einer ersten Ebene können diese Systeme durch das Trennwerkzeug, z. B. Kreissägeblatt und/oder Schaftfräser sowie alternative Trennverfahren, unterschieden werden. In der nächsten Ebene des Bildes 4.8 sind dann die dazugehörigen Maschinen bzw. Bearbeitungssysteme zugeordnet. In der anschließenden Ebene erfolgt die Unterscheidung in die Bauart der Plattenaufteilmaschine, z. B. Druckbalkensäge oder

Portalsäge. In einer folgenden Ebene kann in Ein- oder Mehrmaschinensysteme unterschieden werden. Eine Winkelanlage besteht i. d. R. aus zwei rechtwinklig zueinander angeordneten Druckbalkensägen mit integriertem Materialtransport. Als Mehrmaschinensysteme können Kombinationen von Säge- und Fräsmaschinen mit integriertem Materialtransport in Fertigungslinien zusammengefasst werden.

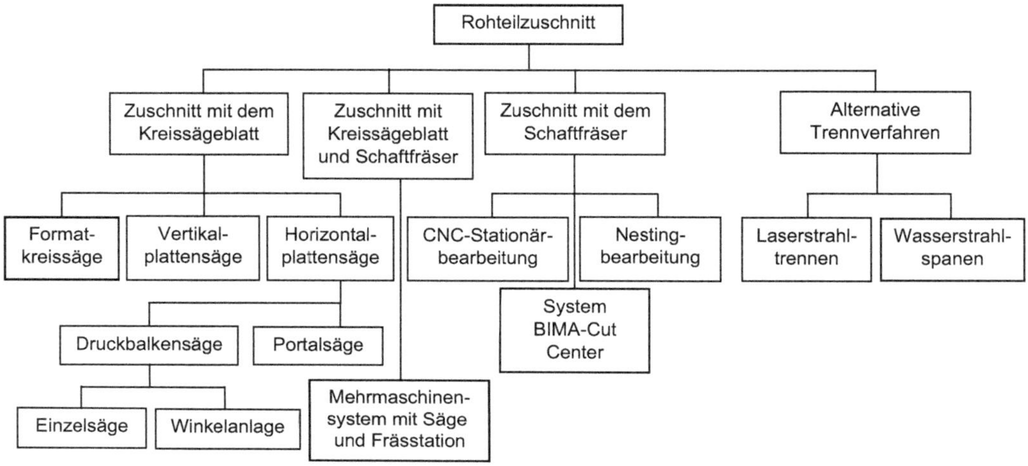

Bild 4.8 Übersicht zu Maschinen und Technologien für den Rohteilzuschnitt

Zuschnitt mit dem Kreissägeblatt

Beim Zuschnitt mit dem Kreissägeblatt kann das Werkzeug die Vorschubbewegung ausführen und das Werkstück ist in Ruhe, so bei der Druckbalkensäge, der Portalsäge oder der stehenden Plattensäge. Im Sägewagen einer Druckbalkensäge befinden sich das Haupt- und das Vorritzsägeblatt. Beide Kreissägeblätter laufen im Gleichlauf, aber aufgrund der unterschiedlichen Drehrichtung gegenläufig zueinander. Die Vorritzsäge läuft im Gleichlauf und durchtrennt die untere Breitfläche der Platte bzw. des Plattenpaketes. Die Hauptsäge durchtrennt im Gleichlauf die obere Breitfläche der Platte oder des Plattenpakets.

Bei manuell bedienten Sägemaschinen führt das Bauteil die Vorschubbewegung aus und das Werkzeug ist ortsfest, z. B. bei der Formatkreissäge oder der Durchlaufsäge. Des Weiteren lassen sich Sägen hinsichtlich der Bewegungssteuerung in Sägen mit manuellem Vorschub, mechanisiertem Vorschub und elektronischem bzw. programmgesteuertem Vorschub unterscheiden. Beim Trennen mit dem Kreissägeblatt ist ein geeigneter Zahnüberstand über bzw. unter dem Werkstück vorzusehen. Bei obenliegender Sägewelle sollte der Zahnüberstand unter dem Werkstück ca. 3 – 5 mm betragen. Bei untenliegender Sägewelle sollte der Zahnüberstand über dem Werkstück ca. 10 – 15 mm betragen.[5)]

[5] Angabe nach [LEI 2005], S. 38

Zur Vermeidung von Kantenausbrüchen an der Zahnaustrittsseite oberflächenempfindlicher Werkstoffe kann ein Vorritzsägeblatt verwendet werden.

Berechnung von Schnitt- und Vorschubgeschwindigkeit[6)]

Die Drehzahlen des Kreissägeblattes sind so zu wählen, dass die max. Schnittgeschwindigkeit den Wert $v_c \leq 100\,m/s$ nicht überschreitet. Mit der nachfolgenden Berechnungsgleichung kann die Schnittgeschwindigkeit[7)] berechnet werden (vgl. Formel 4.1).

$$v_c = \frac{\pi \times D \times n}{1000 \times 60} \tag{4.1}$$

(Eingabewerte: Zahl Pi, Sägeblattdurchmesser D [mm], Drehzahl n [min^{-1}], Ausgabewert: Schnittgeschwindigkeit v_c [m/s])

Zur Berechnung der Vorschubgeschwindigkeit eines Werkzeuges kann die nachfolgende Formel verwendet werden (vgl. Formel 4.2).

$$v_f = \frac{f_z \times n \times Z}{1000} \tag{4.2}$$

(Eingabewerte: Zahnvorschub f_z [mm], Drehzahl n [min^{-1}], Zähnezahl/Schneidenzahl Z [-]; Ausgabewert: Vorschubgeschwindigkeit v_f [m/min])

Die Berechnungsgleichungen (Formel 4.1 und Formel 4.2) sind zugeschnittene Größengleichungen und beinhalten die Umrechnungsfaktoren. Die Eingabewerte sind in der vorgegebenen Maßeinheit anzugeben.

Berechnungsbeispiele

Berechnungsbeispiel 1:

Bestimmung der Schnittgeschwindigkeit v_c am Umfang eines Kreissägeblattes nach Formel 4.1 mit einem Durchmesser D = 380 mm bei einer Drehzahl von $n = 4200\,min^{-1}$

Schnittgeschwindigkeit am Umfang des Sägeblattes

$$v_c = \frac{3{,}14 \times 380 \times 4200}{1000 \times 60} = \frac{5011440\ m}{60000\ s} = 83{,}5 \frac{m}{s}$$

Berechnungsbeispiel 2:

Berechnung der Vorschubgeschwindigkeit eines Sägeblattes v_f beim Trennen von kunststoffbeschichteter Spanplatte bei einer Drehzahl $n = 4200\,min^{-1}$, einem Zahnvorschub $f_z = 0{,}15\,mm$ beim Zuschnitt für ein sogenanntes Zuschnittsägeblatt mit Z = 72 Zähnen. Detaillierte Angaben zu Kreissägeblättern vgl. Abschnitt 6.3.2.5.

---

[6] [BÖG 2015], S. 346

[7] [BÖG 2015], S. 345

Vorschubgeschwindigkeit des Sägeblattes $v_f = \frac{0{,}15 \times 4200 \times 72}{1000} = \frac{45360\ m}{1000\ min} = 45{,}3\ \frac{m}{min}$
Der Wert für den Zahnvorschub kann aus der nachfolgenden Tabelle entnommen werden (vgl. Tabelle 4.2).

Tabelle 4.2 Empfohlene Werte für den Zahnvorschub in Abhängigkeit vom Werkstoff

Werkstoff	Zahnvorschub f_z in mm
Massivholz, längs	0,10 – 0,50
Massivholz, quer	0,02 – 0,20
Sperrholzplatten	0,05 – 0,25
Span- und MDF-Platten	0,05 – 0,25
Hartfaserplatten	0,03 – 0,08
Beidseitig furnierte Platten	0,03 – 0,10
Kunststoffbeschichtete Spanplatten	0,03 – 0,15
Thermoplast-Platten	0,05 – 0,08
Duroplast-Platten	0,02 – 0,05
Polymergebundene Platten (z. B. Corian, Varicor)	0,05 – 0,15

Angaben nach [LEU 2019], S. I-87

Vertikalplattensägen

Es sind zwei verschiedene Bauformen zum Aufteilen von Plattenwerkstoffen im Einsatz, die Vertikalplattensägen, auch als stehende Sägen bezeichnet, und die Horizontalplattensägen, z. B. die Druckbalkensäge oder die Portalsäge. Im nachfolgenden Bild ist eine stehende Plattensäge abgebildet (vgl. Bild 4.9).

Bild 4.9
Vertikalplattensäge, auch als stehende Säge bezeichnet
(1) Sägewagen, (2) Sägeportal,
(3) Bedien- und Steuereinheit,
(4) verschiebbarer Längsanschlag,
(5) Werkstückauflage

Bei einer stehenden Plattensäge steht der Plattenwerkstoff senkrecht und dabei leicht geneigt auf dem Sägelineal. Am Gestell der Säge ist das seitlich links/rechts bewegliche Sägeportal mit dem vertikal beweglichen Sägeaggregat befestigt. Für einen Querschnitt, d. h. quer zur Plattenlänge, wird das Sägeportal in Längsrichtung positioniert und anschließend fixiert. In dieser Position wird das Sägeaggregat vom Bediener manuell nach unten zum Trennschnitt bewegt. Bei einem Plattenlängsschnitt wird das Sägeblatt um 90° in die Horizontale geklappt und verriegelt. Das Sägeblatt wird in der Höhe bzw. entsprechend der Streifenbreite positioniert und anschließend verriegelt. Der Maschinenbediener bewegt das horizontal liegende Sägeblatt zum Trennschnitt durch die Platte. Als Vorritzaggregat fungiert hier ein Rollmesser im Sägewagen, dass auf der vorderen Breitfläche die Decklage durchtrennt. Das nachfolgende Sägeblatt führt dann den Trennschnitt im Gleichlauf aus. Mit einer Vertikalplattensäge werden in der Regel nur einzelne Platten geschnitten. Es sind nur senkrechte und waagerechte Schnitte möglich, d. h. Längs- und Queraufteilung. Eine Vertikalplattensäge hat einen geringen Platzbedarf, wird aber manuell bedient, d. h. der Maschinenführer stellt über ein Anschlagsystem die Schnittbreite bzw. die Schnitthöhe ein und bewegt dann den Sägewagen manuell entlang der Schnittlinie. Es werden grundsätzlich Einzelplatten aufgetrennt. Eine mechanische oder automatisierte Schnittausführung ist bei derartigen Sägen unüblich.

Horizontalplattensägen

Horizontalplattensägen können in Druckbalkensägen und Portalsägen unterschieden werden, wobei in der industriellen Anwendung vorzugsweise Druckbalkensägen eingesetzt werden. Bei den Portalsägen befindet sich das Plattenpaket auf dem Maschinentisch in Ruhe. In einem fahrbaren Portal oberhalb des Maschinentisches befindet sich das Sägeaggregat. Das Sägeaggregat kann in Plattenlängs- und Querrichtung bewegt werden. Dadurch können Längs- und Querschnitte sowie Besäumschnitte ausgeführt werden. Da das Kreissägeblatt von oben einsetzt, treten die Schneiden beim Trennschnitt unterhalb des Plattenpaketes aus. Dazu sind auf dem Maschinentisch zum Beispiel Spanplattenstreifen angebracht, in die das Kreissägeblatt dann einschneidet. Die Spanplattenstreifen müssen nach einer gewissen Nutzung erneuert werden.

Bei einer Druckbalkensäge wird die Platte bzw. das Plattenpaket von einer Plattenzuführeinrichtung, z. B. einem Plattenschieber, erfasst, mit Spannzangen fixiert und in die Säge zur Schnittlinie geschoben. Ist die Zielposition erreicht, wird der Druckbalken abgesenkt und das Paket bzw. die Platte ist auf dem Sägetisch fixiert. Im Anschluss erfolgt der Trennschnitt entlang der Vorschubrichtung des Sägewagens. Das Schnittgut wird nach dem Schnitt und dem Lösen des Druckbalkens aus der Säge entnommen und zwischengelagert. Anschließend positioniert der Plattenschieber die Restplatte erneut zur Schnittlinie für weitere Schnitte (vgl. Bild 4.10).

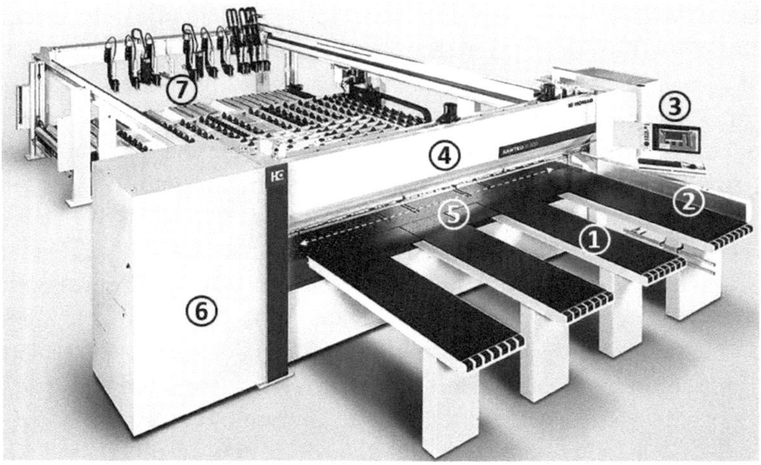

Bild 4.10 Horizontalplattensäge in der Bauart einer Druckbalkensäge (mit freundlicher Unterstützung der HOMAG Group AG)
(1) Luftkissentische, (2) Ausrichtlineal, (3) Bedienterminal/HMI, (4) geöffneter Druckbalken, (5) Schnittlinie, (6) Maschinengestell, (7) Programm- bzw. Plattenschieber

Bei einer Druckbalkensäge können sowohl Einzelplatten als auch übereinander gestapelte Platten als Pakete, d.h. mehrere gleiche Platten mit dem jeweils gleichen Schnittbild, geschnitten werden. Die konkrete Pakethöhe ergibt sich hauptsächlich aus dem Kreissägeblattdurchmesser, abzüglich des Flanschdurchmessers der Sägeblattbefestigung und zuzüglich des Zahnüberstandes.

Kreissägeblätter sind im Zuschnitt etabliert. Aber Kreissägeblätter sind sehr empfindlich gegenüber Querkräften und können beim Schnitt zu Schwingungen neigen, die sich dann u.U. als Bearbeitungsspuren auf den Werkstückschmalflächen abbilden. Aus diesen Gründen werden Plattensägen vorzugsweise für den Zuschnitt von Rohteilen, weniger für den Fertigschnitt von Möbelteilen verwendet. Da der Fertigschnitt an Möbelteilen vorzugsweise durch Fräser, d.h. Schaftfräser bzw. Scheibenfräser erfolgt, wäre es eine Überlegung, den Fräser auch für den Zuschnitt von Rohteilen zu verwenden, um eventuelle Anschaffungskosten für Plattensägen zu vermeiden.

Kombination einer CNC-Stationärbearbeitungsmaschine mit einer Plattenzuführeinrichtung

Mitte der 1990er-Jahre wurde eine CNC-Stationärbearbeitungsmaschine mit einer Plattenzuführeinrichtung, ähnlich dem Plattenschieber einer Druckbalkensäge, ausgestattet. Diese Zuführeinrichtung bewegt eine Einzelplatte in den Arbeitsbereich der CNC-Maschine. Die CNC-Maschine verfügt über automatisch positionierende Konsolen und Blocksauger. Bei Programmstart verfahren die Konsolen und Blocksauger in die vorab berechneten Positionen. Nach dem Einschieben wird die Platte von den

Blocksaugern gespannt und das programmierte Einzelteil wird mit dem Schaftfräser aus der Platte herausgetrennt. Nach dem Austrennen des Rohteils wird die Restplatte zurückgezogen und das Rohteil kann in der Aufspannung mit der CNC-Maschine fertig bearbeitet werden. Anschließend wird das fertige Teil austransportiert und die Zuführeinrichtung bewegt die Restplatte erneut zum Austrennen des nächsten Rohteils in die CNC-Maschine (vgl. Bild 4.11).

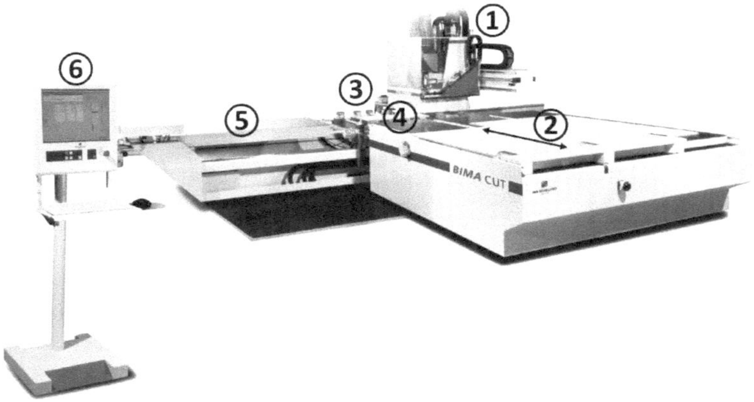

Bild 4.11 CNC-Stationärbearbeitungsmaschine mit gekoppelter Plattenzuführeinrichtung (mit freundlicher Unterstützung der IMA SCHELLING Group)
(1) CNC-Maschine in Auslegerbauform, (2) Zuführeinrichtung für Plattenmaterial,
(3) selbstrüstender Konsolentisch, (4) Werkstück, (5) Werkstückablage, (6) Bedienterminal/HMI)

Nesting-Bearbeitung

Ein weiteres Maschinenkonzept wird durch die Nesting-Bearbeitung realisiert. Der Begriff Nesting weist auf die Verschachtelung von Einzelteilen in einer vorgegebenen Platte hin. Mittels einer Nesting-Software werden die programmierten Bauteile in der Rohplatte mit ihren Grenzkonturen angeordnet und anschließend mit dem Schaftfräser ausgetrennt. Die verschachtelten Rohteile werden in der Platte so angeordnet, dass unter Berücksichtigung des Dekors bzw. der Maserung alle Rohteile mit ihren Außenkonturen den vorgegebenen Mindestabstand zu den benachbarten Rohteilen einhalten. Das Ziel der Zuschnittoptimierung ist der minimale Verschnitt. Dazu wird die Rohmaterialplatte mit einer untergelegten Opferplatte, i. d. R. eine rohe MDF-Platte ohne Decklagen, auf den Rasternutentisch der CNC-Stationärbearbeitungsmaschine gespannt. Mittels leistungsfähiger Vakuumpumpen wird die Rohmaterialplatte auf der Opferplatte und damit auf dem Maschinentisch fest fixiert. Vor dem Austrennen der Rohteile können bestimmte Bearbeitungen, z. B. Dübelbohrungen in der oberen Breitfläche, ausgeführt werden (vgl. Bild 4.12).

Bild 4.12 Mit der Nesting-Bearbeitung erzeugte Rohteile

Für die Nesting-Bearbeitung werden vorzugsweise Diamant bestückte Schaftfräser mit beidseitigen Achswinkeln verwendet, vgl. Abschnitt 6.3.2.4. Bei der Nesting-Bearbeitung fräst das Werkzeug hauptsächlich im Volleingriff, d. h. $a_e = D$. Je nach gewünschter Bearbeitungsgenauigkeit kann die Bearbeitung in einem Bearbeitungsschritt, d. h. einer Z-Zustellung, erfolgen. Sind höhere Bearbeitungsgenauigkeiten erforderlich, kann beim Konturfräsen eine zweistufige Bearbeitung erfolgen, d. h. Schruppen mit Aufmaß und anschließendes Schlichten auf Fertigmaß. Für die Berechnung der Vorschubgeschwindigkeit v_f des Fräsers kann die Formel 4.2 verwendet werden.

Winkelanlagen und Mehrmaschinensysteme

Bei einer Winkelanlage handelt es sich um eine Kombination zweier Druckbalkensägen, die rechtwinklig zueinander angeordnet sind. Winkelanlagen verfügen über automatische Materialzuführungen. Der Materialtransport innerhalb der Säge erfolgt programmgesteuert. Ein manuelles Teilehandling ist i. d. R. nicht notwendig. In der ersten Säge, z. B. der Längssäge, werden die Rohplatten in Streifen aufgeteilt. Mit dem Einlauf der Rohteilstreifen in die zweite Säge, z. B. der Quersäge, werden die Streifen in einzelne Rohteile aufgeteilt.

In der Weiterentwicklung dieser Bearbeitungsstrategie entstanden neue Maschinenkonzepte, bei denen die Rohteile mit einer Kombination von Schaftfräser und Kreissägeblatt ausgetrennt werden. In einer ersten Bearbeitungsstufe wird ein Streifen, z. B. in der Queraufteilung aus der Platte mit dem Kreissägeblatt, abgetrennt. Anschließend übernimmt der Plattenschieber den Plattenstreifen und bewegt ihn zur zweiten Fertigungsstufe, dem Aufteilen mit einem Schaftfräser. Durch eine Kombination der Bewegungen der Platte und des Fräsaggregates können dann Buntaufteilungen realisiert werden bzw. einzelne Rohteile aus dem zugeführten Streifen ausgetrennt werden. Die o. g. Maschinensysteme zum Austrennen mit dem Schaftfräser haben im Vergleich zu einer Plattensäge einen geringeren Durchsatz, aber eine wesentlich höhere Flexibilität bei den Bauteilgeometrien der Rohteile.

Morphologischer Kasten für den Zuschnitt von Rohteilen aus plattenförmigen Holzwerkstoffen

Nachdem in vorangegangenen Ausführungen die Verfahren und Maschinen für den Zuschnitt von Rohteilen aus plattenförmigen Holzwerkstoffen vorgestellt wurden, lässt sich ein morphologischer Kasten erstellen, der die Vielfalt der möglichen Lösungen darstellt. Je nach Zielstellung einer morphologischen Analyse kann die Anzahl der Merkmale entsprechend angepasst werden. Das Verfahren der morphologischen Analyse wurde beispielhaft auf den Plattenzuschnitt angewendet. Begrenzt man die technisch-technologischen Parameter auf die Bestandsmaschinen, lassen sich die Merkmale exakter beschreiben und die Zahl der Ausprägungen reduzieren. Mithilfe des morphologischen Kastens lassen sich Vorzugs- und Alternativbearbeitungen definieren. Diese Zusammenstellung basiert auf bereits existierenden Maschinen und Anlagen in der Möbelindustrie. Zur Vereinfachung der Darstellung wurde z. B. auf die Angabe von betriebswirtschaftlichen Kennwerten bzw. Maschinenkostensätzen verzichtet (vgl. Bild 4.13).

Bei der Charakteristik des Maschinensystems werden die Zuschnittart und die Zuschnittleistung, die verwendeten Fertigungsverfahren und die Flexibilität der Bearbeitungsmaschine mit den Merkmalsausprägungen aufgelistet. Die Charakteristik des Zuschnittes spezifiziert die Relativbewegung zwischen Werkzeug und Betriebsmittel, die Flexibilität beim Werkzeugeinsatz, die Flexibilität der Rohteilkontur und den Material-Output. In der dritten Merkmalsgruppe wird der Grad der Automatisierung und der Grad der Arbeitsteilung als Merkmal verwendet. In der Zeile Komplexität der Schnittschemen sind prozessspezifische Merkmale des Plattenzuschnittes aufgeführt. Nach den einfachen Schnittschemen, z. B. beim Besäumschnitt, dem Längs- und Queraufteilen, folgen die komplexen Schnittschemen, z. B. die Buntaufteilung und der Kopfschnitt, sowie die Aufteilung mit dem Schaftfräser (vgl. Bild 4.6).

Nicht jedes Maschinensystem kann Kopfschnitte und Nachschnitte bei einer Buntaufteilung realisieren. Insofern bestehen bestimmte Zusammenhänge zwischen der Komplexität der Schnittschemen und dem wirtschaftlichen Betrieb der Maschine bzw. Anlage. Einfache Schnittschemen benötigen i. d. R. weniger Bearbeitungszeit. Kopfschnitte und Nachschnitte erhöhen die Flexibilität beim Aufteilen, erhöhen aber auch die Bearbeitungszeiten. Beim Zuschnitt mit einer Plattensäge werden typischerweise rechteckige Rohteile erzeugt. Beim Plattenaufteilen mit CNC-Maschinen und CNC-Bearbeitungszentren besteht eine relativ hohe Flexibilität bezüglich der Rohteilgeometrien und der Schnittschemen. Da diese Maschinen i. d. R. aber nur eine Bearbeitungseinheit bzw. Hauptspindel besitzen, finden alle Bearbeitungen nacheinander statt. Hier wirkt sich der Widerspruch zwischen Produktivität und Flexibilität aus, vgl. Abschnitt 5.4.3.6. Die Ausbringung von Rohteilen ist bei einer Paketverarbeitung mit einer Druckbalken- bzw. Portalsäge größer als vergleichsweise bei einer Einzelplattenverarbeitung. Manuelles Teilehandling verlängert i. d. R. die Bearbeitungszeit.

	Merkmale	Ausprägungen der Merkmale			
Charakteristik des Maschinensystems	Zuschnittart und Zuschnittleistung	Ablängen vom Plattenstrang	Einzelplattenzusshnitt	Paketzuschnitt, höhenbegrenzt	Paketzuschnitt, mengenbegrenzt
	Fertigungsverfahren Zuschnitt	Sägen (Kreissägen)	Fräsen (Schaftfräsen)	Kreissägen und Schaftfräsen	Andere Trennverfahren
	Nutzung der Maschine	Einzweckmaschine	Mehrzweckmaschine	Bearbeitungszentrum	
Charakteristik des Zuschnittes, Flexibilität der Rohteilkontur, Teilefolge	Relativbewegung von Werkstück und Werkzeug	Werkzeugvorschub, Werk-stück ortsfest	Werkstück und Werkzeug in Bewegung	Werkstückvorschub, Werkzeug ortsfest	
	Flexibilität bei der Werkzeugbestückung	Feste Werkzeugbestückung, manuell rüsten	Auswechselbare und austauschbare Werkzeuge	Automatischer Werkzeugwechsel	
	Komplexität der Schnittschemen	Rechteckform, nur Längs- und Querschnitte	Rechteckform, auch komplexe Schnittschemen	Freiformkontur, Einzelkonturen	Freiformkontur, verschachtelte Konturen
	Prozess-Output	diskontinuierlich	kontinuierlich	getaktet	
	Output-Menge	Einzelstück	Stapel Gleichteile	Serie Teile	Gesamter Schnittplan
Beziehungen zwischen Mitarbeiter und Betriebsmittel	Automatisierungsgrad des Zuschnittsystems	Maschinenbedienung und Handling manuell	Maschine programmgesteuert, Handling manuell	automatisch, programmgesteuert	Vollautomatische Bearbeitungseinheit
	Manuell bediente Maschinen	Vertikalplattensäge	Portalplattensäge	Druckbalkensäge	CNC-Stationärbearbeitung
	Automatische Zuschnittsysteme	Druckbalkenwinkelanlage	Druckbalkensäge mit Roboter	Verkettete CNC-Maschine	Flexible Fertigungszelle

Bild 4.13 Morphologischer Kasten für den Fertigungsabschnitt Rohteilzuschnitt

4.2.2 Prozesse der Formatbearbeitung von Rohteilen

Prozessbeschreibung

Beim Formatieren werden plattenförmige Werkstücke an ihrer begrenzenden Außenkontur in Maß, Form und Oberflächengüte durch Trenn- und/oder Fügetechnologien fertig bearbeitet. Dabei bewegen sich die Bearbeitungswerkzeuge entlang definierter geometrischer Konturen, z. B. durch mechanische Führungen bzw. numerisch gesteuerte Bewegungen. Eine vollständige Formatierung liegt vor, wenn die gesamte äußere Kontur des Bauteils fertig bearbeitet wird. Alle Bereiche dieser Kontur erhalten ihre endgültige Gestalt. Eine teilweise Formatierung liegt vor, wenn nur bestimmte Bereiche der Außenkontur bearbeitet werden. Die unbearbeiteten Bereiche der Außenkontur erhalten ihre endgültige Gestalt durch andere Verfahren, d. h. keine Trenn- und Fügeverfahren. Eine einstufige Formatierung liegt vor, wenn alle Bearbeitungen in einer Aufspannung, d. h. auf einer Maschine bzw. auf einem Maschinensystem, realisiert werden. Eine mehrstufige Formatierung liegt vor, wenn ein Bauteil in mehreren Aufspannungen bzw. Spannpositionen, d. h. in der Regel auf mehreren Maschinen oder bei mehreren Maschinendurchläufen, bearbeitet wird. Mitunter kann eine bestimmte Bearbeitung an der Außenkontur beim Formatieren nicht erfolgen, da die betreffende Fläche erst nach dem Formatieren entsteht. Diese Bearbeitungen werden dann im Prozess der Nachbearbeitung ausgeführt.

Bei den Technologien für das Trennen werden vorzugsweise Fräsverfahren und für das Fügen das Ankleben eines Schmalflächenmaterials (SFM) angewendet. Das Formatieren kann in einer Durchlauf- oder in einer Stationärbearbeitung erfolgen. Als Bearbeitungen zum Fertigformatieren können spanendes Formatieren, Formatieren durch Fügen und Nachbearbeiten sowie Formatieren durch Spanen, Fügen und Nachbearbeiten angewendet werden (vgl. Bild 4.14).

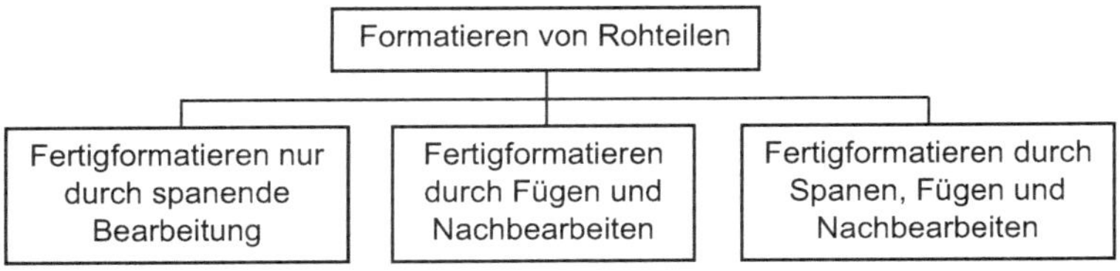

Bild 4.14 Übersicht der Formatierungstechnologien

Mit der Bezeichnung Fertigformatieren soll ausgedrückt werden, dass das Werkstück eine gebrauchs- oder endfertige Oberfläche besitzt, unabhängig davon, dass weitere Oberflächenbehandlungen noch erfolgen können. Beim Formatieren durch spanende Bearbeitungen werden vom Rohmaterial die seitlichen Bearbeitungszugaben entfernt. Nach einer abschließenden Feinbearbeitung ist das Bauteil fertig formatiert.

Beim Formatieren durch Fügen und Nachbearbeiten besitzt das Rohmaterial an der Außenkontur durch vorherige Bearbeitungsschritte bereits ein seitliches Untermaß, welches der Dicke des anzuklebenden Schmalflächenmaterials (SFM) entspricht. Nach dem Ankleben des SFM und der spanenden Nachbearbeitung ist das Bauteil fertig formatiert.

Beim Formatieren durch Spanen und Fügen werden vom Rohmaterial die seitlichen Bearbeitungszugaben durch spanende Bearbeitung entfernt und ein seitliches Untermaß erzeugt. Das seitliche Untermaß entspricht der Dicke des anzuklebenden SFM. Nach dem Ankleben des SFM und der spanenden Nachbearbeitung ist das Bauteil fertig formatiert.

Prozesseingangsgrößen

Die verarbeiteten Rohteile sind durch ihre Abmessungen, die Bearbeitungszugaben und durch das Oberflächendekor der Breitfläche charakterisiert. Für jedes herzustellende Teil liegt eine definierte Bearbeitungsstrategie vor, in der die Ausführungsformen und die Abläufe der Trenn- und Fügeprozesse verankert sind.

Je nach Form der Außenkontur erfolgt die Zuordnung zur Durchlauf- bzw. Stationärbearbeitung. Rechteckige Rohteile werden vorzugsweise im Durchlauf bearbeitet. Rohteile mit nicht rechteckigen Bauteilformen werden bevorzugt mit CNC-Stationärbearbeitungsmaschinen bearbeitet. Teile mit gleichen Abmessungen und gleichem Dekor können als Fertigungslos bearbeitet werden. In Abhängigkeit von der maschinentechnischen Ausstattung können gerade oder profilierte Schmalflächen erzeugt werden. Für die Bearbeitung des Fertigungsloses liegt ein Fertigungsauftrag vor, in dem die Stückzahl des Loses, die Abmessungen bzw. die Form der Außenkontur, die Form der Schmalfläche und das ggf. anzuklebende Schmalflächenmaterial angegeben sind. Zum geplanten Fertigungsbeginn wird das Rohmaterial und ggf. Schmalflächenmaterial durch das Materiallager auftragsbezogen und verarbeitungsgerecht an vereinbarter Position bereitgestellt. Mit der Auftragsfreigabe beginnt der Formatierungsprozess. Mit Auftragsbeginn wird das bereitgestellte Rohmaterial und das Schmalflächenmaterial aus dem Bestand ausgebucht und das Fertigungsinformationssystem erhält eine entsprechende Startinformation.

Prozessausgangsgrößen

Nach dem Formatieren wird i. d. R. eine Sichtprüfung der Bearbeitungsqualität vorgenommen. Bei Mängeln kann ggf. eine manuelle Nachbearbeitung erfolgen. Bei mängelbehafteten Teilen erfolgt eine Information an die Fertigungsleitung und ggf. die beschleunigte Nachfertigung des Ausschussteils. Am Ende der Formatierung liegen die auftragsgemäß erzeugten Halbfertig- bzw. Fertigteile vor. Formatierte Teile, die keine konstruktive Bearbeitung erhalten, können ggf. zur Oberflächenbehandlung und anschließend zum Kommissionierlager gefördert werden. Je nach konstruktiver Gestaltung der herzustellenden Teile können die Trenn- und Fügetechnologien mit verschiedenen Prozessparametern bzw. in unterschiedlicher Abfolge der Teilschritte ausgeführt werden. Diese Technologien können Einfluss auf die Rohteilabmessungen des vorgelagerten Prozesses Rohteilzuschnitt haben.

4.2.2.1 Prozessfolge beim Durchlaufformatieren

Beim Formatieren im Durchlauf werden an den einzelnen Bearbeitungseinheiten verschiedene Trenn- und Fügeoperationen sequenziell ausgeführt. Das integrierte Bauteiltransportsystem bewegt die Bauteile im geordneten Durchlauf zu den Bearbeitungsstationen. Die Bearbeitungsreihenfolge ist durch die Anordnung der Bearbeitungsstation festgelegt. Bei Nichtbedarf können einzelne Bearbeitungsstationen übersprungen bzw. ausgelassen werden. Die Bearbeitung entlang der Außenkontur besteht dabei aus den Teilprozessen:

- Herstellen eines definierten Bauteilbezuges, z. B. Einstellen des Einlauflineals und Identifizieren der Werkstückvorderkante,
- Grob- und Feinformatieren, z. B. durch Doppelzerspanen, Vorritzen/Zerspanen und Wechselfräsen,
- gegebenenfalls Profilieren der Schmalfläche,
- Reinigen der bearbeiteten Schmalfläche,
- Ankleben und Lagefixierung des Schmalflächenmaterials,
- Entfernen der Schmalflächenmaterialüberstände durch Kappsägen und Bündigfräsen,
- abschließende Schmalflächenfeinbearbeitung durch Polieren, Schleifen und Linearspanen.

Bauteileinlauf

Beim Bauteileinlauf wird das Werkstück an einem verstellbaren Einlauflineal ausgerichtet (vgl. Bild 4.15).

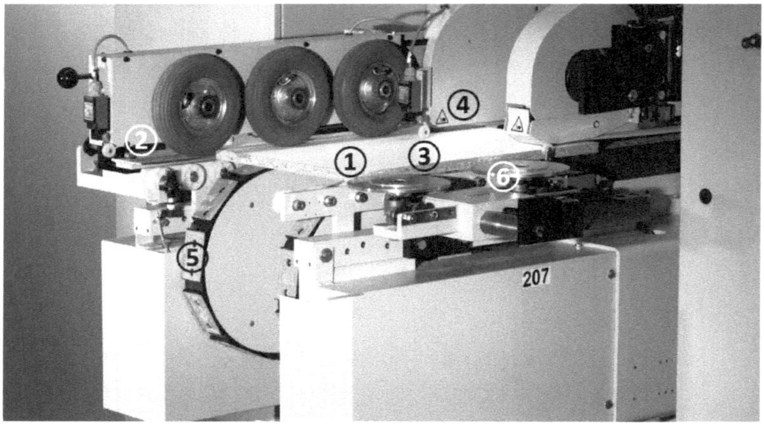

Bild 4.15 Einlaufbereich einer doppelseitigen Durchlaufformatbearbeitungsmaschine (mit freundlicher Unterstützung der HOMAG Group AG)
(1) einlaufendes Werkstück, (2) Ausrichtlineal, (3) Signalgeber Werkstückvorderkante, (4) Oberdrucksystem, (5) Werkstück-Transportkette, (6) seitlicher Andruck zum Ausrichten der Werkstücke

Entlang der Längsachse der Maschine ist eine sogenannte Schnittlinie eingerichtet, auf die alle Bearbeitungsaggregate ausgerichtet sind. Mit der Position des Einlauflineals kann festgelegt werden, wie groß der seitliche Überstand des Rohteils zur Schnittlinie sein soll, d. h. das Herstellen eines definierten Bauteilbezuges. Dieser

Überstand definiert das Maß der seitlichen Materialabnahme. Soll keine Formatbearbeitung erfolgen, wäre das Lineal auf die Position Null zu stellen.

Mit dem Einfördern des Rohteils gelangt dieses in den Einzugsbereich der Maschine. Das Werkstück liegt unten auf einer Transportkette bzw. einem Transportriemen auf und wird von oben durch Rollen bzw. ein Andrucksystem angedrückt. Durch die Vorschubbewegung der Transportkette wird das Werkstück in die Maschine eingezogen. Sobald die Vorderkante des Rohteils in die Maschine eingezogen wird, wird die Maschine gegen Umrüsten gesperrt. Mit dem Einlauf der Vorderkante des Bauteils wird ein digitaler Zähler auf den Wert Null gesetzt. Über ein Wegmesssystem können die Impulse gezählt werden, die dem Abstand der Vorderkante des Bauteils zum Einlauf-Sensor entsprechen. Dadurch ist der Steuerung die aktuelle Position der Bauteilvorderkante bekannt. Durch diese Zwangsführung durchlaufen die Teile alle Bearbeitungsstationen der Maschine. Am Ende der Bearbeitung wird mit dem Auslauf der Hinterkante des Bauteils bzw. mit der intern hinterlegten Position Maschine frei, die Umrüstsperre wieder aufgehoben.

Formatbearbeitungsteil

Erfolgt nach der spanenden Bearbeitung das Ankleben von Schmalflächenmaterial, werden die Schmalflächen mit einem Untermaß gefräst, das der späteren Dicke des Schmalflächenmaterials entspricht. Bei den Fräsern für das Formatieren auf Zuschnittmaß wird häufig das Doppelzerspanen mit zwei übereinander angeordneten und gegenläufig zueinander arbeitenden Zerspanern eingesetzt (vgl. Bild 4.16).

Bild 4.16
Doppelzerspaner im Formatbearbeitungsteil einer Durchlaufbearbeitungsmaschine (mit freundlicher Unterstützung der HOMAG Group AG)
(1) oberer Zerspaner, (2) unterer Zerspaner, (3) gesteuertes Wechselfräsaggregat

Beim Doppelzerspanen teilen sich beide Zerspaner überlappend den Materialquerschnitt. Die vorgesehene Bearbeitungszugabe wird entfernt und das Material komplett zerspant. Es sind zwei Arten von Zerspanern im Einsatz, der Kompaktzerspaner und der Segmentzerspaner. Ein Kompaktzerspaner, vgl. Bild 4.16, ist ein Scheibenfräser mit Schnittbreiten bis ca. 20 mm. Bei einem Segmentzerspaner sind mehrere, am Flugkreis versetzt angeordnete und austauschbare Zahnsegmente vorhanden. Bei nicht so großen Zerspanungsleistungen kann auch die Kombination von Zerspaner und Vorritzsäge zum Einsatz kommen. Nach dem Verlassen des Formatteils kann eine

Säuberung der gefrästen Schmalfläche durch Druckluft erfolgen, d. h. das Reinigen der bearbeiteten Schmalfläche.

Verleim-/Fügebereich

Durch die Bauteilzwangsführung gelangen die Werkstücke anschließend zum Ankleben des Schmalflächenmaterials in das Verleimteil. Die verschiedenen Arten der Verklebung von SFM sind im Abschnitt 5.4.2.1 ausführlich beschrieben. Das Verkleben des Schmalflächenmaterials mit dem Werkstück kann entweder durch das Auftragen eines Schmelzklebstoffes oder durch das Aktivieren einer auf dem Schmalflächenmaterial befindlichen Klebstoffschicht erfolgen.

Das Schmalflächenmaterial kann von einer Rolle zugeführt werden oder ist als Streifen in der Länge bereits grob zugeschnitten. Die Genauigkeit der Startposition für die Zuführung des Schmalflächenmaterials ist abhängig von der Kettenvorschubgeschwindigkeit. Deshalb lässt man an der Werkstückvorder- und an der Werkstückhinterkante einen gewissen Schmalflächenüberstand zu, der dann nach dem Verkleben entfernt werden muss. Das Schmalflächenmaterial ist geringfügig breiter als die Dicke des Werkstückes, sodass nach dem Verkleben am Bauteil an der oberen und unteren Breitfläche ein leichter SFM-Überstand vorhanden ist. Nach dem eigentlichen Verkleben wird das Schmalflächenmaterial während der Weiterbewegung durch ein Andrucksystem, z. B. Rollen oder Druckschuhe, auf das Werkstück gedrückt. Der Klebstoff ist so eingestellt, dass die offene Zeit des Klebstoffes ausreicht, um eine Anfangsfestigkeit der Verklebung zu erreichen, bevor das Kappen des überstehenden Schmalflächenmaterials erfolgt.

Nachbearbeitungsteil

Im Nachbearbeitungsteil wird das angeklebte Schmalflächenmaterial so nachbearbeitet, dass die Schmalflächenüberstände an den Breitflächen entfernt werden und das SFM bündig zu den Breitflächen und den angrenzenden Bauteilschmalflächen ist. Diese Nachbearbeitung kann durch Einzelaggregate erfolgen, so das Kappsägen an der Vorder- und Hinterkante des Werkstückes, das Bündigfräsen des SFM an der oberen und unteren Breitfläche sowie die Feinbearbeitung der Übergänge zwischen Schmal- und Breitflächen. Bei allseitiger Formatierung müssen mehrere Bauteildurchläufe stattfinden. Im Zuge der technischen Weiterentwicklung wurden mit Servomotoren gesteuerte Fräsaggregate entwickelt, die im Durchlauf nach der Beklebung, am Bauteil allseitig die Schmalflächenüberstände durch Fräsen entfernen.

Durchlaufformatbearbeitungsmaschinen können einen großen Bauteildurchsatz erreichen. Hinsichtlich der Flexibilität sind diese Maschinensysteme an rechteckige Bauteilgeometrien gebunden. Der Durchsatz der Bauteile ist abhängig von der Vorschubgeschwindigkeit, dem Abstand der Teile zueinander, d. h. der sogenannten Rüstlücke, und von der Maschinenlänge. Durchlaufmaschinen werden deshalb vorzugsweise für die Bearbeitung von Serienteilen in großen Losgrößen eingesetzt. Da die Umrüstung auf neue Bauteilbreiten, Dicken bzw. Bearbeitungen nur möglich ist, wenn die Maschine leer ist, d. h. es ist kein Bauteil zur Bearbeitung in der Maschine, werden formatgleiche Bauteile zu Fertigungslosen zusammengefasst, um Rüstzeit zu sparen.

Bestimmung von Planbelegungszeiten bei Durchlaufbearbeitungsmaschinen

Bei den Durchlaufmaschinen oder Transferstraßen als Mehrmaschinensysteme ist ein Werkstücktransportsystem integraler Bestandteil. Durch die Zwangsführung der Werkstücke entsteht ein im Wesentlichen konstanter Werkstückvorschub. Zur Bestimmung der Planbelegungszeit (PBZ), vgl. Abschnitt 3.4.1, kann eine konstante Geschwindigkeit angenommen werden. Durch Umformen der Berechnungsgleichung $v = \frac{s}{t} \rightarrow t = \frac{s}{v}$ lässt sich die Zeit bestimmen, in der ein Fertigungslos bearbeitet wird. Als Weg s gilt die Entfernung von der Vorderkante des ersten Werkstückes bis zur Hinterkante des letzten Werkstückes des Fertigungsloses. Maschinenbedingt muss zwischen zwei aufeinanderfolgenden Werkstücken eine Rüstlücke (RL) vorhanden sein. Der Wert für die Rüstlücke ist maschinenabhängig, muss mindestens größer als RL = 350 mm bis 400 mm sein. Übliche Größen für die Rüstlücke betragen z. B. 2000 mm. Der Wert für die Geschwindigkeit v ist die Werkstückvorschubgeschwindigkeit, d. h. gleich der Transportkettenvorschubgeschwindigkeit. Weiterhin werden die Angaben für die Anzahl der Werkstücke (AN), die Bauteillänge (BL) des Werkstückes und die Gesamtlänge der Maschine bzw. Transferstraße (ML) benötigt (vgl. Formel 4.3).

$$PBZ = \frac{AN \times BL + (AN - 1) \times RL + ML}{v_f} \tag{4.3}$$

Berechnungsbeispiel: Es ist die Planbelegungszeit (PBZ) einer Transferstraße für die Bearbeitung eines Fertigungsloses von 50 Werkstücken mit einer Bauteillänge BL = 780 mm zu berechnen. Die Länge der gesamten Transferstraße beträgt ML = 52 800 mm. Als Abstand benachbarter Teile wird eine Rüstlücke RL = 2000 mm zugrunde gelegt. Die Vorschubgeschwindigkeit des Transportsystems beträgt v_f = 28 m/min.

Planbelegungszeit für das Fertigungslos

$$t_{PBZ} = \frac{(50 \times 780\ \text{mm} + 49 \times 2000\ \text{mm} + 52800\ \text{mm}) \times \text{min}}{28000\ \text{mm}} = 6{,}78\ \text{min}$$

4.2.2.2 Prozessfolge beim Stationärformatieren

Beim Formatieren mit CNC-Stationärbearbeitungsmaschinen werden im Wesentlichen die gleichen Teilprozesse, die in Abschnitt 4.2.2.1 für die Durchlaufbearbeitung beschrieben sind, ausgeführt. Im Gegensatz zur Durchlaufbearbeitung, bei der die Werkstücke die nacheinander angeordneten Bearbeitungsstationen durchlaufen, werden bei der CNC-Stationärbearbeitung alle Bearbeitungen nacheinander mit Werkzeugen bzw. Aggregaten in der Hauptspindel ausgeführt. Dazu ist die Bearbeitung der Außenkontur in einem steuerungsspezifischen Format zu programmieren. Das Bearbeiten entlang der Außenkontur besteht dabei aus mehreren Teilprozessen.

Prozessbeschreibung

Bei der CNC-Stationärbearbeitung wird das Rohteil im Werkstückspannsystem der Maschine an den Vorschubachsen ausgerichtet und fixiert. Beim Zuschnitt von Plattenwerkstoffen entstehen i. d. R. rechteckige Rohteile, die mithilfe versenkbarer Anschläge, an den Achsrichtungen der CNC-Maschine ausgerichtet werden können. Anschließend wird für die Beschreibung der Bearbeitungspositionen ein konkreter Nullpunkt bzw. Bearbeitungsstartpunkt festgelegt. Weist das Rohmaterial an den Außenschmalflächen bzw. Außenkanten undefinierte bzw. ungeeignete Bereiche auf, z. B. Materialfehler oder Beschädigungen, kann durch eine technologische Operation, z. B. eine Fräsung oder ein Sägeschnitt, eine Bezugskante geschaffen werden. Mitunter ist es auch möglich, durch eine Nullpunktverschiebung die ungeeigneten Materialbereiche in den Abfallbereich des Rohteils zu verschieben.

Alle bei der Bearbeitung ausgeführten Verfahrbewegungen, Maschinen- und Bearbeitungsoperationen sind in einem CNC-Programm in einem steuerungsspezifischen Format enthalten. Die Maschine kann das CNC-Programm mit reduzierter Vorschubgeschwindigkeit im Einrichtbetrieb ohne Arbeitseingriff der Bearbeitungswerkzeuge, im Testlauf zum Überprüfen der Fehlerfreiheit und Vollständigkeit des Programmes oder im Automatikbetrieb ausführen.

Das Formatieren kann aus mehreren Bearbeitungsabschnitten bestehen, so das Spanen mit dem Schaftfräser, das Säubern der Fräskontur, das Ankleben eines Schmalflächenmaterials und die Nachbearbeitung des Schmalflächenmaterials. Für jeden einzelnen Bearbeitungsabschnitt können differenzierte Bearbeitungsstrategien in Abhängigkeit vom Werkstoff, von den Eingriffsverhältnissen des Werkzeuges, von der Größe der Bearbeitungszugaben und der Verteilung überflüssiger Materialbereiche festgelegt sein.

Prozesseingangsgrößen

Das CNC-Programm widerspiegelt die festgelegte Bearbeitungsstrategie. Für die Fräsbearbeitung sind entsprechende Konturzüge, z. B. Beschreibung des Werkzeugweges, der Bearbeitungsparameter, z. B. die Eingriffsgrößen und Vorschubgeschwindigkeiten, verwendete Bearbeitungswerkzeuge und die Abfolgen der einzelnen Bearbeitungsschritte im CNC-Programm enthalten. Nach einer spanenden Bearbeitung ist i. d. R. eine Reinigung der Schmalflächen erforderlich, um anhaftende Späne bzw. Partikel vor der Beschichtung zu entfernen. Ist kein Fügeprozess vorgesehen, ist die Formatierung an dieser Stelle abgeschlossen.

Bei einem anschließenden Fügeprozess kann das Ankleben von streifenförmigem und flexiblem Schmalflächenmaterial durch Schmelzkleberauftrag bzw. durch thermische Aktivierung einer vorhandenen reaktiven Klebstoffschicht auf dem Schmalflächenmaterial erfolgen. Dem Fügeprozess schließen sich i. d. R. spanende Nachbearbeitungsprozesse an, um das Schmalflächenmaterial in Länge und Breite an die Breitflächen bzw. Bauteilkonturen anzupassen.

Prozessausgangsgrößen

Nach dem Formatieren liegt das Werkstück in gebrauchsfähigem Zustand vor. Zur Prüfung des Bauteils kann eine Sichtprüfung der Bearbeitungsqualität vorgenommen werden. Bei mängelbehafteten Teilen, z. B. mit Kantenausbrüchen bzw. Fehlverklebungen oder Beschädigungen des Schmalflächenmaterials ist eine Entscheidung hinsichtlich der Beseitigung der Mängel durch Nacharbeit oder der Festlegung als Ausschussteil zu treffen. Im Fall der Einstufung als Ausschussteil ist ggf. die beschleunigte Nachfertigung des Ausschussteils zu entscheiden. Am Ende der Formatierung liegen die auftragsgemäß erzeugten Halbfertig- bzw. Fertigteile vor. Formatierte Teile, die keine konstruktive Bearbeitung erhalten, können ggf. zur Oberflächenbehandlung und anschließend zum Kommissionierlager gefördert werden.

Formatieren-Fräsen

Unterscheiden sich die Außenkonturen von Roh- und Fertigteil erheblich voneinander, können bestimmte überflüssige Materialbereiche entfernt werden, damit sie beim Austrennen nicht abbrechen bzw. abgerissen werden. Diese Bearbeitung kann als Vorformatieren bzw. Vorschruppen bezeichnet werden. Ein Vorformatieren ist dazu geeignet, überflüssige Materialbereiche zu entfernen, um für die nachfolgenden Bearbeitungsprozesse weitgehend gleichmäßige Spanungsbedingungen zu schaffen. Das Vorformatieren kann mit einem Kreissägeblatt bzw. einem Schruppfräser erfolgen. Beim Formatieren in der CNC- Stationärbearbeitung wird aus dem Rohteil das Werkstück mit der Fertigteilkontur herausgetrennt. Wird das Bauteil anschließend noch mit Schmalflächenmaterial beklebt, ist das Ergebnis der Fräsbearbeitung eine Untermaßkontur. Die Differenz von Untermaß zum Sollmaß entspricht der Dicke des Schmalflächenmaterials. Das Fräsen der Bauteile kann ein- oder mehrstufig erfolgen. Bei einer einstufigen Bearbeitung wird die gesamte Bearbeitungszugabe in einer Fräsbearbeitung entfernt und die Fertigkontur erzeugt. Bei mehrstufigem Fräsen erfolgt ein grober Materialabtrag entlang der Kontur; es verbleibt ein geringes Aufmaß an der Kontur für die folgende Schlichtbearbeitung. Die Größe der Maßzugabe ist abhängig von der nachfolgenden Bearbeitung bzw. von der Tiefe möglicher Bearbeitungsspuren des Schruppwerkzeuges an der Schmalfläche. Üblich ist ein Schlichtaufmaß entlang der Kontur von ca. einem Millimeter. Beim Grobformatieren, d. h. dem Schruppen, steht die effektive Entfernung überflüssigen Materials im Vordergrund. Das Grobformatieren wird üblicherweise bei Massivholz im Gegenlauf, vgl. Abschnitt 2.4.2.1, durchgeführt. Bei anderen Werkstoffen auf Span- und Faserbasis ist die Laufrichtung oft nicht entscheidend.

Zum Feinformatieren, auch als Schlichten bezeichnet, werden alle Bearbeitungen gerechnet, die Bearbeitungszugaben entfernen und das Bauteil in den geforderten Abmessungen, der geforderten Qualität und der Oberflächengüte herstellen. Die Schmalseiten sind dabei vorzugsweise vertikal. Beim Feinformatieren wird der Schlichtfräser üblicherweise in einer Z-Zustellung eingesetzt. Erfolgt nach dem Feinformatieren noch ein Profilieren, kann die Bearbeitungszugabe bzw. ein Teil der Bearbeitungszugabe erhalten bleiben.

Da sich beim Formatieren von Holzwerkstoffen mit Schaftfräsern verschiedene Bearbeitungsmethoden durchgesetzt haben, um schwierigen Spanungsbedingungen Rechnung zu tragen, ist eine Differenzierung notwendig. Beim Formatieren ohne gesonderte Anforderungen verfährt das Werkzeug mit konstanter Z-Zustelltiefe entlang der Kontur. Das Formatieren mit oszillierendem Schnitt wird bei der Bearbeitung von Plattenwerkstoffen mit abrasiven Beschichtungen verwendet, um eine möglichst hohe Standzeit des Fräsers zu erreichen. Dabei wird die Durchtauchtiefe bzw. Überlauflänge $l_ü$ so variiert, dass sich die Fräserspitze beim Schnitt auf einer Zick-Zack-Linie entlang der Kontur bewegt (vgl. Bild 4.17).

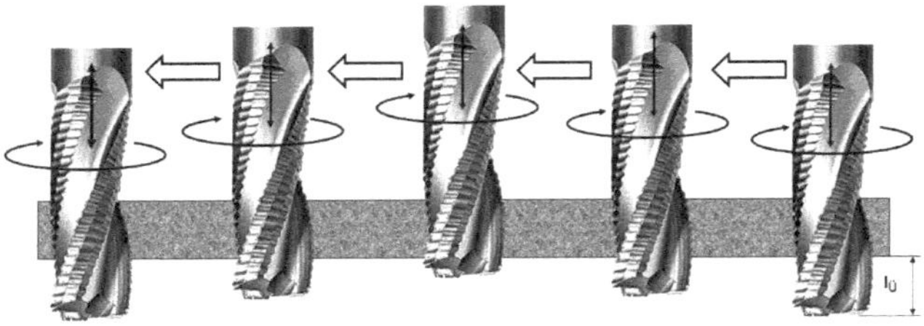

Bild 4.17 Oszillierender Schnitt des Fräswerkzeuges

Die Form dieses Fräsens setzt eine genügend große Schneidenlänge des Fräsers voraus. Bei der Bearbeitung von Werkstoffen mit hohem Leimanteil, z. B. bei Sperrhölzern kann es bei mehrstufigen Schnitten in Z-Richtung zur deutlichen Erwärmung des Werkzeuges durch Reibung an den verbleibenden Spänen in der Schnittfuge kommen. Um diesen Effekt zu vermeiden, kann das Werkzeug im ersten Schnitt mit einem vergrößerten Radiuskorrekturwert, seitlich von der Kontur weg korrigiert werden (vgl. Bild 4.18).

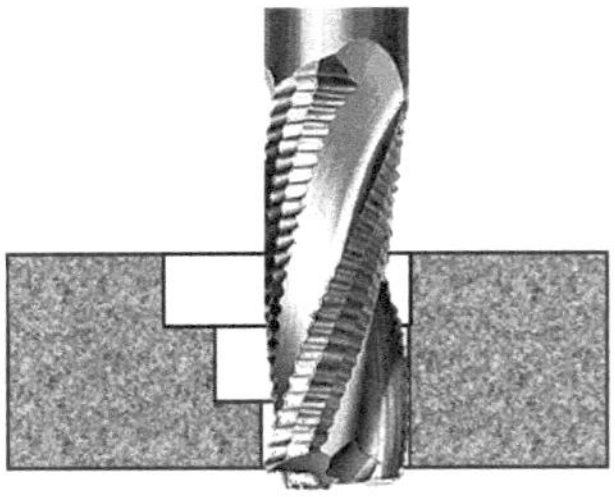

Bild 4.18
Tiefengestaffelter Schnitt eines Schaftfräsers

Im nachfolgenden Schnitt wird der zusätzliche Radiuskorrekturwert verringert und das Werkzeug auf die nächste Z-Ebene in der Tiefe zugestellt. Im letzten Schnitt fräst das Werkzeug ohne zusätzlichen Radiuskorrekturwert auf der Solltiefe. Dieser sogenannte gestaffelte Schnitt wird bevorzugt bei der Bearbeitung von Sperrholz großer Plattendicke angewendet.

Formatieren-Fügen

Im Anschluss an die Fräsbearbeitung kann, sofern vorgesehen, das Schmalflächenmaterial angeklebt werden. Vor dem Ankleben des Schmalflächenmaterials werden üblicherweise mit einer sogenannten Abblasdüse entlang der Fräskontur die noch anhaftenden Späne abgeblasen.

Für das Ankleben von Schmalflächenmaterial sind im Wesentlichen zwei Systeme im Einsatz, so z. B. ein festes Verleimaggregat als eigenständige Bearbeitungseinheit oder als einwechselbares Verleimaggregat. Bei dem erstgenannten System ist das Verleimteil als eigenständige Bearbeitungseinheit am Ausleger angebracht und wird entlang der Kontur mit den Maschinenachsen X, Y und C bewegt (vgl. Bild 4.19).

Bild 4.19 Verleimteil als eigenständige Bearbeitungseinheit, hier: mit LaserTEC-Nullfugen-Verklebung (mit freundlicher Unterstützung der HOMAG Group AG)

Der Klebstoffübertrag auf die Werkstückschmalfläche erfolgt mittels einer Leimrolle oder kann mit einer Wärmequelle zur Aktivierung der reaktiven Klebstoffschicht beim Schmalflächenmaterial erfolgen. Der Z-Wert der Achse bleibt beim Verleimen konstant. Der Z-Wert kann mit der Adressierung des Aggregates, d. h. durch die T-Adresse des Aggregates, abgerufen und eingestellt werden. Die Länge des Schmalflächenmaterials wird durch eine integrierte oder zusätzliche, einwechselbare Kappsäge am Ende des Verklebungsprozesses erzeugt. Eine umlaufende Beklebung mit einer Stoßverklebung ist möglich.

Bei einer zweiten Variante kann ein externes Verleimaggregat verwendet werden, welches nach dem Aufheizen des Klebstoffes in die Hauptspindel eingewechselt wird und die Verklebung durchführt. Bei externen Verleimaggregaten muss das Schmalflächenmaterial vorher auf Länge, inkl. der notwendigen Bearbeitungszugaben, grob zugeschnitten sein. Eine Stoßverleimung ist hier nicht möglich (vgl. Bild 4.20).

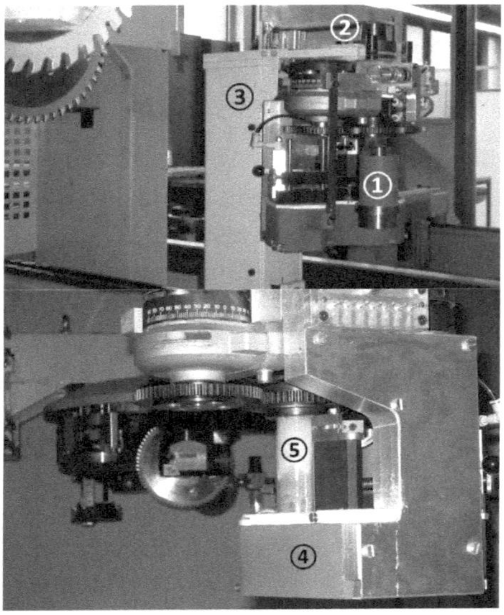

Bild 4.20 In die Hauptspindel einwechselbares Verleimaggregat im Transportgehäuse (Bild oben) und in der Hauptspindel (Bild unten)
(1) Andruckrolle, (2) HSK63-Werkzeugaufnahme, (3) Halterung für das Verleimaggregat, (4) Leimvorratsbehälter, (5) Leimrolle

Formatieren-Nachbearbeiten

Nach dem Ankleben des SFM sind die vorderen und hinteren SFM-Überstände mittels einer schwenkbaren Säge, d. h. einem einwechselbaren und drehbaren Kreissägeaggregat, zu kappen. Im Anschluss an das Verkleben sind die SFM-Überstände an der oberen und unteren Breitfläche durch das Bündigfräsen zu entfernen (vgl. Bild 4.21).

Bild 4.21 Einwechselbares Kombinationsaggregat mit Einheiten zum Bündigfräsen und einer Ziehklinge
(1) Oberer Bündigfräser, (2) obere Tastkufe für den Bündigfräser, (3) unterer Bündigfräser, (4) untere Tastkufe, (5) obere Ziehklinge, nicht sichtbar, (6) obere Tastkufe für die Ziehklinge, (7) untere Ziehklinge, (8) untere Tastkufe für die Ziehklinge

Dazu wird ein entsprechendes Aggregat in die Hauptspindel eingewechselt. Im Bündigfräsaggregat befinden sich zwei gleiche Fräswerkzeuge, die jeweils von einer Tastkufe in der Z-Richtung positioniert werden. Das Aggregat wird seitlich an die Kontur herangeführt und die Tastkufen werden in Position gebracht, d. h. durch Tasten der Bauteilbreitflächen. Mit dem Abfahren der Kontur und unter Anpassung des C-Winkels des Aggregates, d. h. senkrecht zum Konturelement, wird der Überstand des Schmalflächenmaterials entfernt.

Am Ende des Bündigfräsens öffnen die Tastkufen und das Aggregat kann seitlich wegbewegt werden. Im nachfolgenden Schritt können mit einer Ziehklinge die Übergänge von Breit- und Schmalfläche nachbearbeitet werden. Da beide Bearbeitungen, d. h. das Bündigfräsen und die Ziehklingenbearbeitung, dieselbe Kontur benutzen, können sogenannte Kombinationsaggregate verwendet werden, vgl. Bild 4.21. Beim Kombinationsaggregat ist die Ziehklinge um 180° zum Bündigfräsaggregat versetzt angeordnet. Da die beiden Bearbeitungsbereiche des Kombi-Aggregates eigenständige T-Adressen haben, können die Bearbeitungen separat programmiert werden.

Flexibilität und Bauteildurchsatz

Bei CNC-Stationärmaschinen können die im Magazin gespeicherten Werkzeuge über ein Werkzeugwechselsystem in die Hauptspindel eingewechselt werden. Mit den numerisch gesteuerten Bewegungen des Portals bzw. des Auslegers erfolgt dann die Positionierung und Führung des Werkzeuges. Es kann immer nur ein Werkzeug im Eingriff sein, egal wie viele Bauteile auf dem Maschinentisch gespannt sind. Bei modernen CNC-Maschinen können neben der Hauptspindel Aggregateträger mit Mehrspindelbearbeitungsköpfen für das Bohren und Sägen vorhanden sein. Bei Bedarf kann die Hauptspindel zurückgezogen und dafür mit den Werkzeugen des Aggregateträgers gearbeitet werden. Es ist aber immer nur ein Werkzeug bzw. ein Bearbeitungsaggregat im Einsatz. Durch eine Mehrstückspannung auf dem Maschinentisch können zwar mehrere Bauteile durch eine Pendel- bzw. Wechselbearbeitung bearbeitet werden, aber alle Bearbeitungsoperationen werden durch das jeweilige Werkzeug nacheinander ausgeführt.

Die Belegungszeit (BLZ) für die Formatbearbeitung auf einer CNC-Stationärmaschine ist deutlich höher als die Zeit bei einer vergleichsweisen Durchlaufbearbeitung. Mit CNC-Stationärbearbeitungsmaschinen können verschiedene Bauteilkonturen realisiert werden. Neben Regelkonturen können auch Freiformkonturen bearbeitet werden. Die Werkstücke können in einer Aufspannung komplett bearbeitet werden. Aus diesem Grund werden CNC-Stationärbearbeitungsmaschinen vorzugsweise für die Bearbeitung von Sonderteilen eingesetzt.

Eingriffsgrößen beim Fräsen

Zur Charakterisierung des Spanungsprozesses können die beiden Eingriffsgrößen a_e und a_p verwendet werden. Nach DIN 6580 wird mit a_p die werkzeugaxiale Eingriffstiefe des sich im Eingriff befindlichen Werkzeuges, gemessen senkrecht zur Arbeitsebene, bezeichnet. Der seitliche Arbeitseingriff a_e ist die Größe des radialen Werkzeugeingriffs, gemessen in der Arbeitsebene und senkrecht zur Z-Vorschubrichtung (vgl. Bild 4.22).

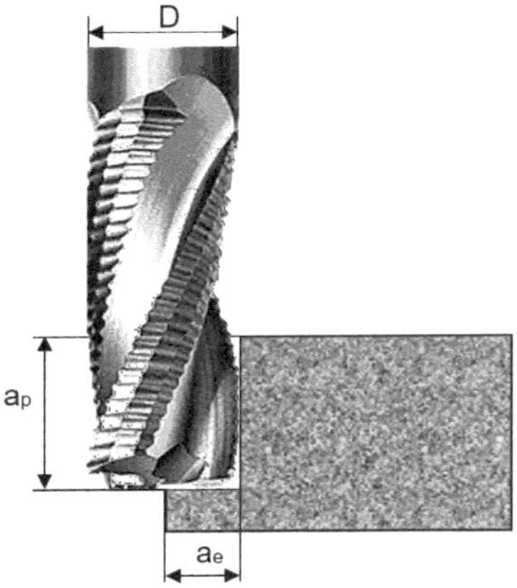

Bild 4.22
Eingriffsgrößen a_e und a_p beim Schaftfräsen

Bezieht man die beiden Eingriffsgrößen, d. h. a_e und a_p, jeweils auf den Wert des Flugkreisdurchmessers des Fräsers (D), entstehen der relative Arbeitseingriff a_e/D und die relative Eingriffstiefe a_p/D. Mit einer mathematischen Beziehung können beide relative Eingriffsgrößen miteinander verknüpft werden (vgl. Formel 4.4).

$$\frac{a_e}{D} + \frac{a_p}{D} \leq 2 \qquad (4.4)$$

Beim Volleingriff eines Fräsers wäre $a_e = D$. Damit reduziert sich die Formel 4.4 auf $\frac{a_p}{D} \leq 1$. Das bedeutet, dass die maximale Z-Zustellung des Fräsers nicht größer als der Wert des Flugkreisdurchmessers sein soll. Beim Schlichtfräsen wird üblicherweise das Schlichtaufmaß entlang der Kontur entfernt. Ein Schlichtaufmaß beträgt meist 1,0 mm bis 2,0 mm. Bei einem Eingriff $a_e = 2{,}0$ mm und einem Werkzeugflugkreisdurchmesser von D = 20 mm ergibt sich der relative Arbeitseingriff $\frac{a_p}{D} = 0,1$. Die Formel 4.4 ändert sich nach Vereinfachung in $\frac{a_p}{D} \leq 1,9$ bzw. $a_p \leq 1,9 \times D$. Die Z-Tiefe beim Schlichten in einem Arbeitsgang kann bis zum zweifachen Wert des Flugkreisdurchmessers betragen. Beim Schlichtschnitt wird üblicherweise in einer Z-Zustellung gefräst, um Absätze bzw. sichtbare Spuren zu vermeiden, die z. B. durch die Verrundung der Schneidenecke an der gefrästen Fläche entstehen würden.

4.2.3 Prozesse der konstruktiven Bearbeitung

Prozessbeschreibung

Nach dem Formatieren erfolgt im Allgemeinen die konstruktive Bearbeitung der Halbfertigteile. Als konstruktive Bearbeitung werden alle Bearbeitungsschritte an plattenförmigen Bauteilen bezeichnet, mit denen Öffnungen, Flächen bzw. Funktionsflächen innerhalb des formatierten Bauteils erzeugt werden (vgl. Bild 4.23).

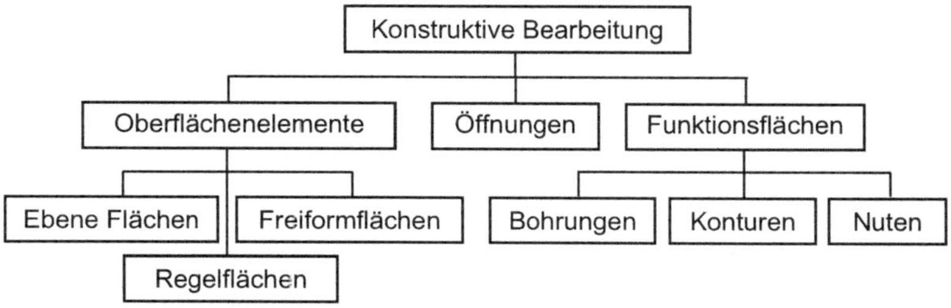

Bild 4.23 Bearbeitungselemente der konstruktiven Bearbeitung

Diese konstruktiven Bearbeitungen dienen der späteren Funktion des Bauteils bzw. der Aufnahme von Beschlägen. In der ersten Ebene sind Oberflächenelemente, Öffnungen und Funktionsflächen angeordnet. Öffnungen erstrecken sich über die gesamte Bauteildicke und können über Konturen bzw. Punkte beschrieben werden. Oberflächenelemente können in ebene Flächen, d.h. regelgeometrische Flächen in paralleler oder windschiefer Lage zu den Maschinenachsen, in Regelflächen und in Freiformflächen unterschieden werden. Bei ebenen Flächen können die Bearbeitungsobjekte Tasche, Insel und Planfläche unterschieden werden. Die Funktionsflächen liegen im Inneren des Bauteils und können als wesentliche Bearbeitungsobjekte in Bohrung, Nut und Kontur unterschieden werden.

Alle Bearbeitungselemente können aus mehreren Teilbearbeitungen bestehen. Diese Teilbearbeitungen können Prozesse der Vorbearbeitung, des Ausräumens, der Feinbearbeitung bzw. Fertigbearbeitung und der Nachbearbeitung darstellen.

Prozesseingangsgrößen

Die zu verarbeitenden Halbfertigteile sind bereits an den Außenkonturen fertig bearbeitet. Sie sind durch ihre Abmessungen, das Oberflächendekor sowie durch Form und Farbe bzw. Dekor der Schmalflächen charakterisiert. Für jedes Teil liegt eine definierte Bearbeitungsstrategie vor, in der die Ausführungsformen und die Abläufe der Trenn- und Fügeprozesse verankert sind. Bei der konstruktiven Bearbeitung werden bevorzugt spanende Bearbeitungsverfahren eingesetzt. Fügeprozesse beinhalten, sofern zutreffend, hauptsächlich die Beschlagmontage. Zur Programmierung der Bearbeitung der einzelnen Bearbeitungsobjekte liegen i. d. R. Zeichnungen und technisch-technologische Beschreibungen mit den Bearbeitungsparametern vor. Des Weiteren liegen für die zu bearbeitenden Teile Arbeitsaufträge mit Angabe der einzelnen Arbeitsgänge, der konkreten Betriebsmittel und der Bearbeitungsabläufe vor. Die Halbfertigteile werden von der Formatbearbeitung bereitgestellt bzw. aus einem Materialpuffer abgerufen. Je nach Stückzahl der Teile kann eine losweise Fertigung von Gleichteilen oder eine Einzelstückbearbeitung stattfinden. Mit dem Bearbeitungsbeginn erfolgt eine Information an die Fertigungsleitung bzw. an das Fertigungsinformationssystem.

Prozessausgangsgrößen

Am Ende der konstruktiven Bearbeitung liegen die auftragsgemäß erzeugten Teile i. d. R. als mechanisch fertig bearbeitete Teile vor. Bei bearbeiteten Doppel- bzw. Mehrfachteilen fehlt noch die Vereinzelung und evtl. die Entfernung nicht mehr notwendiger Materialbereiche, z. B. Haftstellen. Diese Bearbeitungen können im Rahmen der konstruktiven Bearbeitung bzw. in der Nachbearbeitung erfolgen. Nach der konstruktiven Bearbeitung erfolgt i. d. R. eine Sichtprüfung der Bearbeitungsqualität. Bei Mängeln kann ggf. eine manuelle Nachbearbeitung erfolgen. Bei mängelbehafteten Teilen erfolgt eine Information an die Fertigungsleitung und ggf. die beschleunigte Nachfertigung des Ausschussteils.

4.2.3.1 Technologische Einordnung der konstruktiven Bearbeitung

Bei einer Serienfertigung bzw. einer losweisen Fertigung kann die konstruktive Bearbeitung im Anschluss an die Formatbearbeitung erfolgen. Ist für das betreffende Werkstück keine Oberflächenbehandlung geplant, kann es in das Fertigteilelager bzw. in das Kommissionierlager gefördert werden. Durch den Vorgang des Kommissionierens können Teile eines Erzeugnisses bzw. eines Auftrages in der Montagereihenfolge sortiert werden.

Bei einer Losgröße-1-Fertigung unterscheidet sich jedes Werkstück vom vorhergehendem und vom nachfolgenden Teil. Die in einer Losgröße-1-Fertigung hergestellten Teile müssen nicht nur mechanisch bearbeitet werden, sondern auch in dieser Teilevielfalt mit Beschlägen versehen und montiert werden. Eine sequenzielle Montageorganisation würde zu hohen zeitlichen Verlusten führen.

Bei einer Losgröße-1-Fertigung ist jedes einzelne Teil identifizierbar, z. B. durch ein Label bzw. Etikett. Mit dieser Voraussetzung können die Teile als formatierte Halbfertigteile in den Kommissionierpuffer gelangen und dann kommissioniert werden. Die noch fehlende konstruktive Bearbeitung kann dann unmittelbar vor der Montage erfolgen. Dazu können CNC-Stationärbearbeitungsmaschinen mit erweiterter Montage-Ausstattung eingesetzt werden, vgl. Bild 3.8. Diese erweiterte Maschinenausstattung lässt es zu, dass in der gleichen Aufspannposition nach der konstruktiven Bearbeitung die Beschlagmontage von z. B. Auszügen und Verbindungsbeschlägen erfolgen kann. Durch diese Änderung der Bearbeitungsfolge ändert sich der Bearbeitungsdurchlauf der Teile (vgl. Bild 4.24).

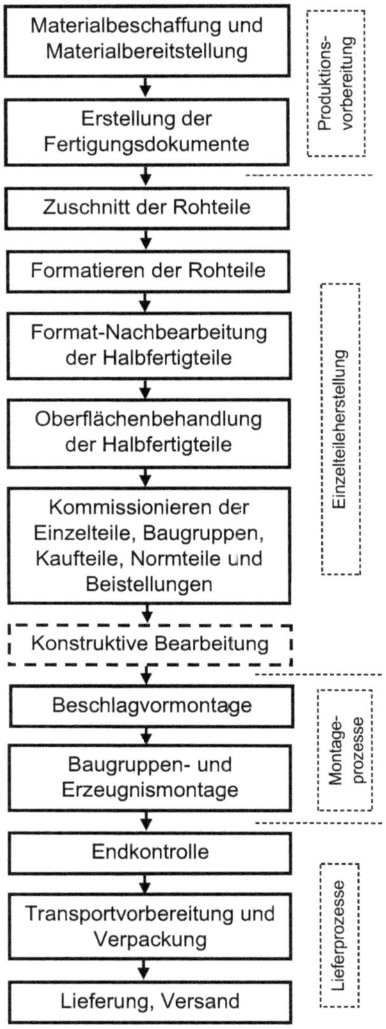

Bild 4.24
Prozessfolge in der Möbelfertigung, modifizierte Prozessfolge

Je nach Art der montierten Beschläge und der daraus resultierenden Maschinenbelegungszeiten kann eine CNC-Maschine mit erweiterter Beschlagsetz-Funktionalität verwendet werden. Ein CNC-Durchlaufbohrautomat kann z. B. mit einer Dübeleintreibstation ausgestattet sein, sodass alle Ober-, Unter- und Konstruktionsböden mit eingeklebten Dübeln bestückt werden. Es können auch serielle Kopplungen von CNC-Maschine und CNC-Beschlagsetzautomat eingesetzt werden. Um den Bauteilstrom zu bewältigen, können die Teile über verschiedene Fertigungs- bzw. Montagelinien transportiert werden, d. h. Aufteilung des Bauteilstromes über spezialisierte, parallel angeordnete Fertigungs- und Montagelinien.

4.2.3.2 Bearbeitungsobjekte der konstruktiven Bearbeitung

Bei der Herstellung ebener Teilflächen können Taschen und Inseln unterschieden werden. Eine Tasche wird durch eine geometrisch beschriebene Grenzgeometrie und den Höhenabstand gegenüber der umgebenden Fläche definiert. Eine Insel wird durch zwei Grenzgeometrien und die Höhe der Insel gegenüber der umgebenden Fläche beschrieben.

Taschen

Das Herstellen einer Tasche erfolgt mit einem Schaftfräser im Stirn-Umfangsfräsen entlang einer steuerungsintern berechneten Kontur. Bei sehr tiefen Taschen kann das Material auch durch Tauchschruppen, z. B. Materialabtrag durch wiederholtes Eintauchen des Fräsers in werkzeugaxialer Richtung, abgetragen werden. Taschen sind Teilflächen innerhalb eines Bauteils, deren Höhe, bezogen auf die Bauteildicke, geringer ist als die Höhe der umgebenden Fläche. Taschen werden durch eine oder mehrere Grenzkonturen sowie eine Höhendifferenz zur Bezugsfläche beschrieben (vgl. Bild 4.25).

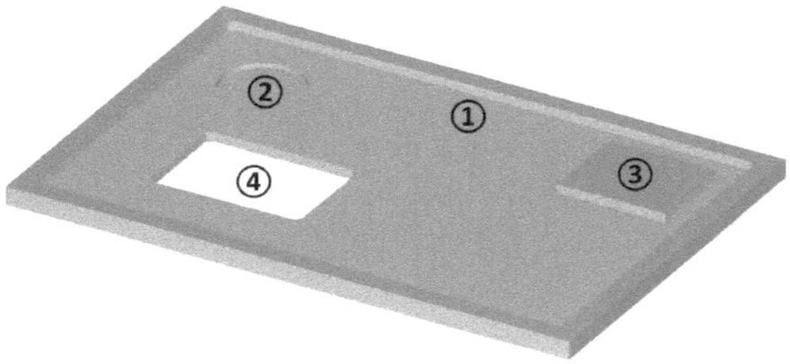

Bild 4.25
Taschen in plattenförmigen Werkstücken
(1) Rechtecktasche, (2) verschachtelte Kreistasche, (3) Tascheninsel, (4) Öffnung als Sonderfall einer Tasche mit Taschentiefe > Materialdicke

Die Höhendifferenz ist entweder auf die umgebende Fläche oder die Werkstückaufspannfläche bezogen. Bei einer Tasche liegt die Grenzkontur innerhalb des definierten Bauteils. Sind mehrere Grenzkonturen vorhanden, dann wird die Tasche durch die äußere Grenzkontur definiert. Die anderen Grenzkonturen definieren dann verschachtelte Taschen bzw. Tascheninseln. Grenzkonturen von Tascheninseln können nicht außerhalb des definierten Bauteils liegen. Eine Tascheninsel kann bei der Herstellung von Taschen entstehen, indem im Inneren der Tasche bestimmte Materialbereiche unbearbeitet bleiben. Taschen werden als verschachtelt bezeichnet, wenn sich die Grenzkonturen der Taschen umschließen bzw. gegenseitig durchdringen. Ein Sonderfall der Konturtasche stellt die Tasche mit offener Grenzkontur dar. Eine Tasche ist entweder geschlossen oder offen. Eine geschlossene Tasche liegt vor, wenn die Grenzgeometrie vollständig vom Material umschlossen ist. Bei einer offenen Grenzkontur werden geometrische Beschreibungen von Material- bzw. Bauteilgrenzen teilweise verwendet, um eine geschlossene geometrische Beschreibung der Grenzkontur zu erzeugen. Offene Taschen können auch entstehen, indem Taschen mit geschlossenen

Grenzkonturen durch nachträgliche Bearbeitung, z. B. beim Formatieren, zu offenen Taschen werden. Für die Unterscheidung offen bzw. geschlossen sind die Grenzkonturen bzw. der Zeitpunkt und die Reihenfolge der Bearbeitungen wesentlich. Das Ausfräsen einer Tasche in einem Werkstück wird als Taschenfräsen bezeichnet.

Taschen bzw. Inseln bestehen aus Deck-, Grund- und Wandflächen. Die Wände sind entweder eben, eben und schräg zur Grundfläche oder profilförmig. Schräge bzw. profilierte Wandflächen entstehen durch nachträgliches, stufenweises Schlichten mit einem Schaftfräser oder durch z. B. eine 5-Achsbearbeitung. Die Grundfläche einer Tasche kann entweder eben oder beliebig geformt sein.

Taschen können nach der Komplexität der Grenzkonturen in Standardtaschen und Konturtaschen unterschieden werden. Als Standardtaschen kann man Taschen mit einfachen geometrischen Grenzkonturen, z. B. Kreis, Rechteck und abgerundetes Rechteck, bezeichnen. Moderne CNC-Steuerungen verfügen über Berechnungsmodelle für Standardtaschen, entweder als G-Befehl für einen Bearbeitungszyklus oder als integrierte Funktion. Diese CNC-Taschenzyklen sind in der CNC-Steuerung als Fräszyklen intern gespeichert und werden durch entsprechende Befehle mit Angabe der notwendigen Taschenparameter aufgerufen. Bei einer Konturtasche werden die Grenzkonturen i. d. R. vom Anwender mittels einer CAD/CAM-Software erzeugt.

Inseln

Inseln sind ebene Teilflächen innerhalb eines Bauteils, die durch mindestens zwei sich umschließende Grenzkonturen beschrieben sind und deren Höhe größer ist als die umgebende Fläche. Beim Herstellen von Inseln wird eine Materialmenge zwischen der äußeren und den inneren Grenzgeometrie aus einem Bauteil ausgeräumt. Die notwendigen Werkzeugwege zum Ausräumen des Materials werden steuerungsintern bzw. softwareintern berechnet. Die äußere Grenzkontur kann außerhalb des definierten Bauteils liegen. Inseln werden als verschachtelt bezeichnet, wenn sich die Grenzkonturen der Inseln gegenseitig durchdringen bzw. umschließen (vgl. Bild 4.26).

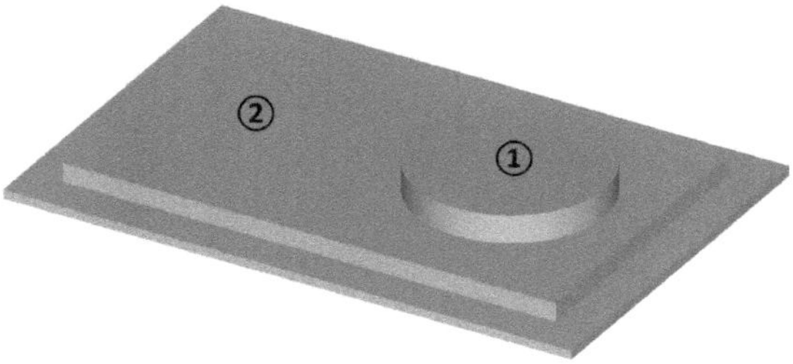

Bild 4.26
Werkstück mit verschachtelten Inseln
(1) kreisförmige Insel,
(2) rechteckige Insel

Die Oberfläche einer Insel ist bei plattenförmigen Bauteilen eben und planparallel zur Bezugsfläche, d. h. zur Breitfläche oder einer Schmalfläche am Bauteil.

Planfräsen

Eine Planfläche kann als Sonderfall einer Tasche betrachtet werden. Eine Planfläche kann durch eine, außerhalb des Bauteils liegende Grenzgeometrie bzw. durch die Materialgrenzen, beschrieben werden. Beim Planfräsen ist nur eine Grenzkontur definiert, die entweder außerhalb des Werkstückes liegt oder die mit den geometrischen Grenzen des Werkstückes identisch ist. Innerhalb der Grenzkontur einer Planfläche dürfen keine weiteren aktiven Grenzkonturen liegen. Planflächen können mit den Umfangsschneiden eines Fräsers mit Bohrung bzw. mit Stirnschneiden eines Schaftfräsers erzeugt werden, vgl. Abschnitt 2.4.2.3. Vorzugsweise werden für die Herstellung von Planflächen Schaftfräser eingesetzt. Die Schnittgeschwindigkeit bestimmt sich nach Formel 4.1 aus dem Produkt $v_c = \pi \times D \times n$. Die Größe der Schnittgeschwindigkeit v_c ist direkt proportional zum Flugkreisdurchmesser D des betrachteten Schneidenpunktes. Je weiter ein betrachteter Punkt auf der Stirnschneide in Richtung Werkzeugmitte liegt, desto geringer ist die tatsächliche Schnittgeschwindigkeit v_c. Im Zentrum der Stirnfläche des Werkzeuges ist die Schnittgeschwindigkeit praktisch $v_c = 0$. Deshalb besitzen Stirnplanfräser meisten nur Stirnschneiden am äußeren Bereich der Stirnfläche (vgl. Bild 4.27).

Bild 4.27
Vierschneidiger HW-Stirnplanfräser zur Herstellung von Planflächen

Die geringe Schnittgeschwindigkeit in Richtung der Werkzeugmitte macht sich durch raue Oberflächenbereiche bemerkbar.

Herstellen einer Nut

Nutfräsen bezeichnet das Herstellen einer Nut in einer Werkstückfläche entlang einer geometrisch definierten Kontur vom Start- zum Endpunkt, wobei die beiden Seitenflächen der Nut im gleichmäßigen Abstand zueinander liegen. Beim Herstellen der Nut ist das Werkzeug ständig im Eingriff. Das Nutwerkzeug bewegt sich dabei mittig auf der Kontur bzw. seitlich versetzt im konstanten Abstand zur Kontur. Eine Nut wird durch den Nutgrund und die sich gegenüber liegenden Nutwände gebildet. Eine Nut hat entweder eine konstante Tiefe in Bezug zur Oberfläche oder einen konstanten Abstand des Nutgrundes zur Bauteilunterseite. Für die weiteren Betrachtungen werden Nuten mit konstanter Tiefe in der Breitfläche plattenförmiger Bauteile angenommen. Nuten können mit einem Schaftfräser, d. h. Bearbeitungsverfahren: Stirn-

Umfangs-Planfräsen vertikal, einem Scheibenfräser, d. h. Bearbeitungsverfahren Stirn-Umfangs-Planfräsen horizontal oder mit einem Kreissägeblatt hergestellt werden. Mit einem Schaftfräser können Nuten entlang einer definierten Kontur bearbeitet werden. Bei Verwendung eines Scheibenfräsers oder eines Kreissägeblattes können nur geradlinige Konturen bearbeitet werden. Nuten können in geschlossene und offene Nuten unterschieden werden. Bei geschlossenen Nuten liegen die Nutenden im Bauteil. Bei offenen Nuten liegen entweder ein oder beide Nutenden außerhalb des Bauteils. Liegen beide Nutenden außerhalb des Bauteils, ist eine Unterscheidung nach den verwendeten Werkzeugen nicht möglich (vgl. Bild 4.28).

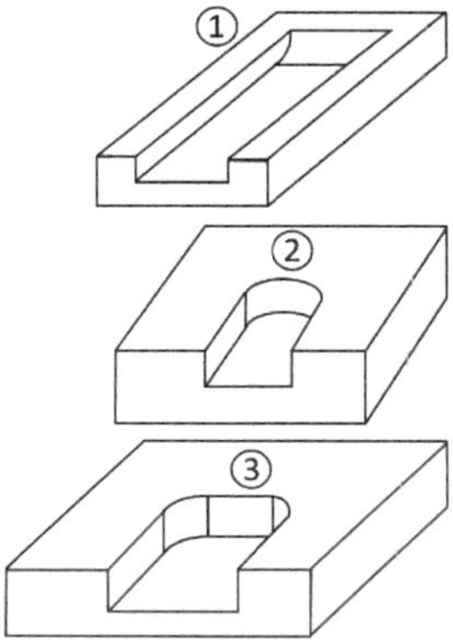

Bild 4.28
Scheibenfräser- und Schaftfräsernuten
(1) Scheibenfräsernut, (2) rundstirnige Schaftfräsernut, (3) flachstirnige Schaftfräsernut

Beim Scheibennutfräsen[8] bzw. Nutsägen, bewegt sich die Werkzeugachse entlang einer Geraden, der sogenannten Schnittlinie, parallel zur X-Y-Ebene. Beim Ein- bzw. Austauchen ist der Nutgrund durch das rotierende Werkzeug flacher als die Nut und verläuft bogenförmig zur Oberfläche hin. Eine Scheibenfräsernut kann werkzeugbedingt nur geradlinig verlaufen. Die Nutbreite kann der Zahnbreite entsprechen oder durch Schnittwiederholung ein Vielfaches der Sägezahnbreite betragen.

Beim Fräsen mit dem Schaftfräser bewegt sich die Werkzeugachse senkrecht zur X-Y-Ebene. Im Wesentlichen trägt die Umfangsschneide das Material ab. Der Schaftfräser ist dabei im Volleingriff. Schaftfräsernuten können entlang beliebiger Konturen hergestellt werden. Eine Kontur ist üblicherweise durch die Elemente Gerade, Kreisbogen, Vollkreis und Kurve in den Koordinaten X, Y und Z beschrieben. Durch die rotierenden Hauptschneiden entstehen Gleich- und Gegenlauf an den beiden Nutwänden. Nach der Zustellbewegung des Werkzeuges am Startpunkt der Nut wird das Werkzeug auf konstanter Tiefe zum Endpunkt der Kontur bewegt. Anschließend erfolgt die Rückstellbewegung des Werkzeuges. Durch eine erneute Zustellung kann die Nuttiefe vergrößert werden.

[8] Es existiert keine exakte Abgrenzung zwischen einem Kreissägeblatt und einem Scheibenfräser. In der Literatur wird nur darauf verwiesen, dass ein Scheibenfräser eine gedrungene Gestalt hat und über die für einen Fräser typische Werkzeugaufnahme verfügt.

Während die Werkzeugbewegung zur Herstellung der rundstirnigen Nut eine Gerade ist, muss eine flachstirnige Nut als Tasche gefräst werden. Die Form der Nut ist abhängig von der Anordnung bzw. Form der Werkzeugschneiden. Es können Rechtecknuten und Profilnuten unterschieden werden (vgl. Bild 4.29).

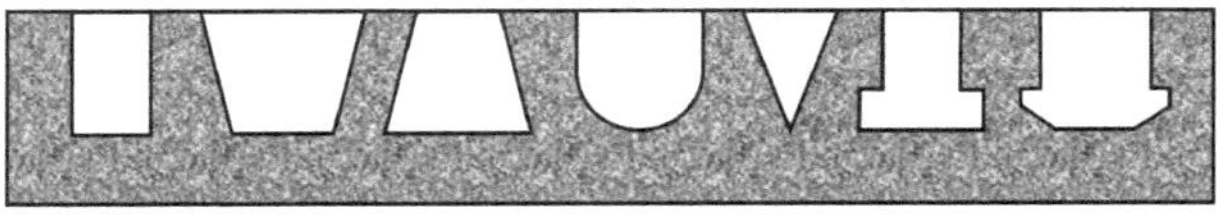

Bild 4.29 Rechtecknut, Trapeznut, Gratnut, Kehlnut, Ziernut, T-Nut und Clamex-P-Nut

Bevorzugt werden Nuten mit Rechteckquerschnitt hergestellt, z. B. für Rückwände oder Lamello-Verbinder. Als Profilnuten werden Nuten mit Nutquerschnitten bezeichnet, die mit Profilfräsern hergestellt werden, wobei sich die Profilgeometrie des Fräsers vollständig oder teilweise auf die Nutwand überträgt. Zur Herstellung der Profilnuten können sowohl Schaft- als auch Scheibenfräser verwendet werden. Für die Verbindung von Korpusteilen haben sich u. a. zweiteilige Verbindungssysteme etabliert, bei denen je ein Teil des Beschlages in eine Profilnut in der Breitfläche und ein Teil in die eine Profilnut in der Schmalfläche eingesetzt werden. Nach dem Zusammensetzen der T- oder Eckverbindung werden die beiden Teile des Verbindungsbeschlages gegeneinander verspannt.

Öffnungen

Eine Öffnung erstreckt sich über die gesamte Bauteildicke und kann über einen Punkt, einzelne Konturelemente oder über Konturen beschrieben werden. Öffnungen können durch verschiedene spanende Bearbeitungsverfahren erzeugt werden, so z. B. durch Bohren, Fräsen oder Sägen. In bestimmten Fällen werden Öffnungen benötigt, um Zuleitungen von Medien zu ermöglichen, Ver- und Entsorgungspunkte zu schaffen oder bestimmte Funktionselemente zu integrieren, z. B. Spülen, Herdplatten, Armaturen. Ein Teil dieser Öffnungen kann u. U. erst beim Aufstellen bzw. der Installation an der Verwendungsstelle hergestellt werden.

Die Herstellung einer Öffnung besteht aus zwei Bearbeitungsschritten, der Zustellung des Werkzeuges auf Schnitttiefe und der anschließenden Realisierung der Schnittkontur. Die Art der Zustellung des Werkzeuges hängt in starkem Maße von den Werkzeugschneiden, vom Schichtenaufbau des zu bearbeitenden Werkstoffes und der Dichte bzw. Härte der Werkstückoberfläche ab. Ist die Öffnung durch einen Punkt beschrieben, führt das Werkzeug lediglich die werkzeugaxiale Zustellbewegung aus.

Liegt eine geschlossene, nicht verzweigende Kontur vor, ist oft die Größe der Öffnung wesentlich. Bei relativ kleinen Öffnungen besteht die Gefahr, dass ein herausgefrästes Abfallteil sich zwischen Werkzeug und Bauteil verklemmen kann und damit zu Problemen führt. Diese kleinen Abfallteile können aufgrund ihrer Größe nicht mit Vakuum gehalten werden. In diesem Fall ist die Kontur der Öffnung als Grenzkontur einer Tasche zu betrachten und das gesamte Material innerhalb der Grenzkontur zu entfernen. Bei großen Öffnungen kann das Abfallteil durch das Vakuum einer Spannschablone bzw. eines Vakuumsaugers gehalten werden. Die Entscheidung, welche Bearbeitung verwendet wird, hängt von den maschinentechnischen Möglichkeiten der Fixierung des Abfallteils ab.

Bohrungen

Bei einer Bohrung bewegt sich das rotierende Werkzeug während der Bearbeitung nur entlang der Werkzeugachse und führt die Zustellbewegung aus. Bei einer Bohrung wird das Werkzeug mit der Werkzeugachse mit einem werkzeugaxialen Sicherheitsabstand zur Zielposition positioniert. Anschließend erfolgt der Bohrhub mit definierter Vorschubsteuerung. Beim Spanabtrag wird die eigentliche Bohrung gefertigt, indem das Material an der Bohrposition auf der vorgegebenen Tiefe durch ein definiertes Werkzeug entfernt wird. Das Ausräumen kann einstufig oder mehrstufig, z. B. Tieflochbohren mit Teilrückzug, erfolgen. Nach dem Bohrhub wird das Werkzeug axial von der Bohrung zurückgezogen. Weitere Informationen vgl. Abschnitt 2.4.2.2.

Zur wirtschaftlichen Fertigung kann aus der möglichen Drehzahl des Bohrgetriebes der Umdrehungsvorschub und damit die Bohrvorschubgeschwindigkeit abgeleitet werden. Die Höhe dieser Geschwindigkeit bewegt sich dabei im üblichen Bereich der Vorschubgeschwindigkeiten einer CNC-Maschine. Von größerem Interesse ist aber die maximale Achsbeschleunigung der Hauptspindel bzw. des Bohraggregates, um bei geringen Taktzeiten qualitätsgerecht bohren zu können. In veröffentlichten Marktübersichten von CNC-Bearbeitungszentren[9)] wurden CNC-Maschinen hinsichtlich der Achsbeschleunigung analysiert. Mehrheitlich verfügen die CNC-Maschinen über Achsbeschleunigungen im Arbeitsvorschub in Z-Richtung von $a = 3\,m/s^2 - 6\,m/s^2$.

Die Achsantriebe der CNC-Maschinen sind üblicherweise ruckfrei eingestellt, um die CNC-Maschine schonend zu betreiben. Beim Zustellen des Bohrers aus der Sicherheitshöhe, d. h. ca. 20 mm über der Oberfläche des Werkstückes, erreicht die Z-Achse nicht die eigentlich programmierte Vorschubgeschwindigkeit. Die eingestellte Achsbeschleunigung führt bei dem kurzen Weg nicht zum Erreichen der programmierten Vorschubgeschwindigkeit. Wesentlichen Einfluss auf die Bohrzeiten hat neben der Achsbeschleunigung die Größe und Dauer der Vorschubreduzierung. Der Zeitanteil einer vorschubreduzierten Bewegung kann bis zu 40 % der Zeit eines Bohrhubes betragen. Da die Decklagen mit reduzierter Geschwindigkeit durchbohrt werden, haben die Dicke der Decklagen und der Wert der Vorschubreduzierung den wesentlichen Einfluss auf die Bearbeitungszeit.

Für beschichtete Plattenwerkstoffe eignen sich fest eingestellte Decklagendicken und feste Werte für die Vorschubreduzierung nur bedingt, denn bei diesem Modell blei-

[9] Vgl. [HOB 2021]

ben die Eigenschaften der Beschichtung unberücksichtigt. Für Beschichtungen mit deutlich anderen Eigenschaften als der Plattenwerkstoff, z. B. Hochdrucklaminate, ist vorrangig die Beschichtung maßgebend. Weiterführende Informationen, vgl. Abschnitt 6.3.2.3.

4.2.4 Nachbearbeiten von Halbfertigteilen

Bei einer Unterscheidung von Formatbearbeitung, d. h. der Herstellung eines Bauteils in den äußeren Fertigabmessungen und Konturen, und der konstruktiven Bearbeitung, d. h. der Bearbeitung im Inneren eines Bauteils, sollte ein Prozessschritt Nachbearbeitung von Halbfertigteilen vorgesehen werden. Im Rahmen dieser Nachbearbeitung können Fertigungsprozesse durchgeführt werden, die zum Zeitpunkt des Formatierens noch nicht möglich sind, die aber vor einer Oberflächenbehandlung bzw. des Kommissionierens erfolgt sein sollten.

In einer Werkstattfertigung ist es meist problemlos möglich, einzelne Bearbeitungsschritte in der Reihenfolge zu tauschen oder mit anderen Prozessparametern zu wiederholen. In der industriellen Fertigung ist das nicht so einfach machbar. Die Fertigung ist hier in einer bestimmten Abfolge der Bearbeitungsschritte organisiert. Es besteht ein gerichteter Teilefluss entlang der Bearbeitungsstationen. Also kann am Ende jedes Blockes eine Eventualposition vorgesehen werden, in der die noch ausstehenden Bearbeitungen nachgeholt werden. Meist sind es nur wenige Teile, die eine abschließende Bearbeitung benötigen. Als Betriebsmittel können auch einfache, manuell bediente Maschinen verwendet werden. Diese abschließenden Fertigbearbeitungen ähneln den Prozessen einer Sonderfertigung. Die betreffenden Teile werden temporär aus dem Teilefluss entnommen, bearbeitet und dann dem Fertigungslos bzw. dem Fertigungsauftrag wieder hinzugefügt.

Die Gründe für noch ausstehende Bearbeitungen können mit den Teileabmessungen oder den Bedingungen der Lagefixierung auf der CNC-Stationärbearbeitungsmaschine zusammenhängen oder das Flächen, in denen die Bearbeitungen stattfinden sollen, erst in späteren Bearbeitungsschritten entstehen.

Teile mit besonderen Abmessungen bzw. Konturverläufen

Bei der CNC-Stationärbearbeitung werden die plattenförmigen Teile oftmals durch Vakuum fixiert. Sind die Teile zu filigran und lassen sich deshalb nicht sicher spannen, können derartige Kleinteile in einer viel größeren Platte verschachtelt werden. Beim Fräsen an der Außenkontur wird der Fräser so programmiert, dass die Teile nicht vollständig in der Tiefe ausgetrennt werden. Man lässt einen geringen Materialbereich an der unteren Breitfläche stehen, trennt nach dem Formatieren die Teile aus und verschleift dann den Grat (vgl. Bild 4.30).

Bild 4.30
Werkstücke mit filigranen Außenkonturen

Ein gleichgeartetes Problem besteht bei großformatigen Teilen mit engen Konturen, die aber vollflächig aufgespannt bearbeitet werden müssen (vgl. Bild 4.31).

Bild 4.31
Großformatiges, schwierig zu spannendes Werkstück

Auftrennen von Mehrfachteilen und nachträgliche Fügeprozesse

Bei der Definition der Bauteile müssen die konkreten Bearbeitungsbedingungen der Betriebsmittel beachtet werden, vgl. Abschnitt 3.6.2. Zu kleine oder zu schmale Teile, z. B. Sockelblenden oder Schubkastenteile, können auf bestimmten Maschinen mit diesen Abmessungen nicht bearbeitet werden, da sie nicht spannbar sind. Man kann solche Teile zu Mehrfach- oder Doppelteilen zusammenfassen. Im Zuschnitt werden die Mehrfach- oder Doppelteile unter Beachtung der Trennschnitt-Zugaben zugeschnitten und formatiert. Wenn am Ende der mechanischen Bearbeitung die einzelnen Teile aus dem Mehrfachteil getrennt werden, fehlt nach dem Trennschnitt an der neu entstandenen Schmalfläche u. U. das Schmalflächenmaterial. Durch abschließende Fertigbearbeitungen können die im Verbund gefertigten Teile dann als Einzelteile weiterbearbeitet bzw. montiert werden.

Zu den Nachbearbeitungsprozessen kann auch das Einkleben von Dübeln in die Schmalflächen der Korpusböden gerechnet werden. Dabei handelt es sich um einen Fügeprozess an der Außenkontur des Bauteils. Da das Einkleben der Dübel eine feste Verbindung schafft, gilt hier auch die Definition des Einzelteiles, dass ein Einzelteil nicht zerstörungsfrei zerlegt werden kann. Nach [DIN 199-1] können Einzelteile mit eingeklebten Verbindungsmitteln nicht mehr als Einzelteil bezeichnet werden; man kann sie als Zusammenbau bezeichnen. Das Einkleben der Dübel kann entweder in einem Fertigungsprozess der mechanischen Teilebearbeitung oder im Vorfeld der Montage erfolgen (vgl. Abschnitt 4.2.3.1).

Bei CNC-Durchlaufbohrautomaten können erweiterte Ausstattungen zum Einkleben von Dübeln vorhanden sein. Die Bohrautomaten befinden sich entweder im Bereich der konstruktiven Bearbeitung oder im Bereich der Montage. Es sind auch Lösungen mit einzeln stehenden Maschinen zum Einkleben von Dübeln bekannt. Branchentypisch wird dieser Prozess als Dübeleintreiben bezeichnet und umfasst das Säubern des Bohrloches, das Einbringen des Klebstoffes, das Einbringen des Dübels und ggf. das Andrücken bzw. Einpressen des Dübels.

4.3 Prozesse der Oberflächenbehandlung

4.3.1 Prozess- und Verfahrensstrukturen

Unter der Bezeichnung Oberflächenbehandlung sollen alle Technologien zum Verändern der Oberflächeneigenschaften eines Konstruktionswerkstoffes verstanden werden. Dazu sollen die Prozess- und Verfahrensstrukturen im Überblick dargestellt werden.

Holz und Holzwerkstoffe werden z. B. zur Herstellung von Bauelementen, aber auch zur Herstellung von Möbeln verwendet. Trotz gleicher bzw. ähnlicher Werkstoffe unterscheiden sich Bauelemente und Möbel in den Anforderungsprofilen erheblich. Bei den Bauelementen stehen vorrangig die mechanischen und die hygrothermischen Anforderungen sowie die Anforderungen an den Brandschutz und die langzeitstabile Funktionserfüllung im Vordergrund. Nach HÄNSEL gelten für Möbeloberflächen folgende Anforderungsprofile, die im Wesentlichen durch die eingesetzten Oberflächenmaterialien definiert werden.

- „Dekorative Anforderungen (werden durch Design, Farbe, äußeres Erscheinungsbild und Form bestimmt, sowie die möglichen Veränderungen dieser Eigenschaften über ihre Gebrauchsdauer)

- Schutz, Funktionalität und Gebrauchstauglichkeit (z. B. Haltbarkeiten gegenüber chemischen und mechanischen Beanspruchungen, aber auch gegenüber Wärme entsprechend ihres Verwendungszwecks und ihrer Verwendungsdauer)
- Verarbeitbarkeit der Materialien im Produktionsprozess
- Produktsicherheit (einschließlich umwelt- und gesundheitsrelevanter Anforderungen an die Produkte)."[10]

Möbel können vollständig bzw. teilweise aus dem Werkstoff Holz, aber auch aus Holzwerkstoffen bestehen. Holzwerkstoffe wurden entwickelt, um ungünstige Eigenschaften des gewachsenen Holzes zu kompensieren, z. B. Inhomogenitäten im strukturellen Aufbau des Werkstoffes oder richtungsabhängige Festigkeitseigenschaften. Die optische Wirkung einer natürlichen Holzoberfläche ist deutlich ansprechender als die Oberfläche eines Holzwerkstoffes nach seiner Herstellung. In der Gesamtheit und der Vielfalt der Oberflächenbehandlungsverfahren existieren deutlich mehr Verfahren für Werkstoffe aus Holz.

Behandlung von natürlichen Holzoberflächen

Bei der Behandlung von Holzoberflächen haben sich verschiedene Verfahren etabliert. Durch den mechanischen Abtrag von Holzpartikeln in der Holzoberfläche, z. B. durch Bürsten, können strukturierte Oberflächen mit einer besonderen rustikal-natürlichen Optik erzeugt werden. Durch den Abtrag mit einer rotierenden Bürste, versehen mit harten bzw. festen Borsten, werden die weichen Frühholzfasern in der Oberfläche entfernt. Dadurch tritt die Holzmaserung deutlicher hervor (vgl. Bild 4.32).

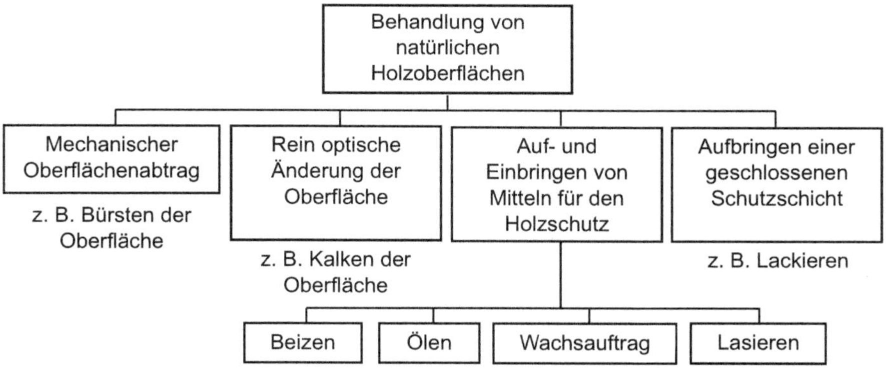

Bild 4.32 Methoden der Behandlung natürlicher Holzoberflächen

Beim Auftragen von Kreidefarbe bzw. Holzwachs auf eine Holzoberfläche, auch als gekalktes Holz bezeichnet, setzen sich die Farb- bzw. Wachspartikel in die Poren und

[10] [HÄN 2018], S. 14

Riefen der Oberfläche. Dadurch prägt sich die Maserung bzw. Oberflächenstruktur stark aus. In diesem Fall entsteht nur eine optische Veränderung der Oberfläche. Das aufgetragene Material verleiht dem Werkstoff keine Schutzwirkung.

Durch das Auf- und Einbringen bestimmter Stoffe kann eine optische Änderung der Oberfläche erreicht werden und die Poren im Werkstoff können verschlossen werden. Zu diesen physikalisch-chemischen Oberflächenbehandlungen von Holzoberflächen zählen z. B. das Imprägnieren und Versiegeln. Während Imprägnierungen ins Kapillarsystem des Materials eindringen, bewirken Versiegelungen einen schichtbildenden Schutzfilm auf der Oberfläche. Öl und Wachs können zum Imprägnieren von Holzoberflächen verwendet werden. Sie dringen in die Werkstoffporen ein, ohne diese zu verstopfen. Die entstehende Schicht schützt vor Verschmutzung und kann kleinere Unebenheiten der Oberfläche ausgleichen. Die Oberflächenstruktur bleibt i. d. R. optisch und haptisch erhalten. Beim Beizen zieht das Beizmittel in die Holzoberfläche ein und reagiert chemisch mit dem Werkstoff. Pigmentbeizen können die Holzstruktur weitgehend optisch abdecken. Farbstoffbeizen hingegen heben die Werkstoffstruktur deutlicher hervor. Lasuren sind i. d. R. dünnflüssig und enthalten weniger Pigmente als Lacke. Dadurch können sie tiefer in den Untergrund eindringen. Die Oberfläche einer Lasur bleibt diffusionsoffen. Es bilden sich bei diesen Verfahren i. d. R. keine geschlossenen Schichten heraus.

Beim Aufbringen geschlossener Schutzschichten auf Holzoberflächen steht das Lackieren im Vordergrund. Beim Lackieren werden flüssige oder pulverförmige Beschichtungsstoffe auf die Holzoberflächen aufgetragen. Nach dem Trocknen und Aushärten bildet sich eine geschlossene Schicht auf der Werkstückoberfläche aus. Das Lackieren wird sowohl zur Oberflächenbehandlung von Holz als auch zur Behandlung von Holzwerkstoffoberflächen angewendet.

Ablauf der Teilprozesse von Oberflächenbehandlungen an natürlichem Holz und Holzwerkstoffen

Im ersten Prozessschritt wird ein geeigneter Ausgangszustand für die Behandlung der Oberfläche hergestellt. Dabei wird die Werkstückoberfläche von anhaftenden Partikeln bzw. Altbeschichtungen befreit, die zu behandelnde Fläche egalisiert und für anschließende Beschichtung bzw. Beklebung vorbereitet. Zur Entfernung anhaftender Partikel und Beschichtungen kann ein mechanisches Trennverfahren; z. B. Schleifen oder Abtragen, angewendet werden. Mitunter müssen saugende oder stark strukturierte Oberflächen gesondert vorbehandelt werden, um Poren in der Oberfläche zu schließen bzw. um die Oberfläche zu glätten. Zur besseren Haftung einer Beschichtung bzw. Beklebung kann es angebracht sein, die Werkstückoberflächen aufzurauen. Häufig schließen sich an diese Vorbereitungsprozesse noch Reinigungsverfahren an.

Im zweiten Prozessschritt erfolgen die eigentlichen Prozesse der Oberflächenbehandlung. Diese Prozesse können das Auftragen einer geschlossenen Schutzschicht, z. B.

eine Lackschicht oder eine Schutzfolie, eine Imprägnierung der Oberfläche durch ein Imprägnierungsmittel, welches das Eindringen von Fremdstoffen verhindert oder schädliche Auswirkungen eindringender Fremdstoffe neutralisiert. Die Werkstoff-Schutzfunktion beinhaltet auch die Einhaltung der Maßhaltigkeit des Werkstoffes und der Werkstücke. Hier ist besonders der Schutz vor zu hoher Feuchtigkeit, der Schutz vor schädlichen Strahlungen und der Schutz vor zu hohen Temperaturen zu berücksichtigen. Zusätzlich soll die Oberflächenbehandlung eine ansprechende optische Gestaltung der Werkstoffoberflächen zulassen, unterstützen oder erzielen. Ein zusätzliches Kriterium kann die Erweiterung von Funktionalitäten des Werkstoffes oder der daraus hergestellten Werkstücke bzw. Erzeugnisse sein. Aus diesen Zielstellungen heraus wird dann der konkrete Behandlungsprozess ausgewählt und durchgeführt. Es sind zahlreiche Oberflächenbehandlungsprozesse etabliert und damit in der Anwendung praktikabel. Manche Einzelprozesse können problemlos miteinander kombiniert werden. Bestimmte Teileprozesse schließen sich aber aus, sodass die Zielstellung des Gesamtprozesses präzisiert und priorisiert werden muss.

Die Oberflächenbehandlung endet im dritten Prozessschritt mit einer abschließenden Bearbeitung bzw. mit einer Nacharbeitung. Bei einer Oberflächenbehandlung können physikalische oder chemische Prozesse angewendet werden, die eine gewisse Nachlaufzeit, z. B. zur Trocknung, Abkühlung oder Härtung, oder einer Nacharbeit, z. B. Entfernen von Reststoffen und Verunreinigungen, beinhalten.

4.3.2 Prozesse der Oberflächenbeschichtung von Holz und Holzwerkstoffen

Zu den Verfahren der Oberflächenbehandlung durch Beschichten zählen das Beschichten aus dem flüssigen Zustand und das elektrostatische Pulver-Beschichten, vgl. Abschnitt 2.6. Bei einer Beschichtung durch das Aufbringen eines formlosen Stoffes kann es sich um eine einzelne Schicht oder auch um ein Beschichtungssystem aus mehreren zusammenhängenden Schichten handeln. Nach [DIN EN 927-1] wird der Beschichtungsstoff charakterisiert als „... flüssiges oder pastenförmiges oder pulverförmiges Produkt, das, auf einen Untergrund aufgetragen, eine Beschichtung mit schützenden, dekorativen und/oder anderen spezifischen Eigenschaften ergibt ...“[11)]

Grundsätzliches Merkmal einer Beschichtung ist nach DIN 8580 der Auftrag eines formlosen Stoffes. Für die nachfolgenden Ausführungen sollen die in der Holzbranche angewendeten Verfahren mit flüssigen und pulverförmigen Beschichtungsstoffen betrachtet werden (vgl. Bild 4.33).

[11] [DIN EN 927-1], S. 6

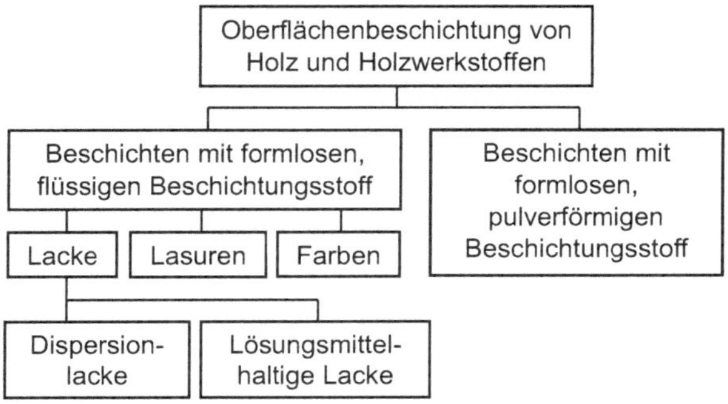

Bild 4.33 Betrachtete Verfahrensgruppen des Beschichtens

4.3.2.1 Beschichten mit flüssigen Beschichtungsstoffen

Hinsichtlich der Zusammensetzung und Verwendung lassen sich flüssige Beschichtungsstoffe in Farben, Lacke und Lasuren unterscheiden. Farben verfügen über einen relativ hohen Pigmentanteil, besitzen aber nur einen geringen Bindemittelgehalt. Sie bilden i. d. R. offenporige und matte Beschichtungen. Lasuren enthalten weniger Pigmente und sind i. d. R. dünnflüssig. Dadurch können sie tiefer in den Untergrund eindringen. Die Oberfläche einer Lasur bleibt diffusionsoffen. Lacke besitzen einen deutlich höheren Bindemittelgehalt als Farben und Lasuren. Lacke bilden eine geschlossene Oberflächenschicht. Lacke setzen sich in der Regel aus Bindemitteln, Pigmenten, Lösungsmitteln und Hilfsstoffen zusammen. Durch Farbpigmente kann dem Lack die gewünschte Farbe gegeben werden. Die Bindemittel beeinflussen den Glanz und die Härte der Lackschicht. Mit Zusatzmitteln bzw. Hilfsstoffen kann der Aushärtungsprozess beeinflusst werden. Lacke können allgemein nach ihren Lösungsmitteln in Dispersionslacke[12)] und in lösungsmittelhaltige Lacke[13)] unterschieden werden. Beim Aushärten eines Dispersionslackes trocknet die Dispersion durch Zuführung von Energie, z. B. durch Heißluft oder Strahlungsenergie, physikalisch aus. Beim Aushärten von lösungsmittelhaltigen Lacken finden chemische Reaktionen statt. Mitunter werden derartige Lacksysteme auch als Reaktionslacke bezeichnet. Lösemittelhaltige Lacke können als Einkomponentenlack (1 K) oder Zweikomponentenlack (2 K) unterschieden werden. Beim 1 K-Lack besteht dieser nur aus einer einzelnen Komponente. Beim 2 K-Lack ist der Lack selbst die erste Komponente. Durch Hinzufügen der zweiten Komponente, z. B. einem Härter bzw. Beschleuniger, erfolgt der Aushärtungsprozess.

Ein Lack-Beschichtungssystem mit mehreren zusammenhängenden Schichten besteht aus einer Grundbeschichtung, der sogenannten Grundierung, einer oder mehreren

[12] Eine Dispersion ist ein heterogenes Gemisch aus mindestens zwei Stoffen, die sich nicht oder kaum ineinander lösen oder sich chemisch miteinander verbinden.

[13] Ein Lösungsmittel ist ein Stoff, der Gase, Flüssigkeiten oder Feststoffe lösen und dabei verdünnen kann, ohne dass es beim Lösevorgang zu chemischen Reaktionen zwischen dem Lösungsmittel, dem zu lösenden und dem gelösten Stoff kommt.

Zwischenschichten und der Schluss- bzw. Deckbeschichtung. Zur Vorbereitung der Werkstückoberfläche wird das Material, je nach Ausgangszustand, einstufig mit einer bestimmten Körnung oder mehrstufig mit verschiedenen, feiner werdenden Körnungen nacheinander geschliffen.[14] Als Grundbeschichtung wird ein spezieller Beschichtungsstoff, der sogenannte Primer, verwendet. Der Primer wird auf die vorbereitete Werkstoffoberfläche aufgetragen und geht eine feste Verbindung mit dem Werkstoff ein. Die mittlere Schicht, auch als Füller bezeichnet, enthält eine größere Zahl von Pigmenten und wird als etwas dickere Schicht aufgetragen, um kleine Unebenheiten der Werkstückoberfläche auszugleichen. Die oberste Schicht, die sogenannte Deckschicht, besteht vorzugsweise aus einem Klarlack, der für den Glanzgrad, die Härte der Lackschicht, die Wetter- und Lichtbeständigkeit sorgt.

Als Beschichtungsstoffe können Klarlacke für eine transparente Beschichtung, Lasuren für eine halbtransparente Beschichtung oder pigmentierte Lacke für eine deckende Beschichtung verwendet werden. Bei einer transparenten Beschichtung bleibt die Holzoberfläche deutlich sichtbar. Bei einer halbtransparenten Beschichtung enthält der Beschichtungsstoff eine kleine Menge an Farbpigmenten, sodass die Werkstoffoberfläche nicht vollständig abgedeckt wird. Durch eine deckende Beschichtung wird die Farbe und die Maserung des Werkstoffes verdeckt, nicht aber dessen Oberflächenstruktur.[15]

Applikationssysteme

Das Auftragen bzw. Aufbringen eines flüssigen oder pulverförmigen Beschichtungsstoffes wird als Applikation bezeichnet. Die Auftragsverfahren können grundsätzlich nach der Art der Ausführung in den manuellen, maschinellen und programmgesteuerten bzw. automatischen Auftrag unterschieden werden. Diese Unterscheidung erfolgt nach dem Grad der Automatisierung und ist stark von der Organisation der Fertigung, der produzierten Stückzahlen und der geforderten Oberflächenqualität beeinflusst. Es können verschiedene Formen des Lackauftrages unterschieden werden (vgl. Bild 4.34).

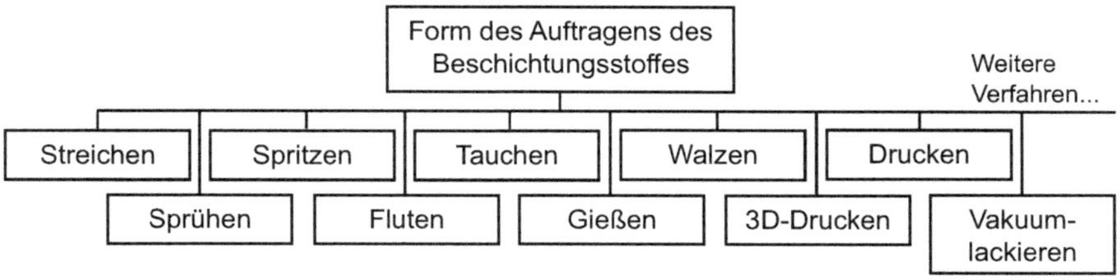

Bild 4.34 Form des Auftragens des Beschichtungsstoffes

14 [ZWE 2024], S. 20

15 [DIN EN 972-1], S. 10

Nachfolgend sollen die Auftragsformen kurz erläutert werden. Als Streichen wird der manuelle Auftrag einer Beschichtung mit Pinsel, Rolle oder Spachtel bezeichnet. Beim Sprühen wird eine Flüssigkeit durch eine Düse gepresst, sodass sich die Flüssigkeit in kleinen Tropfen verteilt. Mittels eines Kompressors kann im Niederdruck-, Hochdruck- oder im Airless-Verfahren[16)] der Lack aufgetragen werden. Die Erzeugung des Sprühnebels erfolgt durch ein technisches Gerät. Die Führung der Düse und damit verbunden die Richtung des Sprühnebels kann manuell, maschinell oder automatisiert erfolgen. In ähnlicher Weise wie das Sprühen erfolgt auch das Spritzen.

Beim Spritzen wird eine Flüssigkeit mit Druck durch eine Düse gepresst, sodass ein Flüssigkeitsstrahl entsteht. Bei der Verwendung der Begriffe Sprühen und Spritzen wird umgangssprachlich der Begriff Spritzen bevorzugt, obwohl oft ein Sprühvorgang vorliegt. Der Lackauftrag kann entweder konventionell, wie oben beschrieben, oder mithilfe einer elektrostatischen Aufladung erfolgen. Weiterführende Informationen zur Arbeit in Lackierräumen und -einrichtungen sind in der [DGUV 209-046] enthalten.

Beim Tauchen wird das auf einem Gestell ruhende Werkstück vollständig in das Lackbecken eingetaucht. Beim Herausbewegen des Werkstückes kann die überflüssige Lackmenge zurück in den Lackbehälter abtropfen. Beim Fluten wird der Lack über das Werkstück gegossen. In modernen Anlagen sind die Werkstücke in geschlossenen Kammern untergebracht und werden dort mit Lack überflutet. Der überschüssige Lack tropft ab und kann in einer Auffangwanne gesammelt werden. Nach einer Aufarbeitung durch Filtration kann der Lack erneut den Flutdüsen zugeführt werden. Bei bestimmten Werkstückformen oder höheren Anforderungen an das optische Aussehen der Beschichtung werden die Teile beim Fluten bewegt, z. B. gewendet oder gedreht. Dadurch wird eine gleichmäßigere Lackverteilung erreicht. Geflutet wird vor allem in automatisch arbeitenden Anlagen, in denen die Lackviskosität, die Lacktemperatur und die Transportgeschwindigkeit des Werkstückes genau aufeinander abgestimmt sind. Eine Modifikation des einfachen Flutens wird beim Flow-Coating-Verfahren angewendet. Bei dieser Verfahrensvariante werden die Werkstücke über gerichtete Sprühdüsen unter geringem Druck und ohne Zerstäubung beschichtet.

Das Gießen von Lacken wird vorzugsweise für plattenförmige Werkstücke angewendet. Aus einem Vorratsbehälter wird der Lack in einen Gießkopf gepumpt. Der Gießkopf besitzt am Auslauf einen verstellbaren Gießspalt, aus dem der Lack mittels Schwerkraft auf das sich unter dem Gießkopf bewegende Bauteil läuft (vgl. Bild 4.35).

[16] In einem Airless-Gerät wird der aufzutragende Beschichtungsstoff mit hohem Materialdruck durch die Schläuche zur Sprühpistole gepresst, wo er dann aus einer Düse austritt. Unmittelbar nach dem Austritt aus der Sprühdüse löst sich der Beschichtungsstoff in Tröpfchen auf.

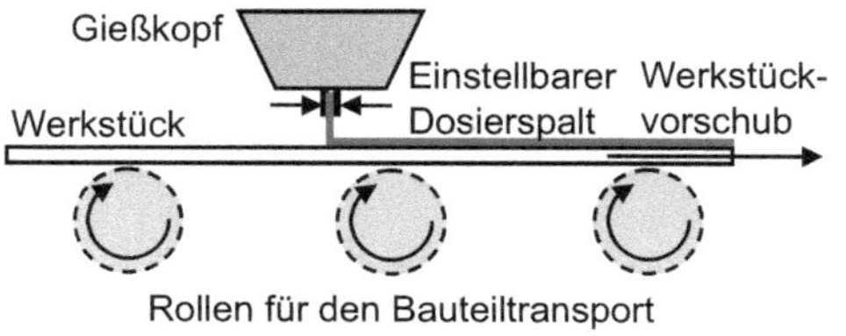

Bild 4.35
Prinzipdarstellung des Applikationsverfahrens Lackgießen

Beim Beschichtungsvorgang durchläuft das Werkstück mit definierter, einstellbarer Vorschubgeschwindigkeit die Gießmaschine und dabei legt sich der Lackfilm auf die Werkstückoberfläche. Mit der Gießspaltbreite und der entsprechenden Werkstückgeschwindigkeit kann die Lackschichtdicke beeinflusst werden.

Beim Lackwalzen werden ebene und flache Werkstücke beschichtet. Eine Lackwalzmaschine besteht aus zwei gegenläufig zueinander drehenden Walzen, der Dosier- und der Auftragswalze (vgl. Bild 4.36).

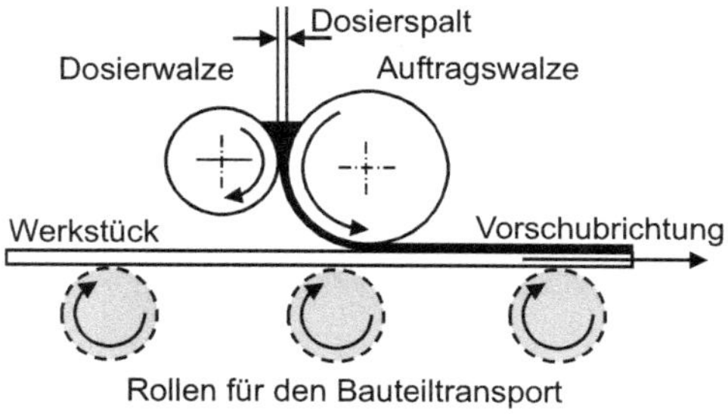

Bild 4.36
Prinzipdarstellung des Applikationsverfahrens Lackwalzen, hier: Gleichlaufwalzen

Das Vakuumbeschichten ist ein Durchlaufbeschichtungsverfahren für Profile bzw. profilartige Stäbe. In einer geschlossenen Vakuumkammer befinden sich jeweils eine Ein- und eine Auslauföffnung, deren Formen der Profilform entsprechen. Der Lack wird in die Vakuumkammer gefördert und dort zerstäubt. Wird ein Profilstab in die Kammer gefördert, legen sich die Lackpartikel auf dessen Oberfläche ab. Es bildet sich eine allseitige Beschichtung auf der Werkstückoberfläche aus. Parallel zum Lackzerstäuben wird die Vakuumkammer evakuiert und die nicht haftenden Partikel werden mit abgesaugt. Durch den Spalt zwischen dem Profil des Werkstückes und den Profilen der Ein- und Auslauföffnungen kann Umgebungsluft in die Kammer gelangen. Durch den Luftstrom beim Evakuieren verteilen sich Lackpartikel sehr fein und gleichmäßig am Werkstück. Beim Vakuumbeschichten handelt sich um ein maschinelles Beschichtungsverfahren für profilartige Werkstücke.

Unter dem Bedrucken[17)] von Holzoberflächen sind verschiedene Oberflächenbeschichtungsverfahren zusammengefasst. Bei diesen Verfahren kann eine Unterscheidung in den Direktdruck auf die Holzoberfläche und in den Druck einer auf dem Werkstück befindlichen Folie erfolgen (vgl. Bild 4.37).

[17] Bedrucken ist das vollflächige bzw. teilflächige Aufbringen fest haftender Farbstoffe auf einer (bedruckbaren) Oberfläche.

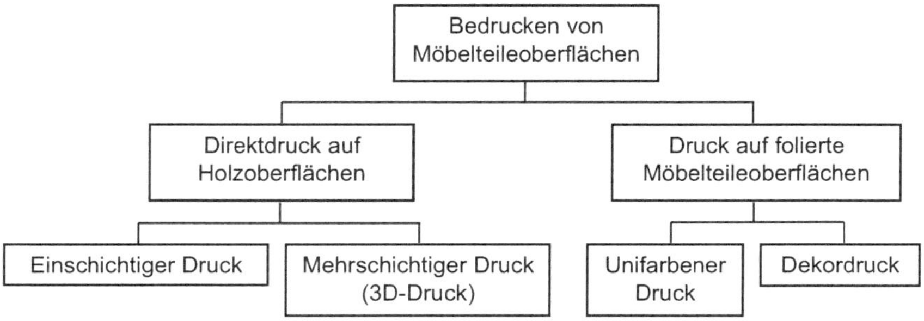

Bild 4.37 Bedrucken von Holzoberflächen und Oberflächen von Möbelteilen

Für den Direktdruck auf die Holzoberfläche können digitale Flachbettdrucker mit speziellen flüssigen Beschichtungsstoffen verwendet werden. Unter Nutzung z. B. der Tintenstrahltechnologie können verschiedenfarbige flüssige Beschichtungsstoffe gemischt und direkt auf die Holzoberfläche aufgebracht werden. Beim UV-Druck sind den Beschichtungsstoffen ultraviolett-härtbare Substanzen beigemischt. Beim Aufbringen der Farbstoffe wird der Aushärtevorgang durch eine mitfahrende UV-Strahlquelle realisiert. Hinsichtlich des Druckvorganges kann es sich dabei um einen einschichtigen Druck oder um einen mehrschichtigen Druck mit mehreren, verschiedenen Schichten übereinander handeln. Dabei muss der Beschichtungsstoff nicht nur fest auf der Holzoberfläche haften, sondern auch an den bereits aufgebrachten Schichten (vgl. Bild 4.38).

Bild 4.38 Digitaler Flachbettdrucker zum 3D-Drucken von UV-härtenden Farblacken

Unter der Bezeichnung des bildhaften Färbens von Oberflächen existiert ein Verfahren, bei dem ein spezieller Farbdruck auf einem Zwischenträger, z. B. Papier, aufgebracht wird. Anschließend wird der Zwischenträger mit der beschichteten Seite auf einer Holzoberfläche platziert und dieser Verband wird in einer beheizbaren Furnierpresse verpresst. Die Farbpartikel des Zwischenträgers dringen dabei in den Werkstoff ein und verbinden sich reaktiv mit ihm. Es entsteht eine echte Färbung der Werkstückoberfläche; es ist demzufolge kein Druckvorgang.

4.3.2.2 Beschichten mit körnigen oder pulverförmigen Beschichtungsstoffen

Beim Beschichten aus dem körnigen oder pulverförmigen Zustand ist die Verfahrensgruppe des elektrostatischen Beschichtens zu nennen. Unter der Bezeichnung elektrostatisches Beschichten sind Verfahren zusammengefasst, bei denen ein formloser Beschichtungsstoff, z. B. eine Flüssigkeit, ein Pulver oder Flock,[18)] elektrostatisch aufgeladen und in diesem Zustand auf eine Werkstückoberfläche aufgetragen wird. Die elektrostatische Aufladung kann entweder durch eine am Sprühgerät angelegte Hochspannung oder durch entstehende Reibungselektrizität im Sprühgerät erzeugt werden. Um die Werkstücke elektrostatisch aufladen zu können, muss der Werkstoff eine entsprechende Leitfähigkeit aufweisen. Entweder besitzt das Material eine entsprechende Materialfeuchte oder der Auftrag erfolgt auf eine bereits vorhandene leitfähige Beschichtung bzw. Beklebung. Durch die statische Aufladung haftet der sonst unter Normalbedingungen nicht haftende Beschichtungsstoff auf der Werkstückoberfläche. Das Anhaften der Beschichtung erfolgt nur durch die statische Aufladung; die Endfestigkeit der Schicht ist zu diesem Zeitpunkt noch nicht erreicht. Bei der Verwendung von Flüssigkeiten, z. B. Lacke oder Klebstoffe, wird die Endfestigkeit der Beschichtung durch den Trocknungsvorgang, d. h. durch Verdunsten des Lösungsmittels, erreicht. Bei der Verwendung von Pulvern schließt sich nach dem Auftrag des statisch haftenden Pulvers noch eine thermische Nachbehandlung an. In einer Niedrigtemperatur-Nachbehandlung bei ca. $T \approx 130\,°C$[19)] wird das Pulver in den flüssigen oder zähflüssigen Zustand überführt. Dabei beginnen die Vernetzungsreaktionen und der Beschichtungsstoff bildet eine geschlossene, fest haftende Schicht.

Prozess des elektrostatischen Beschichtens von MDF-Teilen

Vor der Beschichtung sind die Teile gründlich zu reinigen. „Auf den Breitflächen der Bauteile aus Holzwerkstoffen (MDF) hat sich ein Schleifprozess zur Erreichung einer pulverbeschichtbaren Oberfläche meist als ausreichend erwiesen."[20)] Die Werkstückschmalflächen sowie gefräste profilierte Konturen in der Breitfläche dürfen keine Bearbeitungsspuren aufweisen. Durch Schleif- und Glättprozesse können die Bearbeitungsspuren ausgeglichen werden. Ebenso können bei sehr offenporigen Werkstoffen,

---

[18] Als Flock bzw. Flockfasern werden kurze Chemiefasern bezeichnet, die nicht zur textilen Weiterverarbeitung vorgesehen sind.

[19] Nach *https://www.tiger-coatings.com/de-de/pulverlack/anwendungen/spezielle-substrate/mdf-pulverbeschichtung*, URL am 08. 09. 24 abgerufen.

[20] [VDI 2015-1], S. 6

z. B. bei Span- und Faserplatten, Oberflächenversiegelungen und Porenfüllungen vorgenommen werden. Mit dem Verfahren des Thermo-Reibglättens können die Poren in den Schmalflächen und eingebrachten Nuten in der Breitfläche des Werkstückes mechanisch verschlossen werden bzw. können die Poren mit einem Füllstoff ausgefüllt und die Flächen anschließend geglättet werden. Das elektrostatische Beschichten „... erfolgt meist in Durchlauf-Beschichtungskabinen, der Pulver-Overspray wird recycelt und dem Prozess kontinuierlich wieder zugeführt.“[21] Das aufgetragene Pulver kann durch Erwärmung aufgeschmolzen werden und härtet dadurch aus. Alternativ können auch UV-härtende Pulver verwendet werden.

4.3.3 Prozesse der Beklebung von Werkstückoberflächen

Für die Beschreibung der einzelnen Prozesse und Verfahren werden die angewendeten Klebprozesse im Verlauf der Herstellung von Möbelteilen dargestellt. Zur Beschreibung dieser Fügeprozesse wurde die Bezeichnung Bekleben gewählt. Mit dieser Bezeichnung soll ausgedrückt werden, dass ein Werkstoff auf seiner Oberfläche dauerhaft mit einem anderen Material beklebt wird und danach die ursprüngliche Materialoberfläche als solche nicht mehr erkennbar ist. Die Verwendung des Begriffs einer Schicht wurde vermieden.

Massives Holz wird aufgrund seiner attraktiven Oberflächen im Wesentlichen nicht beklebt, sondern beschichtet. Mitunter wird aber geringwertiges und optisch wenig attraktives Massivholz in Innenkonstruktionen ohne funktionalen Anspruch bei nicht tragenden Bauelementen verwendet. In diesen Fällen kann dann eine optisch ansprechende Dekorfolie zum Bekleben des Bauelementes verwendet werden. Furniere werden üblicherweise auf Holzwerkstoffe aufgetragen. Ein Überfurnieren von Massivholz kommt relativ selten vor und sollte zwingende Gründe haben.

Holzwerkstoffe

Nach NIEMZ können Holzwerkstoffe nach ihrem strukturellen Aufbau, wie folgt unterschieden werden (vgl. Bild 4.39).

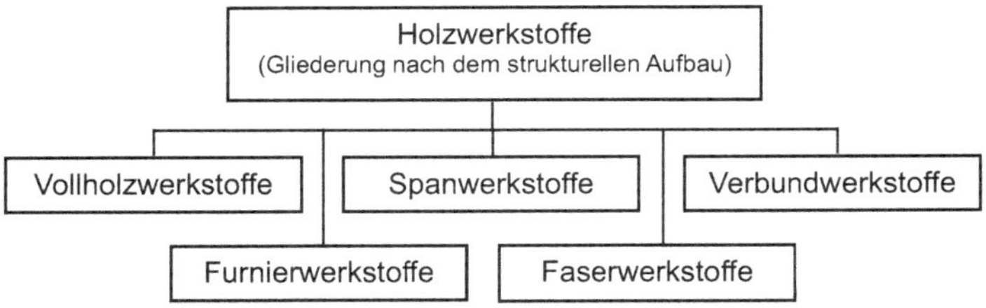

Bild 4.39 Schematische Übersicht der Holzwerkstoffe, nach [NIE 2017], S. 41

21 [VDI 2015-1], S. 8

In der industriellen Herstellung von Möbeln werden bevorzugt folgende Werkstoffe verwendet.

- Werkstoffe auf Vollholzbasis, z. B. Massivholzplatten bzw. lamelliertes Holz,
- Furnierwerkstoffe, z. B. Sperrhölzer mit sorgfältig verarbeiteten Furnierlagen,
- Spanwerkstoffe, z. B. P2-Spanplatten für die Verwendung im Innenbereich und
- Faserwerkstoffe, z. B. mitteldichte und hochdichte Faserplatten.

In der Ausgangsform zur Herstellung von Möbelteilen liegen die Holzwerkstoffe als plattenförmiges Rohmaterial mit ebenen Breitflächen und weitestgehend einheitlicher Materialdicke in definierten Formaten bzw. Abmessungen vor.

Je nach Bedarf können diese Materialien mit schützenden, funktionalen und/oder dekorativen dünnen Materialien beschichtet oder beklebt sein. Als Materialien für Werkstoffoberflächen können Lacke, Harze, Furniere, Folien sowie dünnschichtiges, flächiges Material, z. B. Stoffe, Leder oder Linoleum verwendet werden. Die Beschichtungen bzw. Beklebungen sind i. d. R. auf den Breitflächen vorhanden. Im Prozess der Rohteilherstellung werden die Rohmaterialien in der Verarbeitung in definierten Stückzahlen und vorgegebenen Abmessungen aufgeteilt. An den Trennflächen zwischen den einzelnen Rohteilen sind nach dem Zuschnitt keine Beklebungen und Beschichtungen vorhanden. In einem späteren Prozess der Möbelteilefertigung sind diese Trennflächen noch zu bekleben bzw. zu beschichten.

Das Bekleben der Breitflächen der Holzwerkstoffplatten kann durch Walzen oder Pressen erfolgen. Beim Walzen wird ein linienförmiger Pressdruck erzeugt. Mehrere, verschiedene Folien, die mit einem Klebstoff versehen wurden, werden nacheinander auf eine Werkstückoberfläche gebracht und untereinander sowie mit der Werkstückoberfläche verklebt. Beim Pressen wird ein Flächendruck entweder durch eine Pressplatte, beim sogenannten stationären Pressen, oder beim Durchlaufpressen durch ein Gurtband mit nacheinander angeordneten Drucksegmenten, erzeugt.

Maschinentechnisch können sogenannte Flachbettpressen, d. h. stationäres Pressen, oder Gurtbandpressen im Durchlauf, d. h. einseitiges oder doppelseitiges Pressen, verwendet werden. Es können dünne Folien, die von einer Rolle abgewickelt werden oder flache, zugeschnittene Beklebungen verarbeitet werden. Das kontinuierliche Pressen im Durchlauf wird allgemein als Kaschieren bezeichnet. Verfahrenstypische Unterschiede ergeben sich z. B. durch Unterschiede in der Beständigkeit der Folien gegenüber Hitze bzw. Temperatur, so z. B. beim Kaltkaschieren, dem Warmkaschieren und dem Heißkaschieren sowie der Art des verwendeten Klebstoffes, z. B. Nasskaschieren oder Trockenkaschieren. Als Thermokaschieren wird ein Verpressen ohne Klebstoff, nur durch die Wirkung von Druck und Wärme, bezeichnet. Die Kaschierung dient vorrangig dem Schutz der Oberfläche. Durch Integration von Dekorfolien in den Folienverband können optisch ansprechende Oberflächen erzeugt werden. Das Verpressen der Trägerwerkstoffe mit Dekorschichten kann auch mit beheizbaren Pressen erfolgen.

Möbelteileherstellung

Für die Herstellung plattenförmiger Möbelteile liegen durch den Plattenzuschnitt verarbeitbare Rohteile mit endfertigen oder gebrauchsfähigen Breitflächen vor. Für die Herstellung von 3D-Möbelfronten werden hingegen Platten ohne endfertige Breitflächen aufgeteilt, d. h. auf der Nicht-Sichtseite befindet sich üblicherweise eine Gegenzugfolie. Gegenzugfolien sollen das Verziehen der Platten bei einseitiger Finishfolien- oder Furnier-Beschichtung verhindern. Gleichzeitig können die Gegenzugfolien auch als Sperrmedium bei nicht sichtbaren Flächen eingesetzt werden, um die Feuchtigkeitsaufnahme der Holzwerkstoffplatten zu reduzieren. Für 3D-Möbelfronten werden zugeschnittene Rohteile aus mitteldichter Faserplatte (MDF) verwendet. Bei der nachfolgenden Formatbearbeitung werden die Bauteile maßhaltig formatiert und die Schmalflächen mit Folien oder Streifen aus Kunststoffen, Furnieren oder Massivholz beklebt (vgl. Bild 4.40).

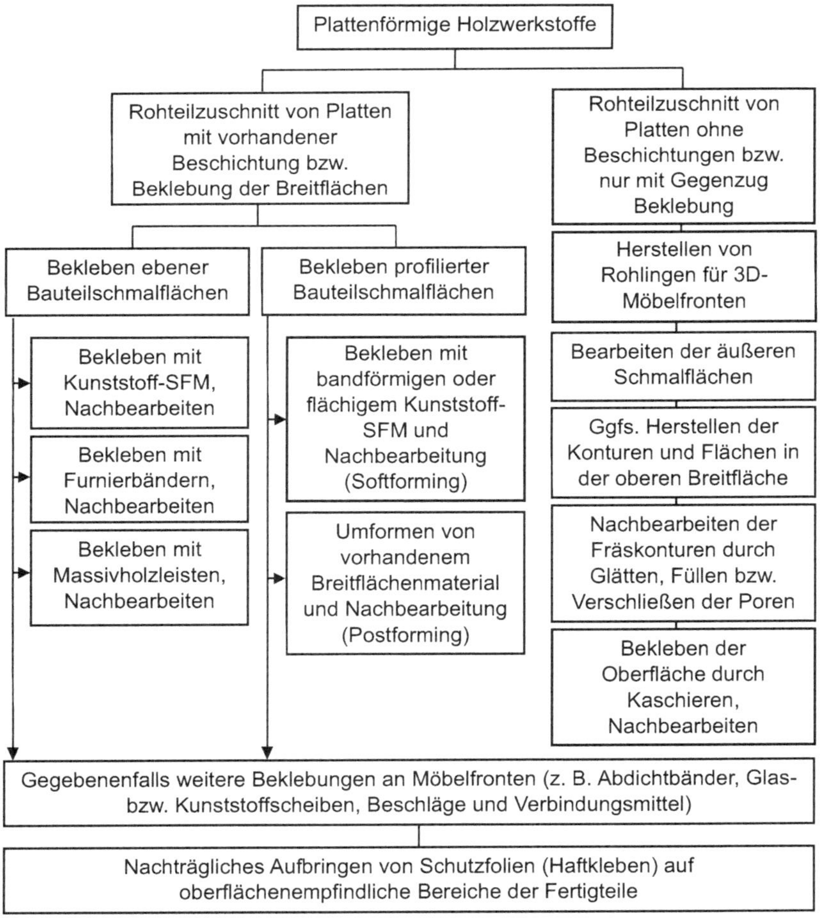

Bild 4.40 Beklebungsprozesse bei der Möbelteileherstellung

Parallel dazu sind Verfahren in der Anwendung, bei denen im Prozess der Herstellung des Schmalflächenmaterials eine reaktive Klebstoffschicht mit aufgetragen wird. Diese Klebstoffschicht wird bei Wärmezuführung, z. B. durch Heißluft oder Wärmeeintrag durch Strahlquellen, aktiv und ermöglicht eine feste Verklebung von Rohteil und Schmalflächenmaterial. Die entstehende Verklebungsqualität wird mitunter auch als Nullfuge bezeichnet; gemeint ist ein kaum erkennbarer Spalt bzw. Unterschied zwischen der Breit- und den Schmalflächen. Zur Herstellung profilierter Bauteilschmalflächen kann das Plattenmaterial an den Schmalflächen mit einem Profilwerkzeug entsprechend gefräst werden. Auf diese gefrästen Flächen kann dann eine streifenförmige dünne und mit Klebstoff versehene Kunststofffolie aufgebracht werden. Durch entsprechend angeordnete Andruckrollen bzw. Druckschuhe wird das Schmalflächenmaterial an die Profilflächen gedrückt. Diese Art der Beklebung wird als Softforming-Technologie bezeichnet.

Für bestimmte Anwendungen, z. B. Küchenarbeitsplatten, eignen sich dünne, aufgeklebte Folien nicht. Küchenarbeitsplatten bestehen z. B. aus Spanplatten mit aufgeklebten Hochdruckschichtpressstoffen (HPL: High Pressure Laminate). Bei den Plattenzuschnitten wird an der zur Sichtfläche zählenden vorderen Schmalfläche der Trägerwerkstoff bis auf das Laminat abgefräst und dabei das spätere Schmalflächenprofil am Trägerwerkstoff erzeugt. Der dabei noch übrig gebliebene Randbereich des Breitflächenmaterials wird durch Hitze und mechanischem Druck im Durchlauf so umgeformt, dass sich das umgeformte Breitflächenmaterial mit der profilierten Schmalfläche verklebt. Die Technologie wird als Postforming-Technologie bezeichnet, d. h. Postforming = nachträgliche Umformung (vgl. Bild 4.41).

Bild 4.41 Prozessstufen bei einer Postforming-Bearbeitung (mit freundlicher Unterstützung der HOMAG Group AG)

(1) Entfernen des Trägermaterials bis auf die untere Decklage, (2) Fräsen des unteren Profils, (3) Fräsen des oberen Profils, (4) Verformen des Decklagenmaterials und Nachbearbeitung

Herstellung von 3D-Möbelfronten aus MDF

Die Herstellung eines 3D-Möbelteiles basiert auf einem 3D-gefrästen MDF-Rohling, der an der unteren Breitfläche bereits mit einer Gegenzugfolie beklebt ist. Dieser Rohling wird nach dem Fräsen gesäubert und für die anschließende Verklebung vorbereitet. Die aufzuklebende Folie wird auf die Verarbeitungstemperatur erhitzt. Das Verkleben der Kaschierfolie mit dem 3D-Rohling kann durch Verpressen, z. B. in einem Gesenk bzw. mit einer Membranpresse, oder durch ein Vakuum erfolgen. Bei der Beklebung mittels Vakuum, wird durch den Unterdruck zwischen Folie und 3D-Rohling der notwendige Pressdruck erzeugt. Bei Verwendung von nicht vakuumgeeignetem Beklebungsmaterial kann eine Membranpresse verwendet werden.

4.4 Prozess des Kommissionierens

Nach [VDI 3590-1] hat das Kommissionieren das Ziel, „aus einer Gesamtmenge von Gütern (Sortiment) Teilmengen auf Grund von Anforderungen (Aufträge) zusammenzustellen …“[22] Beim Kommissionieren werden gleiche bzw. unterschiedliche Artikel zu einem Auftrag bedarfsgerecht zusammengestellt. Nach tenHOMPEL[23] können neben der Bildung von Artikel-Teilmengen auch Reihenfolgeänderungen im Artikelstrom oder die Einlagerung von Artikeln in einer bestimmten Zeitspanne Gegenstand der Kommissionierung sein.

Prozessbeschreibung

Der Prozess des Kommissionierens besteht in allgemeiner Beschreibung darin, aus einer Gesamtmenge eine Teilmenge aufgrund von Anforderungen zusammenzustellen. Im Prozess des Kommissionierens können dabei mehrere Teilprozesse stattfinden.

In einem ersten Teilprozess können zur Fertigungsplanung für eine bestimmte Zeitperiode, z. B. Kalenderwoche bzw. Produktionstag, aus dem gesamten Auftragsbestand einzelne Kundenaufträge selektiert und eingeplant werden. Es wird dann für die festgelegte Zeitperiode eine Menge oder Kommission von Kundenaufträgen geplant. Dieser Fertigungsplanungsansatz kann als kommissionsweise Fertigung bezeichnet werden. Der Begriff der kommissionsweisen Fertigung ist heute nur selten noch im Gebrauch. Um dann die einzelnen Kundenaufträge realisieren zu können, werden die in diesen Aufträgen enthaltenen Einzelteile bestimmt, d. h. Selektion der in der Zeitperiode herzustellenden und einzukaufenden Teile. Aus der Menge der ermittelten Teile werden die Teile nach bestimmten Eigenschaften oder Zielstellungen

---

22 [VDI 3590-1], S. 2

23 [HOM 2011], S. 6

sortiert, z. B. nach Fertigungsfamilien[24] oder nach Teilefamilien[25] und zu Kundenaufträgen zusammengefasst. Es erfolgt der Übergang von Kundenauftrag zum Fertigungsauftrag. So können z. B. zur Kostenoptimierung die herzustellenden Bauteile zu Fertigungslosen zusammengefasst und als solche in einem oder mehreren Bearbeitungsschritten bearbeitet werden. Dieser erste Teilprozess kann als Kommissionierung von Fertigungsaufträgen bezeichnet werden. In diesem ersten Teilprozess werden planerische bzw. organisatorische Aufgaben erledigt.

Nach dem Abschluss der Bearbeitungsprozesse liegen die bearbeiteten Teile der Fertigungsaufträge vor. Aus dem Bestand der gefertigten Teile werden diese dem ursprünglichen Kundenauftrag wieder zugeordnet. Dieser zweite Teilprozess kann als das Kommissionieren von Kundenaufträgen bezeichnet werden.

Nachfolgend soll der Prozess der Zusammenführung der einzelnen Teile des Kundenauftrages betrachtet werden.

Prozesseingangsgrößen

Die Werkstücke wurden auftragsgemäß bearbeitet und befinden sich in entsprechender Anzahl in einem Kommissionierlager bzw. in einem Puffer. Die Teile können entweder einzeln identifizierbar sein oder die betreffenden Teilemengen sind über ihren Lagerort bekannt. Bei nicht einzeln identifizierbaren Teilen wird die beauftragte Menge aus dem vorhandenen Bestand entnommen. Es liegt eine Kommissionierliste mit den notwendigen Angaben vor. Die Angaben können z. B. aus den Artikelnummern bzw. Teilenummern, den Mengen, dem Lagerort bzw. Lagerplatz, dem Sammelplatz bzw. dem Abgabemittel und dem Zeitpunkt der geplanten Kommissionierung bestehen. Des Weiteren ist grundsätzlich geregelt, durch wen, wann und wie die Bestandskorrektur nach der Teileentnahme erfolgt.

Prozessausganggrößen

Am Ende des Kommissioniervorganges wird eine Vollzähligkeits- und Vollständigkeitskontrolle am Bestand der Kommission durchgeführt. Die am Kommissionierplatz gesammelte Kommission kann in einem ortsfesten oder mobilen Abgabesystem, z. B. einem Transportcontainer oder einer Corlette[26] bereitgestellt sein. Bei mobilen Abgabesystemen werden die Behälter mit den kommissionierten Teilen zum vereinbarten Abgabeort verbracht und dort übergeben. Bereits geleerte Behälter werden anschließend zum Kommissionierbereich zurückgeführt.

---

[24] Als Fertigungsfamilie wird die organisatorische Zusammenfassung von Werkstücken bezeichnet, die ohne Umrüsten und ohne Werkzeug- bzw. Vorrichtungswechsel auf den gleichen Betriebsmitteln bearbeitet werden können. Die Formen der Werkstücke können sich voneinander unterscheiden (Ähnlichkeit der Bearbeitung), nach [REF 1993], S. 76.

[25] Als Teilefamilie wird die organisatorische Zusammenfassung von Werkstücken mit konstruktiver Ähnlichkeit bezeichnet, vgl. [WIE 2014], S. 47.

[26] Als Corlette werden rollbare Lademittel für den Transport von Möbeln und Möbelteilen bezeichnet.

Kommissioniervorgang

Hinsichtlich der Ablauforganisation können Kommissioniervorgänge in ein- oder mehrstufige Vorgänge unterschieden werden. Bei einstufigen Kommissioniervorgängen werden die zum Kommissionierauftrag gehörenden Artikel selektiert und als fertiger Kommissionierauftrag bereitgestellt. Bei mehrstufigen Kommissioniervorgängen, z. B. für mehrere, gleichzeitig bearbeitete Aufträge, kann in einem ersten Schritt die gesamte Menge eines Artikels zusammengestellt werden, d. h. die sogenannte artikelorientierte Kommission. Im nächsten Schritt werden dann die zusammengestellten Artikel den einzelnen Kommissionieraufträgen zugeordnet, d. h. die sogenannte auftragsorientierte Kommissionierung.

Des Weiteren können Unterscheidungen in das serielle und parallele Kommissionieren getroffen werden. Bei einer seriellen Kommissionierung werden die in sich geschlossenen Kommissionieraufträge nacheinander durch einen Kommissionierer abgearbeitet. Sind im Teilelager verschiedene Lagerzonen eingerichtet, aus denen Artikel entnommen werden, z. B. Eigenfertigungsteile, Fremdfertigungsteile, Kaufteile oder Beschläge, kann der Kommissioniervorgang durch mehrere Kommissionierer erfolgen. Nach dem ersten Vorgang übergibt der Kommissionierer die begonnene Kommission an den nächsten Kommissionierer zur weiteren Vervollständigung.

Bei der parallelen Kommissionierung wird der Auftrag in mehreren, parallelen Teilaufträgen kommissioniert. Die Teilaufträge werden dann zeitlich parallel, mitunter aber räumlich getrennt, von mehreren Kommissionierern bearbeitet. Sobald alle Teilaufträge erledigt sind, werden diese an einer Sammelstelle wieder zum jeweiligen Gesamtauftrag zusammengefasst. Diese Zusammenfassung wird als Konsolidierung bezeichnet.

Kommissioniermethoden

Hinsichtlich der Methoden, wie manuell kommissioniert wird, existieren verschiedene Möglichkeiten. Diese Methoden werden mit der Begriffskombination „Pick-by-...“ sowie dem Informationsmedium bezeichnet. Pick-by-Paper bezeichnet die einfachste, aber sehr weit verbreitete Methode der Verwendung einer Papier-Kommissionierliste. In dieser Liste sind die notwendigen Informationen wie Artikelnummer, Menge und Lagerplatz enthalten. Der Kommissionierer bewegt sich zur Ware, identifiziert die Ware und entnimmt die beauftragte Menge. Diese Lösung kann mit einem mobilen Handscanner gekoppelt werden, um die Artikel sicher zu identifizieren. Bei Verwendung eines mobilen Handscanners kann die Bestandsanpassung nach der Artikelentnahme erfolgen; anderenfalls zu einem späteren Zeitpunkt.

Mit den Methoden Pick-by-Light wird der Kommissionierer durch Lichtsignale am Lagergestell zum betreffenden Artikel geführt. Mitunter kann der Kommissionierer bei dieser Methode die Entnahme der Artikel bestätigen und das Lagerverwaltungssystem kann den Bestand aktualisieren. Ähnlich funktioniert die Methode Pick-by-Voice, mit der der Kommissioniere per Headset Informationen zum Auffinden der

Artikel erhält. Die Wegleitung erfolgt durch eine Computerstimme. Per Mikrofon kann die Entnahme der Artikel gebucht werden. Bei dieser Methode ist ein gewisses vorbereitendes Training erforderlich, um Fehlinterpretationen zu vermeiden. Beim Kommissionieren Pick-by-Vision trägt der Kommissionierer eine mit den DV-System verbundene Datenbrille, die ihm den Weg zum Artikel weist. Je nach Ausstattung der Datenbrille können auch akustische Informationen übertragen werden. Die Methode Pick-by-RFID ermöglicht eine kontaktlose Identifikation; setzt aber das Vorhandensein eines RFID-Transponders, entweder am betreffenden Artikel, an der Verpackung des Artikels oder am Lagergestell bzw. dem Lagerbehälter voraus. Bei der Methode Pick-and-Pack werden die betreffenden Artikel direkt vom Lager zum Versand gebracht.

Bei einer automatischen Kommissionierung Pick-by-Robot können die benötigten Artikel in der benötigten Menge von einem intelligenten Regalbediengerät im Kommissionierlager identifiziert, selektiert und zum Bereitstellungsbereich transportiert werden. Automatische Kommissionierlager arbeiten in der Regel mannlos. Enthält das Kommissionierlager Bauteile für eine Losgröße-1-Fertigung, so sind diese mit einem Barcode-Aufkleber ausgestattet und können identifiziert werden. Die Einlagerung der Teile erfolgt mit den konkreten Angaben, z. B. die Nummer des Fertigungsauftrages, die Bezeichnung der Fertigungsroute und die Teilenummer. Auch zeitlich versetzt bearbeitete Teile eines Auftrages können somit wieder zusammengeführt und als kompletter Auftrag weiterbearbeitet werden. Das Handling zum Ein- und Auslagern der Kommissionierteile übernimmt ein Gelenkarmroboter. Mit speziell ausgestatteten Greifern können die Bauteile schonend transportiert werden (vgl. Bild 4.42).

Bild 4.42 Beschickung und Entnahme von Bauteilen eines Puffers durch einen Gelenkarmroboter (mit freundlicher Unterstützung der Fa. Sachsenküchen, Dippoldiswalde)

4.5 Montageprozesse

4.5.1 Einordnung der Montageprozesse im Unternehmen

Im Rahmen der Fertigungsprozesse der Unternehmen entsteht eine Vielzahl von Einzelteilen. Diese Einzelteile können entweder als solche verkauft werden oder aber im Rahmen von planmäßigen Montageaufträgen zu Produkten höherer Komplexität und vorgegebener Funktionen zusammengesetzt werden. Der Endkunde kann ein Möbel beim Hersteller oder beim Fachhandel kaufen (vgl. Bild 4.43).

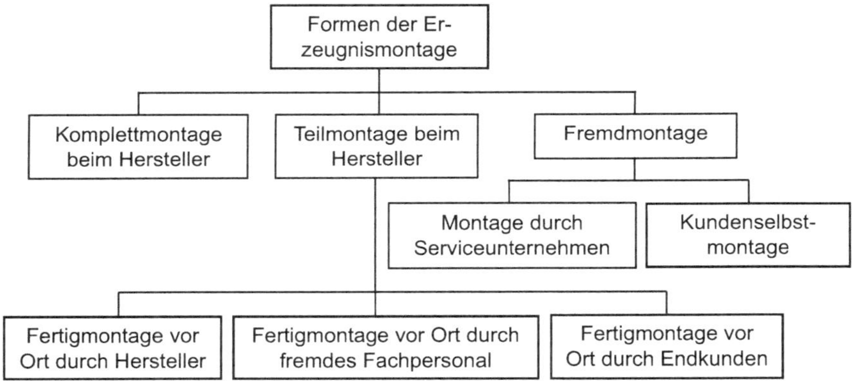

Bild 4.43 Formen der Erzeugnismontage

Möbel können als komplett oder teilmontierte Erzeugnisse verkauft werden. Es ist aber auch möglich, Selbstmontagemöbel zu kaufen. Mit dem Kauf von Möbeln sind auch der Transport und die Aufstellung verbunden. Bestimmte Erzeugnisse werden als teilmontierte Möbel geliefert und anschließend am Aufstellort fertigmontiert. Für die nachfolgenden Ausführungen wird von einer Hersteller-Komplettmontage ausgegangen.

Prozessbeschreibung

Unter der Bezeichnung Montieren werden alle Vorgänge und Tätigkeiten zusammengefasst, die beim Zusammenbau geometrisch bestimmter Körper zu Baugruppen und Erzeugnissen notwendig sind. Das Montieren beinhaltet nach [DIN 8593-0] Fügeprozesse, Werkstückhandhabungsprozesse sowie Mess- und Prüfvorgänge. Montageprozesse finden i. d. R. im Anschluss an die Bearbeitungsprozesse statt. In Abhängigkeit vom Charakter der hergestellten Produkte kann eine Fertigmontage oder eine Teilmontage vorgesehen sein. Bei Selbstmontagemöbeln findet keine Montage beim Hersteller statt.

Bei einer Fertigmontage wird ein Erzeugnis vereinbarungsgemäß fertig montiert und einer Endkontrolle unterzogen. Bei bestimmten Erzeugnissen erfolgt beim Hersteller nur eine Teilmontage und die Fertigmontage erfolgt zu einem anderen Zeitpunkt an der Verwendungsstelle. Die Gründe für eine Teilmontage können in den Transport- und Zugangsbedingungen liegen. Ebenso können technische Geräte zeitversetzt in gelieferte Möbel integriert werden und dann damit fertig montiert sein.

Bei sogenannten Selbstmontagemöbeln werden die Bestandteile des Produktes als Einzelteile verpackt bzw. als Set geliefert. Die Montage der Einzelteile zu einem Möbel führt der Käufer in Eigenregie aus oder durch beauftragte Firmen bzw. Personen. Eine Kundenselbstmontage setzt voraus, dass der Kunde in der Lage ist, die Montage mit den ihm zur Verfügung stehenden Werkzeugen und Montagehinweisen auszuführen.

Prozesseingangsgrößen

Der Umfang der Montage wird in erheblichem Maß durch die Erzeugnisgliederung beeinflusst. Ausgehend von der Erzeugnisgliederung lassen sich Erzeugnisse, Baugruppen und Einzelteile bestimmen. Als Einzelteil wird ein nicht demontierbarer Gegenstand bezeichnet, der nicht zerstörungsfrei zerlegbar ist und nach einem bestimmten Arbeitsplan gefertigt wurde.

In der ersten Montagestufe werden Einzelteile miteinander zu einer Baugruppe verbunden. Die Einzelteile sind i. d. R. in ihrer Qualität geprüft. Zum Beginn einer Montage liegen die benötigten Einzelteile in Menge und Qualität am Montageort bereit. Zur Montage liegen entsprechende Arbeitsanweisungen vor. In den Arbeitsanweisungen sind die Montageteile, die Reihenfolge der Montageschritte sowie die verwendeten Werkzeuge, Verbindungs- und Hilfsmittel benannt.

Prozessausgangsgrößen

Am Ende des Gesamtmontageprozesses liegt ein planmäßig produziertes, vollständiges und funktional geprüftes Erzeugnis vor. Ein Erzeugnis, eigentlich ein Fertigerzeugnis, ist ein durch Produktion entstandener gebrauchsfähiger bzw. verkaufsfähiger Gegenstand. Als unfertiges Erzeugnis kann ein Erzeugnis bezeichnet werden, dass nach seiner Herstellung an Dritte verkauft wird, um zu einem späteren Zeitpunkt fertiggestellt zu werden. Im Anschluss an die Endmontage erfolgen die funktionalen Prüfungen und Vollständigkeitsprüfungen.

Prozessstufen

Eine Montage kann in Vormontage und Endmontage unterschieden werden. Als Endmontage soll in diesem Zusammenhang das planmäßige Ende der Montage beim Hersteller gelten (vgl. Bild 4.44).

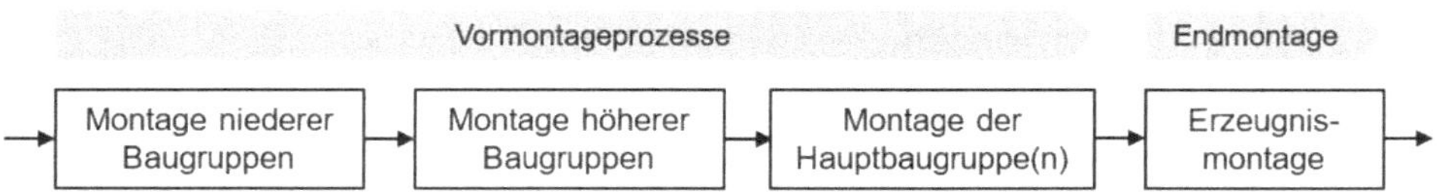

Bild 4.44 Gliederung des Gesamtmontageprozesses

Zur genaueren Spezifikation kann die Vormontage in drei Teilprozesse untergliedert werden. Bei einer Vormontage können einfache, aus wenigen Teilen bestehende Baugruppen montiert werden. Vorzugsweise entstehen niedere Baugruppen. Die vormontierten Baugruppen können außerhalb der eigentlichen Montage erzeugt und dann bei Bedarf in die Montageprozesse eingeschleust werden. Typische Baugruppen für Vormontagen sind z. B. Schubkästen und Schrankinnenausstattungen.

In einer ersten Prozessstufe sind alle im Erzeugnis benötigten Teile, z. B. die Eigenfertigungsteile, die Fremdfertigungsteile, die Kaufteile und die Normteile sowie die Hilfsstoffe und Fertigungsmittel am Montageort bereitzustellen. Zur Abfolge der Montage liegen ein Montageauftrag und Montageanweisungen vor.

Mit dem Beginn der Montage werden in der zweiten Prozessstufe Baugruppen montiert. Als Baugruppe wird ein in sich geschlossener, aus zwei oder mehr Teilen oder Baugruppen bestehender Gegenstand bezeichnet, der in der Regel wieder zerlegbar ist. Baugruppen lassen sich hinsichtlich ihrer Komplexität in niedere Baugruppen, d. h. eine nur aus Einzelteilen bestehende Baugruppe, und höhere Baugruppen unterscheiden. Höhere Baugruppen können aber auch aus anderen höheren Baugruppen und/oder niederen Baugruppen sowie Einzelteilen bestehen. Bei der Erzeugnisgliederung sollten die strukturellen Zugehörigkeiten zu Baugruppen und die damit verbundenen Montageabfolgen unbedingt beachtet werden. Unfertige bzw. teilmontierte Baugruppen sollten unbedingt vor ihrer Weiterverarbeitung komplett geprüft werden.

In einer dritten Prozessstufe können Hauptbaugruppen montiert werden. Eine Hauptbaugruppe ist eine i. d. R. höhere Baugruppe, die für die Konstruktion bzw. die Funktion eines Produktes eine grundlegend höhere Bedeutung besitzt. Eine als Hauptbaugruppe bezeichnete Baugruppe besitzt i. d. R. Verbindungen zu allen anderen Baugruppen und Einzelteilen des Erzeugnisses. Nach der Montage einer Hauptbaugruppe ist das ordnungsgemäße Zusammenwirken der Hauptbaugruppe mit den anderen Baugruppen zu prüfen. Bei im Wesentlichen gleichrangigen Baugruppen, d. h. ohne Hauptbaugruppe, kann diese Stufe übersprungen werden.

In der vierten Prozessstufe erfolgt dann die Erzeugnismontage. Da der Begriff Erzeugnis keine Aussage trifft, ob darunter ein Einzelerzeugnis oder mehrere miteinander verbundene Einzelerzeugnisse zu verstehen sind, soll der Begriff Erzeugnis erweitert werden. Ein Einzelerzeugnis ist ein gebrauchsfähiger und verkaufsfähiger Gegenstand, der aus Baugruppen und Einzelteilen besteht. Eine Erzeugnisgruppe besteht aus mehreren Einzelerzeugnissen, die miteinander i. d. R. lösbar verbunden sind.

4.5.2 Anforderungen an die Bildung von Baugruppen für Korpusmöbel

Nach HESSE bestehen folgende konstruktive Anforderungen für die Baugruppenbildung:

„1. Der gesamte Montageumfang muss durch entsprechende Baugruppenbildung in überschaubare Abschnitte untergliedert werden. So weit wie möglich, sollten in der Endmontage nur noch vorgeprüfte Baugruppen montiert werden.

2. Eine Baugruppe soll in sich so stabil sein, dass die weitere Handhabung der Baugruppe wie bei einem Einzelteil erfolgen kann.

3. Jede Baugruppe sollte möglichst wenige Verbindungen (mechanisch, elektrisch, elektronisch usw.) mit anderen Baugruppen aufweisen.

4. Variantenabhängige Baugruppen sollten nicht mit variantenneutralen Baugruppen zusammengefasst werden und möglichst gleiche Einbaubedingungen aufweisen.“[27]

Erzeugnisgliederung eines Korpusmöbels

Für die Beschreibung der Erzeugnisgliederung eines Korpusmöbels soll ein einzeln stehender zweitüriger Garderobenschrank verwendet werden. Dieser Schrank hat im Inneren zwei feste Konstruktionsböden und einen verstellbaren Einlegboden (vgl. Bild 4.7). Ein Schrank lässt sich damit funktional in folgende Bereiche gliedern.

- Korpus als Tragstruktur des Möbels, bestehend aus Seiten, Böden, der Rückwand und den Verbindungsmitteln,
- Möbelfronten als öffnungsschließende Elemente zur Nutzerseite, z. B. Türen, Klappen und Blenden,
- Spezielle Innenelemente und Innenausstattungen,
- Spezielle Aufbewahrungsbereiche im Inneren des Korpus, z. B. Schubkästen und Auszüge,
- Aufstell- und Befestigungseinrichtungen zur Fixierung des Möbels auf dem Fußboden und an der Wand sowie
- Optische Anpassung an das Bauwerk, z. B. durch Abdeckplatten, Passleisten und Blenden.

Auf der Basis des Beispielmöbels in Bild 4.7 soll die Strukturierung der Baugruppen erläutert werden. Der Korpus stellt eine Baugruppe dar. Gemäß der obigen Ausführung wird der Korpus als Hauptbaugruppe festgelegt. Der Korpus besteht aus den beiden Außenseiten, dem oberen und dem unteren Boden, den Konstruktionsböden,

[27] HESSE in [LOT 2012], S. 20

der Sockelblende sowie der Rückwand. Die Verbindungen zwischen den Böden, der Sockelblende und den Seiten kann über eingeklebte Dübel erfolgen. Das Einkleben der Dübel findet während der konstruktiven Bearbeitung statt. Durch die unlösbare Verbindung zwischen Dübeln und Böden bzw. der Blende bleiben diese Teile Einzelteile bzw. Zusammenbauten. Auf den beiden Außenseiten werden auf den innenliegenden Breitflächen die Montageplatten aufgeschraubt, an denen die Türen befestigt sind. Der Schrank steht auf den Korpusseiten. Am Ober- und Unterboden können Beschläge für die Zuhaltung der Türen angebracht sein; diese Beschläge bleiben hier unberücksichtigt. Neben dem Abschluss des Korpus zur Wand hat eine Rückwand auch die Aufgabe, den Korpus zu stabilisieren. Rückwände können ein- und mehrteilig sein. Im betrachteten Beispiel ist die Rückwand ein Einzelteil. Nach vorn kann der Schrank durch zwei Drehtüren verschlossen werden. Die Drehtüren sind aufschlagend und haben auf der Außenseite, d. h. der Sichtseite, Griffe zum Öffnen bzw. Schließen. An der Innenseite der Türen werden die Topfbeschläge befestigt.

Damit lässt sich folgende Struktur beschreiben. Der Möbelkorpus kann als Hauptbaugruppe festgelegt werden. Der Möbelkorpus besteht aus den Baugruppen linke und rechte Außenseite sowie den Teilen Konstruktionsboden, Rückwand, Sockelblende und Ober- bzw. Unterboden. Die beiden Türen stellen ebenso Baugruppen dar. In der Darstellung als Gozinto-Graph lässt sich eine Erzeugnisstruktur erkennen, die für die Montageplanung verwendet werden kann. Der Gozinto-Graph ist ein gerichteter Graph, der beschreibt, aus welchen Teilen sich ein Erzeugnis zusammensetzt. Der Gozinto-Graph stellt einen Teileverwendungsnachweis dar, d. h. das Gegenteil zu einer Stückliste. Der Graph wird aus Pfeilen, Knotenpunkten und Mengenangaben gebildet. Die Pfeile geben die Richtung des Teileflusses an. Mit den Zahlenangaben werden die Mengen der verwendeten Teile angegeben. Üblicherweise werden die Knoten als nummerierte Kreise angegeben. In der Darstellung in Bild 4.45 sind die Knoten rechteckig dargestellt und mit der Bezeichnung und der Identnummer versehen. Für die Korpusmontage kann folgender Graph erstellt werden (vgl. Bild 4.45).

Für die Darstellung im Buchformat wurde der Graph in zwei Teile zerlegt und getrennt in Bild 4.45 und Bild 4.46 abgebildet. Parallel zur Korpusmontage erfolgt die Montage der Baugruppen linke und rechte Tür mit der Befestigung der Topfscharniere und dem Schließsystem. Zur Erzeugnismontage werden die Türen am Korpus befestigt. In Bild 4.46 ist die Befestigung der Bügelgriffe als Montageoperation dargestellt. Griffbeschläge können aber aus Gründen der Transportsicherheit am endgültigen Aufstellort montiert werden. Die Bodenträger für den Einlegeboden können als Beschlagbeutel beigefügt werden (vgl. Bild 4.46).

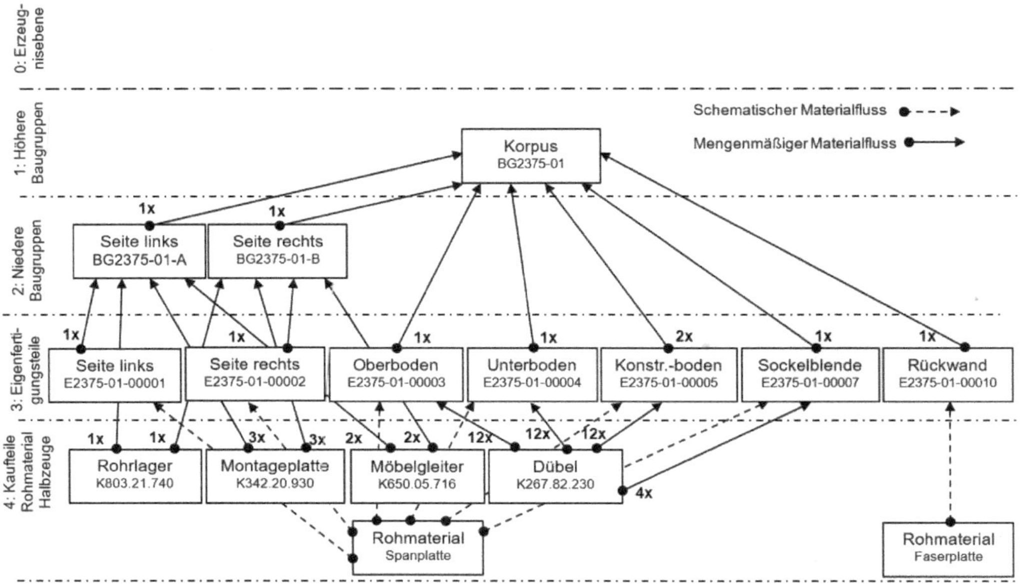

Bild 4.45 Gozinto-Graph für die Hauptbaugruppe Korpus

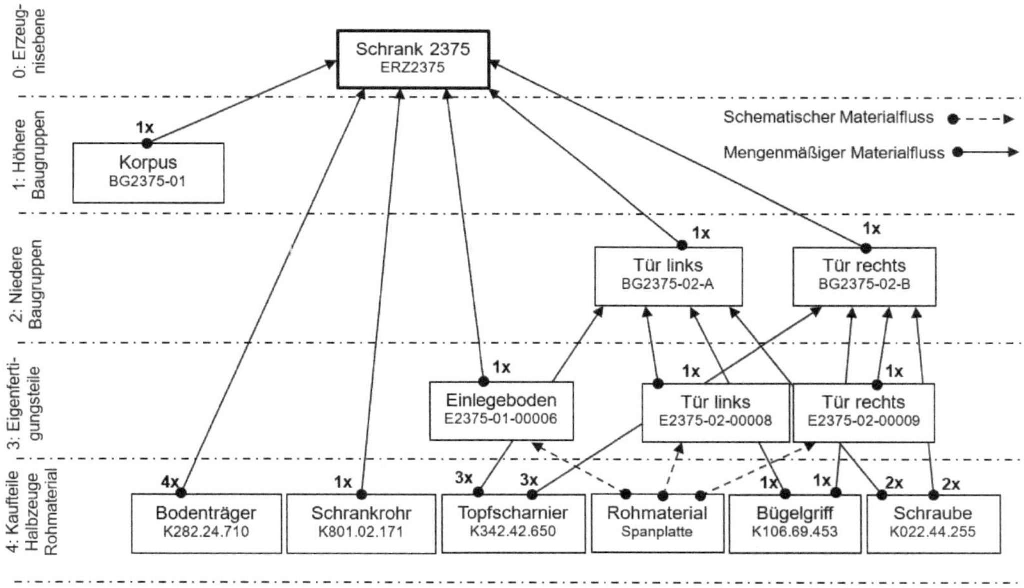

Bild 4.46 Gozinto-Graph für die Endmontage

4.5.3 Montageorganisationsformen

Für die Planung und Durchführung von Montageprozessen ist eine geeignete Organisationsform zu wählen und hinsichtlich ihrer Eignung zu bewerten. Die Montageorganisationsform bildet das Grundprinzip des Montageprozesses ab. Ausgehend von den räumlichen Gegebenheiten und der Anordnung der Arbeitsplätze sowie der Betriebsmittel werden die Bewegungsabläufe von Material und Personal definiert. Zwischen den Organisationstypen der Fertigung, vgl. Bild 3.3 und der Montage bestehen starke Ähnlichkeiten. Im nachfolgenden Bild wurde als erstes Kriterium nach dem Funktionsprinzip und dem Objektprinzip unterschieden (vgl. Bild 4.47).

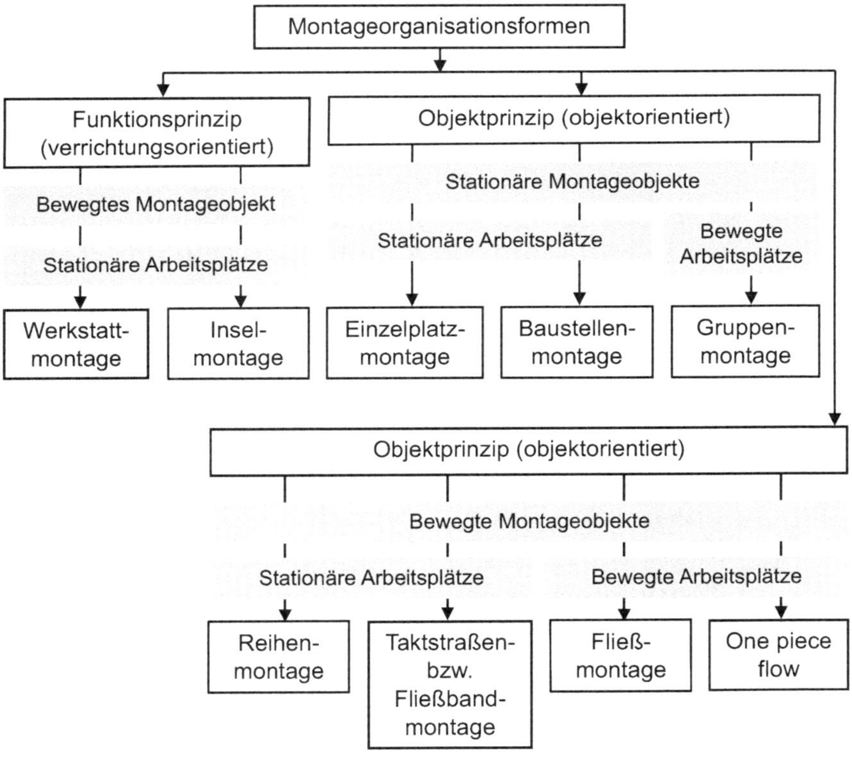

Bild 4.47 Übersicht der Montageorganisationsformen[28]

Beim Funktionsprinzip werden an einem definierten Arbeitsplatz gleichartige Tätigkeiten an verschiedenen Montageobjekten ausgeführt. Dieses Prinzip ist typisch für eine Werkstattmontage bzw. eine Montage in einer Fertigungsinsel. Beim Objektprinzip sind die Arbeitsbereiche nach der Abfolge der Montageschritte angeordnet. Hin-

[28] In Anlehnung an [EVE 1989], S. 176 ff., und [WES 2006], S. 214, sowie [LAT 2020], S. 1

sichtlich der Bewegungscharakteristik bewegen sich bei der Werkstatt-, der Insel-, der Reihen- und der Taktstraßenmontage die Montageobjekte durch verschiedene stationäre Arbeitsplätze. Bei einer Fließmontage und dem One-piece-flow bewegen sich sowohl die Montageobjekte als auch die Arbeitsplätze. Bei der Einzelplatz- und der Baustellenmontage sind sowohl das Montageobjekt als auch die Arbeitsplätze stationär. Bei der Gruppenmontage sind die Montageobjekte stationär, aber die Arbeitsplätze beweglich. Bei Reihenmontage, der Taktstraßen- und der Fließmontage besteht eine Bewegungsrichtung im geplanten Montageablauf. Bei der Gruppenmontage kann die Bewegungsrichtung unterschiedlich sein.

Erläuterungen zu den Organisationsformen

Bei einer Werkstattmontage sind die Montagearbeitsplätze für gleiche Montageoperationen an verschiedenen Produkten räumlich zu einer Werkstatt zusammengefasst. Bei einer Werkstattmontage durchlaufen die Montageobjekte gemäß dem Arbeitsplan die einzelnen Werkstätten. Montageobjekte können dabei bestimmte Werkstätten mehrmals durchlaufen, müssen dafür aber andere Werkstätten nicht durchlaufen.

Nach RICHTER[29] besteht eine Montageinsel aus mehreren räumlich gruppierten Montagearbeitsplätzen, bei denen alle erforderlichen Betriebsmittel und Arbeitsplatzausstattungen vorhanden sind. Einer Montageinsel können verschiedene Montageaufgaben zugeordnet werden, z. B. Vormontagen und Endmontagen ähnlicher Produkte bzw. Produktfamilien. Bei der Inselmontage wird eine möglichst vollständige Montage angestrebt. Innerhalb der Insel wird ein gerichteter Fluss der Montageobjekte realisiert, i. d. R. ohne Verkettung oder Zeittaktung. Die einzelnen Montageoperationen in der Montageinsel können parallel zueinander oder seriell nacheinander ablaufen. Eine Montageinsel kann auch als eigenständiger, struktureller Arbeitsbereich mit Selbstorganisation fungieren.

Bei der Einzelplatzmontage wird an einem Montageplatz eine komplette Montageaufgabe von einer Arbeitskraft ausgeführt. Alle zur Durchführung der Montageaufgabe benötigten Betriebsmittel müssen am Montagearbeitsplatz verfügbar sein und alle Montageteile müssen an diesem Platz bereitstehen. Bei umfangreichen Montageaufgaben mit einer großen Anzahl der Montageschritte und/oder hohen Montageleistungen, durch z. B. hohe Stückzahlen montierter Baugruppen bzw. Erzeugnisse müssen die dazu erforderlichen Montagearbeitsplätze mit den notwendigen Betriebsmitteln und Arbeitsplatzausstattungen verfügbar sein. Die Anordnung der Montagearbeitsplätze erfolgt i. d. R. parallel zueinander.

Bei der Gruppenmontage arbeiten mehrere Mitarbeiter gemeinsam an der Montageaufgabe. Die Montageobjekte sind dabei stationär, während die Arbeitsplätze beweglich sind durch den Wechsel der Arbeitsplätze zwischen den einzelnen Montage-

[29] Nach RICHTER in [LOT 2012], S. 103 ff.

objekten. Die Organisation der Aufgabenverteilung und der zeitlichen Abläufe erfolgt innerhalb der Gruppe.

Bei einer Reihenmontage sind die zur Montage benötigten Betriebsmittel und Arbeitsplätze in der Reihenfolge der einzelnen Montageoperationen angeordnet. Zwischen den einzelnen Arbeitsplätzen findet im Allgemeinen keine zeitliche Abstimmung statt. Der Weitertransport der Montageobjekte zur nächsten Montagestation erfolgt i. d. R. schubweise.

Bei der Fließband- bzw. Taktstraßenmontage sind die einzelnen Montagestationen nach der technologischen Abfolge der Montageoperation angeordnet. Bei der Montage wird das Montageobjekt nach dem Fließprinzip an den Montagestationen mit einer gerichteten Bewegung vorbeigeführt und bearbeitet. Bei einer Fließbandmontage ist die Bewegung des Montageobjektes kontinuierlich; bei einer Taktstraßenmontage erfolgt die Bewegung taktweise.

Bei einer Fließmontage wird das bewegte Montageobjekt von der ausführenden Arbeitsperson synchron über einen definierten Bereich, z. B. bestimmte Bandabschnitte oder Montagestationen, begleitet und dabei bearbeitet. Nach Ausführung der Montagearbeiten kehrt die Arbeitsperson in ihre Ausgangsposition zurück.

Bei einer Einzelstück-Fließmontage (One-piece-flow-Montage) handelt es sich um eine Kombination von Einzelplatzmontage und Fließmontage. Die Arbeitsperson führt eine Montageoperation am Montageobjekt aus und bewegt sich danach mit dem Montageobjekt zur nächsten Montagestation. An jeder einzelnen Montagestation befinden sich die notwendigen Betriebsmittel und Arbeitsausstattungen für die jeweilige Operation. Bei Erzeugnissen, die aus vielen Teilen und Produktvarianten bestehen, kann sich am Montagearbeitsplatz bei verbrauchsnaher Bereitstellung zahlreicher unterschiedlicher Einzelteile und Werkzeuge Platzmangel einstellen. Durch diesen Platzmangel verlängern sich die Bearbeitungszeiten und es können sich Fehler einschleichen. Das Prinzip des One-piece-flow wird auch als bestandsminimale Versorgung der Montageeinrichtung bezeichnet.

4.5.4 Planung und Gestaltung von Montageprozessen

Nach VDI 5200 ist eine Planung die „... gedankliche Vorwegnahme eines angestrebten Ergebnisses einschließlich der zur Erreichung als erforderlich erachteten Handlungsabfolge“[30]. Die Montageplanung ist ebenso wie die Fertigungsplanung ein Element der Betriebsplanung. Bei der Montageplanung stehen dabei die Fügeprozesse, vgl. Abschnitt 2.5, und die Prozesse des Teilehandling im Mittelpunkt. Bei der Planung ist es üblich, nach einer Grobplanung eine detailliertere Feinplanung durchzuführen. In der Grobplanung werden die verschiedenen Produktionsabläufe ermittelt, bewertet

[30] [VDI 5200-1], S. 4

und miteinander verglichen. Für die Vorzugsvariante erfolgt dann eine Feinplanung. Mitunter existieren noch Alternativvarianten, bei denen eine Detaillierung u. U. angebracht ist. In der Feinplanung werden Bearbeitungszeiten und Stückzahlen zugrunde gelegt, um die technischen Anforderungen an die Betriebsmittel und das bearbeitete Material zu bestimmen. In diesem Zusammenhang ist die informationstechnische Einbindung der Betriebsmittel und der Arbeitsplätze und Art und Umfang festzulegen sowie die bereitzustellenden Prozessdaten zu definieren. Nach BULLINGER wird eine montagegerechte Produktentwicklung „... durch die Strukturierung, Reduzierung, Vereinheitlichung und Vereinfachung von Montageoperationen realisiert. Ziele sind die Reduzierung der Montageaufwände und Vereinfachung der Montage durch Verbesserung des Montageablaufs sowie Sicherung der Produktqualität durch eine eindeutige und kontrollierbare Montage.“[31] Eine Montageplanung lässt sich somit in die Phasen der Konzeption, der Ablaufplanung, des Montagesystementwurfs, der Ausarbeitung, Realisierung und der Inbetriebsetzung strukturieren.

„Die Planungsdaten und -ziele werden in der Konzeptionsphase erhoben und bestimmt. In der darauffolgenden Ablaufplanung werden die Produkte strukturiert und eine Montageablaufstruktur ermittelt. Die Planungsphase des Montagesystementwurfs verfolgt u. a. die Systemanordnung; in den darauffolgenden Planungsphasen wird darauf aufbauend die Grobplanung weiter detailliert und in die Feinplanung überführt, sodass eine Realisierung der Planungsergebnisse stattfinden kann. Die anschließende Betriebsphase kann dann der Montagesteuerung zugeordnet werden.“[32]

Anwendung der Methode der morphologischen Analyse auf die Montageplanung

„Fast kein reales Montagesystem gleicht dem anderen und dennoch wird aus Ordnungsgründen gerne versucht, Montagesysteme zu typisieren. Dazu werden Kriterien benötigt, über die sich Montagesysteme in Typen oder Klassen einteilen und differenzieren lassen ...“[33] In der Literatur wird darauf verwiesen, dass sich die betrachteten Merkmale auf „... wichtige Kriterien beziehen ... (z. B.) ...auf Montageaufgabe und -objekte, Montageprozess und die Arbeitsteilung zwischen Beschäftigten und Betriebsmitteln. Dabei sind die Kriterien nicht unabhängig voneinander. So werden etwa der Einsatz von Montagetechnik (Betriebsmittel) und die Gestaltung des Montageprozesses in hohem Maße von den Sachzielen des Montagesystems, der Montageaufgabe, bestimmt. Auch hängen Kriterien der Montageprozessgestaltung wiederum eng mit dem Technikeinsatz zusammen.“[34]

---

31 [BUL 2009], S. 237

32 [KÜB 2017], S. 29

33 [HIN 2020], S. 9 ff.

34 [HIN 2020], S. 10

Ausgehend von einer morphologischen Analyse, vgl. Abschnitt 4.2.1.4, ist im nachfolgenden Bild ein morphologischer Kasten für die Montageplanung abgebildet (vgl. Bild 4.48).

	Merkmale	Ausprägungen der Merkmale			
Montageaufgabe und Montageobjekte	Wiederholhäufigkeit von Montageoperationen	Einzelmontage	Serienmontage	Massenmontage	
	Unterschiedlichkeit der Erzeugnisse	Einproduktmontage		Varianten-/Mehrproduktmontage	
	Komplexität der montierten Erzeugnisse	Einzelteilmontage	Baugruppenmontage	Erzeugnismontage	Montage von Erzeugnisgruppen
	Beweglichkeit der Montageobjekte	Ortsfest		Beweglich	
Montageprozess	Ablauflogik des Montageprozesses	Satzweise		Stückweise	
	Weitergabe der beweglichen Montageobjekte	Ohne Werkstückträger		Mit Werkstückträger	
	Zeitliche Bindung der beweglichen Montageobjekte	Zeitlich ungebunden		Zeitlich gebunden	
	Art der zeitlichen Bindung der beweglichen Objekte	Bedarfsgesteuerte Bewegung des Montageobjektes	Kontinuierlich bewegtes Montageobjekt	In einem Takt bewegtes Montageobjekt	
Arbeitsteilung zwischen Beschäftigten und Betriebsmitteln	Automatisierungsgrad des Montagesystems	Manuell	Teilautomatisch	Vollautomatisch	
	Typen von manuellen Montagesystemen	Einzelarbeitsplatz	Steh-Geh-Linie	Montagelinie	Diverse Sonderformen
	Typen von vollautomatischen Montagesystemen	Rundtransferautomat	Längstransferautomat	Roboterzelle	Robotermontagelinie

Bild 4.48 Morphologischer Kasten nach BORNEWASSER und HINRICHSEN[35)]

Die Merkmale sind in drei Merkmalsgruppen angeordnet. In der ersten Merkmalsgruppe sind die Montageaufgabe und die Montageobjekte enthalten. Hier ist anzumerken, dass zwischen der Wiederholhäufigkeit der Montageoperationen und der

[35] Nach [HIN 2020], S. 10 ff.

Unterschiedlichkeit der Erzeugnisse gewisse Entsprechungen bestehen. Bei der Komplexität der Erzeugnisse kann in Einzelteile, Baugruppen, Erzeugnisse und Gruppen von Erzeugnissen, z. B. mehrteilige Systemmöbel, unterschieden werden. Für die konkrete Betrachtung einer Montagelösung ist das Resultat der Montageprozesse maßgebend. Im vierten Merkmal der Eigenschaftsgruppe wird die Unterscheidung zwischen ortsfestem und beweglichem Montageobjekt vorgenommen. In Verbindung mit Bild 4.47 ergeben sich aus diesen Zuordnungen die Organisationsformen der Montage. Bei einer satzweisen Montage befindet sich am Montagearbeitsplatz ein Satz gleicher Teile, z. B. die Teile eines Fertigungsloses. Nachfolgend wird an allen Teilen nacheinander der gleiche Montageschritt ausgeführt. Erst wenn alle Teile durch diesen Montageschritt bearbeitet sind, wird der nächste Montageschritt an den Teilen ausgeführt. Bei einer stückweisen Montage werden am ersten Werkstück des Fertigungsloses alle Montageschritte gemäß der Montageplanung ausgeführt. Erst wenn alle Montageschritte ausgeführt sind, wird das nächste Werkstück bearbeitet.

Als „Steh-Geh-Linie" wird eine Montagelinie bezeichnet, bei der der Materialtransport teilweise beim Gehen und die Bearbeitung im Stehen an der Anlage vom Mitarbeiter durchgeführt wird. Der Materialfluss wird für die Montagelinie so geplant, dass möglichst keine ablaufbedingten Wartezeiten entstehen.

4.5.5 Planungsbeispiel für eine Korpusmöbelmontage

Grobstruktur

Bei einer Ablaufplanung im Bestand sind die Montagearbeitsplätze, deren Ausstattung, die Einbindung in das betriebliche Transport- und Datenverarbeitungssystem als gesetzte Größen vorgegeben. Es geht also darum, die notwendigen Montageoperationen inhaltlich, ablaufseitig und zeitlich zu bestimmen und mit dem betrieblichen Transportsystem zu koordinieren.

Ein Produktmontageprozess kann in ein oder mehrere Vormontageprozesse und in die Endmontage gegliedert werden. Eine Differenzierung kann mit zunehmender Komplexität der Baugruppen vorgenommen werden. Eine Vormontage möglichst vieler Baugruppen sollte angestrebt werden. Jede erstellte Baugruppe ist nach der Montage zu prüfen. In der Endmontage sollten nur noch vorgeprüfte Baugruppen montiert werden. Für die nachfolgenden Ausführungen werden folgende Strukturstufen festgelegt. In der Strukturstufe 4 werden die Prozesse der Beschaffung, des Einkaufs und des Wareneingangs zugrunde gelegt. In der Strukturstufe 3 findet die Herstellung der Eigenfertigungsteile statt. In der Strukturstufe 2 findet die Erzeugung der niederen Baugruppen statt. Die Strukturstufe 1 umfasst die Erzeugung der höheren Baugruppen. Der Strukturstufe 0 wird die Erzeugnisherstellung zugeordnet. Verwendet man die Gozinto-Graphen in Bild 4.45 und Bild 4.46 zur Beschreibung der Fertigungs- und Montageabläufe und ordnet ihm die Fertigungsebenen zu, wird eine Grobgliederung des Produktes ersichtlich und es lässt sich eine Grobstrukturierung der Montage erkennen.

Zur Reduktion des Montageaufwandes können während der konstruktiven Bearbeitung, vgl. Abschnitt 4.2.3, Maschinen eingesetzt werden, die neben den Bohraggregaten auch über Aggregate zum Dübeleintreiben verfügen, d. h. den Leimeintrag und das nachfolgende Einpressen der Dübel in die Bohrlöcher. In der klassischen Korpuskonstruktion werden die Korpus-Außenseiten und Ober- sowie Unterboden rechtwinklig miteinander verbunden. Bei fertigmontierten Erzeugnissen kann die Verbindung zwischen Seiten und Böden mittels eingeklebter Verbindungsdübel realisiert werden. Die Horizontalbohrungen zur Aufnahme der Dübel werden in die Bauteilquerschmalflächen eingebracht. Beim Konstruktionsprinzip der durchgehenden Seiten werden die Dübel in die Schmalflächen der Böden und der Breitflächen der Seiten eingebracht. Beim Konstruktionsprinzip der durchgehenden Böden und den dazwischenliegenden Seiten werden die Dübel in die Schmalflächen Seiten und in die Breitflächen der Böden eingebracht (vgl. Bild 4.49).

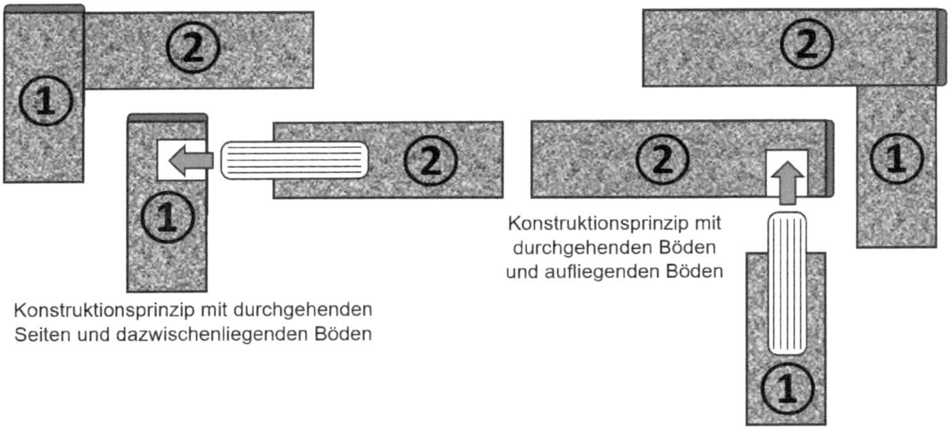

Bild 4.49 Dübeleckverbindungen zwischen Seiten und Böden
(1) Außenseite, (2) Ober- bzw. Unterboden

In diese Bohrungen werden anschließend die Dübel eingeklebt. Diese Bearbeitung wird branchentypisch als Dübeleintreiben bezeichnet. In der konstruktiven Bearbeitung werden in das formatierte Bauteil mittels Bohrautomaten Horizontal- und Vertikalbohrungen eingebracht. Derartige Maschinen können mit erweiterter Ausstattung auch eine Dübeleintreibstation besitzen, mit der die Dübel eingeklebt werden. Es ist aber auch möglich, in einem Fertigungsabschnitt, z. B. Nachbearbeitung der Halbfertigteile, mit speziell konfigurierten Dübeleintreibmaschinen die Verbindungsdübel einzukleben. Per Definition bleibt das betreffende Einzelteil, in das die Verbindungsmittel eingeklebt wurden, ein Teil, da es nicht zerstörungsfrei zerlegbar ist.

Feinstruktur

Unter Beachtung von Bild 4.46 und Bild 4.47 sind vier Baugruppen, d. h. beide Seiten und beide Türen sowie eine Hauptbaugruppe, zu montieren. Im Rahmen der ersten Vormontagestufe können die Seiten und Türen montiert werden (vgl. Bild 4.50).

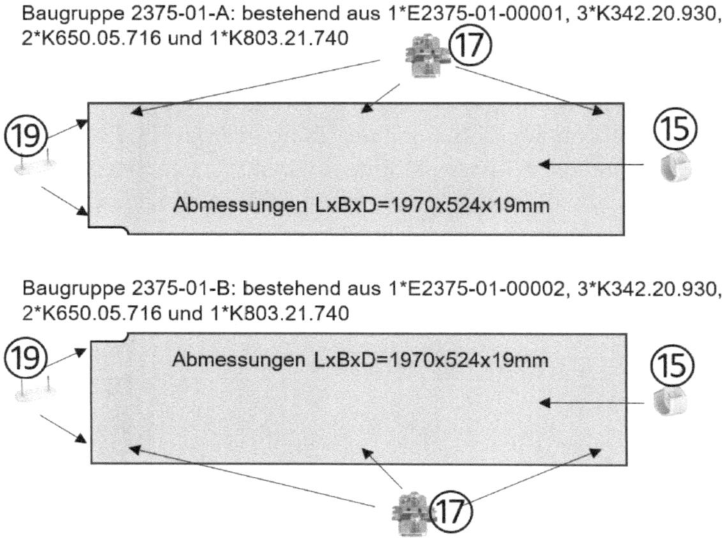

Bild 4.50 Vormontage der Baugruppen Seite-links und Seite-rechts

Es handelt sich dabei um einfache Fügeprozesse, z. B. Schrauben, Einpressen und Nageln, die u. a. mit handgeführten Werkzeugen ausgeführt werden können; die Positionen der Beschläge Nr. 15, 17 sind leicht erkennbar und sicher zu erreichen. Beim Befestigen der Möbelgleiter Nr. 19 ist eine sichere Positionierung und Ausrichtung gegeben. An den Schrankaußenseiten finden keine Bearbeitungen statt, sodass die Teile sicher gehandhabt werden können. Für diese Montagearbeiten ist eine Einzelplatzmontage vorteilhaft. Der Transport der Teile kann mit einem Gurtband oder einem Transportgestell, z. B. einer Corlette, erfolgen.

Die Montage der Türen als vollständige Baugruppe ist in der Vormontage mitunter nicht möglich, da sich dann auf beiden Breitseiten des Werkstückes montierte Beschläge befinden würden. Da bei der Endmontage die Türen in den Korpus eingehangen werden, sollten die Topfscharniere Nr. 16 bereits montiert sein (vgl. Bild 4.51).

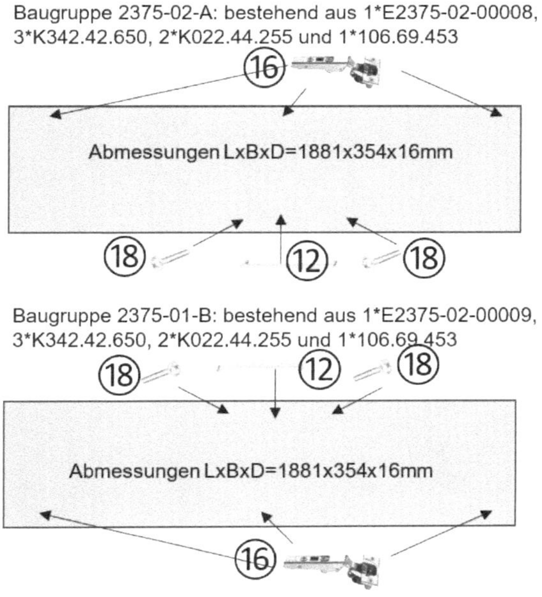

Bild 4.51 Vormontage der Baugruppen Tür-links und Tür-rechts

Sollten die Griffe bereits montiert sein, wäre es schwieriger, die montierten Baugruppen und wahrscheinlich auch das fertige Erzeugnis zu transportieren. Deshalb werden die Bügelgriffe Nr. 12 mit den dazugehörigen Schrauben Nr. 18 in einem Beschlagbeutel, gemeinsam mit den Bodenträgern, dem Schrank hinzugefügt. Die Montage dieser Beschläge kann später erfolgen. Die Montage der Topfscharniere kann in der Vormontage erfolgen. Auf den beiden Türinnenseiten werden die Topfscharniere befestigt. Die Position der Beschläge ist durch die Bohrungen definiert. Der Transport der Türen kann mit einem Gurtband oder einem Transportgestell erfolgen.

Da die Böden und die Sockelblende bereits nach dem Bohren mit Verbindungsdübeln ausgestattet wurden, sind keine weiteren Vormontagen notwendig.

Im nachfolgenden Montageschritt erfolgt die Montage der Hauptbaugruppe. Hochschränke werden üblicherweise liegend montiert und nach erfolgter Montage aufgerichtet. Bei der Korpusmontage müssen alle benötigten Baugruppen und Einzelteile in richtiger Montagereihenfolge zur Verarbeitung bereitstehen. Derartige Montagen finden i. d. R. auf Gurtbändern statt. Die Korpusmontage besteht aus zwei Teilprozessen, dem Zusammenstecken und Fixieren sowie dem Verpressen. Beim Zusammenstecken werden die mit Dübeln versehenen Ober- und Unterböden, Nr. 3 und Nr. 4, in die auf dem Band liegende Schrankseite Nr. 2 aufgesetzt (vgl. Bild 4.52). Anschließend wird die Rückwand Nr. 10 in den noch offenen Korpus eingesetzt.

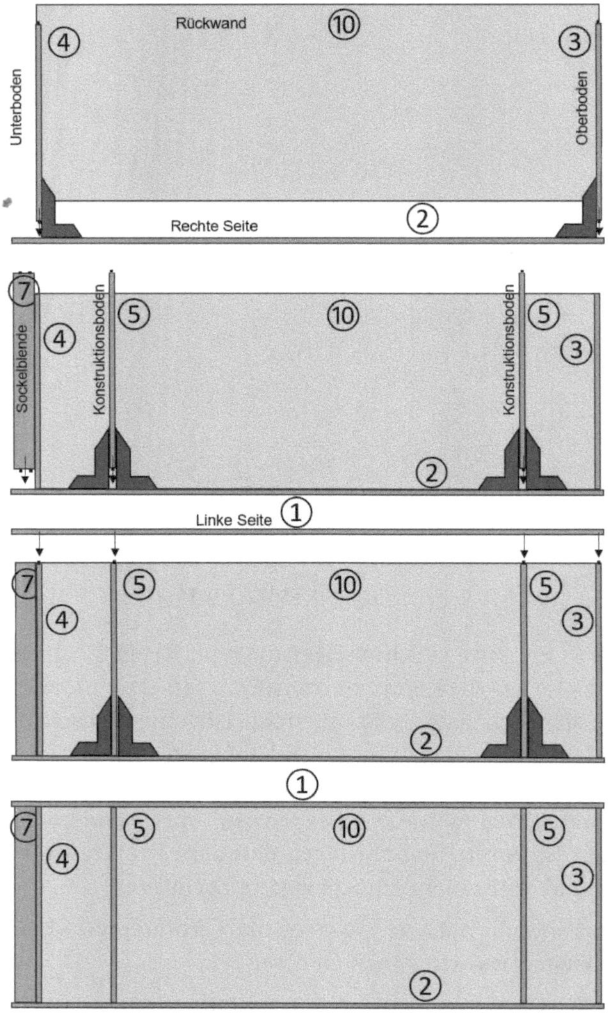

Bild 4.52
Teilprozesse beim Zusammensetzen des Möbelkorpus

In die Bohrungen für die Dübel auf der Schrankinnenseite wird eine bestimmte Menge Leim eingebracht. Die Montagepositionen und die Ausrichtung der Böden sind leicht erkennbar. Mit einfachen Hilfsmitteln, z. B. Winkelanschlägen, kann der rechte Winkel zwischen Seiten und Böden sichergestellt werden. Im Anschluss können die beiden Konstruktionsböden Nr. 5 und die Sockelblende Nr. 7 in die Schrankseite eingesetzt, ausgerichtet und fixiert werden. Abschließend wird an der noch fehlenden zweite Schrankseite Nr. 1 Leim in die Dübelbohrungen gegeben. Danach wird die vorbeleimte Seite auf den Korpus gesetzt und leicht angedrückt. Anschließend wird der zusammengesteckte Korpus in die Korpuspresse gefördert. Je nach Größe des Pressbereiches können die Korpusse stehend oder liegend verpresst werden. Weicht die Korpus-Ausrichtung zwischen dem Zusammenstecken und dem Verpressen voneinander ab, kann über eine Kippstation der Korpus in die Pressposition überführt werden. Je nach Ausstattung bzw. Funktionalität Pressen können die Werte der Korpusabmessungen aus der Pressen-Steuerung abgerufen bzw. können die Werte mittels Sensoren bestimmt und an die Steuerung übertragen werden. Die Werte der Korpusabmessungen werden für die Einstellung der Lamellen bzw. Press-Stempel benötigt. Beim Schließen der Presse bewegen sich die Lamellen bzw. Stempel im Eilgang und stellen sich auf die jeweiligen Korpusabmessungen, zuzüglich eines Aufmaßes, ein. Anschließend verfahren die Lamellen bzw. die Stempel im Schleichgang auf die Zielpositionen und beginnen den Pressvorgang. Die Einstellung der Presszeit und des Pressdruckes erfolgt über die Steuerung der Presse. Es lassen sich Durchlauf-Korpuspressen und Stationär-Korpuspressen mit manueller Beschickung unterscheiden. Durchlauf-Korpuspressen werden vorzugsweise in Fertigungs- bzw. automatisierten Montagelinien eingesetzt (vgl. Bild 4.53).

Bild 4.53 Durchlauf-Korpuspresse mit geschlossenen Pressstempeln (mit freundlicher Unterstützung der HOMAG Group AG)

Bei einer Durchlauf-Korpuspresse wird der Korpus auf einem Transportband zusammengesteckt und durch das Gurtband in die Presse bewegt. Nach dem Verpressen erfolgt i. d. R. der Abtransport auf dem Gurtband.

Bei einer Stationär-Korpuspresse wird der Korpus in unmittelbarer Nähe der Presse händisch, z. B. auf einem Vorstecktisch, zusammengesteckt und dann manuell in die Presse eingeschoben (vgl. Bild 4.54).

In der Pressposition angekommen, werden die Presslamellen, d. h. die durchgehenden Druckbalken, bzw. die Pressstempel positioniert. Die Lage der Kraftangriffspunkte am Korpus wird durch die Korpusabmessungen und das Konstruktionsprinzip des Korpus beeinflusst.

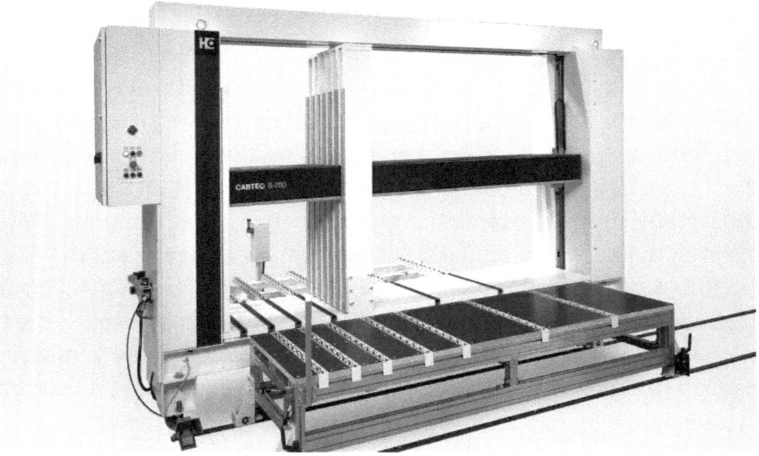

Bild 4.54 Stationär-Korpuspresse mit Drucklamellen und verschiebbarem Vorstecktisch (mit freundlicher Unterstützung der HOMAG Group AG)

Beim Beginn des Verpressens schließen die Korpuspressen mit langsamer Geschwindigkeit und geringem Pressdruck. Bei diesem Vorpressen werden die Teile in ihre Endposition gedrückt; bestimmte Teile können in dieser Position noch justiert bzw. fixiert werden, z. B. eine Verbindung der Rückwand zu den Konstruktionsböden. Nach dem Vorpressen erfolgt der eigentliche Pressvorgang des Korpus. Der Pressvorgang wird durch die Presszeit und Presskraft beeinflusst. Nach einer bzw. anderthalb Minuten sind die Dübel im Bohrloch gequollen, sodass sich eine Anfangsfestigkeit der Verbindungen herausgebildet hat und der Korpus eine Grundstabilität für den weiteren Transport hat.

Im Vergleich der vorher durchgeführten Montageschritte ist das Verpressen des Korpus der zeitintensivste Arbeitsgang. Für die Ablaufplanung können die einzelnen Montageschritte zeitlich erfasst und in einer Zeitlinie abgebildet werden. Die Montageschritte bzw. Montageoperationen können in ihren Reihenfolgen und mit ihren Zeitanteilen auf die vorhandenen Montagelinien übertragen und angepasst werden. Für die Korpusmontage sind meist mehrere, parallel angeordnete Gurtbänder bzw. Rollenbahnen vorhanden. Diese Parallelanordnung ermöglicht einen verzweigenden Teilestrom, entweder zur Differenzierung der Montageoperationen oder für einen erhöhten Teiledurchsatz. Innerhalb der Montagelinien können aufeinanderfolgende Montageoperationen seriell angeordnet werden. Die Baugruppen und Einzelteile werden an ihren Einsatzpunkten bereitgestellt und in den Teilestrom aufgenommen. Für weitere Informationen sei hier auf [MOT 2015] verwiesen.

Endmontage

Bei komplexen Erzeugnissen wird i. d. R. in einem mehrstufigen Montageprozess gearbeitet. In der Vormontage werden aus Einzelteilen niedere Baugruppen montiert. Baugruppen können mit weiteren Baugruppen und/oder Einzelteilen zu höheren Baugruppen montiert werden. Jede Baugruppe wird nach ihrer Montage geprüft. Es werden nur geprüfte und beanstandungsfreie Baugruppen weiterverarbeitet. Durch die schrittweise ablaufenden Montageprozesse nähert sich das technische Gebilde seinem Endzustand. Durch die Strukturierung in verschiedene Vormontageprozesse können die Montagezeit und der Montageaufwand verringert werden. Als letzte Vormontagestufe wird die Hauptbaugruppe montiert. Nach erfolgreicher Prüfung der Hauptbaugruppe ist die Endmontage anstehend.

4.6 Prozesse der Qualitätsprüfung

Nach HELMOLD steht der Begriff der Qualität für die Beschaffenheit oder für Eigenschaften eines Gegenstandes bzw. einer Leistung. „In der Wirtschaft bezeichnet Qualität den Wert oder die Güte einer Sach- oder Dienstleistung aus der Sicht des Anwenders ... Die Qualität eines Erzeugnisses ist der Grad seiner Eignung, dem Verwendungszweck zu genügen. Qualität ist im Einzelfall ein Gesamteindruck aus verschiedenen Teilqualitäten, so z. B. die funktionale Qualität, die technische Qualität, die Dauerqualität, die Ausführungsqualität und die Konzeptqualität. Der Qualitätsbegriff umfasst immer objektive und subjektive Merkmale, die für ein Produkt oder eine Dienstleistung ausschlaggebend sind“[36]. Nach PFEIFER und SCHMITT umfasst der Qualitätsbegriff mehrere, verschiedene Ansätze.

- „Der transzendente Ansatz beschreibt Qualität als immanente, absolute und erkennbare Größe ...
- Der produktbasierte Ansatz beschreibt Qualität als präzise und messbare Variable ...
- Beim kundenbasierten Ansatz liegt die Qualität im ‚Auge des Betrachters‘...
- Der herstellungsbasierte Ansatz fokussiert die Angebotsseite und stellt die Übereinstimmung von Anforderungen und Spezifikationen ... in den Vordergrund ...
- Der wertbasierte Ansatz beschreibt einen mehrdimensionalen Ansatz aus Kosten- und Preisfokussierung. Auf Kundenseite steht Qualität zu einem akzeptablen Preis, auf Herstellerseite Qualität bei akzeptablen Kosten.“[37]

---

[36] [HEL 2023], S. 3

[37] [PFE 2015], S. 20/21

Prozessbeschreibung

Die allgemeine Prüfplanung eines Unternehmens umfasst und definiert alle technischen und organisatorischen Maßnahmen und schafft somit die Voraussetzungen für die Ermittlung aussagekräftiger Mess- und Prüfergebnisse. Ein Unternehmen verfügt i. d. R. über einen Unternehmensprüfplan, in dem die Grundlagen der Prüfaktivitäten und die Ausführungen der Prüfungen geregelt sind. Die [DIN EN ISO 9001] beschreibt die Erfüllung der Kundenanforderungen als den Hauptschwerpunkt des Qualitätsmanagements.[38)] Des Weiteren wird in der ISO 9001 hervorgehoben, dass das Qualitätsmanagement eine systematische und geplante Herangehensweise an die Ermittlung und Erfüllung der von den Kunden gestellten Forderungen verlangt. Auf der Grundlage des Unternehmensprüfplanes werden abgeleitete, spezifische Prüfpläne für Strukturbereiche bzw. Fertigungsstufen erstellt. Bei den Prüfplänen der Fertigungsstufen werden im Wesentlichen der produktbezogene und herstellungsbezogene Ansatz verfolgt. Bei diesen Ansätzen ergibt sich die Qualität des Produktes aus der Erfüllung von allgemein festgelegten Anforderungen und Spezifikationsmerkmalen sowie Merkmalen, die in den Erzeugnisbeschreibungen, in den technischen Zeichnungen und den betrieblichen Prüfvorschriften enthalten sind. Derartige Prüfpläne enthalten die jeweiligen Prüfmethoden in Art und Umfang, die verwendeten Prüfgeräte, die vorgegebenen Prüfquoten, d. h. die Häufigkeit, die Soll-Werte und zulässigen Abweichungen, d. h. die Toleranzen. Weiterhin ist festgelegt, welche Objekte mit dem Prüfplan an welchem Arbeitsplatz und durch welche Mitarbeiter geprüft werden. Die Prüfplanung bezieht sich dabei nicht auf ein spezielles Messmittel, sondern betrachtet die Qualitätsmerkmale eines Bauteils bzw. Produktes im gesamten Fertigungszusammenhang. Darüber hinaus enthält der Prüfplan die Verhaltensweisen, wie bei Nichteinhaltung der zulässigen Abweichungen zu verfahren ist. Im Prüfplan sind bestimmte Randbedingungen festgelegt, so die Prozessfolgen und die jeweilige Prozessstufe, bei welcher der Prüfplan einsetzt, z. B. beim Wareneingang, bei der Einlagerung oder bei der Verarbeitung im Fertigungsprozess.

Auf der Basis des Prüfplanes werden einzelne, arbeitsplatzbezogenen Prüfanweisungen erstellt. Eine Prüfanweisung ist eine Arbeitsvorschrift, welche die notwendigen Prüfinhalte und die Vorgehensweise bei den Prüfungen beschreibt. Eine Prüfanweisung enthält die konkreten Prüfmerkmale, die für die einzelnen Prüfvorgänge verwendeten Prüfmittel und die Angabe des zu prüfenden Materials bzw. der Prüfwerkstücke.

Es lassen sich folgende Prüfungen unterscheiden, so die angeordnete Prüfung, die Selbstprüfung durch den Bearbeiter, die Prüfung ohne Prüfprotokoll und die Prüfung mit Prüfprotokoll. Angeordnete Prüfungen sind spezielle Prüfungen, die durchzuführen sind. Grundlagen dieser Prüfungen sind rechtliche, sicherheitstechnische oder administrative Festlegungen. Dazu zählen auch Prüfungen, die vom Kunden aus-

---

[38] [DIN EN ISO 9001], S. 48

drücklich verlangt werden. Derartige Prüfungen und deren Ergebnisse sind grundsätzlich zu protokollieren. Unter einer Mitarbeiterselbstprüfung ist eine Prüfung zu verstehen, die durch den Mitarbeiter im Bearbeitungsprozess selbst vorgenommen wird. Die Ergebnisse werden i. d. R. nicht protokolliert. Spezielle Prüfungen werden durch besonders geschulte bzw. qualifizierte Mitarbeiter einer von der Fertigung unabhängigen QM-Abteilung bzw. vom prüfberechtigten Personal durchgeführt.

Prozesseingangsgrößen

In Anhängigkeit von der konkreten Fertigungsstufe lassen sich Qualitätsprüfungen beim Wareneingang, bei der Einzelteil- und der Baugruppenprüfung sowie der Erzeugnisprüfung/Endkontrolle unterscheiden. Ausgehend von der jeweiligen Verarbeitungsstufe/Fertigungsstufe liegt ein zu prüfender Gegenstand vor, bei dem die in der Prüfanweisung festgelegten Merkmale durch festgelegte Prüfmethoden und Prüfmittel geprüft werden.

Prozessausgangsgrößen

Im Ergebnis einer maßlichen Prüfung bestimmter Merkmale werden die ermittelten Ist-Werte mit den Sollwerten und den dazugehörigen zulässigen Abweichungen verglichen. Im Ergebnis dieses Vergleiches ist das Prüfmerkmal entweder erfüllt oder nicht erfüllt. Bei Nichterfüllung kann der Grad der Abweichung von Interesse sein. Im Ergebnis einer nicht maßlichen Prüfung kann ein Prüfmerkmal als qualitativ erfüllt oder nicht erfüllt eingeschätzt werden. Bei Nichterfüllung des Merkmals ist zu entscheiden, ob das Prüfobjekt dauerhafte Mängel aufweist oder ob durch Nacharbeit die Mängel dauerhaft beseitigt werden. Im Ergebnis der Prüfung wird das Prüfobjekt als Gutteil, Nacharbeitsteil oder Ausschussteil eingestuft.

Auf Basis des Prüfplanes bzw. der Arbeitsanweisung ist das mit Mängeln behaftete Prüfobjekt als solches zu kennzeichnen, separat zu lagern und/oder aus der weiteren Bearbeitung zu entfernen; gemäß der konkreten Arbeitsanweisung kann ein entsprechendes Protokoll dazu notwendig sein. Mitunter genügt aber auch eine Information an die Fertigungsleitung, die dann die Entscheidung zur weiteren Verfahrensweise, d. h. der Nacharbeit oder dem Ersatz, trifft. Bei gehäuftem Auftreten des gleichen Mangels im gleichen Bearbeitungsprozess sollte der verantwortliche Mitarbeiter informiert werden.

Prozessablaufgebundene Prüfprozesse

Der erste relevante Prüfprozess findet im Wareneingang statt und gehört nicht unmittelbar zur Fertigung. Da die Prüfergebnisse des Wareneingangs direkten Einfluss auf die Fertigung und den Fertigungsablauf haben, soll der Wareneingang hier berücksichtigt werden. Beim Wareneingang wird geliefertes Material hinsichtlich vereinbarter Qualität, Zustand, Ausführung und Bestellmenge geprüft. Beim Wareneingang gelangen nicht nur Roh- und Hilfsstoffe sowie Kaufteile ins Unternehmen. Über den Wareneingang gelangen auch Fremdfertigungsteile, d. h. nach eigenen Vorschriften in einem fremden Unternehmen gefertigte Teile, oder Zukaufteile, d. h. fremde Teile, die zugekauft und unverändert im eigenen Produkt verwendet werden, ins Unternehmen.

Die Prüfung der Einzelteile erfolgt üblicherweise nach der mechanischen Bearbeitung und einer eventuell anschließenden Oberflächenbehandlung. Dabei werden maßliche Prüfungen, z. B. der Abmessungen und Bearbeitungspositionen, und optische Prüfungen, z. B. des Oberflächenzustandes durchgeführt. Bei dieser Einzelteilprüfung wird festgestellt, ob das Teil vorschriftsgemäß gefertigt ist, keine Mängel aufweist und planmäßig weiterverwendet werden kann.

Im Verlauf der Montage wird bei der Baugruppenprüfung die Vollständigkeit und Funktionserfüllung der Baugruppe geprüft. Die verwendeten Einzelteile wurden bereits beim Wareneingang bzw. als Einzelteil geprüft. Die erfolgreiche Baugruppenprüfung bestätigt die richtige und vollständige Montage und damit die Funktionserfüllung.

Endkontrolle

Die Erzeugnisprüfung bzw. Endkontrolle ist ein fester Bestandteil des betrieblichen Qualitätsmanagements. Die erzeugten Produkte müssen den Qualitätsanforderungen entsprechen. Die erfolgreiche Endkontrolle bestätigt, dass das Produkt vollständig und frei von Mängeln ist. Noch fehlendes Zubehör kann dem Produkt beigefügt werden. Anhand von Checklisten können die Funktionen und Ausstattungen geprüft und protokolliert werden. Diese Überprüfungen stellen sicher, dass das Erzeugnis den geforderten Bedingungen entspricht und dass vereinbarte Parameter bzw. Eigenschaften eingehalten werden. Die Prüfung auf Mängelfreiheit eines Erzeugnisses kann entweder durch Mitarbeiter oder externe Dienstleister vorgenommen werden. Die Eigenprüfung kann sowohl durch Mitarbeiter der Qualitätssicherung als auch durch Mitarbeiter in der Fertigung erfolgen. Bei einer Endkontrolle durch Mitarbeiter der Qualitätssicherung besteht der Vorteil, dass die prüfenden Personen über die zeitlichen und personellen Ressourcen verfügen und die Kontrolle gewissenhaft durchführen können. Dabei wird nur das Produkt selbst betrachtet, nicht die Bedingungen und Prozesse der Herstellung. Mitarbeiter in der Fertigung kennen die Prozessabläufe der Fertigung im Detail. Bei entstandenen Qualitätsabweichungen können relativ schnell Fehlerursachen bestimmt und abgestellt werden.

Die Bestätigung einer erfolgreichen Qualitätskontrolle kann z. B. durch einen Aufkleber mit den Kürzeln „QC“ bzw. „QC PASS“ (Quality Control Pass-de) sowie einer Prüfer-Nummer erfolgen. Anschließend werden die zum Auftrag gehörenden Erzeugnisse für die Verpackung bereitgestellt.

Stellt die Endmontage eine geplante Teilmontage dar, z. B. bei unfertigen Erzeugnissen, können dem noch unfertigen Produkt später Komponenten hinzugefügt oder mit diesem verpackt werden.

Durchführung von optischen Prüfungen

Bei der mechanischen Bearbeitung von Dekorspanplatten können sogenannte Kantenausbrüche entstehen. Diese Kantenschartigkeit kann durch den Schneidenverschleiß am Werkzeug, durch die Verwendung wenig geeigneter Werkzeuge bzw. ungeeigneter Spanungsparameter entstehen und stellt einen grundsätzlichen Mangel dar. Die Dekorschicht weist im Vergleich zum Trägermaterial eine höhere Härte und Sprödigkeit auf. Durch den Fügeprozess bei der Herstellung besteht zwischen Dekorschicht und Plattenoberfläche eine Klebverbindung. Bei der Verwendung von Werkzeugen mit ziehendem bzw. drückendem Schnitt[39] (vgl. Bild 6.20) wird eine Kraft wirksam, die auf die Dekorschicht des Werkstückes gerichtet ist. Mit dieser Kraftwirkung wird die Verbindung zwischen Dekorschicht und Trägerplatte im Spanungsprozess geringer belastet und es können Kantenausbrüche vermieden werden. Eine Ursache für das Entstehen der Kantenausbrüche kann im Zustand der Werkzeugschneiden liegen. Mit zunehmender Schneidenkantenverrundung werden die Späne der Trägerplatte nicht mehr richtig durchtrennt, sondern durch die Schneide teilweise weggedrückt. Damit entsteht eine Verdichtung der Poren an der Schnittkante der Trägerplatte. Das kann dazu führen, dass sich die Dekorschicht an der Schnittkante aufwölbt oder bricht. Im Gegenlicht betrachtet, ist diese Aufwölbung optisch feststellbar. Größere Kantenausbrüche sind mit bloßem Auge sichtbar (vgl. Bild 4.55).

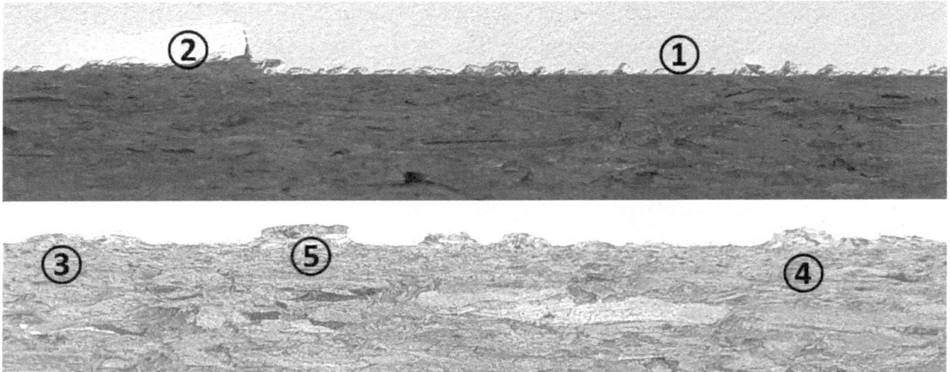

Bild 4.55 Beispiele für Schnittkantenausbrüche

[39] Die Werkzeugschneiden sind nicht parallel zur Werkzeugdrehachse angeordnet, sondern leicht geneigt; Schneidenneigungswinkel λ.

In der [VDI 3414-3][40)] sind fünf Formen der Kantenausbrüche benannt.

- Aufbaukante (hier: ohne Abbildung),
- Aufwölbung der Dekorschicht entlang der Bauteilschnittkante (1),
- Aufwölbung der Dekorschicht und Anriss der Dekorschicht (2),
- Teilausbruch an der Schnittkante der Dekorschicht (Schädigung der Trägerplatte unter dem Ausbruch (3)),
- Vollausbruch an der Schnittkante der Dekorschicht (Schädigung der Trägerplatte unter dem Ausbruch (4), (5)).

Neben den Kantenausbrüchen in der Dekorschicht an den Außenkonturen und an den Schnittkanten einer Breitflächenbearbeitung des Werkstückes können Kantenausbrüche auch an Bohrlöchern entstehen, vgl. Bild 6.14. Diese Bohrungskantenausbrüche können häufig auf den Schneidenverschleiß, die Schnitt- bzw. Spanungsparameter oder die Verwendung ungeeigneter Werkzeuge zurückgeführt werden.

Ein weiterer Schwerpunkt bei der optischen Begutachtung sind die fehlerfreie Beklebung und die Nachbearbeitung des angeklebten Schmalflächenmaterials. Geprüft werden spalt- und gratfreie Übergänge zwischen Schmal- und Breitfläche und eine gleichmäßige Klebstofffuge. Ebenso sollte das Werkstück auf Oberflächenbeschädigungen beim Transport der Teile geprüft werden. Eine Prüfung auf Vollständigkeit aller Bearbeitungen ist i. d. R. nur dann möglich, wenn dem Prüfer die entsprechende Einzelteilzeichnung vorliegt.

Schwerpunkte einer Bauteilprüfung – Prüfung der Abmessungen

Beim Formatieren der Rohteile mit dem Schaftfräser, z. B. beim Konturfräsen bzw. Nesting-Fräsen, hängt die Genauigkeit der Bearbeitung im Wesentlichen von der CNC-Maschine ab, z. B. von der Maschineneignung und dem Maschinenzustand, den Werkzeugkorrekturdaten und der Bearbeitungsstrategie. Voraussetzung für die Herstellung maßgenauer Werkstücke ist die sichere und dauerhafte Fixierung des Werkstückes. Bei der Nutzung der Vakuumspannung sind die tatsächlichen Haltekräfte von der Größe der Spannfläche und der Höhe des Vakuums am Spannsystem anhängig. Zu kleine Spannflächen und/oder ein zu geringes, effektives Vakuum durch z. B. durch verstopfte Luftfilter, können zum Verschieben oder Verdrehen des gespannten Werkstückes führen und damit zum Bauteilverlust. Mit zunehmender Nutzungsdauer der Maschine kann die Wiederholgenauigkeit abnehmen. Durch regelmäßige Bearbeitung eines Musterwerkstückes und dessen Prüfung kann der aktuelle Verschleißzustand bestimmt werden, vgl. Abschnitt 6.2.3, Bauteilvermessung. Werkzeuge sollten regelmäßig geprüft und vermessen werden. Durch den Gebrauch der Werkzeuge und die Werkzeugschärfung verändert sich allmählich der Flugkreisradius. Im

---

40 [VDI 3414-3], S. 8

Werkzeugkorrekturspeicher können die Korrekturdaten angepasst werden (vgl. Abschnitt 6.2.5, Werkzeugvermessung).

Differenziertheit der Prüfpläne und der Prüfanweisungen

In der handwerklichen Fertigung werden Einzelstücke bzw. Kleinserien bestimmter Erzeugnisse gefertigt. Die Qualifikation und die Berufserfahrungen der Mitarbeiter lassen es zu, dass der Bearbeiter die Qualität seiner Arbeit selbst prüft. Gegebenenfalls kann er selbstständig Mängel durch Nacharbeit beseitigen. Die Prüfungen erfolgen üblicherweise am Ende eines Arbeitsganges. Als Prüfungen werden Sichtprüfungen und Maßprüfungen mit Linealen und Messschiebern bzw. Messuhren vorgenommen. In den schriftlichen bzw. mündlichen Prüfanweisungen werden dem Bearbeiter die besonders zu beachtenden Prüfmerkmale und die Sollwerte maßlicher Prüfungen mitgeteilt. Die Abnahme der Erzeugnisse und Leistungen erfolgt i. d. R. durch den Auftraggeber bzw. durch einen von ihm Beauftragten.

In einer losweisen Fertigung werden gleichartige Teile, d. h. maßlich gleich und/oder dekorgleich, zu einem Fertigungslos zusammengefasst und im Los gemeinsam bearbeitet. Während der Bearbeitung des Fertigungsloses erfolgen normalerweise keine Umrüstprozesse an den Maschinen. Bevor das Los bearbeitet werden kann, muss sichergestellt sein, dass die Einstellungen an der Maschine korrekt sind, die Maschine in einem technisch einwandfreien Zustand ist, die benötigen Werkzeuge gerüstet und arbeitsscharf sind. Um das Bearbeitungsergebnis zu prüfen, kann man entweder das erste Rohteil eines Loses dazu verwenden oder ein zusätzliches Probestück bearbeiten. An diesem Teil würde dann die Prüfung stattfinden. Ist die Bearbeitung mängelfrei, kann das Fertigungslos bearbeitet werden. Üblicherweise wird das letzte Teil des Fertigungsloses ebenso geprüft. Bei größeren Fertigungslosen können stichprobenartig Prüfungen vorgenommen werden. Beim Auflegen bzw. Abnehmen der Teile an den Maschinen können Sichtprüfungen vorgenommen werden. In den Prüfanweisungen für den Arbeitsgang sind die Prüfmerkmale konkret zu beschreiben. Des Weiteren sind die Art der Prüfung, die Prüfhäufigkeit und die verwendeten Prüfmittel vorgeschrieben. Werden fehlerhafte Teile, d. h. Ausschussteile, im Los festgestellt, ist es mitunter nicht sinnvoll, diese Teile umgehend aus dem Los zu entnehmen. Damit die fehlerhaften Teile aber bei der nächsten Bearbeitung nicht weiterbearbeitet werden, sollten sie so gekennzeichnet werden, dass sie im Teilestapel erkennbar sind. Parallel zur weiteren Losbearbeitung sollten im Rahmen einer sogenannten Alarm- oder Sonderfertigung entsprechende Ersatzteile gefertigt und in der Wartephase des Teilestapels, d. h. in der prozessbedingten Liegezeit, gegen die fehlerhaften Teile ausgetauscht werden.

Bei einer Losgröße-1-Fertigung unterscheiden sich alle im Arbeitsgang bearbeiteten Teile von ihren jeweiligen Nachbarteilen. Die Maschinen und Anlagen sind so konzipiert, dass keine Umrüstungen für unterschiedlich breite und dicke Bauteile notwendig sind. Alle Bearbeitungswerkzeuge und Aggregate sind in den Magazinen der Bearbeitungsmaschinen vorhanden. Das Bauteilhandling bzw. der Bauteiltransport erfolgt mechanisiert bzw. automatisiert. In einem derartig automatisierten System ist es i. d. R. nicht möglich, zwecks Prüfung, ein einzelnes Bauteil aus dem Teilestrom zu entnehmen, zu prüfen und dann dem Teilestrom wieder hinzuzufügen. Es ist auch nur bedingt möglich, eine Sichtprüfung der Teile durchzuführen. Deshalb ist die Fertigungsanlage bei der täglichen Inbetriebnahme auf ordnungsgemäße Funktion und Maschineneinstellung zu prüfen. Besonderer Schwerpunkt sind dabei die Ausrichtstationen für die Bauteilführung. Bei einer komplett automatisierten Losgröße-1-Fertigung können Bauteile oft erst im Kommissionierlager bzw. in den Puffern zwischen den Bearbeitungsabschnitten geprüft werden. Da alle hergestellten Teile über Codes identifizierbar sind, können fehlerhafte Teile zeitnah in der Sonderfertigung nachgearbeitet bzw. ersetzt werden. Um die Teile während der Fertigung zu prüfen, können optische Prüf- und Messsysteme in das Werkstücktransportsystem integriert werden, vgl. Abschnitt 6.2.3.

4.7 Lieferung und Versand

Für die Beschreibung von Lieferprozessen sind die Vertrags- und Lieferbeziehungen zwischen dem Hersteller, den Handelseinrichtungen und dem Endkunden maßgebend.

Vertragskette als Grundlage für die Lieferbeziehungen

Für den Erwerb von Möbel sind bestimmte Akteure und deren Vertrags- und Lieferbedingungen maßgebend. Ein Möbelhersteller kann seine Produkte direkt an den Endkunden, an den Einzelhandel und an den Großhandel verkaufen. Je nach Komplexität der betreffenden Möbel können noch bestimmte Dienstleister in dieser Lieferkette notwendig sein (vgl. Bild 4.56).

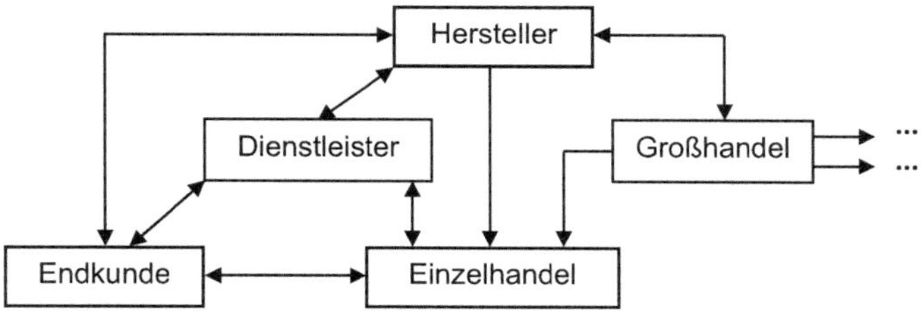

Bild 4.56 Vertrags- und Lieferbeziehungen im Möbelhandel

Der Großhandel kauft Waren ein, um diese an Wiederverkäufer, Weiterverarbeiter oder Großverbraucher zu verkaufen. Der Einzelhandel verkauft die Waren in bedarfsgerechten Mengen direkt an den Endkunden.

In der Vertragskette zwischen Hersteller und Endkunde können Dienstleister notwendig sein. Diese Dienstleistungen können die Erzeugnisplanung, z. B. die individuelle Küchenplanung, den Transport der Waren zum Verwendungsort, die Aufstellung vor Ort und die Fertigmontage bzw. Installation umfassen. Mitunter werden diese Dienstleistungen von Herstellern angeboten. Typischerweise werden derartige Dienstleistungen vom Einzelhandel angeboten. Der Kunde kann aber auch auf dem freien Markt die Dienstleistungen einkaufen. In diesem Fall obliegt ihm die Koordination des Zusammenwirkens der beteiligten Akteure. THOMMEN strukturiert den Einzelhandel nach den Merkmalen Sortiment, Preis, Verkaufsort und zeitliche Verfügbarkeit.[41)] Beim Möbelfachhandel kann i. d. R. aus einem breiten Angebot ausgewählt werden. Häufig gefragte Erzeugnisse können im Möbelhaus bemustert werden. Über die Beratung mit dem Fachpersonal können Informationen zur Modellpalette, zu Farben und Ausstattungen erlangt werden. Zusätzlich können Dienstleistungen erfragt und gebucht werden.

In Bezug auf das Merkmal Preis kann eine Unterscheidung in Möbeldiscounter und Geschäfte für den Lagerverkauf von Möbel getroffen werden. Möbeldiscounter bieten an kostengünstigen Standorten, z. B. in stadtnahen Gewerbegebieten, Möbel zu günstigen Preisen an. Mitunter werden Teile eines Möbelsortiments angeboten. Die fachliche Beratung erfolgt über das Verkaufspersonal. Als Dienstleistungen werden evtl. Transportdienstleistungen angeboten. Beim Lagerverkauf werden bestimmte Möbelsortimente im Distributionslager zum Verkauf angeboten. Der Kunde wählt dabei aus dem Lagerbestand sein Produkt aus. Der Verkauf erfolgt oftmals nach dem Prinzip gekauft wie gesehen. Den Transport der erworbenen Güter hat der Kunde in Eigenregie durchzuführen.

Beim Merkmal Verkaufsort kann eine Unterscheidung in Fachhandel und Onlinehandel erfolgen. Neben dem etablierten Möbelhandel haben sich sogenannte Fachmärkte herausgebildet. „Der Fachmarkt ist eine Form des Fach- bzw. Spezialgeschäfts mit erweitertem Angebot. Er führt eine ganz bestimmte Warengruppe, wobei das Sortiment sehr breit und tief ist, z. B. ein bedarfsorientiertes Sortiment. Die Vorteile liegen in der großen Auswahl, der Aktualität des Sortiments, der kompetenten Beratung bei Bedarf (z. T. auch Selbstbedienung), der aggressiven Preispolitik, der intensiven Werbung und der großen Verkaufsfläche.“[42)] Beim Onlinehandel kann sich ein Interessent aus dem Sortimentskatalog eines Anbieters das Produkt auswählen und online bestellen, d. h. eine Bestellung eines fertig konfigurierten Produktes. Es besteht aber auch die Möglichkeit, mit sogenannten Konfiguratoren ein Standardprodukt auf individuelle Belange anzupassen und in dieser Form zu bestellen. Der Online-Anbieter kann dabei Hersteller und/oder Handelseinrichtung sein. Nachfolgend sollen die Lieferprozesse des Möbelherstellers betrachtet werden.

---

41 [THO 2017], S. 95

42 [THO 2017], S. 96

Lieferprozesse und Tourenplanung

Die Distribution beschreibt alle Lieferprozesse, die vom Hersteller über den Handel, sofern zutreffend, bis zum Endkunden zum Zweck des Absatzes führen. „Unter der Distribution versteht man die Gestaltung und Steuerung der Überführung eines Produktes vom Produzenten zum Käufer. Diese Maßnahmen umfassen alle Entscheidungen über den Aufbau der internen und externen Absatzorganisation, welche mithilfe der Marketinginstrumente den Kontakt zwischen Anbieter und Nachfrager nach einem Produkt herstellt.“[43] Als Redistribution werden die Prozesse vom Konsumenten bzw. Verbraucher über Händler zur Warenrücknahme, zum Recycling oder zur Entsorgung bezeichnet. „Das Hauptziel der logistischen Distribution ist es, die richtigen Produkte zur rechten Zeit am richtigen Ort in der richtigen Qualität und Quantität zu minimalen Kosten zu verteilen. Daraus können im Wesentlichen die beiden Ziele Kostenminimierung und Lieferzuverlässigkeit abgeleitet werden.“[44] Um das Ziel einer Kostenminimierung erreichen zu können, schließt sich der Planung der Transportprozesse eine Optimierung der kostenbeeinflussenden Faktoren an.

Der Begriff einer Tourenplanung beschreibt die Zusammenfassung von Lieferaufträgen zu einer oder mehreren Touren und die Festlegung der Belieferungsreihenfolge innerhalb der Touren. Wesentliche Ziele der Tourenplanung sind die ordnungsgemäße und termingerechte Auslieferung der Güter, die Minimierung der Kosten, eine gleichmäßige Auslastung der Fahrzeuge und Fahrer sowie eine erhöhte Kundenzufriedenheit durch pünktliche und zuverlässige Lieferungen. Es lassen sich folgende Arten der Tourenplanung unterscheiden.

Die strategische Tourenplanung wird vorzugsweise angewendet, wenn ein Unternehmen über einen festen Kundenstamm mit gleichbleibender Auftragslage verfügt. In diesem Fall können über den Zeitraum von ein oder mehreren Jahren Rahmentouren geplant werden, bei denen den Fahrzeugen bzw. den Fahrzeugführern feste Gebiete oder Regionen zugeordnet sind.

Bei der taktischen Tourenplanung werden Grobpläne für Folgewochen bzw. Folgemonate erstellt. Die Grobpläne ermöglichen eine längerfristige Personal- und Fahrzeugplanung. Gleichzeitig können entstehende Konfliktpunkte erkannt werden. Als Liefertermine werden dem Kunden dann voraussichtliche Liefertermine in einer bestimmten Kalenderwoche zugesagt.

Die operative Planung ergänzt die strategische und taktische Tourenplanung und ist vor allem bei Unternehmen mit schwankender Auftragslage und häufig wechselnden Kunden bzw. kurzen Lieferzeiten notwendig. Bei einer operativen Planung werden jeden Tag die Touren für den kommenden Tag geplant, da häufig erst dann alle relevanten Informationen vorliegen.

---

[43] [THO 2017], S. 90

[44] Ebenda, S. 99

Anhand der Ladeliste wird das Fahrzeug beladen. Die Ladeliste enthält die genaue Übersicht des Lieferauftrages, Anzahl der Packstücke, deren Volumen und Gewicht. Die Ladeliste basiert auf der Auftragsstückliste. Beim Beladen erfolgen die Vollzähligkeitsprüfung, d. h. die mengenmäßige Prüfung, und die Vollständigkeitsprüfung, d. h. die Prüfung des Vorhandenseins aller gelisteten Positionen. Die Prüfung erfolgt i. d. R. anhand einer Checkliste.

4.8 Beispielhafte Darstellung von Prozessabläufen

4.8.1 Losweise Fertigung

Festlegung der Produktionszahlen für die Fertigungsperiode

Einer Serienfertigung liegen meist verschiedene Auftragsformen zugrunde, so z. B. langfristige Lieferverträge mit dem Fachhandel, Kundenaufträge für Objektausstattungen sowie einzelne Kundenaufträge zu bestimmten Möbeln aus dem Herstellersortiment. Bei den zu planenden Möbeln handelt es sich üblicherweise um Einzelmöbel bzw. um kombinierbare Einzelmöbel, die zu Möbelgruppen bzw. Ausstattungskombinationen zusammengefasst werden können. Je nach Aufstellort, Funktion und Nutzung der Möbel kann eine Unterscheidung z. B. in Möbel für Wohnräume, Schlafräume, Büroräume, Unterkunftsräume, Küchen und Bäder erfolgen. Diese Möbel sind im Produktprogramm mit konkreten Abmessungen und Ausstattungen beschrieben. In konstruktiver Hinsicht, z. B. bei Abmessungsvarianten, weisen die Möbel meist keine große Varianz auf. Durch die mögliche Wahl von Materialdekoren, der Frontengestaltung, von Griffen bzw. Bedienelementen sowie der Möbelausstattung können bestimmte individuelle Wünsche berücksichtigt werden.

Für die Fertigungsplanung einer konkreten Periode, z. B. einer Kalenderwoche, werden aus den verschiedenen Auftragsformen die einzelnen Möbel in Stückzahl, Dekor und Ausstattung selektiert. Es entsteht die Produktionsübersicht für die betreffende Kalenderwoche. Über einen Grobabgleich mit den verfügbaren Ressourcen werden die Realisierbarkeit und die Einhaltung der Termine geprüft. Ausgehend von dieser Mengen- und Terminplanung erfolgt die Zusammenstellung zu einer Kommission von Fertigungsaufträgen für die betreffende Kalenderwoche. Aus dieser Kommission von Fertigungsaufträgen werden unter Beachtung von Auftragsprioritäten und feststehenden Lieferterminen die herzustellenden Möbel mit ihren Einzelteilen nach Stückzahlen und Dekoren aufgeschlüsselt. Für die herzustellenden Einzelteile wird der Fertigungsdurchlauf festgelegt und die Einsatzplanung der Maschinen und Anlagen vorgenommen. Nach dem Abgleich von Fertigungsbedarf, d. h. dem Sollbedarf und Fertigungskapazität, d. h. Ist-Kapazität, erfolgt die Reservierung der Fertigungskapazitäten. Aus der Wochenplanung werden die selektierten Einzelteile nach Abmessungen, Mengen und Dekoren bestimmt. Ebenso wird der Bedarf an Fremdfertigungs-

und Kaufteilen bestimmt. Damit sind die Bedarfsmengen bestimmt und es können die einzelnen Fertigungsaufträge auf Produktionstage in der Periode verteilt werden.

Einfluss der Rüstzeiten von Maschinen und Anlagen auf den Bauteildurchsatz

Wie in Abschnitt 3.4.1 dargelegt wurde, setzt sich die Bearbeitungszeit (BAZ) einer Produktionseinheit aus der wertschöpfenden Hauptnutzungszeit (HNZ) und der Zeit für das Rüsten (TRZ) zusammen, d. h. **BAZ = HNZ + TRZ.** Nach Abschnitt 3.4.3 stellt der Rüstgrad einen Wert dar, der den Rüstanteil (TRZ) bezogen auf die Bearbeitungszeit (BAZ) darstellt, d. h. **Rüstgrad = TRZ ÷ BAZ.** Eine Erhöhung der Rüstzeit verlängert die Bearbeitungszeit (BAZ) und damit auch die Maschinenbelegungszeit (BLZ) der Produktionseinheit. Geht man von der insgesamt zur Verfügung stehenden Bearbeitungszeit aus, vermindern die auftretenden Rüstzeiten die möglichen Hauptnutzungszeiten und damit den möglichen Bauteildurchsatz.

Eine besonders herausgehobene Position in der mechanischen Bearbeitung der Rohteile haben die Durchlaufformatbearbeitungsmaschinen inne, als Einzelmaschinen oder im Verband einer Transferstraße. Aufgrund ihrer hohen Produktivität bestimmen sie maßgeblich den Bauteildurchsatz. Zur Beurteilung des Rüstaufwandes sollen die Umrüstvorgänge näher betrachtet werden. Zu den maschinenbedingten Rüstvorgängen zählen die Inbetriebnahme, die Außerbetriebnahme sowie Wechselvorgänge bei Werkzeugen und Aggregaten. Eine direkte Beeinflussung dieser Rüstzeiten ist oft nicht möglich; man kann aber durch eine zweckmäßige Organisation bzw. eines zügigen Ablaufes der Arbeiten die Rüstzeiten geringhalten. Zu den bauteilbedingten Rüstvorgängen zählen das Breitenumrüsten, das Dickenumrüsten und u. U. der Wechsel des Schmalflächenmaterials. Bei der Breitenverstellung einer doppelseitigen Durchlaufmaschine muss diese leergefahren werden, bevor eine Breitenverstellung möglich ist (vgl. Bild 4.57).

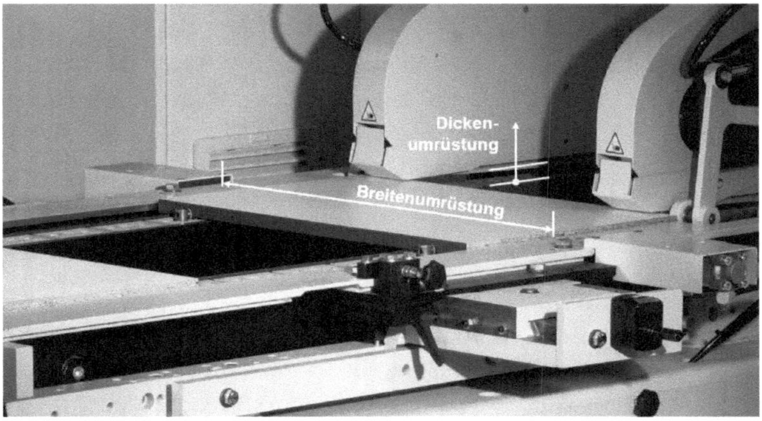

Bild 4.57 Breiten- und Dickenverstellung an einer Durchlaufformatbearbeitungsmaschine (mit freundlicher Unterstützung der HOMAG Group AG)

Da die Breitenverstellung relativ zeitintensiv ist, sollte die Zahl der Breitenverstellungen geringgehalten werden; unnötige Umrüstvorgänge durch operative Eingriffe in die Bearbeitungsreihenfolgen sollten vermieden werden. Bei einseitigen Durchlaufmaschinen bzw. einseitig versetzt angeordneten Durchlaufmaschinen ist keine Breitenverstellung notwendig. Für die sichere Fixierung der Bauteile auf der Transportkette muss das Oberdrucksystem auf die konkrete Materialdicke eingestellt werden. Dieses Umrüsten ist ebenso nur möglich, wenn die Durchlaufmaschine leergefahren ist; sowohl bei doppelseitigen als auch bei einseitigen Maschinen. In der Teilefolge sollten unnötige Dickenwechsel vermieden werden. Im Vergleich der beiden Umrüstvorgänge erfordern die Breitenverstellungen deutlich mehr Zeit als die Dickenverstellungen. Ein Wechsel des Schmalflächenmaterials ist bei modernen Durchlaufmaschinen während der Bearbeitung und ohne Unterbrechung des Teileflusses möglich. Voraussetzungen dafür sind ein entsprechendes Schmalflächenmagazin und ein zum konkreten Bearbeitungsprogramm einstellbarer Stückzahlzähler, der nach Ablauf der Soll-Anzahl automatisch auf das Magazin mit dem neuen Schmalflächenmaterial wechselt. Zur Kategorie der Rüstvorgänge zählt auch die zusätzliche Nutzung. Als zusätzliche Nutzung sind Zeiten anzusehen, die zur Erbringung einer Leistung erforderlich sind, in der aber keine abrechenbare Leistung mit der Maschine erbracht werden kann, z. B. Testläufe zur Überprüfung der Maßhaltigkeit der Bauteile und Justierung der Bearbeitungseinheiten, evtl. Probeläufe nach einer Störung.

Bildung von Fertigungslosen

In der Serienfertigung kann auftragsbezogen oder losweise gefertigt werden. Als auftragsbezogene Fertigung kann die Fertigung aller zum Auftrag gehörender Teile im Verband des Auftrages bezeichnet werden. Die Fertigungsreihenfolge im Auftragsverband wird in der Regel nach minimalen Fertigungskosten organisiert. Bei einer losweisen Fertigung werden die in der Fertigungsperiode abzuarbeitenden Aufträge aufgelöst und die in den Aufträgen vorhandenen Einzelteile ermittelt, d. h. die Ermittlung formatgleicher Teile, geordnet nach Dekoren. Die ermittelten Teile können zu einer Fertigungsfamilie zusammengefasst und Fertigungslosen zugeordnet werden. Das Ziel der Losbildung sind geringe Fertigungskosten durch einen hohen Bauteildurchsatz, bei einem Minimum an Rüstzeiten (vgl. Abschnitt 4.4).

Um aus dem Wochenlos die Tagesproduktionen ableiten zu können, kann man die herzustellenden Teile zu Teilefamilien oder Fertigungsfamilien zusammenfassen. Nach WIENDAHL[45)] lässt sich eine Teilefamilie als organisatorische Zusammenfassung von Werkstücken mit konstruktiver Ähnlichkeit bezeichnen, die aus demselben Material bestehen. Häufig werden diese auf denselben Maschinen oder Anlagen gefertigt. Aus der Zusammenfassung der Teile kann der Materialbedarf der einzelnen Plattentypen, sortiert nach Abmessungen und Dekoren, für die Fertigungsperiode bestimmt werden. Im nächsten Schritt werden unter Beachtung der zur Verfügung ste-

---

[45] [WIE 2014], S. 47

henden Ressourcen die Reihenfolgen der Fertigungslose und die Verteilung der Lose auf die Produktionstage der Periode festgelegt. Dabei wird der Umfang der einzelnen Fertigungslose auf Praktikabilität geprüft. Gegebenenfalls werden Fertigungslose in einzelne, realisierbare Teile eines Fertigungsloses gegliedert.

Materialfluss in der mechanischen Bearbeitung

Um ein wirtschaftliches Ergebnis bei den Fertigungskosten zu erreichen, werden alle gleichformatigen Teile nach dem Zuschnitt zu Fertigungslosen und Transportlosen, vgl. Abschnitt 3.5.2 losweiser Transport, zusammengefasst. Die Teileliste für den Zuschnitt ist in Bild 4.2 enthalten. Die Rohteile werden mit einer Plattensäge aus den berechneten Platten ausgetrennt, vgl. Zuschnittbeispiel im Abschnitt 4.2.1.2, Variante 1. Nach dem Zuschnitt erfolgt die Losbildung. Für die Beschreibung der einzelnen Abläufe wird der Schrank Typ 2375 beispielhaft verwendet. Für die beispielhafte Beschreibung der Abläufe werden drei verschiedene Plattenwerkstoffe verwendet und eine Aufteilung im Paket festgelegt. Im Ergebnis des Zuschnittes entstehen sieben Stapel mit Rohteilen (vgl. Bild 4.58).

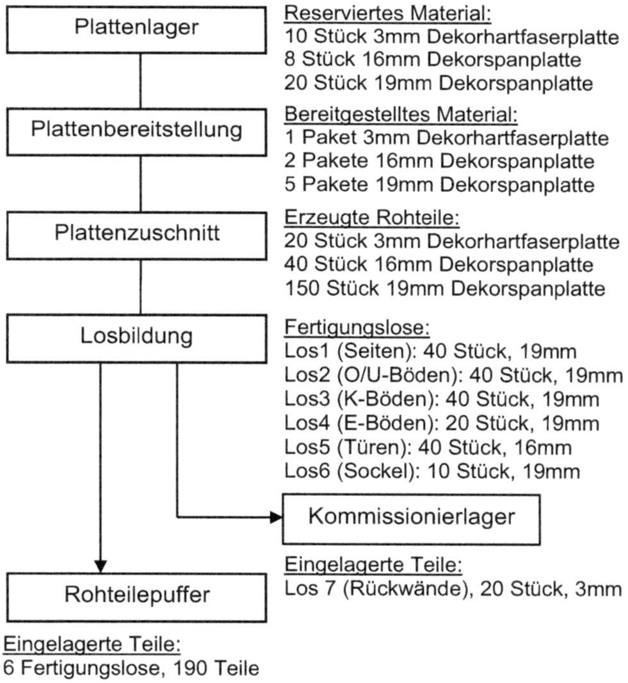

Bild 4.58 Materialfluss im Rohteilzuschnitt einer losweisen Fertigung

Die entstandenen wirtschaftlichen Reste werden ins Plattenlager zurückgeführt und in den Bestand gebucht. Die zugeschnittenen Rückwände erhalten keine weitere Bearbeitung und werden ins Kommissionierlager transportiert. Dieser Transport ist nicht zeitkritisch und kann zeitlich variabel erfolgen. Der Transport kann als Teilestapel manuell auf einer Rollenbahn mit einer Schonplatte erfolgen.

Die verbleibenden sechs Rohteilstapel werden nach der Zuschnittsäge in den Rohteilpuffer transportiert. Zur Identifikation der Teile befindet sich am Stapel eine Stapelbegleitkarte. Die Stapel werden anschließend jeweils als Fertigungslos bearbeitet. Eine Unterscheidung in linke und rechte Außenseiten bzw. Türen sowie Ober- und Unterboden erfolgt erst in der konstruktiven Bearbeitung. Das Einlagern der weiter zu bearbeitenden Teile ist an dieser Stelle angebracht, da der Zuschnitt und die Formatbearbeitung voneinander entkoppelt werden sollten. Die Durchlaufformatierung hat in der Regel einen höheren Bauteildurchsatz als die Plattenaufteilsäge. Plattensägen werden mitunter mehrschichtig betrieben, um einen ausreichenden Rohteilvorrat zu erzeugen. Man kann davon ausgehen, dass die Rohteile nach dem Zuschnitt nicht unmittelbar formatiert werden.

Nach dem Zuschnitt erfolgt die Formatbearbeitung im Durchlauf. Dazu kann eine Transferstraße mit zwei einseitig versetzten Durchlaufformatbearbeitungsmaschinen und einem Rückführsystem verwendet werden, vgl. Bild 5.35-C. Für eine allseitige Bearbeitung wird das Bauteil im ersten Umlauf längs formatiert, zurückgeführt und anschließend im zweiten Umlauf quer formatiert (vgl. Bild 4.59).

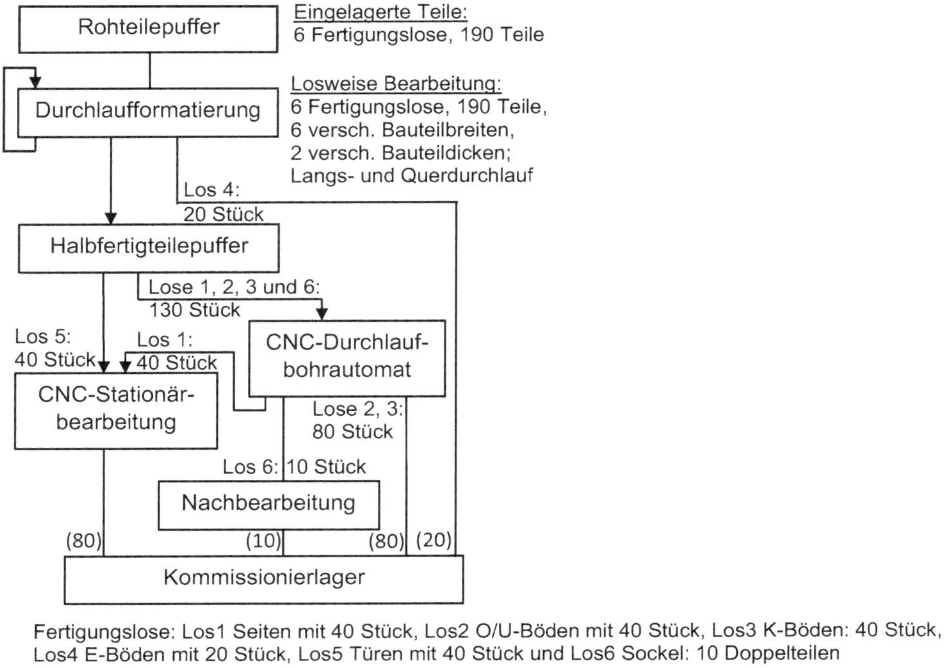

Bild 4.59 Materialfluss in den Prozessen Formatieren und konstruktive Bearbeitung

Bei der Formatbearbeitung werden die Fertigungslose mit gleichdickem Material, z. B. 19 mm, nacheinander bearbeitet. Soll Material mit abweichender Dicke, z. B. Los 5 mit D = 16 mm bearbeitet werden, muss die Durchlaufmaschine zum Umrüsten leergefahren werden. Damit kann sich die ursprüngliche Bearbeitungsreihenfolge der Fertigungslose ändern.

Im Anschluss an die Formatbearbeitung werden die Teile der Fertigungslose mittels Rollenbahn bzw. Gurtförderer in den Teilepuffer gefördert. Die Bauteilstapel können definiert aus dem Teilepuffer ausgefördert werden. Zur Weiterverwendung können die Einlegeböden im Los 4 direkt in das Kommissionierlager transportiert werden. Vom Teilepuffer werden die Fertigungslose der Seiten, Böden und der Sockelblenden Durchlaufbohren transportiert. Der Bohrautomat kann Vertikal- und Horizontalbohrungen ausführen sowie automatisch in die Querschmalseiten von Ober- und Unterboden sowie den Sockelblenden Dübel einkleben. Die Türen des Loses 5 werden direkt zur CNC-Stationärbearbeitung transportiert und dort bearbeitet. Da bei den Schrankseiten des Loses 1 sehr viele Bohrungen, z. B. Bodenträger- und Verbindungsbohrungen herzustellen sind, müssen diese Teile nach dem Durchlaufbohren noch stationär bearbeitet werden. Dabei können die Seiten und Türen mittels wechselseitiger Bearbeitung ihre Links-Rechts-Ausprägungen erhalten. Die Teile im Los 6 sind Doppelteile, die nach der konstruktiven Bearbeitung mittels Formatkreissäge aufgetrennt werden und anschließend ins Kommissionierlager transportiert werden. Der Transport zum Kommissionierlager kann ebenso mit Schonplatten auf einer Rollenbahn erfolgen. Es ist zu beachten, dass die Seiten und Türen in rechte und linke Ausführung sowie die Böden in Unter- und Oberboden nach der konstruktiven Bearbeitung getrennt werden müssen und separat zu lagern sind.

Es ist durchaus möglich, von Beginn an, die unterschiedlichen Ausführungen der Seiten, Türen und Böden als eigenständige Fertigungslose zu bearbeiten.

Materialfluss in der Montage

Sind alle bearbeiteten Teile im Kommissionierlager eingetroffen, kann der Prozess des Kommissionierens beginnen (vgl. Abschnitt 4.4). Alle zum Auftrag gehörenden Bauteile, Beschläge und Kaufteile werden in Kommissionierwagen produktbezogen zusammengestellt. Anhand der Kommissionierliste bzw. Stückliste entnimmt der Kommissionierer die im Auftrag festgelegten Mengen der einzelnen Teile und ordnet die Teile in definierter Reihenfolge im Kommissionierwagen an. Die Kommissionierwagen werden bedarfs- und zeitgerecht in den Bereich der Vormontage gebracht.

In der Vormontage (vgl. Abschnitt 4.5) können an den Handarbeitsplätzen die Kreuzmontageplatten, die Schrankrohrlager auf die Schrankseiten aufgeschraubt und die Möbelgleiter eingeschlagen werden. Ebenso können in der Vormontage an den Türen die Topfscharniere angeschraubt werden. Die Bügelgriffe mit den dazugehörigen Schrauben werden für eine spätere Montage mit in den Beschlagbeutel gelegt. Das Schrankrohr wird in der Korpusmontage eingebaut; die Bodenträger werden im Beschlagbeutel beigelegt.

Die Korpusmontage findet auf einem Gurtförderband statt. Aufgrund der Korpushöhe erfolgt die Montage liegend. In der Korpusmontage werden die Korpusse aus den einzelnen Teilen und Baugruppen zuerst zusammengesteckt, ausgerichtet und vorgepresst (vgl. Abschnitt 4.5.5). Beim Vorpressen kann der Sitz der Teile an der Fügestelle noch nachjustiert und ggf. fixiert werden. Anschließend wird der Korpus fertig gepresst.

Für die Endmontage wird der Korpus i. d. R. aufgerichtet. Anschließend wird das Erzeugnis komplettiert und auf Funktionalität, Vollständigkeit und Vollzähligkeit geprüft, z. B. Einhängen und Justieren der Türen. Nach erfolgreicher Endkontrolle wird das Erzeugnis verpackt und für den Transport gesichert.

Zusammenfassung

Die losweise Fertigung ist dadurch charakterisiert, dass im Wesentlichen gleichformatige Bauteile eines oder verschiedener Aufträge zu einem Fertigungslos zusammengefasst und in der weiteren Folge als Los bearbeitet werden. Die konstruktiven Unterschiede einzelner Teile im Fertigungslos können durch eine variable Programmierung kompensiert werden. Nach der Fertigung der Teile müssen diese für die anstehende Montage aus dem Kommissionierlager auftragsbezogen und montagegerecht kommissioniert werden. Bei der losweisen Bearbeitung ist i. d. R. der Bauteilstapel identifizierbar, aber nicht das einzelne Bauteil. Die Bauteile selbst werden mit firmenüblichen Bezeichnungen bzw. Artikelnummern oder Zeichnungsnummern beschrieben. Während der Kommissionierung wird das bisher kundenanonyme Bauteil seinem ursprünglichen Auftrag wieder zugeordnet. Alle zu fertigenden Bauteile müssen eine definierte Bezeichnung besitzen. Zur Umsetzung des Bearbeitungskonzeptes einer losweisen Fertigung werden zwei Organisationsprozesse notwendig, die für die eigentliche Teilefertigung nicht erforderlich sind, so die Losbildung, bestehend der Bildung und Verwaltung des Loses, die Losgrößenberechnung in Abhängigkeit von den Bearbeitungsmaschinen und Transportbedingungen sowie der Teilprozess der eigentlichen Kommissionierung mit der Steuerung der Losbearbeitung, dem Betrieb eines Kommissionierlagers und der Erzeugung der Kommissionierlisten.

4.8.2 Materialfluss und Fertigungsablauf einer Losgröße-1-Fertigung

Besonderheiten der Losgröße-1-Fertigung

Die Möbel herstellenden Unternehmen sind gefordert, den Variantenreichtum und die Individualisierungsmöglichkeiten von Erzeugnissen weiter zu erhöhen. Das wiederum würde einen enormen Anstieg der Rüstkosten und eine deutliche Verlängerung der Lieferzeiten bewirken. Die Herausforderung besteht darin, die zunehmend individuell gewünschten Erzeugnisse wirtschaftlich und schnell zu produzieren.

Unter einer Losgröße-1-Fertigung soll eine Fertigungsform bezeichnet werden, bei der eine Sonderfertigung zu den Kosten einer Serienfertigung erfolgt. Jedes herzustellende Bauteil kann sich vom vorangegangenen und von dem nachfolgenden Teil unterscheiden. Wie in Abschnitt 4.8.1 ausgeführt wurde, lassen sich bestimmte kostenverursachende Fertigungsabläufe optimieren. Für eine Kombination von hochflexibler Fertigung und hohem Produktionsdurchsatz müssen bestimmte Voraussetzungen geschaffen werden. Dabei sind die Erzeugnisse, die Betriebsmittel und die Abläufe im Unternehmen für eine Losgröße-1-Fertigung zu qualifizieren. Aber auch die vor- und nachgelagerten Prozesse entlang der gesamten Wertschöpfungskette müssen datentechnisch qualifiziert sowie zeitnah und transparent abgebildet werden.

Die nachfolgende Beschreibung der Prozesse und Abläufe einer Losgröße-1-Fertigung erfolgt am Beispiel einer individuell geplanten Einbauküche.

Bei einer Küchenplanung wird, ausgehend von den baulichen Gegebenheiten, die Form der Kücheneinrichtung festgelegt. Nach [DIN 66354] können Küchen können grob in Küchenzeilen, d. h. eine zeilenförmige Anordnung der Schränke mit einer oder zwei Zeilen, Küchen in U-Form, Küchen in L-Form oder in G-Form unterschieden werden. Mitunter befindet sich in der geplanten Küche ein freistehender Küchenblock bzw. eine Kochinsel.

Für die nachfolgenden Ausführungen wird ein Kundenauftrag für eine individuell geplante Küche zugrunde gelegt. Als Konstruktionsprinzip werden für die Korpusse durchgehende Seiten und dazwischenliegende Böden festgelegt. Am Unterboden der Schränke bzw. Regale befinden sich Sockelverstellfüße, mit denen die Korpusse auf dem Fußboden ausgerichtet werden. Diese Sockelverstellfüße werden später bei der Aufstellung mit Sockelblenden verkleidet. Die einzelnen Schränke können verschiedene Ausstattungen haben, auf die in diesem Zusammenhang nicht weiter eingegangen wird. Die Korpusse sind vorn durch Türen, Klappen oder Blenden abgeschlossen. Die öffnungsschließenden Elemente können eine größerer Materialdicke als die Korpusteile aufweisen. Die Rückwände sollen allseitig im Korpus eingenutet sein. Als Arbeitsplatten werden z. B. 40 mm starke Dekorspanplatten verwendet.

Für die Herstellung der Küchen existieren von den Herstellern definierte Systemmaße (vgl. Bild 4.60).

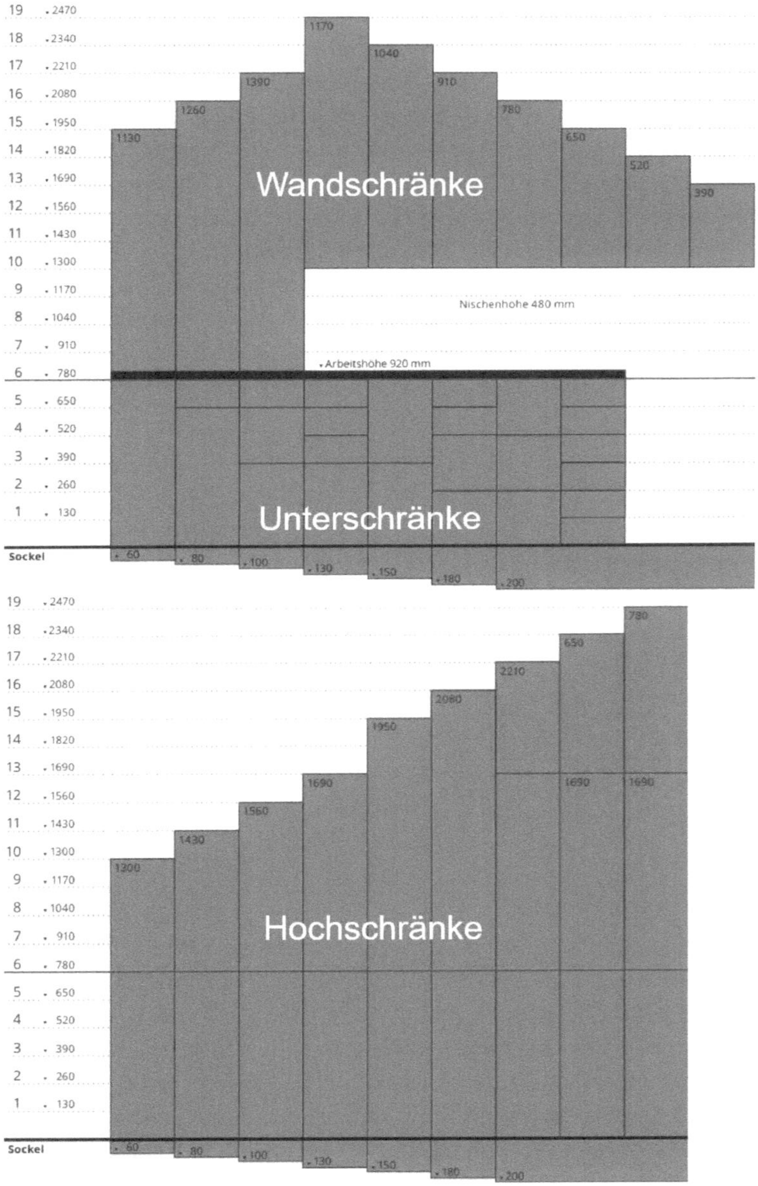

Bild 4.60 Beispielhafte Systemübersicht (Auszug) für Einbauküchen (mit freundlicher Unterstützung der Fa. Sachsenküchen, Dippoldiswalde)

Im Bild sind alle Korpusse einheitlich mit einer Breite B = 600 mm dargestellt. Das Höhenraster beträgt 130 mm. Die Maßangaben über den Schränken geben deren Höhe in Millimeter an.

Unter Berücksichtigung funktionaler und ergonomischer Bedingungen sowie der konkreten baulichen Gegebenheiten erfolgt dann die individuelle Küchenplanung. Bei der Küchenplanung werden ausgehend von den kundenseitigen baulichen Gegebenheiten die gewünschten Funktionalitäten, die Anordnung der Küchenelemente bzw. Ausstattungen, die Festlegung der Abmessungen und das gestalterische Grobkonzept festgelegt. Dazu werden für jeden Schrank die konkreten Abmessungen festgelegt. Dieses Grobkonzept basiert im Wesentlichen auf handelsüblichen oder herstellerspezifischen Möbelsystemen. Ist das Grobkonzept konfliktfrei realisierbar und findet die Zustimmung des Kunden, wird das Feinkonzept entwickelt. Dieses Feinkonzept enthält dann eine konkrete Detailplanung, die die gesamte Küche mit allen Bestandteilen abbildet, einschließlich Dekore, der Farben und Beschläge. Im nachfolgenden Bild ist eine Übersicht der einzelnen Elemente einer Küche dargestellt (vgl. Bild 4.61).

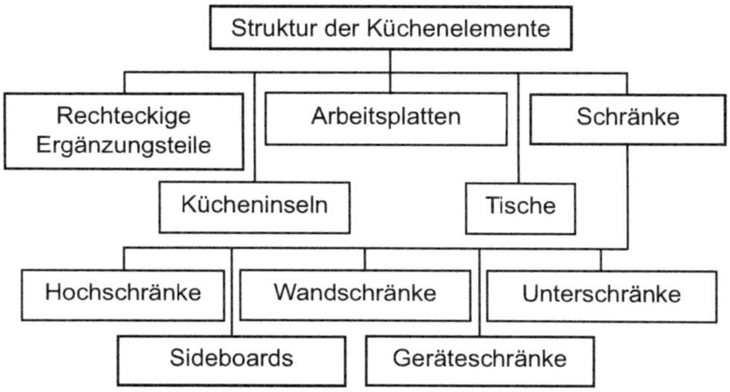

Bild 4.61 Übersicht der Elemente einer Einbauküche

Differenzierung des Materialflusses

Da die Mehrheit der Teile einer derartigen Küche im Durchlauf und mit einer Losgröße-1 gefertigt werden soll, würde eine Maschinenumrüstung während der Bearbeitung auf eine andere Bauteilbreite bzw. Bauteildicke zu erheblichen Zeitverzügen und zur unnötigen Verlängerung der Bearbeitungszeiten führen. Um eine Breitenverstellung während der Bearbeitung zu vermeiden, werden bevorzugt einseitig versetzte Durchlaufmaschinen verwendet. Entweder als einzelne, einseitige Durchlaufbearbeitungsmaschine oder als Transferstraße mit mehreren hintereinander angeordneten einseitigen Durchlaufmaschinen und einer Bauteilrückführung. Beim Formatieren der Korpusteile wird i. d. R. ein dünnes Schmalflächenmaterial mit einer Dicke von z. B. D = 0,4 mm bis 0,6 mm, eine sogenannte Dünnkante, aufgeklebt. Bei den Küchenfronten hingegen, wird ein ca. D = 2,0 mm dickes Schmalflächenmaterial, eine sogenannte Dickkante bzw. Sichtkante, aufgebracht.

In Unterschränken und Wandschränken, in den Ausführungen als Eckschränke und als Halbeckschränke, können Böden mit nicht rechteckigen Außenkonturen vorhanden sein, z. B. mit Drehkarussell-Böden oder Schwenktablar-Böden. Da diese Böden in geringer Anzahl, wenn überhaupt, in einem Auftrag enthalten sind, können sie entweder mit einer CNC-Stationärbearbeitungsmaschine gefertigt oder zugekauft werden. Unter der Bezeichnung rechteckige Ergänzungsteile kann man z. B. Blenden, Passleisten, Sockelleisten, Abschlusswangen und Abdeckplatten zusammenfassen, die vorzugsweise im Durchlauf gefertigt werden. Auf die Kücheninseln und die Tische soll im Weiteren nicht eingegangen werden.

Unter Berücksichtigung der Materialdicken ergeben sich vier Bauteilgruppen, so die Korpusteile, die Korpusfronten, die Korpusrückwände und die Küchenarbeitsplatten. Die rechteckigen Ergänzungsteile werden in den Materialstärken der Korpusteile, der Fronten und der Arbeitsplatten gefertigt.

Hinsichtlich der zu fertigenden Stückzahlen wird in dieser Betrachtung von einer Tagesproduktion von ca. 800 Schränken ausgegangen. In der Gruppe der rechteckigen Ergänzungsteile können in Korpus-Materialdicke Sockelblenden, Passleisten und Abschlusswangen vorhanden sein. In Front- bzw. Arbeitsplattenmaterialstärke können auch Abdeckplatten vorhanden sein.

Differenzierung der Bearbeitungstechnologien

Zur Differenzierung der Bearbeitungstechnologien ist die äußere Kontur der Teile nach den Materialgruppen in rechteckige Außenkonturen für die Durchlaufbearbeitung und nicht rechteckige Außenkonturen für die CNC-Stationärbearbeitung zu unterscheiden. Bei der Gruppe der Korpusteile überwiegen die rechteckigen Formen und somit sind die Plattensäge und die Durchlaufformatierung maßgebend.

In der konstruktiven Bearbeitung wären die Durchlaufbearbeitung und die CNC-Stationärbearbeitung möglich. An dieser Stelle sind die Flexibilität der Maschine, die Werkzeugbestückung, die Anzahl der möglichen Bohrtakte und die Fähigkeit zur Kooperation mit den Montagegeräten wesentlich. Nicht rechteckige Formen würden ggf. nur in Eck- und Halbeckschränken sowie Abschlussregalen bei Unter- und Wandschränken in geringem Umfang vorhanden sein und müssten stationär gefertigt bzw. zugekauft werden. Die Rückwände werden rechteckig zugeschnitten und können konstruktive Bearbeitungen, z. B. Kabeldurchlassöffnungen oder Ausklinkungen, aufweisen. Maßgebend für die Rückwände ist der Zuschnitt mit der Plattensäge und die konstruktive Bearbeitung mit einer CNC-Stationärmaschine. Die Frontteile haben überwiegend rechteckige Bauteilformen. Maßgebend für den Zuschnitt ist die Plattensäge, für das Formatieren die Durchlaufbearbeitung und für die konstruktive Bearbeitung die CNC-Stationärbearbeitung. Bei einteilig rechteckigen Arbeitsplatten erfolgt der Zuschnitt vorzugsweise mit einer Plattensäge. Rechteckige Einzelarbeitsplatten können im Durchlauf formatiert werden. Nicht rechteckige Arbeitsplatten, z. B. mit einer frei definierten Außenkontur, bzw. mehrteilige Arbeitsplatten, z. B. in L-Form bzw. U-Form, werden üblicherweise mit CNC-Stationärbearbeitungszentren bearbeitet. Bei mehrteiligen Arbeitsplatten sind z. B. konstruktive Bearbeitungen für Plattenverbinder und Konturfräsungen auszuführen. Diese Bearbeitungen sind gegenwärtig im Durchlauf nicht wirtschaftlich zu realisieren.

Zusammenhang zwischen Touren- und Fertigungsplanung

Ausgehend von einem feststehenden Liefertermin wird durch eine Rückwärtsterminierung das Fertigungsdatum, d. h. die Auftragsfreigabe und der Bearbeitungsstart, festgelegt. Es werden alle Einzelaufträge für diesen Tag zu einem Pool zusammengefasst und anschließend im Rahmen der Tourenplanung nach Lieferorten sortiert. Im Rahmen der Tourenplanung wird auch die Reihenfolge der Verladung in das Transportfahrzeug festgelegt. Aus dem Tourenplan und der Beladereihenfolge ergibt sich die Reihenfolge der Fertigung der einzelnen Kundenaufträge, das bedeutet eine versandgesteuerte Produktionsplanung. Anschließend werden die Einzelaufträge nach den Komponenten aufgelöst, so z. B. die Anzahl der Unterschränke, die Hochschränke, die Sideboards und die Arbeitsplatten. Zusätzlich werden die Farb- und Dekorvarianten der einzelnen Touren des Fertigungstages selektiert.

Die Teile eines ursprünglich geplanten Rohteil-Zuschnittes werden als sogenannte Muss-Teile bezeichnet. Muss-Teile werden zeitlich planmäßig mit dem eigentlichen Zuschnittauftrag gefertigt. Zur Verbesserung der Rohteilausbeute können dekorgleiche Rohteile aus zeitlich späteren Zuschnittaufträgen des gleichen Fertigungstages in andere Zuschnittaufträge vorgezogen werden. Bei der Plattenzuschnittoptimierung sollen der Verschnitt und die Fertigungskosten möglichst minimal sein. Wirtschaftliche Reste können anfallen, müssen aber nicht anfallen. Vorteilhafter ist es, die Platten möglichst vollständig in Rohteile aufzuteilen. Diese hinzugefügten Teile aus anderen Zuschnittaufträgen können als Kann-Teile bezeichnet werden. Kann-Teile werden von einem zeitlich später geplanten Zuschnittauftrag in einen früheren Zuschnittauftrag mit dekorgleichen Teilen vorgezogen. Um diese Kann-Teile identifizieren zu können, muss auch die ursprüngliche Auftragsnummer auf dem Bauteiletikett enthalten sein. Die Kann-Teile werden nach dem Zuschnitt und der Etikettierung in einem speziellen Zwischenpuffer, auch als Kann-Teilepuffer bezeichnet, eingelagert und zeitlich später den dann geschnittenen Rohteilen des eigentlichen Zuschnittauftrages wieder zugeordnet. Die zugeschnittenen Rohteile sind etikettiert und können jederzeit sicher identifiziert werden.

Die planmäßig zugeschnittenen Muss-Teile bleiben als Teilefolge erhalten und können in Abhängigkeit von der aktuell verfügbaren Formatbearbeitungskapazität formatiert oder in einem Puffer zwischengelagert und anschließend formatiert werden. Nach der Wiederzuordnung der Kann-Teile zum eigentlichen Zuschnittauftrag hat die Unterscheidung in Muss-Teile und Kann-Teile keine Bedeutung mehr.

Zuschnitt und Formatbearbeitung sind durch einen Puffer voneinander entkoppelt. Die Transferstraße für die Formatbearbeitung benötigt einen stabilen und gleichmäßigen Rohteilzufluss. Bei Schichtbeginn bzw. beim Zuschnitt von vielen kleinformatigen Rohteilen kann es zu Schwankungen im Teilefluss kommen, so z. B. das Ausbleiben erwarteter Teile oder ein Stau durch eine erhöhte Teilezufuhr bei vielen kleinformatigen Teilen. Um diese Schwankungen beim Einlauf in die Formatbearbeitung zu verhindern, ist vor der Formatbearbeitung ein Puffer angeordnet, der diese Schwankungen im Teilezufluss ausgleicht. Nach der Formatbearbeitung werden die Teile in das Kommissionierlager transportiert. Zum Zeitpunkt der Einlagerung in das Kommissionierlager haben die Teile noch keine konstruktive Bearbeitung erhalten, ausgenommen der Rückwandnuten in Seiten und Böden, die in der Formatbearbeitung eingebracht werden. Die Teile werden im Kommissionierlager auftrags- und tourenbezogen eingelagert. Wenn alle Teile und Komponenten für die Montage vorhanden sind, kann der Auftrag für die Montage freigegeben werden.

Auftragsvorbereitung

Ausgehend von der Planung der individuell gestalteten Küche müssen folgende, auftragsvorbereitende Arbeiten ausgeführt werden. Zur eindeutigen Identifizierung sind alle im Sortiment befindlichen Komponenten mit alphanumerischen Ordnungsmerkmalen bezeichnet. In einem ersten Schritt erfolgt die Typisierung der Komponenten. Dazu werden aus der Systemübersicht die einzelnen, auftragsrelevanten Komponenten selektiert. In der Küchenplanung wurde die Höhenposition der Arbeitsplatte nach ergonomischen und funktionalen Gründen festgelegt. Da die Höhe der Unterschränke im Wesentlichen festliegt, liegt damit auch die Höhe des Sockels fest. Darüber hinaus können durch die Planung bestimmte Ausführungen und Ausstattungen bereits festgelegt sein, z. B. die Unterschranktiefe. Aus der alphanumerischen Bezeichnung des Korpus kann auf den konkreten Unterschrank geschlossen werden. Mit der Festlegung der Art des Korpus können bereits Bohrpositionen, z. B. für Auszüge oder Topfscharniere, sowie die Montagereihenfolgen für Beschlag- und Korpusmontage, festgelegt werden.

In einem zweiten Schritt erfolgt die maßliche Definition der Korpusse. Die Korpushöhe und die Korpustiefe liegen bereits fest. Die Breite der einzelnen Korpusse muss in Abstimmung mit den zulässigen Rastermaßen und den baulichen Gegebenheiten abgestimmt bzw. bereinigt werden; ggf. sind Passleisten oder Abschlusswangen zur Kompensation von Toleranzen einzuplanen. Mit der maßlichen Festlegung der Korpusse können die Einzelteile eines Korpus ebenso maßlich definiert werden. Mittels variabler Programmierung können die bei der Teilebearbeitung beim Maschineneinlauf gelesenen Bauteilparameter benutzt werden, um die Variablen im Bearbeitungsprogramm zu aktualisieren.

In einem dritten Schritt wird ein Fertigungsauftrag erstellt, der alle geplanten Komponenten der Küche in der Fertigungsreihenfolge enthält. Bei parametrischer Konstruktion bzw. variabler CNC-Programmierung können über mathematische Beziehungen bei vorgegebener Konstruktionsart die Abmessungen der einzelnen Teile bestimmt werden. Aus der Korpuskonstruktion liegen bereits die einzelnen Positionen der Verbindungsbohrungen für die konstruktive Bearbeitung fest. Mittels Variablensteuerung können Bohrpositionen für Griffe und Bedienelemente usw. beeinflusst werden. Da Korpusse mit gleichen Bezeichnungen sich innerhalb des Auftrages maßlich, z. B. in der Breite voneinander unterscheiden können, muss jedes einzelne Teil des Auftrages einen konkreten Bezug zu seinem Korpus, d. h. den Korpusabmessungen, haben. Das bedeutet, dass die Korpusmaße bzw. Variablenwerte und die Fertigungsauftragsnummer mit auf dem Etikett des Einzelteils enthalten sein müssen.

Im letzten Schritt der Vorbereitung werden den Korpussen die Materialien zugeordnet. Da die Bauteilabmessungen bereits festliegen, wird mit der Angabe eines Materialcodes, z. B. des Plattencodes (vgl. Bild 4.3) sowie eines Codes für das Schmalflächenmaterial, der sogenannte Kantencode, eine Materialzuordnung vorgenommen.

Rohteilzuschnitt in einer Losgröße-1-Fertigung

Beim Plattenzuschnitt in einer Losgröße-1-Fertigung werden hauptsächlich Einzelplatten verwendet. Paketzuschnitte können meist nur bei maßgleichen Rückwänden angewendet werden. Um eine möglichst hohe Ausbeute beim Zuschnitt zu erreichen, können Rohteile späterer Aufträge des gleichen Tages mit in den aktuellen Zuschnittauftrag eingeflochten werden. Der Zuschnitt der Rohteile bzw. der Rohteilstreifen, erfolgt mit einer Druckbalken-Plattensäge. Das Handling der Rohteilstreifen und der Rohteile übernimmt ein Gelenkarmroboter (vgl. Bild 4.62).

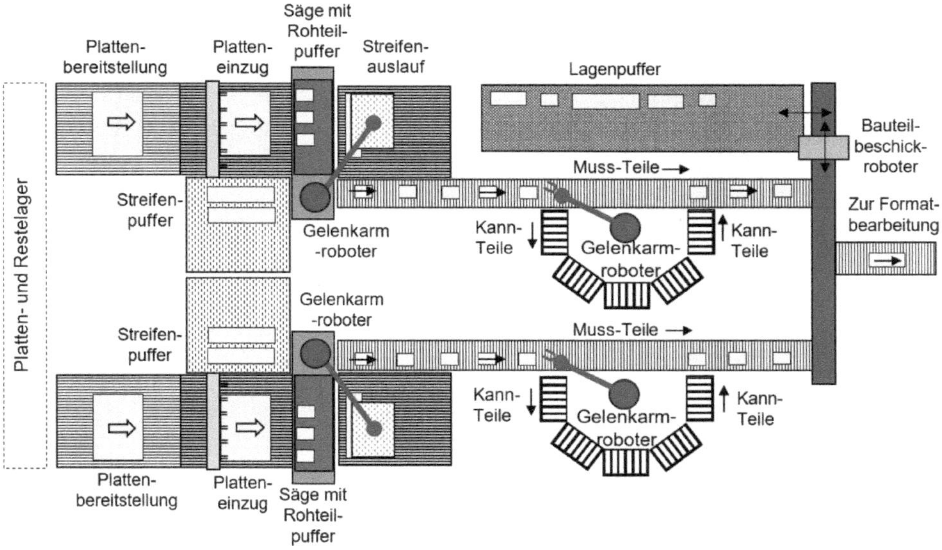

Bild 4.62 Übersichtsdarstellung des Rohteilzuschnittes mit Muss- und Kann-Teilepuffer

Die einzelnen Teilprozesse werden nachfolgend erläutert. Im Plattenlager werden die benötigten Platten mengen- und ablaufgerecht im Vorstapelbereich bereitgestellt. Mit dem Auftragsstart werden die Platten der Säge zugeführt. Bei Korpusteilen ist eine Einzelplattenaufteilung typisch. Im Bereich der Rückwände und der Ergänzungsteile können auch Paketaufteilungen möglich sein. Nach dem Einfördern der Platten erfolgt der Besäumschnitt. Anschließend werden im ersten Aufteilzyklus Rohteilstreifen erzeugt, die vom Roboter an der Säge in einem sogenannten Streifenpuffer zwischengelagert werden. Wenn das Auftrennen der Platte in Rohteilstreifen beendet ist, werden die einzelnen Rohteilstreifen in definierter Reihenfolge durch den Roboter wieder in die Säge gefördert. Der Rohteilstreifen wird gedreht und am Sägelineal ausgerichtet. Anschließend wird der Streifen in einzelne Rohteile aufgetrennt (vgl. Bild 4.63).

Bild 4.63 Roboter-Säge-Kombination für den Rohteilzuschnitt von Korpusteilen (mit freundlicher Unterstützung der Fa. Sachsenküchen, Dippoldiswalde)

Nach dem Zuschnitt der Streifen werden die Rohteile durch den Roboter aus der Säge entnommen und auf das Transportband gelegt. Das Etikettieren der Rohteile kann unmittelbar beim letzten Sägeschnitt am Rohteil oder beim Auslauf der Rohteile aus der Säge erfolgen. Nach der Etikettierung sind die Rohteile eindeutig identifizierbar. Die planmäßig gefertigten Muss-Teile werden in einen Lagenpuffer gefördert; die vorgezogenen Kann-Teile werden nach dem Zuschnitt im Kann-Teilepuffer abgelegt (vgl. Bild 4.64).

Bild 4.64
Einlagern der Rohteile in den Rohteilepuffer (mit freundlicher Unterstützung der Fa. Sachsenküchen, Dippoldiswalde)

Um die anschließende Formatbearbeitung sicher und stabil mit Rohteilen zu versorgen, können zwei Roboter-Säge-Kombinationen eingesetzt werden.

Wenn sich alle Teile des Auftrages im Rohteilepuffer befinden, dann werden die Rohteile als Verband in den Lagenpuffer gefördert. Im Lagenpuffer werden die Rohteile als Verband eingelagert und warten auf die folgende Formatbearbeitung (vgl. Bild 4.65).

Bild 4.65
Einlagerung der Rohteile im Auftragsverband zur nachfolgenden Formatbearbeitung (mit freundlicher Unterstützung der Fa. Sachsenküchen, Dippoldiswalde)

Formatbearbeitung in einer Losgröße-1-Fertigung

Ist ein Zuschnittauftrag im Lagenpuffer vollständig vorhanden, können die Rohteile auf Anforderung der Transferstraße zur Durchlaufformatbearbeitung weitergeleitet bzw. gefördert werden. Die Teile einer Losgröße-1-Fertigung werden vorzugsweise im Durchlauf auf einer Transferstraße bearbeitet. Alle Bearbeitungen und der Bauteiltransport erfolgen automatisch und programmgesteuert. Um Rüstzeiten für die Breitenverstellung zu kompensieren, werden für die Formatbearbeitung einseitige versetzte Durchlaufformatbearbeitungsmaschinen verwendet (vgl. Bild 4.66).

Bild 4.66 Transferstraße mit zwei einseitigen versetzten Durchlaufformatbearbeitungsmaschinen (mit freundlicher Unterstützung der Fa. Sachsenküchen, Dippoldiswalde)

Jedes Bauteil besitzt ein spezifisches Klebetikett mit Abmessungs-, Bearbeitungs- und Routeninformationen. Beim Beschicken der Transferstraße werden die Werkstücke mit einer pfeilähnlichen Markierung auf dem Bauteiletikett in einer festgelegten Startausrichtung aufgelegt. Je nach geplanter Stückzahl bzw. Bauteildurchsatz und vorhandener Maschinenaufstellfläche kann die Bearbeitung

- mit einer einseitigen Durchlaufmaschine mit vier Bauteilumläufen,
- mit zwei einseitigen Durchlaufmaschinen in zwei Bauteilumläufen, oder
- mit vier einseitigen Durchlaufmaschinen in einem Bauteilumlauf erfolgen.

Da alle Werkstücke die gleiche Materialdicke aufweisen, muss keine Dickenänderung an der Maschine vorgenommen werden. Bei einseitigen, nacheinander angeordneten Maschinen muss keine Breitenverstellung vorgenommen werden. Die maschinenbedingten Rüstvorgänge, wie z. B. der Werkzeugwechsel, der Aggregatwechsel oder der

Wechsel des SFM, finden in der zeitlichen Lücke zweier aufeinanderfolgender Teile, in der sogenannten Rüstlücke, statt. Die benötigten Angaben zu den Fertigteilabmessungen, den Abmessungen und der Art des SFM sind als Informationen auf dem Bauteiletikett enthalten. Das Umsetzen und Drehen der Bauteile für die nächste Bearbeitung, d. h. der Neuausrichtung, erfolgt in der Regel durch einen mobilen, kartesischen Linearroboter, vgl. Bild 3.9. Üblicherweise haben zurückkehrende Bauteile Vorfahrt gegenüber den hinzukommenden neuen Teilen. Nach Abschluss der Bearbeitung werden die Bauteile automatisch durch den Linearroboter ausgeschleust und zur nächsten Bearbeitungsstation oder zu einem Teilepuffer transportiert.

Abfolge der Prozesse Kommissionieren, konstruktive Bearbeitung und Montage

Nach der Formatbearbeitung werden die Teile in das Kommissionierlager gefördert. Zukaufteile können entweder mit im Kommissionierlager eingelagert oder zur Verwendungsstelle in der Montage gefördert werden. Im Kommissionierlager werden die Teile auftragsbezogen eingelagert (vgl. Bild 4.67).

Bild 4.67 Automatisch arbeitendes Kommissionierlager mit Roboterbeschickung und Sortierung (mit freundlicher Unterstützung der Fa. Sachsenküchen, Dippoldiswalde)

Im klassischen Ablauf der Prozessschritte folgen dem Formatieren die konstruktive Bearbeitung und anschließend das Kommissionieren sowie die Montage (vgl. Bild 4.1).

Bei einer losweisen Fertigung werden die unterschiedlichen Zeitbedarfe verschiedener Bearbeitungsprozesse durch Materialpuffer ausgeglichen. Beim Zuschnitt können die Teileabmessungen, die Anzahl verschiedener Teile im Schnittplan und die mögliche Komplexität der Schnittschemen den Fluss der Rohteilerzeugung beeinflussen; es kommt zu Schwankungen im Teilefluss. Das Durchlaufformatieren hat i. d. R. einen hohen Teiledurchsatz. In der konstruktiven Bearbeitung entstehen sehr unterschiedliche Bearbeitungszeiten bei der Bearbeitung von z. B. Seiten und Böden; es entstehen bauteilabhängige Bearbeitungszeiten.

Bei einer konventionellen, losweisen Bearbeitung würden die zeitlichen Abstimmungen mit anderen Bearbeitungsprozessen im Wesentlichen durch die Pufferliegezeiten erfolgen. Hätte eine Bearbeitungseinheit freie Kapazitäten, würde eine bedarfsabhängige Durchflusssteuerung erfolgen, indem ein neues Fertigungslos angefordert und bearbeitet wird.

Bei einer Losgröße-1-Fertigung ist i. d. R. der gesamte Fertigungsprozess mit den einzelnen Bearbeitungsabschnitten zeitlich und mengenmäßig aufeinander abstimmt. Der Gesamtprozess kann entweder nur aus der mechanischen Bearbeitung oder aus einer mechanischen Bearbeitung mit anschließender Montage bestehen. Der Abgleich der Einzelprozesse erfolgt mit dem Ziel eines gleichmäßigen und konstanten Teileflusses durch den Gesamtprozess und einer gleichmäßigen Auslastung der Betriebsmittel. Eine Losgröße-1-Fertigung basiert im Wesentlichen auf automatisierten und verketteten Fertigungslinien, ohne notwendige manuelle Eingriffe der Mitarbeiter. Im Endeffekt entsteht dann eine gleichmäßige und damit planbare Produktion, trotz der Vielfalt und der Kundenindividualität.

Eine Durchlaufbearbeitung steht für hohe Produktivität, besitzt aber eine geringe Flexibilität. Die Stationärbearbeitung besitzt eine hohe Flexibilität, weist aber eine geringe Produktivität auf. Ein Teil der Bearbeitungen kann sowohl im Durchlauf als auch stationär erfolgen, z. B. Bohren, Nuten und Fräsen. Durch die Verlagerung bestimmter Prozessschritte, unter Beachtung von Produktivität bzw. Flexibilität, können insgesamt bessere Ergebnisse erzielt werden. Dabei können Fertigungsabschnitte zwischen den Bearbeitungsprozessen verschoben werden. Parallel dazu erfolgt auch die zeitliche Anpassung. Das Verschieben der Fertigungsstufe der konstruktiven Bearbeitung unmittelbar vor die Montage ist in Bild 4.24 dargestellt. In dieser Fassung der Abfolge der Prozessschritte werden die Prozesse der konstruktiven Bearbeitung, z. B. das Bohren, mit dem Beschlageinbringen, z. B. das An- und Einpressen, und dem Vormontageprozess zusammengefasst.

Einzelne Prozesse der konstruktiven Bearbeitung können zum Prozess des Formatierens vorgezogen werden, z. B. das Nutsägen für Rückwandnuten in Durchlaufrichtung. Andere Prozessschritte der konstruktiven Bearbeitung können in Richtung der Montage verschoben werden, d. h. Prozesse der konstruktiven Bearbeitung finden unmittelbar vor der Montage statt (vgl. Bild 4.68).

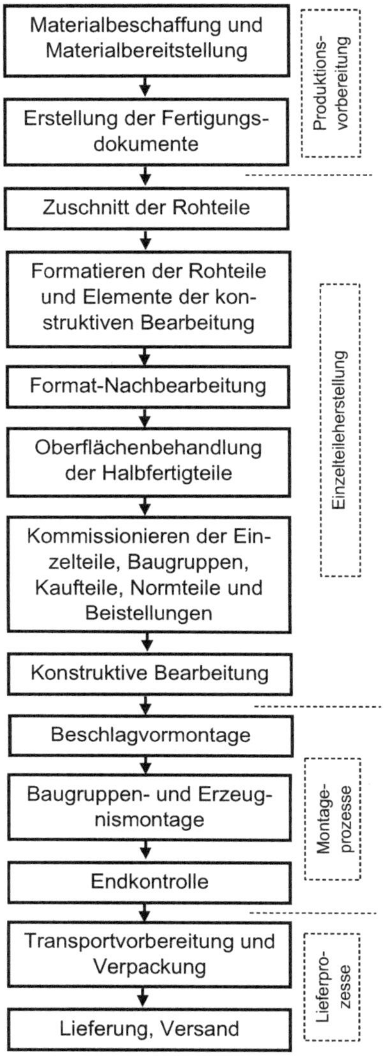

Bild 4.68
Prozessfolge in einer Losgröße-1-Fertigung

Damit können für bestimmte Werkstückgruppen speziell ausgestattete und funktional optimierte Fertigungslinien entstehen. So kann z. B. das Beschlageinpressen unmittelbar nach Erzeugen der Aufnahmebohrungen für den Beschlag erfolgen. Anschließend kann das mit dem Beschlag bestückte Werkstück in der Baugruppenmontage verwendet werden.

Für die weitere Bearbeitung werden die eingelagerten Teile auf Anforderung der Montage bedarfs- und ablaufgerecht bereitgestellt. Der Teiletransport kann entweder kontinuierlich mit Gurtband bzw. Rollenbahn oder auftragsbezogen auf Transportpaletten erfolgen (vgl. Bild 4.69).

Bild 4.69 Auftragsbezogene Bereitstellung der kommissionierten Teile für die Montage (mit freundlicher Unterstützung der Fa. Sachsenküchen, Dippoldiswalde)

Wie in Bild 5.66 dargestellt ist, können Prozesse in serielle und parallele Teilprozesse gegliedert werden. Im Fall der Korpusmontage können die Teileströme in drei parallele Linien aufgegliedert werden, in eine Montagelinie für Hochschränke, in eine Montagelinie für Wand- und Unterschränke sowie in eine Linie für die Montage der Korpusfronten. Dabei sind die Linien für die Korpusmontage in etwa gleich ausgestattet, um bei unterschiedlichen Stückzahlen der Schrankarten, die Linien gleichmäßig auslasten zu können. Da bei den Teilen bisher nur die Formatierung erfolgt ist, muss im ersten Bearbeitungsschritt die konstruktive Bearbeitung erfolgen. Im Anschluss erfolgt dann die Beschlagmontage (vgl. Bild 4.70).

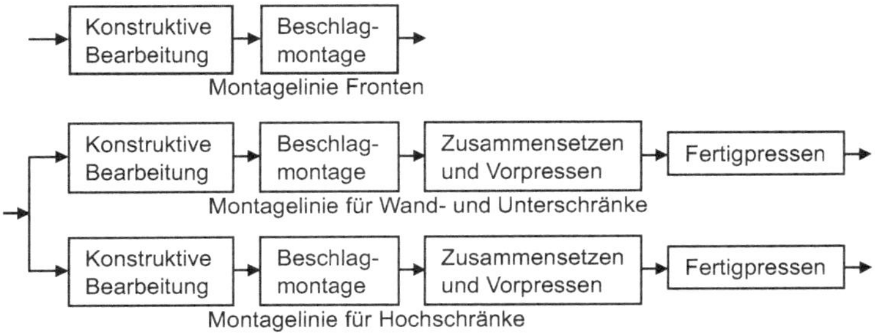

Bild 4.70 Grobstruktur der Korpusmontage in der Losgröße-1-Fertigung

Bei der konstruktiven Bearbeitung in der Losgröße-1-Fertigung werden CNC-Bearbeitungsmaschinen für eine allseitige bzw. eine sogenannte sechsseitige Bearbeitung verwendet (vgl. Bild 5.66). Diese Maschinen sind Mehrmaschinensysteme zur mechanischen Bearbeitung und der Beschlagmontage (vgl. Abschnitt 5.5.2). Da u. U. an allen Bauteilseiten Bearbeitungen vorgenommen werden, können die Bauteile nicht mit Vakuum gespannt werden. Da die Bauteile im Maschinenbereich definiert bewegt werden, sind die Werkstücke an den vier Bauteilecken mechanisch geklemmt (vgl. Bild 4.71).

Bild 4.71 CNC-Maschine zur sechsseitigen Bearbeitung und Beschlagmontage (mit freundlicher Unterstützung der Fa. Sachsenküchen, Dippoldiswalde)

Bauteilbezogene Fertigungslinien

Am Beispiel der Herstellung von kundenindividuell geplanten Einbauküchen in einer Losgröße-1-Fertigung können fünf verschiedene Bauteilgruppen definiert werden, die dann mit verschiedenen Fertigungslinien bzw. Maschinensystemen bearbeitet werden. In den nachfolgenden Ausführungen werden nur die Prozesse der mechanischen Bearbeitung betrachtet.

In der Fertigungslinie für Korpusteile werden Teile in Korpusmaterialdicke im Zuschnitt mit Roboter-Säge-Kombinationen ausgetrennt, anschließend etikettiert und in einen Materialpuffer gefördert. Werden Kann-Teile und Muss-Teile gefertigt, werden die Muss-Teile im Lagenpuffer gesammelt und mit später nachfolgenden Kann-Teilen des gleichen Auftrages komplettiert. Kann-Teile werden in einem separaten Puffer gelagert und werden dann in den Lagenpuffer gefördert, wenn deren Auftrag komplettiert wird. Durch die freiwerdende Formatbearbeitungstransferstraße wird der nächste komplette Auftrag aus dem Lagenpuffer abgerufen und anschließend bearbeitet. Zur vollständigen Formatierung müssen die Teile, je nach vorhandenen Bearbeitungsmaschinen, zwei oder einen Umlauf in der Transferstraße absolvieren. An den Maschinen der Transferstraße finden keine Umrüstungen in den Bauteilbreiten oder Bauteildicken statt. Das Umsetzen der Teile erfolgt durch einen mobilen, kartesischen Roboter. Nach der Formatbearbeitung werden die formatierten und zum Teil konstruktiv bearbeiteten Bauteile in den Kommissionierpuffer gefördert. Zugekaufte bzw. an anderen Fertigungsabschnitten gefertigte Korpusteile, z. B. Rückwände, Sockelteile oder Blenden, können in den Kommissionierpuffer eingeschleust und dann mit den anderen, vorhandenen Korpusteilen in die Montagereihenfolge sortiert werden. Von der Montageanlage aus werden die Aufträge zur Abarbeitung beim Kommissionierpuffer abgerufen.

Bei der Fertigung von Rückwänden und Schubkastenböden mit gleicher Materialdicke können die Teile separat mit einzeln stehenden Plattensägen zugeschnitten werden. Die Rückwände bzw. Böden können im Plattenpaket zugeschnitten werden, sofern genügend viele gleichformatige Rohteile vorhanden sind. Alle erzeugten Rohteile werden etikettiert. Sollten ggf. noch Bearbeitungen an den Rückwänden notwendig sein, z. B. das Einbringen von Öffnungen oder zur Justage von Beschlägen, können diese mit einer separat stehenden CNC-Stationärbearbeitungsmaschine in z. B. einer Mehrstückbearbeitung erfolgen. Anschließend werden die fertigen Rückwände und Schubkastenböden in den Kommissionierpuffer gefördert.

Küchenarbeitsplatten sind in definierten Längen, Breiten, Dicken und Dekoren als Handelsware lieferbar. Einteilige Arbeitsplatten können auf einer Horizontalplattensäge zugeschnitten werden und erhalten im Durchlauf oder stationär die Schmalflächenbeklebungen. Die Öffnungen in den Arbeitsplatten für Kochfelder und Spülen können beim Küchenhersteller mit einer CNC-Maschine bzw. einem CNC-BAZ ausgefräst werden. Es ist aber auch möglich, diese Öffnungen beim Aufstellen der Küche an der Verwendungsstelle einzubringen. Eine Arbeitsplatte ohne Öffnungen lässt sich einfacher transportieren und besser an die räumlichen Gegebenheiten und die vorhandenen Medienanschlüsse anpassen.

Vom Grundsatz her ist es möglich, einteilige Arbeitsplatten komplett stationär zu bearbeiten. Dazu muss das CNC-BAZ über eine entsprechend große Bearbeitungsfläche verfügen. Mehrteilige Arbeitsplatten können ebenso mit einer Plattensäge zugeschnitten und an bestimmten Schmalflächen mit SFM beklebt werden. An den Stirnseiten der Arbeitsplatten, die mit weiteren Arbeitsplatten verbunden werden, sind spezielle Formkonturen erforderlich. Diese Formkonturen werden i. d. R. mit einem CNC-Bearbeitungszentrum gefräst, ebenso die Funktionsflächen für die Plattenverbinder und die Nuten für die höhengleiche Montage der beteiligten Arbeitsplatten (vgl. Bild 4.72).

Bild 4.72 CNC-Stationärbearbeitungszentrum zur Bearbeitung von Küchenarbeitsplatten (mit freundlicher Unterstützung der Fa. Sachsenküchen, Dippoldiswalde)

Nach der spanenden Bearbeitung und dem Ankleben des Schmalflächenmaterials erfolgen die Sichtprüfung, die Verpackung für den Transport und die Etikettierung. Die Montage der Arbeitsplatten erfolgt am Aufstellort beim Kunden.

Bei den Möbelfronten sind bestimmte Unterscheidungen vorzunehmen. Bedingt durch Kundenwünsche können frontenabweichende Materialdicken, anders ausgeführte Schmalflächenformen oder zusätzliche Oberflächenbeschichtungen im Vergleich zu den dazugehörigen Korpusteilen auftreten. Fronten können in Eigen- oder Fremdfertigung hergestellt oder als Kaufteile bezogen werden. Fronten in Korpusmaterialdicke und mit endfertigen Breitflächen versehen, können wie Korpusteile in Eigenfertigung hergestellt werden. Bei abweichenden Materialdicken müsste entweder die vorhandene Transferstraße für Korpusteile in der Materialdicke zyklisch umgerüstet werden oder es wäre eine eigene Fertigungslinie erforderlich. Ein permanentes Umrüsten bringt eine gewisse Unruhe in die Fertigung und würde außerdem die Auftragsdurchlaufzeiten vergrößern. Eine eigenständige Fertigungslinie könnte auch Softforming-Bearbeitungen ermöglichen. Bei zusätzlichen Oberflächenbeschichtungen können die Frontteile als Eigenfertigungsteile gefertigt und anschließend fremdbeschichtet oder direkt als fertig konfektionierte und beschichtete Fronten bezogen werden. Die Entscheidung Make-or-Buy wird durch wirtschaftliche Gründe, die territoriale Verfügbarkeit erforderlicher Kapazitäten sowie stabiler und sicherer Lieferketten beeinflusst. Bei fremdgefertigten oder zugekauften Fronten können diese ins Kommissionierlager eingefügt und wie alle anderen Teile kommissioniert werden. Es besteht aber auch die Möglichkeit der Just-in-Time-Lieferung direkt in die Montage.

Die rechteckigen Ergänzungsteile, z. B. Passleisten, Abschlusswangen und Blenden, besitzen üblicherweise Korpusmaterialdicke und sind dekorgleich zu den Korpusteilen. Ergänzungsteile benötigen kaum konstruktive Bearbeitungen. Die Anzahl der Ergänzungsteile in einem Auftrag ist gering im Vergleich zu den Korpusteilen. Die rechteckigen Ergänzungsteile können nach dem Zuschnitt im Durchlauf formatiert und dann in den Kommissionierpuffer gefördert werden, sofern sie beim Hersteller mit montiert werden. Bei einer späteren Montage beim Kunden können die Teile direkt zum Versand transportiert und zusammen mit dem Auftrag ausgeliefert werden.

Zusammenfassung

Die Losgröße-1-Fertigung ist dadurch charakterisiert, dass verschiedenformatige Bauteile als zusammenhängender Kundenauftrag durch die Fertigung gefördert und bearbeitet werden. Zur Sicherung einer hohen Materialausnutzung können einzelne Teile eines Auftrages temporär in benachbarten Aufträgen mit bearbeitet werden. Im Verlauf der Bearbeitung werden alle Teile des Auftrages fertig bearbeitet und gelangen in der festgelegten Montagereihenfolge in den Montagebereich. Typischerweise werden die Bauteile vom Zuschnitt bis zur Montage in einem einheitlichen Transportsystem als „One-piece-flow" gefördert. Bauteilbezogene Umrüstungsvorgänge, z. B. Breitenverstellung, Dickenverstellung, Dekorwechsel oder Wechsel der CNC-Bearbeitungsprogramme, werden vermieden, sodass ein nahezu konstanter Bauteilfluss verschiedenformatiger Teile gewährleistet ist. Die einzelnen Bearbeitungsstationen sind hinsichtlich Produktivität und Teiledurchsatz aufeinander abgestimmt. Zur Vermeidung von Schwankungen im Materialfluss werden benachbarte Bearbeitungsstationen durch Puffer voneinander entkoppelt. Jedes Bauteil ist direkt identifizierbar. Die Auftragsabarbeitung und damit der Bauteilfluss erfolgt bedarfsgesteuert. Eine nachgelagerte Bearbeitungseinheit fordert bei der vorgelagerten Bearbeitungseinheit den wartenden, geplanten Auftrag zur Abarbeitung an. Nach der mechanischen Bearbeitung müssen die Teile für die anstehende Montage aus dem Kommissionierlager auftragsbezogen und montagegerecht kommissioniert werden.

Ein Losgröße-1-Fertigung besteht i. d. R. aus mehreren vernetzten und automatisierten Fertigungsbereichen, die von einem MES bzw. einem Fertigungsleitsystem gesteuert werden. Alle Bearbeitungs- und Transportprozesse sind vorprogrammiert und an den Fertigungseinheiten verfügbar. Durch die Teileidentifikation ist die festgelegte Transportroute der Teile bekannt und die CNC-Programme können durch die Aktualisierung von Variablenwerten auf die Teile angepasst werden. Handlings- und Transportvorgänge werden mechanisiert bzw. automatisiert ausgeführt. Über ein einheitliches Maschinen-Monitoring- und Reporting-System (MMR) können der Anlagenzustand und die aktuellen Leistungskennziffern visualisiert werden. Manuelle Eingriffe in die Fertigungsprozesse sind i. A. nicht erforderlich. Notwendige manuelle Eingriffe an den Bearbeitungsmaschinen, z. B. Rollenwechsel beim SFM, werden rechtzeitig dem Bedienpersonal angezeigt.

5 Numerisch gesteuerte Bearbeitungsprozesse

5.1 CNC-Steuerungsarten

Im Jahr 1952 entstand die erste numerisch gesteuerte Bearbeitungsmaschine. Eine Werkzeugmaschine mit drei Bewegungsachsen wurde mit einer auf Elektronenröhren basierenden Steuerung ausgerüstet, die vorgegebene Bearbeitungspositionen programmgesteuert anfahren und Bearbeitungen ausführen konnte. Alle Vorschubachsen konnten dabei simultan geradlinig verfahren. Dazu wurden vorab auf einer externen Rechenmaschine die Bahnpositionen errechnet und auf binär codierten Lochkarten gespeichert. Die Informationen dieser Datenträger wurden dann sequenziell in die Maschinensteuerung eingelesen und ausgeführt. Zwischenwerte konnten intern berechnet werden. Die Bewegungen der Maschinenachsen wurden mit Servomotoren gesteuert[1]. Diese Art der Steuerung wurde als Numerical Control (NC), d. h. als zahlenmäßige Steuerung bezeichnet. Im Verlauf der technischen Entwicklung entstanden in den 1970er-Jahren Mikrochips als Speicher bzw. Prozessoren. Damit war es möglich, in der Maschinensteuerung Programmanweisungen zu speichern bzw. zu verwalten, Positionsberechnungen durch Interpolation vorzunehmen, den Maschinenzustand zu bestimmen sowie ggf. zu verändern und die Servomotoren gemäß der Bahnvorgaben anzusteuern. Nach [DIN ISO 2806] wird eine CNC-Steuerung beschrieben als eine „... Automatische Steuerung eines Prozesses, der von einem Gerät ausgeführt wird, das während der Durchführung des Prozesses numerische Daten einsetzt.“[2] In dieser Norm werden weitere Differenzierungen vorgenommen. Hinsichtlich Ausstattung und Funktionalität können CNC-Steuerungssysteme in Punkt-, Strecken- und Bahnsteuerungen unterschieden werden.

---

1 Nach [KIE 1999], S. 22

2 [DIN ISO 2806], S. 4

Punktsteuerung

Eine Punktsteuerung ist eine „... numerische Steuerung, bei der jede numerisch gesteuerte Bewegung aufgrund von Daten des Steuerprogramms erfolgt, welche die folgende anzufahrende Position enthalten ... die Bewegungen in den verschiedenen Achsrichtungen erfolgen ohne vorgegebenen funktionalen Zusammenhang. Die Bewegungen können gleichzeitig oder nacheinander ausgeführt werden. (Das Werkzeug ist dabei nicht im Eingriff).“[3] Bei diesen Steuerungen ist nur die Angabe von Zielpositionen möglich; keine Vorgaben bzw. Änderungen der Geschwindigkeit und kein Zusammenhang zwischen einzelnen Achsbewegungen. Diese Steuerungsart wird auch als Point-to-Point-Steuerung (P2P) bezeichnet. Im Anwenderprogramm stehen für die beteiligten NC-Achsen die Zielkoordinaten. Beim Start des Programmes/Arbeitsschritts verfahren alle NC-Achsen gleichzeitig mit gleicher Geschwindigkeit in ihre vorgegebenen Zielpositionen. Die Achse mit dem kürzesten Weg erreicht als Erste ihre Zielkoordinate. Wenn alle beteiligten Achsen ihre Zielpositionen erreicht haben, d. h. Sollposition = Istposition, kann die nächste Bewegung oder eine Bearbeitungsoperation durchgeführt werden. Jede einzelne Achse verfügt über ein Wegmesssystem. Zwischen den Achsen besteht kein funktionaler Zusammenhang. Derartige Steuerungssysteme werden z. B. in Durchlaufformatbearbeitungsmaschinen und einfachen Bohrautomaten eingesetzt.

Streckensteuerung

Eine Streckensteuerung ist eine „... numerische Steuerung, bei der jede numerisch gesteuerte Bewegung aufgrund von Daten des Steuerprogramms erfolgt, die sowohl die nächste anzufahrende Position als auch die geforderte Vorschubgeschwindigkeit für die Bewegung zu jener Position enthalten. Die Bewegungen in den verschiedenen Achsrichtungen erfolgen ohne vorgegebenen funktionalen Zusammenhang. Das Werkzeug kann dabei im Eingriff sein.“[4] Bei diesen Steuerungen ist die Angabe von Zielpositionen und von Geschwindigkeitsverläufen der NC-Achsen möglich. Als Vorschubbewegungen finden meist nur achsparallele Bewegungen statt. Es besteht aber kein funktionaler Zusammenhang zwischen den einzelnen Achsbewegungen. Die beteiligen NC-Achsen verfügen jeweils über Systeme zur Weg- und Geschwindigkeitsmessung. Die Achsbewegungen finden nacheinander bzw. gleichzeitig statt. Derartige Steuerungssysteme werden u. a. in Plattensägen, so z. B. in Druckbalkensägen eingesetzt. Eine Achsbewegung führt dabei der Sägewagen aus. Durch das Wegmesssystem können die Positionen des Sägewagens, z. B. das Auftauchen der Sägeblätter in Schnitthöhe, die Schnittlänge und die Position für den Rückzug der Sägeblätter bestimmt werden. Beim Trennschnitt steuert der Vorschubantrieb die vom Anwender programmierte Vorschubgeschwindigkeit. Eine zweite Achsbewegung, d. h. die Bewe-

---

3 [DIN ISO 2806], S. 8

4 [DIN ISO 2806], S. 9

gung des Plattenpaketes zur Schnittlinie der Säge, wird durch das Plattenzuführsystem realisiert. Für diese Bewegung ist i. A. ein Wegmesssystem ausreichend. Die beiden Bewegungen laufen grundsätzlich nacheinander ab.

Bahnsteuerung

Eine Bahnsteuerung ist eine „... numerische Steuerung, bei der zwei oder mehr numerisch gesteuerte Bewegungen aufgrund von Daten des Steuerprogramms erfolgen, welche die nächste anzufahrende Position, die Art der zu durchfahrenden Bahn und die Vorschubgeschwindigkeit für die Bewegung zu jener Position enthalten ... die Bewegungen in den Achsrichtungen werden relativ zueinander so gesteuert, dass die gewünschte Kontur mit der programmierten Vorschubgeschwindigkeit erzeugt wird.“[5)] Jede NC-Achse des Steuerungssystem verfügt über Systeme zur Weg- und Geschwindigkeitsmessung. Es ist die Angabe von Zielpositionen und von Geschwindigkeitsverläufen in jeder numerischen Achse möglich. Zwischen den einzelnen Achsen kann ein funktionaler Zusammenhang, d. h. die Art der Bahn, hergestellt werden. Ein Bahnkurvenrechner/Interpolator berechnet intern die Koordinaten aller an der Interpolation beteiligten NC-Achsen zur Realisierung der vorgegebenen Art der Bahn. Anhand ständiger Soll-Ist-Vergleiche wird die Einhaltung der Bahn und der Positionen der beteiligten NC-Achsen kontrolliert. Damit kann eine geometrisch bestimmte Bahn, bestehend aus z. B. Geraden, Kreisbögen, Vollkreisen oder Kurven, nachgebildet werden. Der Bahnkurvenrechner berechnet zwischen Start- und Zielposition der Bahn genügend viele Stütz- bzw. Hilfspunkte und realisiert daran die Einhaltung der vorgeschriebenen Bahn. Bei einer interpolierten Bahn erreichen alle beteiligten NC-Achsen die Zielposition gemeinsam.

Bahnsteuerungen können hinsichtlich ihrer Leistungsfähigkeit als 2D-, 2½D- und 3D-Bahnsteuerungen klassifiziert werden. Bei einer 2D-Bahnsteuerung können maximal zwei NC-Achsen einen Kreis bzw. einen Kreisbogen interpolieren. Die Ebene, in der der Kreis bzw. Kreisbogen interpoliert wird, ist mit der X-Y-Ebene fest definiert. Bei einer 2½D-Bahnsteuerung können zwei NC-Achsen einen Kreis bzw. einen Kreisbogen und gleichzeitig eine dritte NC-Achse linear interpolieren. Dazu muss eine Interpolationsebene für die Kreisinterpolation aktiv sein. Mit den Befehlen G17 wird die X-Y-Ebene, mit G18 die X-Z-Ebene und mit G19 die Y-Z-Ebene als Interpolationsebene festgelegt. Bei einer 3D-Bahnsteuerung können drei NC-Achsen einen Kreis bzw. Kreisbogen im Raum interpolieren. Eine 3D-Steuerung kann auch im 2D- bzw. 2½D–Modus verwendet werden. In der CNC-Holzbearbeitung sind vorwiegend 2½D- und 3D-Steuerungen im Einsatz. Für die Bearbeitung plattenförmiger Werkstoffe sind oft 2½D-Systeme ausreichend. Für mehrachsige CNC-Fräsmaschinen bzw. CNC-Bearbeitungszentren (BAZ) sind dann 3D-Steuerungssysteme im Einsatz.

---

[5] [DIN ISO 2806], S. 9

5.2 CNC-Programmierung nach DIN 66025

5.2.1 Programmaufbau und Programmelemente

Mit der Entwicklung der NC/CNC-Technik entstanden weltweit zwei Systeme der Codierung von Befehlsstrukturen. Die unterschiedlichen Entwicklungen in Europa und den USA führten zu unterschiedlichen Code-Systemen. In Europa entstanden auf einer Empfehlung der ISO basierend nationale Standards, so z. B. die [DIN 66025]. Dieser Code wird im Allgemeinen als DIN- oder ISO-Code bezeichnet. Sichtbares Merkmal dieses Codes sind Großbuchstaben und der Programmbeginn mit dem %-Zeichen. Beim amerikanischen EIA-Code [EIA RS-244] werden Kleinbuchstaben verwendet. Ein Programm beginnt mit dem Steuerzeichen End Of Record (EOR). Beide Code-Systeme haben Ähnlichkeiten, sind aber nicht identisch. CNC-Steuerungen, die beide Code-Systeme verarbeiten können, müssen zwangsläufig in der ersten Programmzeile das Zeichen % für den ISO-Code oder EOR für den EIA-Code enthalten. Aufgrund der ISO-Empfehlung haben zahlreiche Länder diesen Code in nationale Normen übernommen.

Nachfolgend wird ausschließlich der ISO-Code behandelt. Im Zuge der technischen Entwicklung und der zunehmenden Komplexität der Bearbeitungsaufgaben erwiesen sich die relativ starren Befehlsstrukturen der DIN 66025 als nachteilig, da in diesem Standard z. B. keine Sprungbefehle oder Schleifenoperationen vereinbart sind. Da die Befehlsstrukturen der DIN 66025 auf einheitlichen Regeln basieren, haben diese Prinzipien der Programmerstellung eine sehr weite Verbreitung. In vielen Steuerungssystemen sind die Befehle der DIN 66025 die Grundlage für eine Programmierung und für die Programmrealisierung. Bedingt durch fehlende, einheitliche Funktionen in der Programmsteuerung, z. B. Sprünge und Schleifen, haben sich derzeit im Wesentlichen drei Gruppen von Steuerungen herausgebildet, um diesen Problemen abzuhelfen und gleichzeitig eine höhere Programmqualität zu erreichen.

Steuerungen, die ausschließlich auf Basis der Syntax der DIN 66025 programmierbar sind

Bei dieser Gruppe von Steuerungen werden alle Programmworte jeweils nur aus einem Adressbuchstaben und einer Ziffernfolge gebildet. Erweiterungen im Funktions- bzw. Befehlsvorrat sind bei diesen Steuerungen nur möglich, indem frei verfügbare Adressbuchstaben, z. B. Adressen H, L oder O, für die Erweiterungen benutzt oder bestimmte Adressbuchstaben über die Festlegungen der DIN 66025 hinaus mehrfach verwendet werden, z. B. für Funktionserweiterungen mit D, R, F oder T. Unter Umständen sind dann oft G-Befehle mit dreistelliger Ziffernfolge in der Anwendung.

Steuerungen, die neben der Syntax der DIN 66025 auch herstellerabhängige Sonderbefehle bzw. Hochsprachenelemente verwenden

Zusätzlich zu den in der DIN 66025 vereinbarten Befehlsstrukturen können Sonderbefehle verwendet werden. Diese Sonderbefehle werden mit reservierten Bezeichnungen versehen. Zusätzlich sind Sprungbefehle bzw. Programmverzweigungen möglich, z. B. IF THEN, GOTO, REPEAT. Als Beispiel hierfür soll die Steuerung Sinumerik dienen.

Steuerungen, die eigentlich in einer herstellerabhängigen Befehlssyntax programmiert werden, aber in der Lage sind, Programme nach DIN 66025 abzuarbeiten

Einige Steuerungshersteller verwenden eigene Programmiersprachen, z. B. Customer Programming Language (CPL), um Bearbeitungsprogramme aus Folgen von Bearbeitungsschritten/Zyklen zu bilden. Darüber hinaus bieten derartige Steuerungen zusätzlich die Möglichkeit, mittels Interpreter auch Programme nach DIN 66025 zu verarbeiten.

Die nachfolgenden Ausführungen beziehen sich auf das Steuerungssystem Sinumerik 840DsI, [SIE 2010].

CNC-Programm

Ein CNC-Programm ist eine Folge von Programmsätzen. Die Programmsätze werden in der Reihenfolge ihrer Programmierung abgearbeitet. Die Reihenfolge der Abarbeitung der Programmsätze kann durch Schleifen bzw. Sprungbefehle verändert werden. Ein Programm beginnt mit dem Zeichen Programmanfang % und endet mit dem Befehl für Programmende **M02** bzw. **M30**.

Ein CNC-Programmsatz ist eine Folge von Programmworten. In einem Programmsatz sind alle Befehle enthalten, die zu einem Programmschritt gehören und gleichzeitig wirksam sein müssen. Ein Programmsatz beginnt mit einer Satznummer, enthält die notwendigen Programmworte und endet mit dem Zeichen Satzende, d. h. line feed. Die Programmworte in einem Programmsatz dürfen sich nicht widersprechen.

Ein CNC-Programmwort besteht im Allgemeinen aus einem Adressbuchstaben und einer vorzeichenbehafteten Ziffernfolge. Als Adressbuchstaben werden die Buchstaben A bis Z verwendet. Die Buchstaben O, Ä, Ö, Ü und ß sind nicht als Adressbuchstaben zugelassen. Beim Buchstaben O besteht Verwechselungsgefahr mit Ziffer Null. Die Umlaute Ä, Ö und Ü sowie das Zeichen ß sind nicht Bestandteil des internationalen Zeichensatzes. Ziffernfolgen sind entweder vorzeichenbehaftet oder ganzzahlig ohne Vorzeichen. Das Vorzeichen Plus kann entfallen; das Vorzeichen Minus muss geschrieben werden. Es wird grundsätzlich der Dezimalpunkt verwendet. Ausnahmen bestehen bei der Verwendung von Variablen mit Wertzuweisungen. Der Kreisradius CR wird als Variable verwendet. Deshalb muss eine Wertzuweisung über das

Gleichheitszeichen erfolgen, z. B. CR=. Es kann sein, dass sich Programmworte in aufeinanderfolgenden Programmsätzen nicht ändern. Je nach Steuerungstyp kann es zulässig sein, diese sich wiederholenden Programmworte nach der Erstnennung wegzulassen. Je nach Steuerungstyp ist entweder die Anzahl der möglichen Programmworte oder die Anzahl der zulässigen Zeichen im Programmsatz beschränkt. Zwischen den Programmworten ist ein Leerzeichen zu schreiben.

Allgemeine Programmstruktur

Ein CNC-Programm beginnt grundsätzlich mit dem Zeichen für den verwendeten NC-Code, hier mit dem %-Zeichen für den ISO-Code. Anschließend folgen eine Programmnummer bzw. ein Programmname. Darauf folgt dann in den nächsten Programmsätzen der Programmkopf. Er beinhaltet administrative und organisatorische Angaben, um das Programm zu charakterisieren und zu verwalten. Werden mehrere CNC-Programme gleichzeitig im Arbeitsspeicher der Steuerung gehalten, müssen diese Programme durch eine Programmnummer oder einen Programmnamen voneinander unterschieden werden. Die Steuerung Sinumerik unterscheidet im Programmnamen u. a. in Haupt- und Unterprogramme. Deshalb ist für Hauptprogramme das Attribut Main Program File (MPF) und für Unterprogramme das Attribut Sub Program File (SPF) zu verwenden. Nachfolgend ist das Zielverzeichnis für extern erstellte CNC-Programme anzugeben. Im Hauptspeicher sind mehrere Unterverzeichnisse eingerichtet. Wurde ein Programm extern, d. h. nicht in der Steuerung erstellt, muss ein Zielverzeichnis für die Datenübertragung angegeben sein, z. B. **_N_WKS_DIR/_N_KUNDE2411_WPD**.

Im Programmkopf sollten Kommentarzeilen angeordnet werden, um Informationen zum Programm und dessen Nutzung vorzusehen. Eine Kommentarzeile kann z. B. die Rohteilabmessungen, den Namen des Programmautors und das Freigabedatum zur Nutzung enthalten.

```
CNC-Code                                   Erläuterung
%_N_SEITE15_MPF                            Programmname
;$PATH=/_N_WKS_DIR/_N_KUNDE2411_WPD        Zielverzeichnis
;SEITE LINKS, AUFTRAG 190923               Kommentar
;ROHTEIL X=1060 MM Y=328 MM Z=19 MM        Kommentar
;MUSTERMANN 22.09.2023                     Kommentar
```

Zum Werkzeugwechsel ist die Hauptspindel in die Werkzeugwechselposition zu fahren. Anschließend wird der Werkzeugwechsel vorgenommen. Folgende Situationen treten auf:

- neues Werkzeug einwechseln, Hauptspindel ist noch leer, z. B. bei Schichtbeginn,
- altes Werkzeug auswechseln und dann neues Werkzeug einwechseln,
- Werkzeug auswechseln und kein neues Werkzeug einwechseln, da Feierabend.

Beim Einwechseln eines Werkzeuges ist zuerst die Adresse des Werkzeuges zu programmieren. Befindet sich z. B. das Werkzeug im 7. Speicherplatz im WZ-Wechsler, dann lautet der Befehl T7. Anschließend wird der Werkzeugwechsel durch z. B. den Befehl M06 ausgeführt. Des Weiteren ist die Drehrichtung der Hauptspindel festzulegen. Für eine Linksdrehung ist der Befehl M04 zu verwenden, Rechtdrehung erfolgt mit M03. Die Drehzahl der Spindel ist mit S zu programmieren, z. B. S18000 für $n = 18000\,min^{-1}$.

CNC-Code	Erläuterung
N5 G53 G00 Z610 D0 S0	Im Eilgang in die Werkzeugwechselhöhe
N10 G00 B0 C0	Hauptspindel in Grundstellung
N15 T07 M06	Vorwahl Werkzeug vom Platz Nr. 7
N20 M03 S18000	Drehzahl n=18000 min^{-1}, rechtsdrehend M03
N25 D1	Werkzeugkorrekturblock D1 aktivieren

Fahren in die Anschnittposition

Bei diesen Befehlen wird das Werkzeug in die Anschnittposition über/vor das Bauteil im Eilgang in der Freilaufhöhe kollisionsfrei zum Beginn der Bearbeitung bewegt. Beim Zustellen in negative Z-Richtung muss in jedem Fall die Werkzeuglängenkorrektur, z. B. D1, aktiviert sein.

CNC-Code	Erläuterung
N40 G00 X250 Y120	Eilgang G00 in Freilaufhöhe zu X=250 und Y=120
N50 G00 Z60 D1	Eilgang G00 auf Z-Sicherheitshöhe Z=60, Aktivieren der Werkzeugkorrekturen D1

Zustellen in die Schnittebene

Beim Zustellen auf die erste Schnittebene, d. h. Beginn der Spanung, sollte das Werkzeug mit geradliniger Bewegung und programmiertem Arbeitsvorschub bewegt werden.

CNC-Code	Erläuterung
N60 G01 Z-1 F2500	Zustellen G01 auf die Schnittebene Z-1 mit der Vorschubgeschwindigkeit v_f =2500 mm/min

Rückzugbewegungen

Bei den Rückzugbewegungen, d. h. das Werkzeug wird vom Bauteil wegbewegt, kann das Werkzeug auf die Sicherheits- bzw. Freilaufhöhe oder die Werkzeugwechselhöhe bewegt werden. Es sollte darauf geachtet werden, dass das Werkzeug nicht unmittelbar an einer gefrästen Kontur zurückgezogen wird; besser erst von der Kontur wegbewegen. Der Rückzug auf Sicherheitshöhe erfolgt zum Beispiel, wenn das Werkzeug auf eine neue Schnitttiefe zugestellt werden soll oder wenn eine in der Nähe liegende neue Bearbeitungsposition mit Arbeitsvorschub angefahren werden soll. Beim Rückzug weg von der Kontur sollte vorzugsweise der Arbeitsvorschub verwendet werden.

CNC-Code	Erläuterung
N200 G01 X300 Y50	seitliches Verfahren weg von der Kontur
N205 G00 Z40	Rückzug auf die Sicherheitsebene Z40 im Eilgang

Maschine in Parkposition fahren

Am Ende eines Bearbeitungsprogramms befindet sich die Hauptspindel meist über dem Bauteil. Damit ist eine direkte Bauteilentnahme nicht möglich. In diesem Fall ist die Maschine vor dem Programmende vom Bauteil weg zu fahren; entweder in eine definierte Position seitlich neben dem Teil oder in eine weit entfernte Position, z. B. X=3800 mm; Y=900.

CNC-Code	Erläuterung
N520 G53 G00 X3200 Y900	Eilgang G00 auf X=3200; Y=900 und satzweise Unterdrückung G53 der Nullpunktverschiebung

Programmende

Am Programmende ist die Vakuumspannung und damit die Rüstsperre durch z. B. den Befehl M41 frei zu geben. Am Programmanfang wurde die Vakuumspannung und damit die Rüstsperre mit M51 aktiviert. Anschließend wird das Programm mit M30 beendet. Folgende Anmerkung soll hier erfolgen. In der DIN 66025 existieren zwei Programmende-Befehle, M02 und M30. Die Programmende-Befehle M02/M30 beenden lediglich das Programm, sie schalten i. d. R. nicht die Spindel oder Aggregate aus. Das Ausschalten der Spindel kann mit S0 oder M05 erfolgen.

CNC-Code	Erläuterung
N995 M41	Freigabe Vakuumschalter
N999 M30	Programmende

Satznummerierung

Das Programmwort für Satznummer besteht aus dem Adressbuchstabe N und einer ganzzahligen Ziffernfolge. Ein Programm sollte numerisch aufsteigend nummeriert werden. Die Schrittweite der Satznummerierung ist beliebig, üblich sind 5er oder 10er Schrittweite. Die Programmsätze werden bei unverzweigten Programmen entsprechend der Reihenfolge der Eingabe abgearbeitet und nicht in der Reihenfolge der Satznummern. Bei einigen Steuerungen, so auch beim System Sinumerik, ist die Angabe von Satznummern nicht zwingend notwendig und kann entfallen. Aber: Stellt die Steuerung in einem CNC-Programm Fehler fest, so werden diese Fehler benannt und als Ort der Feststellung die dazugehörige Satznummer angegeben. Diese Satznummer gibt an, wo der Fehler wirksam wird. Dieser Satz muss aber nicht der Ort des Entstehens des Fehlers sein.

Kommentare

Ein Kommentar dient der Erläuterung eines Programms. Kommentare werden von der Steuerung ignoriert. Kommentare werden üblicherweise nicht auf dem Bildschirm angezeigt. Ein Kommentar darf das Zeichen Programmanfang % nicht enthalten. Ein Kommentar beginnt mit dem Zeichen Semikolon für den Kommentarbeginn und endet mit dem Zeichen Satzende.

5.2.2 System der Adressbuchstaben

Ein Programmwort besteht aus einem Adressbuchstaben und einer Ziffernfolge. In Abhängigkeit von der Funktion des Befehls kann die Ziffernfolge vorzeichenbehaftet sein. Der Adressbuchstabe kennzeichnet eine Gruppe von Befehlen (vgl. Tabelle 5.1).

Tabelle 5.1 Adressbuchstaben nach DIN 66025

Adr.	Funktion	Dim.	Format	Min. Wert	Max. Wert
A	Drehung um die X-Achse	Grad	A+033	A-999.999	A+999.999
B	Drehung um die Y-Achse	Grad	B+033	B-999.999	B+999.999
C	Drehung um die Z-Achse	Grad	C+033	C-999.999	C+999.999
D	Werkzeugkorrekturblock	-	D02	D0	D99
E	Gesonderte Bedeutung	-			
F	Vorschubgeschwindigkeit oder Verweilzeit bei Befehl G04 F ...	mm/min sec	F05 F021	F0 F0	F60000 F99.9
G	Wegebedingung	-	G03	G0	(G999)
H	Hilfsfunktion	-	H02	H0	H99
I	Interpolationsparameter für X-Achse	mm	I+053	I-99999.999	I+99999.999
J	Interpolationsparameter für Y-Achse	mm	J+053	J-99999.999	J+99999.999
K	Interpolationsparameter für Z-Achse	mm	K+053	K-99999.999	K+99999.999
L	Unterprogramm-Aufruf	-	L03	L0	L999
M	Zusatzfunktion	-	M03	M0	M999
N	Satznummer	-	N06	N0	N999999

Tabelle 5.1 Adressbuchstaben nach DIN 66025 *(Fortsetzung)*

Adr.	Funktion	Dim.	Format	Min. Wert	Max. Wert
O	Nicht verwendet	-			
P	Bewegung parallel zur X-Achse	mm	P+053	P-99999.999	P+99999.999
Q	Bewegung parallel zur Y-Achse	mm	Q+053	Q-99999.999	Q+99999.999
R	Bewegung parallel zur Z-Achse Parameter	mm	R+053 R03	R-99999.999 R1	R+99999.999 R999
S	Spindeldrehzahl	min-1	S03	S0	S24000
T	Werkzeugauswahl, Aggregat vorlegen		T02	T0	T99
U	Bewegung parallel zur X-Achse	mm	U+053	U-99999.999	U+99999.999
V	Bewegung parallel zur Y-Achse	mm	V+053	V-99999.999	V+99999.999
W	Bewegung parallel zur Z-Achse	mm	W+053	W-99999.999	W+99999.999
X	Koordinate in X-Richtung	mm	X+053	X-99999.999	X+99999.999
Y	Koordinate in Y-Richtung	mm	Y+053	Y-99999.999	Y+99999.999
Z	Koordinate in Z-Richtung	mm	Z+053	Z-99999.999	Z+99999.999

Angaben in der Spezifikation Sinumerik 840DsI

Hinsichtlich der Gültigkeit bzw. Wirksamkeit von Befehlsworten existieren drei Gruppen. Wenn Programmworte gespeichert wirksam sind, dann gelten sie solange, bis sie durch ein anderes Programmwort überschrieben oder durch einen Löschbefehl aufgehoben werden. Satzweise gültige bzw. wirksame Programmworte, z. B. G53, gelten nur in dem Programmsatz, in dem sie selbst stehen. Das können Programmworte sein, die sich nicht auf das Werkstückkoordinatensystem beziehen, z. B. Positionen beim Werkzeugwechsel, bei Alarmrückzug oder beim Freifahren der Maschine am Programmende. In die dritte Gruppe können Programmworte eingeordnet werden, die erst am Ende eines Satzes wirksam werden, nachdem bereits alle Programmworte des Satzes wirksam sind, z. B. M- und H-Befehle.

Adressen zur Angabe von Koordinaten und Winkeln

Zu dieser Gruppe gehören die Koordinaten und Winkel, mit denen Zielpositionen, Werkzeugachsen und Bezugspunkte beschrieben werden. Im Einzelnen sind das die Adressen:

- X, Y, Z: kartesische Koordinaten im ersten Koordinatensystem,
- A, B, C: Drehwinkel um die Koordinatenachsen; A: Drehwinkel um X-Achse, B um Y-Achse und C um die Z-Achse,

- die Koordinaten P, Q, R: kartesische Koordinaten im zweiten Koordinatensystem sowie
- U, V, W: kartesische Koordinaten im dritten Koordinatensystem.

In Abschnitt 5.2.3 sind diese Koordinaten und Winkel ausführlich beschrieben.

Wegebedingungen und damit verbundene Adressen

Zu dieser Gruppe gehören die Adressen F, G, I, J und K. Die Wegebedingungen G beschreiben im Wesentlichen die Werkzeugbewegungen. Dabei werden mit den G-Adressen die Art der Werkzeugbahn und spezielle Ausführung der Bewegung beschrieben. Für die Programmierung von Kreisbögen werden zusätzliche Interpolationsparameter, z. B. I, J und K, benötigt. Die Vorschubgeschwindigkeit des Werkzeuges wird mit der Adresse F beschrieben.

Adressen zur Steuerung der Hauptspindel

Mit der Adresse S wird die Drehzahl der Hauptspindel programmiert. Zusätzlich werden weitere Adressen benötigt, um z. B. die Spindeldrehrichtung festzulegen, so z. B. M03: Spindel rechtsdrehend, M04: Spindel linksdrehend und M05: Spindel-Stopp. Zusatzaggregate können auch mit H-Adressen angesteuert werden, z. B. Bohrmotoren. Es ist üblich, dass herstellerabhängige Festlegungen für die Ansteuerung Zusatzausstattungen verwendet werden.

Adressen für die Werkzeugoperationen

Zu dieser Gruppe gehören die Adressen D und T. Mit der Adresse T kann eine Hauptspindel, ein bestimmtes Aggregat oder ein Platz im Werkzeugmagazin adressiert werden. Mit der D-Adresse können Werkzeugkorrekturdaten und Versatzmaße, z. B. der Versatz des Werkzeuges in Bezug zum Hauptspindelnullpunkt, im Werkzeugkorrekturspeicher bezeichnet werden.

Maschinen- und programmsteuernde Adressen

Zu dieser Gruppe gehören die Adressen M für Zusatzfunktionen und H für Hilfsfunktionen. Mit diesen Adressen können Abläufe im CNC-Programm, Schaltbefehle an der CNC-Maschine und Schaltbefehle für Maschinenkomponenten, z. B. Vakuumspannung oder Haubensteuerung, realisiert werden. Viele Zusatzfunktionen sind herstelleranhängig.

Das in Tabelle 5.1 angegebene Format kennzeichnet die Struktur des mathematischen Formats der dazugehörigen Ziffernfolge. Die Angabe X+053 bedeutet, dass die Ziffernfolge vorzeichenbehaftet + ist, führende und nachfolgende Nullen weggelassen werden können. Die Angabe 0 (Null) gibt an, dass führende und nachfolgende Nullen entfallen können. Die Zahlen 5 und 3 geben an, dass die Ziffernfolge fünfstellig vordezimal und dreistellig nachdezimal ist. Bei der Formatangabe G03 ist festgelegt, dass die Ziffernfolge ganzzahlig und maximal dreistellig ist. Bei der Angabe der Programmworte mit den entsprechenden Ziffernfolgen sollte man eine bestimmte Reihenfolge einhalten:

- Angabe der Satznummer mit der Adresse N und der Zeilennummer.
- Angabe der Worte für die Wegebedingungen mit der Adresse G und den entsprechenden Ziffernfolgen. Bei den Wegebedingungen G00-G03 sollten unmittelbar nach der G-Adresse die dazugehörigen Adressen X, Y, Z, A, B, C, I, J und K sowie P, Q, R, U, V und W mit den jeweiligen Koordinaten geschrieben werden.
- Angabe des Vorschubes mit der Adresse F, in mm/min.
- Angabe der Worte mit Zusatzbedingungen und Hilfsfunktionen M und H. Dabei ist zu beachten, dass die M- und H-Programmworte erst nach der Realisierung der im gleichen Programmsatz stehenden G-Befehle wirksam werden. Es ist durchaus sinnvoll, die Programmworte mit M- und H-Adressen in separate Programmsätze zu schreiben.
- Die Adressen für die Spindeldrehzahl S, für die Spindel- bzw. Werkzeugauswahl T und für die Anwendung von Werkzeugkorrekturen D beziehen sich auf Werkzeugwechselvorgänge und sollten deshalb immer im Zusammenhang verwendet werden.

5.2.3 Koordinatensysteme und Bezugspunkte

Bei der Beschreibung der geometrischen Zusammenhänge in CNC-Programmen wird ein rechtwinkliges kartesisches Koordinatensystem mit den Achsen X, Y und Z zugrunde gelegt. Die Koordinatenachsen X, Y und Z fallen mit den Hauptführungsbahnen der Maschine zusammen. Die X- und die Y-Achse spannen i. d. R. die Hauptbearbeitungsebene auf. Die Z-Achse verläuft in positiver Richtung vom Werkstück zum Werkzeug hin. Der Ursprung des Maschinenkoordinatensystems ist der Maschinennullpunkt (vgl. Bild 5.1).

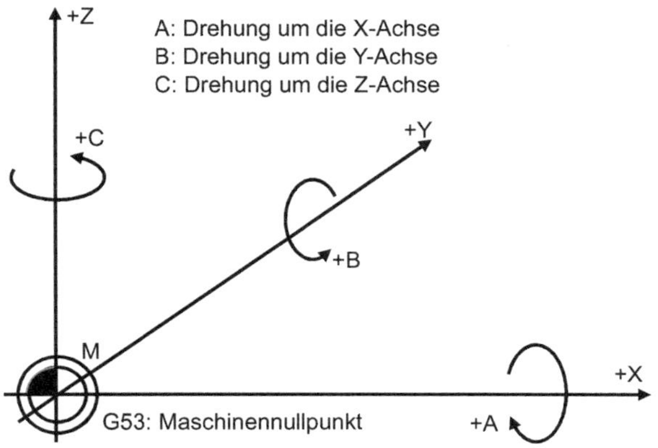

Bild 5.1
Maschinenkoordinatensystem mit Angabe der Achsbewegungen

Der Maschinennullpunkt der CNC-Maschine wird vom Hersteller festgelegt und ist fest mit der Maschine verbunden, d. h. er ist unveränderlich. Bei Drehungen um die Koordinatenachsen werden die Drehwinkel mit den Adressen A, B und C angegeben.

Bei Indexierungen wird für den Maschinennullpunkt vorzugsweise der Index M und für das Werkstück der Index W verwendet. Der Bezug einer Koordinate auf den Maschinennullpunkt wird mit Befehlen programmiert, so der Befehl G53, d. h. satzweise gültig und gilt nur im programmierten Satz, oder G500, d. h. der Befehl ist gespeichert wirksam. Ein Bezug zum Maschinenkoordinatensystem ist z. B. notwendig, wenn Positionen zu programmieren sind, die sich nicht auf das Bauteil selbst beziehen, sondern auf bauteilunabhängige Maschinenpositionen.

Sind an einer CNC-Maschine weitere Koordinatenachsen verfügbar, z. B. U, V und W, so können diese Achsen mit U parallel zur X-Achse, V parallel zur Y-Achse und W parallel zur Z-Achse verlaufen. Die Achsen U, V und W bilden das zweite Koordinatensystem. Sind darüber hinaus weitere Achsen verfügbar, so können diese mit P, Q und R bezeichnet werden und bilden das dritte Koordinatensystem.

Werkstückkoordinatensystem, Nullpunktverschiebung und Werkstücknullpunkt

Da es nicht immer sinnvoll ist, im Maschinenkoordinatensystem zu programmieren, kann man ein Werkstückkoordinatensystem oder auch Anwenderkoordinatensystem als kartesisches Koordinatensystem einrichten. Ein Werkstückkoordinatensystem wird zur Laufzeit des Programms im Automatikbetrieb durch Verschieben des Maschinennullpunktes in eine vom Anwender definierte Position festgelegt. Das Werkstückkoordinatensystem wird ebenfalls mit den Achsen X, Y und Z bezeichnet. Der Ursprung des Werkstückkoordinatensystems wird als Werkstücknullpunkt bezeichnet.

Die mathematische Verschiebung des Koordinatensystems kann entweder einstellbar oder programmierbar sein. Bei einer einstellbaren Verschiebung können die Verschiebungswerte der einzelnen Achsen X, Y und Z zum Maschinennullpunkt vom Maschinenbediener in einen separaten Nullpunktspeicher eingegeben werden. Der Steuerungshersteller kann dafür die Nullpunktspeicherplätze **G54** bis **G57**[6] bzw. G59 eingerichtet haben. Um diesen Werkstücknullpunkt nutzen zu können, muss im CNC-Programm der entsprechende Nullpunktspeicher, z. B. G54, programmiert sein. Sobald das CNC-Programm gestartet ist und der Befehl G54 gelesen wurde, werden die unter G54 gespeicherten Verschiebungswerte als Werkstücknullpunkt für die Laufzeit des CNC-Programms aktiv (vgl. Bild 5.2).

---

[6] Die DIN 66025 vereinbart sechs einstellbare Nullpunktverschiebungen (NPV) G54 bis G59. Das Steuerungssystem Sinumerik 840D verwendet die einstellbare NPV G54 bis G57 sowie G505 bis G509.

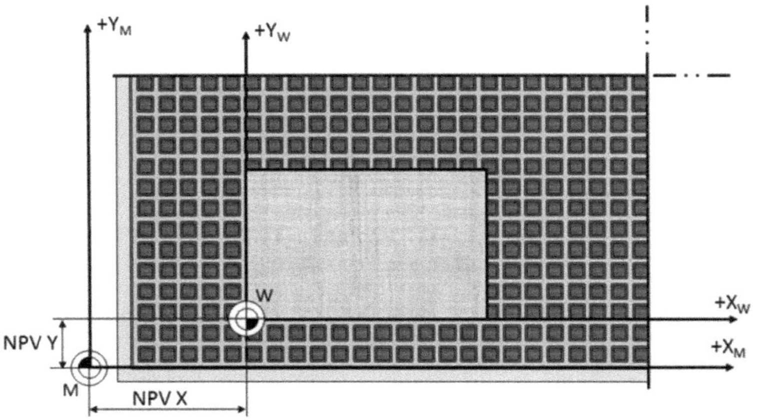

Bild 5.2 Einstellbare Nullpunktverschiebung

Bei der programmierbaren Verschiebung des Nullpunktes, vormals G58 und G59; derzeit TRANS und ATRANS, werden die Werte der Verschiebung direkt ins CNC-Programm geschrieben. Damit diese Verschiebungswerte richtig interpretiert werden, sind entsprechende Befehlsworte oder G-Befehle notwendig. Zum Beispiel wird bei einem mit G54 eingestellten Nullpunkt im Automatikbetrieb bei der Abarbeitung einer programmierten Befehlsfolge N100 TRANS X250 Y50 der Nullpunkt, ausgehend von den aktuell eingestellten G54-Werten in X-Richtung X_{G54}+250 und in Y-Richtung: Y_{G54}+50 verschoben. Der mit G54 eingestellte Nullpunkt in Z-Richtung bleibt unverändert.

Typischerweise wird die Lage eines Werkstückes auf dem Maschinentisch mit einer einstellbaren Nullpunktverschiebung G54 bis G57 beschrieben. Wenn es notwendig bzw. sinnvoll ist, kann zusätzlich eine programmierbare Verschiebung mit TRANS[7] verwendet werden.

Die Lage des Werkstücknullpunktes ist frei wählbar. Dennoch sollte man einige Dinge beachten. Es gibt grundsätzlich die Möglichkeiten, den Werkstücknullpunkt auf der oberen bzw. der unteren Breitfläche anzuordnen (vgl. Bild 5.3).

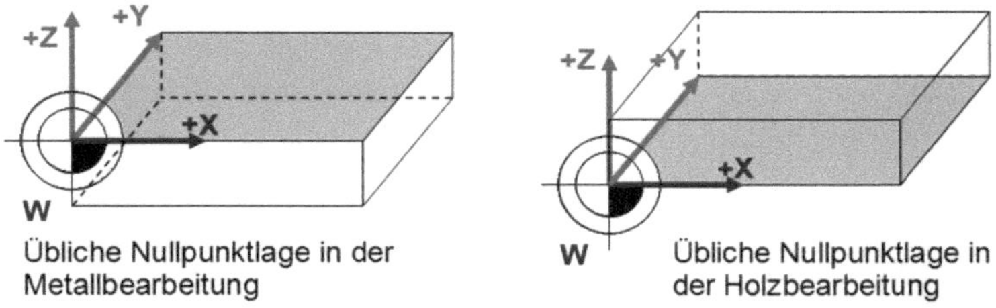

Bild 5.3 Verschiedene Lagen des Werkstücknullpunktes

7 Siehe [SIE 2010], S. 349 ff.

Bei der Lage des Nullpunktes in der oberen Breitfläche erstreckt sich das Bauteil in negativer Z-Richtung. Demzufolge werden alle Bearbeitungen in der oberen Breitfläche als negative Z-Werte programmiert, d. h. die Bearbeitungstiefe entspricht der programmierten, negativen Z-Koordinate. Bei einer Bohrtiefe von 10 mm würde die Zielkoordinaten Z-10 lauten. In der Holzbearbeitung wird üblicherweise die Oberfläche des Maschinentisches bzw. die Oberfläche der Spanneinrichtung mit Z = 0 eingestellt. Das Bauteil erstreckt sich dann in positiver Z-Richtung. Die zu programmierende Z-Koordinate für die Bearbeitung ergibt sich dann aus der Bauteildicke minus der Bearbeitungstiefe. Es können grundsätzlich beide Methoden verwendet werden, aber beide Methoden haben Vor- und Nachteile. Man sollte sich für eine der beiden Methoden entscheiden und diese dann konsequent beibehalten.

Festlegung des Werkstücknullpunktes am Rohteil bzw. an der Fertigteilkontur

Beim Formatieren, d. h. der äußeren Bearbeitung eines plattenförmigen Bauteils zur Herstellung in Maß, Form und Qualität, wird aus einem Rohteil ein Fertigteil erzeugt. Es gibt grundsätzlich zwei Möglichkeiten, den Nullpunkt festzulegen, entweder am Rohteil oder am Fertigteil (vgl. Bild 5.4).

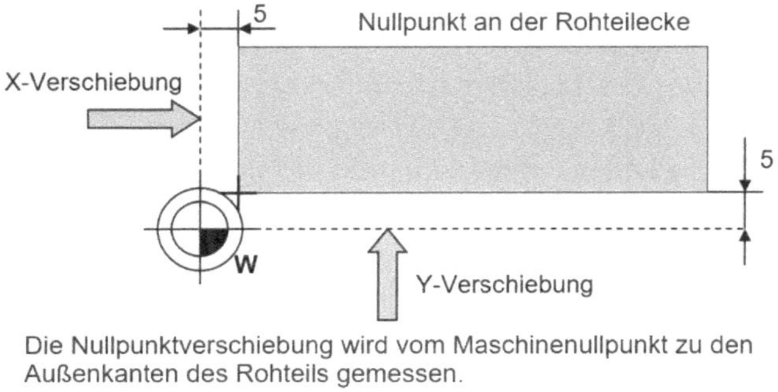

Bild 5.4 Werkstücknullpunkt an der Rohteilecke

Wird z. B. der Nullpunkt an einer Rohteilecke festgelegt, kann die Nullpunktverschiebung vom Maschinenführer relativ einfach bestimmt werden, indem der Abstand vom Maschinennullpunkt zur Rohteilecke gemessen wird. Das Fertigteil liegt dann z. B. im Inneren des Rohteils. Der Nullpunkt des Fertigteils liegt dann z. B. bei X = 5 und Y = 5 bezogen auf die Rohteilecke.

Wird der Nullpunkt an der Fertigteilecke festgelegt, muss bei der Eingabe der Nullpunktverschiebung die Bearbeitungszugabe bzw. das Versatzmaß zur gemessenen Verschiebung addiert werden (vgl. Bild 5.5).

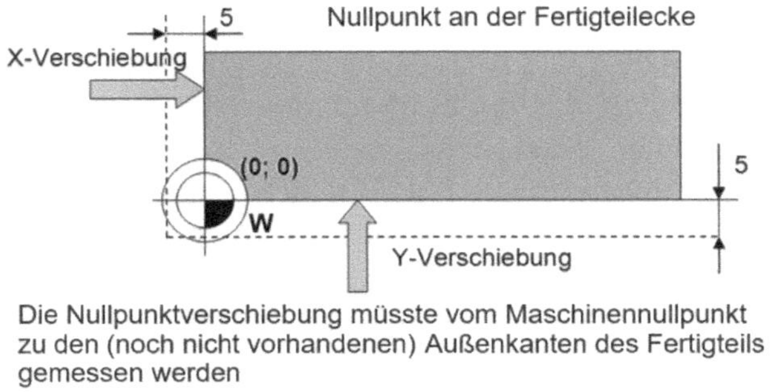

Bild 5.5 Werkstücknullpunkt an der Fertigteilecke

Da beide Methoden üblich sind, ist das Vorgehen zwischen Programmierer und Maschinenführer abzustimmen. Die Größe einer Bearbeitungszugabe wird sehr stark von der Rechtwinkligkeit der Bezugskanten für die Ausrichtung auf dem Maschinentisch beeinflusst. Des Weiteren wird die Größe der Bearbeitungszugabe von den Möglichkeiten, das Bauteil achsparallel an den Maschinenachsen, Anschlägen oder Rasternuten auszurichten, beeinflusst. Bearbeitungszugaben können im Bereich von 3 mm bis 5 mm gewählt werden. Bei sehr langen oder schwierig auszurichtenden Rohteilen bzw. an Bauteilseiten, an denen später z. B. Gehrungsflächen erzeugt werden, kann eine Zugabe bis 10 mm vorgesehen werden.

Bei CNC-Maschinen mit Anschlagsystemen werden die Nullpunkte durch die Anschläge gebildet. Da die Lage der Anschläge in der Steuerung intern gespeichert ist, genügt es, bei solchen Maschinen das Anschlagsystem bzw. den Bearbeitungsplatz anzugeben. Soll ein an Anschlägen ausgerichtetes Bauteil formatiert werden, ist ein sogenannter Offset, d. h. ein Versatz zwischen Rohteilnullpunkt und Fertigteilnullpunkt, zu programmieren. Viele CNC-Holzbearbeitungsmaschinen für die Möbelfertigung bzw. den Innenausbau verfügen über mehrere Anschlagsysteme, um mehrere gleiche bzw. verschiedene Teile in wechselseitiger Beschickung bearbeiten zu können.

Koordinatenangaben

Linearkoordinaten X, Y und Z werden in Millimeter und deren dezimale Bruchteile, aber ohne Angabe der Dimension angegeben. Als Dezimalzeichen ist grundsätzlich der Dezimalpunkt zu verwenden. Linearkoordinaten werden vorzugsweise fünfstellig vordezimal und dreistellig nachdezimal angegeben. Führende und nachfolgende Nullen können entfallen, z. B. X+00033.590 = X+33.59 = X33.59

Für Rotationskoordinaten werden die Adressbuchstaben A, B und C verwendet. Als vereinbart gilt ein positiver Drehsinn der Achse, wenn die Drehung im Uhrzeigersinn, d. h. gesehen in positiver Achsrichtung, erfolgt. Die Angabe der Größe des Winkels erfolgt in Grad, aber ohne Dimensionsangabe. Die Ausgangslage bzw. der Nullwinkel wird vom Maschinenhersteller festgelegt. Rotationskoordinaten werden vorzugsweise dreistellig vordezimal und dreistellig nachdezimal angegeben. Führende und nachfolgende Nullen können entfallen, z. B. C+005.150 = C+5.15 = C5.1.

Interpolationsebenen

Die drei Achsen des kartesischen Koordinatensystems spannen drei Ebenen auf, so die als G17 bezeichnete X-Y-Ebene, die als G18 bezeichnete die X-Z-Ebene und die als G19 bezeichnete Y-Z-Ebene (vgl. Bild 5.6).

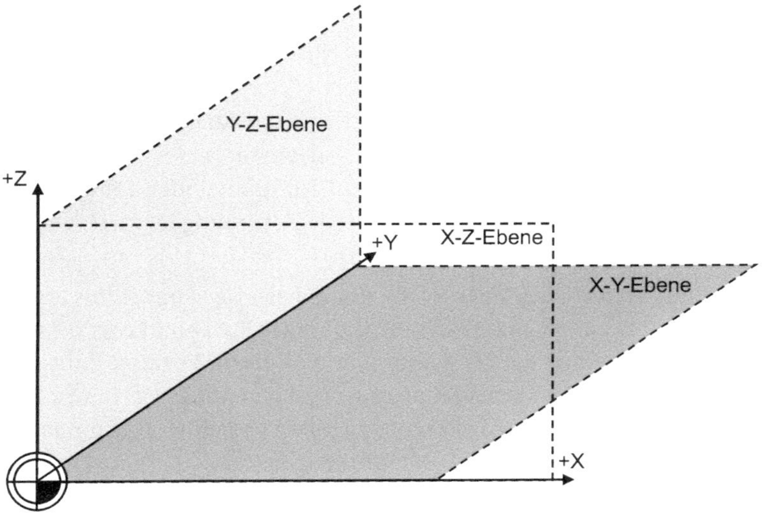

Bild 5.6 Interpolationsebenen G17 – G19

Bei vielen CNC-Steuerungen ist beim Einschalten automatisch G17 aktiv. Ist beim Einschalten der Steuerung keine Interpolationsebene aktiv, kann das mit dem Befehl G16 ausgedrückt sein. Für bestimmte interne Berechnungen muss eine der drei Ebenen G17 – G19 aktiv sein. Bei der Berechnung einer Kreisbahn muss die Ebene, in welcher der Kreis bzw. Kreisbogen liegt, definiert sein. Ebenso muss für eine seitliche Werkzeugkorrektur bekannt sein, in welcher Ebene die Radiuskorrektur und in welcher Richtung die Längenkorrektur erfolgen. Deshalb ist die Interpolationsebene mit einem G-Befehl im Programm angegeben. Die ausgewählte Interpolationsebene ist im Programm gespeichert wirksam. Standardeinstellung bzw. aktive Ebene beim Einschalten der Maschine ist vorzugsweise der Befehl G17. Soll in einer anderen Ebene interpoliert werden, ist die entsprechende G-Funktion vor Beginn der Maschinenbewegung zu programmieren.

Absolutbemaßung (G90) und Relativbemaßung (G91)

Koordinaten gelten immer in einem Koordinatensystem, z. B. im Maschinen- bzw. im Werkstückkoordinatensystem und unterliegen einer absoluten bzw. relativen Bemaßung. Eine programmierte Koordinate kann sowohl auf einen Koordinatenursprung des aktuellen Koordinatensystems als auch auf eine vorangegangene Position bezogen sein (vgl. Bild 5.7).

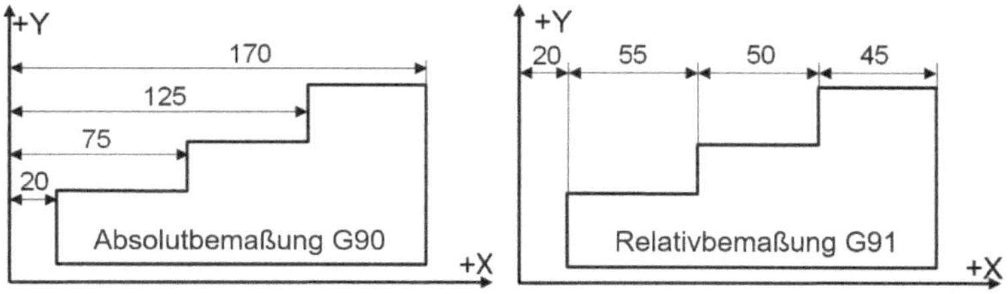

Bild 5.7 Absolutbemaßung G90 und Relativbemaßung G91

Bei der Angabe geometrischer Zusammenhänge gibt es grundsätzlich zwei Möglichkeiten. Entweder werden alle Koordinatenangaben auf einen festen Bezugspunkt, z. B. den Maschinennullpunkt bzw. einen verschobenen Nullpunkt oder auf die letzte Maschinenposition bezogen. Eine vorliegende technische Zeichnung legt fest, welche Bemaßungsart zu verwenden ist.

Bei der Absolutbemaßung werden alle Zielkoordinaten eines Programmsatzes auf einen festgelegten Nullpunkt bezogen. Die Absolutbemaßung sollte beim Programmbeginn programmiert werden, damit die Maschine eine definierte Position zum Programmstart anfahren kann. Zum Beispiel sind nach ausgeblendeten Programmsätzen alle Positionen erreichbar, da sich die Koordinatenangaben auf einen Nullpunkt beziehen, d. h. sie sind nicht abhängig von einer Maschinenposition.

Die Absolutbemaßung wird durch den Befehl G91 Relativbemaßung, auch als Kettenbemaßung bezeichnet, überschrieben. Generell kann die Bemaßungsart innerhalb eines CNC-Programms beliebig oft gewechselt werden. Bei der Relativbemaßung werden die Zielkoordinaten auf die im vorherigen Satz programmierte Position bezogen. Die Koordinaten geben also eine gerichtete Wegänderung an. Die Relativbemaßung wird durch den Befehl G91 eingestellt. Diese eingestellte Bemaßungsart bleibt solange gültig, bis sie durch die andere Bemaßungsart G90 Absolutbemaßung ersetzt wird. Im Kettenmaßsystem wird der Endpunkt der programmierten Achse immer relativ zum Startpunkt programmiert. Das Vorzeichen gibt die Richtung der Achsbewegung an. Der Startpunkt ist die momentane Achsposition. Bei der Erstellung eines Programms ist darauf zu achten, dass die ersten Positionen der beteiligten Achsen im Absolutmaß programmiert sind. Dann kann die Bemaßungsart beliebig gewechselt werden. Bei der Relativbemaßung werden i. A. nur die sich ändernden Koordinaten programmiert. Angaben aus Zeichnungen lassen sich somit leichter als Kettenmaße in der Programmierung umsetzen.

Es ist zu beachten, dass bei einer fehlerhaften Koordinate in der Relativbemaßung alle folgenden Koordinaten des Konturzuges ebenfalls falsch sind. Es ist also Vorsicht geboten.

Im nachfolgenden Bild ist ein Bauteil dargestellt, dass durch ein CNC-Programm bearbeitet werden soll. In diesem Beispiel sind die beiden Bemaßungsarten einander gegenübergestellt (vgl. Bild 5.8).

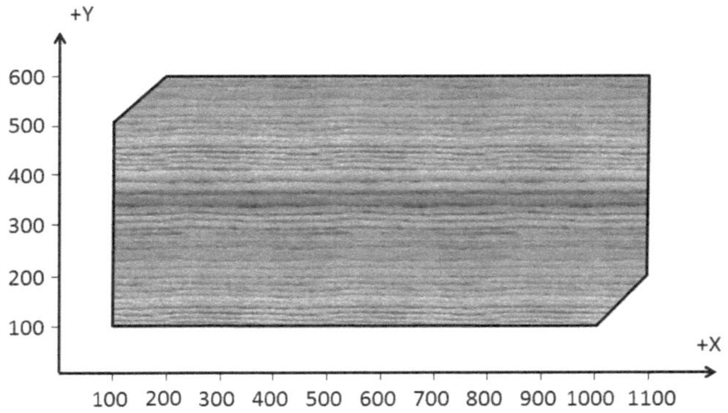

Bild 5.8 Bauteildarstellung für das Programmierbeispiel

Bei der Absolutmaß-Programmierung wird im Satz N1 in der Maschinengrundstellung die Bemaßungsart G90 eingestellt. Die Bemaßungsart wird im Programm nicht verändert, d. h. alle Koordinatenangaben sind Absolutmaße und beziehen sich auf den Werkstücknullpunkt G54. Die Befehle G90 und G91 sind gespeichert wirksam und überschreiben sich gegenseitig. Die Bemaßungsart wird in dem Satz gültig, in dem der entsprechende Befehl geschrieben ist. Zur Sicherheit wird am Schluss der G90 nochmals geschrieben, da das Freifahren und ggf. das Auswechseln des Werkzeuges im Absolutmaß erfolgen muss (vgl. Bild 5.9).

Programmierung im Absolutmaß

```
%_N_TEST_MPF
...
N1 G90 G54 ...
...
N20 G00 X100 Y100
N25 G00 Z40 D1
N30 G01 Z-2 F2500
N35 G01 X100 Y500 F4500
N40 G01 X200 Y600
N45 G01 X1100 Y600
N50 G01 X1100 Y200
N55 G01 X1000 Y100
N60 G01 X100 Y100
N65 G01 Z40
N70 G00 G53 G90 Z610 D0 S0
...
N150 M30
```

Programmierung im Relativmaß

```
%_N_TEST_MPF
...
N1 G90 G54 ...
...
N20 G00 X100 Y100
N25 G00 Z40 D1
N30 G01 Z-2 F2500
N35 G91 G01 X0 Y400 F4500
N40 G01 X100 Y100
N45 G01 X900 Y0
N50 G01 X0 Y-400
N55 G01 X-100 Y-100
N60 G01 X-900 Y0
N65 G90 G01 Z40
N70 G00 G53 Z610 D0 S0
...
N150 M30
```

Bild 5.9 Programmierbeispiele mit Absolut- bzw. Relativbemaßung

Bei der Programmierung im Relativmaß wird ebenfalls im Satz N1 der Befehl G90 geschrieben. Nachdem für die beteiligten Achsen X, Y und Z die ersten Positionen im Absolutmaß programmiert sind, kann im Satz N35 in das Relativmaß G91 gewechselt werden. Die komplette Kontur liegt in der Z-Koordinate Z-2. Die Kontur ist eigentlich lageunabhängig, d. h. die konkrete Lage der Kontur wird durch die Position des Konturbeginns im Satz N20 festgelegt. Die in N35-N60 angegebenen Koordinaten geben die Wegänderung zur vorherigen Koordinate an. Im Satz N65 wird die Z-Position wieder im Absolutmaß angefahren. Das Freifahren und das Programmende sind absolut zu programmieren.

5.2.4 Wegebedingungen

Die Wegebedingungen beschreiben die Einstellungen, den Verlauf und die Bewegungen des Werkzeuges bzw. der Maschine. Wegebedingungen werden mit der Adresse G und einer zwei- bzw. dreistelligen Ziffernfolge beschrieben. Eine Übersicht über die Wegebedingungen ist im folgenden Bild enthalten (vgl. Bild 5.10).

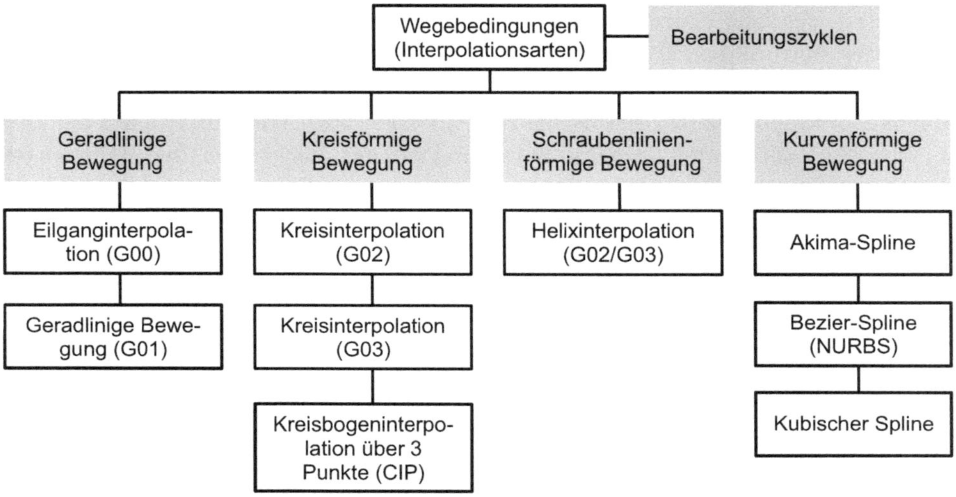

Bild 5.10 Übersicht der Wegebedingungen im System Sinumerik 840

Eilganginterpolation G00

Zum schnellen Positionieren des Werkzeuges kann man die Eilgangbewegung der Achsen programmieren. Die Steuerung überwacht die Eilganggeschwindigkeit der beteiligten Achsen. Bei der Eilgangpositionierung wird grundsätzlich geradlinig verfahren. Eine Eilgangbewegung wird durch den Befehl G00 bzw. G0 und die Angabe der Zielkoordinaten programmiert (vgl. Bild 5.11).

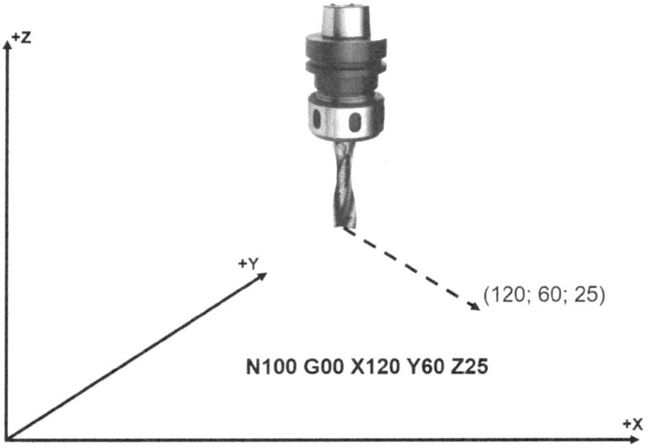

Bild 5.11
Eilganginterpolation

Die Angabe des Wertes für den Vorschub entfällt, da dieser Wert steuerungsintern fest gespeichert ist. Der Befehl G00 ist gespeichert wirksam, d. h. er wirkt solange, bis er durch einen Befehl G01, G02, G03 oder CIP überschrieben wird. Bei der Eilgangpositionierung wird die Zielposition mit grober Genauigkeit angefahren. Der Wert für die Genauigkeit grob ist intern in der Steuerung gespeichert. Wird eine Eilgangbewegung programmiert, bleibt der im vorherigen Satz wirksame Arbeitsvorschub bekannt. Wird später dann der Eilgang wieder durch einen Befehl mit Arbeitsvorschub ersetzt, z. B. durch die Befehle G01–G03, muss kein neuer Vorschubwert programmiert werden, da der Wert des alten Arbeitsvorschubes noch bekannt ist. Beim Programmieren werden nach dem Befehl G00 die Zielkoordinaten der betreffenden Achsen angegeben.

Geradeninterpolation mit Arbeitsvorschub G01

Bei der Geradeninterpolation mit Arbeitsvorschub wird eine geradlinige Bewegung von der Ist-Position zur programmierten Zielposition mit programmiertem Vorschub realisiert (vgl. Bild 5.12).

Der integrierte Mikrorechner steuert alle beteiligten Achsen so an, dass eine geradlinige Bahn mit ausreichender Genauigkeit, meistens mit ±0,01 mm interpoliert wird. Eine Geradeninterpolation wird mit dem Befehl G01 bzw. G1, der Angabe der Zielkoordinaten und einem Wert für den Arbeitsvorschub programmiert. Es wird nur die Zielposition programmiert, da die Ist-Position als Ergebnis vorheriger Sätze der Steuerung bekannt ist. Der Befehl G01 ist gespeichert wirksam, d. h. er wirkt so lange, bis er durch einen anderen Verfahrbefehl überschrieben wird. Wenn der Befehl G01 bzw. auch die Befehle G02 und G03 das erste Mal wirksam werden, muss zwingend eine Vorschubangabe programmiert werden. In den nachfolgenden Sätzen kann die Vorschubangabe entfallen, sofern die Bearbeitung des Werkstoffes dieses zulässt. Nach einem Werkzeugwechsel ist der Vorschub neu zu programmieren.

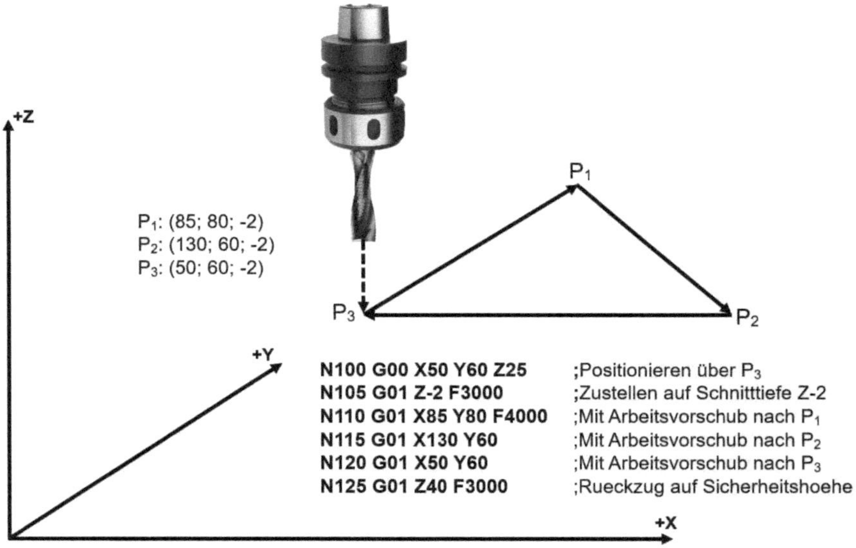

Bild 5.12 Linearinterpolation mit Arbeitsvorschub

Kreisinterpolation G02/G03

Ein Kreis ist definiert als die Menge aller Punkte einer Ebene, die den gleichen Abstand zu einem Zentrumspunkt haben. Die Lage eines Kreises bzw. eines Kreisbogens in allgemeiner Lage lässt sich formelmäßig beschreiben (vgl. Formel 5.1).

$$(X - X_M)^2 + (Y - Y_M)^2 = R^2 \tag{5.1}$$

(X und Y sind die aktuellen Koordinaten; X_M und Y_M beschreiben die Koordinaten des Mittelpunktes; R ist der Kreisradius.)

Von einem Startpunkt kann man entlang eines Kreisbogens auf zwei Wegen zu einem Zielpunkt gelangen, entweder im Uhrzeigersinn oder entgegen dem Uhrzeigersinn. Beide Lösungen genügen der Kreisgleichung. Da ein Rechner aber genau eine definierte Lösung vorfinden muss, ist die Kreisorientierung vom Programmierer zu unterscheiden. Deshalb erfolgt beim Programmieren mit den Befehlen G02 und G03 folgende Festlegung:

- G02 bzw. G2 beschreiben die Bahnorientierung im Uhrzeigersinn (cw = clock wise) und
- G03 bzw. G3 beschreiben die Bahnorientierung entgegen dem Uhrzeigersinn (ccw = counter clock wise).

Die Berechnungsvorschrift für einen Kreis ist eine Gleichung im mathematischen Sinn. Da die von der CNC berechnete Bahn aber interpoliert wird, kann für das Berechnungsmodell die Kreisgleichung nicht direkt verwendet werden. Zur Lösung dieses Problems wird die Kreisgleichung so umgestellt, dass eine notwendige Angabe für die Kreisinterpolation steuerungsintern berechnet wird. Daraus ergeben sich grundsätzlich zwei Programmiermöglichkeiten:

- Bei der direkten Radiusprogrammierung werden der Radius und die Zielposition programmiert. Der Kreismittelpunkt wird nicht angegeben, z. B. **N100 G02 X120 Y65 CR=50 F4500.**
- Bei der Mittelpunktprogrammierung werden die relative Lage des Mittelpunktes, bezogen auf den Startpunkt des Kreisbogens sowie die Zielposition programmiert, z. B. **N100 G02 X120 Y65 I30 J0 F4500**.

Der Wert des Kreisradius wird steuerungsintern bestimmt.

Bei der direkten Radiusprogrammierung werden die Kreisorientierung G02 bzw G03, die Zielkoordinaten und der Kreisradius[8)] programmiert. Für die Programmierung des Kreisradius beim Steuerungssystem Sinumerik 840D wird der Bezeichner CR (Circle Radius) verwendet. Gemäß der Festlegung, dass Bezeichner mit mehr als einem Buchstaben zur Wertzuweisung ein Gleichheitszeichen zu verwenden haben, wird der Radiuswert dem Bezeichner mittels Gleichheitszeichen zugewiesen. Bei der direkten Radiusprogrammierung wird auf die Angabe des Mittelpunktes verzichtet. Dabei werden rechnerintern im Start- und im Endpunkt des Kreisbogens die Tangenten t und daraus die Bahnnormalen n bestimmt. Diese Normalen schneiden im Mittelpunkt M des Kreisbogens (vgl. Bild 5.13).

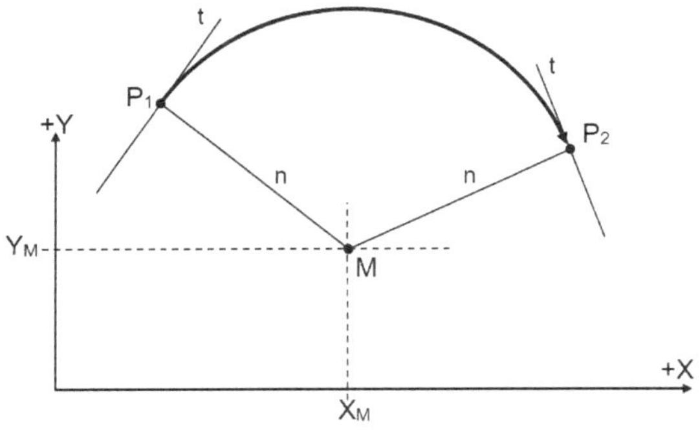

Bild 5.13
Mittelpunktbestimmung für die Kreisinterpolation

Da die Kreisgleichung eine quadratische Gleichung ist, ergeben sich immer zwei unterschiedliche Lösungen; in diesem Fall existieren zwei Mittelpunkte M und M1, die der Berechnungsgleichung entsprechen (vgl. Bild 5.14).

[8] Anmerkung: Üblicherweise wird für den Radius der Adressbuchstabe R verwendet. Die Adresse R wird beim Steuerungssystem Sinumerik 840D für Parameteradressen verwendet und kann daher bei der Kreisinterpolation nicht verwendet werden.

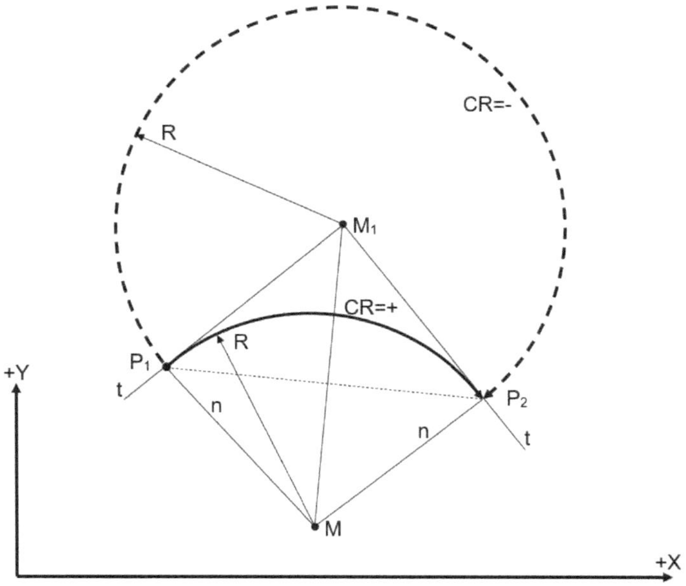

Bild 5.14 Fallunterscheidung nach dem Öffnungswinkel bei der Kreisradiusprogrammierung

Beide Lösungen können nach der Größe des Mittelpunktwinkels, d. h. nach dem Öffnungswinkel des Kreisbogens, unterschieden werden. Bei einem Kreisbogen mit einem Öffnungswinkel ≤ 180° wird der Radiuswert mit positivem Vorzeichen CR = +... programmiert. Bei Öffnungswinkeln > 180° wird mit negativem Wert CR = –... programmiert. Dieses Vorzeichen vor dem Radius unterscheidet beide Lösungen voneinander. Das Pluszeichen beim Radiuswert wird i. A. nicht geschrieben. Bei der näheren Betrachtung dieser Lösung ergeben sich Besonderheiten. Sind Start- und Endpunkt des Kreisbogens identisch, z. B. bei einem Vollkreis, gibt es keine Lösung, da sich parallele Geraden, d. h. die beiden Bahnnormalen, nicht schneiden. Die Programmierung eines Vollkreises ist daher nicht in einem einzigen Satz möglich, evtl. können zwei Halbkreise programmiert werden.

Bei der Kreisinterpolation mit Interpolationsparametern werden anstelle des Kreisradius die Koordinaten des Kreismittelpunktes angegeben. Der fehlende Radiuswert wird steuerungsintern bestimmt. Um Verwechselungen mit den Linearkoordinaten X, Y oder Z zu vermeiden, wurden die Interpolationsparameter I, J und K eingeführt. Diese Interpolationsparameter beschreiben die relative Lage des Kreismittelpunktes in Bezug zum Kreisanfangspunkt.

- I: Relative Lage Kreismittelpunkt, bezogen auf Startpunkt in X-Richtung ($I = X_M - X_S$).
- J: Relative Lage Kreismittelpunkt, bezogen auf Startpunkt in Y-Richtung ($J = Y_M - Y_S$).
- K: Relative Lage Kreismittelpunkt, bezogen auf Startpunkt in Z-Richtung ($K = Z_M - Z_S$).

Gemäß der Kreisgleichung, vgl. Formel 5.1, geht der Kreisradius quadratisch ein. Bei einer Radiusberechnung gibt es also immer zwei Lösungen. Beim Steuerungssystem Sinumerik sind die Interpolationsparameter I, J und K grundsätzlich relative Koordinaten, d. h. Relativmaße mit G91 und beziehen sich auf den Startpunkt des Kreisbogens. Beim Steuerungssystem Sinumerik 840 unterliegen die Interpolationsparameter nicht der aktuellen Bemaßung (vgl. Bild 5.15).

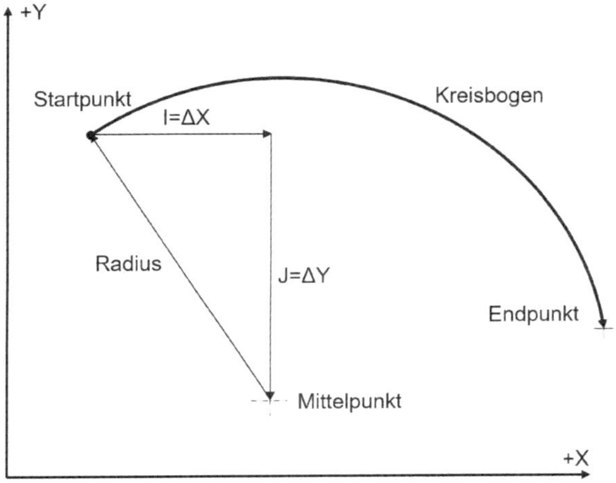

Bild 5.15
Interpolationsparameter I und J als relative Mittelpunktkoordinaten

In einigen anderen Steuerungssystemen werden die Interpolationsparameter wie Koordinaten verwendet, d. h. die Koordinaten beziehen sich auf den Ursprung des Koordinatensystems und unterliegen der eingestellten Bemaßungsart (vgl. Bild 5.16).

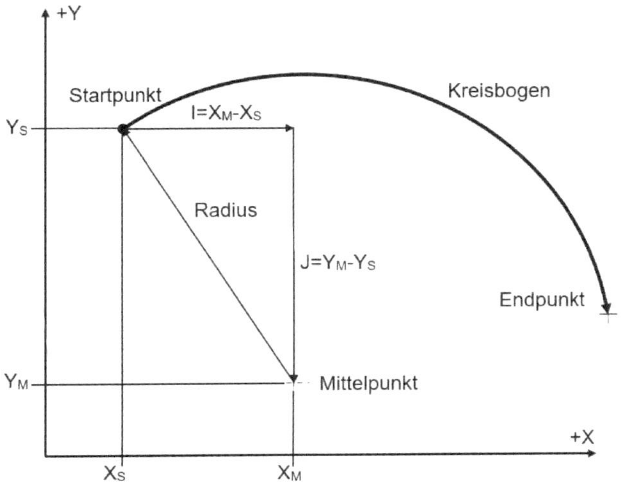

Bild 5.16
Interpolationsparameter I und J, die als Koordinaten der Bemaßung unterliegen

Kreisbogeninterpolation über 3 Punkte (CIP)

Eine Besonderheit bildet der Kreisbogen über drei Punkte. In diesem Fall muss keine Interpolationsebene mit G17 – G19 eingestellt sein, da die drei verwendeten Punkte eine Ebene im Raum definieren. In der DIN 66025 ist explizit kein Befehl für eine Kreisinterpolation über drei Punkte im Raum vorgesehen. Beim Steuerungssystem Sinumerik wurde dafür der Befehl CIP eingerichtet. Die drei notwendigen Punkte werden durch den Startpunkt des Bogens, den programmierten Endpunkt und einen frei wählbaren Hilfspunkt auf dem Bogen definiert. Diese Punkte müssen sich voneinander unterscheiden. Es ist demzufolge mit dieser Methode kein Vollkreis in einem Satz programmierbar. Der Startpunkt des Bogens ist gleichzeitig der Endpunkt des vorherigen Satzes. Start-, Hilfs- und Endpunkt definieren dann auch die Kreisorientierung. Es erfolgt keine Unterscheidung nach G02/G03. Die Koordinaten des Hilfspunktes werden mit der X-Koordinate I1 =, der Y-Koordinate J1 = und der Z-Koordinate K1 = programmiert. Die Koordinaten des Endpunktes werden wie gewohnt mit X, Y und Z programmiert. Die eingestellte Bemaßungsart, z. B. G90 oder G91, gilt auch für den Hilfs- und den Endpunkt. Bei der Absolutbemaßung G90 beziehen sich I1 = und J1 = auf den Werkstücknullpunkt (vgl. Bild 5.17).

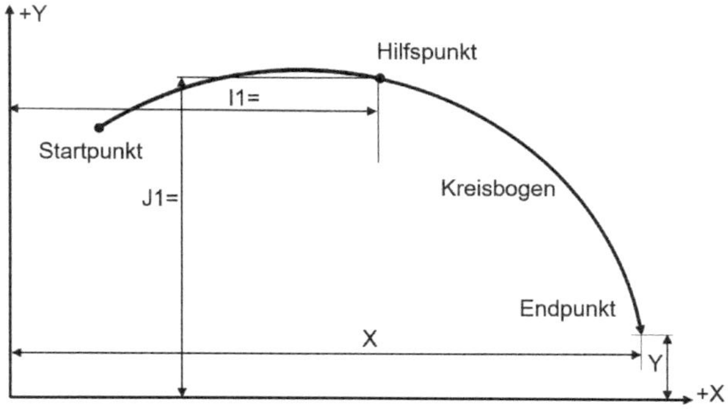

Bild 5.17
CIP-Kreisbogen über drei Punkte in Absolutbemaßung

Beim Relativmaß G91 beziehen sich Hilfs- und Endpunkt I1 = und J1 = auf den Kreisstartpunkt (vgl. Bild 5.18).

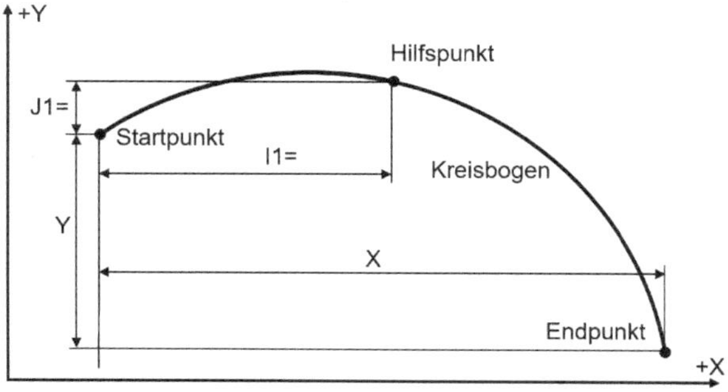

Bild 5.18
CIP-Kreisbogen über drei Punkte in Relativbemaßung G91

Im CNC-Code werden Kreisbögen über drei Punkte im Format Satznummer, Befehl CIP, Bemaßungsart, Zielkoordinaten X, Y, Z und ggf. den Arbeitsvorschub angegeben.

Formatbeispiel: **N100 CIP G90 X120 Y65 Z25 I1=30 J1=0 K1=25 F4500**.

Helixinterpolation

Bei einer Helixinterpolation bzw. Schraubenlinieninterpolation wird eine Kreisinterpolation in der aktuellen Interpolationsebene mit einer Linearinterpolation senkrecht zur aktuellen Interpolationsebene überlagert. Dabei bewegt sich die Werkzeugspitze auf einer Kreisbahn, z. B. in der X-Y-Ebene, d. h. der aktiven Bearbeitungsebene und gleichzeitig verändert sich dabei die Höhe in Z-Richtung linear. Die Bahn der Werkzeugspitze stellt damit eine Schraubenlinie bzw. Helix dar. Da der Kreisbogen in einer Ebene definiert ist, erfolgt die Kreisinterpolation in der aktuellen Arbeitsebene. Vorzugsweise wird die Helixinterpolation zum fliegenden Ein- bzw. Austauchen an einer Kontur in der X-Y-Ebene verwendet. Ein fliegendes Eintauchen schont z. B. die Werkzeugstirnschneide beim Eintauchen. Speziell bei der Herstellung von Öffnungen im Inneren eines Bauteils, bei denen kein Platz für ein seitliches Heranfahren an die Kontur vorhanden ist, empfiehlt sich diese Methode. Beim fliegenden Eintauchen muss beachtet werden, dass das Werkzeug nicht zu steil in das Material eintaucht. Das Eintauchen hängt in erster Linie von den Schneidengeometrien der Stirn- bzw. Einbohrschneiden ab. Ein Eintauchwinkel zwischen 30° und 45° zur Materialoberfläche ist hier sinnvoll.

Spline-Interpolation

Als Spline-Funktionen werden mathematische Verfahren zur Annäherung von Kurven bezeichnet. Die Bezeichnung Spline ist eine Kurzform des Begriffes Special Line. Bei diesen mathematischen Verfahren entstehen Kurven mit glattem, stetigem Kurvenverlauf, die die vorgegebenen Punkte verbinden. Die Spline-Interpolation wird nach KIEF definiert als „... eine Verkettung von Polynomen dritten oder höheren Grades, die an ihren Übergängen ein verbindendes Übergangsverhalten aufweisen.“[9] Mit der Spline-Interpolation können Punktefolgen durch stetige Kurven verbunden werden, um z. B. digitalisierte Punkte zu Kurven zu verbinden. Die Splines sind modal wirksam und gehören zur Gruppe der Wegbefehle.

Es gibt verschiedene Spline-Typen mit unterschiedlichen Eigenschaften, die auch zu deutlich unterschiedlichen Ergebnissen führen können. Im Steuerungssystem Sinumerik 840 sind z. B. Akima-Spline bzw. A-Spline, der Bezier-Spline, auch als NURBS: Nicht uniformer, rationaler Basis-Spline und der kubische Spline bzw. C-Spline verfügbar. Bei der Verwendung eines Splines müssen dessen Umgebungsbedingungen definiert werden, d. h. mit der Anfangsbedingung des Splines der Übergang der Kontur zum Spline und mit der Endbedingung der Übergang vom Spline zur Kontur. Die

---

[9] [KIE 2017], S. 799

Übergangsbedingungen können entweder Geraden oder tangentiale Übergänge sein. Diese Umgebungsbedingungen beeinflussen den Spline im Anfangs- und Endbereich erheblich. Im CNC-Programm werden zeilenweise die Koordinaten der Raumpunkte in definierter Reihenfolge angegeben. Die Kontur, die dann das Bearbeitungswerkzeug zurücklegt, wird steuerungsintern berechnet.

Arbeitszyklen

Nach DIN ISO 2806 ist ein Arbeitszyklus „... ein festgelegter Ablauf von Einzelschritten, der eine Achsbewegung oder ein Spindelbetrieb ausübt, um Arbeitsschritte wie Bohren, Drehen Wickeln oder deren Kombinationen durchzuführen."[10] In einem Arbeitszyklus ist ein konkreter Bearbeitungsschritt parametrisch vom Steuerungshersteller hinterlegt. Durch den Aufruf des Zyklus und der Zuweisung konkreter Parameterwerte entsteht ein ausführbares CNC-Programm für den betreffenden Bearbeitungsschritt. Derartige Zyklen sind für Bohrungen, Nutfräsungen und Taschenfräsungen in vielen Steuerungen verfügbar. Da die Vielfalt der in der Steuerung vorhanden Zyklen sehr groß sein kann, wurde von einer Kennzeichnung als G-Befehl Abstand genommen.

5.2.5 Hilfs- und Zusatzfunktionen

Zusatzfunktionen stellen Programmbefehle dar, mit denen bestimmte Maschinenzustände erreicht werden, die sich mit den G-Befehlen nicht realisieren lassen. Sie ergänzen die G-Befehle und ermöglichen dem Maschinenhersteller, Sonderfunktionen vorzusehen und verschiedene Bauformen oder Ausrüstungsvarianten mit der DIN 66025 in Übereinstimmung zu bringen. Die Zusatzfunktionen können in maschinen- und programmsteuernde Befehle unterschieden werden. Eine weitere Unterscheidung kann erfolgen in Befehle des Steuerungsherstellers und in Befehle des Maschinenherstellers. In der DIN 66025 sind die Befehle M00-M05, M12, M17 und M30 explizit definiert. Alle anderen M-Funktionen sind für den Steuerungs- bzw. Maschinenhersteller frei verfügbar. Die genaue Bedeutung ist dann aus der Programmieranleitung bzw. aus dem Programmschlüssel der Maschine erkennbar. Es ist zu beachten, dass bestimmte M-Befehle erst am Satzende wirksam werden, d. h. nachdem alle anderen Befehle des Satzes aktiv sind. Es ist daher vorteilhaft, maschinensteuernde Befehle allein in einem Satz zu programmieren. Folgende Zusatzfunktionen sind in der DIN 66025 genormt (vgl. Tabelle 5.2).

[10] [DIN ISO 2806], S. 10

Tabelle 5.2 Zusatzfunktionen

Zusatz-funktion	Erläuterung
Programmsteuernde Zusatzfunktionen	
M00, M0	Unbedingter programmierter Halt. Die Programmabarbeitung wird unterbrochen. Alle eingegebenen Daten bzw. Werte bleiben erhalten. Die Hauptspindel verbleibt im Betriebszustand. Die Fortsetzung des Programms erfolgt mit der „NC-START"-Taste durch den Bediener.
M01, M1	Wahlweiser, bedingter programmierter Halt. Dieser Befehl wirkt wie M00, aber nur, wenn vor dem Programmstart die M01-Taste betätigt wurde. Wurde die M01-Taste nicht betätigt, wird der Befehl M01 ignoriert.
M02, M2	Planmäßiges Programmende mit Rücksetzen auf Programmanfang. Die Maschine ist im „NC-Halt"-Betrieb.
M17	Unterprogrammende und Rücksprung in das vorherige Haupt- bzw. Unterprogramm.
M30	Planmäßiges Programmende, wirkt wie M02. Es erfolgt kein Rücksetzen auf den Programmanfang. Der Befehl M30 sollte dem Befehl M02 vorgezogen werden.
Maschinensteuernde Zusatzfunktionen	
M03, M3	Arbeitsspindel rechtsdrehend
M04, M4	Arbeitsspindel linksdrehend
M05, M5	Arbeitsspindel Stopp
Maschinensteuernde Zusatzfunktionen des Maschinenherstellers	
M41, M141	Entspannen Vakuum Station linke Tischhälfte; Freigabe des Schalters zum Abschalten der Vakuumspannung. Der Befehl M141 bleibt auch nach Programmabbruch und Reset erhalten, während M41 gelöscht wird. Der Befehl M41/M141 hebt den Befehl M51 auf.
M42, M142	Entspannen Vakuum Station rechte Tischhälfte; Freigabe des Schalters zum Abschalten der Vakuumspannung. Der Befehl M142 bleibt auch nach Programmabbruch und Reset erhalten, während M42 gelöscht wird. M42/M142 hebt M52 auf.
M51, M151	Abfrage Vakuum auf linker Tischhälfte. Nur wenn auf der linken Station ein Bauteil gespannt ist, erfolgt die Programmfortsetzung. Bei Ausfall bzw. Abfall des Vakuums unter 60 % des Sollwertes erfolgt Not-Aus-Alarm und Programmstopp durch die Steuerung. Dieser Befehl muss im ersten Programmsatz programmiert werden.
M52, M152	Analog zu M51, gültig für die rechte Tischhälfte. Anmerkung: Der Maschinentisch ist in üblicherweise eine linke und eine rechte, separat bedienbare Tischhälfte unterteilt.

Die angegebenen M-Befehle sind spezielle Befehle und gelten für den Hersteller Reichenbacher-Hamuel und für den Maschinentyp Vision.

Mit Hilfsfunktionen bzw. den H-Befehlen können in einem CNC-Teileprogramm Parameter an die Speicherprogrammierbare Steuerung übergeben werden, um die vom Maschinenhersteller definierten Reaktionen auszulösen, z. B. Schaltbefehle für zusätzliche Aggregate, Vor- oder Zurücklegen bestimmter Ausstattungen.

5.2.6 Werkzeug- und Bahnkorrekturen

Ohne Werkzeug- und Bahnkorrekturen würde mit den angegebenen Zielkoordinaten eigentlich die Position der Mitte der leeren Hauptspindel und die Spindelunterkante programmiert werden. Damit geometrisch unterschiedliche Werkzeuge aber gleichbehandelt werden, können Werkzeugkorrekturen verwendet werden.

Zuordnung zwischen Werkzeug und dazugehörigen Korrekturdaten

CNC-Steuerungen verfügen über einen internen Werkzeugkorrekturspeicher bzw. eine vom CNC-Betriebssystem gestützte Werkzeugdatenbank. In diesem Korrekturspeicher bzw. in der Werkzeugdatenbank können Bearbeitungswerkzeuge/Aggregate mit ihren Eigenschaften beschrieben werden. Die Plätze im Werkzeugspeicher sind mit einer laufenden T-Nummer, die dem Werkzeugplatz entspricht, versehen. Für die Nutzung eines konkreten Werkzeuges müssen der CNC-Steuerung die Angaben der konkreten Speicherstelle im Werkzeugkorrekturspeicher, der die tatsächlichen Korrekturdaten enthält, zugewiesen werden. Im einfachen Fall befinden sich im Werkzeugkorrekturspeicher die zum Werkzeug und zum Werkzeugplatz gehörigen Korrekturwerte, so z. B. der Längen- und der Radiuskorrekturwert. In diesem Fall kann das Werkzeug mit der Platznummer im Werkzeugwechsler aufgerufen werden. Befinden sich die Werkzeugkorrekturdaten eines Werkzeuges in einer bestimmten Speicherstelle, dann muss das Werkzeug, welches zu den Korrekturdaten passt, auf dem zugeordneten Platz im Werkzeugspeicher abgelegt werden. Das bedeutet, dass für das Werkzeug auf dem Platz T5 im Werkzeugmagazin, die Werkzeugkorrekturdaten vom Platz T5 im Werkzeugkorrekturspeicher verwendet werden (vgl. Bild 5.19).

Die Zuordnung kann z. B. mit den Befehlen T5 M06 erfolgen, dabei gibt T5 den Platz im Werkzeugmagazin und M06 den Befehl zum Ausführen des Werkzeugwechsels an. Bei älteren CNC-Steuerungen kann es sein, dass es zwischen den Werkzeugkorrekturdaten und dem Platz im Wechsler keine Zuordnung gibt, d. h. im CNC-Programm müssen die T-Adresse des Werkzeuges und die Nummer des Speicherplatzes, auf dem sich die Korrekturdaten des Werkzeuges befinden, separat programmiert werden. In Bild 5.19 ist der Werkzeugkorrekturspeicher für den Werkzeugwechselplatz T1 abgebildet. Für jeden T-Platz können maximal neun verschiedene Korrekturblöcke eingerichtet werden, z. B. D1 bis D9. Im obigen Bild sind für T1 nur D1 bis D4 eingerichtet. Mit dem Befehl D1 werden die im Speicher hinterlegten Korrekturdaten aktiviert. Der Befehl D0 setzt die aktivierten Korrekturwerte wieder zurück.

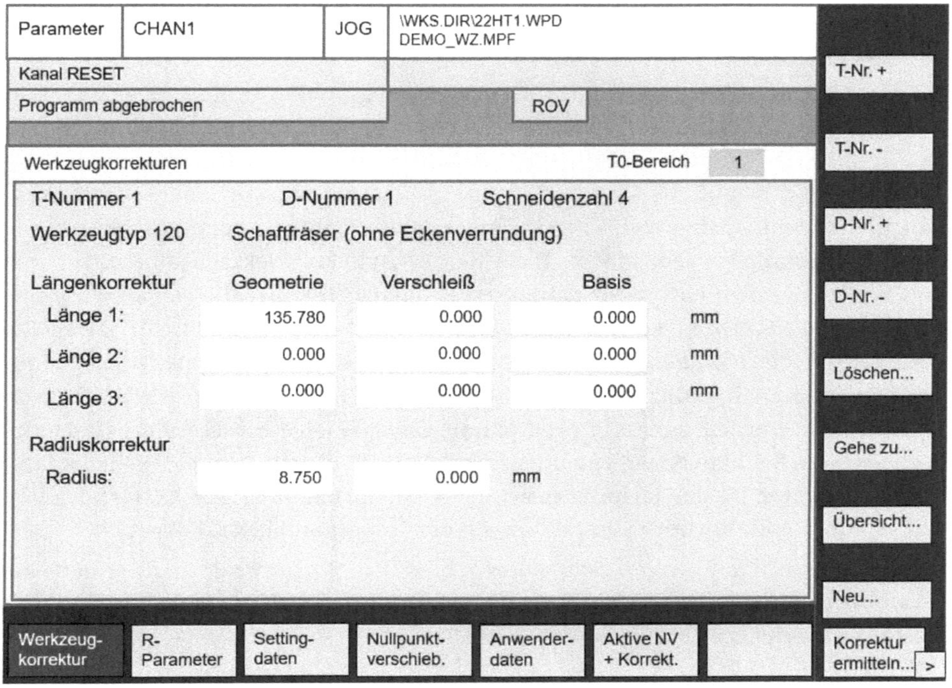

Bild 5.19 Werkzeugkorrekturspeicher der Steuerung Sinumerik 840 mit T1 und D1

Oft sind mehr Werkzeuge bzw. Aggregate vorhanden als Plätze im Wechsler. Die aktuelle Bestückung mit den benötigten Werkzeugen ist nicht das eigentliche Problem. Durch das ständige Aktualisieren der Werkzeugkorrekturdaten im Speicher entsteht ein relativ hoher Rüstaufwand.

Werkzeuglängenkorrektur

Das Prinzip der Werkzeugkorrekturen besteht darin, Werkzeuge mit unterschiedlichen Längen und Flugkreisen einheitlich handhaben zu können. Bei vielen Bearbeitungsvorgängen müssen der Steuerung die konkreten Werkzeugabmessungen und die Korrekturwerte bekannt sein. Da Werkzeuge verschiedene Abmessungen haben, muss für die Verwendung jedes Werkzeuges ein Werkzeugkorrekturblock vereinbart werden. Im Werkzeugkorrekturblock werden Werte u. a. für die Korrekturlänge und für die Radiuskorrektur gespeichert. Diese gespeicherten Werte werden bei bestimmten Befehlen mit den Zielkoordinaten verrechnet, sodass bei einer seitlichen Korrektur, z. B. G41 oder G42, die Werkzeugmittelpunktbahn korrigiert wird, d. h. programmierte Bahn und Werkzeugmittelpunktbahn sind nun nicht identisch. Der Abstand beider Bahnen entspricht dem gespeicherten Radiuskorrekturwert. Voraussetzung einer Bahnkorrektur sind in jedem Fall programmierte Werkzeugkorrekturdaten. Die eingetragenen Werkzeugkorrekturdaten stellen Korrekturwerte dar, d. h. es sind keine

Werkzeugabmessungen. Unterschiedliche Werkzeuge können somit einheitlich gehandhabt werden.

Bei einer Werkzeuglängenkorrektur muss der Bezugspunkt für die Längenkorrektur festgelegt werden. Bei der Programmierung der Z-Achse wird eigentlich die Unterkante der leeren Hauptspindel, d. h. der Werkzeugaufnahmepunkt, programmiert. Da für die Bearbeitung oft die Lage der Werkzeugspitze bzw. Schneidenecke interessant ist, kann man durch eine Werkzeuglängenkorrektur den Werkzeugprofilbezugspunkt in die Werkzeugspitze verschieben. Die Differenz zwischen Werkzeugaufnahmepunkt und Werkzeugspitze entspricht dann dem Längenkorrekturwert. Bei der Programmierung eines Werkzeugkorrekturblockes in einem Teileprogramm, z. B. D1 bis D9, wird die im betreffenden Korrekturblock gespeicherte Werkzeuglängenkorrektur zum Z-Wert der Achse hinzugerechnet. Durch interne Verrechnung des Werkzeugkorrekturwertes würden dann die programmierten Z-Befehle auf die Werkzeugspitze bezogen sein. Bei aktiver Interpolationsebene G17 ist die Werkzeuglängenkorrektur eine Z-Korrektur. Da der Korrekturwert vorzeichenbehaftet ist, entscheidet das Vorzeichen über Addition oder Subtraktion mit dem programmierten Z-Wert.

Bei Schaftfräsern mit geraden Schneiden, z. B. Schruppfräser, Schlichtfräser und Nutfräser, wird vorzugsweise die Werkzeugkorrekturlänge vom Werkzeugeinstellpunkt[11] bis zur Schneidenecke bestimmt (vgl. Bild 5.20).

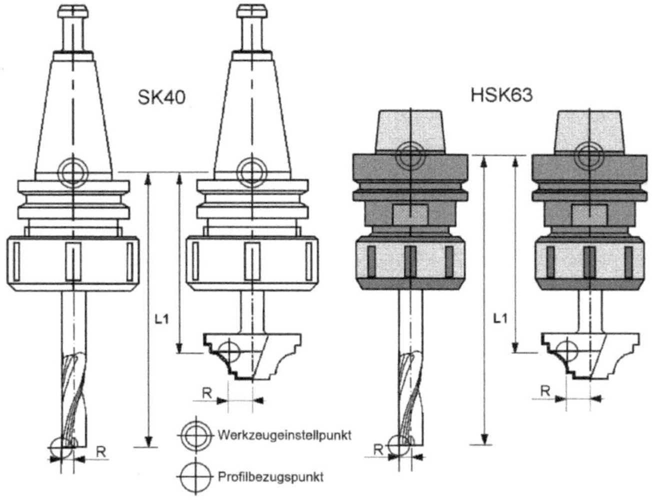

Bild 5.20 Längen- und Radiuskorrekturwert sowie Profilbezugs- und Werkzeugeinstellpunkt

[11] Der Werkzeugeinstellpunkt wird mit dem Buchstaben E gekennzeichnet. Er befindet sich an einer bestimmten, vom Hersteller definierten Stelle der Werkzeugaufnahme und kann daher nicht verändert werden. Beim Einwechseln des Werkzeuges mit der Werkzeugaufnahme fallen der Werkzeugbezugspunkt und der Werkzeugeinstellpunkt zusammen.

Bei Profilfräsern legt der Anwender einen Bezugspunkt fest, von dem aus die Werkzeuglängenkorrektur bestimmt wird. Der Profilbezugspunkt ist derjenige Punkt, von dem aus der Werkzeuglängenkorrekturwert und der Radiuskorrekturwert zum Werkzeugaufnahmepunkt bestimmt werden. Das in Bild 5.20 verwendete Symbol für den Profilbezugspunkt dient nur zur Veranschaulichung; für den Profilbezugspunkt existiert kein einheitliches bzw. genormtes Symbol.

Werkzeugradiuskorrektur

Der Radiuskorrekturwert dient dazu, den Versatz von der programmierten Kontur bei einer seitlichen Werkzeugradiuskorrektur festzulegen. Bei der Festlegung des Werkzeugradiuskorrekturwertes wird bei Schaftfräsern mit achsparallelen Schneiden, z. B bei Schrupp-, Schlicht- und Nutfräsern, häufig der Flugkreisradius als Wert für die Radiuskorrektur verwendet. Bei Werkzeugen mit profilartigen Schneiden legt der Anwender den Punkt fest, an dem der Korrekturradius bestimmt wird. Dieser Punkt, d. h. der Profilbezugspunkt, sollte so festgelegt werden, wie es für den häufigsten Gebrauch des Werkzeuges sinnvoll ist.

Seitliche Fräserradiuskorrektur

Beim maßgenauen Formatieren eines Bauteils muss das Bearbeitungswerkzeug um seinen tatsächlichen Flugkreisradius seitlich korrigiert werden. Dafür stehen die Befehle G40, G41 und G42 zur Verfügung. Die Befehle G40–G42 sind gespeichert wirksam. Der Befehl G40 hebt eine evtl. vorhandene seitliche Werkzeugradiuskorrektur auf. Mit dem Befehl G41 kann ein seitlicher Versatz des Werkzeuges nach links, in Vorschubrichtung, aktiviert werden. Die Steuerung würde im Programmsatz mit G41 die nächste Zielposition in X und Y mit dem G41-Linksversatz anfahren. Der Abstand zur programmierten Bahn entspricht dem im Werkzeugkorrekturblock D gespeicherten Radiuskorrekturwert. Die seitliche Korrektur bleibt solange wirksam, bis sie mit dem Befehl G40 wieder aufgehoben wird. Bei der Verwendung des Befehls G42 erfolgt ein Versatz nach rechts in Vorschubrichtung.

Bei Anwendung der Befehle G41/G42 wird durch die Steuerung eine äquidistante Bahn[12)] zur programmierten Kontur steuerungsintern berechnet und interpoliert. Bei der Berechnung der äquidistanten Bahn sind speziell für Ecken, d. h. der Übergang zwischen zwei Geraden, besondere Berechnungen notwendig. Standardmäßig wird von der CNC-Steuerung intern zwischen zwei Geraden ein Übergangsradius eingefügt. Einige Steuerungssysteme bieten auch die Möglichkeit, lineare Zwischensätze einzufügen, d. h. die Ecken schonend freizufahren.

Der programmierte Arbeitsvorschub bezieht sich bei aktiver Werkzeugradiuskorrektur G41/G42 auf die tatsächliche Bahn der Werkzeugmitte. Dadurch verringert sich der Vorschub am Flugkreis bei Außenradien bzw. erhöht sich an Innenradien. Um diesem Effekt entgegenzuwirken, sollten die Möglichkeiten einer konturabhängigen

[12] Äquidistante Bahn: Gleichabstandsbahn, Abstand = Radiuskorrekturwert

Vorschubsteuerung genutzt werden, z. B. im Steuerungssystem Sinumerik 840 die Befehle **CFIN, CFC, CFTCP**.

Würde der Radiuskorrekturwert vom Anwender um +1 mm vergrößert werden, dann würde das Werkzeug bei einer seitlichen Korrektur mit G41/G42 ein seitliches Aufmaß entlang der Kontur von 1 mm erzeugen; bei einer Verringerung um – 1 mm würde ein Untermaß von 1 mm erzeugt werden. Man kann diesen Zusammenhang benutzen, um zum Beispiel beim Schruppen mit vergrößertem Radiuskorrekturwert ein Schlichtaufmaß von 1 mm entlang der Kontur zu erzeugen. Oder es wird ein Untermaß von z. B. – 2 mm erzeugt, um später 2 mm dickes Schmalflächenmaterial anzukleben.

Aufbau einer seitlichen Fräserradiuskorrektur

Beim Anfahren an eine Kontur, die mit aktiver Fräserradiuskorrektur bearbeitet werden soll, sollte das Werkzeug vor dem eigentlichen Anschnitt- bzw. Eintauchpunkt auf Schnitttiefe positioniert werden. Anschließend wird die seitliche Werkzeugradiuskorrektur in der Bewegung in X bzw. Y aufgebaut, z. B. G41 G01 X … Y … oder G42 G01 X … Y…. Eine Werkzeugradiuskorrektur G41/G42 kann nur in Verbindung mit einem Befehl G01 aufgebaut werden. Die programmierte Zielposition für die Nutzung der Werkzeugradiuskorrektur sollte vor der Kontur mit dem Schnittbeginn liegen, damit die Werkzeugradiuskorrektur vollständig aufgebaut ist.

Im nachfolgenden Bild ist der seitliche Anschnitt im Hirnholz mit Werkzeugradiuskorrektur beispielhaft dargestellt. Beim seitlichen Anschnitt muss die Werkzeugradiuskorrektur vor dem Anschnitt des Werkzeuges komplett mit G41 G01 herausgefahren werden. Der Befehl G41 ist gespeichert wirksam und muss nicht permanent programmiert werden (vgl. Bild 5.21).

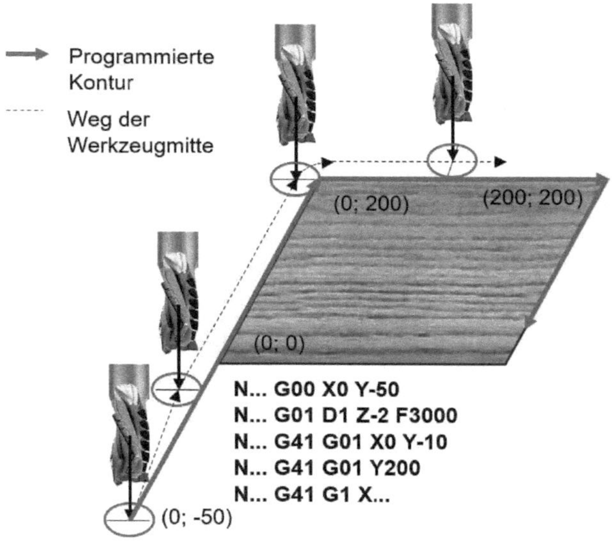

Bild 5.21
Aufbau der Werkzeugradiuskorrektur beim seitlichen Anschnitt

Im zweiten Beispiel ist das tangentiale Anfahren des Werkzeuges dargestellt. Beim tangentialen Anschnitt sollte der Spanungsbeginn im Hirnholz quer zur Faserrichtung erfolgen. Dabei taucht das Werkzeug entlang eines Kreisbogens in das Material ein. Es entsteht ein schonender Spanungsbeginn mit allmählicher Belastung der Werkzeugschneide (vgl. Bild 5.22).

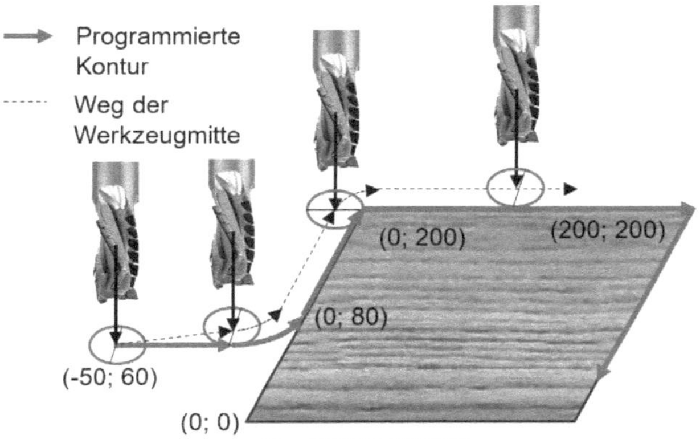


```
N... G00 X-50 Y60
N... G01 D1 Z-2 F3000
N... G41 G01 X-20 Y-60
N... G41 G03 X0 Y80 CR=20
N... G41 G1 X0 Y200
N... G41 G01 X200 Y200 ...
```

Bild 5.22 Aufbau der Werkzeugradiuskorrektur beim tangentialen Anschnitt auf Schnitttiefe

Abbau der Werkzeugradiuskorrektur

Da die Befehle G41/G42 gespeichert wirksam sind, muss die Fräserradiuskorrektur auch wieder mit G40 G01 abgebaut werden. Der Abbau der Werkzeugradiuskorrektur geschieht in umgekehrter Reihenfolge wie der Aufbau der Korrektur und ebenso in Verbindung mit dem Befehl G01, z. B. **G40 G01 X ... Y ... .**

Mit aktiver Werkzeugradiuskorrektur kann kein Werkzeug gewechselt werden bzw. ein CNC-Programm sinnvoll beendet werden.

5.3 Methoden der Erstellung von CNC-Programmen

5.3.1 Manuelle Programmerstellung

Nach DIN ISO 2806 erfolgt die maschinelle Programmierung unter Zuhilfenahme eines externen Rechners sowie eines geeigneten Postprozessors, der die Geometriedaten in ein maschinenverständliches CNC-Programm umwandelt. Mit dem Einzug moderner CNC-Maschinen in Handwerk und Industrie wächst der Bedarf nach Software, die in der Lage ist, hochwertige und effektive CNC-Programme zu erzeugen. Obwohl das CNC-Programm eigentlich nur Mittel zum Zweck ist, ist es eine Grundvoraussetzung für die Nutzung einer CNC-Maschine und damit der Herstellung eines Produktes. Dabei spielt die Methode der Programmerstellung eine große Rolle. Mit der Absicht, ein technologisches Problem mithilfe einer CNC-Maschine zu lösen, begegnet dem Anwender als erstes die Steuerung der Maschine. Mithilfe der Steuerung kann die Technologie durch die Maschine realisiert werden. Der Anwender muss sich einer Programmiersprache bzw. Programmiermethodik bedienen, um die technologischen Operationen und Einsatzparameter in der für die Steuerung verständlichen Sprache zu beschreiben. Jeder Anwender verfügt über vielfältige Erfahrungen auf dem Gebiet der manuellen und maschinellen Holzbearbeitung. Demzufolge muss der Anwender sein spezifisches Fachwissen über die Holzbearbeitung in der steuerungsspezifischen Sprache in das CNC-Programm integrieren. Dabei braucht er aber ein bestimmtes Fachwissen, um damit entweder das CNC-Programm selbst manuell zu schreiben oder ein Programmiersystem zu nutzen. In jedem Fall hängt die Qualität des Fertigteils von der technologischen Richtigkeit des CNC-Programms ab. Das CNC-Programm ist der Träger der Technologie. CNC-Programme werden in einer bestimmten, standardisierten Sprache abgefasst. Die einzelnen Befehle zur Steuerung der Maschine gliedern sich dabei in Verfahrbefehle mit Koordinatenangaben und in Schaltbefehle. Jede einzelne Operation der Maschine ist zu programmieren. Im nachfolgenden Bild ist der strukturelle Aufbau eines CNC-Programms abgebildet (vgl. Bild 5.23).

Für die Befehlsstrukturen des CNC-Programms existiert ein spezieller Code, vgl. ISO 6983 bzw. ISO 841, der die programmiertechnische Umsetzung in Befehlsstrukturen ermöglicht. Mittlerweile wurden zur Beschreibung komplexer Bearbeitungen in den ISO-Code Hochsprachenelemente integriert, z. B. Sprünge, Schleifen, Funktionsdefinitionen. Für den Anwender ergeben sich damit mehr Möglichkeiten, aber auch höhere Anforderungen an die Programmierkenntnisse.

```
%_N_BEISPIEL23_MPF

;$PATH=/_N_WKS_DIR/_N_KUECHENSCHRANK_WPD
;SEITE LINKS, AUFTRAG 2024-09-16
; ROHTEIL ABMESSUNGEN X=1060MM Y=328MMM Z=19MM
;AUTOR: LINDE, FREIGABE: 2024-10-02

N1 G17 G54 G64 G90 G40 D0 M51
N5 G00 B0 C0

N2 G53 G00 Z610 D0 S0

N10 WECHSEL(2004,3,18000)

N15 G00 X-50 Y270

N20 G00 Z40 D1
N25 G01 Z-2 F3000

N30 G41 G01 X-30 Y270 F4500
N35 G03 X0 Y300 CR=30
...
N115 G40 G01 X-50 Y330

N120 G01 Z40 F3000

N130 G00 B0 C0
N125 G53 G00 Z610 D0 S0
N135 WECHSEL(0,,)

N140 G53 G00 X3400
N145 M41

N99999 M30
```

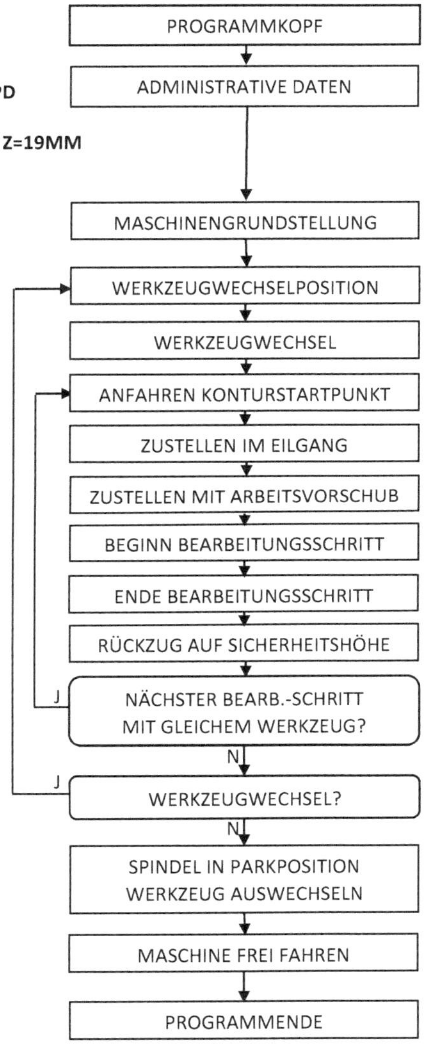

(Anm.: WECHSEL (2004,3,1800) →Werkzeugwechsel (WZ-Nummer =2004, Spindeldrehrichtung =3, rechts drehend, Drehzahl =18000 min^{-1}); WECHSEL(0,,) → Werkzeug auswechseln)

Bild 5.23 Schematischer Aufbau eines CNC-Programms im ISO-Code
Hinweis: NC-Code im Format für Sinumerik 840D, Maschinenspezifikation: Reichenbacher Hamuel

Hinsichtlich der Programmierung kann nach ISO 2806 in manuelle und maschinelle Programmierung unterschieden werden. Als manuelle Programmerstellung werden die Programmiermethoden bezeichnet, bei denen der Anwender das Programm manuell erstellt, so z. B. durch Handeingabe in die CNC-Steuerung, Eingabe in einen Text-Editor am PC, Nutzung der Makroprogrammierung in Systemen der werkstattorientierten Programmierung (WOP) oder der Programmerstellung mittels Teach-In.

Im nachfolgenden Bild sind die einzelnen Methoden der CNC-Programmierung dargestellt. Die Handeingabe von Programmen in den Speicher einer CNC-Steuerung oder in einen Texteditor ist die unwirtschaftlichste Form der Programmierung und heute nur noch selten anzutreffen. Sie hat aber noch als Möglichkeit der Programmkorrektur eine gewisse Bedeutung. An einigen CNC-Steuerungen sind Funktionen in Form von dialoggeführter grafischer Unterstützung für die Programmerstellung verfügbar (vgl. Bild 5.24).

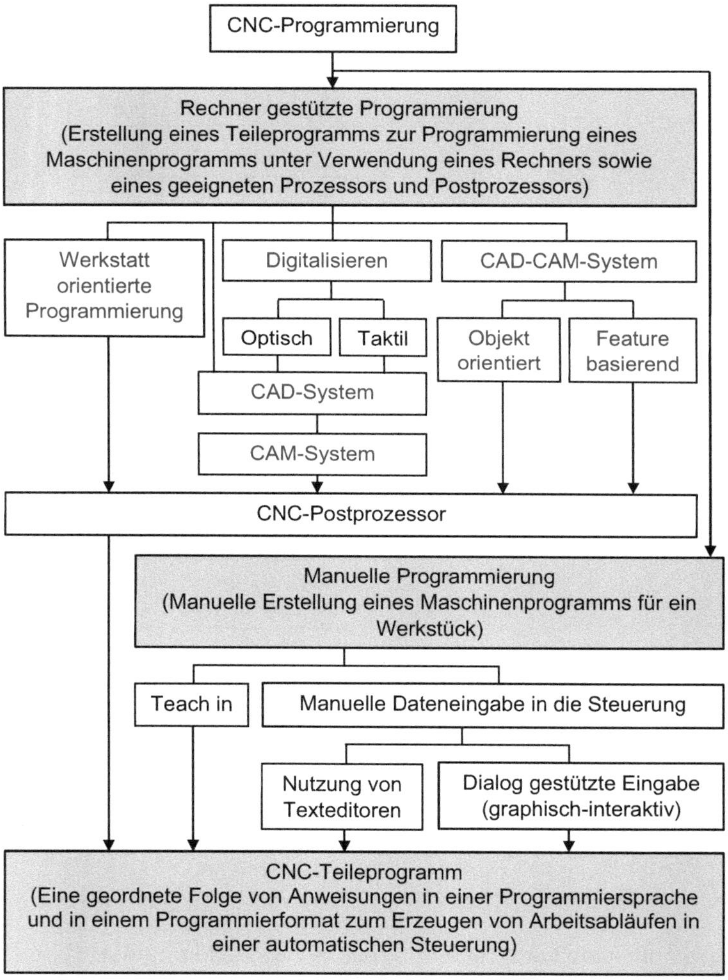

Bild 5.24 Methoden der CNC-Programmierung, in Anlehnung an DIN ISO 2806

Die Teach-In-Programmierung kann z. B. bei der Nachbearbeitung von komplexen Bauteilen und Freiformflächen angewandt werden. Dabei werden mit dem Werkzeug der CNC-Maschine nacheinander alle Bearbeitungspositionen im Handbetrieb als Soll-Positionen angefahren und mittels der CNC-Steuerung in ein geöffnetes Programm gespeichert, d. h. das Aufnehmen der Soll-Positionen. Anschließend werden im Automatik-Betrieb die einzelnen Maschinenpositionen in der gespeicherten Reihenfolge abgearbeitet, d. h. das Abfahren der Soll-Positionen. Das Teach-In ist sehr zeitaufwendig und wird bevorzugt dort angewendet, wo relativ einfache Bearbeitungskonturen in komplizierten Lagen bzw. Raumpositionen, z. B. Freiformflächen, zu bearbeiten sind und der Konstruktionsaufwand für diese Flächen unverhältnismäßig hoch wäre.

5.3.2 Rechnergestützte CNC-Programmerstellung

5.3.2.1 Programmiermethoden im Überblick

Bei der werkstattorientierten Programmierung (WOP) wird entweder die Software in der CNC-Steuerung der Maschine zur direkten Programmierung verwendet, oder es steht ein separater Programmierplatz in der Nähe der Maschine zur Verfügung. Dem Programmierer ist der aktuelle Maschinenzustand, d. h. die Verfügbarkeit der Werkzeuge und Spannvorrichtungen, bekannt und er kann dieses Wissen bei der Programmierung berücksichtigen. Oft ist es aber für ihn sehr schwierig, das gesamte Teile- und Fertigungsspektrum zu überblicken. Die Werkstattprogrammierung findet häufig bei nicht verketteten Einzelmaschinen statt und ist im Handwerk eine bevorzugte Anwendung. Bei der WOP-Programmierung werden zunehmend solche Systeme eingesetzt, mit denen man variable Bauteile in Analogie zur parametrischen Konstruktion im CAD-System erzeugen kann. Dabei werden sowohl Abmessungen als auch Bearbeitungen variabel programmiert. Über ein Ikon wird ein Bearbeitungsverfahren angewählt, die Bearbeitungsparameter eingegeben und dann ein Werkzeug zugeordnet, d. h. durch eine manuelle Zuordnung oder automatische Auswahl. Im Verlauf der Programmierung eines Bauteils wird eine Bearbeitungsliste, auch als auch Makro-Liste bezeichnet, erzeugt, die alle Arbeitsoperationen enthält. Diese Liste ist jederzeit veränderbar. Mit den vereinbarten Variablen, z. B. für die Bauteilabmessungen, werden das Bauteil und dessen Bearbeitung beschrieben. Mittels Postprozessor wird dann aus der Makro-Liste das eigentliche CNC-Programm erzeugt. Die WOP-Systeme können bevorzugt für die Bearbeitung von plattenförmigen Bauteilen eingesetzt werden, da sie schnell nutzbare CNC-Programme liefern und der Programmierer keine besonderen Kenntnisse über den DIN-Code braucht.

Unter der Bezeichnung CAx werden allgemein Computer unterstützte Arbeitsweisen verstanden. Den Kern der CAx-Technolgien bilden das CAD (Design) und das CAM (Manufacturing). Im Prozess der Erzeugnisentwicklung sind noch weitere CA-Technologien beteiligt. Die Einführung rechnergestützter Arbeitsweisen in einem Unternehmen beginnt bevorzugt mit der Erzeugniskonstruktion. Im CAD-System (Computer-Aided Design) werden alle Phasen der Produktentwicklung, z. B. das Design, der konstruktive Entwurf, die Planung, die Erstellung der Konstruktionsdokumentation, realisiert. Für den wirtschaftlich sinnvollen Einsatz von CNC-Maschinen müssen die CAD-Daten in einem CAM-System (Computer-Aided Manufacturing) mit technologischen, werkzeugtechnischen und maschinentechnischen Daten angereichert werden. Aus diesen Konstruktions- und Fertigungsdaten kann dann mithilfe eines Postprozessors das CNC-Programm erzeugt werden. Bei dieser Situation existieren oft zwei voneinander unabhängige Systeme, das CAD- und das CAM-System. Bei der Arbeit mit getrennten Systemen können die CAD-Daten der Bauteile erst nach deren vollständiger Erzeugung an das CAM-System übertragen werden, d. h. der Datentransfer ist gerichtet. Damit die Daten getauscht werden können, müssen das CAD-System (Sender) und das CAM-System (Empfänger) das gleiche Schnittstellenformat, d. h. Austausch-Schnittstellen oder Direkt-Schnittstellen, aufweisen.

Neben den reinen Konstruktions- und Fertigungsdaten werden zur Produktrealisierung auch Organisations-, Fertigungsmanagement- und Qualitätsdaten benötigt. Nach dem eigentlichen Konstruktionsprozess bzw. iterativ im Konstruktionsprozess werden Berechnungen, Dimensionierungen, Optimierungen, Maschinen- und Kapazitätsplanungen durchgeführt sowie Fertigungsmittelplanungen und die Maßnahmen zur Qualitätssicherung festgelegt (vgl. Bild 5.25).

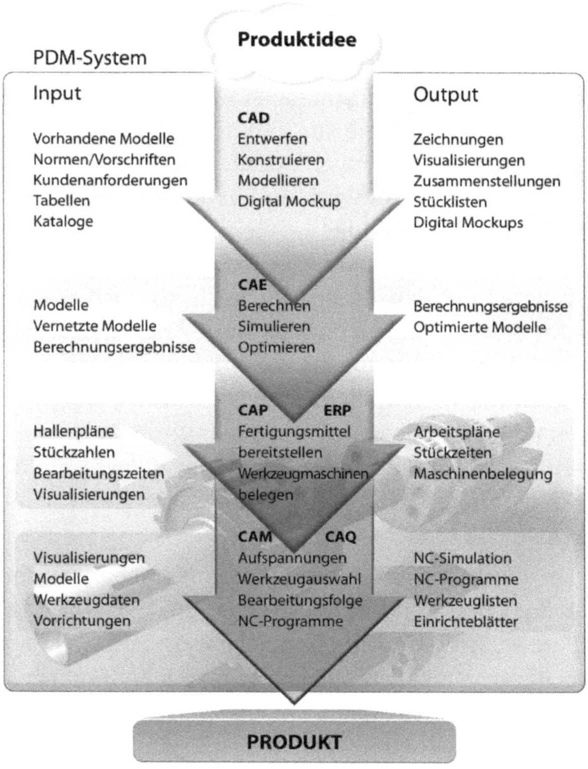

Bild 5.25 Zusammenwirken der CAx-Komponenten in der Produktentwicklung , nach [KIE 2017], S. 706

In der Vergangenheit wurden dazu Austauschformate mit geeigneten Austauschschnittstellen, so z. B. das Data eXchange Format (DXF) entwickelt. Beim Datentransfer von CAD zum CAM ist eine zeitliche Synchronität der Versionen der beiden Systeme wichtig. Bei bestimmten WOP-Systemen ist der DXF-Import die bevorzugte Möglichkeit, Fremddaten zu importieren. Da der Import über Austauschschnittstellen mit einem zusätzlichen Aufwand verbunden ist und nicht ganz unproblematisch sein kann, wurden Direktschnittstellen eingerichtet.

Mit der fortschreitenden Entwicklung wurden die CAM-Systeme zunehmend mit CAD-Funktionalitäten ausgestattet und entwickelten sich zu selbstständigen CAD/CAM-Systemen, in denen das Teil vollständig konstruiert werden kann. Der Datenaustausch erfolgt intern durch sogenannte native, d. h. systeminterne und nicht genormte Schnittstellen. Zunehmend werden von Software-Herstellern mit speziellen Teilespektren, z. B. Software zur Türen- bzw. Treppenherstellung, Schnittstellen zu Fremdsystemen angeboten, damit der Anwender seine speziellen Bauteile auch mit einer allgemeinen CAD-CAM-Software bearbeiten kann. Dabei werden die Daten im CAD-Datenformat direkt übernommen.

In der Weiterentwicklung der Systeme wurden zunehmend Schnittstellen entwickelt, die neben den geometrischen Informationen auch technologische Informationen übertragen können. Im Bereich des Maschinenbaus entstand das Konzept STEP. Der Begriff STEP steht als Abkürzung für Standard for the Exchange of Product model data und ist eine übliche, aber inoffizielle Bezeichnung. Die offizielle Bezeichnung lautet nach [ISO 10303]: Product data representation and exchange. Mit dieser Schnittstelle können z. B. alle Phasen des Produktlebenszyklus eines Bauteils bzw. Erzeugnisses beschrieben werden. Mit der Entwicklung von STEP-NC besteht die Möglichkeit, CNC-Programme auf Basis von Features zu erzeugen. Das Kürzel STEP-NC bzw. Data model for Computerized Numerical Controllers steht dabei für das Datenmodell der CNC-Prozesse auf der Basis von STEP nach [ISO 14649].

Parallel zu STEP entstand Mitte der 1990er-Jahre in der deutschen Holzbearbeitung die Schnittstelle Furniture Manufacturing Data Exchange Format (FMX). FMX wurde als branchenspezifische Datenschnittstelle entwickelt. Mit dieser Schnittstelle ist es möglich, technologierelevante Daten mit den Konstruktionsdaten vom CAD in das CAM zu übertragen.

Im Unterschied zu den oben genannten Einzelsystemen stellen integrierte CAD/CAM-Systeme ganzheitliche Systeme mit einer einheitlichen Datenbasis dar. Derartige Systeme werden bei der Planung und Entwicklung sowie in der industriellen Fertigung von Produkten bzw. bei der Realisierung von Prototypen eingesetzt. Alle Interaktionen in diesen Systemen werden protokolliert und in der Datenbasis hinterlegt. Sobald geeignete Geometrien vorliegen, können daraus Werkzeugwege generiert werden. Es besteht jederzeit die Möglichkeit, zwischen CAD- und CAM-Funktionalität zu wechseln; jede Änderung an der Geometrie im CAM-Bereich ist automatisch auch im CAD-Bereich verfügbar und umgekehrt. Werkzeugwege und Bearbeitungsoperationen können editiert bzw. verfeinert werden. Am Ende der Bearbeitung im CAM-Bereich kann eine grafische Simulation der Bearbeitungsprozesse vorgenommen werden. In dieser Simulation können eventuelle Kollisionen oder Konturverletzungen erkannt werden. Liegt der Simulation eine kinematisch definierte Maschine zugrunde, können die zu erwartenden Bearbeitungszeiten vom System berechnet werden. Nach Abschluss der Bearbeitungsoperationen wird dann mittels eines Postprozessors das CNC-Programm erzeugt. Zusätzlich lassen sich weitere Fertigungsdokumente wie Arbeitspläne, Werkzeugeinsatzpläne und Rüstpläne erzeugen.

Die für die Holzbranche entwickelten integrierten CAD-CAM-Systeme basieren vorzugsweise auf einem Standard-CAD-System und sind um CAM-Funktionalitäten erweitert worden. Derartige Systeme können spezifische Probleme des Werkstoffes und dessen Bearbeitung, z. B. die Formatbearbeitung und den Plattenzuschnitt, angemessen berücksichtigen. Darüber hinaus können zusätzliche Funktionen in der Planung, z. B. die Raum- und Erzeugnisplanung, die Visualisierung, die Fertigungsplanung und die Kosten, in derartige Systeme integriert werden.

Bei der objektorientierten Programmierung wird das Prinzip verwendet, dass jedes Objekt eine Menge von definierbaren Eigenschaften hat. Ein Objekt kann beispielsweise ein Möbelbauteil sein. Mit den objekttypischen Eigenschaften kann das Bauteil in seiner Lage, der Geometrie und der optischen Gestaltung beschrieben werden. Zusätzlich kann das Bauteil weitere Eigenschaften besitzen, z. B. Verbindungsobjekte. Diese Verbindungsobjekte repräsentieren z. B. die eingefügten Beschläge bzw. deren Bearbeitungen. Da sich diese Eigenschaften auch auf andere Bauteile vererben lassen, können Verbindungsbeschläge bzw. Bearbeitungen zwischen zwei Bauteilen konkret definiert werden.

Unter der Bezeichnung Feature werden nach [VDI 2218] „... informationstechnische Elemente, die Bereiche von besonderem Interesse von einzelnen oder mehreren Produkten darstellen ...“[13] verstanden. Ein Feature ist ein geometrisches Grundelement mit angehängten semantischen, d. h. fertigungstechnischen und technologischen, Daten. So kann eine zylindrische Bohrung geometrisch als Kreis (2D) bzw. Zylinder (3D) dargestellt werden und mit semantischen Eigenschaften wie Vertikalbohrung, Durchmesser, Tiefe, Werkzeug, Toleranzen, Bearbeitungsregeln und einer Vorschubsteuerung abgebildet werden. Durch die Feature-Technologie können alle relevanten Daten eines Produktes bzw. Bauteils bereitgestellt und im Lebenszyklusmodell abgebildet werden, vgl. [ISO 10303]. Ein Feature besitzt bestimmte Verhaltensregeln. So behält es seine Gestalt immer bei, kann aber über seine Parameter geändert werden. Wird ein Feature in die CAD-Datei eingefügt, werden diese Verhaltensregeln mit in die Konstruktion übernommen. Durch die Kombination von Formfeatures aus Geometrieelementen können komplexe Features, sogenannte Compound-Features, erzeugt werden. Somit lassen sich komplexe Bauteile aus Features zusammensetzen

[13] [VDI 2218], S. 10

(design by feature). Bei der Übergabe der CAD-Daten werden die semantischen Daten ebenso mit übergeben. Verfügt das CAM-System über einen sogenannten Feature-Assistenten, können über die Feature-Erkennung (Feature Recognition) sofort Bearbeitungsdaten gewonnen werden.

Reverse Engineering

Als Reverse Engineering bezeichnet man den Vorgang, aus einem vorhandenen realen Gegenstand oder Produkt durch Analyse seiner Beschaffenheit die Konstruktionsdaten bzw. die Konstruktionselemente zu extrahieren. Bei diesem, dem Konstruktionsprozess entgegengesetzten Prozess, wird aus einem realen Gegenstand ein digitales Modell erzeugt. Das Reverse Engineering wird in der Holzbearbeitung vorzugsweise angewendet, um digitale Modelle von handgefertigten Gegenständen zu generieren, z. B. Schnitzereien, Verzierungen, Kunstgegenstände. Ein anderer Anwendungsbereich ist z. B. die Abtastung speziell gestalteter Modelle, welche mit Modellierwerkstoffen bzw. Kunststoffen manuell geformt wurden, um später industriell hergestellt zu werden. Mit dem Reverse Engineering lassen sich im Endeffekt geometrische Kopien von Teilen herstellen, für die keine digitalen Daten vorliegen.

5.3.2.2 Werkstattorientierte Programmierung

Im Bereich der Holzbe- und -verarbeitung haben sich die WOP-Systeme etabliert und bilden den Kern der Programmiersysteme für die Bearbeitung plattenförmiger Bauteile mit CNC-Stationärbearbeitungsmaschinen. Unter der Überschrift „Die WOP-Philosophie“ beschreibt KIEF die Anforderungen an WOP-Systeme:

- „Gleiche Programmierung mit einheitlichen Dialogen für alle Fertigungstechnologien.
- Einheitliche Programmierung in der Werkstatt und in der Arbeitsvorbereitung.
- Grafisch-interaktive Programmierung ohne abstrakte Programmiersprache.
- Programmierung der Werkstück-Geometrie und nicht der Werkzeugwege, wie bei der Programmierung DIN 66025.
- Getrennte Programmierung von Geometrie und Technologie, d. h. die Geometriebeschreibung erfolgt bearbeitungsunabhängig.
- Grafisch-dynamische Simulation des gesamten Bearbeitungsprozesses.
- Optimieren und Ändern von Programmen in gleicher Weise wie bei der Programmierung.
- Mehrere Bildschirmmasken können gleichzeitig aufgerufen und bearbeitet werden.
- Bei CNC-integrierten WOP-Systemen: Programmierung während laufender Bearbeitung.

- Auf Anhieb fehlerfreie Programme erzeugen, sodass kein Probelauf mit Korrektureingriffen erforderlich ist.
- Ein- und Ausgabe von Daten, auch der Quellprogramme, Grafiken Arbeitspläne etc.
- Integration im CIM-Umfeld, d. h. Möglichkeit der Übernahme von Geometrie-Daten aus einem CAD-System."[14]

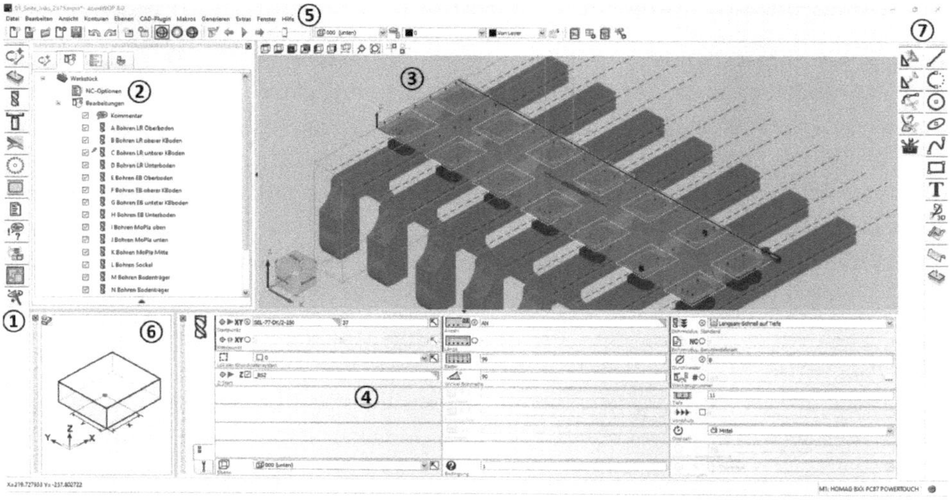

Bild 5.26 Funktionsbereiche der WoodWOP-Hauptbildschirmmaske
(1) Makro-Icons, (2) Anwender-Makroliste, (3) Bauteilansicht, (4) Dialog-Box, (5) Menü-Leiste, (6) Hilfe-Fenster, (7) CAD-Plug-in-Menü

Ausgehend von diesen Grundsätzen soll in den nachfolgenden Ausführungen am Beispiel der Software WoodWOP[15] die praktische Umsetzung beschrieben werden. Mit der Software WoodWOP werden jeweils einzelne Bauteile bearbeitet. Jedes WOP-System besitzt einen bestimmten Umfang an vorgefertigten Bearbeitungstechnologien, hier: als Makros bezeichnet. Als Makro wird eine im System verfügbare vorgefertigte Bearbeitungstechnologie bzw. eine programmsteuernde Befehlsfolge bezeichnet, die als Mustervorlage verfügbar ist und vom Anwender mit den gewünschten Parametern, z. B. Positionen, Abmessungen, Werkzeuge/Werkzeuglagen, Vorschub- und Schnittparameter, konkretisiert werden kann. Das grafisch interaktiv erstellte WOP-Programm ist eine Folge von editierbaren Makros, die die Bearbeitungsfolge sowie den gewünschten Programmablauf darstellen und dessen Inhalt an die technisch-technologischen Gegebenheiten angepasst wurde. Aus diesem erstellten WOP-Programm

[14] [KIE 1999], S. 348

[15] Die Software WoodWOP ist eine CNC-Programmiersoftware der HOMAG Group AG, Schopfloch.

wird mittels Postprozessor das maschinenspezifische CNC-Programm erstellt. Bevor ein neues WOP-Programm begonnen wird, sollten bestimmte Einstellungen des Programmiersystems vorgenommen bzw. überprüft werden, d. h. Menü: Extras dann Untermenü: Einstellungen. Es ist sinnvoll, einige Funktionen zu aktivieren, wie editierbare Makronamen, Ebenenauswahl in Makros verwenden und Bedingungen verwenden (vgl. Bild 5.26).

Ein WOP-Programm kann entweder als neues Programm, z. B. mit Datei neu, oder durch Editieren eines vorhandenen Programms, z. B. mit Datei öffnen, erzeugt werden. Einzelne Bedienfunktionen können mittels Icons aktiviert werden. Mit dem Mauszeiger kann die Funktion der Icons angezeigt werden. Beim Starten der Anwendung WoodWOP öffnet sich das Hauptmenü. Ein neues WoodWOP-Programm verfügt bereits über zwei vordefinierte Makros, das Werkstück und die NC-Optionen. Im Rahmen der WOP-Programmierung werden vom Anwender erstellte Makros hinzugefügt. Zu einem WoodWOP-Programm gehören die Makroliste, die Liste der verwendeten Variablen und eine Liste mit verwendeten Konturzügen. Ein Konturzug beschreibt die einzelnen geometrischen Bahnelemente, die zur Beschreibung von Werkzeugbewegungen verwendet werden können. In einem WOP-Programm können entweder konkrete Zahlenwerte oder Variablen mit ihren Werten verwendet werden (vgl. Bild 5.27).

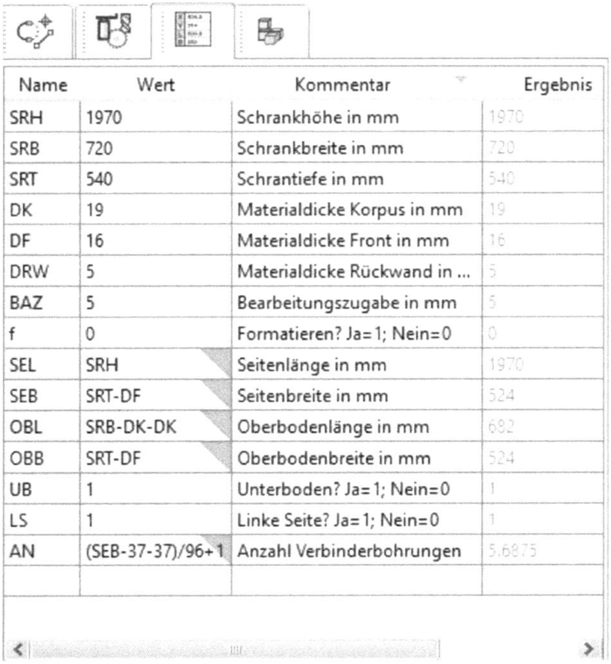

Name	Wert	Kommentar	Ergebnis
SRH	1970	Schrankhöhe in mm	1970
SRB	720	Schrankbreite in mm	720
SRT	540	Schrantiefe in mm	540
DK	19	Materialdicke Korpus in mm	19
DF	16	Materialdicke Front in mm	16
DRW	5	Materialdicke Rückwand in ...	5
BAZ	5	Bearbeitungszugabe in mm	5
f	0	Formatieren? Ja=1; Nein=0	0
SEL	SRH	Seitenlänge in mm	1970
SEB	SRT-DF	Seitenbreite in mm	524
OBL	SRB-DK-DK	Oberbodenlänge in mm	682
OBB	SRT-DF	Oberbodenbreite in mm	524
UB	1	Unterboden? Ja=1; Nein=0	1
LS	1	Linke Seite? Ja=1; Nein=0	1
AN	(SEB-37-37)/96+1	Anzahl Verbinderbohrungen	5.6875

Bild 5.27
Screenshot einer WoodWOP-Variablenliste

Vordefinierte Elemente in der Makro-Liste

Im ersten Makro Werkstück der Makroliste wird das Bauteil definiert. Basis für die Beschreibung bildet ein kartesisches Koordinatensystem X, Y, Z, welches mit den Achsbewegungen der CNC-Maschine zusammenfällt. Die Länge des Bauteils ist die Abmessung des Bauteils in X-Richtung. Das Werkstück wird durch seine Aufspannlage auf dem Maschinentisch mit der Angabe des Bearbeitungsplatzes, z. B. Platz 1, definiert. Der Werkstücknullpunkt in Z-Richtung liegt branchentypisch an der Bauteilunterseite. Die Länge L, die Breite B und die Dicke D des Werkstückes können auf verschiedene Weise festgelegt werden. Bei der Verwendung konkreter Maßangaben, z. B. Länge = 752; Breite = 482 und Dicke = 19, werden nur die numerischen Werte, ggf. mit Dezimalpunkt eingegeben; eine Angabe der Maßeinheiten erfolgt nicht. Die Verwendung konkreter Maße erfolgt üblicherweise bei einmaliger Programmierung eines konkreten Bauteils. Bei wiederholter Verwendung ähnlicher Bauteile können variable Abmessungen, z. B. Länge = L, Breite = B und Dicke = D verwendet werden. Bei maßlichen Änderungen des Bauteils müssen nicht die Abmessungen des Bauteils, sondern die Variablenwerte geändert werden. Die zu den Variablen L, B und D gehörenden numerischen Werte sind in der Variablenliste anzugeben (vgl. Bild 5.27).

Neben den Abmessungen des Bauteils sind für das Formatieren Bearbeitungszugaben vorzusehen. Damit die Bearbeitungszugabe gleichmäßig verteilt wird, muss ein Versatz des Nullpunktes in X und Y um den Wert der seitlichen Bearbeitungszugabe erfolgen.

In den NC-Optionen können die Einstellungen für die NC-Generierung zur Erzeugung des CNC-Programms vorgenommen werden. Hier sind alle Einstellungen verfügbar, die der Anwender festlegen kann, um aus dem WOP-Programm das entsprechende CNC-Programm für eine konkrete Maschine zu generieren. Aufgrund der vielen maschinennahen Einstellmöglichkeiten soll dieses Makro nicht näher erläutert werden. Die Makros Werkstück und NC-Optionen sind vorgefertigt und in der Position der Makroliste fix. Die Reihenfolge der vordefinierten Makros kann nicht verändert werden.

Vom Anwender erstellte Bearbeitungsmakros

Anschließend kann aus der Makro-Liste das gewünschte Makro ausgewählt und in das Programm eingefügt werden. Jedes einzelne Makro stellt eine in sich geschlossene Bearbeitungsoperation dar. Mit der Auswahl eines Bearbeitungsmakros erscheint in der Makroliste das entsprechende Symbol und die Dialogbox des Makros öffnet sich (vgl. Bild 5.28).

Bild 5.28 Übersicht der WoodWOP-Bearbeitungsmakros

(1) Konturzüge, (2) Ebenen, (3) Bohrbearbeitung, (4) Fräsbearbeitung, (5) Fügen und Nachbearbeiten, (6) Sägen, (7) Taschenfräsen, (8) NC-Makros, (9) Verschiedenes, (10) Verbundmakros, (11) Nesting-Bearbeitung, (12) WoodWOP-Wizard

Im Einzelnen verbergen sich hinter den Icons folgende Bearbeitungen (v. l. n. r.):

- Konturen: Startpunkt, Geraden, Kreisbögen, spezielle Geometrien für CAD-Plug-in, Editieren von Konturen
- Ebenen: Betrachtungsebene für die Bauteildarstellung
- Bohren: Vertikalbohren, Horizontalbohren, Unterflurbohren, im Winkel bohren
- Fräsen: Vertikalfräsen, im Winkel fräsen, Unterflurfräsen, Horizontalfräsen, Vertikalfräsen mit C-Achse, getastet Fräsen, Fräsen Polygonzug
- Füge- und Nacharbeitsprozesse: Schmalflächenmaterial ankleben, Schmalfläche abblasen, Bündigfräsen, Kappen, Ecke Abrunden
- Sägen: Vertikalsägen, Sägen mit A-Winkel, Nuten auf Kontur, Sägen auf Kontur, Eckenausklinken
- Taschen: Fräsen Tasche vertikal, Fräsen Tasche mit A-Winkel, Tasche fräsen von unten, Fräsen Tasche horizontal, Fräsen Tasche Freiform
- NC-Makros: NC-Unterprogramm mit Werkzeugvorwahl, Technologie ändern, NC-Unterprogramm, NC-Stopp

- Verschiedenes: Kommentar, grafischer Kommentar, Spannmittel auf Konsole sowie diverse Makros für spezielle Maschinenfunktionen
- Verbundmakros: Blöcke, Komponenten
- Nesting-Programmierung und
- Anwendung des WoodWOP-Wizard

In der Dialog-Box für die einzelnen Makros sind entsprechende Angaben für die Makros vorzunehmen, z. B. Bearbeitungspositionen, Bearbeitungstiefen, Werkzeuge bzw. Werkzeugkennungen, seitliche Korrekturen, Art der Werkzeugzustellung (vgl. Bild 5.29).

Bild 5.29 WoodWOP-Dialogboxen für die Makros Vertikalbohren und Konturfräsen vertikal

Beim Einfügen neuer Makros wird das neue Makro immer nach dem aktuellen Makro eingefügt. In der Makro-Liste wird für jedes Makro der Status angezeigt. Neben dem Werkzeugsymbol ist der Name des Makros angegeben. Diese Bezeichnung kann vom Anwender geändert werden, sofern die Einstellung Editierbare Makronamen vorgenommen wurde. Die Anordnung der Makros in der Makroliste entspricht dann der späteren Bearbeitungsfolge im CNC-Programm.

Für bestimmte Bearbeitungen, z. B. Fräsen oder Fügen, muss eine Kontur definiert sein, damit das Werkzeug dieser Kontur richtig zugeordnet werden kann. Ein Konturzug ist eine Folge von gleichgerichteten geometrischen Elementen, bei denen der Endpunkt des Elementes N gleich dem Startpunkt des Elementes N+1 ist. Die Eigenschaften eines Konturzuges werden vorzugsweise am Startpunkt definiert. Ein Konturzug verzweigt nicht. An jedem Punkt, außer Start- oder Endpunkt, treffen sich maximal zwei Elemente. Konturzüge können exportiert und importiert werden. Sind mehrere Konturzüge in einem Programm enthalten, werden diese aufsteigend nummeriert. Mit dem Startpunkt eines Konturzuges werden der Beginn und die Richtung der Kontur definiert. In Abhängigkeit von der vorliegenden technischen Zeichnung können die einzelnen Konturelemente in Absolutbemaßung, d. h. mit dem Bezug auf den Bauteilnullpunkt; entspricht G90 oder in Relativbemaßung, d. h. mit dem Bezug auf die letzte Position; entspricht G91, programmiert werden.

Soll ein vorhandenes Programm editiert werden, dann muss das entsprechende Programm geöffnet werden. In der Makroliste des Bildschirms sind die im Programm enthaltenen Makros aufgelistet. Durch den Doppelklick wird das ausgewählte Makro in der Makro-Liste geöffnet und in der Dialog-Box erscheinen die dazugehörigen Werte und Einstellungen. Ein Bearbeitungsmakro entspricht einem konkreten Arbeitsgang; es können also nur die Werte und Einstellungen dieses Arbeitsganges geändert werden. In der Makro-Liste können Makros eingefügt, verschoben oder gelöscht werden. Soll ein noch nicht vorhandenes Makro in das Programm eingefügt werden, dann ist das betreffende Makro aus der Liste der Bearbeitungsmakros auszuwählen. Vor dem Einfügen des neuen Makros ist das Makro anzuklicken, nach dem das neue Makro eingefügt werden soll. Am Ende des Programm-Editierens ist das veränderte Programm unter neuem Namen zu speichern. Der Programmname sollte einen direkten Bezug zum konkreten Bauteil aufweisen.

Einfügen von Blöcken und Komponenten

Zur Erleichterung der Programmierung können verschiedene Bearbeitungen in einem Blockmakro zusammengefasst werden. Das findet z. B. bei Topfscharnieren Anwendung, wo die Bohrungen für den Topf und die Stützbohrungen in einem Block zusammengefasst werden können. Blöcke können separat gespeichert und in WOP-Programme eingefügt werden. Ein separates WOP-Programm kann als Komponente in das aktuelle WOP-Programm eingeschlossen werden. Dabei können alle Bearbeitungen und Konturzüge, die in der Komponente programmiert sind, in das Zielprogramm übernommen werden. Die Position der eingefügten Komponente im Zielprogramm kann durch einen Versatz angeglichen bzw. mit dem Koordinatensystem des Komponentenmakros additiv verrechnet werden.

NC-Generierung

Die WOP-Programme werden beim Speichern in einem herstellerspezifischen Datenformat, dem *.MPR oder dem *. MPRX gespeichert. Zur Abarbeitung des Programmes muss das WOP-Programm noch mittels Postprozessor in ein steuerungs- und maschinenspezifisches CNC-Programm gewandelt werden. Dabei werden die im Makro NC-Optionen eingestellten Werte zur Maschinen- und Programmsteuerung mit in das

CNC-Programm übernommen. Gleichzeitig findet eine Plausibilitätsprüfung statt. In dieser Prüfung werden diverse Eigenschaften überprüft, so wird z. B. die Einhaltung des Arbeitsbereiches und die kollisionsfreie Konsolenpositionierung sowie das Vorhandensein der programmierten Werkzeuge/Aggregate überprüft.

5.3.2.3 CAD-CAM-Programmierung

Der CAD-CAM-Prozess bezeichnet in allgemeiner Form die durchgängige Verwendung von Daten für die Konstruktion und Gestaltung von Produkten bis hin zur Fertigung dieser Produkte. Der CAD-CAM-Prozess umfasst die Bereiche der Erzeugnisentwicklung, der Arbeitsvorbereitung und bestimmte Bereiche der Fertigung. Aufgrund der Vielfalt und der Spezifik dieser Prozesse sind CAD-CAM-Systeme in ihrem Funktions- und Leistungsumfang ebenso vielfältig. Bei integrierten Systemen gehören CAD- und CAM-Anwendungen zum gleichen System bzw. basieren auf dem gleichen Datenmodell. Die erzeugten Daten und können verlustfrei und sicher zwischen den Funktionalitäten getauscht werden. Es besteht aber auch die Möglichkeit, Daten zwischen dem CAD- und dem CAM-System mittels Software-Schnittstellen zu tauschen. In der CAD-Modellierung lassen sich zwei Arten unterscheiden, die direkte Modellierung und die parametrische Modellierung.

CAD-Modellierungsarten

Bei der direkten geometrischen Modellierung werden die einzelnen Elemente als unabhängige Elemente durch Nutzung einer Zeichenfunktion erzeugt und vom Anwender in der Konstruktion platziert. Sollen zum Beispiel einzelne Elemente verändert werden, wie die Größe, die Position und/oder die Lage, sind diese Elemente zu selektieren und mit einer Systemfunktion, wie z. B. Skalieren, Strecken, Versetzen, Stutzen, zu verändern. Verändert werden nur diejenigen Elemente, die vom Anwender selektiert wurden. Zwischen einzelnen Elementen bestehen keine dauerhaften Abhängigkeiten.

Als parametrische Konstruktionen werden Konstruktionen bezeichnet, bei denen die Konstruktion über ihre Parameter angesprochen wird. Ein parametrisches CAD-Modell kann durch Änderung seiner Parameter bzw. Parametereigenschaften jederzeit verändert werden. Neben geometrischen Parametern können auch physikalische, technische und technologische Parameter verwendet werden. Die verwendeten Parameter werden im CAD-System intern verwaltet. Der Anwender kann zwischen den Parametern Abhängigkeiten herstellen, so durch algebraische Abhängigkeiten, wie Länge = 2 * Breite, logische Abhängigkeiten mit der Funktion IF...THEN...ELSE oder geometrische Abhängigkeiten, wie z. B. Parallelität oder Konzentrizität. Diese Abhängigkeiten im CAD-Modell werden als Constraints bezeichnet. Durch die Verwendung externer Softwareprodukte, z. B. MS-Excel, können die Constraints außerhalb der CAD-Software verwaltet und beeinflusst werden. Ein Großteil der Möbel basiert auf einheitlichen Konstruktionsprinzipien und Verbindungstechniken der Einzelteile. Die verwendeten Bauteile sind in der Regel plattenförmig und besitzen vorzugsweise rechteckige Außenkonturen. Damit besteht die Möglichkeit einer einfachen Skalierung und konstruktiven Anpassung der Möbel.

Die parametrische Modellierung bietet eine sehr gute Plattform für die Programmierung variabler Bauteile bzw. Erzeugnisse, Bearbeitungen und programmsteuernder Befehle. Im nachfolgenden Bild sind verschiedene Bauteile abgebildet, die durch die Steuerung von Variablen mit dem gleichen CNC-Programm abgebildet werden können (vgl. Bild 5.30).

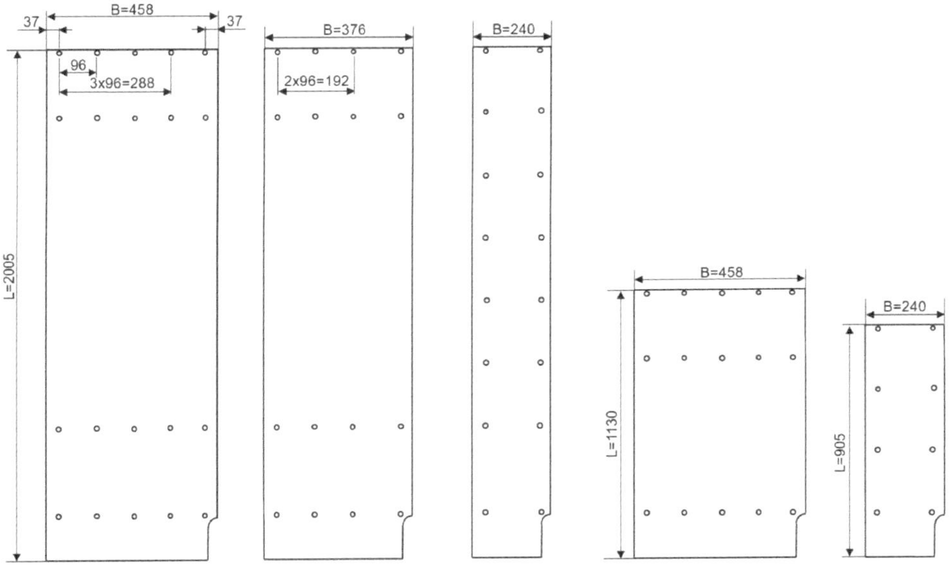

Bild 5.30 Variable Bauteilabmessungen und Bearbeitungspositionen
Anmerkungen: Die Bauteilabmessungen wurden willkürlich gewählt, um bestimmte Zusammenhänge hervorzuheben.

Als lokale Variablen wurden die Bauteillänge (L) und die Bauteilbreite (B) verwendet. Lokale Variablen sind nur in dem CNC-Programm gültig, in dem sie vereinbart sind. Durch die Variablen und weiteren Maße bzw. Abmessungen können auch Bearbeitungspositionen, z. B. Bohrpositionen, beschrieben werden. Die Verbindungsbohrungen für Seiten und Böden können in gleicher Art erfolgen. Die unterschiedliche Anzahl der 96 mm Rasterbohrungen kann durch eine Berechnungsvorschrift angepasst werden. Demnach kann man die Anzahl der Bohrungen dieser Lochreihe mit $AN = (B - 2 \times 37) \div 96$ berechnen. Die Anzahl der Bohrungen in einer Lochreihe ist immer ganzzahlig. Ist der berechnete Wert in der Gleichung für AN nicht ganzzahlig, muss der Wert ggf. mit einer entsprechenden mathematischen Funktion umgewandelt werden.

Verwendung von Programmschablonen

Als Shape wird in der Programmierung eine Programmschablone verstanden, die man in allgemeiner Form erstellen kann und die durch Zuweisung konkreter Objekte zu einem konkreten CNC-Programm wird. So kann in der CAD-CAM-Software ein Bauteil mit einer definierten Außenkontur und allen dazu benötigten Bearbeitungsoperationen programmiert werden. Anschließend wird die konkrete Bauteilaußenkontur gelöscht und die Datei im CAD-CAM-System als Shape gespeichert. Zur Programmierung für Bauteile mit anderen Geometrien, aber der gleichen Bearbeitungsfolgen wird das betreffende Shape geladen und ihm eine neue Kontur zugewiesen. Somit kann durch das Shape und die neue Außenkontur das CNC-Bearbeitungsprogramm für ein gänzlich neues Bauteil entstehen.

Anwendung von Regelwerken für die Konstruktion und die Bearbeitungen

In Abschnitt 5.3.2.1 wurde die Feature-Technologie beschrieben. Ein Feature ist ein geometrisches Grundelement mit semantischen Eigenschaften. Sofern das CAD-System über eine Feature-Bibliothek bzw. Toolbox verfügt, kann man zum Erzeugen einer Vertikalbohrung anstelle einer Zylinderkontur ein Bohrungsfeature aus der Feature-Bibliothek auswählen und an der betreffenden Stelle im Bauteil platzieren. In der CAD-Darstellung wird zwar eine Zylinderkontur angezeigt, allerdings sind in der CAD-Datei zusätzlich Informationen über das Werkzeug, die Bearbeitungsparameter, die Einsatzparameter und Bearbeitungstechnologie gespeichert. Auf diese Weise können in der Feature-Modellierung bereits Bearbeitungsparameter festgelegt werden, d. h. Design by Feature. Für die Erzeugung der CNC-Bearbeitungsprogramme kann die CAD-Datei in das CAM-System geladen werden. Das Kürzel CAM bezeichnet eine rechnergestützte Fertigung. Dabei werden Daten aus der Konstruktion zur Automatisierung der Fertigungsprozesse verwendet. Der Begriff CAM sollte vorzugsweise im Zusammenhang mit Einzelmaschinen oder verketteten Mehrmaschinensystemen, d. h. wie eine Einzelmaschine ansteuerbar, verwendet werden. Die Verwaltung und Organisation von Fertigungsbereichen bzw. Fertigungsabschnitten ist eine Aufgabe des MES, Manufacturing Execution Systems bzw. eines Fertigungsleitsystems.

Mit speziellen Feature-Assistenten können die ausgewählten Features selektiert und aus den Feature-Daten ein CNC-Programm generiert werden, die sogenannte Feature Recognition. Neben den im System vorhandenen Features kann der Anwender sich benutzerspezifische Features erzeugen. „Da es nicht möglich ist, alle für die Abbildung eines Produktspektrums notwendigen Features im Voraus festzulegen, muss dem Anwender eines Feature-basierten Systems die Möglichkeit gegeben werden, einen Satz von Features selbst zu definieren und in das System einzubringen.“[16] Das hier verwendete Regelwerk basiert auf den Angaben in den Features, aus denen das CNC-Programm erstellt wird.

[16] [VDI 2218], S. 22

Einen anderen Ansatz verfolgt die objektorientierte Programmierung. Es gilt, dass ein Objekt eine Menge von definierbaren Eigenschaften hat. Diese Eigenschaften können auf ein benachbartes Objekt übertragen werden. Neben den objekttypischen Eigenschaften kann das Bauteil in seiner Lage, der Geometrie und der optischen Gestaltung beschrieben werden. Weiterhin können zusätzliche Eigenschaften definiert werden, wenn das Teil mit einem Nachbarteil durch Verbindungsobjekte, z. B. einen Dübel, verbunden ist. Damit können die Verbindungsbeschläge bzw. die Bearbeitungen zwischen zwei Bauteilen konkret definiert werden. Mittels einer Regeltabelle kann der Anwender festlegen, wie das Verbindungsobjekt zwischen den benachbarten Bauteilen angeordnet wird, z. B. Bohrtiefe in der Breitfläche = 1/3 der Dübellänge und die Bohrtiefe in der Schmalfläche = 2/3 der Dübellänge. Ausgehend vom System 32 für die Möbelkonstruktion können viele Festlegungen für Bohrpositionen, z. B. Bohrungsabmessungen, Randabstände oder Rastermaße, in das Regelwerk übernommen werden. Für die einzelnen Bearbeitungen können Standardregeln für die NC-Generierung abgeleitet werden. Hier ist besonders wichtig, dass die Regeln bzw. Standardwerte von Werkzeugen und Bearbeitungen mit den maschinentechnischen Ausstattungen und Besonderheiten der Bearbeitungsmaschinen harmonieren müssen.

Arbeit mit einem CAM-System

Bei der Gestaltung und Konstruktion von Möbeln werden diese als fertige Erzeugnisse entwickelt und sind weitestgehend fotorealistisch visualisierbar. Im Folgeschritt sind aus den Konstruktionsdaten die Fertigungsdaten zu erzeugen. Hat der Konstrukteur mit einem Feature-basierenden System die Konstruktion erstellt, kann er mittels Feature-Assistent die Bearbeitungsprogramme relativ einfach erstellen. Zu jedem Feature mit seiner Geometrie existieren fertigungstechnische Informationen, aus denen das CNC-Programm generiert werden kann. Bei einer objektorientierten Konstruktion können mit der Konstruktion auch Fertigungsinformationen gespeichert werden. Damit aus diesen Informationen ein CNC-Programm entstehen kann, müssen spezialisierte und auf die konkreten Bearbeitungsmaschinen angepasste Postprozessoren vorhanden sein.

In einem CAD-CAM-System wird das komplette Möbel, bestehend aus Einzelteilen und Beschlägen entwickelt. Die Teile eines Möbels lassen sich oft in Teile- oder Fertigungsfamilien zusammenfassen. Häufig weisen die einzelnen Teile die gleichen oder ähnliche Bearbeitungen bei unterschiedlichen Abmessungen auf. Für die Erzeugung von Bearbeitungen ist eine grundsätzliche Unterscheidung in 2½D- bzw. 3D-Bearbeitungen vorzunehmen. In der Möbelteilebearbeitung sind vorzugsweise 2½D-Bearbeitungen in der Anwendung. In der Möbelkonstruktion werden die relativ einfach gestalteten plattenförmigen Teile zu einem Möbel verbunden. Die Verbindung zwischen den einzelnen Teilen wird entweder über spezielle Holzverbindungen oder über Verbindungsbeschläge realisiert. Die in der Konstruktion erstellten Bauteile liegen in ihren Fertigteilabmessungen und in der räumlichen Ausrichtung im CAD vor.

Um ein CNC-Bearbeitungsprogramm zu erzeugen, existieren verschiedene Möglichkeiten. Während man in der WOP-Programmierung ein einzelnes Teil programmiert, wird im CAD-CAM-Umfeld i. d. R. das Erzeugnis als 3D-Konstruktion erstellt. Für die Erzeugung der CNC-Programme kann dann entweder ein einzelnes Teil, mehrere Teile oder alle Teile ausgewählt werden. In diesem Fall werden nicht nur die CNC-Programme erzeugt, sondern es kann auch die Lage und die Anordnung der Teile auf der CNC-Maschine festgelegt werden. Mit CAD-CAM-Systemen können sowohl parametrisierte Konstruktionen für Standardteile als auch freie Konstruktionen erstellt werden.

Die mit dem CAD erzeugten Daten beschreiben im Wesentlichen strukturelle Daten, geometrische Daten, Anordnung und Abmessungen von Werkstücken sowie Oberflächen. Wurden in die Konstruktion auch Verbindungsmittel und Beschläge integriert, sind teilweise Funktionsflächen und Beschlagpositionen enthalten. Nur selten sind fertigungstechnische und technologische Angaben enthalten.

Im Anschluss an die Produktentwicklung werden in der Arbeitsvorbereitung die notwendigen Dokumente und Daten zur Fertigung der Produkte erstellt. In einem ersten Schritt sind für alle herzustellenden Einzelteile die Bearbeitungsstrategien und die einzelnen technologischen Operationen festzulegen. Nach der Festlegung der Fertigungsmittel kann der Prozess des Fertigungsablaufes bzw. des Bauteildurchlaufes geplant werden. In analoger Weise kann auch der Montageprozess geplant werden. Die Konstruktionsdaten bilden den Ausgangspunkt für die Materialbedarfsanalyse. Sind die wesentlichen Vorarbeiten abgeschlossen, können in einem nachfolgenden Schritt die Steuerprogramme für numerisch gesteuerte Maschinen, für die verwendeten Roboter und andere automatisierte Fertigungsanlagen erstellt werden (vgl. Bild 5.25).

Für die nachfolgenden Betrachtungen wird davon ausgegangen, dass die konstruktive Gestaltung und Ausprägung des Produktes und seiner Komponenten vorliegen. Für die Arbeit im CAM-System lassen sich folgende wesentliche Funktionsbereiche formulieren (vgl. Bild 5.31).

Bild 5.31
Wesentliche Funktionsbereiche für die Nutzung des CAM-Systems

Für die Fertigungsplanung kann eine Bearbeitungsstrategie erstellt werden. In einer Bearbeitungsstrategie für die Herstellung von Bauteilen werden die einzelnen Bearbeitungsoperationen mit den dazugehörigen Fertigungsverfahren sowie den vorgesehenen Zielstellungen in entsprechender Reihenfolge aneinandergereiht. Zur besseren Strukturierung kann eine Bearbeitungsstrategie in einzelne Bearbeitungsabschnitte bzw. Operationen und in Bearbeitungsschritte strukturiert werden. Eine Operation kann einen oder mehrere Bearbeitungsschritte umfassen, verwendet aber in allen Bearbeitungsschritten das gleiche Werkzeug. Zu Beginn einer Operation erfolgt ein Werkzeugwechsel. Ein Bearbeitungsschritt ist i. d. R. auf eine Kontur bzw. auf ein Formelement bezogen und beinhaltet dabei die folgenden Teilschritte:

- Positionieren des Werkzeuges zur Wirkstelle bzw. in die Anstellposition,
- Zustellen des Werkzeuges zur Schnittebene, d. h. zum Beginn der Spanung,
- Werkzeugbewegungen zur Spanabnahme und ggf. die Zustellung auf die nächste Schnittebene,
- Rückzug des Werkzeuges aus dem Werkstück auf die Sicherheitsebene bei weiterer Bearbeitung oder auf die Freilaufebene zum Positionieren in eine neue Anschnittposition oder auf die Werkzeugwechselebene.

Im nachfolgenden Bild ist beispielhaft eine Bearbeitungsstrategie dargestellt. Es basiert auf dem Programmierbeispiel in Kapitel 10 des Tutorials CNC-Programmierung im ISO-Code nach DIN 66025. Hinweis: Für die CNC-Programmierung wurde im Tutorial für das Vorschruppen ein separates CNC-Programm erstellt. Die abgebildete Bearbeitungsstrategie umfasst vier Bearbeitungsoperationen (vgl. Bild 5.32).

Operation 1: Fräsen/Schaftfräsen; Werkzeug: Schruppfräser T2004
Schritt 1.1: Vorschruppen Außenkontur mit Vorschrupp-Aufmaß
Schritt 1.2: NC-Stop, Maschine frei fahren, Entfernen der Reststücke

Operation 2: Fräsen/Schaftfräsen; Werkzeug: Schruppfräser T2004
Schritt 2.1: Schruppen Außenkontur mit Schrupp-Aufmaß
Schritt 2.2: Ausräumen Spiraltasche

Operation 3: Fräsen/Schaftfräsen; Werkzeug: Schlichtfräser T2033
Schritt 3.1: Schlichten Außenkontur auf Fertigmaß
Schritt 3.2: Schlichten Kreistasche auf Fertigmaß

Operation 4: Fräsen/Schaftfräsen; Werkzeug: Viertelstabfräser T2101
Schritt 4.1: Profilfräsen Außenkontur, Abrunden Breit- und Schmalfläche

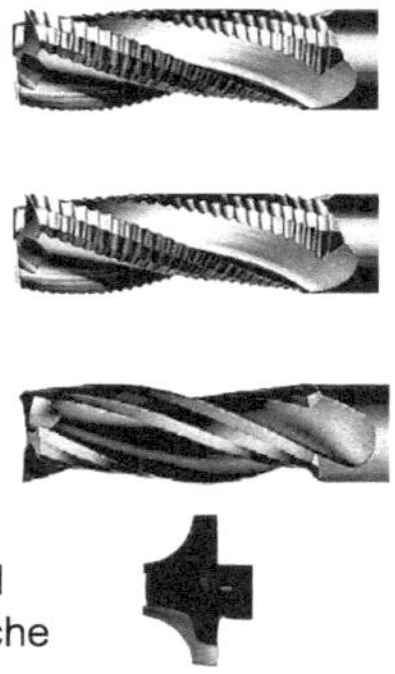

Bild 5.32 Beispiel einer Bearbeitungsstrategie mit Bearbeitungsoperationen und -schritten

Im CAM-System sind die einzelnen Bearbeitungen zu Verfahrensgruppen zusammengefasst. Unter der Bezeichnung Schruppen/Schlichten können z. B. alle Fräsverfahren zusammengefasst sein, bei denen eine konturgebundene Bearbeitung mit einem Fräswerkzeug stattfinden soll. Dazu zählen das Schruppen, das Schlichten, das Profilieren, das Nuten und Fälzen. In einer weiteren Verfahrensgruppe kann das Fräsen von Flächen bzw. Teilflächen durch Taschen-, Insel- oder das Planfräsen zusammengefasst werden. Des Weiteren können Verfahrensgruppen zur Herstellung von Bohrungen, Gravuren und 3D-Flächen vorhanden sein. An dieser Stelle ist anzumerken, dass die spanenden Bearbeitungsverfahren Bohren, Fräsen, Sägen und Schleifen, d.h. Schleifen mit Schleifkörpern, in marktüblichen CAD-CAM-Systemen vorhanden sind. Schwieriger wird es bei den Fügeverfahren, z.B. Ankleben von Schmalflächenmaterial und bei Verfahren der Montage, z.B. Schrauben und Einpressen. Wenn das CAM-System über derartige Funktionalitäten nicht verfügt, ist es angebracht, per Datenschnittstelle aus einer fremden Anwendung die CNC-Daten zu importieren. Mitunter sind die speziellen Bearbeitungen aber an konkrete Bearbeitungsaggregate bzw. Aggregat-Ausstattungen gebunden und benötigen dazu einen speziellen Postprozessor.

Erzeugen von einzelnen Bearbeitungen an einem plattenförmigen Teil

Möbelteile sind vorzugsweise plattenförmige Werkstücke, die durch Extrusion einer Grundgeometrie erzeugt werden können. Aus einem Rechteck kann z.B. durch Extrusion ein Quader erzeugt werden. Wurde eine Fertigteilgeometrie erzeugt, kann durch eine Maßzugabe, z.B. einer Bearbeitungszugabe, ein Rohteil definiert werden. In einem zweiten Schritt können die Konturen aufbereitet und bestimmte Materialeigenschaften zugewiesen werden. Bevor man in den Teil der Bearbeitungsverfahren verzweigt, können den vorhandenen Konturen bestimmte Eigenschaften zugewiesen werden, z.B. die Richtung einer Kontur, der Umlauf des Werkzeuges im Gleich- oder Gegenlauf, ggf. eine seitliche Werkzeugradiuskorrektur und das Setzen eines Konturstartpunktes. Darüber hinaus können Festlegungen zum Entfernen der Bearbeitungszugaben und zur Schnittführung des Werkzeuges eingestellt werden (vgl. Bild 5.33).

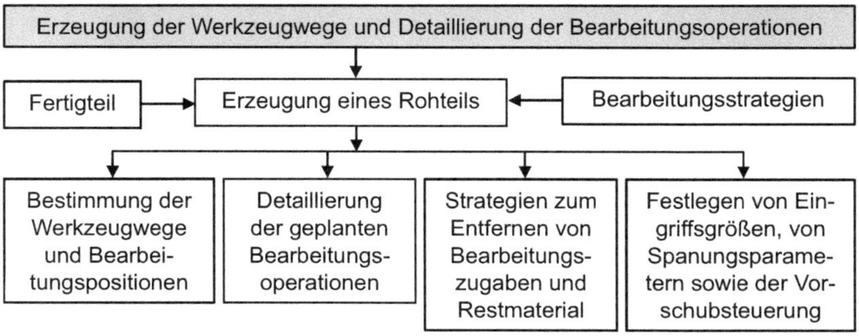

Bild 5.33 CAM-Funktionsbereich Werkstück und Werkstoff

Als weiterer Einflussfaktor soll das Vorhandensein und die Verfügbarkeit geeigneter Werkzeuge und Bearbeitungsaggregate genannt sein. In der Regel werden Werkzeuge und Bearbeitungsaggregate mit ihren Korrekturdaten, den Einsatzdaten, den Zustandsdaten und den Verwaltungsinformationen im CAM-System gespeichert. Durch regelmäßige Werkzeugpflege und Inspektion kann der Werkzeugbestand aktuell gehalten werden. Durch eine ausreichende Bevorratung kann eine Fertigung gesichert werden. An dieser Stelle soll darauf hingewiesen werden, dass im CAM-System die Werkzeuge mit ihren Daten hinterlegt sind, aber diese Daten sind oft nicht aktuell. Bei einer Neuvermessung werden die neuen Werkzeugkorrekturdaten im Speicher der CNC aktualisiert. In der Arbeitsvorbereitung erfolgt die Aktualisierung oftmals nicht. Hier bietet sich ein zentrales Werkzeugverwaltungssystem mit einer Schnittstelle zum CAM-System an. In einem CAM-System kann dann ein Werkzeugbelegungsplan erzeugt werden, der die verwendeten Werkzeuge/Aggregate mit ihren aktuellen Daten für das vorgesehene CNC-Programm enthält.

Zur Erzeugung entsprechender Bearbeitungen kann man im CAM-System ein geeignetes Bearbeitungswerkzeug auswählen (vgl. Bild 5.34).

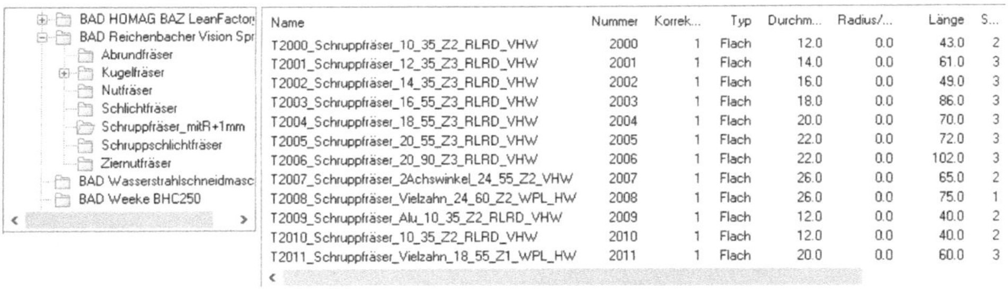

Bild 5.34 CAM-Funktionsbereich Werkzeugauswahl, hier: Schruppfräser

Werkzeuge für die Holzbearbeitung sind in ihren Schneidengeometrien vielfältiger und spezieller auf die Bearbeitungsbedingungen und den Werkstoff des Werkstückes abgestimmt. Zum Beispiel werden zur Realisierung hoher Arbeitsvorschübe beim Fräsen hohe Werkzeugdrehzahlen benötigt. Damit müssen die Werkzeuge und Werkzeugaufnahmen hohen dynamischen Anforderungen gerecht werden und eine entsprechende Wuchtgüte aufweisen.

CAD-CAM-Systeme sind vorzugsweise auf Maschinen mit CNC-Bahnsteuerungen ausgerichtet. Damit ist eine hohe Flexibilität der geometrischen Gestaltung der Konturen gegeben. Durch einen auf die CNC-Steuerung und die Ausstattung der CNC-Maschine spezialisierten Postprozessor können die im CAD erzeugten Daten in Werkzeugwege und Maschinenbefehle transformiert werden. Da unter Umständen mehrere, verschiedene Maschinen verwendbar sein können, muss die jeweilige Maschinenausstattung beachtet werden. In der CNC-Stationärbearbeitung im Möbelbereich sind vorzugsweise vier- bzw. fünfachsige Maschinen im Einsatz. Für die Bearbeitung plattenförmiger Werkstücke im Möbelbereich werden vorzugsweise achsparallele Bearbeitungen[17] realisiert. Die erweiterte Achsausstattung einer CNC-Maschine ermög-

[17] Parallel zu den Vorschubachsen der Maschine

licht z. B. bei vier Vorschubachsen eine Mehrseitenbearbeitung der Werkstücke bzw. das Ankleben von Schmalflächenmaterial entlang einer Kontur. Bei einer fünfachsigen Bearbeitung können Freiformflächen im Raum bearbeitet werden. Im CAM-System ist deshalb für die Erzeugung der CNC-Programm zur Bearbeitung der Werkstücke eine geeignete und entsprechend ausgestattete Bearbeitungsmaschine zu wählen.

Mitunter sind spezielle Bearbeitungsaggregate notwendig, um bestimmte Werkzeuglagen bzw. Werkzeugorientierungen zu ermöglichen, die von der Hauptspindel der CNC-Holzbearbeitungsmaschine nicht geleistet werden kann. Aggregate können zur Erhöhung der Leistungsfähigkeit der Maschine, zur Erhöhung der Flexibilität in der Bearbeitung, zur Kompensation von Ausstattungsmängeln und zur Erweiterung der Bearbeitungsmöglichkeiten verwendet werden. Diese speziellen Aggregate, z. B. drehbare Bandschleifaggregate oder dreh- und neigbare Kreissägeaggregate, verfügen über eine konkrete Funktionalität und sind selten für den allgemeinen Gebrauch bestimmt (vgl. Bild 5.35).

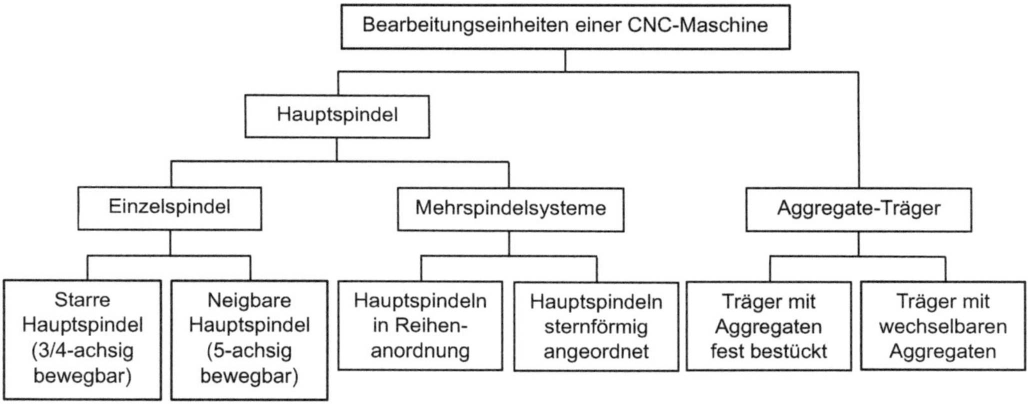

Bild 5.35 Übersicht der möglichen Ausstattungen von CNC-Maschinen und CNC-BAZs

Die Hauptspindeln werden vorzugsweise automatisch mit Werkzeugen bzw. einwechselbaren Aggregaten bestückt. Die Werkzeuge und Aggregate sind in einem Werkzeugmagazin definiert angeordnet und können programmgesteuert eingewechselt werden. Vor dem Start des CNC-Programmes müssen die im Programm vorgesehenen Werkzeuge sich im Magazin befinden und die aktuellen Werkzeugkorrekturdaten müssen verfügbar sein. Bei CNC-Bearbeitungszentren können sich zusätzlich zur Hauptspindel noch Aggregate-Träger mit zusätzlichen Bearbeitungseinheiten an der CNC-Maschine befinden, z. B. Mehrspindelbohraggregate mit einer achsparallel schwenkbaren Nutsäge (vgl. Bild 5.44).

Besonders schwere bzw. sperrige Bearbeitungsaggregate, z. B. Aggregate für das Ankleben von Schmalflächenmaterial, werden üblicherweise als zusätzliche Bearbeitungseinheit an der CNC-Maschine fest installiert (vgl. Bild 4.19).

Neben der Achsausstattung der CNC-Maschine hat das Bearbeitungsprinzip der Werkstücke eine besondere Bedeutung. Als Bearbeitungsprinzipien können die Stationär- und die Durchlaufbearbeitung unterschieden werden. Bei einer Durchlaufbearbeitung wird das Werkstück mit einem Werkstücktransportsystem programmgesteuert durch die Bearbeitungsmaschine vom Bauteileinlauf zum Bauteilauslauf geführt. Diese Werkstückbewegung kann entweder kontinuierlich erfolgen, z. B. bei Durchlaufformatbearbeitungsmaschinen, oder durch einen kurzzeitigen Stopp des Werkstückes zwecks Bearbeitung unterbrochen sein, z. B. bei Durchlaufbohrautomaten (vgl. Bild 5.36).

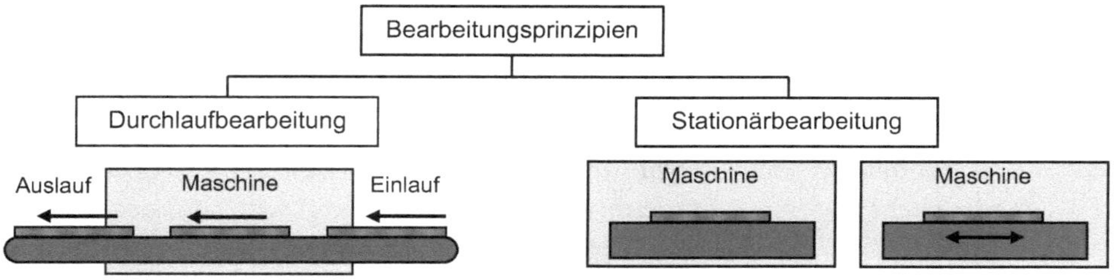

- Stetiger Werkstücktransport mit Vorschubsteuerung, Werkstückzwangsführung, z. B. mit Transportband/Kette
- Werkstück wird in definierter Position zur Bearbeitung fixiert, bearbeitet und anschließend in Flussrichtung weiter transportiert

- Maschinentisch ist fest mit Maschinengestell verbunden; Werkstück ist auf Maschinentisch gespannt
- Werkstück ist auf beweglichem Maschinentisch gespannt und kann gemeinsam mit dem Maschinentisch bewegt werden

Bild 5.36 Bearbeitungsprinzipien Durchlauf- und Stationärbearbeitung

Bei einer Stationärbearbeitung, wie sie für CNC-Maschinen/BAZ üblich ist, wird das Werkstück in einer Spannvorrichtung bzw. auf dem Maschinentisch für die Bearbeitung ausgerichtet und fixiert. Nach dem Ende der Bearbeitung wird das fertige Werkstück entspannt und aus der Maschine entnommen. Bei einer CNC-Maschine in Portalausführung mit ortsfestem Portal (vgl. Bild 5.53) muss sich zwangsweise der Maschinentisch mit dem fixierten Werkstück innerhalb der Maschine bewegen.

Beide Bearbeitungsprinzipien sind in der Möbelteile-Bearbeitung üblich. Bei der Durchlaufbearbeitung sind neben CNC-Bahnsteuerungen auch Punktsteuerungen im Einsatz. Bei punktgesteuerten Maschinen findet keine Bahninterpolation statt. Die Steuerung des Werkstückvorschubes und die Ansteuerung der Bearbeitungsaggregate erfolgen üblicherweise durch eine speicherprogrammierbare Steuerung. Die Befehlssyntax dieser Steuerungen ist stark vom Hersteller abhängig und folgt oft nicht dem ISO-Code.

Über einen in der Software verfügbaren Projektmanager können einzelne Bearbeitungen bzw. die Abfolge der Bearbeitungsoperationen nachträglich verändert werden. Alle Eingaben bzw. Änderungen werden systemintern gespeichert. In einer leistungsfähigen grafischen Simulation kann die Bearbeitung als Drahtgittermodell oder als schattierte 3D-Darstellung visualisiert werden. Die Simulation kann als grafische Darstellung der Bearbeitung des Werkstückes oder als Simulation des Bearbeitungsprozesses eines auf der CNC-Maschine gespannten Bauteils erfolgen. Bei der Darstellung der Simulation kann die Transparenz vom Werkstück, den Werkzeugen, dem Werkzeughalter und der Maschine angepasst werden. Ist das programmierte Teil fehlerfrei und die Bearbeitung kollisionsfrei, kann abschließend das CNC-Programm mittels Postprozessor erzeugt und ausgegeben werden. Die Daten für die grafische Simulation basieren vorzugsweise auf den Einträgen im System und nicht auf einem bereits vorhandenen CNC-Programm. Mit dem CNC-Programm können weitere Fertigungs- und Organisationsdokumente erzeugt werden, so z. B. Rüstpläne und Werkzeugeinsatzpläne.

5.3.2.4 Produktkonfiguratoren

WOP- und CAD-CAM-Systeme sind für unterschiedliche Zwecke entwickelt worden. Bei WOP-Systemen gibt es nur begrenzte Möglichkeiten für die Bauteil- und Erzeugniskonstruktion; der Schwerpunkt der Software-Nutzung ist die Bauteilbearbeitung und die Ansteuerung der Bearbeitungsmaschine. Mit Konturzügen können 2D-Konturen bearbeitet werden. Es wird nur ein Einzelteil betrachtet. Die WOP-Programmierung ist leicht erlernbar; Vorkenntnisse in der Systemnutzung sind nur in geringem Maß notwendig. Eine variable Programmierung im WOP-System entspricht dem Ansatz der parametrischen Konstruktion. Im Gegensatz zur CAD-CAM-Programmierung können relativ schnell lauffähige, maschinenkonkrete CNC-Programme erstellt werden. Es besteht die Möglichkeit der grafischen Simulation und Kollisionserkennung in der Bearbeitung sowie der Bearbeitungszeitberechnung. Ein Nachteil mancher WOP-Systeme ist, dass keine freie Konstruktion von Konturen bzw. 3D-Körpern möglich ist. Das Konstruieren von Kurven oder allgemein bekannten Geometrien, z. B. Splines oder Kegelschnitte, ist nur bedingt möglich. Da immer nur ein einzelnes Teil betrachtet wird, sind die Informationen über das Gesamterzeugnis eher spärlich. Eine Anpassung von Erzeugnisabmessungen und deren Auswirkung auf die Einzelteile des Erzeugnisses ist nur mittels variabler WOP-Programmierung möglich.

Um diese Nachteile zu kompensieren, können sogenannte Produktkonfiguratoren verwendet werden. Als Produktkonfiguratoren werden Softwareprogramme bezeichnet, mit denen die Spezifikation von Produkten kundenindividuell für Angebote und Aufträge, aber auch für die Erzeugung von NC-Programmen erstellt werden können. Derartige Konfiguratoren können den Anwender bei der 3D-Konstruktion und der Gestaltung von Möbeln wirkungsvoll unterstützen, ohne dabei ein entsprechendes CAD-System benutzen zu müssen. Nachfolgend soll der Produkt- bzw. Möbelkonfigurator SmartWOP[18)] vorgestellt werden. In diesem System sind verschiedene vorgefertigte parametrische Möbelkonstruktionen als Basiskonstruktionen bzw. Grundvolumen verfügbar. Die Basisvariante stellt die geometrische Hülle eines Produktes dar, z. B. eines Schrankes. In der gewählten Basisvariante können die Abmessungen des Produktes eingegeben werden. Anschließend können aus dem Auswahlbereich der Registerkarte Elemente per Drag and Drop[19)] in die Basisvariante übernommen wer-

[18] Die Software SmartWOP ist ein Produkt der Fa. Tibek CNC-Technik GmbH, Düsseldorf.

[19] Drag and Drop ist eine Arbeitstechnik in grafischen Benutzeroberflächen, bei der Objekte direkt mit dem Mauszeiger angefasst, verschoben (drag) und im Zielbereich losgelassen (drop) werden können.

den. Dabei ist die Reihenfolge des Einfügens wichtig, da eingefügte Elemente sich automatisch an die vorhandenen begrenzenden Elemente der Konstruktion anpassen. Eingefügte Elemente können in den Raumrichtungen mit definierten Maßen verschoben bzw. versetzt werden. So können durch die Kombination einer maßlich bestimmten Basisvariante, z. B. der äußeren Hülle, mit verschiedenen inneren Einzelteilen und Baugruppen, z. B. Seiten, Böden, Fronten und inneren Ausstattungen regelbasierend konstruktiv zusammengesetzt werden.

An einem Beispiel soll der Ablauf beschrieben werden. Aus dem Vorrat an vordefinierten Erzeugnissen wird ein Schrank mit durchgehenden Seiten als Grundkonstruktion in der Konstruktionsebene platziert. In einem Dialogfeld kann der Korpus in seinen Abmessungen bestimmt werden. Anschließend können die einzelnen Schrankelemente, hier als Werkstücke bezeichnet, im Grundvolumen platziert werden. Nachdem die beiden Außenseiten sowie Ober- und Unterboden eingefügt wurden, wird der Unterboden in seiner Position/Lage maßlich in Z-Richtung um + 75 mm verändert. Der versetzte Unterboden dient dann als untere Begrenzung für die Rückwand und die Türen. Die Rückwand wird allseitig in Seiten und Böden eingenutet. Die Nutabmessungen hängen von der Dicke des verwendeten Rückwandmaterials ab. Die Nuttiefe kann in einem bestimmten Bereich gewählt werden. Nach der Rückwand können die Fronten, z. B. eine aufschlagende Doppeltür, eingefügt werden. Der Überstand der Türen über die Seiten und die Böden sowie das Fugenbild der Front können vorgegeben werden. Nach der Fertigstellung des Korpus können die im Inneren befindlichen Konstruktionsböden, die Einlegeböden und die Sockelblende eingefügt und positionsmäßig festgelegt werden (vgl. Bild 5.37).

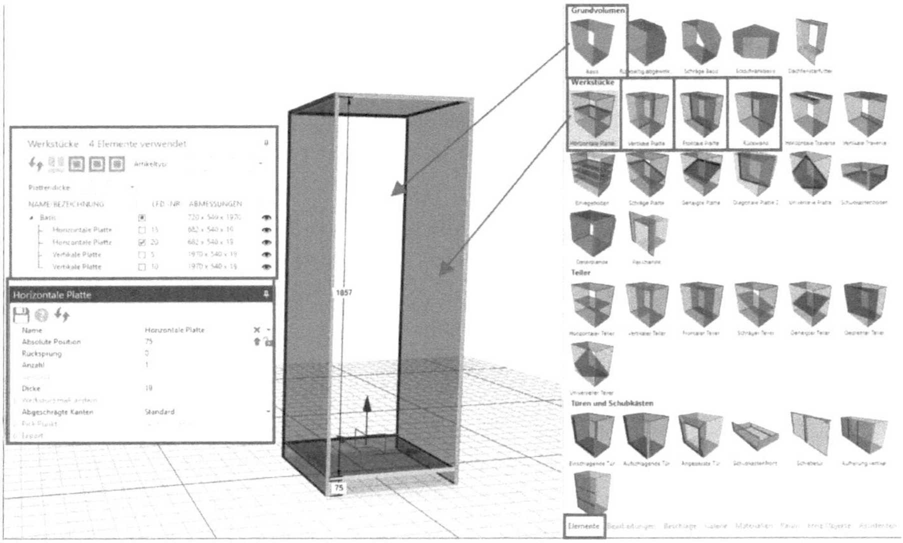

Bild 5.37 Screenshot eines entstehenden Korpusmöbels, erstellt mit der Software SmartWOP

Sind alle geplanten Bauteile vorhanden und positioniert, dann können die Verbindungen zwischen den einzelnen Bauteilen festgelegt werden. Mit der Auswahl der Registerkarte Bearbeitungen kann den Korpusteilen die Art der Verbindung, z. B. Dübelverbindungen, mit dem benachbarten Teil zugewiesen werden (vgl. Bild 5.38).

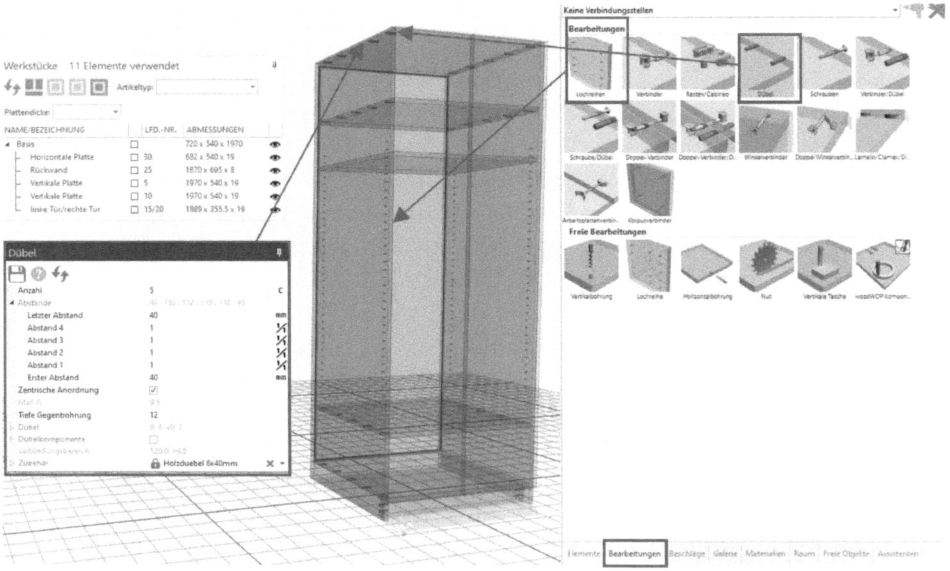

Bild 5.38 Definition der Verbindungen zwischen den Einzelteilen

Nach der Fertigstellung des Korpus können die im Inneren befindlichen Konstruktionsböden und die Einlegeböden eingefügt und positionsmäßig festgelegt werden. Sind alle geplanten Bauteile vorhanden und positioniert, dann können die Verbindungen zwischen den einzelnen Bauteilen festgelegt werden. Mit der Auswahl der Bearbeitungen kann den Teilen die Art der Verbindung mit dem benachbarten Teil zugewiesen werden.

Danach können weitere Beschläge ausgewählt und eingefügt werden. Dazu können herstellerbezogene Beschläge ausgewählt und in die Konstruktion übernommen werden. Im Anschluss können noch entsprechende Plattenwerkstoffe ausgewählt und die Plattendekore bzw. die Dekore der Schmalflächenmaterialien in die Konstruktion übernommen werden. Mit der Fertigstellung der Konstruktion können die Teile- und Bearbeitungsdaten in branchenübliche Software-Systeme exportiert oder mittels Postprozessor in CNC-Bearbeitungsprogramme gewandelt und an CNC-Maschinen übertragen werden. Durch eine Verwendung der bereits fertig konstruierten Teile und Baugruppen lässt sich der Konstruktionsaufwand bei einer Neu- bzw. Änderungskonstruktion deutlich reduzieren. Alle gängigen Verbindungen bzw. Verbindungsmittel zwischen den einzelnen Teilen sind vorzugsweise mit ihren Abmessungen und

Positionen mit den Katalogen der Beschlaghersteller abgeglichen. Mit einem Möbelkonfigurator lassen sich aber nur im System bereits vorhandene, parametrische Elemente kombinieren. Freie Maße und Positionen können manuell eingegeben werden, müssen aber den geltenden Konstruktionsregeln entsprechen.

5.4 Numerisch gesteuerte Holzbearbeitungsmaschinen

5.4.1 Struktur und Übersicht der CNC-Holzbearbeitungsmaschinen

Zur Charakterisierung von Maschinen und Maschinensystemen existieren klare Kategorien und Begriffe. Grundsätzlich ist zwischen Einzelmaschinen und Mehrmaschinensystemen zu unterscheiden (vgl. Bild 5.39).

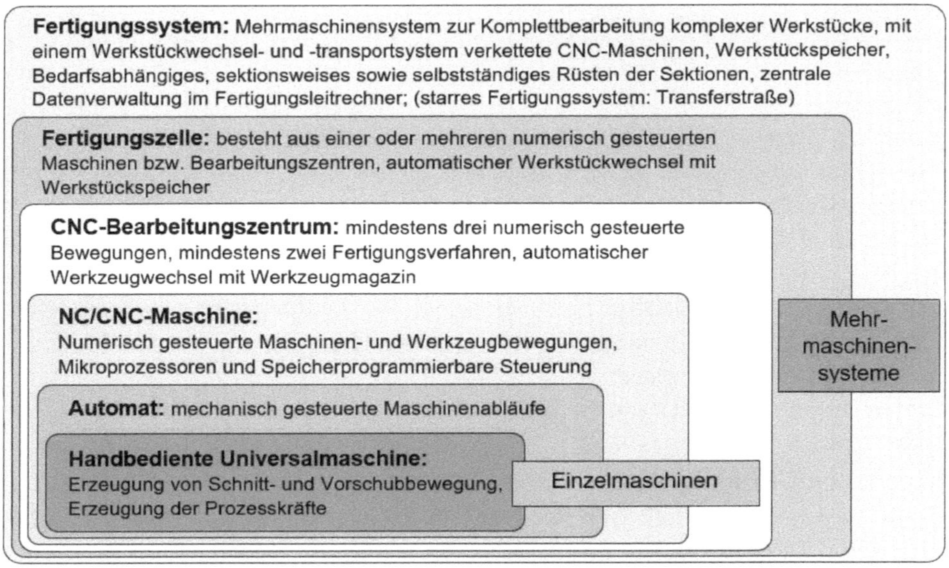

Bild 5.39 Merkmale von Einzel- und Mehrmaschinensystemen, in Anlehnung an [WEC 2005], S. 411

Als Einzelmaschinen werden handbediente Maschinen, Automaten, NC/CNC-Maschinen und CNC-Bearbeitungszentren bezeichnet.

Bei handbedienten Maschinen erfolgen die Bewegungen von Werkzeug bzw. Werkstück zueinander durch manuelle Tätigkeiten des Maschinenbedieners mit technischer Unterstützung mechanischer oder elektrischer Steuerungen, z. B. konventionelle Holzbearbeitungsmaschinen. Als Automat im Sinne einer Werkzeugmaschine kann eine Bearbeitungsmaschine bezeichnet werden, die nach einem bestimmten Programm selbsttätig arbeitet, d. h. die automatische Abarbeitung der programmierten Arbeitsschritte. Als NC/CNC-Maschinen[20] werden Werkzeugmaschinen bezeichnet, die für die Bearbeitung von Werkstücken eine NC- bzw. CNC-Steuerung mit Mikroprozessoren sowie einer speicherprogrammierbaren Steuerung einsetzen. Der Begriff des CNC-Bearbeitungszentrums ist nicht genau definiert, da die Angabe zweier realisierbarer Fertigungsverfahren nicht eindeutig ist. Moderne CNC-Holzbearbeitungsmaschinen können z. B. Bohren, Fräsen und Sägen. Als CNC-Bearbeitungszentrum soll deshalb hier eine CNC-Maschine verstanden werden, die mindestens über drei numerisch gesteuerte Achsen sowie ein automatisches Werkzeugwechselsystem mit integriertem Werkzeugspeicher verfügt und mindestens zwei Fertigungsverfahren in Sinn einer Komplettbearbeitung, z. B. Fräsen und Bohren, ausführen kann. In der Holzbearbeitung hat sich mittlerweile die Verwendung des Begriffes CNC-Bearbeitungszentrum für Maschinen mit den o. g. Ausstattungen sowie der Fähigkeit zusätzlich zur spanenden Bearbeitung auch Fügeprozesse ausführen zu können, durchgesetzt.

Bei den Mehrmaschinensystemen können nach Bild 5.39 Fertigungszellen und Fertigungssysteme unterschieden werden. Eine Fertigungszelle kann aus einer oder mehreren verketteten CNC-Bearbeitungsmaschinen bestehen, wobei das Material maschinenintern transportiert wird und die funktionalen Abläufe der Maschine auf der Basis eines einheitlichen Steuerungssystems erfolgen. Bei einem Fertigungssystem handelt es sich um ein Mehrmaschinensystem zur Komplettbearbeitung von Werkstücken. Innerhalb der verketteten und vernetzten Maschinen werden die Bauteile mit dem systemeigenen Werkstücktransportsystem bewegt. Die Werkstücke werden von einem Werkstückspeicher zu den einzelnen Bearbeitungsstationen transportiert und können an integrierten Mess- und Prüfplätzen überprüft werden. Das Rüsten innerhalb des Fertigungssystems erfolgt i. d. R. sektionsweise. In Abhängigkeit von der Umrüstflexibilität können die Systeme in flexible und starre Systeme unterschieden werden.

Nach WECK[21] bestehen starre Transferstraßen aus mehreren hintereinander angeordneten Bearbeitungsstationen mit Sondermaschinen, die speziell für die jeweilige Bearbeitungsaufgabe ausgelegt sind, d. h. sogenannte Einzweckmaschinen. Die Werkstücke durchlaufen dabei die Transferstraße mit fester Stationsfolge; es entsteht ein gerichteter linearer Materialfluss. Der Materialfluss erfolgt dabei durch den Bearbeitungsraum der jeweiligen Maschinen, d. h. mit einer sogenannten Innenverkettung. Der Materialfluss kann getaktet sein. Dabei werden die Werkstücke, nachdem die Be-

---

20 NC/CNC steht für Numerical Control und bezeichnet den technischen Vorläufer einer CNC. Die Bezeichnung NC/CNC wird hier als allgemeine Bezeichnung verwendet, unabhängig von der konkreten Ausführung der Steuerung als NC- oder CNC-Steuerung.

21 Nach [WEC 2005], S. 415

arbeitungen an einer Bearbeitungsstation ausgeführt sind, getaktet zur nächsten Bearbeitungsstation weitertransportiert. Bei nicht getaktetem Materialfluss sind zwischen den Bearbeitungsstationen Puffer eingerichtet, um Schwankungen im Teilefluss, verursacht durch z. B. unterschiedliche Bearbeitungszeiten, auszugleichen.

Als flexible Transferstraßen werden nach WECK[22] Transferstraßen zur Herstellung eines Werkstückspektrums, an dessen Produktion jeweils die gleichen Maschinenstationen in derselben Reihenfolge beteiligt sind, bezeichnet. Bei den Bearbeitungsstationen handelt es sich um mehrachsige NC-Bearbeitungsmaschinen mit Werkzeugmagazin und Werkzeugwechseleinrichtung. Hierdurch ist ein hochflexibler Einsatz der einzelnen Bearbeitungsstation möglich. Den Produktivitätsnachteil im Vergleich zur starren Transferstraße, z. B. durch Werkzeugwechselzeiten, versucht man durch Optimierung der Bearbeitungsparameter und der Verfahrwege auszugleichen. Der Materialfluss zwischen den Bearbeitungsstationen erfolgt in ähnlicher Weise wie bei den starren Transferstraßen in getakteter oder nicht getakteter Bewegung.

Es existiert keine geschlossene Systematik über CNC-Werkzeugmaschinen in der Holzbearbeitung. In den 1970er-Jahren wurde der Normentwurf [DIN 69651] über Werkzeugmaschinen veröffentlicht. In diesem Dokument wurden Maschinen nach dem zu bearbeitenden Werkstoff, den Fertigungsverfahren, der Gestellform, der Lage der Hauptspindel und der Anzahl der Achsen geordnet dargestellt. Für die Holzbearbeitung wurde dann in den 1980/90er-Jahren von HEISEL[23] begonnen, aufbauend auf den ordnenden Merkmalen der [DIN 69651], eine Systematik von CNC-Holzbearbeitungsmaschinen zu schaffen. Basis dieser Gliederung bildete die Klassifikation der Holzbearbeitungsmaschinen nach [DIN 8800]. Spätere Veröffentlichungen brachten keine wesentlichen Veränderungen. In der Metallbearbeitung wird z. B. die Bezeichnung der CNC-Maschinen auf das hauptsächlich ausgeführte Fertigungsverfahren, die Form des Maschinengestells und die Lage der Hauptspindel bezogen. In der modernen Holzbearbeitung können die CNC-Maschinen Bearbeitungen zum Bohren, Fräsen und Sägen ausführen. Die Lage einer Hauptspindel eignet sich dabei nicht zur Unterscheidung von Maschinentypen. Vermutlich lässt sich die Vielfalt existierender Maschinen nicht eindeutig und umfassend abbilden. Um konkrete Aussagen zu treffen, ist es aber notwendig, die Maschinen bzw. Maschinensysteme voneinander unterscheiden zu können. Für die nachfolgenden Betrachtungen hat der Autor die Merkmale der verwendeten numerischen Steuerungsarten nach dem Teilefluss in der Bearbeitung, z. B. die Stationär- und die Durchlaufbearbeitung, nach der Bauform und der Ausstattung der Maschine, z. B. der Gestellform, der Anzahl der interpolieren Achsen und der Maschinenausstattung, sowie nach dem Automatisierungsgrad, d. h. Einzelmaschinen und Mehrmaschinensysteme, gegliedert.

[22] Nach [WEC 2005], S. 420

[23] [HEI 1990], S. 40 ff.

5.4.2 Klassifikation nach der eingesetzten Steuerungsart

5.4.2.1 Punktgesteuerte CNC-Bearbeitungsmaschinen

Bei einer CNC-Punktsteuerung wird die programmierte Zielposition von den Vorschubachsen unabhängig voneinander angefahren, d.h. jede programmierte Vorschubachse fährt die Zielposition der Achse mit eingestellter Geschwindigkeit an. Bei gleicher Achsgeschwindigkeit trifft die Achse mit dem längsten Verfahrweg als letzte in der Zielposition ein. Es besteht kein funktionaler Zusammenhang zwischen den Achsen. Wenn alle Vorschubachsen ihre programmierte Position erreicht haben, d.h. Soll-Position = Ist-Position, dann kann der nächste Programmsatz abgearbeitet werden. Typische Vertreter dieser Maschinenkategorie sind die Durchlaufformatbearbeitungsmaschinen, branchentypisch auch als Kantenanleimmaschine bezeichnet, sowie Durchlaufbohrautomaten, auch als Punkt-zu-Punkt-Bohrmaschinen bezeichnet.

Nachfolgend soll am Beispiel einer Durchlaufformatbearbeitungsmaschine diese Technik beschrieben werden. Eine Durchlaufbearbeitung liegt vor, wenn das Bauteil bzw. Werkstück mit einem Transportsystem durch die Bearbeitungsmaschine in der Bearbeitungsabfolge gerichtet bewegt wird und während des Transportes durch Werkzeuge bzw. Bearbeitungsaggregate bearbeitet wird. Durchlaufformatbearbeitungsmaschinen können über die folgenden Maschinenbereiche verfügen: Werkstückeinlauf, Formatbearbeitungsteil, Verleimteil und Nachbearbeitungsteil (vgl. Bild 5.40).

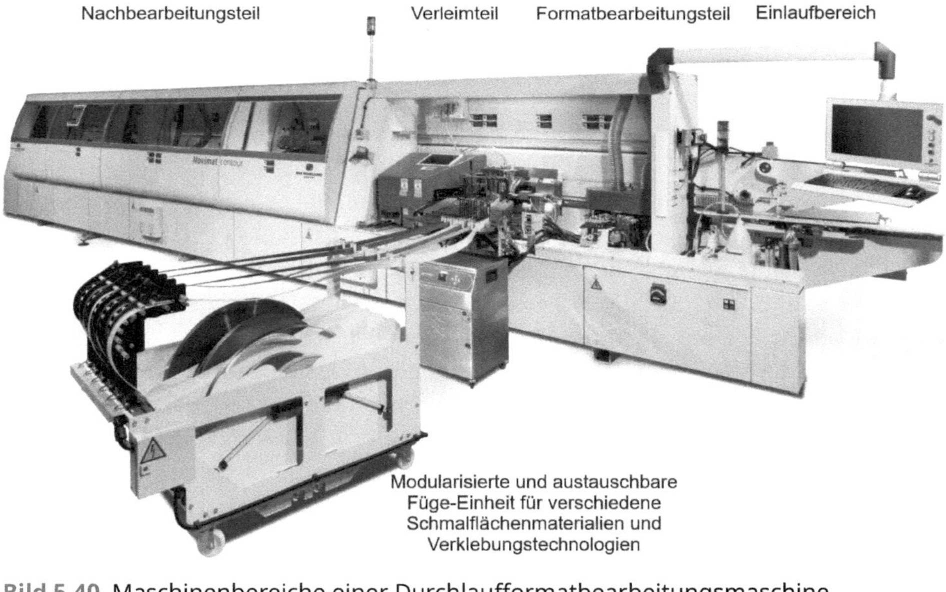

Bild 5.40 Maschinenbereiche einer Durchlaufformatbearbeitungsmaschine (mit freundlicher Unterstützung der Fa. IMA Schelling Group)

Im Zuge der technischen Entwicklung wurden bestimmte Bearbeitungssektionen als austauschbare Module entwickelt, um eine hohe Flexibilität beim Ankleben des Schmalflächenmaterials zu erreichen.

Durchlaufformatbearbeitungsmaschinen werden branchentypisch auch als sogenannte Kantenanleimmaschinen[24] bezeichnet.

Veränderungen in der Anordnung von Maschinenbereichen führen zu weiteren Maschinentypen. Eine Durchlaufformatbearbeitungsmaschine kann aus dem Einlauf, dem Verleimteil und dem Nachbearbeitungsteil bestehen. Ist kein Formatbearbeitungsteil vorhanden, müssen die Teile vorher auf anderen Maschinen spanend bearbeitet werden. Ein Doppelendprofiler ist eine doppelseitige Durchlaufmaschine und besteht aus dem Einlauf und dem Formatteil. Mit derartigen Maschinen können Bauteile nur spanend bearbeitet werden. Durchlaufformatbearbeitungsmaschinen können verschiedene Bauformen haben (vgl. Bild 5.41).

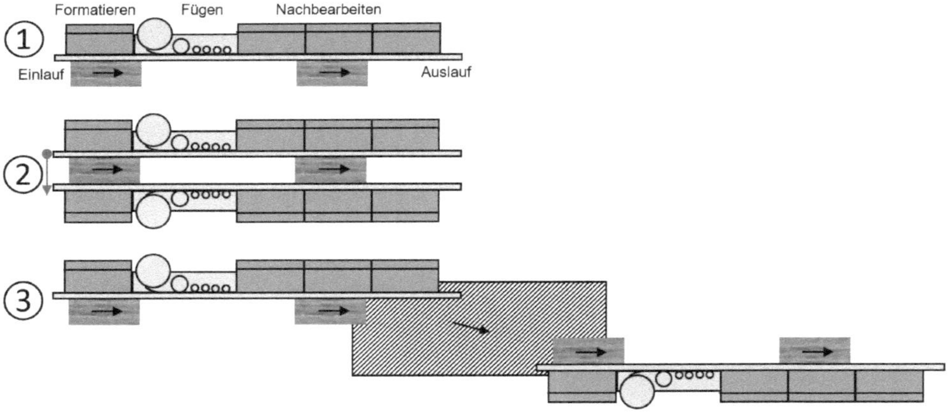

Bild 5.41 Bauformen von Durchlaufformatbearbeitungsmaschinen
(1) einseitige Durchlaufbearbeitungsmaschine, (2) doppelseitige, d. h. breitenverstellbare Durchlaufbearbeitungsmaschine, (3) einseitig, versetzte Durchlaufbearbeitungsmaschinen

Eine einseitige Formatbearbeitungsmaschine kann in einem Durchlauf nur eine Seite des Werkstückes bearbeiten. Bei einer mehrseitigen Bearbeitung muss das Werkstück wiederholt durch die Maschinen laufen. Bei einer 1½-seitigen Maschine können auf einer Maschinenseite komplett Spanungs- und Fügeprozesse ausgeführt werden. Auf der gegenüberliegenden Seite kann nur spanend bearbeitet werden. Solche Maschinen werden z. B. für Seiten- und Mittelwände bzw. für Böden verwendet, die nur auf einer Seite mit Schmalflächenmaterial beklebt werden.

---

24 Die Bezeichnung Kantenanleimmaschine ist sachlich nicht ganz korrekt, denn es wird keine Kante angeleimt. Diese Bezeichnung hat sich aber im Sprachgebrauch in der Branche verfestigt. Die eigentliche Bezeichnung Durchlaufformatbearbeitungsmaschine (für die Formatbearbeitung mit anschließendem Ankleben und Nachbearbeiten von Schmalflächenmaterial) findet wenig Akzeptanz.

Bei einer doppelseitigen Maschine ist eine Maschinenseite fest mit dem Maschinengestell verbunden, während die andere Maschinenseite zur Breiteneinstellung beweglich ist. In einem Durchlauf kann ein Werkstück an zwei gegenüberliegenden Seiten bearbeitet werden. Durch die bewegliche Maschinenseite können unterschiedlich breite Werkstücke bearbeitet werden. Eine Breitenverstellung ist aber nur möglich, wenn sich kein Bauteil in der Maschine in Bearbeitung befindet. Um diesen Zeitverlust durch die Breitenverstellung zu kompensieren, kann man zwei einseitige Maschinen nacheinander versetzt anordnen. Beim Beginn der Bearbeitung wird das Werkstück links am Einlauflineal ausgerichtet und bearbeitet, anschließend über ein Schiebesystem bzw. Schrägrollen am Einlauflineal der zweiten Maschine nach rechts ausgerichtet und dann weiterbearbeitet. Es können zwei gegenüberliegende Seiten in einem Durchlauf bearbeitet werden, ohne dass ein Zeitverlust durch eine Breitenumrüstung entsteht.

Beim Einlauf des Werkstückes wird das Teil an einem verstellbaren Einlauflineal ausgerichtet. Entlang der Längsachse der Maschine ist eine sogenannte Schnittlinie eingerichtet, auf die alle Bearbeitungsaggregate ausgerichtet sind. Mit der Position des Einlauflineals kann festgelegt werden, wie groß der seitliche Überstand des Rohteils zur Schnittlinie sein soll. Dieser Überstand definiert das Maß der seitlichen Materialabnahme. Soll keine Formatbearbeitung erfolgen, wäre das Lineal auf den Wert Null zu stellen. Mit dem Einschieben des ausgerichteten Rohteils in die Maschine gelangt dieses in den Einzugsbereich. Das Werkstück liegt auf einer Transportkette bzw. einem Transportriemen auf und wird von oben durch Rollen bzw. ein Andrucksystem angedrückt. Durch die Vorschubbewegung der Transportkette wird das Werkstück in die Maschine eingezogen. Sobald die Vorderkante des Rohteils in die Maschine eingezogen wird, wird ein Signal an die speicherprogrammierbare Steuerung gesendet, die dann die Maschine gegen Umrüsten sperrt. Gleichzeitig mit dem Einlauf der Vorderkante des Bauteils wird ein digitaler Zähler auf den Wert Null gesetzt. Über ein Wegmesssystem können Impulse gezählt werden, die dem Abstand der Vorderkante des Bauteils zum Einlauf-Sensor entsprechen. Am Ende der Bearbeitung kann mit dem Auslauf der Hinterkante des Bauteils die Umrüstsperre wieder aufgehoben werden, entweder durch die Identifikation der Hinterkante oder durch Abgleich mit dem intern hinterlegten Wert der Maschinenlänge.

Nach dem Einlauf gelangt das Werkstück in der Zwangsführung in den Formatbearbeitungsteil. Im Formatbearbeitungsteil sind die Aggregate für das Entfernen der Bearbeitungszugabe und eventuell weitere Aggregate zum Profilfräsen bzw. zum Fräsen von Nuten in der Breitfläche oder auch Stegnuten in der Bauteilschmalfläche angeordnet. Beim Formatieren auf Zuschnittmaß wird häufig das Doppelzerspanen mit zwei übereinander angeordneten und gegenläufig zueinander arbeitenden Zerspanern eingesetzt. Beim Doppelzerspanen teilen sich beide Zerspaner, überlappend den Materialquerschnitt. Die vorgesehene Bearbeitungszugabe wird entfernt und das Material komplett zerspant. Es sind zwei Arten von Zerspanern im Einsatz, so die Kompaktzerspaner, d. h. Scheibenfräser mit Schnittbreiten bis ca. 20 mm und die Segmentzerspaner mit am Flugkreis versetzt angeordneten und austauschbaren Zahnsegmenten. Bei nicht so großen Zerspanungsleistungen, kann auch die Kombination eines Zerspaners und einer von unten schneidenden Vorritzsäge, zum Einsatz kommen. Nach dem Verlassen des Formatteils kann eine Säuberung der gefrästen Schmalfläche durch Druckluft erfolgen.

Anschließend gelangt das Werkstück in das sogenannte Verleimteil. Das Schmalflächenmaterial kann von einer Rolle zugeführt werden oder ist als Streifen in der Länge bereits grob zugeschnitten. Die Genauigkeit der Startposition für die Zuführung des Schmalflächenmaterials ist abhängig von der Kettenvorschubgeschwindigkeit. Man lässt an der Werkstückvorderkante und an der Hinterkante einen gewissen SFM-Überstand zu.

In modernen Fertigungsstraßen werden die Werkstücke allseitig bearbeitet. Dazu können die Werkstücke z. B. in Fertigungsstraßen mit zwei nacheinander angeordneten Maschinen der Typen (2) bzw. (3) (vgl. Bild 5.41) in einem Durchlauf bearbeitet werden.

Die Werkstücke können aber auch nach einer Erstbearbeitung in Maschinen vom Typ (3) zurückgeführt, um 90° von Längs- auf Querorientierung gedreht und in einem zweiten Maschinendurchlauf fertig bearbeitet werden (vgl. Bild 5.42).

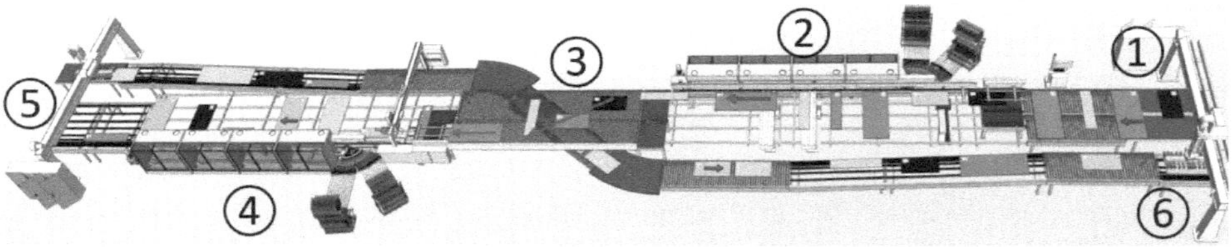

Bild 5.42 Transferstraße EdgeTec für die Durchlaufformatbearbeitung (mit freundlicher Unterstützung der HOMAG Group AG)

(1) Bauteileinlauf, (2) Formatbearbeitung ersten Bauteilseite, (3) Querförderer,
(4) Formatbearbeitung der zweiten Bauteilseite, (5) Umsetzen und Drehen der Teile,
(6) Drehen oder Ausschleusen der Teile

Für das Ankleben des Schmalflächenmaterials existieren grundsätzlich zwei Verfahrensvarianten. Bei der ersten Variante mit geraden Schmalflächen wird ein aufgeschmolzener Klebstoff aus dem Leimbehälter über eine Leimrolle auf die zu beklebende, ebene Bauteilschmalfläche übertragen (vgl. Bild 5.43).

Unmittelbar anschließend wird das Schmalflächenmaterial auf die mit Klebstoff versehene Bauteilschmalfläche zugeführt und durch eine Druckzone fixiert. Der Klebstoff ist so eingestellt, dass die offene Zeit des Klebstoffes ausreicht, um eine Anfangsfestigkeit der Verklebung zu erreichen, bevor das Kappen des überstehenden Schmalflächenmaterials erfolgt. Im Nachbearbeitungsteil werden durch die Kappsägeaggregate das vorn und hinten überstehende Schmalflächenmaterial abgetrennt. Anschließend wird das oben und unten überstehende Schmalflächenmaterial durch jeweils einen mit Tastrolle gesteuerten Fräser bündig zu den Breitflächen gefräst. Abschließend kann mit einer Ziehklinge der Übergang von der Breitfläche zum Schmalflächenmaterial nachgebessert werden. Wird statt des Kunststoff-SFM ein Furnierstreifen oder eine Massivholzleiste angeklebt, dann kann die Nachbearbeitung mit einem Bandschleifaggregat bzw. Profilschleifschuh erfolgen.

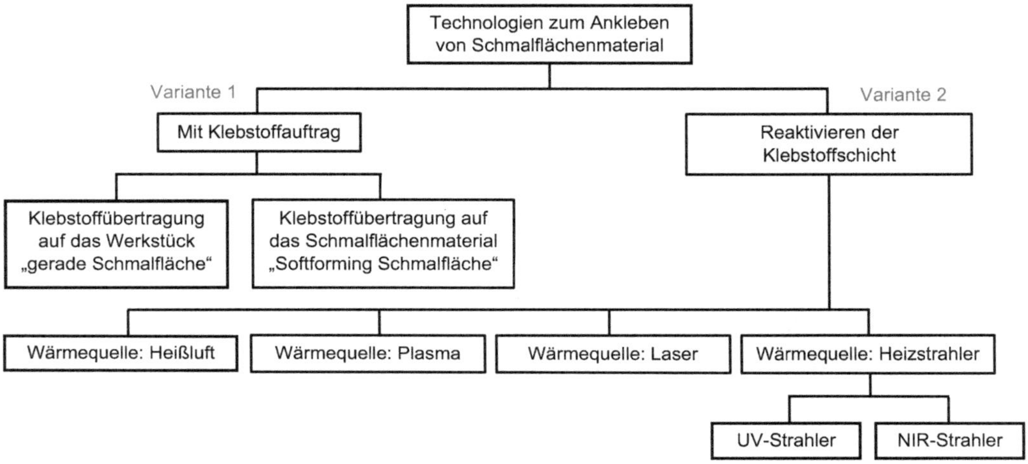

Bild 5.43 Übersicht der Verfahren zum Ankleben von Schmalflächenmaterial

Im Zuge der technischen Weiterentwicklung wurden mit Servomotoren gesteuerte Fräsaggregate entwickelt, die im Durchlauf nach der Beklebung am Bauteil allseitig die SFM-Überstände abfräsen. Damit werden das Kappen und das Bündigfräsen zu einer Bearbeitungsoperation verschmolzen.

Bei nicht ebenen Bauteilschmalflächen, sogenannten Softforming-Schmalflächen, wird mit Fräswerkzeugen die Bearbeitungszugabe am Trägermaterial entfernt und mit einem Profilfräser das Schmalflächenprofil herausgefräst. Anschließend wird die gefräste Fläche gesäubert. Bei der Softforming-Beklebung wird eine dünne Kunststofffolie verwendet. In diesem Fall wird der aufgeschmolzene Klebstoff mittels Leimdüsen auf die Innenseite der Kunststofffolie gesprüht, d. h. die später nicht mehr sichtbare Seite. Anschließend wird die mit Klebstoff versehene Folie am Bauteil fixiert und durch eine Profildruckzone entlang des Profils angedrückt. Das Kappen der vorderen und hinteren Überstände erfolgt weitgehend analog zu den geraden Schmalflächen. Statt des Bündigfräsens trennen Messerrollen in der Profildruckzone die oben und unten überstehende Kunststofffolie ab. Für die Feinbearbeitung des fertigen Profils können Reinigungsarbeiten erforderlich sein. Das Softforming-Formatieren findet vorzugsweise im Durchlauf statt.

Bei der zweiten Variante erfolgt die Bearbeitung analog. Aber es wird ein Schmalflächenmaterial verwendet, dass mit einer reaktiven Klebstoffschicht auf der inneren Seite des SFM vom Hersteller bereits versehen wurde. Zum Aktivieren dieser Klebstoffschicht ist eine Wärmequelle notwendig. Als geeignete Wärmequellen wurden bisher die Heißluft, das Plasma, der Laser und verschiedene Heizstrahler, z. B. Ultraviolett- und NIR-Infrarotstrahler[25] praktisch erprobt. Zunehmenden Einsatz verzeichnen die Heißluft- und die Laseranwendungen. Durch die Einwirkung der Wärmequellen wird der Klebstoff auf den SFM aktiviert und das Schmalflächenmaterial kann zum Bauteil zugeführt werden. Die Wärmequellen wirken unmittelbar an der Verklebungsstelle auf das SFM ein (vgl. Bild 5.43).

Als weiteren Vertreter der punktgesteuerten CNC-Holzbearbeitungsmaschinen soll ein im Durchlauf arbeitender CNC-Mehrspindelbohrautomat beschrieben werden. Beim Prinzip der Durchlaufbohrbearbeitung werden die Bauteile mittels Transportkette bzw. Transportband in den Bohrautomaten gefördert. Erreicht das Bauteil die vorgesehene Bearbeitungsposition, werden die Bauteile vom Transportsystem entkoppelt, fixiert und gebohrt. Damit die Bauteilbreitflächen sicher gebohrt werden können, befinden sich über/unter Bohrköpfen entsprechende Gegendruckelemente. Beim Bohren von unten befindet sich der Bohrsupport unter dem Bauteil und führt den Bohrhub nach +Z aus; der Gegendruck erfolgt von oben. Beim Bohren von oben befindet sich der Bohrsupport über dem Bauteil und der Gegendruck erfolgt von unten.

Neben der Bohrbearbeitung der Bauteilbreitflächen können Durchlaufbohrautomaten mit Mehrspindel-Horizontalbohrköpfen ausgestattet sein, mit denen in die Querschmalflächen Horizontalbohrungen eingebracht werden können. Da die Bohrsupporte/Mehrspindelbohrköpfe sich in einer oder in zwei Achsen bewegen, erfolgt die Positionierung der einzelnen Bohrsupporte in der Regel durch eine Punktsteuerung. Die Bohrer sind im Bohrkopf/Bohrsupport entweder starr angeordnet, d. h. nicht einzeln vorlegbar oder sie sind im Bohrkopf einzeln, programmgesteuert vorlegbar.

Bei einer Festbestückung mit nicht vorlegbaren Bohrspindeln erzeugen alle bestückten Bohrer beim Bohrhub eine entsprechende Bohrung. Unterschiedliche Bohrtiefen können nur über entsprechende Bohrerlängen bzw. Längeneinstellungen erreicht werden, da der Bohrhub für alle bestückten Werkzeuge gleich ist. Bei festbestückten Bohrköpfen entsteht ein relativ hoher Rüstaufwand bei Änderung des Bohrbildes bzw. beim Wechsel der festbestückten Bohrköpfe. Bei einzeln abrufbaren Bohrspindeln werden die im CNC-Programm aktivierten Bohrer durch einen Spindel-Vorlege-Hub im Bohrkopf in die Arbeitsposition vorgelegt. Beim Bohrhub des Bohrkopfes erzeugen nur die vorgelegten Bohrer eine entsprechende Bohrung (vgl. Bild 5.44).

---

[25] UV-Strahlung bezeichnet eine Strahlung mit einer Wellenlänge von $\lambda = 100$ nm bis 380 nm. Als NIR (Near Infrared) wird eine Strahlung mit einer Wellenlänge, nahe dem Infrarot-Bereich, $\lambda = 780$ nm bis 1,4 µm bezeichnet.

Bild 5.44 Durchlaufbohrautomat DrillTeq 200 für die paarweise Durchlaufbearbeitung (mit freundlicher Unterstützung der HOMAG Group AG)

Nach Abschluss der Bohrbearbeitung werden die bearbeitenden Teile wieder vom Transportsystem des Bohrautomaten aufgenommen und weiter transportiert. Durchlaufbohrautomaten verfügen i. d. R. über mehrere Mehrspindelbohrköpfe bzw. Supporte mit Mehrspindelbohrköpfen. Die Bohrbearbeitung im Durchlauf wird vorzugsweise in der Querrichtung des Bauteils durchgeführt, d. h. die Längsrichtung/Maserung ist im rechten Winkel zur Vorschubrichtung. Deshalb werden derartige Bohrautomaten auch als Quer-Durchlaufbohrautomaten bezeichnet.

5.4.2.2 Streckengesteuerte CNC-Bearbeitungsmaschinen

Bei einer Streckensteuerung wird die Zielposition einer Bewegung mit einer programmierten Vorschubgeschwindigkeit entlang einer Vorschubachse gesteuert. Das Bearbeitungswerkzeug kann dabei im Eingriff sein und erzeugt eine achsparallele Bearbeitung. Sind zwei oder mehr Vorschubachsen im Einsatz, besteht kein funktionaler Zusammenhang zwischen den einzelnen Achsen. Die Vorschubbewegungen von Werkzeug bzw. Material erfolgen programm- bzw. ablaufgesteuert. Als praktische Anwendung für eine Streckensteuerung sei hier die Druckbalkensäge als Plattenaufteilsäge genannt (vgl. Bild 5.45).

Die Vorschubachse für den Sägewagen mit den Werkzeugen ist eine geregelte Vorschubachse[26)] und verfügt über ein Wegmess- und ein Geschwindigkeitsmesssystem. Gesteuerte Vorschubachsen[27)] für einfache Positionierbewegungen können eine Zielposition mit konstanter Vorschubgeschwindigkeit anfahren. Derartige Vorschubach-

[26] Geregelte Vorschubachse: Vorschubachse, bei der ein Rechner mit mehreren Regelkreisen die Positionen und die Vorschubgeschwindigkeit kontrolliert.

[27] Gesteuerte Vorschubachse: Vorschubachse, die beim Verfahren in eine vorgegebene Zielposition mit konstanter Geschwindigkeit verfährt, aber dabei nicht permanent überprüft und korrigiert wird.

sen können für die Materialbewegung innerhalb der Säge verwendet werden; eine spezielle Geschwindigkeitssteuerung ist nicht erforderlich.

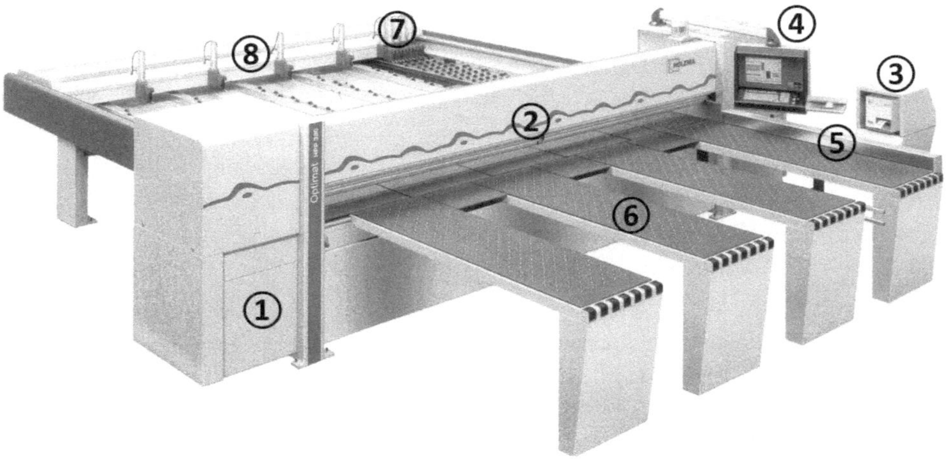

Bild 5.45 Druckbalkensäge für den Plattenzuschnitt (mit freundlicher Unterstützung der HOMAG Group AG)
(1) Maschinengestell, (2) geöffneter Druckbalken, (3) Etikettendrucker, (4) Bedieneinheit/HMI, (5) Ausrichtlineal, (6) Luftkissentische, (7) Spannzangen, (8) Programmschieber

Für einen Zuschnittauftrag werden in der Arbeitsvorbereitung die Schnittpläne mit den zu schneidenden Rohteilen, deren Zuschnittmaße sowie Stückzahlen unter Beachtung einer möglichen Maserung für die betreffenden Platten berechnet. Im Ergebnis dieser Zuschnittplanung wird das Steuerprogramm der Plattensäge mit den einzelnen Arbeitsgängen für das Aufteilen der Platte bzw. des Plattenpaketes erzeugt. Vom Plattenlager werden die benötigten Platten bereitgestellt. Bei der Beschickung der Säge kann eine Einzelpatte bzw. ein Plattenpaket von vorn[28)] nach hinten über die Luftkissentische oder im hinteren Teil seitlich eingeschoben werden. Das Paket bzw. die Einzelpatte wird am seitlichen Ausrichtlineal der Säge ausgerichtet. Anschließend fährt die Plattenzuführung, auch als Programmschieber bezeichnet, mit geöffneten Spannzangen zur Platte/Paket. Nach dem Schließen der Spannzangen sind die Platten/Pakete fixiert und werden in den hinteren Bereich der Säge zurückgezogen. Die Bewegung der Platten erfolgt gemäß der vorgegebenen Position mit konstanter Geschwindigkeit. Mit dem Start des Zuschnittauftrages werden vom Plattenzuführsystem die Platten zur Schnittlinie geschoben. Ist ein Besäumschnitt vorgesehen, wird die Platte um die Säumlingbreite über die Schnittlinie geschoben. Anschließend wird der Druckbalken zum Fixieren der Platten auf dem Schnitttisch geschlossen und der Trennschnitt durchgeführt. Nach dem Trennschnitt öffnet der Druckbalken und die

[28] Anmerkung: Die Bezeichnung vorn weist auf die Bedienerseite an den Luftkissentischen hin.

Platten können zurückgezogen oder zur nächsten Schnittposition nach vorn geschoben werden. Der abgetrennte Säumling wird entfernt. Wurde statt des Säumlings ein Materialstreifen erzeugt, so wird dieser Materialstreifen aus dem Bereich der Säge geschoben und auf den Luftkissentischen an der Vorderseite der Säge zwischengelagert. Anschließend wird die Restplatte wieder zur Schnittlinie bewegt, um den nächsten Streifen abzutrennen. Das wiederholt sich solange, bis die Rohplatte in entsprechende Streifen und ggf. einen hinteren Säumling, aufgetrennt ist. Anschließend werden die zwischengelagerten Streifen nacheinander aufgeteilt. Dazu wird der erste Streifen um 90° gedreht und am Anschlaglineal ausgerichtet. Anschließend wird der Streifen in die bereitstehenden geöffneten Spannzangen eingeschoben. Nach dem Schließen der Spannzangen wird der Streifen zum Aufteilen in die Säge eingezogen. Das Aufteilen erfolgt in gleicher Weise wie die Streifenerzeugung.

Der Sägewagen in der Druckbalkensäge führt die Vorschubbewegung der Bearbeitungswerkzeuge aus. Dabei können Positionen mit Eilganggeschwindigkeit oder programmiertem Vorschub angefahren werden. Im Sägewagen befinden sich das Hauptsägeblatt und das gegenläufig dazu angeordnete Vorritzsägeblatt. In Abhängigkeit von der Zuschnittlänge kann der Sägewagen zum Positionieren im Eilgang fahren und rechtzeitig vor dem Anschnitt die beiden Sägeblätter auf Schnitthöhe vorlegen. Beim Vorlegen soll das Hauptsägeblatt einen Zahnüberstand von ca. 10 – 15 mm über der Platte bzw. dem Paket aufweisen. Das Vorritzsägeblatt wird auf Vorritztiefe auf der Platten- bzw. Paketunterseite vorgelegt. Nach dem Trennschnitt werden die Sägeblätter wieder in die Ruheposition zurückgelegt und der Sägewagen wird im Eilgang in die Parkposition zurückgefahren. Zwischen der Plattenzuführung und der Steuerung des Sägewagens besteht kein funktionaler Zusammenhang. Die Abfolge der Achsbewegungen wird i. d. R. über die speicherprogrammierbare Steuerung realisiert. In diesem Fall laufen beide Bewegungen getrennt nacheinander ab.

5.4.2.3 Bahngesteuerte CNC-Bearbeitungsmaschinen

Eine Bahnsteuerung besteht im Wesentlichen aus einer speicherprogrammierbaren Steuerung (SPS) und einen Bahnkurvenrechner/Interpolator. Die SPS steuert alle zyklisch ablaufenden Prozesse der Maschine. Der Bahnkurvenrechner/Interpolator berechnet die zu realisierenden Bahnkoordinaten und Verschübe der beteiligten CNC-Achsen, um das Bearbeitungswerkzeug mit der eingestellten Genauigkeit und Geschwindigkeit zu bewegen. Eine bahngesteuerte Bearbeitungsmaschine verfügt über zwei oder mehr geregelte Vorschubachsen. Die Maschinenachsen können Linear- bzw. Drehbewegungen steuern. Jede einzelne Achse verfügt dabei über eine eigene Positions- und Geschwindigkeitsregelung. Um eine bestimmte Art der Bahn, z. B. Geraden, Kreisbögen oder Kurven, sowie den Verlauf der Vorschubgeschwindigkeit realisieren zu können, müssen die beteiligten Vorschubachsen separat in Echtzeit geregelt werden. Dazu wird zwischen den Achsen ein funktionaler Zusammenhang hergestellt. Da im Allgemeinen nur Zielkoordinaten, d. h. Start- und Endpunkte geometrischer Elemente, vorliegen, müssen genügend viele Hilfspunkte der geplanten Werkzeugbahn intern berechnet werden, mit denen die Einhaltung der Werkzeugbahn bzw. der Bahngenauigkeit bestimmt werden kann. Der Bahnkurvenrechner berechnet intern mithilfe eines mathematischen Berechnungsmodells die Koordinaten aller beteiligten NC-Achsen zur Realisierung der vorgegebenen Art der Bahn (vgl. Bild 5.46).

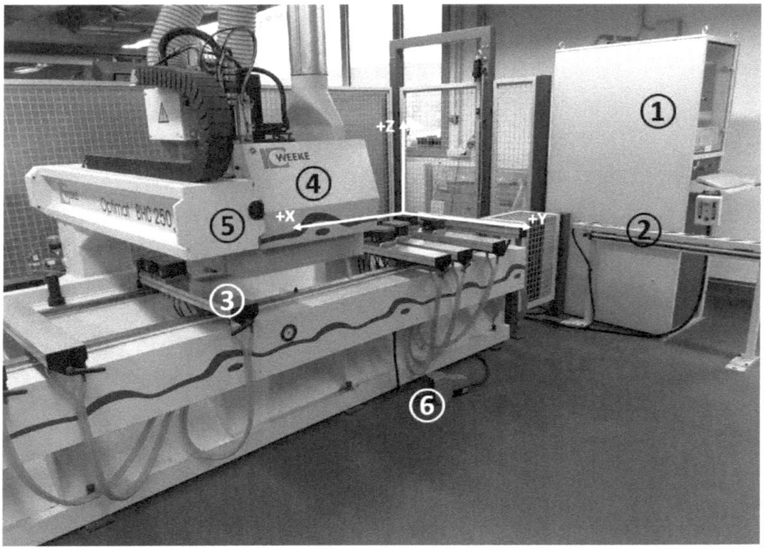

Bild 5.46 CNC-Stationärbearbeitungsmaschine in Auslegerbauweise mit Konsolentisch

(1) Schaltschrank mit Bedieneinheit/HMI, (2) Lichtschranke zur Zutrittsbeschränkung, (3) Konsolen und Blocksauger, (4) Hauptspindel und Mehrspindelbohrkopf, (5) Ausleger, (6) Vakuum-Fußschalter

Ausgehend von der Art der Bahn werden für jede beteiligte Achse die Achs-Sollwerte berechnet. Jede einzelne Vorschubachse meldet permanent ihren Achs-Istwert an den Interpolator. Der Interpolator vergleicht den eingegangenen Achs-Istwert mit dem vorher berechneten Achs-Sollwert. Anhand ständiger Soll-Ist-Vergleiche wird die Einhaltung der Bahn und der Positionen der beteiligten NC-Achsen kontrolliert. Damit kann eine geometrisch bestimmte Bahn nachgebildet werden, indem der Bahnkurvenrechner viele Stütz- bzw. Hilfspunkte berechnet und daran die Einhaltung der vorgeschriebenen Bahn realisiert. Bei unzulässiger Abweichung; d. h. bei zu großer Differenz zwischen Achs-Sollwert und Achs-Istwert, veranlasst der Interpolator eine Gegenreaktion oder bei zunehmender Differenz zwischen Soll- und Ist-Wert den Programmabbruch. Bei einer interpolierten Bahn erreichen alle beteiligten NC-Achsen die Zielposition gemeinsam. Bei der Abarbeitung eines CNC-Programmes werden die einzelnen Programmsätze vorab in der Steuerung aufbereitet und die Achs-Sollwerte für die einzelnen Bahnen bzw. Bahnelemente berechnet. Der Satzvorlauf, d. h. die vorherige Berechnung der Hilfspunkte für den Programmsatz, kann zehn bis 20 CNC-Programmsätze betragen. Ohne vollständige Satzvorbereitung kann ein Programmsatz nicht ausgeführt werden; die CNC-Steuerung führt eine temporäre Vorschubunterbrechung aus. Sobald ein genügend großer Satzvorlauf erreicht ist, wird das CNC-Programm weiter abgearbeitet. Bei bestimmten Konturen, die aus relativ kleinen geometrischen Elementen bestehen und mit hoher Vorschubgeschwindigkeit durchfahren werden sollen, z. B. bei Kurven die als Polylinien programmiert wurden, kann es zu Vorschubeinbrüchen kommen. Bei derartigen Vorschubeinbrüchen reicht die zur Verfügung stehende Berechnungszeit nicht aus, um den Satz vollständig zu berechnen. Reicht der Satzvorlauf wiederholt nicht aus, würde die Werkzeugbahn mit reduziertem Vorschub bearbeitet werden. Dieser Effekt wird in der Literatur als Blockzykluszeit-Problem[29)] beschrieben.

Die punktweise Nachbildung der Art der Bahn basiert auf mathematischen Berechnungsmodellen. Als Beispiel für eine geradlinige Bewegung im Eilgang soll der CNC-Programmsatz N100 G00 X250 Y80 dienen. Wird im CNC-Anwenderprogramm dieser Satz gelesen, wird das intern gespeicherte Berechnungsmodell G00 gestartet. Anhand der Geradengleichung im Raum, können für die beteiligten Achsen X und Y genügend viele Hilfspunkte zwischen Start- und Endpunkt in definiertem Abstand zueinander, z. B. 1,0 mm berechnet werden. Gleichzeitig werden für die beteiligten Achsen die Achs-Eilganggeschwindigkeiten eingestellt. Bezüglich der Genauigkeit beim Abfahren der Zielposition im Eilgang wird ein Positionstoleranzfenster, z. B. von ±0,1 mm aktiviert.

CNC-Bahnsteuerungen können nach ihrer Leistungsfähigkeit in 2D-, 2½D und 3D-Bahnsteuerungen unterschieden werden. Bei einer 2D-Bahnsteuerung sind maximal zwei Achsen kreisinterpolierend. Bei einer 2½D-Bahnsteuerung können zwei Achsen kreisinterpolierend und zusätzlich eine dritte Achse linear interpolierend sein. Bei einer 3D-Interpolation können drei Achsen simultan kreisinterpolierend sein. Je nach Einsatzzweck und Ausstattung der CNC-Maschine sind 2½D-Steuerungen im Bereich der Bearbeitung plattenförmiger Werkstücke und 3D-Steuerungen bei der Bearbeitung von Freiformflächen, meist in Verbindung mit einer 5-achsigen CNC-Maschine, üblich. Hinsichtlich der CNC-Programmierung wird auf Abschnitt 5.3 verwiesen. Weiterführende Informationen zur Arbeitssicherheit an numerisch gesteuerten Holzbearbeitungsmaschinen sind in der [DIN EN ISO 19085-3] enthalten.

[29] Blockzykluszeit-Problem, siehe [KIE 2011], S. 104 ff.

5.4.3 Klassifikation nach Bauform und Ausstattung von CNC-Maschinen

Bei einer Bearbeitungsoperation werden Werkstück und Werkzeug relativ zueinander bewegt. Diese Bewegungen werden bei einer numerisch gesteuerten Maschine durch die sogenannten NC-Vorschubachsen realisiert. Eine NC-Achse besteht aus einem Antriebsmotor und einem dazugehörigen Weg- und Geschwindigkeitsregelsystem. Die erzeugte Vorschubbewegung der Achse wird von einem Rechner mit mehreren Regelkreisen gesteuert, der die Positionen und die Vorschubgeschwindigkeit kontrolliert. NC-Achsen können grundsätzlich in translatorische und rotatorische Achsen unterschieden werden. Bei der translatorischen Achse wird eine geradlinige bzw. lineare gesteuerte Bewegung, bei einer rotatorischen Bewegung eine Dreh- bzw. Schwenkbewegung, realisiert. Je nach Bauart und Ausstattung der Maschine können die Achsbewegungen vom Werkzeug oder vom Werkstück[30] ausgeführt werden. Die Linearbewegungen werden durch entsprechende Führungen der Bearbeitungsmaschine in X-, Y- und Z-Richtung ermöglicht; Achsrichtung und Bewegungsrichtung sind dabei identisch. Bei der Realisierung von Dreh- bzw. Schwenkbewegungen können sich entsprechende Vorschubantriebe an der Hauptspindel, z. B. B- und C-Achse und/oder zum Drehen des Werkstückes am Maschinentisch, z. B. A- und C-Achse, befinden. Soll zwischen verschiedenen Achsbewegungen ein funktionaler Zusammenhang realisiert werden, übernimmt der Bahnkurvenrechner/Interpolator die Bestimmung und Einhaltung der Positionen sowie der Geschwindigkeiten der beteiligten Linear- und Rotationsachsen. Die an der Bahninterpolation teilnehmenden Achsen werden allgemein als interpolierende Achsen bezeichnet. NC-Achsen, die nicht an der Bahninterpolation teilnehmen, werden als asynchrone Achsen oder auch als gesteuerte Achsen bzw. Schaltachsen bezeichnet. Für die nachfolgenden Erläuterungen werden ausschließlich die interpolierenden Achsen betrachtet.

5.4.3.1 Dreiachsig gesteuerte CNC-Maschinen

Bei einer dreiachsig gesteuerten CNC-Holzbearbeitungsmaschine, vgl. Bild 5.46, sind die drei linearen Vorschubachsen X, Y und Z in der Regel rechtwinklig zu einander angeordnet. Bei einer dreiachsigen Bearbeitung können achsparallele Bearbeitungen an plattenförmigen oder prismatischen Teilen durchgeführt werden. Vorzugsweise werden die drei Achsbewegungen durch das Bearbeitungswerkzeug ausgeführt. Mit derartigen Maschinen werden spanende Bearbeitungen, z. B. Bohren, Fräsen und Sägen, vorgenommen. Fügeprozesse sind bei dreiachsigen CNC-Maschinen nicht in der Anwendung. Bei den Bohrbearbeitungen können mit entsprechenden Mehrspindelbohrköpfen achsparallele Bohrungen in der oberen Breitfläche und in den vier Schmalflächen des Bauteils erzeugt werden. Sägebearbeitungen sind mit entspre-

[30] Das Werkstück ist i. d. R. mit einer Spanneinrichtung auf dem Maschinentisch fixiert, sodass eigentlich der Maschinentisch mit dem fixierten Werkstück bewegt wird.

chenden Zusatzaggregaten entlang der X- oder Y-Achse möglich. Bei Bearbeitungen mit dem Schaftfräser sind in der X-Y-Ebene Freiformformkonturen herstellbar. Die Werkzeugorientierung des Fräsers ist senkrecht in Z-Richtung. Automatische Werkzeugwechselsysteme können verfügbar sein. Dreiachsige Maschinen sind aufgrund der geringen Bearbeitungsmöglichkeiten und der relativ geringen Flexibilität nur für spezielle Bearbeitungszwecke gefragt. Die Maschinen sind entweder als Auslegermaschine oder als Portalmaschine ausgelegt (vgl. Bild 5.46). Als Maschinentische werden manuelle positionierbare Konsolen oder Rasternutentische verwendet. Hinsichtlich der CNC-Steuerung sind in diesen Maschinen 2½D-Steuerungen im Einsatz und die Programmierung kann i. d. R. über eine WOP-Software erfolgen. Derartige Maschinen werden in Baureihen mit unterschiedlichen Bearbeitungstischgrößen, mit verschiedenen Leistungsgrößen der Hauptspindeln, mit unterschiedlich großen Mehrspindelbohrköpfen sowie Werkzeugwechselsystemen gebaut.

Bei dreiachsigen CNC-Maschinen in Portalbauweise können zwei NC-Achsen das Werkzeug steuern und die dritte Achse steuert das Werkstück mit der Werkstückspannvorrichtung. Die typische Aufspannlage des Werkstückes ist bei dreiachsigen Maschinen horizontal. Bei vertikaler Bauteilspannung wird das Werkstück an der unteren Schmalfläche in einem beweglichen Spannsystem fixiert und während der Bearbeitung in X-Richtung bewegt (vgl. Bild 5.47).

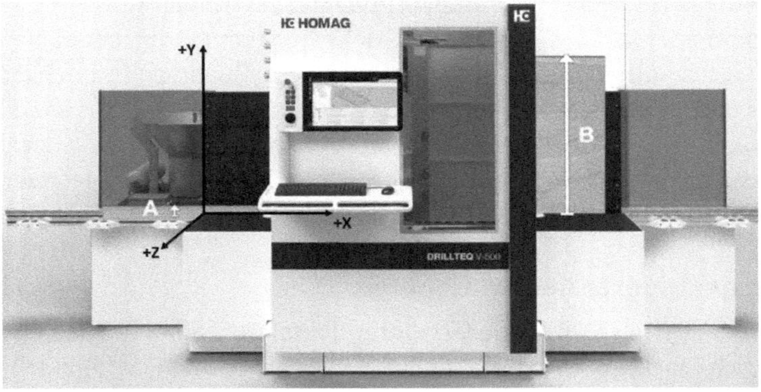

Bild 5.47 Dreiachsige CNC-Holzbearbeitungsmaschine mit vertikaler Bauteilspannung (mit freundlicher Unterstützung der HOMAG Group AG)

Neben dem geringeren Platzbedarf lassen sich derartige Maschinen vorteilhaft mit stehenden Plattensägen kombinieren. Solche Maschinen können manuell, aber auch mechanisch beschickt werden.

5.4.3.2 Mehrachsig gesteuerte CNC-Maschinen

Unter der Bezeichnung mehrachsig gesteuerte Maschinen können vier- und fünfachsige CNC-Maschinen zusammengefasst werden. Neben den drei Linearachsen X, Y und Z sind zusätzlich eine oder zwei Rotationsachsen vorhanden. Bei vierachsigen CNC-Holzbearbeitungsmaschinen werden vorzugsweise alle vier Achsbewegungen durch das Werkzeug ausgeführt. Die in der Regel senkrecht angeordnete Hauptspindel verfügt über eine C-Achse, d. h. eine Drehung um die Z-Achse, mit dem das in die Hauptspindel eingewechselte Bearbeitungsaggregate gedreht werden kann (vgl. Bild 5.48).

Bild 5.48 Mehrachsige Bearbeitung mit einem Bündigfräsaggregat (mit freundlicher Unterstützung der HOMAG Group AG)

Mit vierachsigen CNC-Maschinen können plattenförmige Teile an den Breit- und Schmalflächen mehrseitig bearbeitet werden. Durch eine C-Achse können eingewechselte Werkzeuge bzw. Aggregate auch nicht achsparallele Bearbeitungen ausführen. Neben spanender Bearbeitung sind auch Fügeprozesse üblich, z. B. das Ankleben und Nachbearbeiten von Schmalflächenmaterial.

Um verschiedene Werkzeuglagen realisieren zu können, z. B. horizontal, vertikal oder Unterflur, können die Bearbeitungswerkzeuge in Adapteraggregate gespannt werden. Diese Aggregate benutzen die gleichen Schnittstellen wie die Werkzeugaufnahmen, vgl. Abschnitt 6.3.1. Einige Adapteraggregate lassen eine manuelle bzw. mechanische Verstellung der Werkzeugachse, z. B. im A-Winkel, zu. Dieses Verstellen der Achslage kann nur außerhalb der Bearbeitungsoperation erfolgen. Die Verstellbarkeit hat keinen Einfluss auf die an der Interpolation beteiligen Vorschubachsen.

Bei fünfachsigen CNC-Holzbearbeitungsmaschinen werden die Bewegungen in den Linearachsen X, Y und Z sowie in den Rotationsachsen B und C vorzugsweise durch das Werkzeug realisiert. Die Hauptspindel ist i. d. R. senkrecht am Maschinengestell befestigt und wird in den Achsrichtungen X, Y und Z bewegt. Durch zusätzliche Dreh- bzw. Schwenkbewegungen, z. B. B und C, kann das Werkzeug beliebig im Raum bewegt werden. Mit den im Jahr 1985 entwickelten ersten kardanischen Arbeitskopf wurde der Weg zur räumlichen Bearbeitung geschaffen (vgl. Bild 5.49).

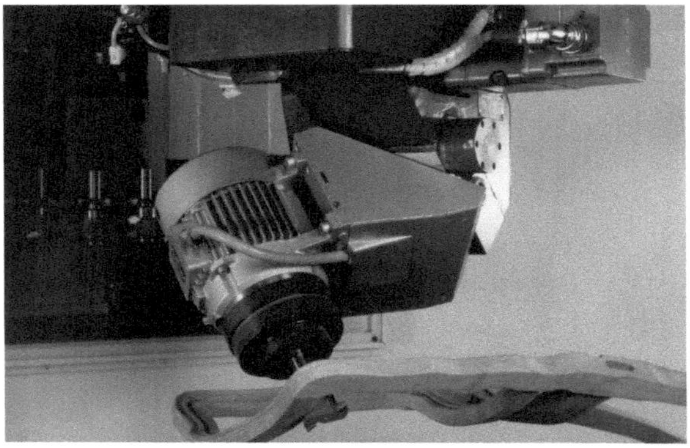

Bild 5.49
Hauptspindel mit dem ersten kardanischen Arbeitskopf (mit freundlicher Unterstützung der Fa. Reichenbacher Hamuel)

Mit einer beliebig programmierbaren Werkzeugorientierung können Freiformkonturen und Freiformflächen erzeugt werden. Ein Schaftfräser kann im Fünfachsbetrieb senkrecht bzw. in definiertem Winkel zum aktuell bearbeiteten Flächenelement positioniert werden. Schaftwerkzeuge können mit der Werkzeugaufnahme direkt in die Hauptspindel eingewechselt werden.

Bei vier- und fünfachsigen CNC-Holzbearbeitungsmaschinen sind automatische Werkzeugwechselsysteme mit ausreichend großen Werkzeugmagazinen im Einsatz. Diese Werkzeugmagazine können mit der Maschine als Ketten- bzw. Tellermagazine mitfahrend oder als Pick-up-Magazine für schwere bzw. sperrige Werkzeuge ortsfest am Maschinengestell befestigt sein. Mehrachsige CNC-Maschinen werden vorzugsweise mit Rechnerunterstützung bzw. rechnergestützt programmiert.

5.4.3.3 Maschinen mit parallelkinematischen Strukturen

Nach BLEICHER zeichnen „... sich die heute eingesetzten konventionellen Werkzeugmaschinen ... durch kinematische Strukturen mit seriell aneinandergereihten Bewegungsachsen aus."[31] Bei den Parallelkinematiken, auch Hexapoden bzw. Stabkinematiken bezeichnet, handelt es sich nicht um klassische Bauweisen von Werkzeugmaschinen. Zur funktionalen Abbildung und Beschreibung einer parallelkinematischen

[31] [BLE 2006], S. 787

Maschine wird ein Modell verwendet, bei dem eine Werkzeugmaschine als mechanisches System von Einzelkörpern beschrieben wird, die untereinander durch Gelenke gekoppelt sind und dessen Teile sich gegeneinander als Mehrkörpersystem (MKS) bewegen können. Um die Wechselwirkungen in einem Mehrkörpersystem bestimmen zu können, werden die Bewegungsgrößen der Einzelkörper sowie die auftretenden Zwangskräfte und Momente betrachtet. Für die Beschreibung der Bewegungen des mechanischen Systems verwendet man das Modell der kinematischen Kette. Nach VOLMER ist „... die kinematische Kette ... das vereinfachte Strukturmodell eines Getriebes. Es zeigt, wie viele Glieder und Gelenke ein Getriebe besitzt, welche Getriebeglieder miteinander verbunden sind und welche Gelenkfreiheiten auftreten. Die Angabe geometrisch-kinematischer Abmessungen und der Gelenkart ist hier unüblich.“[32] Parallelkinematiksysteme bestehen im Wesentlichen aus mehreren längenveränderlichen oder positionsveränderlichen Stäben, die jeweils mit einem Gelenk an einem Gestell bzw. einer Plattform und an der anderen Seite mit dem Werkzeug- bzw. Werkstückträger verbunden sind.

Bei den Parallelkinematiken können Hexapod mit sechs längenveränderlichen Stäben und Tripod mit drei längenveränderlichen Stäben, unterschieden werden. Für die Bewegung des Werkzeuges bzw. des Werkstückes müssen alle Stäbe gleichzeitig, d. h. parallel, bewegt werden. Die Bewegung des Werkzeuges bzw. des Werkstückes entsteht durch die koordinierte Längenveränderung aller Stäbe. Kinematisch besteht der Hexapod aus einem Sechseck, in dessen Ecken die Gestell-Fußpunkte der sechs Stäbe gelagert sind. Zur Erzeugung einer linearen Bewegung des Werkzeuges/Werkstückes verändern alle Stäbe gleichermaßen ihre Länge. Für Drehbewegung bzw. Neigung des Trägers müssen die Stäbe unterschiedliche Längen aufweisen. Ein Tripod hingegen verfügt nur über drei nicht kartesisch angeordnete längenveränderliche Stäbe.

Durch die Bewegung der einzelnen Stäbe können die Achsbewegungen in X-, Y- und Z-Richtung realisiert werden. Bei gleichzeitiger und gleichmäßiger Veränderung aller Achsen wird z. B. die Z-Bewegung realisiert. Unterschiedliche Veränderungen der einzelnen Achsen bewirken eine Bewegung im Raum. Die drei Stäbe realisieren quasi eine beliebige dreiachsige Bewegung im Raum. Um eine ungewollte Drehung des Werkzeugträgers zu vermeiden, muss eine zusätzliche Begrenzung, z. B. durch eine Zwangsführung, erfolgen. Im Knotenpunkt der drei Stäbe befindet sich der Werkzeugträger mit der Hauptspindel und dem Bearbeitungswerkzeug. Die am Werkzeugträger angeordnete Hauptspindel kann zusätzlich noch in zwei Dreh- bzw. Schwenkachsen bewegt werden, d. h. eine Kopplung von paralleler und serieller Bewegung. Damit wird eine fünfachsige Bewegung des Werkzeuges ermöglicht. Das Werkzeugmagazin ist am Gestell als Pick-up-Magazin und der Maschinentisch als Rasternutentisch ausgeführt.

---

[32] [VOL 1995], S. 37

Durch Variation der Elemente in den kinematischen Ketten können neue Varianten generiert werden. „Aus einer kinematischen Kette entsteht ein Getriebe, wenn man ein Glied zum Gestell und ein oder mehrere Glieder zum Antriebsglied macht.“[33] Neben den Maschinen mit längenveränderlichen Stäben sind Maschinenkonzepte entwickelt worden, bei denen die Stäbe in der Länge konstant sind und die Gestell-Fußpunkte der Stäbe linear verschoben werden (vgl. Bild 5.50).

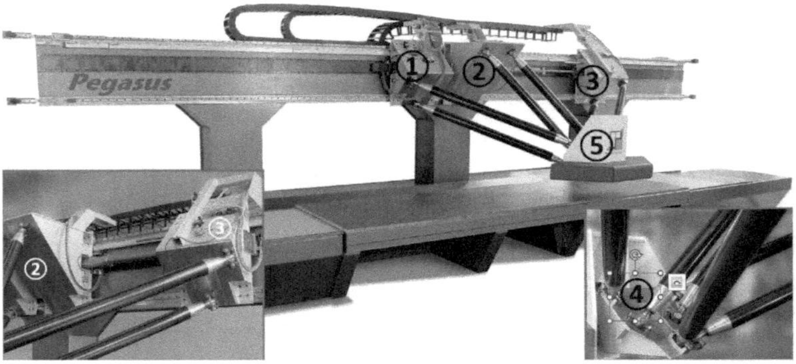

Bild 5.50 Parallelkinematische CNC-Maschine Pegasus mit linear verschiebbaren Gestell-Fußpunkten und Ausschnittvergrößerung (mit freundlicher Unterstützung der Fa. Reichenbacher Hamuel)

(1) linker Gestell-Fußpunkt, (2) mittlerer Gestell-Festpunkt, (3) rechter Gestell-Festpunkt, (4) Werkzeugträger-Fußpunkt, (5) Werkzeugträger (hier: ohne Hauptspindel)

Bei derartigen Maschinen sind an den drei Gestell-Fußpunkten jeweils zwei gleichlange parallele Stäbe gelenkig gelagert. Die drei Gestell-Fußpunkte werden über klassische Vorschubsteuerungen linear entlang der X-Achse bewegt und sind in der X-Richtung frei positionierbar. An den drei Parallelstab-Paaren ist der Werkzeugträger mit der Hauptspindel befestigt. Durch die Positionen der drei Gestell-Fußpunkte zueinander werden die Bewegungen in den drei kartesischen Koordinaten X, Y und Z realisiert. Im CNC-Programm werden kartesische Koordinaten programmiert, die dann steuerungsintern auf die tatsächlichen Koordinaten der jeweiligen Fußpunkte umgerechnet werden. Die Arbeitsspindel ist bei dieser Maschine vertikal angeordnet und es wird eine dreiachsige Bearbeitung ausgeführt. Die konkrete Werkzeugposition ergibt sich aus den Positionen der Fußpunkte und deren Abstände zueinander.

Die Entwicklung von parallelkinematischen oder hybriden Strukturen, d. h. eine Kombination von seriellen und parallelkinematischen Strukturen für Werkzeugmaschinen ist Gegenstand der Forschung. Die Fälle der industriellen Anwendung sind derzeit eher selten. Im Vergleich der bewegten Massen weisen die parallelkinematischen Antriebe aber deutliche Vorteile in der Dynamik der Antriebe gegenüber den seriellen Antrieben auf.

---

[33] [LUC 1990], S. 21

5.4.3.4 Bauform der Maschinengestelle von Werkzeugmaschinen

Für den Bereich der CNC-Holzbearbeitung werden regelmäßig durch das Institut für Werkzeugmaschinen (IfW) der Universität Stuttgart Marktübersichten zu CNC-Bearbeitungszentren erstellt. In dieser Marktübersicht 2023 wurden die Bauformen der CNC-Holzbearbeitungsmaschinen hinsichtlich ihrer Verwendung analysiert. Für die Bauform des Fahrportals in Gantry-Bauweise wurde ein Anteil von 51 % ermittelt. Die Standportal-Bauweise folgt mit 26 % und für die Auslegerbauweise wurden 13 % bestimmt. Als Tischkonzepte für die CNC-Bearbeitungszentren wurden Vakuumraster- und Konsolentische mit Anteilen von jeweils über 30 Prozent angeboten.[34] Diese Marktanteile können mit der Zeit sicherlich differieren, zeigen aber die hauptsächlich verwendeten Bauformen von CNC-Bearbeitungszentren für die Holzbearbeitung.

Portalfräsmaschine mit Fahrportal

In den 1980er- und 1990er-Jahren wurden für die Bearbeitung von Massivholz in großen Abmessungen und Materialdicken vorzugsweise CNC-Maschinen in Portalbauweise mit verfahrbaren Portalen eingesetzt. Das Portal war seitlich am Maschinentisch befestigt und trug die Hauptspindel bzw. die Bearbeitungseinheiten (vgl. Bild 5.51).

Bild 5.51 CNC-Portalmaschine RANC213AMW mit Einzelspindel und Werkzeugwechselsystem (mit freundlicher Unterstützung der Fa. Reichenbacher Hamuel)

Alle Bewegungen wurden durch das Werkzeug ausgeführt; das Werkstück befand sich in Ruhe. Der Antrieb des Portals in Y-Richtung erfolgte bei kleineren Maschinen durch zwei seitlich angeordnete separate Kugelumlaufspindeln, die von einem gemeinsamen Vorschubmotor mittels Zahnriemen angetrieben wurden. Aufgrund der

[34] Nach „CNC-Bearbeitungszentren für die CNC-Holzbearbeitung 2023" vom 13. Oktober 2023, Quelle: *https://hob-magazin.com/allgemein/cnc-bearbeitungszentren-fuer-die-holzbearbeitung-2023*, URL am 08.04.24

großen Masse des Portals waren keine hochdynamischen Bewegungen möglich. Außerdem bestand die Gefahr des seitlichen Verkantens des Portals. Bei größeren Bauformen wurden statt einem gemeinsamen Vorschubmotor zwei separate Vorschubmotoren verwendet, die von der Steuerung elektronisch als Master und Slave synchronisiert wurden.

Aus diesem ursprünglichen Fahrportal entstand der sogenannte Gantry-Antrieb, bei dem zwei separate, gekoppelte Vorschubantriebe das Fahrportal in einer Achsrichtung bewegen. Durch die Ansteuerung der beiden Vorschubmotoren wird eine winkelsynchrone Bewegung in der Vorschubrichtung erzeugt. Damit wird ein seitliches Verkanten des Portals während der Vorschubbewegung verhindert.

Zusätzlich können die Portalschlitten, d. h. die Führungen der Fußpunkte des Portals am Maschinengestell, in Achsrichtung verlängert sein, um eine bessere winkelsynchrone Führung des Portals mechanisch zu erreichen. Mit einem sogenannten Doppelbrückenportal, d. h. zwei Portale sind in Achsrichtung mit ihren Fußpunkten und den Portalschlitten starr verbunden, kann das Verkanten mechanisch unterdrückt werden. In diesem Fall ist nur ein Vorschubantrieb für die winkelsynchrone Bewegung erforderlich (vgl. Bild 5.52).

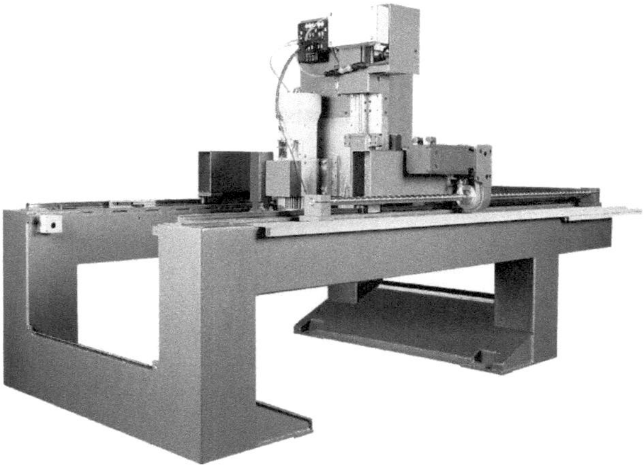

Bild 5.52 Fahrportal in Form einer Doppelbrücke (mit freundlicher Unterstützung der Fa. Reichenbacher Hamuel)

Portalfräsmaschine in Tischbauweise

Bei einer Portalfräsmaschine in Tischbauweise ist das Portal ortsfest, während sich der Maschinentisch innerhalb des Portals in einer Achsrichtung bewegen kann. Die drei Vorschubbewegungen werden z. B. in zwei Bewegungen des Werkzeugträgers und einer Vorschubbewegung des Maschinentisches aufgeteilt. Der Maschinentisch mit dem fixierten Werkstück hat i. d. R. eine geringere Masse als ein typisches Fahrportal. Damit sind höhere Beschleunigungen und Geschwindigkeiten möglich. Ein weiterer Vorteil des beweglichen Maschinentisches besteht darin, dass für das Auflegen der Rohteile und Abnehmen der Fertigteile der Maschinentisch aus der Maschine herausfahren kann und damit ein freier Zugang auch von oben zum Werkstück besteht. Der freie Zugang zum Werkstück von der Seite und von oben ist besonders vorteilhaft bei großen und schweren Werkstücken (vgl. Bild 5.53).

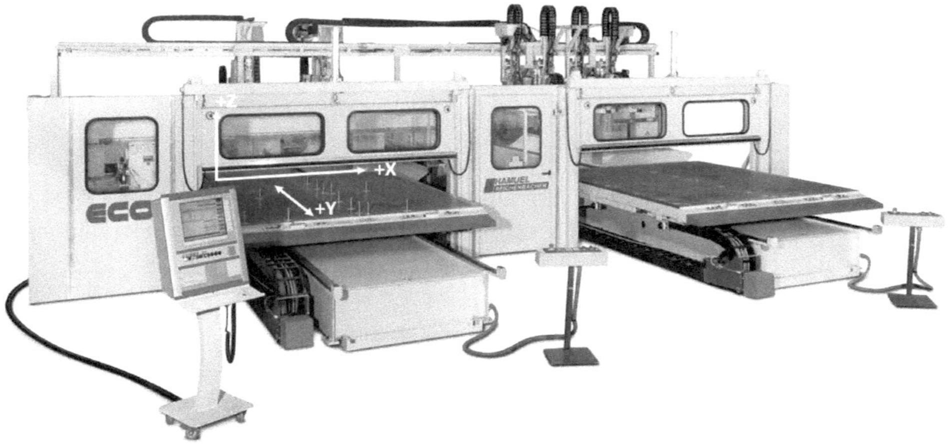

Bild 5.53 CNC-Standportalmaschine mit zwei separaten, in Y-Richtung verfahrenden, Maschinentischen (mit freundlicher Unterstützung der Fa. Reichenbacher Hamuel)

In der Weiterentwicklung der Tischbauweise wurden z. B. die Maschinentische durch Werkstückklemmvorrichtungen und Bauteilführungssysteme ersetzt, sodass das Bauteil nicht mehr vollflächig auf einem Tisch aufliegt. Für die Bearbeitung prismatischer Werkstücke, z. B. Fensterkanteln und Rahmenteile, existieren seit vielen Jahren erfolgreiche Maschinenkonzepte. Das Rohteil und das Werkstückklemmsystem besitzen nur eine relativ geringe Masse, sodass eine hochdynamische Bearbeitung in der Werkstückvorschubrichtung möglich ist. Im Bereich der Bearbeitung plattenförmiger Bauteile wurden CNC-Stationärbearbeitungsmaschinen entwickelt, bei denen das Werkstück in einer Klemmvorrichtung am Bauteilrand fixiert ist. Am freien Ende des Werkstückes wird durch eine Auflage die sichere Bearbeitung gewährleistet. Dieses Prinzip ist für die Möbelteilebearbeitung vorteilhaft, da nur geringe Massen bewegt werden und alle Seiten des zu bearbeitenden plattenförmigen Teils mit den Werkzeugen bearbeitbar sind, ausgenommen der Bereich der Bauteilklemmung (vgl. Bild 5.54).

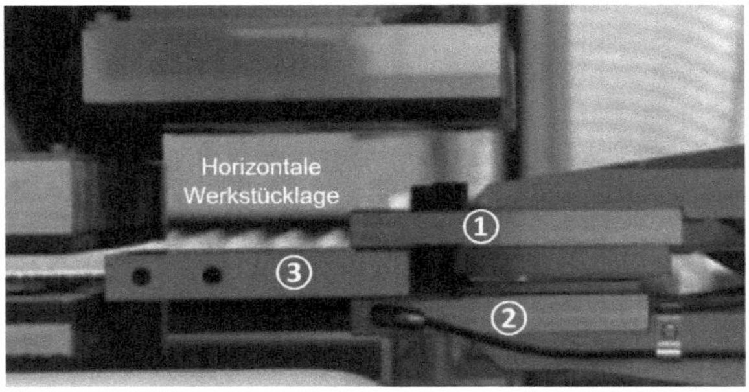

Bild 5.54 Bauteilführungssystem mit Werkstück-Klemmung und horizontaler Werkstücklage
(1) Werkstückklemmsystem, (2) Werkstückauflage, (3) Werkstück

Das Prinzip eines in einer Spannvorrichtung fixierten Bauteils, welches entlang einer Vorschubachse bewegt wird, ist maschinentechnisch auch für Werkstücke mit vertikaler Werkstückspannlage in der Anwendung (vgl. Bild 5.55).

Bild 5.55 Bauteilführungssystem mit Werkstück-Klemmung und vertikaler Werkstücklage (mit freundlicher Unterstützung der HOMAG Group AG)

Auslegerbauweise

Bei der üblichen Bauform des in X-Richtung beweglichen Auslegers ist der Maschinentisch stillstehend. Der Werkzeugträger bzw. die Arbeitsspindel führt die Y- und Z-Bewegungen aus. Beim Einzelausleger ist die Hauptspindel i. d. R. seitlich am Ausleger befestigt (vgl. Bild 5.56).

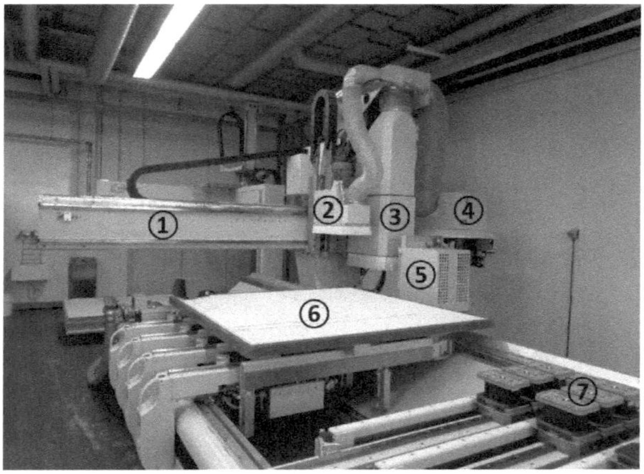

Bild 5.56 CNC-BAZ von Typ Lean factory in Auslegerform mit automatisch positionierenden Konsolen und Blocksaugern sowie einer aufgespannten Matrixplatte
(1) Ausleger, (2) Mehrspindelbohrkopf, (3) Hauptspindel, (4) Werkzeugmagazin, (5) Transportgehäuse für Verleimteil, (6) aufgespannte Matrixplatte, (7) Konsolen mit Blocksaugern

Bei CNC-Bearbeitungszentren können auf der der Hauptspindel gegenüberliegenden Seite des Auslegers die Füge- bzw. Sonderaggregate angeordnet sein. Die offene Konstruktion des Auslegers gestattet es, im Vergleich zu den Abmessungen des Maschinentisches größere Bauteile zu bearbeiten. Für Bearbeitungsprozesse, bei denen hohe Prozesskräfte auftreten, muss der Ausleger ausreichend ausgesteift sein.

5.4.3.5 Klassifikation der CNC-Bearbeitungsmaschinen nach dem Teilefluss

Im Laufe der Zeit haben sich in der Holzbearbeitung zwei unterschiedliche Bearbeitungskonzepte und die dazugehörigen Maschinensysteme herausgebildet. Mit der Durchlaufbearbeitung soll ein weitgehend kontinuierlicher Werkstückfluss erreicht werden. Die einzelnen Bearbeitungsoperationen werden auf verschiedene Bearbeitungsstationen entlang des Fertigungsdurchlaufes verteilt. Entweder wird das Bauteil während der Bewegung synchron bearbeitet oder das Bauteil wird kurzzeitig vom Bauteiltransportsystem entkoppelt, bearbeitet und weitertransportiert. Dadurch entsteht ein nahezu kontinuierlicher Werkstückdurchlauf. Dieses Prinzip wird als Durchlaufbearbeitung bezeichnet. Beim Prinzip der Stationärbearbeitung werden die Werkstücke in einer hochflexiblen CNC-Bearbeitungsmaschine fertig bearbeitet, bevor sie an die nächste Bearbeitungsstation weitertransportiert werden. In der Holzbearbeitung haben sich die Begriffe Stationärbearbeitung und Durchlaufbearbeitung im Sprachgebrauch verfestigt.

Stationärbearbeitung

Als Stationärbearbeitung wird die Bearbeitung eines Werkstückes bezeichnet, welches fest auf dem Maschinentisch bzw. in einer Bauteilspanneinrichtung fixiert ist. Bei der klassischen CNC-Maschine führt das Bearbeitungswerkzeug die einzelnen Bewegungen aus, während das Bauteil in Ruhe ist. Mit der Entwicklung von Standportalfräsmaschinen[35] musste mindestens eine Vorschubbewegung durch den Maschinentisch erfolgen. Bei der Vorschubbewegung des Maschinentisches wird das gespannte Bauteil zur Bearbeitung im Arbeitsraum der Maschine bewegt. Da das Bauteil aber während der Bearbeitung auf dem Maschinentisch gespannt bleibt, sollte die Bezeichnung als stationäre Bearbeitung noch zutreffend sein. In den 1980er-Jahren gab es Bestrebungen, dreiachsige Konsolfräsmaschinen mit Kreuzschiebetischen in der Holzbranche zu etablieren. Bei diesem Maschinentyp führte das Werkzeug die Z-Zustellbewegung und das Werkstück mit einem Kreuztisch die X-Y-Bewegung aus. In den weiteren Ausführungen wird von einer CNC-Stationärbearbeitungsmaschine ausgegangen, bei der alle Vorschubbewegungen vom Werkzeug ausgehen. Das Bauteil soll entweder plattenförmig und an einer Breitfläche mit Vakuum gespannt sein oder ein prismatisches Teil, das zwischen beiden Breitflächen geklemmt wird.

Um die relativ langen Maschinenbelegungszeiten bei der CNC-Stationärbearbeitung zu reduzieren, sind verschiedene Strategien der Bauteilbeschickung, der Bearbeitung und der Entnahme nach der Bearbeitung im Gebrauch. Bei der konstruktiven Bearbeitung an Möbelteilen nimmt die Bohrbearbeitung einen Spitzenplatz ein. Besonders deutlich wird das bei der Bearbeitung von Schrankseiten. Am Beispiel der stationären Bohrbearbeitung sollen deshalb die Bearbeitungsformen Einzelbearbeitung, paarweise Bearbeitung und Mehrkanalbearbeitung betrachtet werden. In der Einzelstückbearbeitung wird mit einem CNC-Programm ein Bauteil bearbeitet, unabhängig davon, wie viele Teile sich auf dem Maschinentisch befinden. Bei dieser Bearbeitung wird ein Bauteil in definierter Position auf dem Maschinentisch fixiert und in dieser Position bearbeitet. Als Einzelstückbearbeitung gilt auch der Fall, dass mehrere gleiche Bauteile in verschiedenen Positionen auf dem Maschinentisch gespannt sind. Bei dieser Mehrstückspannung mit verschiedenen Nullpunkten, aber dem gleichen CNC-Programm, werden die Werkstücke einzeln und nacheinander bearbeitet.

Bei einer paarweisen Bearbeitung werden zwei Bauteile, die in verschiedenen Positionen gespannt sind, gemeinsam oder nacheinander bearbeitet. Sind die Bauteile in den Abmessungen und der Bearbeitung gleich, können sie mit einem oder einem gemeinsamen CNC-Programm bearbeitet werden. Die Bearbeitung in den verschiedenen Positionen und der Wechsel zwischen den Bauteilen ist in dem gemeinsamen CNC-Programm enthalten.

---

[35] Die Bezeichnung Standportalmaschine weist auf ein ortsfestes Maschinengestell in Portalform hin. Dieses Portal ist entweder ein geschlossenes kastenförmiges Portal oder ein mit dem Hallenboden fest verschraubtes, offenes Portal.

Bei einer Bauteilspannung auf den beiden getrennt bedienbaren Maschinentischhälften kann eine sogenannte Pendelbearbeitung, entweder bearbeitungsbezogen oder bauteilbezogen, durchgeführt werden. Der Wechsel zwischen den Bauteilen erfolgt programmgesteuert, entweder nach jeder abgeschlossenen Bearbeitungsoperation oder nach dem Bearbeitungsende eines Bauteils. Neu entwickelte Spezial-CNC-Maschinen besitzen zwei gleich bestückte Bearbeitungsaggregate, die übereinander angeordnet sind (vgl. Bild 5.57).

Bild 5.57 Paarweise Bauteilbearbeitung mit übereinander angeordneten Bearbeitungseinheiten für Korpusseiten, Böden und Türen (mit freundlicher Unterstützung der HOMAG Group AG)

Diese Art der Bearbeitung kann z. B. für Bauteile mit Rechts- bzw. Linksunterscheidung, wie Außenseiten und Türen, vorteilhaft eingesetzt werden. Die Maschinenbelegungszeit der Doppelbearbeitung kann sich im Vergleich zur wechselseitigen Beschickung auf etwa die Hälfte reduzieren.

Durch den strukturellen Aufbau moderner CNC-Stationärbearbeitungsmaschinen existieren i. d. R. zwei funktional voneinander unabhängig arbeitende Tischbereiche bzw. Arbeitsplätze. In beiden Bearbeitungsbereichen kann die Werkstückspannung und die CNC-Programmzuweisung separat erfolgen. Die Betriebsweise wird als wechselseitige Beschickung bezeichnet. Je nach Ausstattung und Leistungsfähigkeit der CNC-Maschine kann auf jeder der beiden Stationen das gleiche bzw. das gespiegelt gleiche Bauteil bearbeitet werden. Bei Korpusmöbeln können bestimmte Möbelteile gespiegelt gleich sein, so z. B. linke und rechte Außenseiten sowie linke und rechte

Türen. Die Fertigung erfolgt dann üblicherweise durch eine wechselseitige Beschickung, d. h. beide Teile werden auf verschiedenen Tischbereichen nacheinander gefertigt. Bei einem Teil der CNC-Maschinen können verschiedene CNC-Programme auf den jeweiligen Tischhälften realisiert werden. Da die Maschinen aber nur über eine Bearbeitungseinheit/Spindel verfügen, werden beide Bauteile separat und nacheinander bearbeitet. Unter entsprechenden Voraussetzungen kann im Sicherheitsbereich der CNC-Maschine der nicht aktive Maschinenbereich vom Maschinenführer zum Entnehmen und Beschicken von Bauteilen betreten werden.

Unter einer Mehrkanalbearbeitung ist eine Bearbeitung zu verstehen, bei der eine CNC-Maschine mit geeigneter Steuerung gleichzeitig zwei verschiedene Bauteilbearbeitungen realisieren kann. Auf einer CNC-Portalmaschine befinden sich zwei voneinander in X-Richtung verfahrende unabhängige Aggregateträger mit zwei dazugehörigen in Y-Richtung verfahrbaren Bearbeitungstischen. Für jeden der beiden Aggregateträger, auch als Kanal bezeichnet, ist ein spezielles CNC-Programm notwendig, in dem die einzelnen Bearbeitungsoperationen programmiert sind. Einer der beiden Kanäle wird als Führungskanal und der andere Kanal als Folgekanal eingeordnet. Innerhalb der CNC-Programme sind Warte- bzw. Synchronisationsmarken vorzusehen, um Kollisionen der Aggregateträger zu vermeiden. Beide Aggregateträger können entweder ein separates Bauteil bearbeiten oder beide Aggregateträger bearbeiten ein gemeinsames Bauteil.

Im Vergleich zur CNC-Durchlaufbearbeitung weist die CNC-Stationärbearbeitung eine hohe Flexibilität, aber eine eher geringere Produktivität auf. CNC-Stationärbearbeitungsmaschinen verfügen i. d. R. neben der Hauptspindel über einen separaten Mehrspindelbohrkopf mit einzeln vorlegbaren Bohrspindeln. Die Werkzeugbestückung dieser Mehrspindelbohrköpfe orientiert sich vorwiegend an den Bohrbildern der sogenannten A-Teile (vgl. Abschnitt 5.4.3.6).

Die Anzahl der verfügbaren Bohrspindeln ist limitiert. Unterschiedliche Werkzeugdurchmesser, unterschiedliche Bohrungsarten und eine größere Menge gleichartiger Bohrer für Lochreihen begrenzen sehr stark die Möglichkeiten zu Werkzeugausstattung des Mehrspindelbohrkopfes.

CNC-Stationärbearbeitungsmaschinen können im Wesentlichen in den Bauteilschmalflächen und den Breitflächen alle Bohrungen erzeugen, wenn ein geeignetes Werkzeug bzw. Bearbeitungsaggregat verfügbar und das Zeitfenster für die Bohrbearbeitung ausreichend ist. Je nachdem, wie das Bauteil gespannt ist, können u. U. nicht alle Bauteilflächen komplett bearbeitet werden. Mit CNC-Stationärbearbeitungsmaschinen werden die Bohrungen mit dem Mehrspindelbohrkopf oder mit einwechselbaren Bohraggregaten in der Hauptspindel erzeugt. Häufig benötigte Bohrer, z. B. für Verbinder-Bohrungen und Bodenträger-Lochreihen, werden vorzugsweise im Mehrspindelbohrkopf eingesetzt sein. Weniger häufig verwendete Werkzeuge können in den einwechselbaren Bohraggregaten untergebracht werden. Das Einwechseln eines Bearbeitungsaggregates benötigt etwas mehr Zeit als das Vorlegen eines oder mehrerer

Bohrer im Mehrspindelbohrkopf. Da entweder der Mehrspindelbohrkopf oder das Bohraggregat in der Hauptspindel die Bohrungen ausführen, kann die Bearbeitungszeit in der Stationärbearbeitung größer sein als vergleichsweise in der Durchlaufbearbeitung.

Durchlaufbearbeitung

Eine Durchlaufbearbeitung liegt vor, wenn das Bauteil/Werkstück mit einem innenverketteten maschineneignen Transportsystem durch die Bearbeitungsmaschine in der programmierten Bearbeitungsabfolge gerichtet bewegt wird und während des Transportes durch Werkzeuge bzw. Bearbeitungsaggregate bearbeitet wird. Für die Durchlaufbearbeitung existieren weniger Maschinensysteme als bei der Stationärbearbeitung. Im Bereich der Sägen sind z. B. Vielblattdurchlaufsägen zum Aufteilen von Platten in Plattenstreifen oder Abkürzsägen zum Ablängen im Einsatz.

In der Formatbearbeitung kommen Durchlaufformatbearbeitungsmaschinen in großen Stückzahlen und unterschiedlichen Ausführungen zum Einsatz, sowohl als Einzelmaschinen als auch als Mehrmaschinensysteme. Hauptsächlich werden rechteckige Werkstücke mit geraden Konturen formatiert (vgl. Abschnitt 5.4.2.1).

Eine gewisse Sonderstellung nehmen Formteilemaschinen ein. Unter der Bezeichnung Formteilemaschine verbirgt sich eine einseitige Durchlaufformatbearbeitungsmaschine mit einer zusätzlichen NC-Achse im Formatbearbeitungsteil, die im rechten Winkel zur Vorschubbewegung angeordnet ist. Diese zusätzliche NC-Achse verfährt in Y-Richtung und steuert ein Aggregat mit einem Schaftfräser. Im Gegensatz zur sonst üblichen Punktsteuerung wird bei diesem Maschinentyp eine Bahnsteuerung verwendet. Die Bauteilvorschubbewegung in X-Richtung ist konstant, während die seitliche Bewegung des Fräsers in Y-Richtung CNC-gesteuert ist. Durch die CNC-Steuerung stellt der Bahnkurvenrechner/Interpolator zwischen der Vorschubbewegung in X-Richtung und der seitlichen Bewegung des Fräswerkzeuges einen funktionalen Zusammenhang her. In einer CNC-Programmieroberfläche kann die Sollkontur, bestehend aus Geraden und Kreisbögen, programmiert werden. Beim Einlauf des Bauteils in den Formatbearbeitungsteil erzeugt der Schaftfräser durch ein seitliches Verfahren während der Vorschubbewegung des Werkstückes die Sollkontur. Der seitliche Überstand des Rohteils über die Schnittlinie der Maschine muss ausreichend groß sein, um die Sollkontur erzeugen. Diese Sollkontur dient dann dem Verleimaggregat, der Andruckzone und den Nachbearbeitungsaggregaten zur seitlichen Führung der Aggregate entlang der Bauteilkontur.

Neben den Bohrbearbeitungen auf CNC-Stationärbearbeitungsmaschinen sind Durchlaufbohrautomaten in Fertigungslinien bzw. Transferstraßen integriert bzw. fungieren als Bearbeitungsmaschinen in separaten Bohrstraßen. Die Bohrautomaten besitzen einen oder mehrere Mehrspindelbohrköpfe, deren Spindelabstände vorzugsweise im Raster von 32 mm angeordnet sind. Die Bohrer sind in speziellen Bohrköpfen ein- oder mehrreihig untergebracht (vgl. Bild 5.58).

Bild 5.58 Mehrspindelbohrköpfe mit einzeln vorlegbaren Spindeln in einem Durchlaufbohrautomaten BST 700 (mit freundlicher Unterstützung der HOMAG Group AG)

Die Positionierung der Bohrköpfe erfolgt durch die CNC-Steuerung in Y-Richtung, d. h. quer zur X-Durchlaufrichtung. Nach dem Einlauf des Werkstückes in die Maschine wird das Teil fixiert, bearbeitet und anschließend austransportiert. Aufgrund der konstruktiven Ausprägung der Teile werden die Werkstücke vorzugsweise in Querausrichtung transportiert und bearbeitet, d. h. Bauteillänge bzw. Maserung ist quer zur Vorschubrichtung. Beim Bohren von unten befinden sich über dem Bauteil entsprechende Niederhalter. Je nach Ausstattung des Bohrautomaten können auch Horizontalbohrungen in den Querschmalflächen quer zur Durchlaufrichtung des Werkstückes eingebracht werden. Derartige Horizontalbohrköpfe besitzen ebenfalls einzeln vorlegbare Bohrspindeln im 32er-Raster. Horizontalbohrungen in Vorschubrichtung sind nur bei wenigen Bohrautomaten möglich; dazu sind besondere, vorlegbare Bohrköpfe notwendig.

Grundsätzlich lassen sich zwei verschiedene Maschinenkonzepte erkennen, so die Bohrmaschinen mit starren Bohrspindeln und Bohrmaschinen mit einzeln abrufbaren Spindeln. Bei den Bohrmaschinen mit starren Bohrspindeln wird der Bohrhub durch den Bohrkopf ausgeführt. Die im Bohrkopf befindlichen Werkzeuge erzeugen dann die entsprechenden Bohrungen. Die Bestückung des Bohrkopfes ist durch das Bohrbild vorgegeben. Soll eine einzelne Bohrung des Bohrbildes nicht erzeugt werden, ist das entsprechende Werkzeug aus dem Bohrkopf zu entfernen. Mit dem Bohrhub entsteht die Bohrtiefe. Bei einer Änderung der Bohrtiefe ist entweder die Größe des Bohrhubes anzupassen oder die Bohrerlänge durch den Austausch des betreffenden Werkzeuges anzupassen. Um Rüstzeiten zu sparen, werden i. d. R. nicht die Bohrer gewechselt, sondern es wird der gesamte Bohrkopf mit der entsprechend vorbereiteten Werkzeugbestückung eingewechselt.

Beim Einsatz von festbestückten Bohrautomaten werden vorzugsweise Fertigungslose mit großen Stückzahlen gleicher Teile abgearbeitet. Bei dieser Bearbeitungsart können die Teile mit einer geringen Taktzeit bearbeitet werden. Es entsteht ein nahezu kontinuierlicher Bauteilfluss. Unmittelbare Rüstzeiten zwischen den einzelnen Teilen fallen nicht an; damit ist ein hoher Teiledurchsatz möglich. Bei bestimmten Korpusteilen mit sehr vielen Bohrungen, z. B. Hochschrankseiten, kann es notwendig werden, die Bearbeitungen auf mehrere Bohrautomaten zu verteilen, da das zu realisierende Bohrbild mit einer Maschine in einem Durchlauf nicht vollständig realisierbar ist. Abhilfe in diesem Fall kann das Aufteilen der Bohrbilder auf mehrere Durchläufe mit einem Wechsel der Bohrgetriebe zwischen den Durchläufen oder ein Mehrmaschinensystem schaffen. Das Umrüsten eines festbestückten Bohrautomaten mit einem Wechsel der Bohrgetriebe und einer anschließenden Testbearbeitung des neuen Bohrbildes, benötigt viel Rüstzeit/Rüstaufwand. Bei entsprechend großer Losgröße kann das Umrüsten in die produktionsfreie Zeit, z. B. nach dem Schichtende, verschoben werden. Derartige Losgrößen erfordern aber eine sorgfältige Fertigungsplanung und benötigen ausreichende Lagerflächen für Fertig- und Halbfertigteile.

Bei einer Durchlaufbohrbearbeitung mit einzeln abrufbaren Spindeln steht die Komplettbearbeitung des Bauteils im Vordergrund. Alle Bohrspindeln sind programmgesteuert vorlegbar. Die Positionierung der Bohrköpfe erfolgt i. d. R. durch eine mehrachsige CNC-Steuerung. Hinsichtlich der Bearbeitungsfolge sind die Durchlaufbohrautomaten in Sektionen gegliedert, die von den Bauteilen durchlaufen werden. Die Sektionen realisieren vorzugsweise das Horizontalbohren in die Bauteilschmalseiten und das Bohren in die Bauteilbreitflächen. Bei den ausgeführten Bohrungen handelt es sich vorwiegend um achsparallele Bohrungen. Mitunter kann sich eine weitere Sektion anschließen zum Einkleben von Dübeln bzw. der Montage von Beschlägen. Werden zusätzlich zum Bohren weitere Bearbeitungsmöglichkeiten realisiert, wird anstelle einer Punktsteuerung eine Strecken- bzw. Bahnsteuerung verwendet. Können alle Breit- und Schmalflächen bearbeitet werden, wird das als sechsseitige Bearbeitung bezeichnet. Bei derartigen Maschinen liegt das Bauteil nicht auf einem Transportband auf, sondern wird zwischen Klemmeinrichtungen an den vier Bauteilecken gespannt und mit der Klemmeinrichtung in der Maschine bewegt. Die oben beschriebenen Bearbeitungen können in einem verketteten Mehrmaschinensystem mit integriertem Bauteiltransportsystem realisiert werden. Die Tendenz geht dahin, diese Funktionalitäten der spanenden Bearbeitung und der Montageprozesse in einer einzigen Maschine zu konzentrieren. Im nachfolgenden Bild ist ein Maschinensystem mit erweiterter Ausstattung zur Komplettbearbeitung und zur Beschlagmontage abgebildet, wie es z. B. für eine Losgröße-1-Fertigung verwendet werden kann (vgl. Bild 5.59).

Die Maschinenbelegungszeit für eine derartige Komplettbearbeitung ist vermutlich etwas größer als bei einem Durchlaufbohrautomaten in einer Formatbearbeitungsstraße. Da diese Maschinen aber hochflexibel sind, können sie nach dem Kommissioniervorgang bzw. unmittelbar vor der Baugruppenmontage im Losgröße-1-Fertigungsprozess angeordnet werden. Um einen hohen Durchsatz zu ermöglichen, können mehrere derartige Maschinen parallel zueinander mit verzweigendem Teilestrom eingesetzt werden.

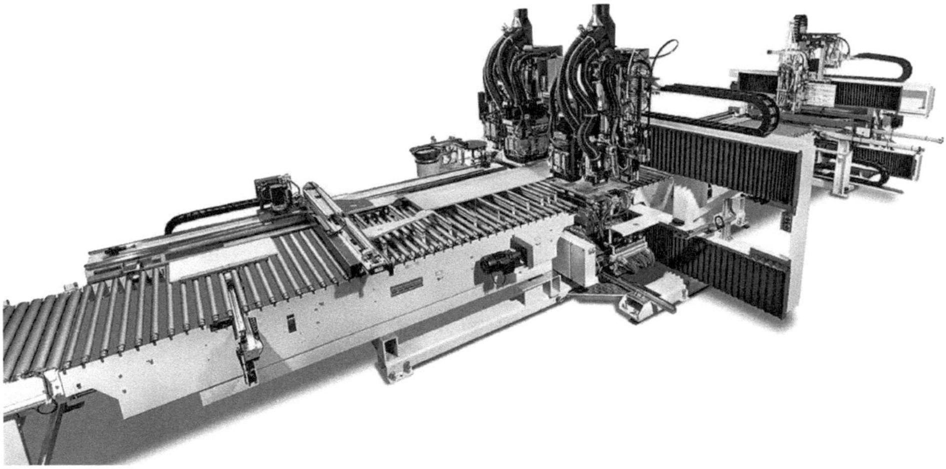

Bild 5.59 Mehrstufiges Maschinensystem DTW mit erweiterter Ausstattung zur Komplettbearbeitung in einer Losgröße-1-Fertigung (mit freundlicher Unterstützung der Fa. Priess, Horstmann & Co. Maschinenbau, Hille)

5.4.3.6 Konflikt zwischen Produktivität und Flexibilität

Für die mechanische Bearbeitung von Möbelteilen existieren verschiedene Bearbeitungsstrategien. Diese Strategien werden maßgeblich durch die Komplexität der Außenkonturen, durch die Flexibilität der Bearbeitungsmaschinen und durch deren Produktivität, d. h. den Bauteildurchsatz, beeinflusst. Korpusmöbel basieren hauptsächlich auf rechteckigen Bauteilen (vgl. Bild 5.60).

Um die Rohteile aus dem Rohmaterial herauszutrennen, wird vorzugsweise eine Plattensäge verwendet. Für die Formatbearbeitung rechteckiger Bauteile werden bevorzugt Durchlaufmaschinen bzw. Transferstraßen eingesetzt. Die Durchlaufmaschinen sind Spezialmaschinen und können nur rechteckige Bauteile bearbeiten, dabei aber hohe Bauteildurchsätze erzielen.

Bei der Stationärbearbeitung finden maschinenbedingt alle Bearbeitungen zeitlich nacheinander statt und verursachen hohe Bearbeitungszeiten. Für die Entscheidung, welche Maschinensysteme konkret verwendet werden sollen, sind weitere Faktoren, wie Teiledurchsatz, Maschinenkosten, Bearbeitungsmöglichkeiten und tatsächliche Verfügbarkeit zu berücksichtigen.

Es ist also wirtschaftlich von Vorteil, die Standardbauteile mit geringen maßlichen und konstruktiven Unterschieden im Durchlauf zu fertigen. Sonderteile hingegen weisen starke konstruktive Unterschiede auf, sodass diese vorzugsweise stationär bearbeitet werden sollten.

Ein bewährtes Mittel für die Zuordnung der Fertigungsteile zu den Kategorien Standard- oder Sonderteilen besteht in der Anwendung einer ABC-Analyse. Grundlage einer ABC-Analyse ist das PARETO[36]-Prinzip. PARETO hat durch statistische Untersuchungen die 80-zu-20-Regel aufgestellt. Diese Regel besagt, dass 80 % der Ergebnisse mit 20 % des Aufwandes erreicht werden. Die restlichen 20 % der Ergebnisse erfordern aber 80 % des Aufwandes. Um eine sinnvolle und wirtschaftlich effektive Entscheidung zur Bearbeitungstechnologie treffen zu können, kann man die Bauteile mittels einer ABC-Analyse drei Kategorien zuordnen.

Realisierbare Bauteilaußenkonturen	Zuschnitt	Formatbearbeitung	Konstruktive Bearbeitung
Rechteckige Außenkonturen	Rechteckrohteil mit Plattensäge	Transferlinie mit integriertem Bohrautomat	
Rechteckige Außenkonturen	Rechteckrohteil mit Plattensäge	Formatbearbeitung im Durchlauf	Separater CNC-Durchlaufbohrautomat
Rechteckige Außenkonturen	Rechteckrohteil mit Plattensäge	Formatbearbeitung im Durchlauf	CNC-Stationärbearbeitungsmaschine
Rechteckige Außenkonturen	CNC-Stationärbearbeitungszentrum		
Beliebige Außenkonturen	Rechteckrohteil mit Plattensäge	CNC-Stationärbearbeitungszentrum	
Beliebige Außenkonturen	CNC-Stationärbearbeitungszentrum		
Beliebige Außenkonturen	Hybrides CNC-Stationärbearbeitungszentrum mit Nesting- und Konsoltisch		
Beliebige Außenkonturen	CNC-Nesting-maschine	CNC-Stationärbearbeitungszentrum	

Bild 5.60 Bearbeitungsstrategien für die mechanische Bearbeitung von Möbelteilen

Eine ABC-Analyse ist ein generell anwendbares Verfahren zur Priorisierung z. B. von Bauteilen und kann als Entscheidungshilfe für die Einteilung in A-Teile, d. h. wirtschaftlich sehr wichtig, B-Teile, d. h. wirtschaftlich wichtig und C-Teile, d. h. wirtschaftlich eher weniger wichtig, dienen. Mittels einer Analyse der in einem bestimmten Zeitraum gefertigten Bauteile können die verschiedenen Teilekategorien A, B oder C mit ihren Mengenanteilen bestimmt werden.

Im nachfolgenden Bild ist ein beispielhaftes Teileportfolio dargestellt. Ausgehend von der konkreten Verteilung von Lagerverbrauchswerten auf die einzelnen Lagerpositionen machen z. B. die A-Teile nur ca. 10 % an der Vielfalt des Bauteilspektrums aus, erbringen aber 80 % des Gesamterlöses aller gefertigten Bauteile. Die C-Teile machen 70 % an der Variantenvielfalt aus, erwirtschaften aber nur ca. 5 % vom Gesamterlös (vgl. Bild 5.61).

Der Kategorie A-Teile werden sogenannte Standardteile zugeordnet. A-Teile haben einen geringen Anteil an der Gesamtvielfalt aller produzierten Bauteile, werden aber, da sie in fast allen Produkten benötigt werden, in großen Stückzahlen gefertigt, d. h.

---

[36] Benannt nach V. F. Pareto, italienischer Ingenieur, Ökonom und Soziologe (1848 – 1923).

sie besitzen eine hohe Umsatzrelevanz. A-Teile haben im Wesentlichen gleiche oder ähnliche Abmessungen und Bearbeitungen, können sich aber in den Dekoren unterscheiden. Als A-Teile können z. B. Außenseiten von Hochschränken angesehen werden. Derartige Teile mit großen Stückzahlen und nur geringen geometrischen und technologischen Unterschieden sollten vorzugsweise im Durchlauf bearbeitet werden.

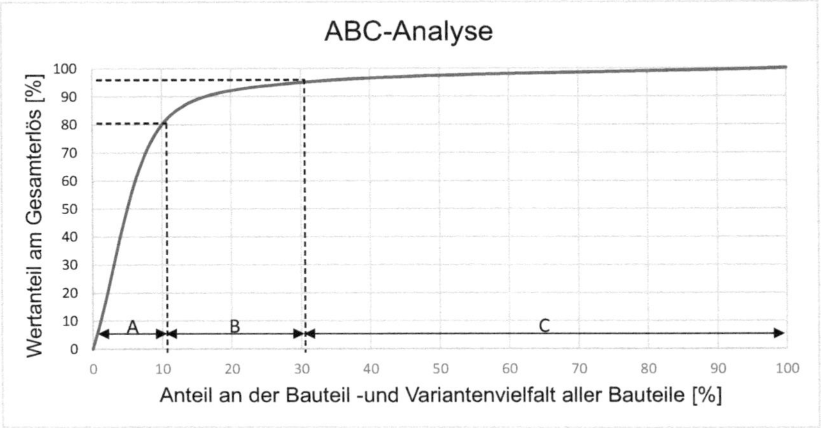

Bild 5.61 Wertanteil am Gesamterlös bezogen auf den Anteil der Bauteil- und Variantenvielfalt aller Bauteile

Im Gegensatz zu den A-Teilen beinhaltet die Kategorie der C-Teile die Sonderteile. Diese Sonderteile, in Bild 5.61 mit 70 % an der Variantenvielfalt aber nur mit 5 % wertmäßig beteiligt, können unterschiedliche Formen, Bauteilgeometrien bzw. spezielle Bearbeitungen aufweisen. C-Teile entstehen hauptsächlich durch kundenindividuelle Wünsche oder im Rahmen von Sortiments- und Produkterweiterungen. Die C-Teile haben den größten Anteil an der Gesamtvielfalt der Bauteile, werden aber insgesamt nur in relativ geringen Stückzahlen gefertigt. Bei der Fertigung von Sonderteilen steht die Flexibilität im Vordergrund, sodass hier vorzugsweise CNC-Stationärbearbeitungsmaschinen verwendet werden.

Eine Zwischenstellung nehmen die B-Teile ein. B-Teile sind Teile, welche auf Standardteilen basieren, aber Sonderbearbeitungen oder Sonderabmessungen aufweisen. Die Stückzahlen von B-Teilen sind im Allgemeinen geringer als die der A-Teile, aber höher als die der C-Teile. Bei der Fertigung von B-Teilen sind nach deren hauptsächlichen Bearbeitungen im Durchlauf bzw. stationär, weitere Bearbeitungen notwendig bzw. es findet eine Kopplung zwischen Durchlauf- und Stationärbearbeitung statt. Bei den oben beschriebenen Maschinensystemen der Durchlauf- und der Stationärbearbeitung bestehen erhebliche Unterschiede bei Produktivität und Flexibilität (vgl. Bild 5.62).

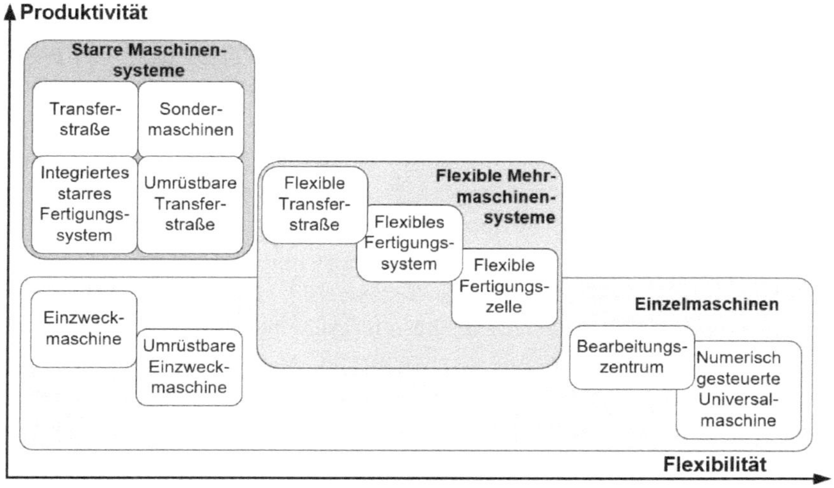

Bild 5.62 Zusammenhang zwischen Produktivität und Flexibilität verschiedener Maschinen und Maschinensysteme, nach [WEC 2005], S. 411; und [WES 2016], S. 121

Der Durchsatz der Bauteile bei der Durchlaufformatierung ist abhängig vom Abstand der Teile zueinander, der Bauteilvorschubgeschwindigkeit, d. h. die sogenannte Rüstlücke und von der Maschinenlänge. Durchlaufmaschinen werden deshalb vorzugsweise für die Bearbeitung von Serienteilen in großen Losgrößen eingesetzt. Da die Umrüstung auf neue Bauteilbreiten, Dicken bzw. Bearbeitungen nur möglich ist, wenn die Maschine leer ist, d. h. kein Bauteil in der Maschine, können formatgleiche Bauteile zu Fertigungslosen zusammengefasst werden, um Rüstzeit zu sparen. In einer Losgröße-1-Fertigung werden nacheinander angeordnete einseitige Maschinen eingesetzt, um die verschieden großen Werkstücke zügig zu bearbeiten. Bei allseitiger Formatierung müssen mehrere Durchläufe stattfinden.

Bei CNC-Stationärmaschinen können die im Magazin gespeicherten Werkzeuge in die Hauptspindel eingewechselt werden. Mit den numerisch gesteuerten Bewegungen des Portals bzw. des Auslegers erfolgt die Positionierung und Führung des Werkzeuges. Es kann aber immer nur ein Werkzeug/Aggregat im Eingriff sein, egal wie viele Bauteile auf dem Maschinentisch gespannt sind. Bei modernen CNC-Maschinen können neben der Hauptspindel Aggregateträger mit Mehrspindelbearbeitungsköpfen zum Bohren und Sägen vorhanden sein. Bei Bedarf kann die Hauptspindel zurückgezogen und dafür mit den Werkzeugen des Aggregateträgers gearbeitet werden. Es ist also immer nur ein Werkzeug bzw. ein Bearbeitungsaggregat im Einsatz. Durch eine Mehrstückspannung auf dem Maschinentisch können zwar mehrere Bauteile durch eine Pendel- bzw. Wechselbearbeitung bearbeitet werden, aber alle Bearbeitungsoperationen werden durch das jeweilige Werkzeug nacheinander ausgeführt. Die Belegungszeit für die Formatbearbeitung auf einer CNC-Stationärmaschine ist deutlich höher als die Zeit bei einer vergleichsweisen Durchlaufbearbeitung. Mit CNC-Stationärbearbeitungsmaschinen können Bauteile formatiert und konstruktiv bearbeitet werden. Dabei können neben Regelkonturen auch Freiformkonturen bearbeitet werden. Die Werkstücke können in einer Aufspannung komplett bearbeitet werden. Aus diesem Grund werden CNC-Stationärbearbeitungsmaschinen vorzugsweise für die Bearbeitung von Sonderteilen bzw. Bauteilen mit komplexen Bohrbildern eingesetzt.

Existieren für die Bearbeitung der einzelnen Teile mehrere, realisierbare Bearbeitungsstrategien, können die einzelnen Bearbeitungsvarianten kostenseitig miteinander verglichen werden. Mit Maschinenkostensätzen[37)] können für jedes Fertigungssystem die kalkulatorischen Fertigungskosten pro Zeiteinheit, d. h. der Maschinenstundensatz, bestimmt werden. Die dazugehörigen Maschinenbelegungszeiten können durch eine grafische Simulation des Bearbeitungsprogrammes ermittelt werden. Mitunter existieren Bearbeitungszeiten im Maschinendatenerfassungssystem (MDE) bzw. im Betriebsdatenerfassungssystem (BDE) aus vergleichbaren früheren Aufträgen, die man zur Bestimmung der Maschinenbelegungszeit heranziehen kann.

5.5 Numerisch-gesteuerte Mehrmaschinensysteme

Nach WECK und BRECHER[38)] können Einzelmaschinen in Einzweckmaschinen und Universalmaschinen unterschieden werden. Bei einer Einzweckmaschine handelt es sich um eine Maschine, die für einen speziellen Bearbeitungsfall entwickelt wurde und nur bestimmte Bearbeitungsoperationen ausführen kann. Einzweckmaschinen werden bevorzugt in der Serien- oder Massenproduktion eingesetzt. Als Universalmaschinen werden vielseitig verwendbare Maschinen in Bezug zur Flexibilität und Leistungsfähigkeit bezeichnet. Universalmaschinen werden bevorzugt in der Werkstattfertigung und der Einzelfertigung sowie Kleinserienproduktion verwendet.

Eine weitere Unterscheidung kann in Einzel- und Mehrmaschinensysteme getroffen werden. Als Einzelmaschine wird eine einzeln stehende, ggf. mit Beschick- und Abstapelgerät gekoppelte Bearbeitungsmaschine bezeichnet. Als ein Mehrmaschinensystem wird ein Verbund von Bearbeitungsmaschinen verstanden, bei dem die einzelnen Bearbeitungsstationen durch ein Materialflusssystem miteinander verbunden sind. Mehrmaschinensysteme können hinsichtlich ihrer Flexibilität in nicht universell einsetzbare Mehrmaschinensysteme und Flexible Fertigungssysteme (FFS) unterschieden werden (vgl. Bild 5.63).

[37] Maschinenstundensätze lassen sich aus dem ERP-System entnehmen oder können manuell berechnet werden, siehe dazu [MUM 2015], S. 163 ff.

[38] [WEC 2005]

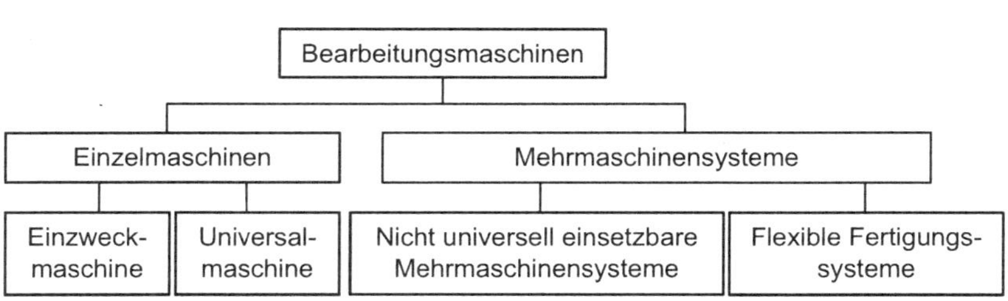

Bild 5.63 Ordnungskriterien für Bearbeitungsmaschinen

„Unter dem Begriff nicht universell einsetzbare Mehrmaschinensysteme werden solche Fertigungssysteme zusammengefasst, die auf eine spezielle Bearbeitungsaufgabe zugeschnitten sind. Dies äußert sich in der Regel darin, dass nur ein spezielles Werkstück, evtl. mit kleinen Geometrievariationen, bearbeitet werden kann. Aufgrund der geringen Flexibilität und hohen Produktivität finden solche Systeme ausschließlich in der Serien- und Massenproduktion Anwendung. Ist die Bearbeitungsaufgabe so umfangreich, dass sie nicht mithilfe einer einzigen Bearbeitungsstation vollständig durchgeführt werden kann, so wird sie auf mehrere Stationen aufgeteilt. Die Werkstücke werden hierbei linear und getaktet von Station zu Station weiterbefördert (Transferstraße).“[39]

Die in der Möbelteilefertigung eingesetzten Durchlaufformatbearbeitungsstraßen, vgl. Abschnitt 5.4.1 sind als starre Transferstraßen einzuordnen. Mit den zunehmenden Wünschen der Kunden nach kundenindividuell gestalteten Möbeln entstehen erhöhte Anforderungen an die Flexibilität der Fertigungsanlagen. Bei den üblichen Transferstraßen zum Formatieren von Möbelteilen entstehen größere Rüstzeiten, da bei unterschiedlichen Breiten- und Dickenabmessungen der Teile die Bearbeitungsmaschinen erst leer gefahren werden müssen, ehe die Maschinen umgerüstet werden können. Um diese Rüstzeiten zu vermeiden, werden einseitig versetzte Durchlaufmaschinen eingesetzt und Material mit konstanter Plattendicke verwendet. Weitere Rationalisierungspotenziale lassen sich dadurch erschließen, dass „... man die werkstückoperationsspezifischen Bearbeitungsstationen immer mehr durch modular aufgebaute, mehrachsige NC-Einheiten mit Werkzeugspeicher und automatischen Werkzeugwechseleinheiten (... ersetzt).“[40] Der Entwicklungstrend geht hin zum Einsatz flexibler Fertigungssysteme. „Die Konzeption von flexiblen Fertigungssystemen ist auf die Anforderung der Einzelteil-, der Kleinserien-, insbesondere der Ersatzteil- und der Teilefamilienfertigung zugeschnitten. Aber auch in der Großserienfertigung wird versucht, flexible Fertigungssysteme als Alternative zu den dort üblichen Transferstraßen einzusetzen.“[41] Den Kern eines flexiblen Fertigungssystems bilden mehrere CNC-Bearbeitungszentren, die über ein Netzwerk miteinander verbunden sind. Diese

[39] [WEC 2005], S. 412

[40] [WEC 2005], S. 412

[41] [WEC 2005], S. 433

verfügen über ein internes Werkstücktransportsystem und über ein gemeinsames Werkzeugversorgungssystem (vgl. Bild 5.64).

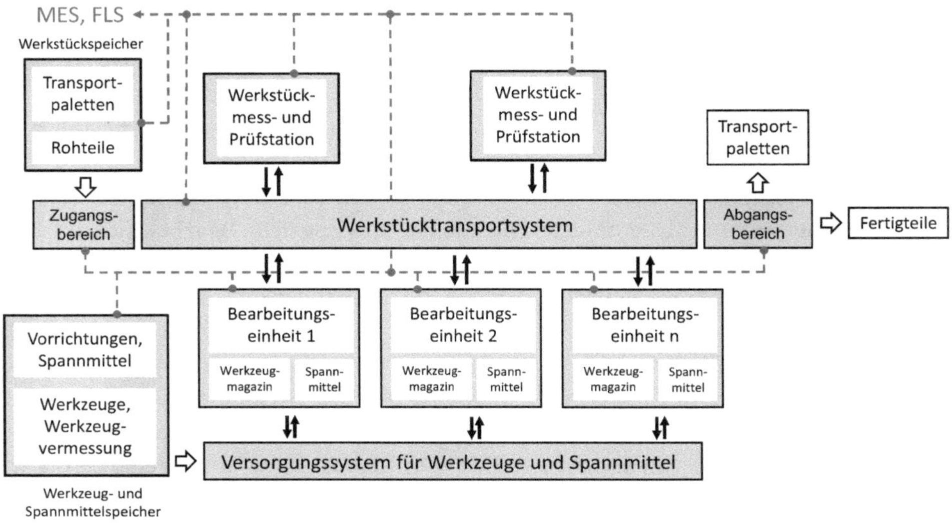

Bild 5.64 Struktur und Übersicht der Komponenten eines flexiblen Fertigungssystems
MES: Manufacturing Execution System; FLS: Fertigungsleitsystem

Alle Maschinen- und Betriebsdaten (MDE/BDE) werden für das Gesamtsystem und die Einzelkomponenten erfasst. Im Gegensatz zu einer Transferstraße mit starrem Teiledurchlauf kann die Bearbeitungsreihenfolge in einem flexiblen Fertigungssystem bei Bedarf verändert werden, z. B. beim Wechsel von Vorzugs- und Alternativtechnologie.

5.5.1 DNC-Konzept

Nach [DINISO 2806] kennzeichnet das Kürzel DNC-System (distributed numerical control) ein hierarchisches System zur zeitgerechten Verteilung von Daten der Teile- bzw. Maschinenprogramme zwischen einem Zentralrechner und den mit ihm verbundenen CNC-Maschinen. Hinsichtlich des Funktionsumfangs können Grundfunktionen und erweiterte Zusatzfunktionen unterschieden werden. Nach KIEF gehören folgende Grundfunktion zu einem DNC-System.

- „Die Speicherung und Verwaltung von NC-Programme in einem Rechnersystem mit automatischer Protokollführung und Datensicherung
- die Zeitgerechte Verteilung der NC-Programme zu den Maschinen
- die Rückübertragung korrigierter Programme von der CNC in den zentralen Datenspeicher

- Vergleich des ursprünglichen mit dem korrigierten Programm mit automatischer Kennzeichnung von Änderungen, sowie Löschen und Umbenennen von Programmen
- Überwachung grundsätzlicher Sicherheitsfunktionen gegen Verwechselungen, unbefugte Benutzung oder Änderung der NC-Programme
- automatische Logbuchführung mit Löschen nach dem FIFO-Prinzip (first-in, first-out)
- Anpassungsmöglichkeit an unterschiedliche Hard- und Softwareprotokolle.“[42]

Zu den erweiterten Zusatzfunktionen gehören die Speicherung und Verwaltung von Werkzeugdaten, z. B. Einsatz- und Korrekturdaten, Werte verwendeter Rechenparameter sowie Nullpunktverschiebungen und Sendeberichte. Als weitere Aufgabe sei die Erfassung von Maschinen- und Betriebsdaten (MDE/BDE) genannt. Seit den 1970er/80er-Jahren haben sich die DNC-Systeme funktional weiterentwickelt. „Alle aktuellen DNC-Systeme verbinden die CNC-Maschinen mit den Rechnern entweder mittels Standard-Netzwerk oder serieller Verkabelung.“[43]

Bestimmte Daten und Informationen sind für die Beurteilung der Unternehmensprozesse wesentlich und sollten deshalb vom Fertigungsleitsystem bzw. dem MES im Unternehmensnetzwerk gemanagt werden. Das betrifft u. a. Fertigungsreihenfolgen bzw. Prioritäten in der Abarbeitung von Aufträgen, d. h. die Steuerung der Bearbeitungs- und Materialflussprozesse, die Verwaltung von Werkstücken und Fertigungshilfsmitteln sowie die Sicherung der aktuellen Datenbestände.

5.5.2 Maschinensysteme mit gleichartigen Bearbeitungsstationen

Mehrmaschinensysteme mit gleichartigen Bearbeitungsstationen können notwendig werden, wenn die betreffenden Bearbeitungsoperationen zum Beispiel zu umfangreich oder zu zeitintensiv sind und damit vorgeschaltete bzw. nachfolgende Bearbeitungsprozesse behindern. Ein weiterer Grund kann sein, dass diese speziellen Bearbeitungen an den verschiedenen Werkstücken unterschiedlich zeitintensiv sind und sich damit keine einheitlichen Geschwindigkeiten bzw. keine kontinuierlichen Teileströme erreichen lassen. Im Wesentlichen sind zwei Fertigungsprozesse mit derartigen Problemen besetzt, so die konstruktive Bearbeitung, speziell die Bohrbearbeitung und die Baugruppenmontage.

Der Aufwand bei der Bohrbearbeitung ist bei Hochschrankseiten deutlich größer als der Bearbeitungsaufwand bei den Ober- und Unterböden der Korpusse. Eine Möglich-

[42] [KIE 1999], S. 456

[43] [KIE 2017], S. 673

keit zur Abhilfe können separate Durchlaufbohrstraßen sein. Bei derartigen Bohrstraßen findet eine verteilte serielle Bearbeitung statt. Das Bohrbild wird auf die einzelnen Bohrautomaten der Bohrstraße aufgeteilt und die Bauteile durchlaufen die Bohrstraße (vgl. Bild 5.65).

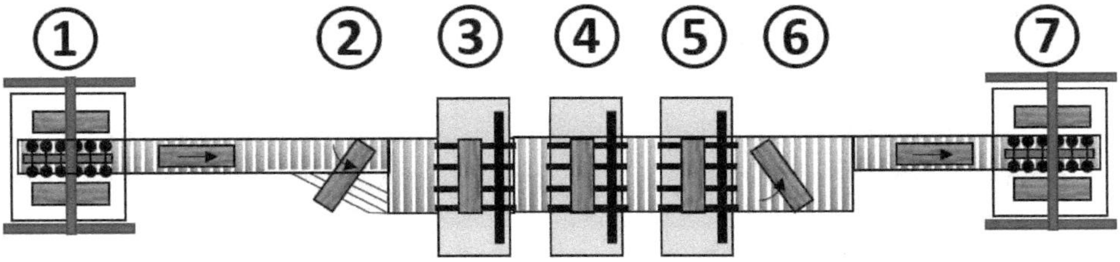

Bild 5.65 Verkettete Durchlaufbohrstraße für Möbelteile, speziell Hochschrankseiten
(1) Beschickgerät, (2) Drehstation, (3) erster Durchlaufbohrautomat mit horizontaler Bohrbearbeitung, Dübeleintreiben und vertikaler Bohrbearbeitung, (4) und (5) zweiter und dritter Durchlaufbohrautomat mit vertikaler Bohrbearbeitung, (6) Drehstation, (7) Abstapelgerät

Da das Bohrbild des Werkstückes gesplittet und auf die einzelnen Maschinen verteilt wird, sollten mit einem Optimierungsmodus die Teilbohrbilder so auf die einzelnen Maschinen verteilt werden, dass die Werkzeugbestückung der jeweiligen Maschine eine Komplettbearbeitung zulässt und gleichzeitig Regeln für das Splitting angewendet werden können, d. h. das konstruktiv zusammengehörende Bearbeitungen nach Möglichkeit in einer Spannposition bearbeitet werden.

Wie in vorangegangenen Abschnitten ausgeführt wurde, vgl. Abschnitt 5.4.3.5, werden üblicherweise Durchlaufbohrautomaten entweder mit festbestückten Bohrköpfen oder mit Bohrköpfen, bei denen jede einzelne Bohrspindel programmgesteuert vorgelegt werden kann, ausgestattet. Mittlerweile existieren hybride Ausstattungsvarianten, bei denen die Bohrautomaten sowohl mit festbestückten Bohrköpfen als auch mit Bohrköpfen mit einzeln abrufbaren Bohrspindeln ausgestattet sein können.

Ein ähnliches Problem tritt auch in der automatisierten Baugruppenmontage auf. Um den Korpus verpressen zu können, müssen die Verbindungsbeschläge, die Montageplatten für die Topfbeschläge und die Auszugführungen auf den Korpusseiten montiert sein. Bei den Böden können die Verbindungsdübel u. U. beim Bohren bereits eingeklebt worden sein, sodass nur wenige Beschläge in der Baugruppenmontage angebracht werden müssen. Mitunter werden CNC-Bearbeitungsmaschinen eingesetzt, mit denen in der gleichen Aufspannung nach dem Bohren auch Beschläge eingepresst werden können. Für das Zusammenstecken zum Verpressen eines Korpus müssen aber alle erforderlichen Teile, d. h. die Außenseiten, die Ober- und Unterböden, die Konstruktionsböden, die Rückwände und ggf. die Sockelblenden, vorhanden sein. Hier empfiehlt sich eine serielle Anordnung nicht unbedingt. Vorteilhafter sind hier spezielle Einzweckmaschinen, die für ein bestimmtes Bauteil die entsprechenden Beschläge montieren. Durch eine parallele Anordnung der Einzweckmaschinen verzweigt der Teilestrom und es können in den jeweiligen Teilesträngen die vormontierten Bauteile bereitgestellt werden (vgl. Bild 5.66).

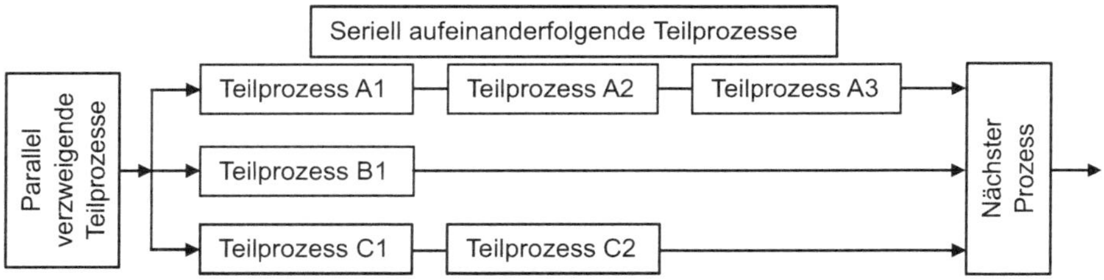

Bild 5.66 Parallele und serielle Anordnung gleichartiger Bearbeitungsstationen

5.5.3 Maschinensysteme mit verschiedenartigen, verketteten Einzelmaschinen

In der Vergangenheit entstanden aus einzeln stehenden Maschinen durch Integration eines Bauteiltransportsystems sogenannte Maschinen- bzw. Transferstraßen für die Durchlaufbearbeitung. Diese Maschinenstraßen bestehen aus zwei oder drei Durchlaufbearbeitungsmaschinen sowie den integrierten Einrichtungen für den Transport und das Handling der Werkstücke. Die Bearbeitungsmaschinen und die Einrichtungen für den Bauteiltransport werden i. d. R. durch eine Produktionsliniensteuerung, in Verbindung mit einem DNC-System, gesteuert. Eine Beschickeinrichtung entstapelt die Rohteilstapel in Längsorientierung auf eine Rollenbahn. Von dort gelangen die Teile in die erste Durchlaufformatbearbeitungsmaschine. In dieser Maschine wird die Längsbearbeitung vorgenommen und das Bauteil auf Fertigbreite formatiert. Nach dem Auslauf aus der Längsbearbeitungsmaschine werden die Bauteile um 90° quer gedreht und laufen in die zweite Bearbeitungsmaschine zur Querbearbeitung, d. h. zum Herstellen der Fertigteillänge, ein. Nach dem Auslauf aus der Quermaschine können die Teile in einem Durchlaufbohrautomat als dritte Bearbeitungsmaschine bearbeitet werden, sofern ein Bohrautomat in der Maschinenstraße vorhanden ist. Nach der Bohrbearbeitung bzw. nach dem Auslauf aus der Querbearbeitung werden die Teile wieder um 90° in die Längsrichtung gedreht und vom Stapelgerät wieder zu einem Bauteilstapel aufgeschichtet.

Als Formatbearbeitungsmaschinen können in einer Straße, je nach Losgröße, doppelseitige oder einseitig versetzte Maschinen verwendet werden (vgl. Bild 5.41), die Typen 2 und 3. Im nachfolgenden Bild ist eine Durchlaufformatbearbeitungsstraße in Linienform mit ihren Komponenten, inkl. einem Durchlaufbohrautomaten, abgebildet (vgl. Bild 5.67).

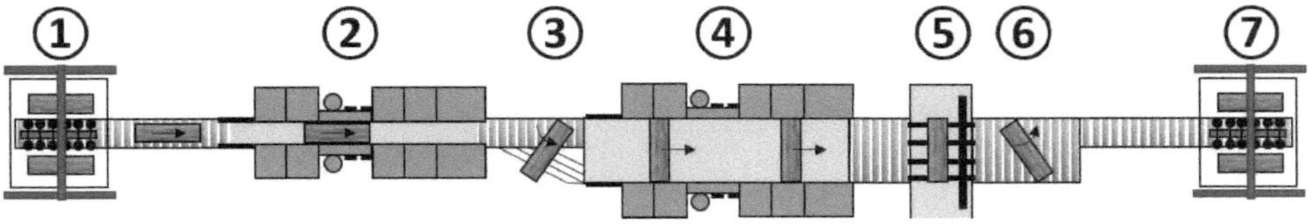

Bild 5.67 Anlagenbestandteile einer Durchlaufformatbearbeitungsstraße
(1) Beschickgerät, (2) Längsbearbeitungsmaschine, (3) Drehstation, (4) Querbearbeitungsmaschine, (5) Bohrautomat, (6) Drehstation und (7) Abstapelgerät

Mit dem Einzug in die erste Bearbeitungsmaschine werden Werkstücke in einer Zwangsführung mit konstanter Geschwindigkeit durch die Straße bewegt. Das Zeitfenster für die Herstellung der Bohrungen ist abhängig von der Transportgeschwindigkeit der Bauteile, vorzugsweise der Vorschubgeschwindigkeit der Längsmaschine und dem Abstand der Bauteile zueinander. Bei einer Transportgeschwindigkeit der Teile von ca. $v_f = 26\,\text{m/min}$ und einem Abstand benachbarter Teile von 2000 mm stehen ca. 5 s für das Einbringen der Bohrungen zur Verfügung. Unter der Annahme, dass ein Bohrhub eines Mehrspindelbohrkopfes für Dübelbohrungen ca. 0,8 s dauert und unter Vernachlässigung der Positionierzeit der Bohrköpfe sind damit im zeitlichen Fenster der Bauteilfolge etwa vier Bohrhübe möglich. Für einfache Bearbeitungen kann die Zeit ausreichend sein. Große Bohrungsdurchmesser oder Durchgangsbohrungen benötigen deutlich mehr Zeit als Dübelbohrungen. Aus diesem Zeitproblem resultiert häufig die Tatsache, dass bestimmte Bauteile, speziell die Hochschrankseiten, nicht vollständig in einem Durchlauf einer Transferstraße bearbeitet werden können. Entweder es findet nur eine Teilbearbeitung auf der Transferstraße mit einer anschließenden Fertigbearbeitung statt oder diese Teile werden komplett außerhalb der Transferstraße bearbeitet.

Eine Verringerung der Transportgeschwindigkeit bzw. eine Vergrößerung der Rüstlücke würde zwar das Zeitfenster für das Bohren vergrößern, aber damit den Durchsatz der Werkstücke insgesamt verringern. Das Konzept dieser Maschinenstraßen lässt es nicht zu, bauteilbezogene Vorschübe bzw. bauteilbezogene Teileabstände zu realisieren. Transferstraßen sind vorrangig für hohe Durchsatzleistungen konzipiert. Fehlende Flexibilität der Bearbeitungssysteme macht es zunehmend schwerer, derartige Anlagen untereinander zu vernetzen bzw. kapazitiv aufeinander abzustimmen.

PFEIFER schreibt dazu: „... Der Aspekt der Flexibilität muss an dieser Stelle besondere Berücksichtigung finden. Wie sich in der Vergangenheit vermehrt gezeigt hat, ist eine Hochautomatisierung ohne jegliche Berücksichtigung einer ausreichenden Flexibilität keine Lösung zur Reaktion auf die geänderten Produktionsrahmenbedingungen.“[44]

---

44 [PFE 2006], S. 1

5.5.4 Autonome Produktionszellen

PFEIFER und SCHMITT beschreiben eine Autonome Produktionszelle (APZ) mit folgenden Merkmalen und unterscheiden sie damit von einem flexiblen Fertigungssystem:

- Eine Autonome Produktionszelle ist eine „...Produktionsanlage, die aufgrund wesentlich erweiterter Funktionalität und Leistungsfähigkeit komplexe Bearbeitungsfolgen weitestgehend selbstständig und mit hoher Störsicherheit durchführen kann.
- Die wesentlichen Erweiterungen in der Funktionalität und Leistungsfähigkeit der Produktionsanlage werden durch die Vereinigung von Planungs-, Bearbeitungs- und Überwachungsfunktionen unmittelbar an der Bearbeitungsanlage erzielt.
- Der Benutzer der Produktionsanlage verfügt vor Ort über im Idealfall alle Funktionen zur Umsetzung und Kontrolle der Fertigungsaufgabe in einer facharbeitergerechten Form.
- Benutzer und Produktionsanlage bilden als Autonome Produktionszelle eine mit hoher Selbstständigkeit operierende Einheit innerhalb der betrieblichen Organisationsstruktur.“[45]

Als Autonomie wird die Fähigkeit verstanden, komplexe Bearbeitungsprozesse mit einem maximalen Grad an Selbstständigkeit über einen längeren Zeitraum zuverlässig und störungsfrei durchzuführen. Hinsichtlich der Flexibilität von autonomen und kooperativen Produktionssysteme schreibt BUSSMANN „... Die Forderung nach mehr Flexibilität und höherer Wiederverwendung ist nicht mit dem CIM-Gedanken gleichzusetzen. Nicht grenzenlose, sondern gezielte Flexibilität und Wiederverwendung wird gefordert. Ein Werk, das Fahrzeugkarossen herstellt, wird nicht auf denselben Anlagen Waschmaschinen produzieren. Von jedem Karosseriewerk wird man jedoch in Zukunft erwarten, dass es schnell und wirtschaftlich zwischen aktuellen Karosserietypen wechseln kann. Entsprechend sollen Anlagen nicht für beliebige, sondern nur für ähnliche Produkte wiederverwendbar sein. Darüber hinaus wird im Gegensatz zum CIM-Gedanken keine vollständige Automatisierung angestrebt.“[46]

Im Jahr 2018 wurde die erste Autonome Produktionszelle für die Möbelteilebearbeitung der Öffentlichkeit vorgestellt. Die Zelle besteht aus einer einseitigen Durchlaufformatbearbeitungsmaschine mit automatischer Bauteilrückführung, einer CNC-Stationärbearbeitungsmaschine mit Roboterbeschickung sowie einem fahrerlosen Transportsystem (FTS) für den Bauteiltransport zwischen den beteiligten Maschinen. Jedes einzelne Bauteil in der Produktionszelle ist identifizierbar. Mit den gelesenen bauteilbezogenen Informationen können die in den CNC-Maschinen befindlichen Bearbei-

---

45 [PFE 2006], S. 4

46 [BUS 1998], S. 3

tungsprogramme aktualisiert werden. Zusätzlich befinden sich auf dem Bauteiletikett die Informationen zum Kunden- bzw. Fertigungsauftrag, dem Bearbeitungsdurchlauf und der Operationsfolgen. Ebenso können Vorzugs- bzw. Alternativtechnologien hinterlegt sein. Das Rüsten auf das aktuell zu bearbeitende Bauteil kann während des Transportes erfolgen. Das fahrerlose Transportsystem transportiert die Werkstücke bedarfs- und zeitgerecht zwischen den Bearbeitungsstationen. Es wirkt als Puffer im Bauteilfluss und entkoppelt damit Bearbeitungsstationen voneinander (vgl. Bild 5.68).

Bild 5.68 Autonome Produktionszelle zur mechanischen Bearbeitung von Möbelteilen mit fahrerlosem Transportsystem (mit freundlicher Unterstützung der HOMAG Group AG)

(1) Durchlaufformatieren, (2) Linearroboter zum Umsetzen der Teile, (3) Transportroboter TRANSBOT, (4) Teilepuffer, (5) Werkstückbereitstellung, (6) Beschickroboter, (7) CNC-Vertikalbearbeitungszentrum, (8) Werkstück

Vom MES bzw. Fertigungsleitsystem werden die einzelnen Fertigungsaufträge an die Produktionszellen übermittelt. Ebenso erfolgt die Rückmeldung der Statusinformationen an die Unternehmensebene. Autonome Produktionszellen realisieren vorgegebene Szenarien. Bei Störungen bzw. unbekannten Situationen wird automatisch informiert und Hilfe angefordert. Derartige Anlagen sind für den 24/7-Rhythmus konzipiert und benötigen i. d. R. keine manuellen Eingriffe.

6 Fertigungshilfsmittel

6.1 Begriffsbestimmung und Übersicht

Als Produktionsmittel werden allgemein die zur Produktion von Gütern erforderlichen Gebäude, Anlagen, Maschinen, Werkzeuge sowie Roh-, Hilfs- oder Betriebsstoffe bezeichnet. Die Rohstoffe gehen als Hauptbestandteil in das Endprodukt ein, z. B. Holz und Holzwerkstoffe. Als Nebenbestandteile des Endproduktes können die Hilfsstoffe zugeordnet werden, z. B. Klebstoffe, Schrauben, Dübel usw. Die Betriebsstoffe werden zur Produktion benötigt, gehen aber nicht in das Endprodukt ein, z. B. Strom und Druckluft. Als Fertigungsmittel bzw. Betriebsmittel werden alle Einrichtungen zur direkten oder indirekten Veränderung von Form, Substanz und/oder dem Zustand von Werkstücken bezeichnet. Dazu gehören z. B. Maschinen, Fahrzeuge, Lager- und Transportsysteme, Werkzeuge, Messmittel, Prüfgeräte, Vorrichtungen sowie Steuerprogramme für Maschinen und Roboter. Bei den Fertigungsmitteln kann eine Unterscheidung in aktive und passive Fertigungsmittel getroffen werden. Aktive Fertigungsmittel sind unmittelbar im Fertigungsprozess beteiligt, z. B. eine Bearbeitungsmaschine. Passive Fertigungsmittel sind ebenso an der Fertigung beteiligt, können aber ohne aktive Fertigungsmittel nicht tätig sein (z. B. das Bearbeitungswerkzeug). Zu den passiven Fertigungsmitteln zählen die Fertigungshilfsmittel mit den Vorrichtungen, Werkzeugen, den Mess- und Prüfmitteln. Des Weiteren zählen dazu auch Formen, Schablonen und Modelle, die entweder handelsüblich sind oder für den jeweiligen Einsatz konstruiert und hergestellt wurden (vgl. Tabelle 6.1).

Tabelle 6.1 Übersicht der Fertigungshilfsmittel

Werkzeuge	Vorrichtungen	Mess- und Prüfmittel	Sonstiges
Maschinenwerkzeuge	Maschinenbezogene Vorrichtungen	Mess- und Prüfgeräte	Modelle
Aggregate	Werkstückbezogene Vorrichtungen	Messzeuge	Formen
Handwerkzeuge			Schablonen

Nach [DAN 2001], S. 769

Als Überblick über Holzbearbeitungswerkzeuge sei hier auf Abschnitt 6.3.2 verwiesen. Für die allgemeine Beschreibung von Werkzeugen kann die Normenreihe [DIN 4000] (Sachmerkmalsleisten) herangezogen werden. Für spezielle Regelungen bei der Konstruktion und dem Einsatz von Holzbearbeitungswerkzeugen können die Normen [DIN EN 847] und [DIN EN ISO 19085-1] herangezogen werden.

Für die Bearbeitung von Möbelteilen werden spezielle Holzbearbeitungsmaschinen mit entsprechenden Maschinentischen und Spannmitteln verwendet. Mitunter kann es erforderlich sein, zusätzlich zum Spannsystem der CNC-Maschine spezielle Vorrichtungen zu verwenden. Bei bestimmten manuellen Bearbeitungen kann es notwendig sein, Vorrichtungen zum Führen bzw. Positionieren der handgeführten Werkzeuge zu verwenden. Derartige Vorrichtungen müssen dann genau so wie Bearbeitungswerkzeuge geplant und für die Fertigung bereitgestellt werden.

Zur Sicherung einer hohen Bearbeitungsqualität und Genauigkeit werden für bestimmte Möbelteile Mess- und Prüfvorschriften festgelegt. Ausgehend von den Einzelteilzeichnungen und den Festlegungen zur Bauteilprüfung werden die Teile geprüft und vermessen. Weitergehende Informationen dazu sind in Abschnitt 4.6 enthalten.

6.2 Mess- und Prüftechnik in der Möbelteilefertigung

6.2.1 Prüfen und Messen

Nach GEVATTER und GRÜNHAUPT wird das Prüfen als „... das Untersuchen ... (bezeichnet) ..., inwieweit ein Objekt eine Forderung erfüllt ... Man unterscheidet zwischen nicht-maßlicher oder qualitativer Prüfung (Beispiele: vorhanden/nicht vorhanden, gut/schlecht, sauber/verschmutzt) und maßlicher oder quantitativer Prüfung wie Zählen, Messen oder Lehren. Der Gegenstand der Prüfung ist das Prüfobjekt“[1] (vgl. Bild 6.1).

---

[1] [GEV 2006], S. 210

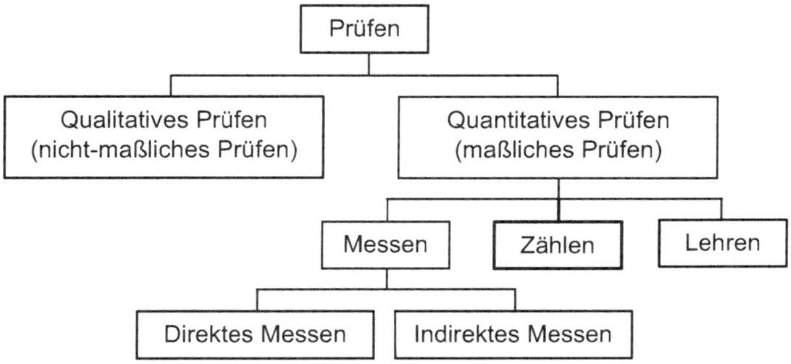

Bild 6.1 Messen als Teilgebiet des Prüfens, in Anlehnung an [GEV 2006], S. 210 ff.

Prüfen der Eigenschaften von Bauteilen und Erzeugnissen

In der Richtlinie [VDI 3414-2] ist eine Übersicht der Prüfmethoden für Holzoberflächen, geordnet in handwerkliche, traditionelle sensorische sowie methodisch sensorische Prüfmethoden, dargestellt. Bei den handwerklichen Prüfmethoden handelt es sich z. B. um Methoden zur Feststellung eines gleichmäßigen Oberflächenabtrags beim Schleifen und um Ebenheits- bzw. Geradheitsprüfungen. Bei den traditionell sensorischen Prüfungen „... sind die Sinneseindrücke des Prüfers ausschlaggebend für das Qualitätsurteil. Bei der Beurteilung werden zum einen die Sinneseindrücke mit dem individuellen Erfahrungshorizont abgeglichen, zum anderen fließt die persönliche Sensitivität des Prüfers maßgeblich in das Ergebnis ein. Die Ergebnisse sind, wenn sie nicht durch mehrere Prüfer und methodisch erzielt werden, immer subjektiv."[2] Die traditionellen sensorischen Prüfungen führen „... grundsätzlich zuverlässig zu Ergebnissen hinsichtlich der Güte der Holzoberfläche. Sie sind jedoch hochgradig vom subjektiven Empfinden des Prüfers abhängig. Methodische Prüfungen optimieren die Einzelelemente der Wahrnehmungskette einer sensorischen Prüfung und erhöhen durch den Einsatz mehrerer Prüfer die statistische Aussage bezüglich der Prüffragestellung. Für das Endergebnis können meist Aussagewahrscheinlichkeiten angegeben werden und die Ergebnisse sind objektiver."[3]

Das quantitative Prüfen kann grob in Messen, Zählen und Lehren unterschieden werden. Als Messen wird der quantitative Vergleich einer Messgröße, z. B. einer physikalischen Größe, mit einer bekannten Größe der gleichen Art bezeichnet. Als bekannte Größe dient die Maßeinheit und der Messwert ist der ermittelte Wert der Messgröße, d. h. Einheit des Zahlenwertes und Maßeinheit. Bei einer direkten Messung werden Messmittel bzw. Messgeräte, z. B. Messschieber, Mikrometer bzw. Mikrometerschrauben, Koordinatenmessgeräte eingesetzt, um z. B. die Abmessungen des Messgegenstandes direkt zu messen. Diese Messungen werden auch als Absolutmessungen be-

[2] [VDI 3414-2], S. 13

[3] [VDI 3414-2], S. 19

zeichnet. Bei der indirekten Messung wird der gesuchte Messwert einer Messgröße aus einer anderen physikalischen Größe ermittelt, wobei der Zusammenhang zwischen den physikalischen Größen bekannt sein muss. Als Zählen wird die Ermittlung einer Anzahl von Elementen einer endlichen Menge von Objekten gleicher Art bezeichnet. Als Lehren, d. h. im Sinn des Verwendens einer Lehre, wird eine Form des quantitativen Prüfens bezeichnet, bei der festgestellt wird, ob ein Maß zwischen zwei vorgegebenen Grenzen liegt, d. h Verwenden einer Grenzlehre oder eine Grenze nicht unter- bzw. nicht überschreitet, d. h. Verwenden einer Normallehre.

Die oben beschriebenen Prüfungen bzw. Prüfmethoden werden im Wesentlichen zur Bewertung von geprüften Eigenschaften von Einzelteilen verwendet. Für die Prüfung von Möbelteilen existieren zahlreiche Normen, z. B. das Trägermaterial, die Oberflächen, die Verklebungen mit Deckmaterialien sowie die Beständigkeit gegenüber Umgebungseinflüssen betreffend, die hier nicht im Detail sowie die [DIN EN 14749][4] genannt werden. In der RAL-Gütevorschrift [RAL-GZ-430] sind die Anforderungen an die Qualität von Möbeln und die reproduzierbaren Prüfmethoden festgelegt.

Ein Bestandteil des Qualitätsmanagements stellt die Prüfmittelverwaltung (PMV) dar. Die wesentliche Aufgabe der Prüfmittelverwaltung ist es, die Qualität, die Zuverlässigkeit sowie geeignete Kapazität und Verfügbarkeit der Prüfmittel sicherzustellen bzw. aufrechtzuerhalten. Prüfmittel müssen regelmäßig auf ihre Prüfmittelfähigkeit geprüft werden. Im Rahmen der Nutzung können sie verschleißen, durch Umgebungseinflüsse verschmutzt oder verstellt werden. Der Nachweis der ordnungsgemäßen Funktion, d. h. der Prüfmittelfähigkeit, ist regelmäßig, z. B. jährlich, zu überprüfen und am Prüfmittel zu kennzeichnen. Da die Messmittel eine Kategorie der Prüfmittel darstellen, erstreckt sich die Prüfmittelfähigkeit auch auf die Messmittel.

Feststellen der Maschinenfähigkeit und Schlussfolgerungen zum Maschinenzustand

Nach EVERSHEIM[5] gehört zur Arbeitsvorbereitung auch die längerfristige Planung des Arbeitssystems, z. B. der Maschinenbedarf, die Anordnung der Maschinen und der Ersatz von Maschinen. Mit zunehmender Nutzungsdauer bzw. zunehmend verschleißintensiver Bearbeitung können Maschinen bzw. die Bearbeitungswerkzeuge verschleißen, was wiederum zu erhöhten Abweichungen bei den Bauteilabmessungen und/oder Abweichungen in den Bearbeitungspositionen führen kann. Um diesen schleichenden Genauigkeitsverlust beurteilen zu können, müssen die Ursachen dafür erkannt werden.

Mit dem Begriff der Maschinenfähigkeit wird die Stabilität und Reproduzierbarkeit eines Produktionsschrittes auf einer Maschine in Produktion kennzeichnet. Sie erlaubt

---

4 DIN EN 14749:Sicherheitstechnische Anforderungen und Prüfverfahren für alle Arten von Behältnismöbeln sowie ihre Bauteile.

5 [EVE 1997], S. 97 ff.

eine Aussage darüber, mit welchem Anteil Ausschuss und Nacharbeit beim Betrieb dieser Maschine zu rechnen ist. Nach [VDMA 66412-1] kann dafür der Prozessfähigkeitsindex Cp herangezogen werden. „Die Prozessfähigkeit soll so früh wie möglich mit statistischen Methoden nachweisen, dass der Fertigungsprozess die Produkte mit der geforderten Qualität sicher herstellen kann ..."[6] Die Erfassung erfolgt in regelmäßigen Zeitintervallen oder nach definierten Mengenintervallen mit kleinen Stichproben."[7] Bezogen auf eine konkrete Maschine kann die Maschinenfähigkeit Cm bestimmt werden. „Die Maschinenfähigkeit ist die Fähigkeit einer Maschine oder Arbeitseinrichtung, die geforderte Qualität zu produzieren. Die Beurteilung sollte möglichst unter Ausschluss weiterer Prozesseinflüsse erfolgen."[8] Während die Prozessfähigkeit Cp den gesamten Prozess betrachtet, werden bei der Beurteilung der Maschinenfähigkeit Cm nur die qualitätsrelevanten Einflüsse durch die Maschine selbst beurteilt. Zur praktischen Bestimmung und zur Datengewinnung kann z. B. ein allgemeines CNC-Testprogramm erstellt werden, in dem typische Bohr-, Fräs- und Sägebearbeitungen programmiert sind. Dieses CNC-Programm sollte so programmiert werden, dass bei dem Vermessen des Werkstückes eindeutige Messwerte für die Abmessungen, die Positionier- und Wiederholgenauigkeit, die Exaktheit der linearen und zirkularen CNC-Bahnrealisierung bestimmt werden können. Als Messmittel kann ein geeigneter und kalibrierter Messtisch verwendet werden (vgl. Abschnitt 6.2.4, Bild 6.4). Man kann in regelmäßigen Abständen ein derartiges Testteil durch die Fertigung schleusen und anschließend prüfen. Für die Ermittlung der Genauigkeit numerisch gesteuerter Bearbeitungsmaschinen existieren mit den Normen [DIN ISO 10791-3] und [DIN ISO 10791-4] standardisierte Prüfregeln. Auf diese Weise lassen sich über einen längeren Zeitraum aussagefähige Werte ermitteln und Genauigkeitsentwicklungen der Bearbeitungsmaschinen abschätzen. Gegebenenfalls sind Entscheidungen zum Ersatz von Fertigungs- und Fertigungshilfsmitteln zu treffen.

6.2.2 Sichtprüfung

In der [VDI 3414] werden Oberflächenmerkmale zur Beurteilung von Holz- und Holzwerkstoffoberflächen beschrieben. Ausgehend von der zugrundeliegenden Klassifikation werden nachfolgend Möglichkeiten für Sichtprüfungen durch Mitarbeiter in der Fertigung vorgestellt. Die Richtlinie VDI 3414-2 unterscheidet in reguläre Merkmale, z. B. den Werkstoff allgemein betreffend und irreguläre Merkmale, z. B. in der Fertigung entstandene Merkmale durch Unregelmäßigkeiten eines Bearbeitungsverfahrens. Da in einer industriellen Fertigung die Bauteile während des gesamten Bearbeitungsprozesses hinsichtlich der Qualität zu prüfen sind, sollten neben der maß-

6 [VDMA 66412-1], S. 34

7 [VDMA 66412-1], S. 34

8 [VDMA 66412-1], S. 32

lichen Überprüfung am Ende des Bearbeitungsprozesses an bestimmten Bearbeitungsmaschinen Sichtprüfungen stattfinden. Empfehlenswert sind Sichtprüfungen nach dem Formatieren, der konstruktiven Bearbeitung und der Oberflächenbehandlung.

Im Rahmen einer Sichtprüfung sollte festgestellt werden, ob das Bauteiltransportsystem bei der Durchlaufbearbeitung bzw. das Werkstückspannsystem bei der Stationärbearbeitung die Breitflächen evtl. beschädigt haben. Ebenso können Dellen an den Schmalflächen beim Ausrichten an Linealen und versenkbaren Tischanschlägen entstehen.

Im spanenden Bearbeitungsprozess können Ausbrüche an der Schnittkante auftreten, sogenannte Kantenausbrüche. Die Ursachen der Kantenausbrüche während der Bearbeitung können in der Verklebung des Trägermaterials mit der Breitflächenbeschichtung/Beklebung, der Werkzeugeignung, dem Schneidenzustand sowie den Geschwindigkeiten und Eingriffsgrößen liegen. „... Während die Bearbeitungsqualität der Werkstückschmalfläche von eher untergeordneter Bedeutung ist, ist die Kantenschartigkeit in der Beschichtung der Werkstückoberfläche qualitätsentscheidend. Dabei sind die Ausbrüche besonders problematisch, die über den Bereich der Dekorbeschichtung hinaus bis in das Trägermaterial reichen ...“[9)]

Bei verschlissenen Werkzeugschneiden werden Plattenmaterialien u. U. nicht sauber getrennt; es kommt in der Trägerplatte zu einer ungewollten Verdichtung und damit Aufwölbung der Breitfläche in der Nähe der Schnittkante. Hält man ein Bauteil schräg gegen das Licht, kann man eine eventuelle Aufwölbung feststellen. Ebenso kann man das Bauteil mit seinen fertigen Schmalflächenbeklebungen ins Schräglicht halten und somit Unregelmäßigkeiten bzw. ungewollte Bearbeitungsspuren erkennen.

6.2.3 Grundlagen der Bauteilvermessung

Möbelteile können bei der Herstellung bestimmte Toleranzen aufweisen. Die Größe der Toleranzen wird durch den Werkstoff, die klimatischen Bedingungen, aber hauptsächlich durch die Bearbeitung beeinflusst. Bei der Fertigung von Möbelteilen werden im Wesentlichen zwei Klassen unterschieden, so in austauschbare Passteile und in nicht austauschbare Möbelteile. In der handwerklichen Fertigung wird bei hoher erwarteter Genauigkeit eine sogenannte Passleiste, d. h. ein Zwischenstück, eingeplant. Diese Passleiste wird per Hand meist auf der Baustelle bearbeitet und gleicht dann eventuell vorhandene Maßabweichungen aus.

[9] [VDI 3414-3], S. 15

In einer industriellen Serienfertigung müssen die Werkstücke so genau gefertigt werden, dass die angestrebte Genauigkeit ohne Nacharbeit bzw. Anpassen von Distanzstücken erzielt werden kann. Nach den internationalen Toleranzklassen der [ISO 286-1] wären Möbelpassteile in die Klasse IT12 nach [DIN 68100] in HT15 und austauschbare Möbelteile in die IT13 nach DIN 68100 in HT25 einzuordnen. Bei der Herstellung von Werkstücken in der Serien- und Massenfertigung kann es u. U. zu Abweichungen in der Maßhaltigkeit kommen. Es ist grundsätzlich davon auszugehen, dass das Nennmaß einer gewissen Ungenauigkeit unterliegt.

Bei der Erzeugung von Roh- bzw. Fertigteilen aus Holz und Holzwerkstoffen werden üblicherweise Säge- bzw. Fräsmaschinen verwendet. Die bei der spanenden Bearbeitung zu erwartenden Toleranzen hängen direkt vom Zustand der Maschine, dem Zustand und der Vermessung der Werkzeuge ab. Hinzukommen können die Ungenauigkeit des Messwerkzeuges, die begrenzte Genauigkeit bei der Einstellung der Bearbeitungspositionen sowie die exakte Beschickung der Maschinen. An zwei Beispielen sollen diese Einflüsse erläutert werden. Dabei soll von einem geeigneten, arbeitsscharfen Werkzeug ausgegangen werden.

1. Beispiel: Fertigschnitt mit einer Vertikalplattensäge

Bei einer Vertikalplattensäge steht das Schnittgut auf dem sogenannten Anschlaglineal. Der Sägewagen ist so justiert, dass die Säge parallel oder rechtwinklig zum Lineal schneidet. Toleranzen können hier entstehen, wenn das Schnittgut nicht exakt auf dem Lineal steht bzw. nicht exakt am Anschlag anliegt. Liegt das Schnittgut nicht exakt am Anschlag an, hat der geschnittene Streifen ein Untermaß. Liegt das Schnittgut am Anschlag an, aber nicht exakt auf dem Lineal, kann u. U. das geschnittene Teil in der Breite nicht maßhaltig sein. Liegen Schnittreste auf dem unteren Lineal, stimmt die Rechtwinkligkeit der Schmalflächen zueinander nicht mehr (vgl. Bild 6.2).

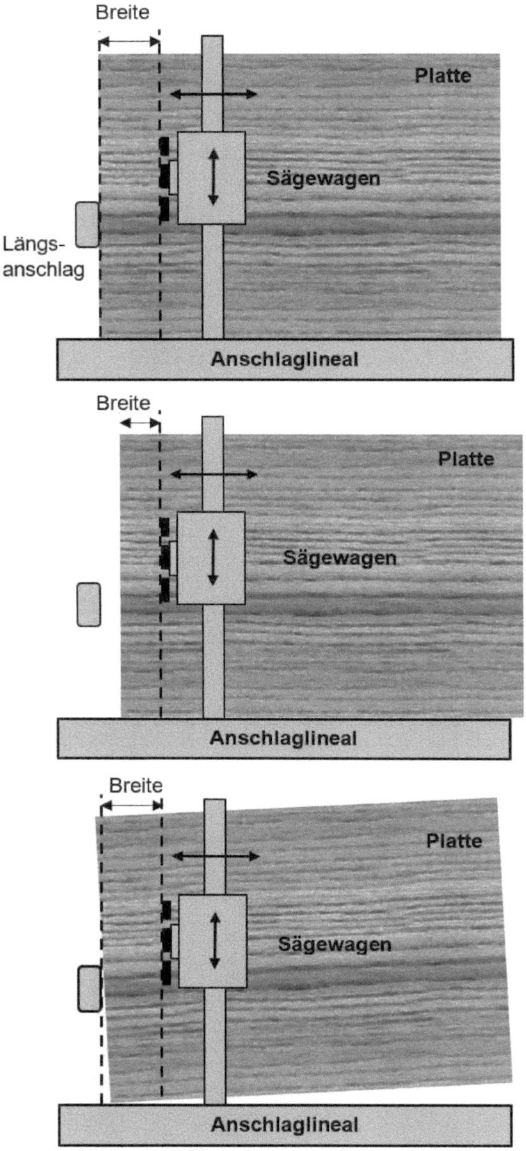

Bild 6.2
Mögliche, durch den Maschinenbediener verursachte Abweichungen

2. Beispiel: Formatbearbeitung im Durchlauf

Bei der Querbearbeitung kann es bei langen, aber schlanken Bauteilen zu Unsicherheiten in der Rechtwinkligkeit kommen, wenn das Bauteil nicht exakt am Einlauflineal ausgerichtet wird. Bei Maschinen für die Querbearbeitung ohne Nocken bzw. Einschubsystem ist mit größeren Winkelabweichungen durch einen möglichen Schrägeinzug zu rechnen (vgl. Bild 6.3).

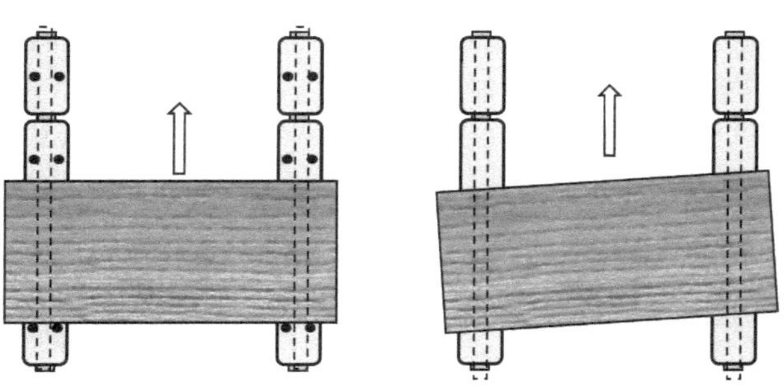

Bild 6.3
Winkelfehler durch Schrägeinzug der Werkstücke beim Durchlaufformatieren

Größere Toleranzen in Breite und Länge wären ursächlich der Maschine bzw. dem Maschinenzustand, evtl. auch nach einer längeren Nutzungsdauer, zuzuordnen.

Im Messprotokoll sollten die jeweiligen Messbedingungen mit vermerkt werden. Bei zu großen Abweichungen vom Sollwert ist nach Problemen am Messmittel, der Eignung/Zustand des Messmittels, der Ablesegenauigkeit und der richtigen Bedienung suchen.

Messhäufigkeit und Messpositionen

In technischen Zeichnungen werden Prüfmaße durch eine spezielle Umrandung der Maßzahl gekennzeichnet.[10)] Die Umrandung kennzeichnet das Maß als ein zu prüfendes Maß. Zusätzlich zu der Maßzahl kann eine Kontrollhäufigkeit, z. B. 50 %, angegeben sein.

Ist keine weitere Angabe zur Messhäufigkeit in der Zeichnung enthalten, sind alle Bauteile der Serie bzw. des Fertigungsloses an den betreffenden Stellen zu prüfen. Als weitere Angaben können mit einer Umrandung die Kürzel LP, d. h. Zweipunktmessung bzw. SR, d. h. größte zulässige Maßdifferenz, verwendet werden. In Abhängigkeit von den festgelegten Toleranzklassen, z. B. HT15 oder HT25, ist dann zu entscheiden, ob das Bauteil ein Gutteil mit allen Prüfmaßen innerhalb der Toleranz, ein Nacharbeitsteil, bei dem mindestens ein Prüfmaß außerhalb der Toleranz liegt, das aber durch Nacharbeit wieder in ein Gutteil gewandelt werden kann oder ein fehlerhaftes, nicht verwendbares Teil ist.

---

10 Anmerkung: In der DIN 406-10 (1992) sind die Prüfmaße und deren Kennzeichnung mit dem „Toleranzrahmen“ vereinbart. Diese Norm wurde 2020 zurückgezogen. Im Nachfolgedokument DIN EN ISO 129-1 (2020) sind keine Regelungen für die Angabe von Prüfmaßen enthalten. In Bestandszeichnungen ist das Symbol noch gültig. Bei Zeichnungen neueren Datums kann eine Sammelangabe erfolgen, z. B. „die mit dem Symbol ... gekennzeichneten Maße sind gesondert zu prüfende Maße“ In der DIN 30-10 (2022) werden die Kennzeichnungen mit dem Zeppelin-Symbol als Standardkennzeichnungen für Prüfmaße bezeichnet, vgl. DIN 30-10 (2022), S. 8 ff.

Neben den Maßtoleranzen existieren auch Form- und Lagetoleranzen. Beim Hüllprinzip wird um das Bauteil eine Hülle als z. B. aus Ebenen und Zylindern gelegt und die Abweichungen von der Soll-Form auf diese Hülle bezogen. Dieses Tolerierungsprinzip ist in der Möbelteilefertigung sehr selten im Einsatz. Für die Bestimmung von Toleranzen wird vorzugsweise das Unabhängigkeitsprinzip nach [DIN EN ISO 8015] verwendet. Nach diesem Tolerierungsgrundsatz gilt für den Zusammenhang von Maßtoleranzen und Formabweichungen, dass jede Toleranz für sich geprüft wird. Die Verwendung des Unabhängigkeitsprinzips kann durch Angabe des Kürzels LP erfolgen. Um die Sicherheit der Messung zu erhöhen, können einzelne Messungen wiederholt werden und aus den Einzelwerten ein Durchschnittswert berechnet werden. Es ist empfehlenswert, auf der Zeichnung zu vermerken, dass die Toleranzangaben nach DIN ISO 8015 und DIN 68100 angegeben sind.

Ist in der Prüfzeichnung keine Angabe zur Kontrollhäufigkeit vorhanden, ist grundsätzlich jedes Teil zu prüfen. Sollen Stichprobenprüfungen[11)] erfolgen, ist in der Prüfzeichnung der Umfang der Stichprobe bzw. Kontrollrate in Prozent anzugeben. Das Ergebnis der Stichprobenprüfung sollte am Bauteil vermerkt sein, z. B. Farbmarkierung bzw. ein klebbares Etikett.

Sind die Messwerte für die Bestimmung der Abmessungen in Länge bzw. Breite stetig ab- oder zunehmend, liegt die Vermutung nahe, dass sich das Bauteil während der Bearbeitung verschoben haben könnte. Eine gemessene Abweichung in der Rechtwinkligkeit eines Bauteils weist auf Probleme der CNC-Maschine beim Verwalten der X- und Y-Achse hin.

Rechtecktaschen können in ihren Abmessungen der Länge und Breite z. B. durch eine jeweils dreimalige Messung mit anschließender Mittelwertbestimmung ermittelt werden. Weist die Tasche ein geringeres Istmaß im Vergleich zum Sollmaß auf, stimmt entweder der Radiuskorrekturwert des Werkzeuges nicht, oder die Tasche wurde abschließend nicht mit einem Schlichtfräser mit aktiver Werkzeugradiuskorrektur bearbeitet. Die Mitte einer Tasche kann nicht direkt gemessen werden. Es kann nur der Abstand der Tasche zur Außenkontur gemessen werden. Die Position der Mitte einer Tasche muss aus den ermittelten Taschenabmessungen berechnet werden.

Für die Messung von X- und Y-Bohrungskoordinaten sollten folgende Zusammenhänge beachtet werden. Die gemessenen Werte einer Bohrungsmitte werden bei richtiger Programmierung durch die Positioniergenauigkeit der CNC-Maschine beeinflusst und liegen im Genauigkeitsbereich der Maschine. Sinnvoll wäre das Messen von Abständen bei voneinander unabhängigen Bohrungen und Lochreihen zueinander.

Durch die Angabe der Prüfmaße legt der Konstrukteur fest, welche Maße von besonderer Wichtigkeit sind. Meistens sind das Funktionsmaße, Maße für Verbindungen

---

[11] Vgl. [DIN ISO 3951-1]: Verfahren für die Stichprobenprüfung anhand quantitativer Merkmale (Variablenprüfung)

und Verbindungsmittel sowie Maße für bestimmte Möbelausstattungen. Sind in den Konstruktionszeichnungen keine Prüfmaße gekennzeichnet, dann kann es vorteilhaft sein, wenn Maße aus verschiedenen Bearbeitungen zueinander geprüft werden, z. B. Abstände von Bohrungen/Lochreihen sowie Taschen/Öffnungen zur Außenkontur, Abstände von Rückwandnuten zur Außenkontur bzw. zu Verbindungsbohrungen.

6.2.4 Messtechnik zur Bauteilvermessung

Gemäß der festgelegten Qualitäts- und Prüfvorschrift ist in der Fertigung die Maßhaltigkeit der Bauteile regelmäßig festzustellen. Dazu werden entsprechende Prüf- und Messmittel bereitgestellt und Prüfpläne vereinbart. Neben Prüflehren und Messschiebern kommen auch elektronische Messtische zum Einsatz. Mit handelsüblichen Messschiebern können Abmessungen bis 300 mm sicher an Bauteilen ermittelt werden. Außerdem kann unmittelbar am Arbeitsplatz gemessen werden. Für das Messen größere Abmessungen können Industriemessschieber mit einem Messbereich bis 2500 mm und einer Messgenauigkeit von ±0,1 mm verwendet werden. Mit diesen Geräten können neben Bauteilabmessungen auch Bohrungsmittenabstände gemessen werden.

Mit einem Messtisch können sowohl Abmessungen, Winkel, Abstände, als auch Bohrpositionen bzw. Bohrungsabmessungen horizontal und vertikal sowie Kreiskonturen bestimmt werden. Die Positionierung des Messkopfes erfolgt manuell (vgl. Bild 6.4).

Bild 6.4
Messtisch für die manuelle Vermessung von plattenförmigen Werkstücken; Ausschnittvergrößerung des manuell positionierbaren Messkopfes

Dabei wird der Messkopf mit dem eingestellten Messtaster manuell in die Messposition verfahren und die Messung ausgelöst. Alle gemessenen Daten können in einem Messprotokoll hinterlegt werden. Derartige Messtische können aufgrund der Staubbelastung in der Maschinenhalle oft nicht unmittelbar neben Maschinen aufgestellt werden. Die bearbeiteten Werkstücke müssen zum Messtisch transportiert und dort im Anschluss an die Bearbeitung vermessen werden. Die Messgenauigkeit eines Messtisches beträgt in der Regel ±0,05 mm.

Bei sehr hohen Anforderungen an die Messgenauigkeit können Messmaschinen bzw. Koordinatenmessmaschinen eingesetzt werden. Messmaschinen können manuell betrieben werden, d. h. der Bediener positioniert den Messtaster. Bei taktil arbeitenden Messtastern wird der aktuelle Messwert gespeichert, sobald auf den Messtaster eine bestimmte Kraft einwirkt. Zum automatischen Vermessen können einzelne Messzyklen programmiert und zu einem Messprogramm zusammengesetzt werden. Die optisch oder taktil arbeitenden Systeme erreichen Messgenauigkeiten im Bereich von t = ±0,01 bis ±0,001 mm. Koordinatenmessmaschinen haben üblicherweise nur kleine Messbereiche (vgl. Bild 6.5).

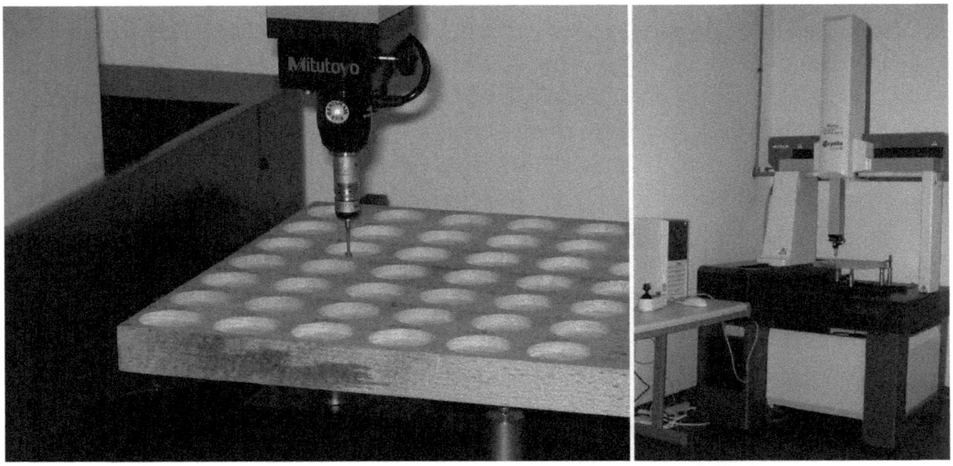

Bild 6.5 Taktil messende Koordinatenmessmaschine für 3D-Messungen

Mittels geeigneter Software können einzeln ermittelte Messpunkte zu Formelementen und Konturen verrechnet werden. Je nach Ausstattung kann ein Vergleich zwischen Messwertvorgaben und Messwerten in Sinn einer Qualitätsaussage erfolgen. Im Ergebnis der Bauteilvermessung entsteht ein Messprotokoll, in dem alle wesentlichen Messergebnisse dokumentiert werden.

6.2.5 Bestimmung der Werkzeugkorrekturdaten

6.2.5.1 Methoden der Werkzeugvermessung

Als Voraussetzungen für eine hohe Fertigungsqualität sind die ordnungsgemäße Funktion und ein guter Allgemeinzustand der Maschinen sowie eine exakte Bauteilspannung und genau vermessene Bearbeitungswerkzeuge zu nennen. Die Bearbeitungswerkzeuge werden in einem CNC-Programm im Wesentlichen durch ihre geometrischen Korrekturdaten berücksichtigt, so z. B. durch den Werkzeuglängenkorrekturwert und den Radiuskorrekturwert. Fehlerhafte oder ungenaue Korrekturdaten haben unmittelbaren Einfluss auf die Bearbeitungsgenauigkeit und damit auf die Bauteilqualität. Für die Bestimmung der Werkzeugkorrekturdaten können Messschieber, Werkzeugvoreinstellgeräte bzw. Werkzeugmessmaschinen verwendet werden. Gemäß dem Toleranzsystem nach DIN 68100 sind im Längenbereich L = 30 mm–100 mm Toleranzen von t = ±0,13 mm bei der Toleranzklasse HT15 bis t = ±0,20 mm bei der Toleranzklasse HT25 zulässig. Für einfache Kontrollmessungen kann ein handelsüblicher Messschieber verwendet werden. Allerdings ist es mit dem Messschieber nicht möglich, bei einem dreischneidigen Fräser den Flugkreisdurchmesser genau zu bestimmen. Unter betrieblichen Bedingungen wird mitunter am Bauteil die Breite einer Schaftfräsernut mit dem Messschieber gemessen und dann daraus der Ist-Flugkreisradius des Werkzeuges bestimmt. Viele Bearbeitungswerkzeuge verbleiben längere Zeit im Werkzeugmagazin, ohne dass der Schneidenverschleiß kontrolliert wird bzw. die Werkzeugkorrekturdaten neu bestimmt werden. Um eine gleichbleibend gute Bearbeitungsqualität zu erreichen, sollten die häufig verwendeten Werkzeuge regelmäßig inspiziert und kontrolliert werden, z. B. im Rahmen einer planmäßigen Maschinenwartung.

Werkzeugvoreinstellgeräte basieren auf tastender Messung mit Messuhren bzw. Längenmesssystemen (vgl. Bild 6.6).

Bild 6.6
Werkzeugvoreinstellgerät für Schaftfräser

Derartige Geräte haben entsprechende Adapter, für unterschiedliche Werkzeugaufnahmen. Das Messen der Werkzeuge erfolgt mit der dazugehörigen Werkzeugaufnahme, z. B. Steilkegel SK40 oder Hohlschaftkegel HSK63. Mit zwei voneinander unabhängigen Messsystemen können der Flugkreisradius und die Werkzeugkorrekturlänge bestimmt werden. Bei der Verwendung derartiger Geräte können Werkzeuge mit einer Genauigkeit von ca. t = ±0,1 mm bis ±0,05 mm sicher vermessen werden. Profile, Rundungen bzw. Winkel an den Schneiden können mit Voreinstellgeräten nicht gemessen werden.

Bei der Verwendung von Werkzeugmessmaschinen werden die Werkzeugschneiden optisch vermessen. Durch Auswahl verschiedener Messzyklen können neben den Korrekturdaten auch Winkel bzw. Rundungen an den Werkzeugschneiden bestimmt werden. So kann durch Messung der Schneidkantenverrundung bzw. Verrundung der Schneidenecke auf den Verschleißzustand der Schneiden geschlossen werden (vgl. Bild 6.7).

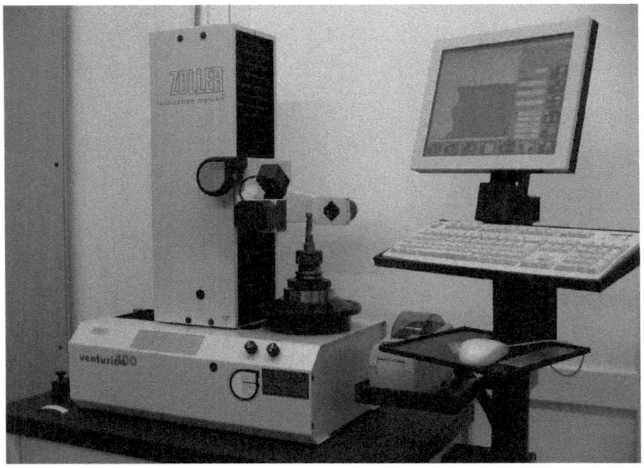

Bild 6.7 Optisch messende Werkzeugmessmaschine mit CCD-Kamera zur Schneideninspektion

Messmaschinen messen in der Regel mit einer Genauigkeit von ca. t = ±0,005 mm. Bei einer Werkzeugmessstation mit Digitalkamera und Auflichtquelle können die Werkzeugschneiden auf Beschädigungen bzw. Schneidkantenverrundungen geprüft werden. Die Werkzeugkorrekturwerte werden samt Werkzeugaufnahme ermittelt.

Der Werkzeugeinstellpunkt (spindle reference position) definiert den Schnittpunkt zwischen der Hauptspindel und dem Werkzeugspannsystem, der für die Bestimmung der Werkzeugkorrekturlänge zuständig ist. Der gemessene Abstand vom Werkzeugeinstellpunkt zum Profilbezugspunkt (vgl. Abschnitt 5.2.6) entspricht der Werkzeuglängenkorrektur.

Der gemessene Abstand von der Werkzeugdrehachse zum Profilbezugspunkt entspricht dem Radiuskorrekturwert. Der Profilbezugspunkt ist derjenige Punkt, von dem aus der Werkzeuglängenkorrekturwert und der Radiuskorrekturwert zum Werkzeugaufnahmepunkt bestimmt werden (vgl. Bild 6.8).

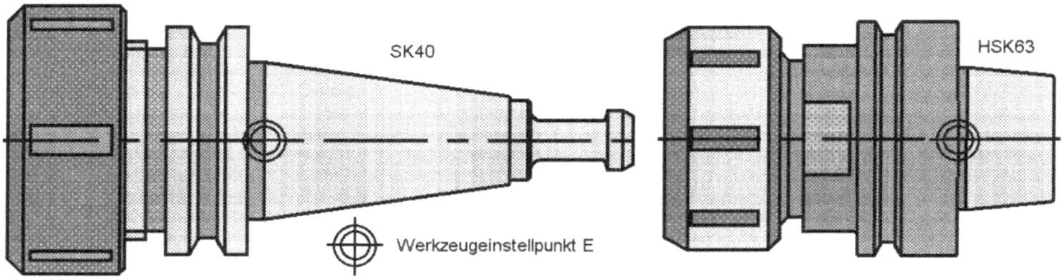

Bild 6.8 Werkzeugeinstellpunkt bei SK40 und HSK63

6.2.5.2 Ermitteln der Werkzeugkorrekturdaten

Die Werkzeugkorrekturdaten dienen dazu, unterschiedliche Werkzeuge gleich zu behandeln. Die Werkzeugkorrekturlänge entspricht in der Interpolationsebene G17, d. h. in der X-Y-Interpolationsebene, einer Z-Korrektur. Bei der Programmierung eines Werkzeugkorrekturblockes in einem Teileprogramm wird die im Korrekturblock gespeicherte Werkzeuglängenkorrektur zu dem Z-Wert der Achse hinzugerechnet. Nach dem Vermessen sollte das Werkzeug in der Anwendung geprüft werden, ob die gespeicherten Korrekturdaten korrekt sind. Dazu kann man ein spannbares Reststück verwenden, bei dem das vermessene Werkzeug in definierter Z-Höhe, z. B. Z = 10 mm und aktiver seitlicher Radiuskorrektur G41/G42 zum Beispiel einen Falz fräst. Durch nachträgliches Vermessen des Falzes kann die Richtigkeit der Korrekturwerte geprüft werden. Bei nennenswerten Abweichungen sind die Messmittel zu prüfen und die Werkzeuge erneut zu vermessen.

Bei der Bearbeitung von Massivholz kann es vorkommen, dass beim Bearbeiten mit konventionellen Holzbearbeitungsmaschinen größere Toleranzen in der Materialdicke entstehen. Da eine konventionelle Holzbearbeitungsmaschine z. B. beim Abrichten in der Werkstückdicke u. U. nicht so genau eingestellt werden kann, entsteht am Werkstück eine vom Sollwert abweichende Dicke, z. B. Soll-Dicke = 20 mm und Ist-Dicke = 20,3 mm. Bei einer anschließenden Bearbeitung mit einer CNC-Fräsmaschine werden die Werkzeuge mit einer deutlich genaueren Position angesteuert. Wenn man zum Beispiel mit einem Viertelstabfräser zwischen Breit- und Schmalfläche einen Rundungsradius fräst, kann durch die unterschiedlich genauen Bearbeitungen ein Absatz in der Breitfläche, z. B. t = 0,3 mm, entstehen. In diesem Fall kann man durch eine manuelle Vergrößerung der Werkzeuglängenkorrektur im Korrekturspeicher des Viertelstabfräsers, z. B. +0,3 mm, einen tangentialen Übergang zwischen Breit- und Schmalfläche ohne Änderungen am Programm erreichen. Es ist aber zu beachten, dass die Veränderung des Längenkorrekturwertes nur temporärer Art ist und bei Nichtgebrauch wieder rückgängig gemacht wird.

Der Radiuskorrekturwert dient dazu, den seitlichen, werkzeugradialen Abstand von der programmierten Kontur bei einer Werkzeugradiuskorrektur festzulegen. Bei der Festlegung des Werkzeugradiuskorrekturwertes wird bei Schaftfräsern mit achsparallelen Schneiden, z. B. bei Schrupp-, Schlicht- oder Nutfräsern, häufig der Flugkreisradius als Wert für die Radiuskorrektur verwendet. Wird ein Schruppfräser grundsätzlich nur zur Vorbearbeitung eingesetzt, d. h. nie zum Fertigschnitt, da immer ein Schlicht- oder Profilfräser folgt, dann kann der Radiuskorrekturwert des Fräsers um den Wert der Bearbeitungszugabe, z. B. +1,0 mm, vergrößert werden. In diesem Fall können Schrupp- und Schlichtfräser bei einer Werkzeugradiuskorrektur die gleiche Bahn benutzen. Durch den vergrößerten Radiuskorrekturwert entsteht beim Schruppen automatisch eine definierte Bearbeitungszugabe von 1,0 mm entlang der mit G41/G42 gefrästen Kontur.

6.3 Bearbeitungsaggregate und Werkzeuge für die CNC-Stationärbearbeitung

6.3.1 Bearbeitungsaggregate

Das derzeit vorherrschende Prinzip bei der Ausstattung einer CNC-Stationärbearbeitungsmaschine in der Holzbearbeitung ist die Einzelspindel mit einem Werkzeugwechselsystem (vgl. Abschnitt 5.4.3). Die starr mit dem Gestell verbundene Einzelspindel kann Bewegungen in X-, Y- und Z-Richtung ausführen. Zusätzlich können derartige Spindeln auch eine Drehung im C-Winkel um die Z-Achse realisieren. Fünfachsige Spindeln, sogenannte Schwenkspindeln, können Bewegungen in den drei Raumachsen X, Y und Z sowie zusätzlich zwei Neigungen zur Hauptarbeitsebene, z. B. B und C oder A und B, ausführen.

Zusätzlich können neben Werkzeugen auch Bearbeitungsaggregate in die Hauptspindel eingewechselt werden. Diese einwechselbaren Aggregate haben eine entsprechende Werkzeugschnittstelle und werden aus dem Werkzeugmagazin abgeholt, in die Hauptspindel eingewechselt und nach Gebrauch auf demselben Platz im Werkzeugmagazin wieder abgelegt. Neben einwechselbaren Aggregaten können auch fest mit dem Maschinengestell verbundene Aggregate vorhanden sein. Vorrangig werden dafür Mehrspindelbohrköpfe mit einzeln abrufbaren Spindeln verwendet (vgl. Bild 6.9).

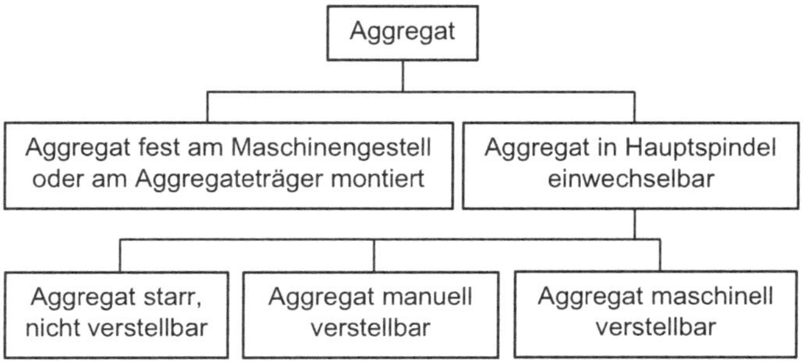

Bild 6.9 Übersicht der Bearbeitungsaggregate für CNC-Stationärbearbeitungsmaschinen

Um die Funktionalität der Mehrspindelbohrköpfe zu erhöhen, kann zusätzlich zu den Bohrspindeln auch eine integrierte Nutsäge vorhanden sein. Bei den Mehrspindelbohrköpfen mit einzeln abrufbaren Spindeln hat die Anzahl der Bohrspindeln unmittelbaren Einfluss auf die Bearbeitungszeit beim Bohren. Je mehr geeignete Bohrer in einem Bohrhub bei entsprechender Bohrerbestückung zur Verfügung stehen, desto geringer fällt die Gesamtbohrzeit aus. Typischerweise beträgt der Spindelabstand der horizontalen und vertikalen Spindeln im Mehrspindelbohrkopf 32 mm.

Als Aggregateträger werden Funktionseinheiten verstanden, die mit dem Ausleger bzw. dem Portal der CNC-Maschine fest verbunden und vorzugsweise in X- und Y-Richtung mitfahrend sind. Für die Realisierung der Z-Bewegung verfügt der Aggregateträger i. A. über eine eigene numerisch gesteuerte Achse (vgl. Bild 6.10).

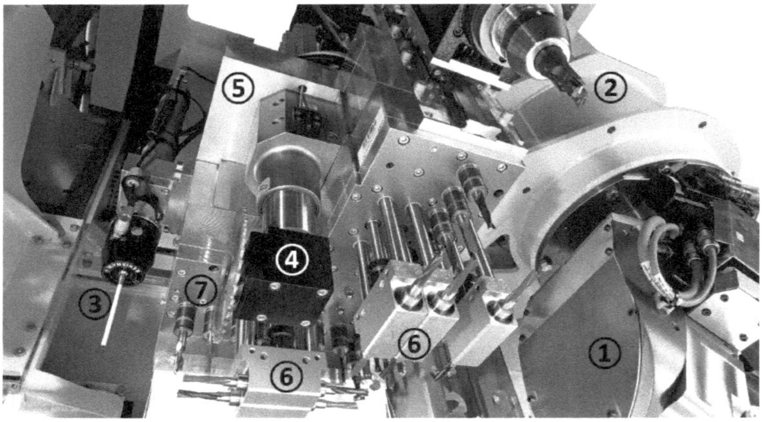

Bild 6.10 Hauptspindel und Aggregateträger (mit freundlicher Unterstützung der HOMAG Group AG)

(1) 5-achsige Hauptspindel, (2) 3-achsige Spindel, (3) Messtaster, (4) schwenkbare Nutsäge, (5) Aggregateträger, (6) horizontale Bohrspindeln, (7) Mehrspindelvertikalbohrkopf

Auf dem Aggregateträger sind einzelne Bearbeitungsaggregate bzw. Werkzeuge angeordnet. Die Werkzeuge auf dem Aggregateträger sind in der Regel fest bestückt und werden durch einen Hub in Z-Richtung aus der Ruheposition in die Arbeitsposition vorgelegt. Die Zustellbewegung in die Werkzeug-Anschnittposition erfolgt durch den Z-Hub des Aggregateträgers.

Da CNC-Holzbearbeitungsmaschinen Sondermaschinen sind, die auf Kundenwunsch entwickelt und gebaut werden, können auch Maschinen mit zwei oder mehreren, voneinander unabhängigen Aggregateträgern existieren. So können z. B. an einer Portalmaschine je zwei Aggregateträger an der Vorderseite und zwei an der Rückseite des Portals verfügbar sein. Damit können z. B. vier verschiedene Bauteile in einer Aufspannung gleichzeitig bearbeitet werden. Die Steuerung der Maschine erfolgt durch eine Steuerung mit Mehrkanaltechnik.

Unter dem Begriff der Sonderbearbeitungseinheiten sollen Funktionseinheiten für spezielle Trenn- oder Fügeprozesse verstanden werden. Diese Funktionseinheiten sind entweder fest mit dem ortsfesten Maschinengestell oder mitfahrend mit dem Portal bzw. Ausleger verbunden. Entweder das Bauteil fährt zur Funktionseinheit oder die Funktionseinheit wird zum Bauteil bewegt. Als typische Sonderbearbeitungseinheit wäre z. B. eine Einheit zum Ankleben von Schmalflächenmaterial anzusehen mit einem Magazin für das Schmalflächenmaterial, die Zuführeinrichtung, die Kappeinrichtung, den Heizstrahler/Leimauftrag und das Andrucksystem. Derartige Fügeaggregate sind vorzugsweise mit dem Maschinenausleger verbunden. Für diese Ausstattungsvariante sind die Hauptspindel und der Aggregateträger auf der einen Seite des Auslegers angeordnet. Diese beiden Einheiten werden durch die Steuerung in X-, Y- und Z-Richtung bewegt. Auf der gegenüberliegenden Seite des Auslegers ist das Fügeaggregat angeordnet; es ist in X-Richtung mitfahrend und verfügt in Y- und Z-Richtung über eigene Achsen. Es existiert eine große Vielfalt an Funktionseinheiten an CNC-Bearbeitungszentren, sodass es nicht möglich ist, diese Vielfalt strukturell und einheitlich zu beschreiben.

6.3.2 Werkzeuge zum Trennen

6.3.2.1 Schneidstoffe

Nach DIETRICH sind „Die Anforderungen an die Schneidstoffe ... sehr hoch, was die mögliche Verschleißfestigkeit und damit auch die Standzeit für die Durchführung spanender Prozesse angeht. Neben der Härte des Schneidstoffes ist auch die Zähigkeit und die Beständigkeit gegen hohe Temperaturen und chemische Vorgänge zu beachten. Diese vielfältigen Anforderungen sind (... derzeit ...) nicht durch einen einzigen Schneidstoff erfüllbar ...“[12] Eine Übersicht der Schneidstoffe ist in der nachfolgenden Abbildung dargestellt (vgl. Bild 6.11).

---

12 [DIE 2012], S. 45

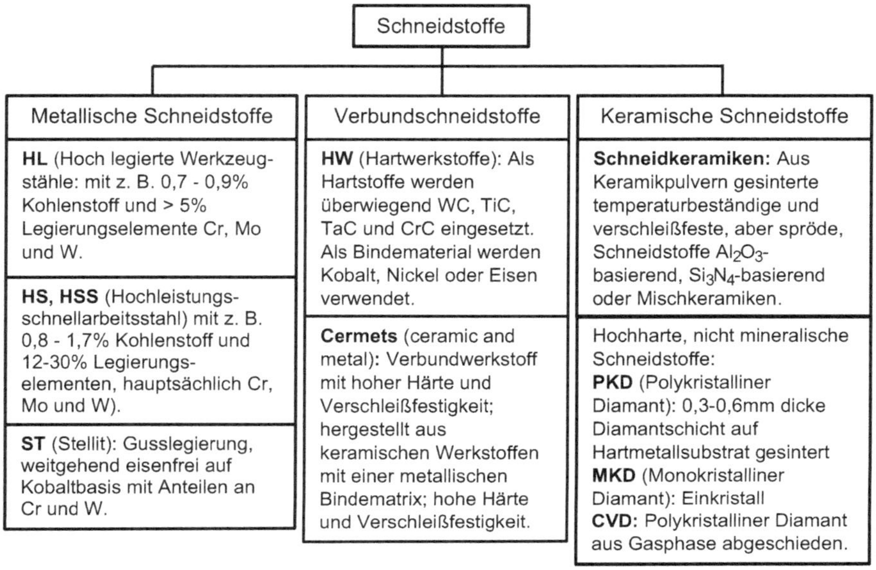

Bild 6.11 Übersicht der Schneidstoffe, nach [DIN ISO 513] und [LEI 2017], S. 15 ff.

Für die Bearbeitung von Vollholz genügte früher ein hochlegierter Stahl. Mit der Entwicklung von neuen Holzwerkstoffen und deren dekorativen Beschichtungen entstanden Verbundwerkstoffe mit neuen Anforderungen an den Schneidstoff. Als wesentliche Kenngrößen können hier die Verschleißfestigkeit/Härte und Bruchfestigkeit/Zähigkeit gelten. In der nachfolgenden Abbildung sind die in der Holzbearbeitung verwendeten Schneidstoffe im Vergleich dargestellt. In der Bearbeitung von Holz und Holzwerkstoffen sind die Schneidstoffe HSS, HW und PKD vorwiegend im Einsatz. Eine lange Standzeit bzw. ein langer Standweg hat sich als Zielkriterium für die Schneidstoffentwicklung herausgebildet. Schneidstoffe sollen extrem hart sein, d. h. verschleißfest und gleichzeitig eine hohe Biegebruchfestigkeit, d. h. eine hohe Zähigkeit, aufweisen. Betrachtet man die derzeit vorhandenen Schneidstoffe, dann führt eine hohe Härte zu geringer Biegebruchfestigkeit bzw. eine hohe Zähigkeit zu einer geringen Verschleißfestigkeit (vgl. Bild 6.12).

Die unterschiedlichen Werte von Härte und Bruchfestigkeit der verschiedenen Schneidstoffe führen im Anwendungsfall zu spezifischen Winkelgeometrien der Schneiden. Harte bzw. spröde Werkstoffe benötigen i. d. R. einen größeren Keilwinkel, damit die Schneide bei der Spanung stabil bleibt. Zähe Schneidstoffe, z. B. HSS oder HL, weisen im Vergleich dazu kleinere Keilwinkel auf.

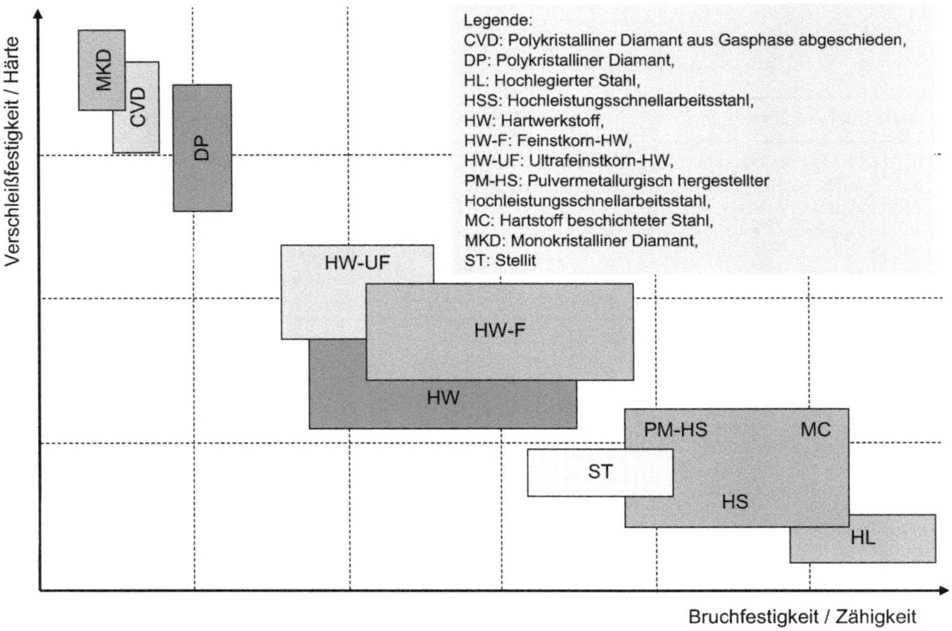

Bild 6.12 Verschleißfestigkeit und Biegebruchfestigkeit von Schneidstoffen, nach [LEI 2017], S. 14 (mit freundlicher Unterstützung der Fa. Leitz GmbH & Co. KG, Oberkochen)

Neben der Entwicklung neuer Schneidstoffe wird die Entwicklung von Schneidstoffbeschichtungen forciert. Durch das Beschichten von Werkzeugschneiden aus Hartmetall oder HSS mit dünnen Hartstoffschichten können in der spanenden Bearbeitung die Standzeit verlängert und damit die Werkzeugkosten reduziert werden. Bei den Hartstoffbeschichtungen kombiniert man eine äußerst verschleißbeständige Oberflächenschicht mit einem zähen, mechanisch hochbelastbaren Grundkörper. Gleitschichten hingegen reduzieren die Ablagerungen von Werkstoffmaterial auf der Schneide. Dadurch können sogenannte Aufbauschneiden vermieden werden. Gleichzeitig verringert sich die Reibung an der Wirkstelle und damit nimmt eine mögliche thermische Belastung am Werkstoff und Werkzeug ab.[13]

6.3.2.2 Werkzeug- und Schneidenverschleiß

Nach HEISEL und KLOCKE wird der Werkzeugverschleiß durch mechanische und thermische Beanspruchungen des Werkzeuges hervorgerufen. Der Verschleiß ist abhängig vom zu trennenden Material des Werkstückes, vom Schneidstoff des Werkzeuges und den konkreten Schnittbedingungen. Die beim Verschleiß der Werkzeugschneide ablaufenden physikalischen und chemischen Prozesse werden als Ver-

[13] Nach [HEI 2014], S. 90 ff.

schleißmechanismen bezeichnet. „In praktischen Zerspanprozessen überlagern sich die Verschleißmechanismen, sodass eine eindeutige Zuordnung zu einzelnen Ursachen unzureichend ist. Einige der zwischen Werkzeug und Schneidstoff stattfindenden Wechselwirkungen, wie beispielsweise der mechanische Abrieb, werden als Verschleißmechanismus und auch als Verschleißursache aufgefasst."[14] In der o. g. Literatur werden vier Hauptmechanismen benannt, so die Adhäsion, die Abrasion, die Diffusion und die Verzunderung. Der von FRITZ und SCHULZE[15] benannte Hauptmechanismus, die plastische Verformung und Rissbildung der Schneide, kann als Verschleißform eingeordnet werden.

Beim Adhäsionsverschleiß verschweißen Werkstoffpartikel in der Grenzfläche zwischen der Schneide und dem abgetrennten Span. Diese Pressschweißung wird begünstigt durch Prozesskräfte in Verbindung mit mechanischer Reibung zwischen Werkzeug und Werkstück.

Beim Abrasionsverschleiß handelt es sich um mechanischen Abrieb von Schneidstoffpartikeln durch äußere Kräfte.

Als Diffusionsverschleiß wird „... Ein thermisch aktivierter Platzwechsel von Atomen ... bezeichnet. Es handelt sich hierbei um einen temperaturabhängigen, chemisch-physikalischen Prozess, bei dem das Eindiffundieren fremder Substanzen oder das Ausdiffundieren eigener Bestandteile zur Herabsetzung der Verschleißfestigkeit des Schneidstoffes führen kann."[16] Ein derartiger Verschleiß wird als Auswaschung oder Kolkverschleiß bezeichnet.

Bei einer Verzunderung handelt es sich um einen Oxidationsverschleiß, bei dem Schneiden-Bestandteile der Hartmetallschneide bei hohen Temperaturen oxidieren können und damit die Schneide schädigen. Besonders HW-Schneidstoffe für die Bearbeitung von Holzwerkstoffen, die auf Wolframkarbiden basieren, können in höheren Temperaturbereichen ab 700 °C vom Oxidationsverschleiß betroffen sein.[17]

Bei zu hoher Temperatur an der Wirkstelle oder mechanischer Überbeanspruchung, d. h. zu hohe Zerspankräfte, kann es zu plastischen Verformungen der Werkzeugschneide kommen. Die plastischen Verformungen können zur Schneidenverrundung bzw. zu Veränderung in der Winkelgeometrie der Schneide führen.

Um den Zustand von Werkzeugen einschätzen zu können, sind verschiedene Standgrößen verwendbar. „Standgrößen sind Zeiten, Wege oder Mengen, die bis zum Erreichen eines festgelegten Standkriteriums unter den gewählten Standbedingungen erzielt werden können, z. B. die Standzeiten T, die Standwege L und die Standmengen N. Zur eindeutigen Beschreibung des Standvermögens sind die Standgrößen stets in Verbindung mit dem Standkriterium und den zugehörigen Standbedingungen anzugeben."[18]

---

14 [HEI 2014], S. 90

15 [FRI 2007], S. 271

16 [HEI 2014], S. 92

17 [HEI 2014], S. 94

18 [FRI 2007], S. 259

Für weiterführende Informationen zu den Thematiken „Standgrößen" und „Verschleiß" sei auf die [DIN 6583] verwiesen.

6.3.2.3 Bohrer

Bohren ist Spanen mit kreisförmiger Schnittbewegung, bei dem die Drehachse des Werkzeuges und die Achse der erzeugten Innenfläche der Bohrung identisch sind und die Vorschubbewegung in Richtung dieser Achse verläuft. Bohrer können nach ihrer Form der Hauptschneide und der Länge der Nebenschneide unterschieden werden (vgl. Bild 6.13).

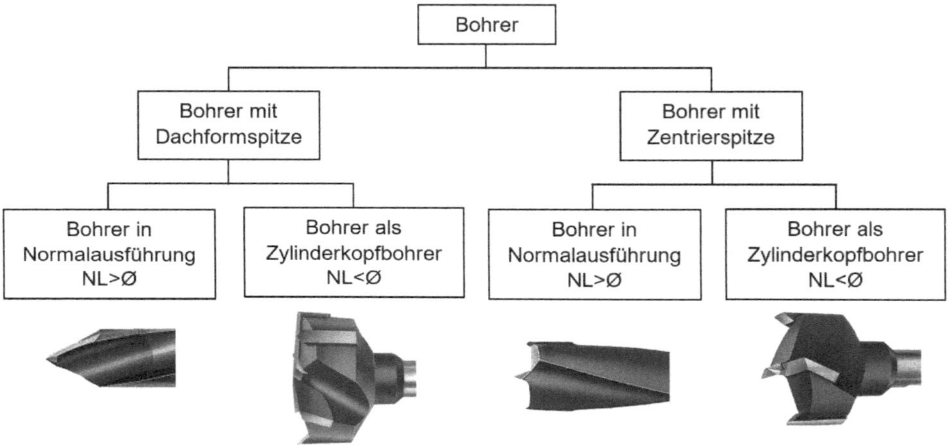

Bild 6.13 Übersicht der Bohrer für die industrielle Bearbeitung von Möbelteilen

Linksdrehende Bohrer werden hinsichtlich ihrer Drehrichtung rot bzw. orange gekennzeichnet. Rechtsdrehende Bohrer sind schwarz bzw. nicht gekennzeichnet. Werkzeuge werden als rechtsdrehend bezeichnet, wenn sie vom Antrieb/Motor aus gesehen im Uhrzeigersinn drehen; linksdrehende Werkzeuge drehen demzufolge im Gegenuhrzeigersinn. In der Holzbearbeitung gilt rechtsdrehend als üblich.

Beim Einbringen von Bohrungen müssen ausrissfreie Bohrungskanten erzeugt werden. Für Dübel- bzw. Beschlagbohrungen in der Breitfläche werden dazu Bohrer mit Zentrierspitze verwendet. Bei Durchgangsbohrungen sind Bohrer mit Dachformspitze zu verwenden. Die Bohrer mit Dachformspitze haben durch ihre Schneidenform eine schälende Wirkung auf die untere Decklage und erzeugen so ausrissfreie Bohrkanten an der Bauteilunterseite. Würde man Bohrer mit Zentrierspitze für Durchgangsbohrungen verwenden, würde es an der unteren Breitfläche zu erheblichen Ausbrüchen in der Decklage kommen (vgl. Bild 6.14).

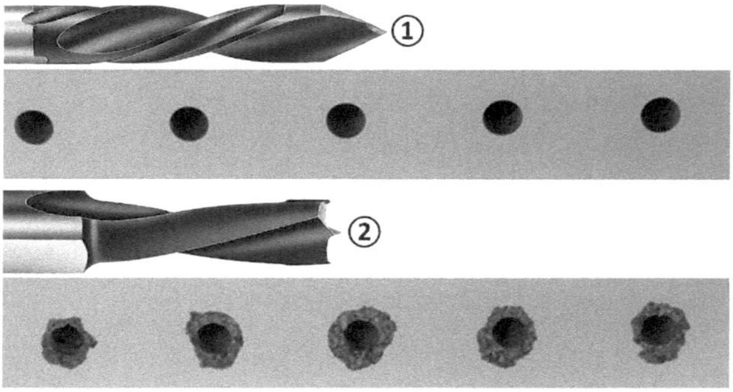

Bild 6.14 Bauteilunterseiten bei Durchgangsbohrungen; (1) hergestellt mit einem Bohrer mit Dachformspitze, (2) hergestellt mit einem Bohrer mit Zentrierspitze

Bei der Bearbeitung von Span- und Faserplatten mit dekorativen Dekoren haben die Rohdichteverläufe der Trägerplatten und die Eigenschaften der Decklagen (z. B. aus Folien, Harzen und Schichtpressstoffen) einen großen Einfluss. Beim Durchbohren der oberen und unteren Decklage der Breitflächen ist es angebracht, den Bohrvorschub bei oberflächenempfindlichen Materialien zu reduzieren. Damit werden Ausrisse an der Bohrkante vermieden. Mit dieser Vorschubreduzierung verlängert sich aber auch die Bearbeitungszeit für eine Bohrung. Programmierbare Makros lassen es zu, den Bohrvorschub in der Decklage zu reduzieren und in der Mittellage wieder zu erhöhen. In Abhängigkeit vom Rohdichteprofil kann man von einer Dicke der Decklage von ca. 3 mm ausgehen (vgl. Bild 6.15).

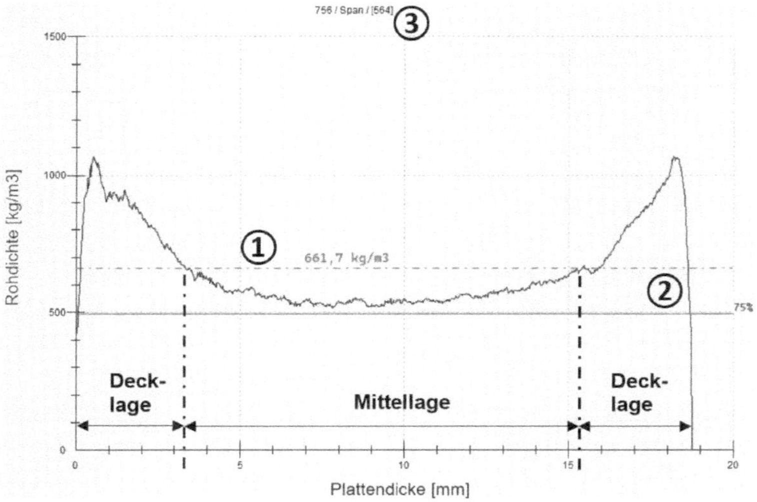

Bild 6.15 Rohdichteprofil einer 19 mm dicken P2-Spanplatte, aufgenommen mit dem Rohdichteprofilmessgerät mit Röntgentechnik DAX 2000 der Fa. GreCon

(1) mittlere Rohdichte, (2) 75 %-Linie, (3) Dateiname der Messwerte-Datei

Beim Durchbohren der Decklagen kann der Bohrvorschub auf meist ca. 60 % des Bohrvorschubes der Mittelage reduziert werden. Ein Vorschub von 100 % entspricht dabei ca. $v_f = 2\,m/min$ bei einer Bohrerdrehzahl von $n = 4500\,min^{-1}$ reduziert werden. Bei Breitflächenbeklebungen mit Hochdrucklaminaten (HPL) sollte der Vorschub für das Durchbohren der Decklagen auf ca. 40 % reduziert werden. Aufgrund der stark abrasiven Wirkung von Folien, Harzen bzw. Laminaten in den Decklagen von Plattenwerkstoffen sollten hier vorzugsweise Werkzeuge mit Schneiden aus Hartmetall bzw. Industriediamant für lange Standzeiten eingesetzt werden.

6.3.2.4 Fräser und Kreissägeblätter

Fräswerkzeuge können in Fräser mit Bohrung und Fräser mit Schaft unterschieden werden. Fräser mit Bohrungen werden hauptsächlich in konventionellen Fräsmaschinen und Maschinen für die Durchlaufbearbeitung eingesetzt. In der CNC-Bearbeitung werden bevorzugt Schaftfräser verwendet. Es existieren mehrere Klassifikationen für Fräswerkzeuge. Der Autor bevorzugt die Unterscheidung der Schaftfräser nach deren Verwendungszweck. Es lassen sich folgende Unterscheidungen treffen (vgl. Bild 6.16).

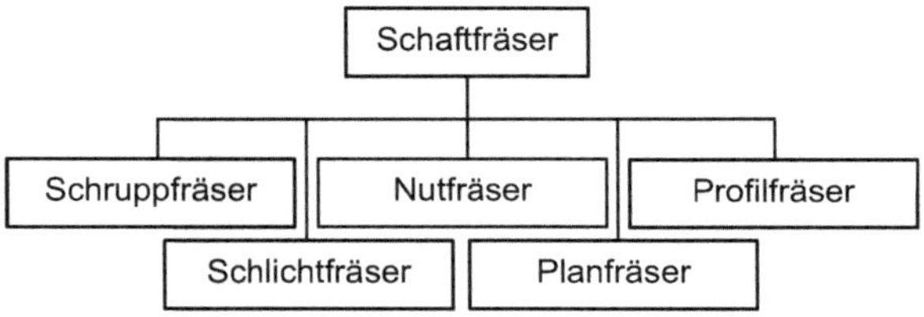

Bild 6.16 Einteilung der Fräser nach dem Verwendungszweck

Nachfolgend sollen die Werkzeugtypen Schrupp- und Schlichtfräser und ihre bevorzugten Einsatzgebiete kurz erläutert werden.

Schruppfräser

Das Formatieren von Holzwerkstoffen ist üblicherweise ein zweistufiger Fräsprozess. In der ersten Prozessstufe Schruppen wird das überflüssige Material an den Außenseiten bzw. im Inneren einer Tasche bei hoher Spanungsleistung entfernt; es verbleibt nur ein Schlichtaufmaß von ca. 1 mm umlaufend. Beim Schruppen wird mit hoher Spanungsleistung gefräst, sodass im Allgemeinen dabei keine hochwertige Schmalflächenqualität erreicht werden kann. Dem Schruppen folgt das Schlichten.

Das Ziel der Grobbearbeitung ist eine möglichst hohe Spanungsleistung. Die Schaftfräser für die Grobbearbeitung können entweder kerbgezahnte oder zusammengesetzte Schneiden besitzen. Schruppschneiden können nach [DIN 1836] in Spanteiler mit flachem Profil, Typ F, oder rundem Profil, Typ R, unterschieden werden. Eine Schruppschneide kann größere Belastungen aufnehmen als gerade Schneidkanten. Da bei der Verwendung von Werkzeugen mit kerbgezahnten Schneidkanten sich dieses Profil in der Schnittfuge auf das Material überträgt, sollten diese Werkzeuge vorzugsweise zur Grobbearbeitung verwendet werden (vgl. Bild 6.17).

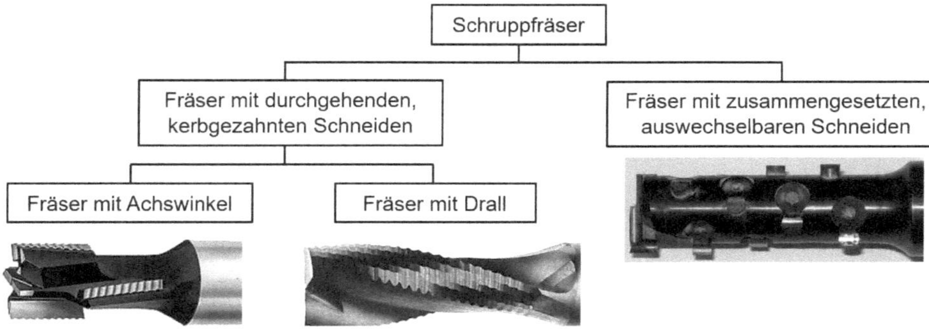

Bild 6.17 Übersicht Schruppfräser

Bei Schruppfräsern mit beidseitigem Achswinkel, im Bild links, sind die Schneiden gerade, aber im Winkel zur Werkzeugachse geneigt. Durch die Schrägstellung der Schneiden wird auf die obere und die untere Breitfläche der Schnittdruck gerichtet. Bei oberflächenempfindlichen Materialien werden dadurch Faserausrisse an den Schnittkanten vermieden. Fräser mit derartigen Schneidenanordnungen werden bevorzugt beim Schruppen von Massivholz verwendet. Solche Werkzeuge besitzen vorzugsweise zwei Hauptschneiden und große Spanräume.

Bei Schruppfräsern mit Drall, in der Mitte des Bildes, windet sich die Schneide wendelförmig um die Werkzeugachse. Der Drallwinkel der Hauptschneide wird nach [DIN 6581] als Schneidenneigungswinkel λ_S bezeichnet.

Fräser für die Holzbearbeitung haben deutlich geringere Drallwinkel, ca. $\lambda = 10°$ bis 20°, als Werkzeuge für die Metallbearbeitung. Werkzeuge vom Typ P-System können „... einen Achswinkel im Bereich $\lambda \geq 55°$ bis 75° (haben) ... (Die) Werkstofffasern werden durch den extrem ziehenden Schnitt messerscharf geschält.“[19] Die PKD bestückten Werkzeuge des P-Systems weisen einen Achswinkel von ca. 70° auf.

In Abhängigkeit von der Drehrichtung und der Richtung des Dralls kann eine aufsteigende Schraubenlinie mit Spanauswurf nach oben bzw. eine absteigende Schraubenlinie mit Spanauswurf nach unten entstehen. So ergeben Rechtslauf (RL) mit Rechtsdrall (RD) sowie Linkslauf (LL) mit Linksdrall (LD) eine aufsteigende Schraubenlinie mit Spanauswurf nach oben. Das bedeutet, dass die Gutseite des Bauteils die untere Seite ist, während es an der Oberseite des Bauteils ggf. zu Faserausrissen an der Breitfläche kommen kann. Außerdem könnten sich schlecht gespannte Bauteile bei der Bearbeitung auf dem Maschinentisch verschieben. Da bei den meisten CNC-Maschinen die Späneabsaugung nach oben erfolgt, werden solche Werkzeuge mit RL/RD

[19] Siehe *www.leuco.com/DE/DE/web/loesungen/leuco-p-system*

bzw. LL/LD bevorzugt verwendet. Bei einer absteigenden Schraubenlinie RL/LD und LL/RD erfolgt der Spanauswurf nach unten. Zusätzlich wird der Schnittdruck auf das Bauteil gerichtet. Am Bauteil ist die obere Seite die Gutseite; an der unteren Seite kann es dann ggf. zu Faserausrissen kommen.

Bei den sogenannten Vielzahn-Schruppfräsern, in Bild 6.17 rechts, wird die Hauptschneide durch eine Vielzahl von axial versetzten HW-Einzelschneiden gebildet. Durch die Anordnung der Einzelschneiden kann eine Drallrichtung entstehen. Die einzelnen Schneiden werden mit Schrauben am Werkzeuggrundkörper befestigt und sind auswechselbar. So können bei der Bearbeitung von Plattenwerkstoffen die Schneiden einzeln und in Abhängigkeit vom Verschleißzustand ausgewechselt werden, ohne dass das gesamte Werkzeug zum Schärfdienst muss. Als bevorzugter Einsatz sind hier beschichtete Plattenwerkstoffe zu nennen. Eine Bearbeitung von Massivholz ist möglich, bringt aber gegenüber den Schaftfräsern mit Drallschneiden kaum Vorteile. Vielzahn-Schruppfräser haben nur eine HW-Stirnschneide und eignen sich nicht unbedingt zum Einbohren in das Material. Ein flaches, schräges Eintauchen des Werkzeuges ist bedingt möglich.

Eine gewisse Sonderstellung nehmen die sogenannten Schrupp-Schlicht-Fräser ein. Bei nicht so großen Spanungsmengen bzw. beim Entfernen geringer Bearbeitungszugaben, z. B. 3 mm bis 6 mm, sind Schrupp-Schlichtfräser sinnvoll einsetzbar. Solche Fräser besitzen vorzugsweise vier Schneiden Z4, von denen sich je zwei Schrupp- und zwei Schlichtschneiden am Umfang abwechseln (vgl. Bild 6.18).

Bild 6.18 Hauptschneiden eines vierschneidigen Schrupp-Schlicht-Fräsers

Diese Werkzeuge erzeugen an den Schmalflächen nur geringe Schruppspuren. Aufgrund der großen Zahl an Hauptschneiden sind große Vorschubgeschwindigkeiten möglich. Bevorzugter Einsatz eines derartigen Werkzeuges ist bei Konturfräsungen, bei denen der relative Arbeitseingriff a_e, bezogen auf den Flugkreisdurchmesser D den Wert des Flugkreisradius nicht übersteigt $a_e/D \leq 0,5$.

Schlichtfräser

Zum Schlichten werden alle Bearbeitungen gerechnet, die Bearbeitungszugaben entfernen und das Bauteil in den geforderten Abmessungen sowie der geforderten Qualität und Oberflächengüte herstellen. Bei der Bearbeitung von beschichteten Plattenwerkstoffen werden vorzugsweise Werkzeuge mit Hartmetall- und PKD-Diamantschneiden eingesetzt. Aufgrund der abrasiven Wirkung des Werkstoffes können die Schneiden bei der Bearbeitung schnell verschleißen. Für bestimmte Zwecke haben sich Werkzeuge mit auswechselbaren Hartmetall-Wendeplatten (WPL) bewährt. Bei der Feinbearbeitung sollte der Schlichtfräser in einer Z-Zustellung eingesetzt werden (vgl. Bild 6.19).

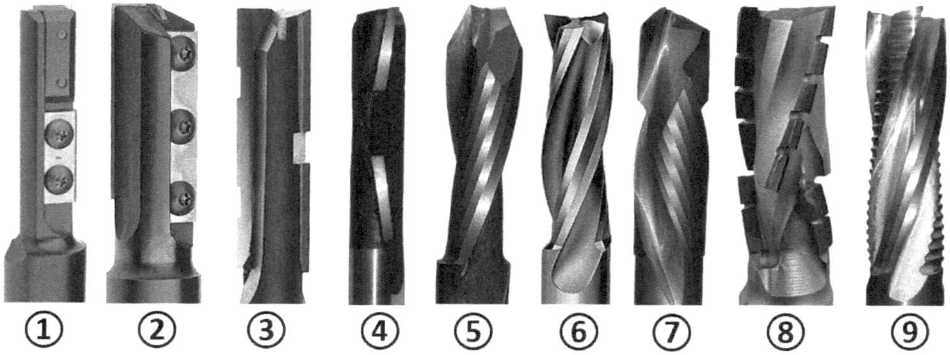

Bild 6.19 Schlichtfräser mit verschiedenen Schneidenformen und Schneidenanordnungen

In Bild 6.19 (1) ist ein Wendeplattenfräser Z1 mit unterschiedlichen Schneidenanordnungen abgebildet. An der Werkzeugspitze befindet sich die Schneide für den Linkslauf und in Richtung Schaft die Schneide für den Rechtslauf. Derartigen Werkzeugen werden in der Regel verschiedene T-Adressen mit verschiedenen Laufrichtungen, so z. B. links- und rechtsdrehend und Werkzeuglängenkorrekturen zugeordnet. Mit einem Wechsel der T-Adresse im CNC-Programm kann die Drehrichtung der Hauptspindel geändert und gleichzeitig die Werkzeuglängenkorrektur geändert werden. Beim Erzeugen einer Sockelleistenausklinkung einer Schrankseite könnte bei einem einzigen Fräsgang das bereits angeklebte Schmalflächenmaterial durch den Fräser abgerissen werden. Um dieses Abreißen des Schmalflächenmaterials zu verhindern, wird die Kontur in zwei Schritten mit unterschiedlich drehenden Werkzeugen bearbeitet.

Wendeplattenfräser werden als einschneidige Fräser, ggf. mit zusätzlicher Einbohrschneide, oder als zweischneidiger Fräser zum Schlichten bzw. Fälzen von Plattenwerkstoffen mit relativem Arbeitseingriff $a_e/D \leq 0,5$ verwendet, vgl. Bild 6.19 (2).

Zum Erzeugen von Schaftfräsernuten mit parallelen Wandflächen können Fräser mit zwei achsparallelen ungeteilten Schneiden verwendet werden. Die Stirnschneiden besitzen einen speziellen Anschliff, sodass diese Fräser punktförmig einbohren können. Die Zustelltiefe pro Schnitt sollte den Wert des Flugkreisdurchmessers nicht überschreiten. Aus dem klassischen Nutfräser wurden weitere Werkzeuge entwickelt, so der Nutfräser mit Spanbrechertaschen und der Fräser mit beidseitigem Achswinkel. Durch die Teilung der Schneide mit Spanbrechernuten wird die Belastung auf die Schneiden verringert und bei lang spanenden Werkstoffen werden die Späne gebrochen, vgl. Bild 6.19 (3). Derartige Werkzeuge werden vorzugsweise beim Nuten in Plattenwerkstoffen bzw. in Massivholz geringer Dicken, verwendet. Bei zu hohem Schnittdruck können sich die Spannuten auf der Schmalfläche durch Verschleiß der Schneidenecken an den Spanbrechernuten markieren. Beim Fräser mit Achswinkel kann durch die Schrägstellung der oberen und unteren Schneide ein ziehender bzw. drückender Schnitt realisiert werden, vgl. Bild 6.19 (4). Dieses Werkzeug hat effektiv nur eine Umfangsschneide Z1 und ist demzufolge nicht für hohe Abtragleistungen geeignet.

Für das Erzeugen von Öffnungen können sogenannte Bohr-Fräser eingesetzt werden (vgl. Bild 6.19 (5)). Durch die besondere Ausführung der Stirnschneide können diese Werkzeuge punktförmig einbohren und anschließend die Kontur der Öffnung fräsen.

In Bild 6.19 (6) ist ein Fräser mit Drallschneiden, d. h. um die Werkzeugachse gewundene Schneiden, dargestellt. Durch die gewundene Schneide kann ein insgesamt ruhiger Spanungsprozess realisiert werden. Die Spannuten unterstützen das Ausfördern der Späne aus der Schnittfuge. Bei dem abgebildeten rechtsdrehenden Werkzeug liegt eine aufsteigende Spirale vor, die den Spanauswurf nach oben, d. h. in Richtung der Absaugung, realisiert. Vollhartmetallfräser mit Drallschneiden werden, je nach Größe des Flugkreisdurchmessers, als zwei- oder dreischneidige Werkzeuge ausgeführt.

In Bild 6.19 (7) ist ein Vollhartmetallfräser mit Wechseldrall-Schneiden abgebildet. Bei sachgemäßer Anwendung des Werkzeuges erzeugt der Drall der Schneide eine Kraftkomponente, die auf Breitfläche des Werkstückes gerichtet ist. Damit können Schnittausbrüche bei Plattenwerkstoffen bzw. Faserausbrüche bei Massivholz vermieden werden. Bei Fräsern mit Schneiden aus polykristallinem Diamant bestehen die Werkzeugschneiden aus einzelnen Schneidplatten, die auf den Werkzeugrundkörper aufgelötet sind. Die Schneidenanordnung kann als schräg gestellte Einzelschneiden, d. h. für ziehenden und drückenden Schnitt oder der Wechseldrall-Anordnung erfolgen, vgl. Bild 6.19 (8). Werkzeuge mit Diamantbestückung werden vorzugsweise zur Bearbeitung von beschichteten Span- und Faserplatten verwendet. In Bild 6.19 (9) ist ein vierschneidiger Schrupp-Schlicht-Fräser abgebildet. Die Werkzeugschneiden sind so angeordnet, dass beim Fräsen entlang der Kontur alle Schneiden im Eingriff sind, aber die Spuren der Kerbzahnung der Schruppschneide durch die nachfolgende Schlichtschneide entfernt werden.

Zum Schlichten von oberflächenempfindlichen Werkstoffen können Fräser mit konstantem Drall und mit Wechseldrall verwendet werden. Bei konstantem Drall sind die Kraftkomponenten entweder in Richtung Werkzeugspitze oder Werkzeugschaft gerichtet (vgl. Bild 6.20).

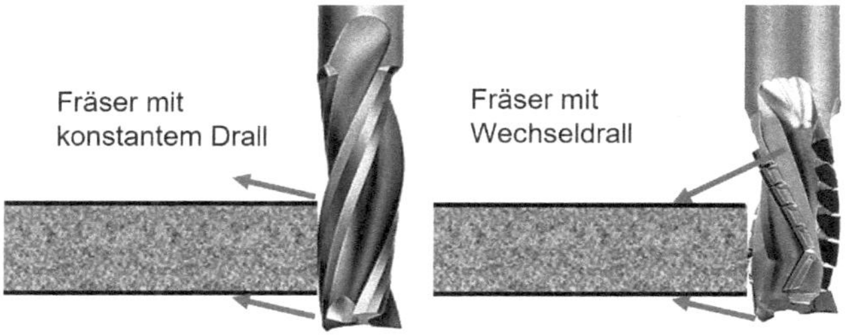

Bild 6.20 Wirkung der Drallschneiden auf die Bauteilbreitflächen

Um einen beidseitigen Schnittdruck zu realisieren, können die Schneiden geteilt und mit unterschiedlicher Drallrichtung angeordnet werden. Beim Wechseldrall ändert der Drall entlang der Werkzeugachse seine Richtung. Im unteren Teil des Fräsers ist ein positiver Drall und im oberen Teil erzeugen die Schneiden einen negativen Drall. Bei der Bearbeitung von beschichteten Plattenwerkstoffen werden vorzugsweise zwei- bzw. dreischneidige Schaftfräser mit PKD-Diamantschneiden eingesetzt. Diese Fräser verfügen meist nur über Schneiden mit Achswinkeln. Die Schneiden an der Fräserspitze bewirken einen ziehenden Schnitt an der Bauteilunterseite und die Schneiden zum Schaft hin erzeugen einen drückenden Schnitt an der oberen Breitfläche. Die Schneidenteilung ist dabei unregelmäßig, d. h. die oberen und die untere Drallschneide häufig unterschiedlich groß ausgebildet. Die untere Teilschneide zur Werkzeugspitze hin ist deutlich kürzer als die oberen Teilschneiden zum Schaft hin. Mit dieser Ungleichteilung können unterschiedlich dicke Werkstoffe so bearbeitet werden, dass die oberen Schneiden immer in der oberen Decklage und die untere Schneide immer in der unteren Decklage fräst.

Mitunter ist es spanungstechnisch notwendig, die Fräsung in mehreren Z-Zustellungen, sogenannte Z-Tiefenstaffelung, auszuführen. Bei mehrstufiger Z-Zustellung ist darauf zu achten, dass die Schnitttiefe so ausgelegt wird, dass die oberen Schneiden bei jeder Z-Zustellung auch in der oberen Breitfläche schneiden. Es ist zu beachten, dass das Werkzeug zum Schrägeintauchen bzw. zum Einbohren in das Werkstück über geeignete Stirnschneiden verfügt. Anderenfalls kann das Werkzeug nur auf Schnitttiefe seitlich anfahren. Die Anzahl der effektiven Schneiden entlang der Werkzeugachse kann axial in den einzelnen Bereichen variieren.

Zur Realisierung einer hohen Bearbeitungsqualität bei hohen Spanungsleistungen sind diverse Werkzeuge verfügbar. Exemplarisch sollen hier zwei Schaftfräser beschrieben werden, so das P-System und der t3-Fräser.

Schaftfräser mit Leuco-P-System

Bei der spanenden Bearbeitung von oberflächenempfindlichen Möbelteilen sind keine Kantenausbrüche an der Schnittkante zulässig. Wie bereits ausgeführt wurde, lassen sich durch den ziehenden bzw. drückenden Schnitt Kantenausbrüche verhindern. Ein zweites Problem kann auftreten, wenn fertig formatierte Bauteile durch Fräsen nachbearbeitet werden müssen. Bereits vorhandene Schmalflächenbeklebungen können durch das nachträgliche Bearbeiten beschädigt werden. Durch eine sehr große Neigung der Schneide zur Werkzeugachse, Schneideneigungswinkel $\lambda \geq 55°$, entsteht eine Kraftkomponente, die Schnittkantenausbrüche vermeidet und bereits angeklebtes Schmalflächenmaterial, z. B. bei einer Querschmalfläche, beim Fräsen nicht beschädigt. Als Schneidstoff wird PKD-Diamant verwendet (vgl. Bild 6.21).

Bild 6.21
Schaftfräser mit Leuco-P-System

Hinsichtlich des Einsatzes wird für diesen Schaftfräser ein Zahnvorschub $f_z = 0,28$ mm zur Bearbeitung von Massivholz und $f_z = 0,55$ mm für Holzwerkstoffe empfohlen.[20)]

t3-Fräser mit HW-Wendeplatten

Bei einem zweiten Werkzeug werden Hartmetall-Wendeplatten in Dreieckform als Schneiden verwendet. Die Schneiden sind über dem Umfang so verteilt, dass sie wie ein dreischneidiges Drall-Werkzeug fungieren. Die einzelnen HW-Wendeplatten sind in der Befestigung so orientiert, dass immer ein ziehender oder drückender Schnitt zu den Bauteilbreitflächen entsteht. Die Anordnung der dreieckigen Schneiden erzeugt einen relativ geringen Schnittdruck. Dadurch verringert sich auch der Verschleiß an den Wendeplatten. Aufgrund fehlender Stirnschneiden kann dieses Werkzeug nicht punktförmig eintauchen (vgl. Bild 6.22).

Es wird ein seitliches oder spiralförmiges Eintauchen empfohlen. Hinsichtlich des Einsatzes wird für diesen Schaftfräser ein Zahnvorschub $f_z = 0,2$ mm bis $0,5$ mm zur Bearbeitung von Massivholz und Holzwerkstoffe empfohlen.[21)]

---

20 Fa. LEUCO, Produktdatenblatt für P-System-Schaftfräser 184081, URL von Seite *www.leuco.de* am 26.07.23

21 Fa. LEUCO, Produktdatenblatt für t3-Schaftfräser 187113, URL von Seite *www.leuco.de* am 26. 07. 23

Bild 6.22
t3-Schaftfräser mit HW-Wendeplatten

Planfräser

Unter der Bezeichnung Planfräsen werden im Allgemeinen Fräsbearbeitungen verstanden, bei denen ebene Flächen erzeugt werden. Insofern weisen Planflächen und Taschen Gemeinsamkeiten auf. Planfräsen kann grundsätzlich in Stirn-, Umfangs- und Stirn-Umfangsfräsen unterschieden werden. Beim Stirnplanfräsen wird die Fläche mit der Stirnschneide des Fräsers erzeugt. Beim Stirnplanfräsen ist die Stirnschneide qualitätsbestimmend. Dieses Verfahren wird im Allgemeinen angewandt, wenn eine gute Oberflächenqualität erreicht werden soll. Beim Planfräsen mit den Stirnschneiden sollten vorzugsweise Schaftfräser verwendet werden, deren Schneiden sich am äußeren Flugkreis befinden. Aufgrund des Zusammenhanges, dass die Höhe der Schnittgeschwindigkeit direkt proportional vom tatsächlichen Werkzeugdurchmesser abhängt, nimmt die tatsächliche Schnittgeschwindigkeit in Richtung Zentrum des Werkzeuges ab bzw. ist im Zentrum des Werkzeuges Null $v_c = \pi \times D \times n$ (vgl. Formel 4.1). Deshalb befinden sich bei Planfräsern in der radialen Werkzeugmitte keine Stirnschneiden, sondern nur am äußeren Flugkreis. Derartige Werkzeuge können nur schräg eintauchen. Ein punktförmiges Eintauchen ist aufgrund der im Zentrum fehlenden Stirnschneiden nicht möglich (vgl. Bild 6.23).

Mit zunehmendem Einsatz der Nesting-Bearbeitung hat die Bedeutung des Stirnplanfräsens deutlich zugenommen. Beim Nesting werden die benötigten Teile mit ihren Bearbeitungen in einer Platte verschachtelt angeordnet. Anschließend werden diese Teile an den Außenkonturen mit dem Schaftfräser herausgetrennt. Um das Heraustrennen von Teilen mit beliebigen Außenkonturen zu ermöglichen, wird die Rohplatte auf einen Matrixtisch gespannt. Zum Austrennen der einzelnen Bauteile wird der Schaftfräser auf eine Arbeitstiefe von Z = –0,3 mm programmiert, d. h. das Werkzeug fräst 0,3 mm in die Opferplatte hinein. Nach einer gewissen Zeit muss diese Schonplatte bzw. Opferplatte mit einem Planfräser überfräst werden, um weiter benutzt werden zu können. Diese Bearbeitung erfolgt vorzugsweise mit einem Planfräser durch Stirn- bzw. Stirn-Umfangsplanfräsen.

Bild 6.23
HW-Planfräser Z4 mit Werkzeugaufnahme am Werkzeugmontageplatz

Einsatzbedingungen für Schaftfräser

Die Höhe der Vorschubgeschwindigkeit ist von mehreren Faktoren abhängig, so zum Beispiel:

- von den Materialeigenschaften, wie die Werkstoffrohdichte, die Schnittkräfte und die Schnittrichtung,
- von der Art der Bearbeitung, wie Schruppen, Schlichten, Nuten oder Taschenfräsen,
- von den Werkzeugeingriffsgrößen a_p, a_e,
- von der Werkzeugkonstruktion und
- von den Werkzeugeinsatzbedingungen, wie Werkzeug- bzw. Flugkreisdurchmesser, Schneidenzahl, Schneidenanordnung, Größe der Spanräume und Werkzeugdrehzahl.

Viele Werkzeughersteller beschreiben in der Werkzeugbetriebsanleitung den bestimmungsgemäßen Gebrauch des Werkzeuges und geben i. d. R. allgemeine Einsatzrichtwerte, z. B. den Zahnvorschub, an.

Durch die in der Technologie beschriebene Bearbeitungsoperation an einem konkreten Bauteil mit definierter Geometrie sind im Wesentlichen die Rahmenbedingungen bekannt. Mit der Differenz zwischen Rohteil- und Fertigteilabmessungen ist die Größe der Bearbeitungszugabe bekannt. Durch das gewählte Werkzeug sind Schneidenzahl,

Flugkreisdurchmesser und Einsatzdrehzahl festgelegt. Die Vorschubgeschwindigkeit berechnet sich aus dem Produkt von Zahnvorschub, Zähnezahl und Drehzahl (vgl. Formel 4.2).

Bei Massivholz sollte unbedingt die Schnittrichtung längs bzw. quer zur Faser beachtet und die Vorschubgeschwindigkeit entsprechend angepasst werden. Um die Bezeichnung Hartholz differenzieren zu können, kann Hartholz mit Buche gleichgesetzt werden. Nach [DIN 68364][22] hat Buche einen Rohdichtewert $\varrho_N = 0,71\ g/cm^3$. Werkstoffe mit höherer Rohdichte sollten mit einem geringeren Vorschub bearbeitet werden.

Als Vorschubgeschwindigkeit für das Eintauchen des Werkzeuges in das Material kann ein Vorschub von ca. $v_f = 3\ m/min$ gewählt werden. Die Größe des Eintauchvorschubes hängt maßgeblich von den Stirnschneiden des Werkzeuges ab. Es sollte beachtet werden, dass es bei hoher Drehzahl und geringem Werkzeugvorschub beim Zustellen des Werkzeuges, z. B. $v_f < 1,5\ m/min$, durch Reibungswärme zu optischen Verfärbungen in der Schnittfuge, zu sogenannten Brandstellen, kommen kann.

Kreissägeblätter

Kreissägeblätter haben eine scheibenförmige Gestalt. Im Zentrum des Blattes befinden sich das Mittelloch zum Aufsetzen des Blattes für die Fixierung auf der Motorwelle und/oder die Nebenlöcher zur Befestigung am Motorflansch. Die Schneiden des Kreissägeblattes sind gleichmäßig am Umfang verteilt. Am Umfang, zwischen einzelnen Schneiden, können sich Dehnungsschlitze befinden. Diese Dehnungsschlitze können bei thermischer Belastung die Materialdehnung des Kreissägeblattes an den Schneiden aufnehmen. Aber sie mindern auch die Stabilität des Stammblattes. In die Dehnschlitze eingepresste Kupfernieten reduzieren den Körperschall des Sägeblattes. Im Inneren des Sägeblattes können sogenannte Laserornamente vorhanden sein. Diese Laserornamente vermindern das Leerlaufgeräusch und den Nachhall des Kreissägeblattes durch Brechung der Körperschallwellen. Laserornamente haben keine Auswirkungen auf die Schnittqualität, aber sie vermindern die Stabilität des Stammblattes (vgl. Bild 6.24).

Nach [DIN EN 847-1] sind Kreissägeblätter mindestens zu kennzeichnen mit dem Namen oder dem Logo des Herstellers, der zulässigen Höchstdrehzahl, den Werkzeugmaßen Flugkreisdurchmesser × Schnittbreite × Bohrungsdurchmesser, der Zähnezahl und dem Kurzzeichen der Werkstoff-Schneidstoffgruppe.

Die Schnittgeschwindigkeit v_c eines Kreissägeblattes ist aus Sicherheitsgründen auf $v_c \leq 100\ m/s$ begrenzt. Verwendet man die Formel 4.1, dann ergibt sich der Zusammenhang zwischen Schnittgeschwindigkeit, Sägeblattdurchmesser und Sägeblattdrehzahl. Durch Umstellen dieser Gleichung kann der Zusammenhang zwischen Flugkreisdurchmesser D und der Antriebsdrehzahl bestimmt werden. Aus dem Wert des Sägeblattdurchmessers kann die Schnitthöhe eines Sägeblattes bestimmt werden.

[22] DIN 68364 (2003): Kennwerte von Holzarten – Rohdichte, Elastizitätsmodul und Festigkeiten

Bild 6.24 HW-bestückte Kreissägeblätter zum Auftrennen von Holz und Holzwerkstoffen

Die Qualität des Sägeschnittes wird maßgeblich durch die Zahnformen und die Schnittparameter bestimmt. Ebenso hat die Zahnteilung, d. h. der direkte Abstand zweier benachbarter Scheiden, Einfluss auf die Schnittqualität. Die Zahnteilung legt die Größe des Spanraumes fest. Die Zahnteilung kann entweder als Zähnezahl pro Zoll (ZpZ) oder als direkter Abstandswert der Schneiden angegeben werden. Für eine Grobbearbeitung ohne Qualitätsanspruch können Blätter mit einem Zahnabstand von ca. 50 mm bis 25 mm verwendet werden; bei mittlerem Qualitätsanspruch sollte der Zahnabstand ca. von 25 mm bis 14 mm betragen. Bei einer Feinbearbeitung mit hohem Qualitätsanspruch sollte der Zahnabstand ca. 14 mm bis 9 mm betragen.

Kreissägeblätter können hinsichtlich ihres konstruktiven Aufbaus in einteilige Vollstahlkreissägeblätter und in bestückte Verbundkreissägeblätter unterschieden werden. Die Verbundkreissägeblätter lassen sich in Standardkreissägeblätter und in Dünnschnittkreissägeblätter mit besonderen Eigenschaften unterscheiden (vgl. Bild 6.25).

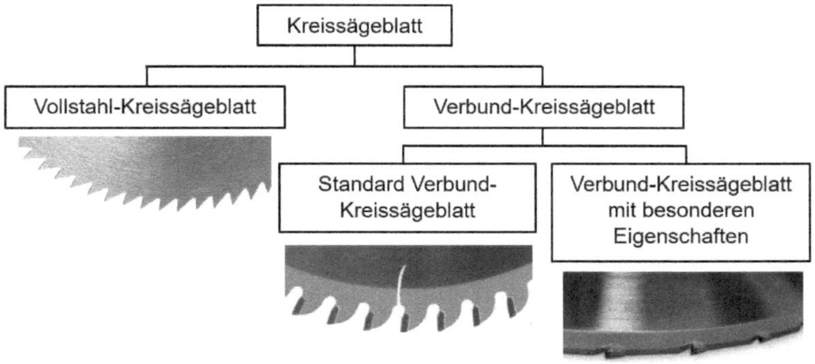

Bild 6.25 Konstruktive Merkmale von Kreissägeblättern

Bei einem Vollstahlkreissägeblatt bestehen das Stammblatt und die Schneiden aus dem gleichen Material. Für Vollstahlkreissägeblätter wird vorzugsweise ein Chrom-Vanadium-legierter Stahl (CV-Stahl) verwendet. Das Sägeblatt, einschließlich der Schneiden, wird mittels Laser aus einer Stahlplatte herausgetrennt. Anschließend erhält der Sägeblattrohling eine mechanische Nachbearbeitung und eine Wärmebehandlung, z. B. das Spannungsfreiglühen. Die Zähne des Vollstahlblattes werden in den Rohling eingeschliffen und damit das Blatt geschärft. Anschließend werden die Zähne leicht wechselseitig nach außen gebogen und damit geschränkt, damit sich das Sägeblatt im Einsatz freischneiden kann. Zu den Vollstahlkreissägeblättern zählen auch die Sägeblätter mit stellitierten Zähnen. Dabei werden auf die Zähne des Stammblattes eine Kobalt-Chrom-Wolfram-Legierung aufgeschweißt bzw. aufgelötet. Vollstahlkreissägeblätter werden im Bereich der Sägewerke eingesetzt; ein Einsatz in der gewerblichen Holzbearbeitung bzw. Möbelteilefertigung ist selten.

Im Bereich der industriellen Sägebearbeitung werden hauptsächlich Verbund-Kreissägeblätter eingesetzt. Bei der Möbelteileherstellung sind Kreissägeblätter beim Rohteilzuschnitt, beim Formatieren, beim Kappen und beim Vorritzen im Einsatz. In Abhängigkeit vom zu bearbeitenden Werkstoff und dessen Beschichtungen werden Kreissägeblätter mit aufgelöteten Schneiden aus Hartmetall (HW) oder Polykristallinem Diamant (PKD) verwendet. Hinsichtlich der Winkel am Schneidteil sei auf Bild 2.13 und der Zahnformen auf Tabelle 2.3 verwiesen.

Schwerpunkte in der Weiterentwicklung der Kreissägeblätter sind z. B. die Reduktion des Schalldrucks und der erzeugten Schwingungen sowie die Senkung von Schnittverlusten beim Sägeschnitt. Mit geräuschgeminderten Kreissägeblättern können nach [SCL 2016] im Leerlauf der Säge Schallpegelminderungen um 13 dB(A) und beim Auftrennen von Holzwerkstoffplatten von 11 dB(A) erreicht werden. Nachdem man sich in der Vergangenheit hauptsächlich auf das Einbringen von Laserornamenten konzentriert hat, wurde an den lärmgeminderten Sägeblättern konstruktive Änderungen vorgenommen, so z. B. ein deutlich verkleinerter Spanraum, ein dünneres Stammblatt und eine veränderte Schneidengeometrie. Die Entwicklungen gehen auch dahin, dass unterschiedliche Zahnteilungen und verschiedene Schneidengeometrien miteinander kombiniert werden können. Durch eine reduzierte Schneidenbreite verringern sich die Schnittverluste und es treten geringere Schnittkräfte auf (vgl. Bild 6.25).

6.3.2.5 Schleifmittel und Schleifwerkzeuge

Bei der Bearbeitung von Möbelbauteilen werden die Schleifverfahren mit gebundenem Korn (vgl. Abschnitt 2.4.3) angewandt. Als Schleifmittel werden sogenannte Hartstoffkörner verwendet, die den eigentlichen Materialabtrag am Werkstoff vornehmen. Als Hartstoffe werden Materialien mit sehr hoher Härte und hoher Temperaturbeständigkeit bezeichnet. Diese Hartstoffkörner bilden eine geometrisch unbestimmte Schneide. Nach Al-RAWI und PÄHLER müssen Kornwerkstoffe folgende Eigenschaften aufweisen. „Die Anforderungen an den Kornwerkstoff sind sehr vielfältig. So soll er üblicherweise eine ausreichend hohe Härte aufweisen, um das Werkstückmaterial zerspanen zu können. Dabei soll der Kornwerkstoff möglichst thermisch und chemisch beständig sein. Hinzu kommen von der Anwendung abhängige Anforderungen hinsichtlich Kornform und Bruchverhalten. In diesem Zusammenhang wird grundsätzlich zwischen natürlichen und synthetischen Kornwerkstoffen bzw. Schleifmitteln unterschieden."[23] Zu den natürlichen Kornwerkstoffen zählen u. a. Granat, Korund, Quarz und Schmirgel. Zu den synthetischen Kornwerkstoffen zählen der synthetische Korund (Al_2O_3) und das Siliciumcarbid (SiC). Diese werden auch als konventionelle Schleifmittel bezeichnet. Das kubisch kristalline Bornitrid (cBN) und der synthetische Diamant werden auch als hochharte Schleifmittel bezeichnet. Die synthetischen Kornwerkstoffe besitzen i. d. R. eine höhere Härte und Beständigkeit als die natürlichen Kornwerkstoffe, ausgenommen der Diamant.

Als Schleifwerkzeuge werden Schleifbänder, d. h. Schleifmittel auf einer flexiblen Unterlage oder rotierende Schleifkörper, d. h. Schleifmittel in einer Bindematrix zu einem Werkzeug geformt, verwendet. Die Körnung wird durch die Kornart, die Korngröße und die Streuung definiert. Die Kornart ist wesentlich für die Art des zu bearbeitenden Werkstoffes. In der Holzbearbeitung werden vorzugsweise Korunde und Siliziumkarbide verwendet.[24] Die Körnung und die Korngröße bestimmen im Wesentlichen den Materialabtrag und die Oberflächenstruktur. Nach dem FEPA-Standard[25] werden flexible Schleifmittel mit der Kennzeichnung P und der Korngrößenangabe P12 bis P5000 und feste Schleifmittel mit der Kennzeichnung F und der Korngrößenangabe F5 bis F2000 bezeichnet. Die Korngröße wird durch eine Zahl beschrieben, die der Maschenweite eines Prüfsiebes pro Zoll, d. h. 2,54 cm, entspricht, mit dem die Schleifkörner gesiebt werden und durch welches die Schleifpartikel dieser Körnung gerade noch hindurch passen; je höher die Zahl, desto feiner ist die Körnung.

Die Körnungen und verschiedenen Korngrößen können in die Gruppen grob, mittel, fein und sehr fein unterteilt sein. Schleifkörper werden nach DIN ISO 525 bezeichnet[26]. In der Bezeichnung eines Schleifkörpers sind meist solche Angaben enthalten, die die Kornqualität, die Korngröße, die Härte des Korns und die Eigenschaften des Schleifwerkzeuges, z. B. Dichte, Struktur, Gefüge und die Bindungsart, enthalten.

Neben der Korngröße bzw. der Körnung können nach HELLMANN[27] weitere Parameter das Schleifergebnis beeinflussen. Ein derartiger Parameter ist die Dichte der Streuung der Schleifkörner. Die Streudichte kann in geschlossene Streuung und offene Streuung unterschieden werden. Bei einer geschlossenen Streuung befinden

---

23 In [HEI 2014], S. 561

24 [WAG 2008], S. 342

25 FEPA: Federation of European Producers of Abrasives (FEPA), (Europäische Vereinigung der Schleifmittelhersteller)

26 DIN ISO 525 (2022): Schleifkörper aus gebundenem Schleifmittel – Formen, Bezeichnung und Kennzeichnung

27 [HEL 2020], Torben Hellmann, Fachartikel in Zeitschrift BM-online, vom 06. 06. 2020

sich die einzelnen Schleifkörner unmittelbar nebeneinander; es bestehen nur geringe Abstände zwischen den einzelnen Schleifkörnern. Bei einer offenen Streuung sind die Abstände zwischen benachbarten Schleifkörnern etwa so groß wie der Schleifkorndurchmesser oder größer. „Je dichter die Körnung gestreut ist, desto besser wird die geschliffene Oberfläche. Um die Lebensdauer des Schleifmittels zu verlängern, ist eine offenere Streuung zum Schleifen von weicheren Materialien und Holzarten besser."[28] Eine hohe Streudichte führt zu einer geringeren Oberflächenrauheit, gleichsam ist das Zeitspanvolumen, verglichen zur offenen Streuung, größer.

Durch eine Kalibrierwalze oder einen Schleifschuh bzw. ein Andrucksystem kann der Schleifdruck auf die Oberfläche des Werkstückes ausgeübt werden (vgl. Abschnitt 2.4.3). Der erzeugte Schleifdruck und die gewählte Schleifgeschwindigkeit sollten optimal aufeinander abgestimmt werden. „Eine erhöhte Schleifkraft führt zwar zu einem höheren Abschliff, daraus resultiert aber auch eine erhöhte Schleif(band) temperatur. Das hat einen schnelleren Schleifmittelverschleiß zur Folge. Daher gilt die Faustregel: Ab 100 °C Oberflächentemperatur entstehen Brandspuren auf der Holzoberfläche ..."[29] Ist bei der Verwendung eines Druckbalkens bzw. eines Schleifschuhs der Abschliff zu hoch, sollte nach [HEL 2020] die Schnittgeschwindigkeit reduziert und/oder die Vorschubgeschwindigkeit erhöht werden. Ist der Abschliff zu gering, dann sollte die Schnittgeschwindigkeit erhöht und/oder die Vorschubgeschwindigkeit reduziert werden (vgl. Tabelle 6.2).

Tabelle 6.2 Empfohlene Einsatzbedingungen für Schleifbänder

Bearbeitungsart	Art des Schleifens und empfohlene Körnung
Hartholz	Kalibrierschliff: P40 bis P80, (Längs-) Feinschliff: P120 bis P240 und Querschliff: P40 bis P240
Weichholz	Kalibrierschliff: P40 bis P80, (Längs-) Feinschliff: P120 bis P240 und Querschliff: P40 bis P240
Holzwerkstoffe (HDF, MDF, OSB)	Kalibrierschliff: P40 bis P80, (Längs-) Feinschliff: P120 bis P240 und Querschliff: P40 bis P240
Lackzwischenschliff	Füller: P280 bis P600 PU-Lack: P320 bis P400 Lack auf Wasserbasis: P320 bis P400 UV-Lack: P320 bis P400 Hochglanzlack: P400 bis P2500

Angaben nach Fa. Hermes Schleifmittel, [HER 2023], S. 3

[28] [HEL 2020], ebenda

[29] [HEL 2020], ebenda

Die in der Fachliteratur angegebenen Körnungsempfehlungen differieren erheblich, sodass die Angaben der Schleifmittellieferanten zur Anwendung beachtet werden sollten.

6.3.3 Werkzeuge und Aggregate zum Fügen und Nachbearbeiten

In diesem Abschnitt werden Aggregate für das Ankleben und Nachbearbeiten von Schmalflächenmaterial (SFM) sowie ein Konzept zur Beschlagmontage in der CNC-Stationärbearbeitung dargestellt.

Ankleben und Nachbearbeiten von Schmalflächenmaterial

Nach dem CNC-Fräsen der Außenkontur können sich Späne bzw. Staub an der Schmalfläche des Bauteils befinden. Die anhaftenden Späne und Stäube können mittels Druckluft entfernt werden. Derartige Abblasdüsen sind entweder in die Hauptspindel einwechselbar oder fest am Aggregateträger montiert und werden in Arbeitsposition vorgelegt (vgl. Bild 6.26).

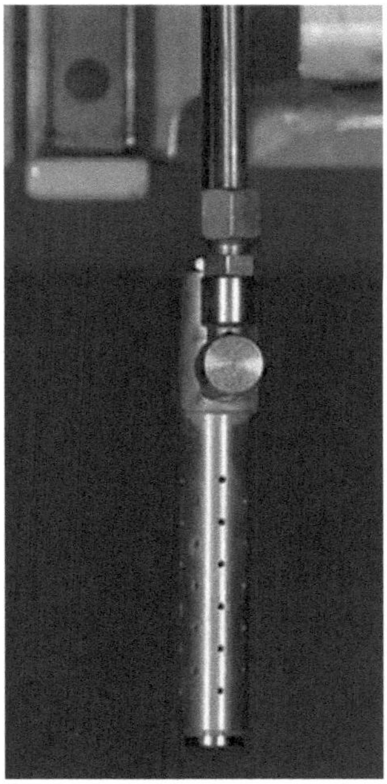

Bild 6.26
Fest angebaute, vorlegbare Abblasdüse an einem CNC-Bearbeitungszentrum

Die Abblasdüse wird mit definiertem Abstand entlang der Kontur bewegt. Als Kontur kann die Fräskontur bzw. Teile der Fräskontur verwendet werden. Der anzugebende Abstand zur Kontur entspricht dabei dem direkten Abstand zwischen Düse und Bauteil. Die Blasdüse wird ebenso wie Bearbeitungswerkzeuge in der Werkzeugdatenbank verwaltet, d. h. Länge und Durchmesser werden über die Werkzeugkorrekturen berücksichtigt.

Für das Ankleben von Schmalflächenmaterial existieren zwei unterschiedliche Konzepte. Für eine hohe Verklebungsleistung wird ein separates, am Ausleger der Maschine befindliches Sonderaggregat verwendet. Dieses Aggregat besteht aus dem Magazin für das Schmalflächenmaterial, der Kappeinrichtung zum Ablängen des SFM sowie das eigentliche Verleimaggregat bzw. die Strahlquelle (vgl. Bild 4.19). Als Technologien sind das Verkleben mit Schmelzklebstoff sowie das Aktivieren der Klebstoffschicht beim Verkleben von vorbeschichtetem SFM im Einsatz. Bei Verklebung mit Schmelzklebstoff wird der Kleber mittels Leimrolle an das Bauteil übertragen. Bei der Klebstoffaktivierung erfolgt eine Direktverklebung, indem die vorbeschichtete Klebstoffschicht mit einer Wärmequelle aktiviert wird. Mit der Kappeinrichtung wird das SFM beim Verkleben auf Länge geschnitten.

Für gelegentliche Verklebungsleistungen sind in die Hauptspindel einwechselbare Verleimaggregate verfügbar (vgl. Bild 4.20). Das Aggregat kann in einem separaten Magazin an der Maschine aufbewahrt und aufgeheizt werden. Nach dem Einwechseln des Aggregates muss das vorabgelängte Schmalflächenmaterial vom Maschinenbediener manuell eingeführt werden. Eine Rundumverleimung ist hier nicht möglich.

Nach Ausführung der Verklebung sind vorn bzw. hinten noch Schmalflächenüberstände vorhanden, die gekappt werden müssen. Das Kappen kann mit drehbaren Kreissägeaggregaten erfolgen (vgl. Bild 6.27).

Bild 6.27 Aggregate zum Kappen des Schmalflächenüberstandes
(1) einwechselbares Spezialaggregat zum getasteten Kappen, (2) einwechselbares und drehbares Kreissägeaggregat

Bei besonderen Anforderungen an die Genauigkeit kann der Einsatz eines getasteten Kappaggregates vorteilhaft sein. Das Aggregat besteht aus zwei Kappsägen mit je zwei Tastkufen (vgl. Bild 6.27, Pos. 1). Damit kann die Kappposition exakt lokalisiert werden und bündig gekappt werden. Bei normalen Anforderungen kann auch ein drehbares Sägeaggregat mit geeignetem Sägeblatt (vgl. Bild 6.27, Pos. 2) verwendet werden.

Nach dem Kappen schließt sich das Bündigfräsen an. Dazu kann ein Kombinationsaggregat mit einem Bündigfräser und einer Ziehklinge verwendet werden (vgl. Bild 4.21).

Aggregate zur Nachbearbeitung von Werkstücken

Für das nachträgliche Einbringen von Nuten und Falzen sowie das Eckenausklinken sind einwechselbare Aggregate verfügbar. Des Weiteren sind unterschiedliche Bearbeitungsaggregate für die Bearbeitung der Bauteilschmalflächen, z. B. Horizontalfräsaggregate, in diversen Ausführungen verfügbar. Beim nachträglichen Einbringen von Nuten in die Bauteilbreitfläche werden vorzugsweise Nutsägen im Gleichlauf verwendet. Die Zahnbreite entspricht der Nutbreite; bei Nutbreite > Zahnbreite sind mehrere Schnitte notwendig. Für das Erzeugen von Falzen kann ein HW-WPL-Scheibenfräser verwendet werden. Um Ausrisse an den Bauteilflächen zu vermeiden, verfügen derartige Scheibenfräser über Vorritzschneiden. Hinsichtlich der Einsatzbedingungen ist das Fälzen ein Stirn-Umfangs-Planfräsen (vgl. Bild 6.28).

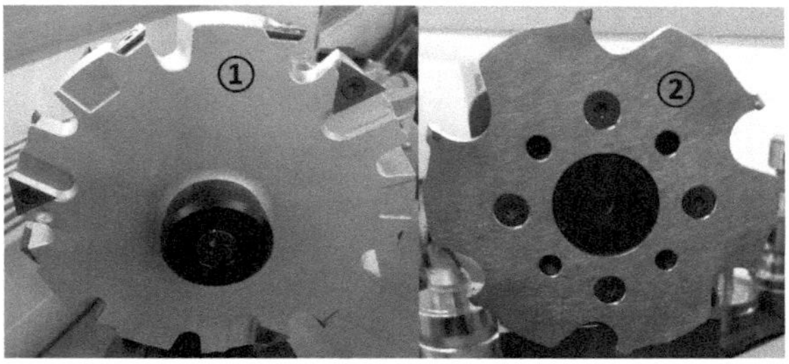

Bild 6.28 Einwechselbare Nutfräsaggregate
(1) HW-bestücktes Falzfräsaggregat, (2) Nutfräser für Clamex-P-Verbinder

Beim Erzeugen von rechteckigen Öffnungen in Bauteilen entstehen werkzeugbedingt Eckenradien. Diese Eckenradien können mit einem speziellen Fräsaggregat zum Eckenausklinken entfernt werden. Dazu muss eine Öffnung vorliegen, damit der Fräser durch das Bauteil tauchen kann und im Gleichlauf die Werkzeugrundung entfernen kann.

6.3.4 Werkzeugaufnahmen und Spindelschnittstellen

Als Werkzeugschnittstelle wird die Grenze zwischen dem Werkzeug bzw. dem Bearbeitungsaggregat und der Bearbeitungsmaschine definiert. Diese Grenze wird im Allgemeinen durch den Werkzeugeinstellpunkt charakterisiert (vgl. Abschnitt 6.2.5.1).

Die Hauptspindel besitzt am unteren Ende ein Werkzeugspannsystem, mit dem das Werkzeug oder das Aggregat in der Spindel gespannt wird. Während der Bearbeitung können Kräfte in radialer, tangentialer und axialer Richtung auftreten. Das Werkzeug bzw. das Aggregat müssen in der Hauptspindel fixiert werden, um das Drehmoment des Motors sicher auf das Werkzeug übertragen zu können. Eine Werkzeugaufnahme hat demzufolge zwei Funktionen, so die Anpassung an die Hauptspindel und die Anpassung an das Werkzeug (vgl. Bild 6.29).

Bild 6.29 HSK63-Werkzeugaufnahme zur Anpassung des Werkzeuges an die Hauptspindel, Darstellung mit geöffneter Überwurfmutter

Durch die Ausstattung der Arbeitsspindel wird der Typ der Werkzeug- bzw. Aggregataufnahme definiert.

Für die Bearbeitung von Holz- und Holzwerkstoffen werden bevorzugt die Werkzeugaufnahmen Zylinderschaft Ø25, Steilkegel SK30 bzw. SK40 und der Hohlschaftkegel HSK63 verwendet. Bei einwechselbaren Bearbeitungsaggregaten hat sich die HSK-Schnittstelle im Wesentlichen durchgesetzt.

Werkzeugaufnahme für einen zylindrischen Schaft mit Ø 25 mm

Werkzeugaufnahmen für 25er-Zylinderschaft werden bei festbestückten Hauptspindeln mit manuellem Werkzeugwechsel verwendet. Es sind im Wesentlichen zwei Systeme im Einsatz. Die Werkzeugaufnahme an der Hauptspindel besitzt eine Überwurfmutter mit einer Spannzange (vgl. Bild 6.29). Zum Wechsel des Werkzeuges wird die Hauptspindel arretiert und die Überwurfmutter gelöst. Nach dem Wechsel des Werkzeuges wird die Überwurfmutter wieder angezogen und die Spindelarretierung aufgehoben. Zur Anpassung an das Werkzeug werden durchmesserspezifische Spannzangen verwendet. Im Allgemeinen können Werkzeuge mit Durchmessern von 3 mm bis 25 mm eingesetzt werden. Bei der Spindelausführung mit einem Hydro-Spannsystem befindet sich am Werkzeugaufnahmepunkt der Spindel ein Spannsystem für

Werkzeuge mit Schaftdurchmesser 25 mm. Hydro-Spannsysteme verwenden ein inkompressibles Medium, welches den Schließdruck beim Spannen des Werkzeuges gleichmäßig verteilt und somit das Werkzeug auf die Spindelmitte zentriert. Zum Entspannen der Werkzeugaufnahme wird die Verschlussschraube geöffnet und damit der Schließdruck abgebaut. Nach dem Einsetzen des Werkzeuges wird der Schließdruck wiederaufgebaut.

Werkzeugaufnahme mit Steilkegelschaft SK30, SK40

Werkzeugaufnahmen mit einem Steilkegelschaft werden hauptsächlich für CNC-Maschinen mit automatischem Werkzeugwechselsystem verwendet. Je nach Einsatzfall werden SK30 bzw. SK40 empfohlen. Die Zahlengruppe in der Bezeichnung gibt die Durchmessergruppe an. Typisch für diese Werkzeugaufnahme ist der sogenannte Einzugbolzen am oberen Ende des Schaftes, mit dem das Werkzeug in der Arbeitsspindel gehalten wird (vgl. Bild 6.8). Durch eine ausreichende Flächenpressung der Steilkegelflächen von Werkzeugaufnahme und Arbeitsspindel wird das Werkzeug sicher fixiert. Die Anzugkraft, mit der die Werkzeugaufnahme eingezogen wird, ist wesentlich für den Festsitz des gesamten Werkzeuges. Der ISO-Steilkegel SK40 wird vorzugsweise beim Fräsen von Massivholz verwendet. Unter bestimmten Bearbeitungsbedingungen werden Steilkegel-Werkzeugaufnahmen benötigt, die einen besseren Festsitz in der Spindel benötigen. Unter den Bezeichnungen BT30 bzw. BT40 sind Steilkegelaufnahmen verfügbar, die maßlich in etwa gleich zum Steilkegel sind, aber einen etwas steileren und kürzerem Kegel aufweisen.

Werkzeugaufnahme mit Hohlschaftkegel (HSK63)

Der Hohlschaftkegel hat einen breiten Auflageflansch, mit dem die Werkzeugaufnahme an der Hauptspindel fixiert wird (vgl. Bild 6.29). Die Werkzeugaufnahme wird im Inneren mit einem drehbaren Konus gehalten. Damit wird bewirkt, dass sich die Werkzeugaufnahme beim Werkzeugwechsel leichter lösen lässt. HSK-Werkzeugaufnahmen werden vorzugsweise bei hohen Drehzahlen $n > 16000\ \mathrm{min}^{-1}$ bzw. hohen Prozesskräften in der Bearbeitung verwendet. Aufgrund des kurzen Kegelstumpfes und der damit geringeren Aushublänge kann der Werkzeugwechsel bei HSK-Aufnahmen, im Vergleich zu den SK-Aufnahmen, zügiger erfolgen. Die Spanngenauigkeit wird hauptsächlich durch den Flansch und nicht unbedingt durch die Flächenpressung der Kegelflächen erreicht. Durch die Hohlwelle können u. U. Daten vom Werkzeug abgerufen werden.

Schnittstelle zur Anpassung an das Werkzeug

Hinsichtlich der Anpassung an das Werkzeug existieren verschiedene Ausführungen für Werkzeugaufnahmen, so z. B. für Schaftwerkzeuge und für Werkzeuge mit Bohrungen. Bei Werkzeugaufnahmen mit Dorn für die Aufnahme von Werkzeugen mit Bohrung ist der Dorndurchmesser D = 30 mm vorzugsweise im Einsatz. Bestimmte

Werkzeuge werden aufgrund ihrer Größe bzw. des Werkzeuggewichtes nicht mit einer Werkzeugaufnahme versehen; hier ist der Werkzeugschaft z. B. als HSK-Aufnahme ausgebildet.

Zum Spannen von Schaftwerkzeugen sind verschiedene Systeme verfügbar. Sehr weit verbreitet ist die Anpassung an den Werkzeugschaft mittels einer Spannzange. Die Spannzangen sind für Werkzeugschäfte von 3 bis 25 mm verfügbar. Durch Anziehen der Überwurfmutter schließt die Spannzange und zentriert das Werkzeug. Bei längerem Gebrauch können sich Späne in den Schlitzen der Spannzange festsetzen. Spannzangen werden als Massenartikel hergestellt und können dadurch bestimmte Toleranzen aufweisen. Im hohen Drehzahlbereich einer Hauptspindel sind eine hohe Wuchtgüte der Werkzeuge und ein geringer Rundlauffehler erforderlich. Bei Untersuchungen von CNC-Werkzeugen wurde der Rundlauffehler gemessen. Bei einem mit einer Spannzange fixierten Messdorn wurde ein Rundlauffehler von 0,02 mm festgestellt.

Hydro-Spannsysteme

Bei den Hydro-Spannsystemen befindet sich im Inneren der Werkzeugaufnahme eine umlaufende Kammer, die mit einem inkompressiblen Medium gefüllt ist. Dieser Hohlraum hat eine sehr dünne Wandung nach innen zum Werkzeug hin. Wird nun dieses Medium, z. B. Fett oder Öl, in der Kammer unter Druck gesetzt, breitet sich der Druck umlaufend und gleichmäßig in dieser Kammer aus. Die dünne Wandung zum Werkzeug wird dadurch leicht ballig und presst somit das Werkzeug in der Aufnahme fest. Außerdem wird das Werkzeug durch den gleichmäßig umlaufenden Druck in der Aufnahme zentriert. Zum Lösen des Werkzeuges wird die Kammer entlüftet. Hydro-Spannsysteme werden bevorzugt für das schnelle Auswechseln voreingestellter Werkzeuge mit hohen Anforderungen an den Werkzeugrundlauf oder beim Hochgeschwindigkeitsfräsen (HSC) eingesetzt (vgl. Bild 6.30).

Bild 6.30
Hydro-Spannsysteme PS2000 mit HSK63-Schnittstelle und eingespanntem PKD-Fräser

Werkzeugaufnahmen für hohe Beanspruchungen und hohen Rundlauf

In der Holzbearbeitung haben sich zwei Präzisionsspannsysteme für Schaftwerkzeuge etabliert. Als Funktionsprinzip wird z. B. die Wärmeausdehnung metallische Körper benutzt. Dabei wird die Außenform, d. h. die Werkzeugaufnahme, erwärmt und dehnt sich dabei aus. Anschließend wird das Werkzeug bei Raumtemperatur in die Werkzeugaufnahme eingesetzt. Bei Abkühlung auf Raumtemperatur schrumpft die Außenkontur und fixiert das Werkzeug. Das Spannsystem wird als Schrumpfspannsystem ThermoGrip® bezeichnet. Bei einem zweiten Funktionsprinzip wird eine Innenkontur der Werkzeugaufnahme mit der Form eines sphärischen Dreiecks durch äußere Kräfte so verformt, dass die sphärische Kontur zu einem Kreis deformiert wird. Nachdem das Werkzeug eingesetzt wurde, werden die äußeren Kräfte abgestellt und somit wird der Schaft durch die elastischen Rückstellkräfte des gehärteten Stahles gespannt. Das System wird als Kraftschrumpffutter Tribos® bezeichnet.

6.3.5 Werkzeugidentifikationssysteme

Da meist mehr Bearbeitungswerkzeuge als Plätze im Werkzeugmagazin vorhanden sind, kann es durch Fehlbestückung zu Problemen bzw. Schäden am Bauteil kommen. Das CNC-Programm veranlasst das Einwechseln des Werkzeuges vom konkret programmierten Platz im Werkzeugmagazin. Befindet sich aber ein falsches Werkzeug auf genau diesem Platz, dann wird das falsche Werkzeug eingewechselt und mit den nicht richtigen Korrekturdaten verwendet, z. B. durch fehlerhafte Zuordnung von Werkzeug und Korrekturdaten. Um diesen Effekt zu vermeiden, kann man ein sogenanntes Werkzeugidentifikations- und Managementsystem (WMS) verwenden. Bei einem derartigen System kann man am Werkzeug bzw. an der Werkzeugaufnahme einen RFID-Chip befestigen. Auf diesem RFID-Chip können die Identifikationsdaten, z. B. Werkzeugnummer und Werkzeugtyp, die Korrekturdaten mit Längen- und Radiuskorrekturwert und eventuelle Versatzmaße sowie die Einsatzparameter, z. B. die Drehrichtung, die Mindestdrehzahl, die Maximaldrehzahl und die Vorzugsdrehzahl, enthalten sein. Da in solchen Systemen meist nur numerische Daten verwendet werden, besitzen die Werkzeuge frei wählbare Werkzeugnummern. Das Werkzeug kann sich auf einem beliebigen Platz im Werkzeugmagazin befinden, d. h. eine chaotische Sortierung. Durch einen maschineninternen Leselauf werden alle im Magazin befindlichen Werkzeuge identifiziert. Die zu den jeweiligen Werkzeugen gehörigen Korrekturdaten werden vom Chip in den betreffenden Werkzeugkorrekturspeicher der CNC-Steuerung übertragen, d. h. eine Aktualisierung der Zuordnung zwischen Werkzeug und Korrekturdaten (vgl. Abschnitt 5.2.6). Neben den Korrekturdaten können auch weitere Daten für den Werkzeugeinsatz, z. B. Daten für die Zustellbewegung zum Material bzw. technologische Daten, z. B. Schnitt- und Vorschubwerte, auf dem Chip gespeichert und in die CNC eingelesen werden.

Die Werkzeugidentifikation kann ein eigenständiges System oder ein Teil des Werkzeug-Management-Systems sein.

6.3.6 Werkzeugmanagement

Die zeit-, mengen- und qualitätsgerechte Bereitstellung von Fertigungsmitteln, z. B. Maschinen und Fertigungshilfsmittel wie Werkzeuge, Spannvorrichtungen, Mess- und Prüfmittel, an den jeweiligen Arbeitsplätzen ist für eine reibungslose und wirtschaftlich-effektive Fertigung von besonderer Bedeutung. Kann ein geplanter Arbeitsgang aufgrund fehlender Werkzeuge bzw. Vorrichtungen nicht planmäßig beginnen, entstehen unnötige Kosten durch Stillstände oder auch Kapazitätsengpässe im Fertigungsdurchlauf. Das Werkzeugmanagement durchdringt dabei alle Unternehmensebenen (vgl. Bild 6.31).

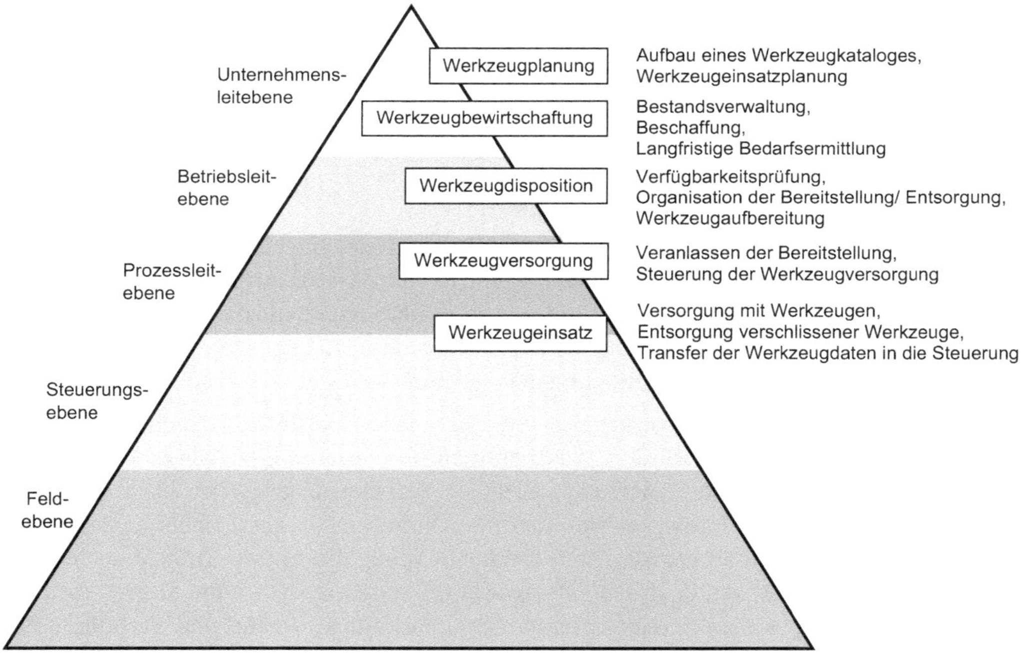

Bild 6.31 Einordnung des Werkzeugwesens in die betriebliche Ebenenstruktur, in Anlehnung an [WEC 2006], S. 446

Auf der Unternehmensebene findet die Werkzeugplanung statt, bei der die für die Bearbeitungsprozesse notwendigen Werkzeuge firmenintern und abhängig von den Bearbeitungsmaschinen geplant werden. Das geschieht häufig über eine entsprechende Werkzeugdatenbank.

Für die technologischen Operationen werden dann die Werkzeuge aus dieser Datenbank festgelegt. Durch das ERP-System wird der längerfristige Bedarf an Werkzeugen bestimmt, der Bestand an Werkzeugen geführt und Ersatzwerkzeuge beschafft. In der Fertigungsleitebene werden im Rahmen einer kurz- bis mittelfristigen Planung die auftragsbezogenen Werkzeugbedarfe disponiert und die zeitgerechte Bereitstellung, d. h. die Werkzeugversorgung, an den Maschinen koordiniert. Vom Grundsatz her sind Unterscheidungen in Bearbeitungswerkzeuge und Bearbeitungsaggregate zu treffen. Je nachdem, in welchem Aggregat bzw. der Hauptspindel diese Werkzeuge verwendet werden, müssen die Werkzeuge über geeignete Werkzeugschäfte, geeignete Werkzeugaufnahmen oder separate Spannsysteme verfügen. Die Hauptspindel einer CNC-Holzbearbeitungsmaschine verfügt über ein spezielles Aufnahmesystem für Bearbeitungswerkzeuge, da die Werkzeuge mit unterschiedlichen Schaftdurchmessern nicht direkt in der Spindel gespannt werden können. Bei fest an der CNC-Maschine montierten Aggregaten müssen die Bearbeitungswerkzeuge für das Aggregat eine entsprechende Werkzeugaufnahme besitzen. Bei Mehrspindelbohrköpfen benötigen die Bohrer spezielle Schnellspannadapter, die die Bohrer in der Aufnahme fixieren und einen schnellen Werkzeugwechsel ermöglichen. Bei Aufruf eines Werkzeuges im CNC-Programm können dann automatisch die Versatzmaße, d. h. der X-Y-Versatz zum Nullpunkt des Aggregates und die Längenkorrektur des Werkzeuges aktiviert werden.

Lebenszykluskosten von Werkzeugen

Die werkzeugherstellende Industrie und der Werkzeugfachhandel bieten verschiedenste Bearbeitungswerkzeuge für die Holzbe- und -verarbeitung an. In besonderen Fällen sind Werkzeuge kunden- und technologiebezogen neu zu entwickeln. Da Standardwerkzeuge in der Regel in hohen Stückzahlen gefertigt werden, können diese Werkzeuge zu günstigen Bedingungen eingekauft werden.

Der Lebenszyklus eines Werkzeuges umfasst mehrere, kostenverursachende Phasen. In der Planungsphase werden zwischen dem Kunden und dem Werkzeughersteller Absprachen zur Neuentwicklung spezieller Werkzeuge getroffen. Typischerweise wird ein Werkzeug entwickelt und unter den vom Kunden beschriebenen Bedingungen und Werkstoffen erprobt. Erfüllt das Werkzeug die Anforderungen, erfolgt die endgültige Konstruktion, d. h. die Realisierungsphase. Dabei werden diverse Parameter optimiert, wie z. B. Schneidenanordnung/Gestaltung, Größe und Verteilung der Spanräume sowie die Rundlaufeigenschaften. Mit dem Kauf des Werkzeuges erhält der Kunde die Betriebs- und Nutzungsanleitung und es beginnt die Nutzungsphase. Während der Nutzung muss das Werkzeug nachgeschliffen werden, wenn der Verschleiß den zulässigen Wert erreicht hat. Dazu geht das Werkzeug zur Instandhaltung zum Schärfdienst, sofern es nachschärfbar ist. Sogenannte Einwegwerkzeuge sind nicht schärfbar. Beim Erreichen des Standzeitendes endet der Nutzungszyklus und es folgt die Entsorgung bzw. das Recycling.

Es erweist sich als sinnvoll, die Gesamtkosten des Lebenszyklus zu betrachten. Ob und in welcher Höhe Kosten für die Werkzeugneuentwicklung anfallen, soll hier nicht weiter berücksichtigt werden. Ein wesentlicher Kostenfaktor ist der Schneidstoff des Werkzeuges. Mit zunehmender Härte und Verschleißfestigkeit der Werkzeugschneiden steigen die Kosten für die Anschaffung und Instandhaltung von Werkzeugen, da der technische Aufwand zum Schärfen deutlich höher ist. Für die Kostenbilanz ist die Summe aus den Anschaffungskosten plus der Anzahl der möglichen bzw. technisch sinnvollen Nachschärfungen, multipliziert mit den Kosten je Schärfung, zu bilden. Bei massenhaft hergestellten Standardwerkzeugen mit einfachen Schneidengeometrien rechtfertigt der geringe Anschaffungspreis meist keine Nachschärfung. Solche Werkzeuge sollten entsprechend bevorratet werden. In diesem Zusammenhang kann das Lebenszyklusmodell nach [VDMA 34160] von Interesse sein.

6.4 Vorrichtungen und Spannmittel

6.4.1 Maschineneigene Bauteilspannsysteme an CNC-Holzbearbeitungsmaschinen

Nach HIRSCH ist eine Vorrichtung ein „… Fertigungshilfsmittel, mit deren Hilfe eine definierte Lage eines (oder mehrerer) Werkstückes(-e) zur Werkzeugmaschine bestimmt und durch Spannkräfte gesichert wird, um eine genaue wirtschaftliche Fertigung zuverlässig zu gewährleisten.“[30] Vorrichtungen können dabei unterschieden, in:

- Standard- bzw. Universalvorrichtungen, die für Gruppen von Werkstücken mit unterschiedlichen Abmessungen und Formen verwendet werden können,
- Spezial- bzw. Sondervorrichtungen, die für eine spezielle Werkstückform entwickelt und gefertigt wurden sowie
- Baukastenvorrichtungen bzw. modular kombinierbare Vorrichtungselemente, die nach der Anwendung demontiert werden und für folgende Anwendungen neu zusammengesetzt werden können.

Nach [DIN 6300] ist eine Vorrichtung für die Lagefixierung von Werkstücken ein „… Fertigungsmittel, das Werkstücke während des formändernden Fertigungsverfahrens in einer bestimmten Lage, zum Werkzeug gerichtet, fixiert. Die Werkstücke sind dabei wiederholgenau in den Vorrichtungen positioniert und gespannt.“[31] Eine Spannvorrichtung hat zwei wesentliche Aufgaben zu erfüllen. Das aufgenommene Werkstück wird in der vorgesehenen Position fixiert und zu den Vorschubachsen der CNC-Maschine ausgerichtet, d. h. Herstellung des Nullpunktbezuges und der Achsaus-

[30] [HIR 2022], S. 43

[31] [DIN 6300], S. 6

richtung. Des Weiteren ist durch die Vorrichtung zu sichern, dass die Spannposition beim Auftreten von Prozesskräften mit Sicherheit gehalten wird. Werkstückspannvorrichtungen an einer Werkzeugmaschine haben eine definierte Bewegung zwischen Werkzeug und Werkstück sicherzustellen und beeinflussen damit die Genauigkeit und die Bearbeitungsqualität in hohem Maße. Die Haltekraft zum Fixieren des Werkstückes kann erfolgen

- durch Kraftschluss, z. B. mechanisch erzeugte Reibkräfte, magnetische Feldkräfte oder Anlegen eines Vakuums,
- durch Formschluss, z. B. durch die Normalkraft einer Schraubverbindung bzw. Klemmung oder
- durch Stoffschluss, z. B. Einkleben oder Einfrieren.

In der Holzbearbeitung werden die Werkstücke vorzugsweise durch Vakuumspannung und mechanische Klemmung fixiert. Zur Ausrichtung der Spannvorrichtung können z. B. versenkbare Anschläge, achsparallele Nuten im Maschinentisch oder Laser- bzw. Videoprojektionen von Fräskonturen verwendet werden.

In der CNC-Holzbearbeitung sind durchgehende Maschinentische bzw. Bauteilspannsysteme mit Konsolen üblich. „Als Tischkonzepte in Bearbeitungszentren werden Vakuumraster- und Konsolentische ... angeboten. Diese eignen sich besonders zum Spannen plattenförmiger Werkstücke, können aber auch durch vielfältige Spannsysteme prismatische Werkstücke verlässlich spannen. Auf Konsolentischen ist zudem ein vollautomatisches Spannen von Werkstücken möglich, weshalb diese oft bei der Fertigung größerer Stückzahlen von Möbelbauteilen und Fenstern zum Einsatz kommen.“[32]

CNC-Holzbearbeitungsmaschinen sind Sonder- bzw. Spezialmaschinen zur Bearbeitung von plattenförmigen, prismatischen oder Sonderteilen. Je nach geplantem Anwendungsfall wird beim Auftrag für die Herstellung der CNC-Maschine auch die Art und Weise der Bauteilspannung und damit die Tischform festgelegt.

Anforderungen an die Werkstückspannsysteme

Bei den zu bearbeitenden Werkstückgeometrien für Möbelteile handelt es sich vorzugsweise um prismatische oder plattenförmige Teile. Die Spannvorrichtung muss so gestaltet sein, dass die zur Bearbeitung vorgesehenen Flächen und Bereiche für die Werkzeuge kollisionsfrei zugängig sind. Demzufolge können die nicht zu bearbeitenden Flächen und Bereiche zur Werkstückspannung verwendet werden. Soll an allen sechs Werkstückflächen bearbeitet werden, wäre entweder

- ein Umspannen des Werkstückes auf der Maschine, d. h. eine Änderung der Spannposition ohne Veränderung der Werkstückposition, z. B. durch Neupositionieren von Klemmspannern, oder

[32] [KÜZ 2019], S. 19

- eine Mehrstationsbearbeitung, d. h. eine Aufteilung der Bearbeitungsoperationen auf mehrere Spannvorrichtungen auf einer Maschine oder auf mehreren Maschinen, erforderlich. Bei Bearbeitung auf mehreren Maschinen muss sichergestellt sein, dass alle erforderlichen Bearbeitungen in ihrer Gesamtheit der geforderten Qualität und Genauigkeit entsprechen.

Die Formen und Abmessungen der Werkstücke können sehr vielfältig sein. Deshalb kann es möglich sein, dass ein Werkstück mit dem maschineneigenen Werkstückspannsystem nicht sicher fixiert werden kann. Diesem Problem kann man abhelfen, indem anstelle eines Werkstückes eine zusätzliche Adapter-Werkstückspannvorrichtung gespannt wird. Eine Adapter-Spannvorrichtung ist eine zusätzliche Spannvorrichtung zur Anpassung der Spannmöglichkeiten am Werkstück mit den Spannmöglichkeiten des maschineneigenen Spannsystems. Grundsätzlich sollte unterschieden werden, ob es sich um eine Werkstückdirektspannung, d. h. mit dem maschineneigenen Werkstückspannsystem oder eine Werkstückspannung mit einem zusätzlichen Adapter-Spannsystem, d. h. zusätzliches Spannsystem in Ergänzung zum Maschinenspannsystem, handelt.

Im nachfolgenden Bild ist eine Übersicht der in der Holzbearbeitung verwendeten maschineneigenen Werkstückspannsysteme dargestellt (vgl. Bild 6.32).

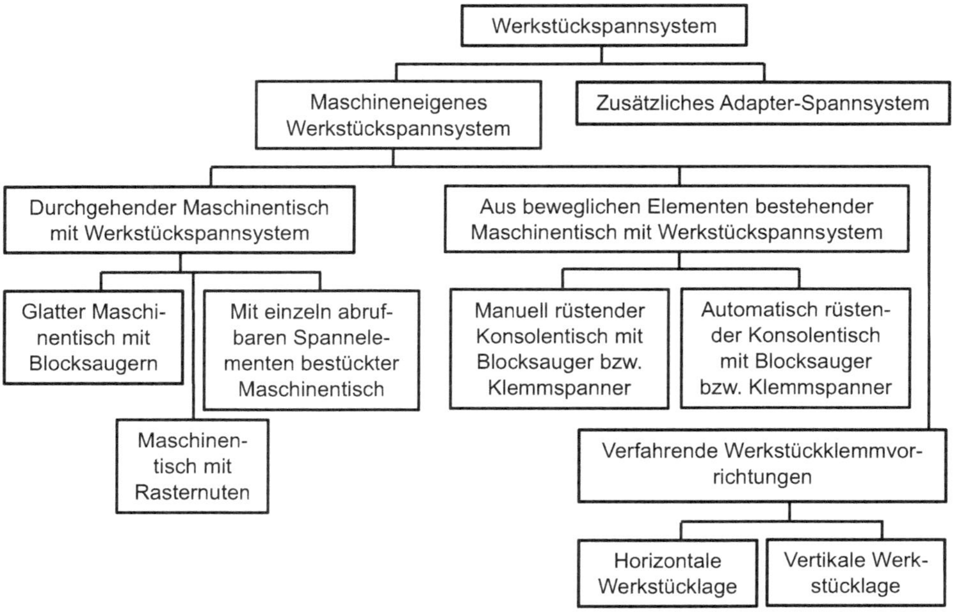

Bild 6.32 Übersicht der maschineneigenen Werkstückspannsysteme

Hinsichtlich der Ausbildung des Maschinentisches lassen sich durchgehende Maschinentische, aus beweglichen Einzelelementen bestehende Maschinentische, Hybridausführungen von durchgehendem Tisch und beweglichen Einzelelementen sowie verfahrende Werkstückklemmvorrichtungen unterscheiden.

Bei einem durchgehenden Maschinentisch mit glatter Oberfläche werden die Werkstücke mit freipositionierbaren Blocksaugern fixiert. Das Ausrichten des Werkstückes kann über versenkbare Anschläge, mechanische Anschlaghilfen oder Laser- bzw. Videoprojektion erfolgen. Neben dem Ausrichten des Werkstückes sind die Blocksauger zwischen Tisch und Werkstück so zu positionieren, dass eine konfliktfreie Bearbeitung möglich ist. Eine derartige Werkstückspannung kann bei großformatigen Werkstücken mit Freiform-Außenkonturen verwendet werden, z. B. bei Schreibtischarbeitsplatten.

Als weitere Form des durchgehenden Maschinentisches sind sogenannte Rasternutentische im Einsatz. Die Nuten werden i. d. R. achsparallel in X- und Y-Richtung in einem bestimmten Rasterabstand mit der CNC-Maschine eingefräst. Als Werkstoff für Rasternutentische werden speziell verleimte Sperrholzplatten oder Rastertische aus Aluminium verwendet. Die Rasterabstände, z. B. 27,5 mm oder 30 mm, sind i. d. R. herstellerabhängig. Als Nutformen kommen Rechtecknuten bzw. T-Nuten zum Einsatz (vgl. Bild 6.33).

Bild 6.33 Rasternutentisch aus Spezialsperrholz mit einem Rasterabstand von 27,5 mm mit einem direkt gespannten Rohteil

Durch Einlegen eines speziellen Moosgummi-Dichtbandes in die Nuten unterhalb des Bauteils kann eine relativ große Vakuumspannfläche zum Fixieren des Bauteiles geschaffen werden. In diesen Tischen sind spezielle Öffnungen vorhanden, an denen das Vakuum verfügbar ist. Zur Funktion der Vakuumspannung muss eine dieser Öffnungen im Bereich der geplanten Spannfläche liegen. Das Prinzip der Vakuumspannung mit dem Rasternutentisch wird z. B. in der Nesting-Bearbeitung verwendet (vgl. Bild 4.12). Da bei einer Nesting-Bearbeitung die Bauteile an der Außenkontur ausgefräst werden, darf das Werkstück nicht direkt auf den Tisch gespannt werden. In diesem Fall wird zwischen dem Maschinentisch und dem Material eine luftdurchlässige Opfer- bzw. Schonplatte gespannt. Durch Verwendung von speziellen Kunststoff-Distanzstücken bzw. flexiblen Distanzspannbändern kann das Bauteil auf dem Rasternutentisch fixiert werden, ohne dass es direkt auf dem Tisch aufliegen muss.

Beim Rasternutentisch mit T-Nuten können T-Nutensteine eingesetzt werden. Mit diesen Nutensteinen können Klemmspanner zum direkten Spannen von Werkstücken bzw. Adapterspann-Vorrichtungen auf dem Maschinentisch fixiert werden.

Als Sondertischformen werden Maschinentische bezeichnet, auf denen ein Spannsystem, bestehend aus vielen Einzelspannflächen, fest installiert ist. In der Regel sind derartige Maschinentische komplett mit den Einzelspannflächen belegt. Diese Spannflächen sind in einem bestimmten Raster angeordnet und können programmgesteuert einzeln angewählt werden.

Durch eine vollflächige Auflage des Werkstückes kann eine hohe Z-Konstanz bei der Bearbeitung erreicht werden. Im einfachen Fall können die Bauteile direkt auf dem Tisch gespannt werden. Bei glattem Tisch und Rasternutentisch werden die Spannkräfte vorzugsweise mit dem Vakuum erzeugt. Beim T-Nutentisch werden die Teile vorzugsweise mechanisch geklemmt. Um Bauteile aus Zuschnitten herauszutrennen bzw. zu umfräsen, muss das Bauteil zusätzlich auf eine Schonplatte/Opferplatte gespannt werden. Bauteile aus relativ porösem Material lassen sich schlecht mit Vakuum spannen. Mit relativ geringem Aufwand kann sich der Anwender an das Werkstück angepasste Spannschablonen selbst herstellen. Zur Kontrolle der sicheren Bauteilspannung wird die Höhe des Unterdruckes durch einen Druckwächter permanent kontrolliert. Fällt das Vakuum kurzzeitig unter den zulässigen Wert, d. h. unter 60 %, löst die Steuerung einen Programmabbruch aus.

Bei den aus beweglichen Einzelelementen bestehenden Maschinentischen handelt es sich um in Maschinenlängsrichtung, d. h. in X-Richtung bewegliche Konsolen, auf denen verschiebbare Spannelemente, z. B. Vakuumspannelemente oder Klemmelemente, zur Werkstückspannung verwendet werden. Als Maschinentisch fungieren mehrere Konsolen, auf denen frei positionierbare Blocksauger bzw. Klemmspanner angeordnet sind (vgl. Bild 6.34).

Bei den Vakuum-Blocksaugern wird mit Vakuum und einem Zweikreis-Spannsystem der Blocksauger selbst sowie das Bauteil auf dem Blocksauger gespannt. Anstelle der oberen Vakuumspannfläche kann zum Spannen von Rahmenteilen eine mit Vakuum betriebene Klemmeinrichtung verwendet werden.

Bild 6.34 Automatisch rüstender Konsoltisch mit Vakuum-Blocksaugern und Vakuum-Klemmspannern für Konsoltische

(1) Blocksauger vom Typ 1 mit Spannfläche XxYxZ = 75x125x100 mm, (2) Blocksauger vom Typ 0 mit Spannfläche XxYxZ = 160x115x100 mm, (3) Klemmspanner mit Spannbereich von 10 mm bis 100 mm

Es existiert eine relativ große Vielfalt handelsüblicher Spannaufsätze, sodass die Konsolen mit verschiedenen Spannaufsätzen bestückt werden, z. B. in Größe und Orientierung der Spannflächen bzw. der mechanischen Klemmung. Als wesentliches Unterscheidungsmerkmal der Konsolentische kann das Rüsten des Maschinentisches verwendet werden. Bei der rechnergestützten CNC-Programmierung können die Positionen der Spannmittel vorab berechnet und mit dem CNC-Programm zusammen ausgegeben werden. Bei einem manuell zu rüstenden Spannsystem können die Soll-Spannpositionen als Positionsmaße ausgegeben oder mittels LED angezeigt werden, z. B. bei sogenannten LED-Rüsthilfen. Das Bauteilrüsten der Maschine erfolgt manuell durch den Maschinenführer.

Bei automatisch rüstenden Maschinentischen werden nach dem Programmstart die noch leeren Konsolen und Blocksauger programmgesteuert positioniert. Dabei ist die Maschine im NC-Halt-Betrieb. Anschließend werden die Werkstücke aufgelegt und die Stationen gespannt. Mit der Freigabe der Maschine durch NC-Start erfolgt die Programmfortsetzung.

Gegenüber dem durchgehenden Maschinentisch kann man mit einem Konsolentisch die Werkstückspannung schneller auf unterschiedliche Abmessungen anpassen. Des Weiteren ist es einfacher möglich, in den Bauteilschmalflächen bzw. in der Lücke zweier benachbarter Bauteile zu bearbeiten. Nachteilig ist, dass das Werkstück nicht vollflächig aufliegt. Das Spannen von Schmal- und Kleinteilen kann problematisch sein. Je nach Arbeitsfeldgröße der CNC-Maschine sind pro Tischhälfte[33] i. d. R. drei oder vier Konsolen verfügbar. Bei großen Abständen der Konsolen zueinander kann sich das Material durch sein Eigengewicht nach unten durchbiegen. Damit können Genauigkeitsprobleme u. U. in den Z-Bearbeitungspositionen entstehen.

Bei CNC-Stationärbearbeitungsmaschinen in Portalbauform wird eine Achsbewegung durch den Maschinentisch realisiert (vgl. Abschnitt 5.4.3.4). Mit einem beweglichen

[33] Das Arbeitsfeld einer CNC-Holzbearbeitungsmaschine ist in der Regel in zwei separat bedienbare Hälften (linke und rechte Tischhälfte) geteilt.

Maschinentisch werden relativ große Massen bewegt. Die daraus resultierenden Massenträgheitskräfte begrenzen die möglichen Achsbeschleunigungen bzw. die Achsgeschwindigkeiten. Durch eine Masse-Reduktion kann eine bessere Dynamik der bewegten Teile erreicht werden. So entstanden Maschinen, die über keinen tatsächlichen Maschinentisch verfügen. Die Werkstücke werden in einer Klemmvorrichtung gespannt und mit dieser Vorrichtung bei der Bearbeitung bewegt (vgl. Bild 5.54 und 5.55). Anfänglich wurden damit Maschinen für die Bearbeitung prismatischer Werkstücke ausgestattet. Zwischenzeitlich sind CNC-Maschinen im Einsatz, mit denen auch plattenförmige Werkstücke in einer beweglichen Klemmvorrichtung bearbeitet werden können. Bei horizontaler Werkstückspannung kann durch die Bearbeitung in der Breitfläche eine Kragwirkung am freien Ende des Werkstückes entstehen. Dieses würde größere Toleranzen in der Z-Tiefe bewirken. Deshalb liegt i. d. R. das freie Ende des Werkstückes während der Bearbeitung auf einem Anschlag auf. Der Vorteil bei dieser Bauteilspannung liegt darin, dass beide Breitflächen und die Schmalflächen, ausgenommen die Bereiche der Werkstückklemmung, bearbeitet werden können. Aufgrund der geringen bewegten Massen können höhere Positioniergeschwindigkeiten, ohne Beeinträchtigung der Bearbeitungsqualität, erzielt werden. Speziell in der Bohrbearbeitung ergeben sich daraus zeitliche Vorteile. Bei der vertikalen Klemmung steht das Werkstück senkrecht in der Bauteilführung. Damit können beide Breitflächen und drei Schmalflächen bearbeitet werden.

6.4.2 Zusätzliche Adapter-Spannsysteme

Die Adapter-Spannsysteme müssen in Verbindung mit dem maschineneigenen Spannsystem die Werkstücke für die Bearbeitung lagesicher fixieren. Das schnelle und präzise Spannen und Ausrichten von Werkstücken spielt eine wichtige Rolle, um die Leistungsfähigkeit und Performance des Prozesses auszuschöpfen. Adapter-Spannvorrichtungen müssen zum Werkstück und zur Bearbeitungssituation passen. Je nach Bearbeitungsverfahren und Werkstück bieten sich verschiedene Systeme an, die das Werkstück prozesssicher auf der Maschine spannen. Insbesondere die Form der Bauteile spielt für die Entscheidung eine wichtige Rolle. Bei der Entwicklung von Werkstückspannsystemen werden vor allem zwei Ansprüche deutlich, so die Fähigkeiten zum zügigen Umrüsten und die Erhöhung der Flexibilität des Werkstückspannens durch modulare Baukastensysteme.

Das maschineneigene Spannsystem ist für die wesentlichen Spann- und Bearbeitungsaufgaben konzipiert. Durch Veränderungen in den Teilen bzw. Produkten oder bei einer Sortimentserweiterung kann das maschineneigene Spannsystem u. U. diese Aufgaben nicht bzw. nicht vollständig abdecken.

Soll das Werkstück an der Außenkontur formatiert werden, taucht die Fräserspitze nach -Z unter das Werkstück ein. In diesem Fall kann zwischen Werkstück und Maschinentisch eine Opferplatte untergelegt werden. Die Opferplatte[34] muss werkstoffseitig ausreichend porös sein bzw. durchgehende Öffnungen besitzen, damit das Werkstück samt Opferplatte gespannt wird. Eine weitere Möglichkeit ist das Herstellen einer bauteilbezogenen Spannschablone. Dazu werden in einer Spanplatte entlang der Fräskontur eine Moosgummi-Nut und ein Kanalsystem für die Wegleitung der vorhandenen Luft zwischen Werkstück und Opferplatte eingebracht (vgl. Bild 6.35).

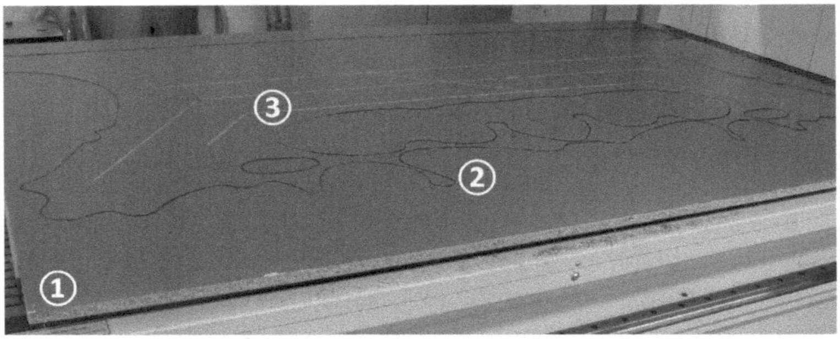

Bild 6.35 Herstellen einer Opferplatte als Spannschablone
(1) direkt gespannte Dekorspanplatte, (2) eingefräster Moosgummi-Dicht-Nut, (3) Vakuum-Kanäle

Diese Spannschablone wirkt wie eine Opferplatte. Es ist auch möglich, zwischen dem Werkstück und dem Maschinentisch anstelle des Moosgummi-Bandes ein flexibles Distanz-Spannband bzw. feste Distanz-Stücke aus einem Baukastensystem entlang der Spannkontur zu legen. Damit liegt das Werkstück nicht mehr direkt auf dem Maschinentisch auf. Werden diese Spannbänder bzw. Distanzstücke nur entlang der Rasternuten eingelegt, können sich dünne Werkstücke durch das Vakuum durchbiegen. Deshalb sind im Inneren der Spannkontur Spann- bzw. Distanzstücke unterzulegen, damit das Werkstück eben aufliegt. Durch die Abstände der Rasternuten bedingt, verringert sich die mögliche Spannfläche. Ist die tatsächliche Spannfläche zu klein, z. B. $A \leq 200 \times 200\,mm^2$, kann das Werkstück durch die Kräfte im Fräsprozess verschoben bzw. verdreht werden. Speziell für lange schlanke und schlecht spannbare Werkstücke empfiehlt sich der Einsatz eines Adapter-Spannsystems. Ein Adapter-Spannsystem kann als Eigenbau hergestellt werden, wenn die Nutzungsfrequenz gering ist. Bei häufiger Nutzung eines derartigen Systems empfiehlt sich die Anschaffung eines flexiblen Adapter-Spannsystems, mit dem möglichst viele verschiedene Bauteilkonturen abgedeckt werden können und das einfach und sicher auf der CNC-Maschine installiert werden kann (vgl. Bild 6.36).

---

[34] Als Opferplatte wird ein Rohmaterial bezeichnet, das zwischen Werkstück und Maschinentisch gespannt wird, um Werkstücke über den gesamten Materialquerschnitt zu bearbeiten, dabei aber den Maschinentisch schützt.

Bild 6.36 Adapter-Spannvorrichtung auf einem Rasternutentisch

Bei Konsolmaschinentischen werden die Werkstücke teilflächig auf den Blocksaugern gespannt bzw. punktweise in Klemmspannern gehalten. Durch die Einzelspannsysteme ist eine hohe Flexibilität in der Bauteilform gegeben. Problematisch sind kleinformatige Teile und Schmalteile. Außerdem können Probleme bei der Z-Konstanz der Bearbeitungen entstehen, wenn großformatige Werkstücke mit wenigen Blocksaugern, aber großen Abständen zwischen den Blocksaugern gespannt werden müssen. Es werden als Handelsware Matrix-Platten mit Rasternuten für Konsoltische angeboten. Diese Matrixplatten können anstelle der Einzelspannelemente verwendet werden (vgl. Bild 6.37).

Für eine CNC-Bearbeitung sollte die Einzelteilzeichnung den Nullbezug und die Achsausrichtung enthalten. Die konkrete Aufspannlage ist i. d. R. von der Maschine abhängig und wird durch die Arbeitsvorbereitung festgelegt. In dieser Lage erfolgt dann auch die CNC-Programmerstellung. Mit der CNC-Programmerstellung entstehen die Bauteilbelegung der Maschine bzw. die Rüstmittelplanung sowie die Liste der verwendeten Werkzeuge, d. h. die Bevorratung im Werkzeugmagazin.

Als Anforderungen an Adapter-Spannvorrichtungen für den Einsatz auf CNC-Holzbearbeitungsmaschinen können folgende Kriterien gelten:

- prozesssicheres Spannen der Werkstücke,
- hohe Wiederholgenauigkeit beim Bauteilspannen,
- einfache, schnelle und sichere Nutzung des Spannsystems,
- leichter Austausch von Spannelementen,
- Vermeidung von Verformungen der Werkstücke beim Spannen auf der Maschine.

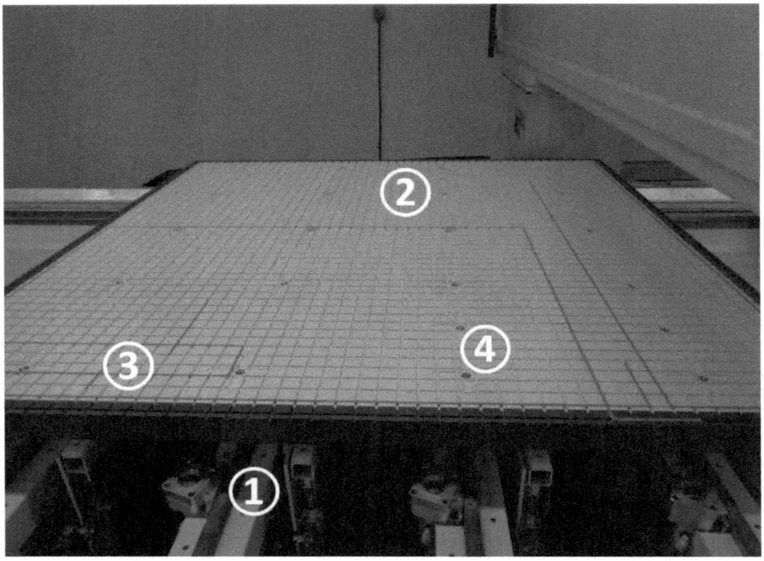

Bild 6.37 Konsoltisch mit aufgelegter Matrix-Rasternutenplatte
(1) Konsolen mit deaktivierten Positioniersystem, (2) Matrix-Rasternutenplatte, (3) Moosgummi-Dichtschnur, (4) Vakuum-Zugriffspunkte, hier: noch verschraubt

Für die wirtschaftliche Nutzung von Adapterspannvorrichtungen sollten weitergehende Aktivitäten vorgenommen werden:

- Kennzeichnen bzw. Nummerieren der Spannvorrichtung zur Wiederauffindung bzw. Weiternutzung; analog zur Werkzeugdatenbank kann auch eine Datenbank für Vorrichtungen und Adapter-Spannsystemen eingerichtet werden,
- Kennzeichnung des Anschlagpunktes bzw. Werkstück-Nullpunktes und Richtung der Maschinenachsen an der Spannvorrichtung,
- gegebenenfalls Kennzeichnung zur Zugehörigkeit zu einem Auftrag oder Bauteil sowie
- Festlegung und Markierung von Referenzpunkten zur wiederholgenauen Spannung der Vorrichtung.

Sollte die Adapter-Spannvorrichtung mit Werkzeugen auf der Maschine befestigt bzw. zum Werkstückwechsel Werkzeuge und Messmittel verwendet werden, sollte der Hinweis erfolgen, dass nach einem Werkstückwechsel die dafür erforderlichen Werkzeuge durch den Maschinenführer wieder entfernt werden.

7 Verfügbares Zusatzmaterial

Als Tutorial bezeichnet man eine begleitende Veranstaltung bzw. ein Seminar in einer Kleingruppe, in der parallel zu einer Lehrveranstaltung oder dem Studium eines Fachbuches, Kenntnisse und Fertigkeiten vertieft bzw. ergänzt werden. Durch Erläuterungen bzw. praktische Übungen kann das erworbene Wissen gefestigt werden. Durch diese zusätzlichen Informationen können spezielle Probleme leichter erkannt und gelöst werden bzw. lässt sich vorhandenes Wissen mit angrenzenden Thematiken besser verzahnen.

Für dieses Fachbuch stehen drei Tutorials zum Download zur Verfügung. Diese Materialien sind textbasierte Tutorials und enthalten methodische Hinweise und Anleitungen zur systematischen Nutzung des Fachinhaltes. Diese Zusatzmaterialien sind auf der Webseite *plus.hanser-fachbuch.de* verfügbar. Den Zugangscode finden Sie auf der ersten Seite des Buchs.

7.1 Tutorial zur Erstellung von CNC-Teileprogrammen im ISO-Code nach DIN 66025

Im Jahr 1952 entstand die erste numerisch gesteuerte Werkzeugmaschine; eine vorhandene Werkzeugmaschine wurde mit einer numerischen Steuerung nachgerüstet. Im Rahmen der Erprobung dieser neuen Technologie wurden zahlreiche Verbesserungen an den Maschinen und der numerischen Steuerung vorgenommen. Im Jahr 1953 entstand die erste kommerzielle, lochstreifenbasierende NC-Steuerung. Die Programmierung derartiger Maschinen war zu dieser Zeit sehr aufwendig und inhaltlich anspruchsvoll. Es wurden viele Anstrengungen unternommen, die Programmierung von NC-Maschinen zu vereinfachen und zu vereinheitlichen. Im Jahr 1956 wurde unter der Bezeichnung APT (Automatically Programmed Tools) eine erste Programmiersprache für NC-Maschinen entwickelt. Im Jahr 1961 entstand bei der Internationalen Standardisierungsorganisation ISO[1)] das Technical Committee (TC) 97 „Computers and Information Processing". Eine wesentliche Aufgabe des TC97 war die Schaffung einheitlicher Richtlinien zur Beschreibung, Nutzung und Programmierung von numerisch gesteuerten Werkzeugmaschinen. In Deutschland wurde zu dieser Zeit die VDI-Richtlinienreihe 3250 erstellt. Zwischen den damaligen Normen der VDI-Richtlinienreihe 3250 und den Festlegungen der ISO 6983 bestanden anfänglich noch inhaltliche Unterschiede.[2)] Im Jahr 1968 entstanden in Deutschland die Norm-Entwürfe der DIN 66025 zur Programmierung numerisch gesteuerter Werkzeugmaschinen. Im Rahmen der Diskussion zu den Normentwürfen wurde eine stärkere Übereinstimmung der DIN 66025 mit den internationalen Regelungen der ISO 6983 gefordert. Mit der Überarbeitung der Norm-Entwürfe wurden die Regelungen des TC79 berücksichtigt und die Normen einander angeglichen. Die Entwürfe der Normenreihe DIN 66025 wurden im Jahr 1972 als Standards veröffentlicht und sind bis heute im Wesentlichen noch gültig.

Durch die Aktivitäten der ISO wurden deren Empfehlungen auf dem Gebiet der Programmierung von rechnergesteuerten Werkzeugmaschinen in nationale Normen übernommen. Selbst Länder, die nicht Mitglied der ISO waren, übernahmen diese ISO-Empfehlungen, sodass die Grundsätze der Programmierung von numerisch gesteuerten Werkzeugmaschinen weltweit in der Anwendung sind. Aufgrund dieser Spezifik werden die CNC-Programme auch als Programme im ISO-Code bzw. DIN-Code bezeichnet.

Der DIN-/ISO-Code ist vergleichbar mit einer Programmiersprache. Es existieren klare Programmstrukturen, Programmabläufe, Adressierungen und Befehlsstrukturen. Alle technologischen Prozesse und Programmabläufe lassen sich mit den Elementen der DIN 66025 nachbilden. Mit der weiteren technischen Entwicklung der CNC-Steuerungen wurde der Funktionsvorrat in den CNC-Steuerungen erweitert. Da das System der Adressbuchstaben Grenzen hat, mussten funktionale Erweiterungen, Programmverzweigungen, Standard- und Spezialfunktionen für den Steuerungshersteller bzw. den Anwender im Befehlsvorrat oder durch zusätzliche Erweiterungen möglich sein.

Die Programm- bzw. Befehlsstrukturen bilden den Kern des CNC-Programmes. In Verbindung mit Werkzeugkorrektur- und Nullpunktdaten, Parameter- und Kompensationsdaten wird die programmierte Bewegung des Werkzeuges bzw. der Bearbeitungseinheit mit der vorgegebenen Geschwindigkeit und Bahngenauigkeit realisiert. Die Qualität der Programmierung hat einen direkten Einfluss auf die Bearbeitungsqualität des Werkstückes. Die Qualität der CNC-Steuerung lässt sich daran messen, wie exakt und effektiv technologische Bearbeitungsprozesse programmiertechnisch

---

1 ISO: International Organization for Standardization. Die ISO ist eine internationale Vereinigung von nationalen Normungsorganisationen. In der ISO sind ca. 170 nationale Organisationen vertreten.

2 [WIS 2023], S. 199

umsetzbar sind und wie wiederholbar genau die Bewegungsabläufe der Maschinen erfolgen.

Es existieren verschiedene Möglichkeiten, den NC-Code für ein Bearbeitungsprogramm zu generieren, so die manuelle und die rechnergestützte Programmierung. Eine rechnergestützte Programmierung sollte einer manuellen Programmierung vorgezogen werden. Im Tutorial werden die Grundzüge der manuellen CNC-Programmierung behandelt. Mit dem Grundlagenwissen sollte es dem Anwender möglich sein, erstellte CNC-Programme auf Richtigkeit, Handhabbarkeit und Kollisionsfreiheit zu prüfen. Gegebenenfalls sollte der Anwender ein Programm korrigieren können, sofern er dazu die Berechtigung hat. Als Basis der Erläuterungen wurde das Steuerungssystem Sinumerik 840 DsI verwendet. Als Bearbeitungsmaschine wurde die Oberfräsmaschine Vision-I-Sprint der Fa. Reichenbacher-Hamuel zugrundegelegt.

Nach einer allgemeinen Einleitung wird in Kapitel zwei des Tutorials eine Einführung in die Grundlagen der CNC-Programmierung vorgenommen. In Kapitel drei werden die erforderlichen Vorüberlegungen zur Gestaltung eines CNC-Programmen beschrieben, d. h. die eigentliche Programmierung wird hier noch nicht berücksichtigt. Es wird die Festlegung des Nullpunktes, die Aufspannlage, die Bearbeitungsfolge, die Programmiermethodik und die Werkzeugauswahl anhand eines konkreten Beispiels vorgenommen.

Nach den Vorüberlegungen zur Programmerstellung sind die Kapitel vier bis sieben angeordnet, um einzelne Bearbeitungs- bzw. Programmabschnitte programmieren zu können. Diese dargelegten Inhalte sind allgemeiner Natur und beziehen sich auf die Vorüberlegungen zur Programmierung.

In Kapitel acht werden verschiedene Konturen, mit zunehmender Schwierigkeit und Komplexität, programmiertechnisch umgesetzt. In Kapitel neun werden beispielhaft CNC-Programme für einfache Konturen erstellt.

In Kapitel zehn wird ein CNC-Programm für ein Bauteil mit mehreren, verschiedenen Werkzeugen und Bearbeitungsoperationen auf der Basis der Vorüberlegungen des Kapitels drei erstellt.

Es sein an dieser Stelle nochmals auf das Kapitel eins zum bestimmungsgemäßen Gebrauch der Tutorials erinnert. Die CNC-Programme sind für lehrseitige Zwecke erstellt worden und stellen nur Ausbildungsinhalte dar. Eine Übernahme eines lehrseitig erstellten CNC-Programmes auf eine konkrete Maschine bedarf in jedem Fall einer sorgfältigen Prüfung durch einen erfahrenen Anwender und eine entsprechende Anpassung an die konkrete Maschine.

7.2 Tutorial zur Programmierung mit WoodWOP 8.1

Unter der Bezeichnung Werkstatt orientierte Programmierung (WOP) wird eine Software verstanden, die sowohl in der Arbeitsvorbereitung als auch auf der CNC-Maschine verwendet werden kann, um grafisch-interaktiv Bearbeitungsprogramme zu erzeugen. Dabei werden einzelne Bearbeitungsschritte als in sich geschlossene technologischen Operationen erzeugt und aneinandergereiht. Die Bearbeitungsschritte werden nachfolgend als Makros bezeichnet. Mittels eines Postprozessors können diese Makros in ein maschinenspezifisches CNC-Programm umgewandelt werden.

Die Programmierung erfolgt grafisch-interaktiv, d.h. es sind keine Programmierkenntnisse im DIN-/ISO-Code erforderlich. Neben der reinen Programmierfunktion sind weitere Funktionen, wie z.B. Werkzeug- und Aggregate-Verwaltung, grafische Simulation der Bearbeitung und Berechnung der Bearbeitungszeiten verfügbar. Mit Unterstützung eines CAD-Plug-ins können 3D-Elemente erzeugt und gemeinsam mit WOP-Konturen bearbeitet werden. An dieser Stelle sei auf das Kapitel 5.3.2.2 des Buches verwiesen.

Die Software WoodWOP wurde im Jahr 1991 von der Fa. HOMAG als Variantenprogrammierung 2000 erstellt und auf CNC-Stationärbearbeitungsmaschinen unter dem Betriebssystem OS9 an die Kunden ausgeliefert. Im Jahr 1995 wurde die Software als WoodWOP 2.5 mit neuem Outfit, verbesserter Performance und für DOS-basierende Rechner auf den Markt gebracht. Im Rahmen dieser Systemarchitektur wurde die Software WoodWOP bis zur Version 6.1 weiterentwickelt. Parallel zur Versionspflege wurde eine neue Systemarchitektur, basierend auf einer neuen Datenstruktur und mit wesentlich erweitertem Leitsungsumfang, entwickelt und als Version V7.0 im Jahr 2015 mit Neumaschinen ausgeliefert. Die älteren Versionen der Software bis zur Version V6 sind nicht kompatibel zu den Versionen V7 und V8. Es besteht aber die Möglichkeit, Daten aus der V7 in die V6 zu übertragen, d.h. ein Downgrade. Die Version V8.1 ist seit 2023 für die Nutzung freigegeben.

Um diese Software kostenfrei kennenzulernen und nutzen zu können, findet man auf der Webseite des Herstellers die Möglichkeiten zum Download einer Demo-Version. Diese Software kann als 50-mal startbare Demoversion herunterladen werden. Nach der Nutzung der 50 Starts ist die Software auf dem Rechner nicht mehr nutzbar.

Das als Zusatzmaterial verfügbare Tutorial beinhaltet die Programmierung in der Version V8.1. Nach den Hinweisen zum bestimmungsgemäßen Gebrauch des Tutorials werden dem Nutzer in Kapitel zwei Hinweise zur Einrichtung des Systems gegeben. Diese Konfiguration ist erforderlich, um den einzelnen Schritten der Programmierung im Tutorial folgen zu können.

In Kapitel drei werden die wesentlichen Elemente der Systembedienung erläutert. In den nachfolgenden Kapiteln werden u.a. das Werkstückmakro und die einstellbaren

NC-Optionen[3] erläutert. Des Weiteren wird das System zur variablen (d. h. zur parametrischen) Programmierung behandelt. In Kapitel sieben werden Konturzüge zur Beschreibung von Bearbeitungskonturen behandelt. Im anschließenden Kapitel wird kurz auf das CAD-Plug-in eingegangen.

In Kapitel zehn werden anhand konkreter Beispiele die Bearbeitungsmakros für das Bohren, für die Sägebearbeitungen, Fräsbearbeitungen und für Fügeprozesse, d. h. sogenannte Verklebe-Prozesse, beispielhaft behandelt.

In Kapitel elf werden fortgeschrittene Programmiertechniken vorgestellt. Im darauffolgenden Kapitel wird die Erstellung von WOP-Programmen für einzelne Teile eines Beispielmöbels vorgenommen.

In Kapitel 13 werden Sonderfunktionen und ergänzende Software-Tools vorgestellt.

7.3 Tutorial für den Plattenzuschnitt mit der Software Schnitt-Profi(t)

Beim Plattenzuschnitt werden aus einem plattenförmigen Rohmaterial einzelne Rohteile ausgetrennt. Das Austrennen der Rohteile kann mit dem Kreissägeblatt, mit einem Schaftfräser oder mit einer Kombination von Kreissägeblatt und Schaftfräser erfolgen. Der Bereich des Rohteil-Zuschnittes hat die Aufgabe, die Werkstückfertigung bedarfsgerecht und zeitgerecht mit Rohteilen zu versorgen. Ausgangspunkt der Zuschnittberechnung ist die Mengenstückliste des Fertigungsauftrages. Im ersten Schritt werden der Rohteil-Materialbedarf und die Art des Materials, d. h. Abmessungen, Farben und Dekore bestimmt. Im zweiten Schritt werden die Art und Weise des Austrennens, die Reihenfolge der Schnittschemen sowie die Maschinen- und Prozessparameter festgelegt. Unter Berücksichtigung der Dauer des Zuschnittauftrages werden im dritten Schritt die erforderlichen Rohmaterialplatten für den Zuschnittauftrag reserviert und der Zuschnittauftrag terminiert. Dieser Ablauf wird im Allgemeinen als Zuschnittplanung bezeichnet.

Mitunter ergibt sich bei der Zuschnittplanung ein zu großer Abfallanteil, sodass der Zuschnitt manuell oder rechnergestützt überarbeitet wird. Dieser Bearbeitungsabschnitt wird im Allgemeinen als Zuschnittoptimierung bezeichnet. Ausgehend von einer Zielfunktion, z. B. geringer Verschnitt, geringe Fertigungskosten oder geringe Zuschnittkosten können die Eingangsparameter, d. h. die Festlegungen des Fertigungsauftrages, die Schnittparameter oder die Optimierungsparameter verändert werden, um der Zielfunktion besser zu entsprechen.

---

[3] Im Makro NC-Optionen können Voreinstellungen für die CNC-Maschine festgelegt werden, die bei der Erzeugung des eigentlichen CNC-Programmes an der Maschine berücksichtigt werden.

Nach einer kurzen Einführung werden im ersten Block des Tutorials der Aufbau, die Funktion und der Ablauf des Zuschnittes anhand einer Druckbalkensäge, d.h. Auftrennen mit dem Sägeblatt, erläutert. Anschließend werden gängige Schnittschemen vorgestellt und der Aufbau und der Umfang einer Zuschnittdokumentation beschrieben.

Im zweiten Block des Tutorials wird die verwendete Plattenzuschnitt-Software hinsichtlich des Leistungsumfangs beschrieben. Ausgehend von einem Zuschnittauftrag für einen einzeln stehenden Garderobenschrank wird die Zuschnittplanung schrittweise und nachvollziehbar erläutert. Als Ergebnis entsteht eine Zuschnittplanung, die durch die Zuschnittdokumentation belegt wird. Bei dieser Zuschnittplanung würde ein Verschnitt bzw. Materialabfall von ca. 40 % entstehen.

Im dritten Block werden ausgehend von der im Block zwei durchgeführten Zuschnittplanung Maßnahmen vorgenommen, um den Verschnitt und die Gesamtfertigungskosten zu minimieren. Bei dieser Zuschnittoptimierung werden diverse Änderungen am Material und der Konstruktion vorgenommen und die sich ergebenen Verbesserungen, bezogen auf die Basisvariante, betrachtet. Damit diese Ausführungen transparenter darstellbar sind, wurden Beispielwerte für die Material- und Maschinenkosten verwendet.

In diesem Tutorial wird die Zuschnittsoftware Schnitt-Profi(t) V11 verwendet. Diese Software ist ein Produkt der HOMAG Group AG. Um diese Software kostenfrei kennenzulernen und nutzen zu können, findet man auf der Webseite des Herstellers die Möglichkeiten zum Download einer 30-Tage-Demo-Version der Software Schnitt-Profi(t) V12.

Literatur

Fachbücher, Fachpublikationen

[ARN 2016] ARNOLDS H. (et al.), HEEGE F., RÖH C., TUSSING W.: Materialwirtschaft und Einkauf, 13. Aufl., Springer Gabler Verlag

[BIC 2013] BICHLER et al.: Kompakt Edition: Lagerwirtschaft – Grundlagen, Technologien, Verfahren, Springer Gabler Verlag

[BLE 2006] BLEICHER F. in CONRAD K.-J. (Hrsg.): Taschenbuch der Werkzeugmaschinen, Fachbuchverlag Leipzig

[BÖG 2012] BÖGE A., BÖGE W. (Hrsg.): Handbuch Maschinenbau, 24. Aufl., Springer Vieweg Verlag

[BÖG 2015] BÖGE A., BÖGE W. (Hrsg.): Formeln und Tabellen im Maschinenbau, 4. Aufl., Springer Vieweg Verlag

[BOG 2017] BOGNER E.: Strategien der Produktindividualisierung in der produzierenden Industrie im Kontext der Digitalisierung, Dissertation, FAU Universität Erlangen-Nürnberg

[BRE 2017] BREMEN S. W.: Korrelation der High Power SLM-Prozessführung mit der Produktivität, Effizienz und den Materialeigenschaften für den Werkstoff Inconel 718, Dissertation, RWTH Aachen, Apprimus Verlag 2017

[BUL 2009] BULLINGER H.-J., SPATH D., WARNECKE H.-J., WESTKÄMPER E. (Hrsg.): Handbuch Unternehmensorganisation: Strategien, Planung, Umsetzung, 3. Aufl., Springer Verlag

[BUS 1998] BUSSMANN S.: Autonome und kooperative Produktionssysteme; in Zeitschrift it+ti-Informationstechnik und technische Informatik, 40 (1998) 4

[DAN 2001] DANGELMAIER W.: Fertigungsplanung – Planung von Aufbau und Ablauf der Fertigung, Springer Verlag

[DIE 2016] DIETRICH, J.: Praxis der Zerspantechnik, 12. Aufl., Springer Vieweg Verlag

[DÜR 2009] DÜRR H., AWISZUS B., MATTHES K.-J., BAST J.: Grundlagen der Fertigungstechnik, 4. Aufl., Carl Hanser Verlag

[EGG 2002] EGGERS TH., LAY G.: Fraktal +, Zur Passfähigkeit fraktaler Betriebsstrukturen in Zeiten von E-Business, Netzwerken und Mehrwertschöpfung, Fraunhofer ISI, PI-Mitteilung Nr. 27

[EHR 2014] EHRLENSPIEL Kl., KIEWERT A., LINDEMANN U., MÖRTL M.: Kostengünstig Entwickeln und Konstruieren, 7. Aufl., Springer Vieweg Verlag

[EVE 1997] EVERSHEIM W.: Organisation in der Produktionstechnik, Bd. 3, Arbeitsvorbereitung, 4. Aufl., Springer Verlag

[EVE 1989] EVERSHEIM W.: Organisation in der Produktionstechnik, Bd. 4: Fertigung und Montage, 2. Aufl., Springer Verlag

[FRI 2007] FRITZ A. H., SCHULZE G. (Hrsg.): Fertigungstechnik, 8. Aufl., Springer Verlag

[GEB 2013] GEBHARDT A.: Generative Fertigungsverfahren; Additive Manufacturing und 3D-Drucken für Prototyping-Tooling-Produktion, 4. Aufl., Carl Hanser Verlag

[GEV 2006] GEVATTER H.-J., GRÜNHAUPT U. (Hrsg.): Handbuch der Mess- und Automatisierungstechnik in der Produktion, 2. Aufl., Springer Verlag

[GOT 2014] GOTTLÖBER C.: Zerspanung von Holz und Holzwerkstoffen, Carl Hanser Verlag

[HAB 2016] HABENICHT G.: Kleben – erfolgreich und fehlerfrei, 7. Aufl., Springer Vieweg Verlag

[HÄN 2018] HÄNSEL A., PRIETO J.: Industrielle Beschichtung von Holz und Holzwerkstoffen im Möbelbau, Carl Hanser Verlag

[HEI 1990] HEISEL U., DOMIAN H.-J., NIEMEYER W.-H.: Klassifikation von CNC-Maschinen zur Mehrfachbearbeitung, Zeitschrift: HOB, Heft 5/90

[HEI 2014] HEISEL U., KLOCKE F., UHLMANN E., SPUR G.: Handbuch Spanen, Carl Hanser Verlag

[HEL 2023] HELMOLD M., LAUB T., FLASHAR B., FRITZ J., DATHE T.: Qualität neu denken, Innovative, virtuelle und agile Ansätze entlang der Wertschöpfungskette, Springer Gabler Verlag

[HIN 2020] HINRICHSEN S., BORNEWASSER H. (Hrsg.): Informatorische Assistenzsysteme in der variantenreichen Montage – Theorie und Praxis, Springer Vieweg Verlag

[HIR 2022] HIRSCH A., REGEL J.: Werkzeugmaschinen und Vorrichtungen Anforderungen, Auslegung, Ausführungsbeispiele, 4. Aufl., Verlag Springer Vieweg

[HOM 2011] ten HOMPEL M., SADOWSKY V., BECK M.: Kommissionierung Materialflusssysteme Planung und Berechnung der Kommissionierung in der Logistik, Springer Verlag

[HOP 1991] HOPPEN P.: Echtzeitnavigation bei autonomen mobilen Robotern in bekannter und unbekannter Umgebung, Dissertation Universität Kaiserslautern, veröffentlicht in Spektrum Akademischer Verlag

[KEL 2018] KELLNER F., LIENLAND B., LUKESCH M.: Produktionswirtschaft – Planung, Steuerung und Industrie 4.0, Springer Gabler Verlag

[KIE 1999] KIEF H. B.: NC/CNC-Handbuch, Ausgabe 2000, Carl Hanser Verlag

[KIE 2011] KIEF H. B., ROSCHIWAL H. A.: CNC-Handbuch 2011/2012, Carl Hanser Verlag

[KIE 2017] KIEF H. B., ROSCHIWAL H. A., SCHWARZ K.: CNC-Handbuch, 30. Aufl., Carl Hanser Verlag

[KÜB 2017] KÜBER C.: Methode zur Planung modularer, produktflexibler Montagekonfigurationen in der variantenreichen Serienmontage, Dissertation, Universität Stuttgart

[KÜZ 2019] KÜZEL K., ZIZELMANN CHR.: CNC-Bearbeitungszentren für die Holzbearbeitung, in Zeitschrift „HOB – Die Holzbearbeitung" 10/2019

[LAS 2019] LASCH R.: Strategisches und operatives Logistikmanagement: Beschaffung, 2. Aufl., Springer Gabler Verlag

[LIN 2002] LINNENMANN H.: Historische Möbel des Emslandes vor 1850 am Beispiel der Kirchspiele Lingen, Lengerich und Bawinkel, Inauguraldissertation, Westfälische Wilhelms-Universität zu Münster (Westf.)

[LÖD 2016] LÖDDING H.: Verfahren der Fertigungssteuerung, 3. Aufl., Springer Vieweg Verlag

[LOT 2012] LOTTER B., WIENDAHL H.-P. (Hrsg.): Montage in der industriellen Produktion, Springer Vieweg Verlag

[LUK 1990] LUCK K., MODLER K.-H.: Getriebetechnik 1, Akademie Verlag Berlin

[MOT 2015] MOTZER D.: Strukturalternative für die Aggregateaufrüstung einer automobilen Fertigung Konzeption und Evaluation eines Montagesystems, Springer Gabler Verlag

[MUM 2015] MUMM M.: Kosten- und Leistungsrechnung – Internes Rechnungswesen für Industrie- und Handelsbetriebe, 2. Aufl., Springer Gabler Verlag

[NEB 2012] NEUGEBAUER R. (Hrsg.): Werkzeugmaschinen – Aufbau, Funktion und Anwendung von spanenden und abtragenden Werkzeugmaschinen, Springer Vieweg Verlag

[NEU 2017] NEUHAUS H.: Ingenieurholzbau, Grundlagen – Bemessung – Nachweise – Beispiele, 4. Aufl., Springer Vieweg Verlag

[NIE 2017] NIEMZ P., SONDEREGGER W.: Holzphysik – Physik des Holzes und der Holzwerkstoffe, Carl Hanser Verlag

[NUT 2015] NUTZSCH W.: Handbuch der Konstruktion: Möbel und Einbauschränke, Deutsche Verlags-Anstalt

[ORE 1975] ORECH J. T., KLESKENOVA M.: Laser als Bearbeitungswerkzeug in der Holzindustrie, Zeitschrift DREVO 30 (1975) 11

[PAW 2014] PAWELLEK G.: Ganzheitliche Fabrikplanung – Grundlagen, Vorgehensweise, EDV-Unterstützung, 2. Aufl., Springer Vieweg Verlag

[PFE 2006] PFEIFER T., SCHMITT R. (Hrsg.): Autonome Produktionszellen, Springer Verlag

[PFE 2015] PFEIFER T., SCHMITT R.: Qualitätsmanagement, Strategien – Methoden – Techniken, 5. Auflage, Carl Hanser Verlag

[PIL 2006] PILLER F. T.: Mass Customization, Ein wettbewerbsstrategisches Konzept im Informationszeitalter, Deutscher Universitäts-Verlag

[POW 1998] POWELL, J.: CO2-Lasercutting, Springer Verlag

[RED 2018] REDLICH T., MORITZ M., WULSBERG J. P. (Hrsg.): Interdisziplinäre Perspektiven zur Zukunft der Wertschöpfung, Springer Gabler Verlag

[REF 1993] REFA-Verband für Arbeitsstudien und Betriebsorganisation e. V. (Hrsg.): Methodenlehre der Betriebsorganisation. Lexikon der Betriebsorganisation, Carl Hanser Verlag

[SCL 2016] SCHELLE F., JANSEN M, MAUE J.: Neuartige lärmgeminderte Sägeblätter für die Holzbearbeitung, Vortrag auf der 42. Deutsche Jahrestagung der Gesellschaft für Akustik, 2016, Aachen, von Seite *https://dguv.de/ifa/fachinfos/laerm/laermminderung/laermarme-saegeblaetter/index.jsp* am 14. 08. 2023

[SCU 2012] SCHUH G., STICH V. (Hrsg.): Produktionsplanung und -steuerung 1, 4. Aufl., Springer Verlag

[SCH 2014] SCHENK M., WIRTH S., MÜLLER E.: Fabrikplanung und Fabrikbetrieb, 2. Aufl., Springer Verlag

[SCU 2014] SCHUH G., SCHMIDT C. (Hrsg.): Produktionsmanagement, 2. Aufl., Springer Vieweg Verlag

[SIH 2016] SIHN W., SUNK A., NEMETH T., KULANG P., MATYAS K.: Produktion und Qualität, Carl Hanser Verlag

[SLT 1996] SCHULTE J.: Berechnungsgrundlagen konventioneller Kommissioniersysteme, Dissertation, Universität Dortmund

[SSU 2022] SCHMAUDER M., SPANNER-ULMER B.: Ergonomie – Grundlagen zur Interaktion von Mensch, Technik und Organisation, 2. Aufl., Carl Hanser Verlag

[SYS 2006] SYSKA A.: Produktionsmanagement, Springer Gabler Verlag

[THO 2017] THOMMEN J.-P. et al.: Allgemeine Betriebswirtschaftslehre, 8. Aufl., Springer Fachmedien

[ULL 2019] ULLRICH G., ALBRECHT T.: Fahrerlose Transportsysteme, 3. Aufl., Springer Vieweg Verlag

[VOL 1995] VOLMER J. (Hrsg.): Getriebetechnik – Grundlagen, 2. Aufl., Springer Verlag

[WAG 2008] WAGENFÜHR A., SCHOLZ FR. (Hrsg.): Taschenbuch der Holztechnik, Carl Hanser Verlag

[WEB 2017] WEBER W.: Industrieroboter – Methoden der Steuerung und Regelung, 3. Aufl., Carl Hanser Verlag

[WEC 2005] WECK M., BRECHER C.: Werkzeugmaschinen 1 – Maschinenarten und Anwendungsbereiche, 6. Aufl., Springer Verlag

[WEC 2006] WECK M., BRECHER C.: Werkzeugmaschinen 4, Automatisierung von Maschinen und Anlagen, 6. Aufl., Springer Vieweg Verlag

[WEC 2017] WECK M., BRECHER C.: Werkzeugmaschinen Fertigungssysteme 2 – Konstruktion, Berechnung und messtechnische Beurteilung, 9. Aufl., Springer Vieweg Verlag

[WEC 2021] WECK M., BRECHER C.: Werkzeugmaschinen Fertigungssysteme 3 – Mechatronische Systeme, Steuerungstechnik und Automatisierung, 9. Aufl., Springer Vieweg Verlag

[WEN 2015] WENDERDEL C.: Herstellung mehrschichtiger Faserplatten im Trockenverfahren mit kartonähnlichen Eigenschaften, Dissertation, EHT Zürich, von Seite *https://doi.org/10.3929/ethz-a-010575472* am 10. 07. 2023

[WES 2006] WESTKÄMPER E.: Einführung in die Organisation der Produktion, Springer Verlag

[WES 2016] WESTKÄMPER E., LÖFFLER C.: Strategien der Produktion, Springer Vieweg Verlag

[WIE 2014] WIENDAHL H.-P.: Betriebsorganisation für Ingenieure, 8. Aufl., Carl Hanser Verlag

[WIL 2012] WIENDAHL H.-P, LOTTER B.: Montage in der industriellen Produktion, 2. Aufl., Springer Verlag

[WIS 2023] WISSERT T.: Einführung der numerisch gesteuerten Werkzeugmaschinen in der Bundesrepublik Deutschland zwischen 1950 und 1980 unter besonderer Berücksichtigung von Baden-Württemberg; Stuttgarter Beiträge zur Wissenschafts- und Technikgeschichte, Bd. 18, Logos Verlag, Berlin

Normen, Richtlinien

[DIN 30-6] DIN 30-6, 2002: Technische Zeichnungen – Zeichnungsvereinfachung – Teil 6: Sammelzeichnungen, Ausführung

[DIN 30-10] DIN 30-10, 2022: Technische Produktdokumentation – Zeichnungsvereinfachung – Teil 10: Vereinfachte Angaben und Sammelangaben, Ausführung

[DIN 199-1] DIN 199-1, 2002: CAD-Modelle, Zeichnungen und Stücklisten, der Standardwurde 2024 zurückgezogen

[DIN 199-1a] DIN 199-1, 2024: Technische Produktdokumentation (TPD) – Teil 1: Begriffe im Dokumentationswesen

[DIN 406-11] DIN 406-11, 1992: Technische Zeichnungen – Maßeintragung – Teil 11: Grundlagen der Anwendung; der Standard wurde 2020 zurückgezogen und durch die DIN EN ISO 129-1 (2022) ersetzt

[DIN 919-1] DIN 919-1, 2014: Technische Zeichnungen – Holzverarbeitung – Grundlagen

[DIN 4000-1] DIN 4000-1, 2019: Sachmerkmal-Listen – Teil 1: Begriffe und Grundsätze

[DIN 4000-95] DIN 4000-95, 2016: Sachmerkmal-Listen – Teil 95: Trennstellenkodierung für Werkzeuge und Spannzeuge

[DIN 6300] DIN 6300, 2009: Vorrichtungen für die Fixierung der Lage von Werkstücken während formändernder Fertigungsverfahren – Benennungen und deren Abkürzungen

[DIN 6580] DIN 6580, 1985: Bewegungen und Geometrie des Zerspanvorganges

[DIN 6581] DIN 6581, 1985: Begriffe der Zerspantechnik; Bezugssysteme und Winkel am Schneidteil des Werkzeuges

[DIN 6582] DIN 8582, 1988: Begriffe der Zerspantechnik; Ergänzende Begriffe am Werkzeug, am Schneidkeil und an der Schneide

[DIN 6583] DIN 6583, 1981: Begriffe der Zerspantechnik; Standbegriffe

[DIN 6584] DIN 6584, 1982: Begriffe der Zerspantechnik; Kräfte, Energie, Arbeit, Leistungen

[DIN 8580] DIN 8580, 2022: Fertigungsverfahren – Begriffe, Einteilung

[DIN 8588] DIN 8588, 2013: Fertigungsverfahren Zerteilen – Einordnung, Unterteilung, Begriffe

[DIN 8589-0] DIN 8589-0, 2003: Fertigungsverfahren Spanen – Teil 0: Allgemeines; Einordnung, Unterteilung, Begriffe

[DIN 8589-1] DIN 8589-1, 2003: Fertigungsverfahren Spanen – Teil 1: Drehen

[DIN 8589-2] DIN 8589-2, 2003: Fertigungsverfahren Spanen – Teil 2: Bohren, Senken, Reiben

[DIN 8598-3] DIN 8589-3, 2003: Fertigungsverfahren Spanen – Teil 3: Fräsen

[DIN 8589-4] DIN 8589-4, 2003: Fertigungsverfahren Spanen – Teil 4: Hobeln, Stoßen

[DIN 8589-6] DIN 8589-6, 2003: Fertigungsverfahren Spanen – Teil 6: Sägen

[DIN 8589-8] DIN 8589-8, 2003: Fertigungsverfahren Spanen – Teil 8: Bürstspanen

[DIN 8589-12] DIN 8589-12, 2003: Fertigungsverfahren Spanen – Teil 12: Bandschleifen

[DIN 8590] DIN 8590, 2003: Fertigungsverfahren Abtragen – Einordnung, Unterteilung, Begriffe

[DIN 8591] DIN 8591, 2003: Fertigungsverfahren Zerlegen – Einordnung, Unterteilung, Begriffe

[DIN 8592] DIN 8592, 2003: Fertigungsverfahren Reinigen – Einordnung, Unterteilung, Begriffe

[DIN 8593-0] DIN 8593-0, 2003: Fertigungsverfahren Fügen – Teil 0: Allgemeines

[DIN 8593-3] DIN 8593-3, 2003: Fertigungsverfahren Fügen – Teil 3: An- und Einpressen

[DIN 8800] DIN 8800, 1971: Holzbearbeitungsmaschinen; Technische Klassifikation; der Standard wurde 2007 zurückgezogen

[DIN 18203-3] DIN 18203-3, 2008: Toleranzen im Hochbau – Teil 3: Bauteile aus Holz und Holzwerkstoffen

[DIN 32540] DIN 32540, 2012: Laserstrahlabtragen – Thermisches Abtragen mit dem Laserstrahl – Begriffe, Einflussgrößen, Durchführung

[DIN 33402-2] DIN 33402-2, 2020: Ergonomie – Körpermaße des Menschen – Teil 2: Werte

[DIN 66025-1] DIN 66025-1, 1983: Programmaufbau für numerisch gesteuerte Bearbeitungsmaschinen – Teil 1: Allgemeines

[DIN 66354] DIN 66354, 2021: Kücheneinrichtungen – Formen, Planungsgrundsätze

[DIN 68100] DIN 68100, 2010: Toleranzsystem für die Holzbe- und -verarbeitung

[DIN 68201] DIN 68201, 2016: Schnittverlust bei Holz – Begriffe und Berechnungsverfahren

[DIN 68346] DIN 68346, 2003: Kennwerte von Holzarten – Rohdichte, Elastizitätsmodul und Festigkeiten

[DIN 68880-1] DIN 68880-1, 1973: Möbel – Begriffe, der Standard wurde 2023 ersatzlos zurückgezogen

[DIN 68890] DIN 68890, 2009: Kleiderschränke im Wohnbereich – Anforderungen an die Gebrauchstauglichkeit – Prüfung

[DIN 69651] DIN 69651-Entwurf, 1974: Werkzeugmaschinen; Werkzeugmaschinen für die Metallbearbeitung; Begriffe; der Standard blieb ein Normentwurf und wurde 1986 ersatzlos zurückgezogen

[DIN EN 312] DIN EN 312, 2010: Spanplatten – Anforderungen

[DIN EN 316] DIN EN 316, 2009: Holzfaserplatten, Definition, Klassifizierung und Kurzzeichen

[DIN EN 481] DIN EN 481, 1993: Arbeitsplatzatmosphäre; Festlegung der Teilchengrößenverteilung zur Messung luftgetragener Partikel

[DIN EN 622-1] DIN EN 622-1, 2003: Faserplatten – Anforderungen – Teil 1: Allgemeine Anforderungen

[DIN EN 622-2] DIN EN 622-2, 2004: Faserplatten – Anforderungen – Teil 2: Anforderungen an harte Faserplatten

[DIN EN 622-5] DIN EN 622-5, 2010: Faserplatten – Anforderungen – Teil 5: Anforderungen an Platten nach dem Trockenverfahren (MDF)

[DIN EN 847] DIN EN 847, 2018: Maschinen-Werkzeuge für Holzbearbeitung – Sicherheitstechnische Anforderungen

[DIN EN 927-1] DIN EN 927-1, 2013: Beschichtungsstoffe – Beschichtungsstoffe und Beschichtungssysteme für Holz im Außenbereich – Teil 1: Einteilung und Auswahl

[DIN EN 1116] DIN EN 1116, 2018: Möbel – Küchenmöbel – Koordinationsmaße für Küchenmöbel und Küchengeräte

[DIN EN 12720] DIN EN 12720, 2014: Möbel – Bewertung der Beständigkeit von Oberflächen gegen kalte Flüssigkeiten

[DIN EN 12721] DIN EN 12721, 2014: Möbel – Bewertung der Beständigkeit von Oberflächen gegen feuchte Hitze;

[DIN EN 12722] DIN EN 12722, 2014: Möbel – Bewertung der Beständigkeit von Oberflächen gegen trockene Hitze

[DIN EN 14749] DIN EN 14749, 2022: Möbel – Wohn- und Küchenbehältnismöbel und Küchenarbeitsplatten – Sicherheitstechnische Anforderungen und Prüfverfahren

[DIN EN 15185] DIN EN 15185, 2024: Möbel – Bewertung der Abriebfestigkeit von Oberflächen

[DIN EN 15186] DIN EN 15186, 2024: Möbel – Bewertung der Kratzfestigkeit von Oberflächen

[DIN EN 15534-1] DIN EN 15534-1, 2018: Verbundwerkstoffe aus Cellulose haltigen Materialien und Thermoplasten (üblicherweise Holz-Polymer-Werkstoffe (WPC) oder Naturfaserverbundwerkstoffe (NFC) genannt) – Teil 1: Prüfverfahren zur Beschreibung von Compounds und Erzeugnissen für WPC.

[DIN EN 16611] DIN EN 16611, 2023: Möbel – Bestimmung der Mikrokratzbeständigkeit von Möbeloberflächen

[DIN EN ISO 2806] DIN EN ISO 2806, 1996: Industrielle Automatisierungssysteme – Numerische Steuerung von Maschinen – Begriffe

[DIN EN ISO 6385] DIN EN ISO 6385, 2016: Grundsätze der Ergonomie für die Gestaltung von Arbeitssystemen

[DIN EN ISO 8015] DIN EN ISO 8015, 2011: Geometrische Produktspezifikation (GPS) – Grundlagen – Konzepte, Prinzipien und Regeln

[DIN EN ISO 9001] DIN EN ISO 9001, 2015: Qualitätsmanagementsysteme – Anforderungen

[DIN EN ISO 9241-11] DIN EN ISO 9241-11, 2018: Ergonomie der Mensch-System-Interaktion – Teil 11: Gebrauchstauglichkeit

[DIN EN ISO 9787] DIN EN ISO 9787, 2000: Industrieroboter – Koordinatensysteme und Bewegungsnomenklaturen

[DIN EN ISO 10209] DIN EN ISO 10209-E, 2020: Technische Produktdokumentation – Vokabular – Begriffe für technische Zeichnungen, Produktdefinition und verwandte Dokumentation

[DIN EN ISO 13567] DIN EN ISO 13567, 2018: Technische Produktdokumentation – Gliederung und Benennung von Layern für CAD

[DIN EN ISO 14405] DIN EN ISO 14405, 2017: Geometrische Produktspezifikation (GPS) – Dimensionelle Tolerierung – Teil 1: Lineare Größenmaße

[DIN EN ISO 129-1] DIN EN ISO 129-1, 2022: Technische Produktdokumentation (TPD) – Angabe von Maßen und Toleranzen – Teil 1: Grundlagen

[DIN EN ISO 9001] DIN EN ISO 9001, 2015: Qualitätsmanagementsysteme – Anforderungen

[DIN EN ISO 9241-11] DIN EN ISO 9241-11, 2018: Ergonomie der Mensch-System-Interaktion – Teil 11: Gebrauchstauglichkeit

[DIN EN ISO 17296-2] DIN EN ISO 17296-2, 2016: Additive Fertigung – Grundlagen – Teil 2: Überblick über Prozesskategorien und Ausgangswerkstoffe

[DIN EN ISO 19085-1] DIN EN ISO 19085-1, 2021: Holzbearbeitungsmaschinen – Sicherheit – Teil 1: Gemeinsame Anforderungen

[DIN EN ISO/ASTM 52900] DIN EN ISO/ASTM 52900, 2022: Additive Fertigung; Additive Fertigung – Grundlagen – Terminologie

[DIN ISO 513] DIN ISO 513, 2014: Klassifizierung und Anwendung von harten Schneidstoffen für die Metallzerspanung mit geometrisch bestimmten Schneiden – Bezeichnung der Hauptgruppen und Anwendungsgruppen

[DIN ISO 2806] DIN ISO 2806, 1994: Numerische Steuerung von Maschinen – Begriffe

[DIN ISO 8015] DIN ISO 8015, 2011: Geometrische Produktspezifikation (GPS) – Grundlagen – Konzepte, Prinzipien und Regeln

[DIN ISO 15226-1] DIN ISO 15226, 2017: Technische Produktdokumentation – Lebenszyklusmodell und Zuordnung von Dokumenten

[DIN ISO 15786] DIN ISO 15786, 2014: Technische Zeichnungen – Vereinfachte Darstellung und Bemaßung von Löchern

[EIA-244] SAE-EIA-244, 2015: Character Code for Numerical Machine Control Perforated Tape

[ISO 286] ISO 286-1, 2010: Geometrische Produktspezifikation (GPS) – ISO-Toleranzsystem für Längenmaße – Teil 1: Grundlagen für Toleranzen, Abmaße und Passungen

[ISO 3951-1] ISO 3951-1, 2022: Verfahren für die Stichprobenprüfung anhand quantitativer Merkmale (Variablenprüfung) – Teil 1: Spezifikation für Einfach-Stichprobenanweisungen für losweise Prüfung, geordnet nach der annehmbaren Qualitätsgrenzlage (AQL) für ein einfaches Qualitätsmerkmal und einfache AQL

[ISO 6983] ISO 6983, 2009: Automation systems and integration – Numerical control of machines – Program format and definitions of address words – Part 1: Data format for positioning, line motion and contouring control systems

[ISO 10303-1] ISO 10303-1, 2021: Industrielle Automatisierungssysteme und Integration – Darstellung und Austausch von Produktdaten – Teil 1: Überblick und grundlegende Prinzipien

[ISO 14649-1] ISO 14649-1, 2003: Industrielle Automatisierungssysteme und Integration – Steuerung von Maschinen; Datenmodell für rechnerintegrierte Steuerungen – Teil 1: Überblick und Grundlagen

[ISO 14649-10] ISO 14649-10, 2004: Industrielle Automatisierungssysteme und Integration – Steuerung von Maschinen; Datenmodell für rechnerintegrierte Steuerungen – Teil 10: Allgemeine Prozessdaten

[RAL-GZ-430] RAL-GZ-430, 2019: Allgemeine Güte- und Prüfbestimmungen für Möbel Gütesicherung, herausgegeben vom RAL Deutsches Institut für Gütesicherung und Kennzeichnung e. V., Bonn

[VDI 2015-1] VDI 2015-1, 2021: Pulverbeschichtung von MDF und anderen Holzwerkstoffen

[VDI 2218] VDI 2218, 2003: Informationsverarbeitung in der Produktentwicklung, Feature-Technologie

[VDI 2221] VDI 2221, 1993: Methodik zum Entwickeln und Konstruieren technischer Systeme und Produkte

[VDI 2221-1] VDI 2221-1, 2019: Entwicklung technischer Produkte und Systeme – Teil 1: Modell der Produktentwicklung

[VDI 2510] VDI 2510, 2005: Fahrerlose Transportsysteme

[VDI 2691] VDI 2691, 1999: Optimale Bestellmenge

[VDI 2700] VDI 2700, 2004: Ladungssicherung auf Straßenfahrzeugen

[VDI 2860] VDI 2860, 1999: Montage- und Handhabungstechnik

[VDI 2861] VDI 2861, 1988: Montage- und Handhabungstechnik - Kenngrößen für Industrieroboter

[VDI 3210] VDI 3210-1, 2006: Tiefbohren

[VDI 3330] VDI 3330, 2007: Kosten des Materialflusses

[VDI 3405] VDI 3405, 2014: Additive Fertigungsverfahren; Grundlagen, Begriffe, Verfahrensbeschreibungen

[VDI 3414-1] VDI 3414-1, 2019: Beurteilung von Holz- und Holzwerkstoffoberflächen – Blatt 1: Oberflächenmerkmale

[VDI 3414-2] VDI 3414-2, 2019: Beurteilung von Holz- und Holzwerkstoffoberflächen – Blatt 2: Prüf- und Messmethoden

[VDI 3414-3] VDI 3414-3, 2019: Beurteilung von Holz- und Holzwerkstoffoberflächen – Blatt 3: Gefräste, gesägte, gehobelte, gebohrte und gedrehte Oberflächen

[VDI 3590-1] VDI 3590-1, 1994: Kommissioniersysteme - Grundlagen

[VDI 3699-1] VDI 3699-1, 2015: Prozessführung mit Bildschirmen – Begriffe

[VDI 3631] VDI 3631, 1988: Materialpuffer zwischen Arbeitsbereichen

[VDI 4500-1] VDI 4500-1, 2006: Technische Dokumentation - Begriffsdefinition und rechtliche Grundlagen

[VDI 5200-1] Fabrikplanung, Teil 1: Planungsvorgehen

[VDI 5600-1] VDI 5600-1, 2016: Fertigungsmanagementsysteme (Manufacturing Execution Systems – MES)

[VDMA 34160] VDMA 34160, 2006: Prognosemodell für die Lebenszykluskosten von Maschinen und Anlagen

[VDMA 66412-1] VDMA 66412-1, 2009: Manufacturing Execution Systems (MES) – Kennzahlen

Firmenschriften und Online-Publikationen

[AfA 2001] AfA-Tabelle Nr. 101 (2001), Download URL *https://www.bundesfinanzministerium.de/Content/DE/Standardartikel/Themen/Steuern/Weitere_Steuerthemen/Betriebspruefung/AfA-Tabellen/AfA-Tabelle_Maschinenbau.html*, am 21. 08. 2019

[AKE 2004] Fa. AKE: Das Sägenprogramm, AKE Knebel GmbH & Co. KG Werkzeug- und Maschinenfabrik, Balingen

[BGI 734] BGI 734, 2009: Transport und Lagerung von Platten, Schnittholz und Bauelementen, herausgegeben von der BGHM, Mainz

[BGI 740] BGI 740, 2013: Lackierräume und -einrichtungen für flüssige Beschichtungsstoffe, herausgegeben von der BGHM, Mainz

[BSI 2004] BSI BUND: Risiken und Chancen des Einsatzes von RFID-Systemen, herausgegeben vom Bundesamt für Sicherheit in der Informationstechnik, URL *https://www.bsi.bund.de/SharedDocs/Downloads/DE/BSI/ElekAusweise/RFID/RIKCHA_barrierefrei_pdf.html*, am 28. 08. 2023

[CHEM 2019] Chemikalienrechtliche Verordnung zur Begrenzung der Emissionen flüchtiger organischer Verbindungen (VOC) durch Beschränkung des Inverkehrbringens lösemittelhaltiger Farben und Lacke (Lösemittelhaltige Farben- und Lack-Verordnung – ChemVOCFarbV), Stand 20. 12. 2010, Download URL *https://www.bmuv.de/fileadmin/Daten_BMU/Download_PDF/Gesundheit_Chemikalien/chemvocfarbv.pdf*, am 05.01.24

[DUB 2009] DUBLER, A.-M.: „Möbelindustrie“, in: Historisches Lexikon der Schweiz (HLS), Version vom 10. 11. 2009. Download URL *https://hls-dhs-dss.ch/de/articles/013990/2009-11-10/*, am 30. 05. 2023.

[ENG 2019] Engineering.com (2019). URL *https://www.engineering.com/deutsch/cadcae/worin-unterscheiden-sich-die-parametrische-und-die-direkte-modellierung/*, am 05. 09. 2019

[HEL 2020] HELLMANN T.: Volles Korn voraus, BM-online 06. 06. 2020, URL *www.bm-online.de/wissen/technik/volles-korn-voraus/*, am 01. 07. 2024

[HOB 2021] HOB (2021): Specials: CNC-Stationärbearbeitung, Trends für die Holzbearbeitung 2021, TeDo Verlag GmbH, Marburg, URL *https://hob-magazin.com*, am 14. 11. 2021

[HER 2012] Fa. Hermes Schleifmittel: Schleiflösungen für die Bearbeitung von Holz, Holzwerkstoffen und Lacken in der Möbelindustrie, SL-D-Holz-Schliffprogramm, 10.21, URL *https://www.hermes-schleifwerkzeuge.com*

[LAT 2020] LATOS B. A. et al.: Auf dem Weg zu einem simulationsbasierten Planungssystemfür die Montage im Kontext von Industrie 4.0. In GfA (Hrsg.), Bericht zum 66. Kongress der Gesellschaft für Arbeitswissenschaft „Digitale Arbeit, digitaler Wandel, digitaler Mensch?“ (S. 1 – 6), Handout FlexDeMo, GfA-Press, URL *https://dx.doi.org/10.18154/RWTH-2020-06705*; am 17. 10. 2023

[LEI 2005] Fa. Leitz, Leitz GmbH & Co. KG, Oberkochen, Leitz-Lexikon, Edition 4

[LEI 2017] Fa. Leitz, Leitz GmbH & Co. KG, Oberkochen, Leitz-Lexikon, Edition 7

[LEU 2002] Fa. LEUCO, Ledermann GmbH & Co. KG, Horb am Neckar, Handbuch für die Holz- und Kunststoffverarbeitung

[LEU 2017] Fa. LEUCO, Ledermann GmbH & Co. KG, Horb am Neckar, LEUCO g5-System für die CNC-Bearbeitung, URL *https://leuco.com/DE/DE/media/DOK_MBR_LEUCO-g5-System-f-CNC-PC_DL.pdf*, am 20. 04. 2024

[LEU 2019] Fa. LEUCO, Ledermann GmbH & Co. KG, Horb am Neckar, Leuco-Katalog Gesamtprogramm GP06

[LIN 2024] Herbert Lindinger: Kriterien einer guten Industrieform, Download URL *https://www.lindingerdesign.de/cms/index.php/design-kriterien.html*, am 03. 02. 2024

[NOB 2024] Fa. nobilia-Werke J. Stickling GmbH & Co. KG, Verl, Typenübersicht 2024, Firmenschrift, Download URL *https://www.nobilia.de/fileadmin/assets/downloads/nobilia_typenuebersicht_kurztypenliste_DE.pdf*, am 22.01.24

[REFA 2024] REFA-Verband für Arbeitsgestaltung, Betriebsorganisation und Unternehmensentwicklung e. V., REFA-Lexikon, URL *https://refa.de/service/refa-lexikon/*

[SIE 2010] Siemens AG, Berlin und München, Programmierhandbuch der Steuerung 840DsI/828D; Firmenschrift, Download URL *https://cache.industry.siemens.com/dl/files/635/28705635/att_75718/v1/26SP1_840Dsl_828D_Programmierhandbuch_Grundlagen_de-DE.pdf*, am 29. 08. 2023

[TRGS 400] TRGS 400, 2017: Technische Regeln für Gefahrstoffe – Gefährdungsbeurteilung für Tätigkeiten mit Gefahrstoffen, *www.baua.de/ags*

[TRGS 553] TRGS 553, 2022: Technische Regeln für Gefahrstoffe – Holzstaub, Ausschuss für Gefahrstoffe, *www.baua.de/ags*

[ZWE 2024] Fa. Zweihorn, Hilden, Handbuch der Oberflächenveredelung, Download URL *https://www.zweihorn.com/fileadmin/user_upload/prospekte-ratgeber/Zweihorn_Handbuch_der_Holzoberflaechenveredelung.pdf*, am 05. 01. 2024

Index

Symbole

A

B

D

L

M

N

O

P

V

W

Z